行銷管理

——原理與決策——

郭崑謨博士著

學歷：美國奧克拉荷馬大學企業管理學博士
現職：國立中興大學法商學院企業管理學系系主任

三民書局印行

行政院新聞局登記證局版臺業字第〇二〇〇號

中華民國七十三年三月初版

行銷管理

基本定價 拾壹元伍角陸分

著作者 郭崑謨
發行人 劉振強
出版者 三民書局股份有限公司
印刷所 三民書局股份有限公司
臺北市重慶南路一段六十一號
郵政劃撥九九九八號

行銷管理
編號 S49147①
三民書局

3. 「倒三角」策略性行銷分析、規劃與管理模式之建構與運用
4. 行銷環境與生態之評估
5. 「購買行為總體模式」之建構
6. 總體市場與個體市場之分析、規劃與管制
7. 目標市場策略——市場定位與再定位新觀念與涵義之芻議
8. 行銷組合之分析、規劃與管制
9. 邁進高度國際化行銷之展望
10. 我國消費者保護運動與行銷立法之展望
11. 我國行銷管理作業努力方向之展望

本書共分六部十九篇，凡四十四章。第一部為緒論，說明中、外行銷理念、任務與作法。第二部為行銷管理之組織與行銷管理資訊系統。第三部探討行銷之分析、規劃與管制之理念與架構。第四部與第五部分別為市場之分析、規劃與管制與行銷策略之分析、規劃與管制。最後一部，第六部，為行銷管理展望，提出筆者對我國未來行銷管理之努力方向，作為本書之結論。

本書撰寫期間，承蒙企業界、行銷學術界以及關心行銷管理人士之多方指教與鼓勵，使本書內容得以充實，特此致誠摯之謝忱。

內子愛春，愛女蔚真、蔚施、蔚宛，以及愛兒威漢之精神鼓勵與合作，使本書之寫作得以順利完成，併此表達謝意。

先父在世時，雖家境欠佳，對子女教育非常關切，逝世時，筆者尚年幼，幸得慈母之諄諄教誨，始有今日，今逢慈母八秩晉二之年，特以本書獻給先父、慈母，感謝他們養育之恩。

郭崑謨 謹識於臺北
國立中興大學法商學院企業管理學系
民國七十三年二月十五日

自　　序

提高企業生產力，為我國政府及企業界一直努力之目標。惟企業生產力之提高，必須有高度行銷效率，方能收到應有之效果。企業行銷功能之策進，實為民國七十年代企業管理之重要課題。

近幾年來，產品仿冒風氣熾盛，惡性殺價情況未減，行銷秩序相當混亂，不但影響我國在國際上之行銷形象，亦降低行銷生產力。政府有鑑於此，乃不遺餘力，倡導行銷管理之升級，期能重整行銷秩序，發揮行銷功能，加速拓展國內外市場。經濟部即將進行之「中心——衛星工廠行銷能力評鑑」，便是其例。各有關學術團體之年會主題亦反映現階段行銷管理功能之重要性，諸如中華民國市場拓展學會七十二年年會之「創造擴大行銷利潤之有利環境」以及中華民國管理科學學會於民國七十三年元月十五日舉行之年會研討會主題之一「國際市場衝擊，促進行銷管理」等等亦屬其例。

基於策進行銷管理升級之迫切需要，國內人士對行銷管理之研究，業已蔚成風氣，非常可喜。行銷管理之內涵，隨吾人生活環境與生態之演變而有所改變，策略性行銷規劃與管制，業已成為行銷管理之重點所在，此乃筆者以行銷之分析、規劃與管制導向，配合我國現階段之政經、社會文化、法律、科技等環境生態，撰寫行銷管理與高階行銷決策之基本原因。因此本書之特點包括：

1. 我國行銷問題之探討與策進我國行銷管理功能之方向
2. 策略性行銷規劃之運用

行銷管理

——原理、決策與展望——

目次

第一部　緒　　論

第一篇　中、外行銷管理理念、任務、作法與體系

第二部 行銷組織與行銷管理資訊

第二篇 行銷管理之組織

第三篇 行銷管理資訊系統

第三部　行銷之分析、規劃與管制理念架構

第四篇　行銷之分析、規劃與管制之理念與架構

第四部　市場之分析、規劃與管制

第五篇　市場分析、規劃與管制之總架構

第六篇　行銷環境生態

第七篇 購買者行爲之分析

第八篇 行銷機會之評估

第九篇　市場之規劃與管制

第五部 行銷策略之分析、規劃與管制

第十篇 行銷策略之分析、規劃與管制總架構

第十一篇 目標市場決策

第十二篇 產品策略

第十三篇　定價策略

第十四篇　推銷策略

第十五篇　行銷通路策略

第十六篇　實體分配（企業後勤）策略

第十七篇 公共關係策略

第十八篇 行銷策略之管制與行銷計劃之擬訂

第六部　結　論

第十九篇　行銷管理之展望

第一部　緒　論

——中、外行銷管理理念、任務、作法與體系——

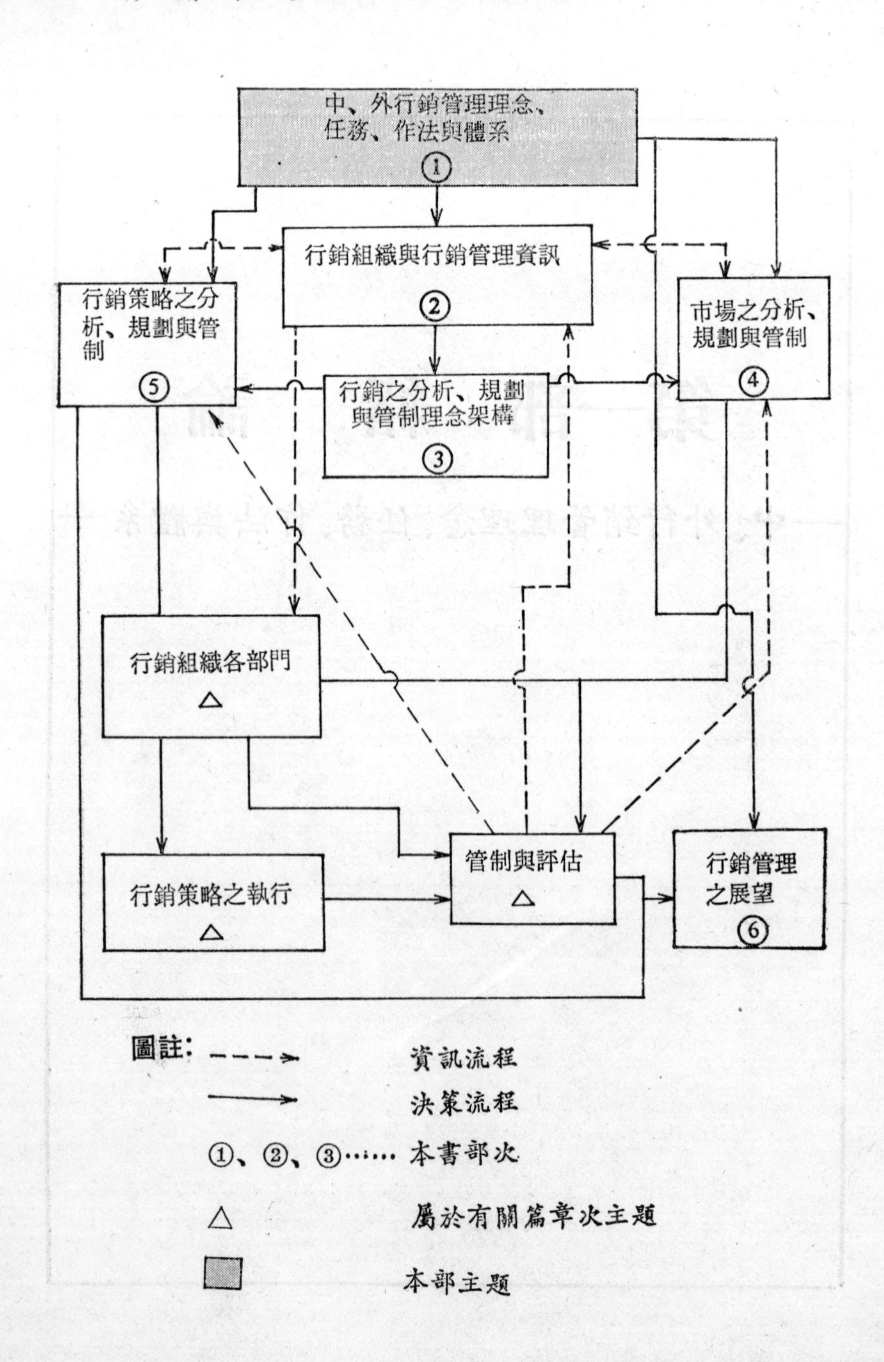
中、外行銷管理理念、
任務、作法與體系
①
行銷組織與行銷管理資訊
②
行銷策略之分析、規劃與管制
⑤
行銷之分析、規劃
與管制理念架構
③
市場之分析、
規劃與管制
④
行銷組織各部門
△
行銷策略之執行
△
管制與評估
△
行銷管理
之展望
⑥
圖註:
資訊流程
決策流程
①、②、③…… 本書部次
△ 屬於有關篇章次主題
本部主題

第一篇

中、外行銷管理理念、任務、作法與體系

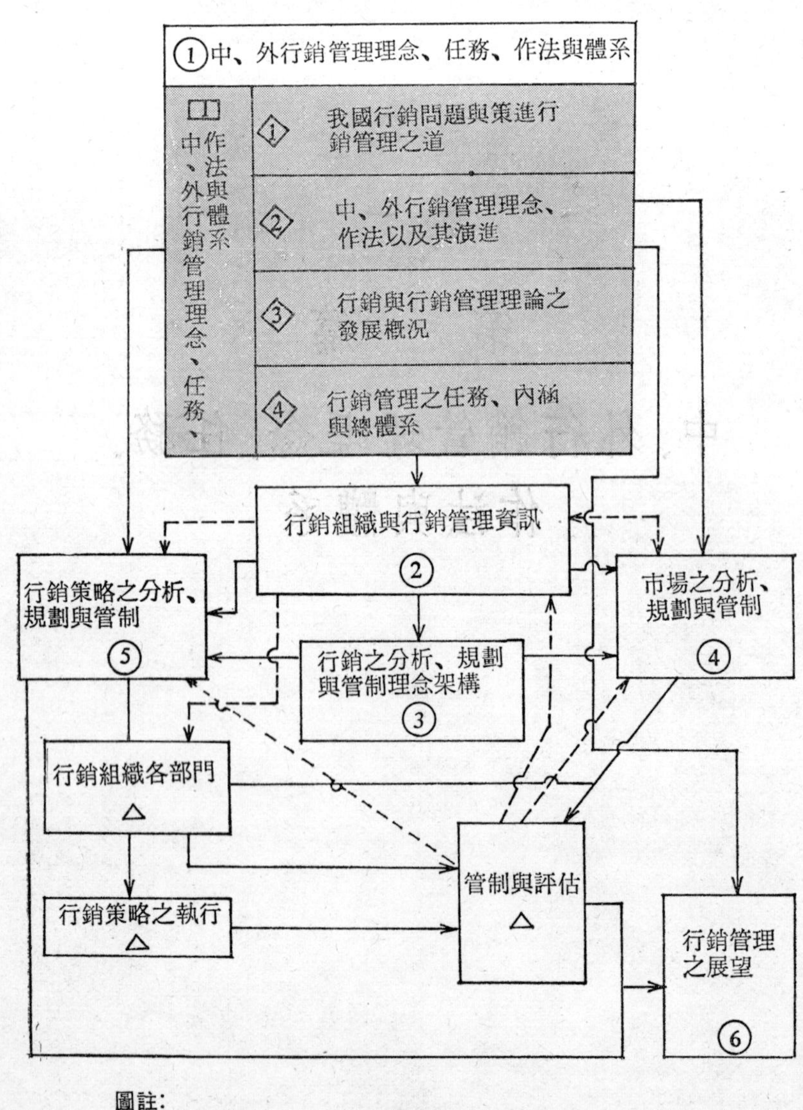
①中、外行銷管理理念、任務、作法與體系
1
中、外行銷管理理念、任務、作法與體系
1 我國行銷問題與策進行銷管理之道
2 中、外行銷管理理念、作法以及其演進
3 行銷與行銷管理理論之發展概況
4 行銷管理之任務、內涵與總體系
行銷組織與行銷管理資訊
②
行銷策略之分析、規劃與管制
⑤
行銷之分析、規劃與管制理念架構
③
市場之分析、規劃與管制
④
行銷組織各部門
△
管制與評估
△
行銷策略之執行
△
行銷管理之展望
⑥

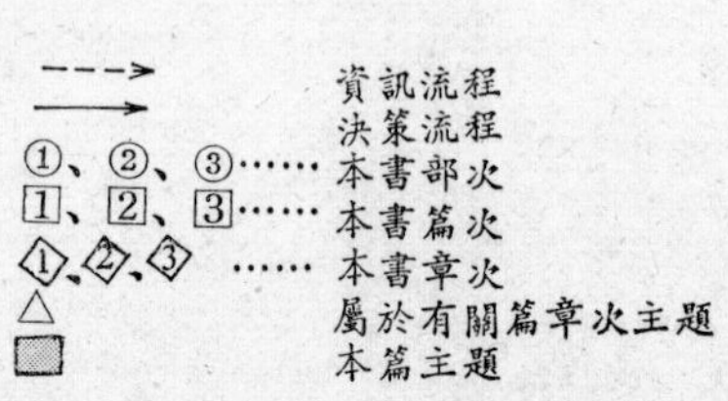
圖註:
資訊流程
決策流程
①、②、③…… 本書部次
1、2、3…… 本書篇次
1、2、3 …… 本書章次
△ 屬於有關篇章次主題
本篇主題

第一章　我國行銷問題與策進行銷管理之道

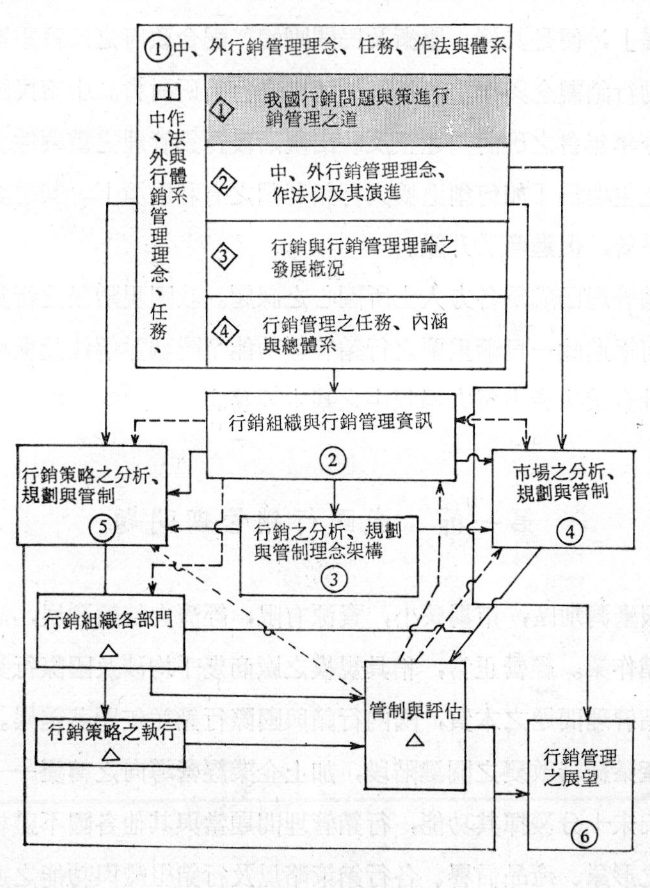

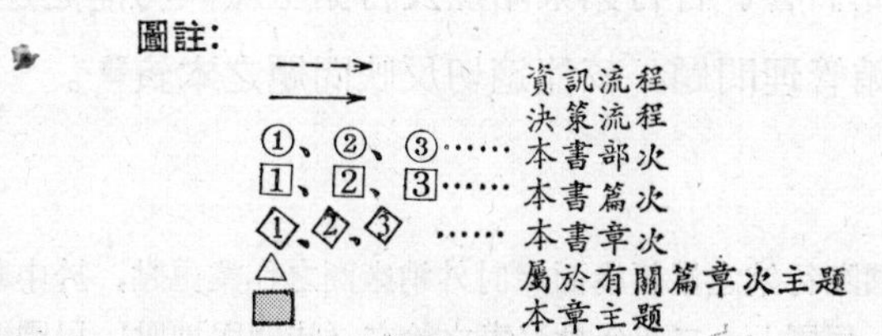

近幾年來，我國政府鑑於廠商「行銷秩序」之混亂影響企業生產力至鉅，不遺餘力倡導行銷管理之升級，期能重整行銷秩序，發揮行銷功能，加速拓展國內外市場，經濟部即將進行之「中心——衞星工廠行銷能力評鑑」，便是其例。學術及民間團體，配合政府之政策重點，亦正積極推動行銷觀念與作法，舉辦一連串之行銷研討會。中華民國市場拓展學會今年年會之研討主題正反映出現階段行銷管理之重要性。按該學會年會之主題爲「如何創造擴大行銷利潤之有利環境」。其重點在於健全行銷系統，促進商業升級。

行銷管理已成爲各方人士所關心之課題。我國現階段之行銷問題何在？如何策進此一日漸重要之行銷管理功能？認識並解決此種種問題，實爲提升企業生產力努力過程中之基本要務。

第一節 我國行銷管理問題

我國臺灣地區，市場狹小，資源有限，經濟之持續發展，高度依恃國際行銷作業。經營正常，稍具規模之廠商幾乎均涉及國際行銷活動。因此行銷管理問題之本質，國內行銷與國際行銷並無顯著差異。我國現正處於產業結構改變之關鍵階段，加上企業經營導向之轉變——重視行銷——尙未十分發揮其功能，行銷管理問題當與其他各國不盡相同。倘從廠商之形象、產品信譽、各行銷策略以及行銷組織與功能之連貫性等等構面探討我國行銷管理問題，較能適切反映問題之本質[1]。

---

[1] 郭崑謨著，從國際行銷之嶄新構面探討外銷廠商之作業重點，於中華民國市場拓展學會，民國七十二年年會發表之論文（時間與地點：民國七十二年十二月十八日，臺北市國立中興大學法商學院第二會議廳），第3～6頁。

壹、廠商形象與產品信譽問題

一般而言，市場競爭主要來自成本結構以及產品之革新程度，成本方面之競爭來自勞力成本、原料成本以及產製技術。原料成本受國際價之影響，競爭較爲有限，且要克服競爭劣勢必須仰賴長期規劃。勞工成本，亦即工資，影響競爭較大，尤其以勞力密集產品爲主之出口導向國家，工資之變動，立刻反映於出口競爭力之減退。至於產製技術則反映於產品之革新程度。

我國現正處於產業結構脫變階段，在由勞力密集產業，脫變爲技術及資本密集產業之過程中，工資之相對優勢業已逐漸消失。據經建會人力規劃小組前(71)年之估計，以民國六十五年爲基期之工資水準，工業部門之工資由民國五十七年之27.7%上升至民國六十九年之189.44%，十餘年來上漲將近七倍之鉅❷。論單位勞動成本每年平均變動率，我國比毗隣日韓兩國爲高。該項比率我國爲9％而日、韓分別爲－4.2及－1.6❸。在此種情況下，外銷廠商爲提高其外銷競爭力，往往以削價以及仿冒（節省研究發展費用）方式進行。削價競爭之情況，反映於出口單價環比之降低（按該環比自民國67年之116.13逐年降至71年之90.92❹），形成我國產品之低品位形象，影響所有之行銷標的物。

貳、行銷策略之運用問題

我國行銷策略之運用情況可從市場區隔與規劃、惡性殺價、仿冒外

❷ 臺灣地區工業部門生產力之測定與分析（臺北市：行政院經建會人力規劃小組，民國七十一年六月二十一日印行），表十六。

❸ 臺灣經濟情勢（臺北市：行政院經建會經濟研究處，民國七十一年編印），第10頁。

❹ 中華民國進出口貿易統計月報（臺北市：財政部統計處，民國七十二年九月印），第7頁。

廠產品、推銷組合、原料或配件供源、行銷（或貿易）糾紛等等數端窺其大要。

一、忽視市場區隔，目標市場欠明確

國內廠商往往忽視市場區隔之重要性，致使目標市場欠明，分散行銷資源。近一二年來個人用電腦市場行銷秩序之混亂便是良好之例。按去（民國七十二）年，美國蘋果電腦公司，由於我國仿製品大量滲入國際市場，威脅其正常營業，採取法律途徑後，國內廠商爲求生存，遂不惜降低價格，強調家庭及娛樂用途，導致個人用電腦市場區隔沒有明顯界限❺。

二、商情資訊體系不健全，市場過於集中，行銷風險大

以外銷情況言，我國外銷廠商之家數衆多，規模小，據去（民國七十二）年經濟部之統計資料，民國七十一年外銷績優廠商有二千九百三十七家只佔全部外銷廠商之9％左右，其餘三萬多家廠商之實績只佔總外銷額32.7％❻。廠商規模小，自無法擴大商情網，健全商情資訊體系，外銷作業之風險自不易降低，加上我國外銷市場過度集中（外銷地區集中於美、日、德數國。按我國對該數國之外銷，佔總外銷額之53.66％❼），風險更不易降低。

三、不重視原料來源（供源）之分析

我國產品貿易結構顯示，原料之進口佔總進口額之67.22％，而農

---

❺ 郭崑謨著，「我國個人用電腦的發展與行銷問題」，環球經濟，第96期（民國72年12月），第104-108頁。

❻ 賴文裕與郭崑謨著，臺灣地區企業運輸倉儲結構對貿易之影響——探索性研究，民國七十二年十月，研究報告原稿，第43, 46頁。

❼ 按我國前（71）年度向美國、日本以及西德之輸出總額分別爲 875, 779, 236, 906 以及 78, 819 萬美元，而輸出總額爲 2, 220, 427 萬美元。見中華民國進出口貿易統計月報（臺北市：財政部統計處，民國七十二年九月印行），第211-242頁。

工業加工製造品佔總出口額之96.70%❽。許多出口產品之原料需依賴進口。是故，在分析市場時，外銷產品所需原料來源之分析與原料來源之掌握，自應成爲與產品外銷市場分析同樣重要之作業。上述國際市場競爭之主要來源中之原料成本因素，雖對外銷競爭力之影響幅度有限，但倘能透過原料來源之妥切分析，掌握來源，預作規劃，先機低價採購，可大幅增加外銷競爭力，惟國內廠商普遍缺乏對供源之分析。

四、國際議價地位欠強，貿易糾紛多

國內外銷廠商泰半（66%）以上出口交易議價以F. O. B方式（見表 1-1）達成，運輸權無法由我國廠商控制，容易導致因運期延誤而產生貿易糾紛。按我國貿易糾紛之原因以運期延誤，以及產品品質不符者居多。

表 1-1　外銷廠商之交易方式與外銷地區

交易方式	北美	日本	歐洲	東南亞	澳洲	東南美	中東	非洲	計	%
F. O. B	23	3	19	2	2	0	1	0	50	66%
c. i. f	3	0	2	11	0	2	2	4	24	34%

資料來源：賴文裕與郭崑謨著，臺灣地區企業運輸倉儲結構對貿易之影響——探索性研究，國科會研究報告原稿（民國七十二年十月），第37頁。

五、仿冒產品，不重視「成本結構之議價功能」及產品差異化

國際行銷作業中，仿冒外廠產品以及惡性競價損害一國外銷形象，產品簡易差異化，以及藉助完善之成本資料發揮議價功能，不但可降低價格所扮演之角色，亦可使國產品之品位提高，惜我國廠商並不重視「成本結構之議價功能與產品之創新或差異化」。

六、推銷組合之運用欠佳

論及推銷組合之運用，由於國內廠商規模較小，無法在國內外普設

❽　中央銀行季刊，第五卷第三期（民國七十二年九月）。

據點，往往無法發揮其他推銷作業，諸如廣告、人員推銷，以及經銷（經銷制度可視爲強有力之借助外力之推銷制度）效率。

叄、行銷組織與功能之連貫——產銷分工、行銷專業化問題

我國經濟以外貿爲主導，產銷系統之健化益顯重要。產與銷之「不同地點與不同時間之連繫」成爲銷售系統是否能健全運作之非常重要因素。實際上，廠商之國外銷售是否能順利成功，端視產品是否能適質、適量、適時地運達。適質係指適合地主國消費者之產品品質。「適質」之達成有賴生產及行銷研究；「適量」有賴倉儲系之建立以達成；而「適時」則有賴經銷及運輸系統之建立以達成。

上述數端涉及國際行銷網之建立問題，亦爲國內廠商所面對之難題。歸根結底，問題之癥結所在在於外銷（或行銷）規模過小，未能發揮規模經濟之效果。行銷專業化可促成作業規模之擴大。我國非專業貿易之外銷機構佔有出口實績總機構數之五分之四左右，行銷專業化，可使貿易商之平均貿易額提高❾。

行銷專業化意味產銷分工合作，在各司所長之情況下，不但可降低產銷成本，亦可消滅由於行銷通路之混雜而產生之貿易秩序之混雜。

第二節 策進我國行銷管理功能之道

策進與發揮行銷功能，藉以提高行銷生產力之方法與層面相當廣泛，一般而言可概分爲:

1. 策進與發揮行銷作業功能，包括產品設計與規劃、價格功能之

❾ 陳希沼著，我國發展大貿易商策略之研究（臺北市：中華徵信所，民國七十年三月印行），第18頁。

發展、廣告推銷效率之發揮，行銷通路之運用，實體分配（企業後勤作業）整體化機能之提高等等。

2. 策進與發揮行銷管理功能，亦即行銷主管之任務與功能的策進，包括行銷目標之適切調整與發揮、重視行銷分析與規劃、擴大行銷管制層面、加強行銷之研究發展，以及重視行銷主管本身領導潛力之發揮等⑩。

本節旨在就策進與發揮行銷主管之任務與功能之方法與層面提供管見，期能抛磚引玉，裨益提高我國企業行銷生產力並帶動企業生產力。

壹、行銷目標之適切調整

行銷目標之訂定應配合政府改變產業結構之總體政策，在下列數項上多下功夫。

1. 在訂定行銷目標市場時應考慮產業關聯效果較大、技術密集度高、能源使用較少、汚染程度低之「產品目標市場」。

2. 重視目標圈之密切配合，如上游、中游、下游行銷目標之配合，以及供應廠商與外銷中間商（貿易商）之配合。

3. 私營企業與公營企業目標之配合。

4. 訂定目標時，應善用總體與個體行銷資訊——依據商情資訊訂定行銷目標。

貳、重視行銷分析與規劃

民國七十年代的企業環境（生態）之變化速度，隨科技發展速度之增加與各國因應措施（包括保護圍牆之高築），將會快速，行銷組織必

⑩ 郭崑謨著，「策進企業管理功能，提高國家生產力」，中國時報，民國七十一年一月十日，第二版專欄。

需反映對企業內外在環境之應變能力之提高。在組織上，似應增加行銷研究與商情資訊中心之設置與加強。就個體企業言，此一部門之作業不但要善用總體資訊體系（如政府擬議建立之全球性商情資訊體系），而且要作適合於個體廠商之特殊商情資料之蒐集分析與運用。商場如戰場，如無正確且足夠之情報，行銷目標之訂定與行銷作業之規劃無法正確有效地進行。除商情資訊部門之建立與強化外，產品設計與規劃部門亦應強化，始能在產品策略之運用上，達到以產品策略逐漸取代價格策略所扮演之重要角色。惟有如此才能穩健地執行「不在國內打亂戰，在國外打有秩序之戰，戰場放在國外」之行銷策略。

訂定行銷計劃時，最忌行銷主管爲短程利益打算。廠商行銷主管往往爲發揮他個人「在職期間」之優越表現，作短程而可快速顯示成果之規劃。殊不知，此種作法乃是「殺鷄取卵」之作法。我們應該要採取「養鷄生蛋」之作法，長短期規劃並顧才能延續企業之高度生產力。行銷主管應注意下列數端。

1. 訂定長期計劃時，應注意市場區位之移動，以及經濟復甦後之先期準備工作，如原料之大批進口、中所得市場所需產品之規劃、耐用品之規劃與創新等等始能，藉長期規劃發揮行銷之潛在生產力。

2. 引進行銷研究技術，改進規劃效率。

3. 善用行銷資訊體系，作規劃之依據。

4. 各事業部門及企業功能間，在規劃作業時，應密切配合。

除組織編制之調整外，行銷主管應策進者爲:

1. 短期內加強行銷人才之訓練，尤其景氣復甦緩慢時，正是利用空閒時間與閒置設備，加強選訓員工之大好時期。

2. 長程人事規劃應特別注重行銷主管接棒人之培養。目前我國極多數企業最高主管貫於掌握行銷決策大權。最高主管認爲握有「市場路線」，才能控制公司之營運。此種觀念若無法去除，必會造成行銷瓶頸，後果堪憂。

3. 組織結構應考慮「設備」與「人力」之配合。企業界往往在設備方面不斷增加，但由於缺乏使用設備之人才，致使設備使用率偏低，徒增成本。以資訊設備爲例，企業界往往輕易購添電腦，但並未注意是否有使用電腦之合格人才，導致「電腦」與「人腦」之未能配合，使電腦設備使用率偏低現象，不僅使個體廠商之成本增加，亦爲國家資源之浪費。

4. 重視後轉通路在組織上之角色，配置後轉通路設備與人力。

行銷人員，實爲企業營運之「前鋒部隊」，在行銷導向之企業營運中扮演着開導營運道路之重要角色。行銷人員之獎勵應考慮下列諸項。

1. 加強授權，盡量減少其行銷作業上之「束縛」，使行銷人員之潛力能盡量發揮，藉以提高應付變局之能力。

2. 固定薪金制度與佣金制度之聯合使用。

3. 外放與「店內」行銷人員作業，除例行報備制度外，其他一切作業應採取「重點」與「例外」管理原則。非屬重要例外事項，不必層層轉報。如斯一方面可提高行銷效率，另一方面可增加行銷人員之責任感與榮譽心。

叁、擴大行銷管制層面

行銷主管往往過份重視推銷活動之管制與配額之管制，導致推銷人員爲了達成其任務，利用各種「花招」推銷，導致破壞企業形象，影響企業長程目標之達成。今後行銷管制應加強:

1. 整體行銷管制，包括產品訂價、廣告推銷、通路（經銷商），以及企業後勤之整體管制標準之確立與執行。

2. 加強產品之『售前』與售後服務，特別是退貨服務。

肆、加強行銷研究發展

有研究斯有發展，有發展才能創機制變，加速企業之成長。今後行銷研究發展應朝之方向有：

1. 加強總體商情（政府及公會等機構所提供）之運用，藉以配合個體商情與公司資料，作正確決策資料之提供。

2. 產品之研究發展，亦則改良舊產品，開發新產品。短期內重「實體」之改善，長期內重商標之研究與「功能」之改進。

3. 重視海外市場之研究。

4. 重視後轉通路之研究。

伍、重視行銷主管領導能力之培植與潛力之發揮

行銷主管不但要不斷善自策進自己之領導能力，亦應重視行銷接棒人之培養。

第二章　中、外行銷管理理念、作法以及其演進

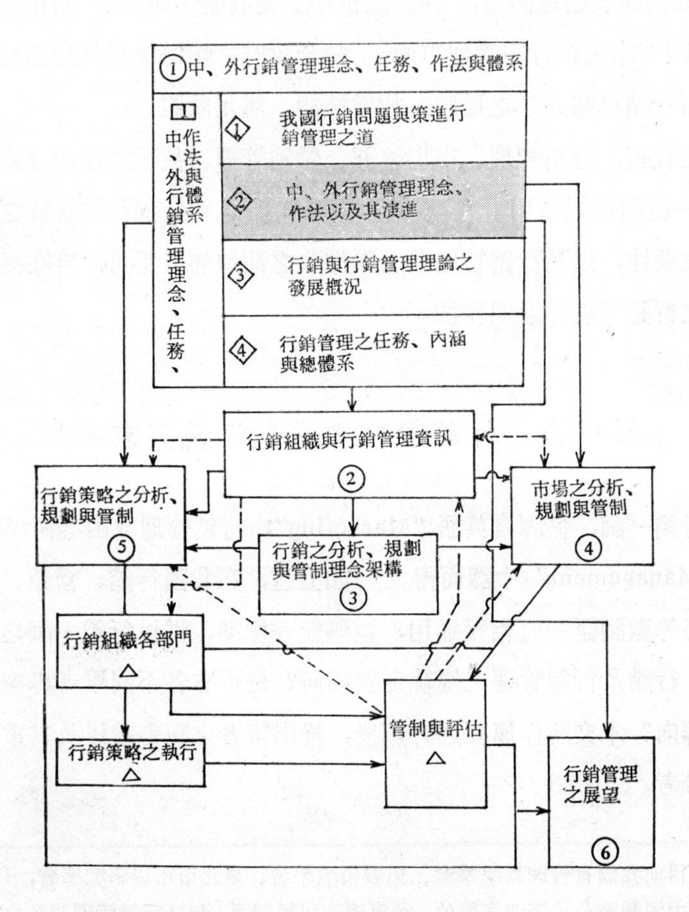

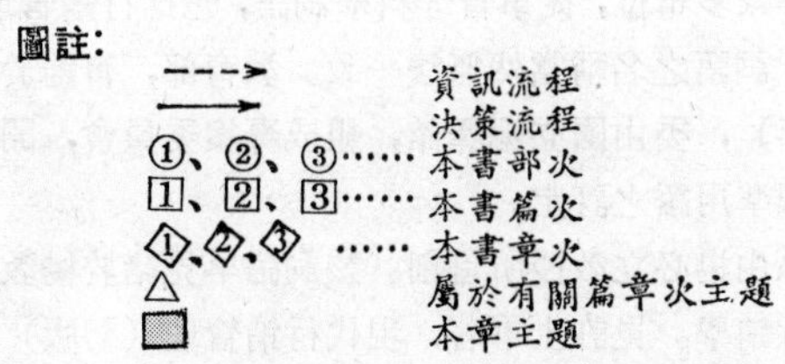

邇來我國政府除在科技紮根與發展，不遺餘力，積極推動外，鑑於行銷管理功能之重要性，不斷倡導廠商重視行銷觀念、加強行銷管理作業，期能健全營運體系，在國際市場上提高競爭能力，開拓外銷新領域。廠商亦正在行銷管理方面，配合政府之輔導增強其行銷組織之運作，對行銷專業人才之延聘，相當積極，堪足欣慰。

在我國，行銷管理、市場管理、營銷管理、甚至於運銷管理等數詞語，一直被相混通用，尚無統一標準❶。本章特就行銷管理之嶄新涵義、重要性，以及行銷管理理念與作法之演進加以探討，旨在提供比較明確之行銷管理理念與作法。

第一節　行銷管理之嶄新涵義與重要性

行銷一詞，係譯自英語 "Marketing"；行銷管理亦由英語 "Marketing Management" 中譯而得。一如上述，在我國行銷、營銷、市場、運銷等等數詞語一直相互通用，並無統一標準，惟以行銷一詞之受用較廣❷。行銷及行銷管理之傳統定義如何？是否有各不同學者專家之不同界定導向？本文將作簡要之介紹後，提出筆者之新定義以及其重要性，俾供參考。

---

❶ 目前我國有管理科學學會、拓展市場學會、臺北市市場研究學會，以及大中國圖書公司等衆多單位，從事管理科學詞語，包括行銷管理詞語之編纂，「各自爲政」，詞語之名稱當然無法一致。教育部，有鑑於此，乃於前年（民國七十一年），委由國立編譯館，組成專案委員會，開始着手並已完成行銷管理之標準用語之訂定。

❷ 按行銷一詞，係由楊必立教授所首創。該詞語早見諸於楊教授著，民國五十四年印行之行銷學。見許士軍著，現代行銷管理（初版）（臺北市：民國六十五年六月，作者自印）自序，第 3 頁，註一。

壹、行銷及行銷管理之傳統定義

行銷之意義和概念，不同學者、專家與業者每有不同解釋。馬加士氏等（B. H. Marcus et. al.）認爲行銷是指由非營利或營利組織和個人，爲了滿足彼此雙方所從事的交易活動❸。爲了要成功的達成這些交易活動，不論是企業或非企業的個人均要能準確的分析或預期現行市場機會，並且根據這些分析和預期來從事努力。從一位行銷當事人來看，不論是新市場的開發或者是現有市場的維持。行銷可看成是一連串爲實現行銷機會的一連串決策和行動。

柯特勒氏（Philip Kotler）認爲行銷係指「透過交易過程滿足需求及欲望的人類活動」❹。

馬納氏（M. P. McNair）則主張行銷爲「創造並提供人類更高之生活水準」之種種活動❺。

美國俄亥俄州立大學行銷學系(Ohio State University Department of Marketing)所下之行銷定義爲：❻(1)行銷係在社會中一種之過程。

---

❸ Burton H. Marcus, et al., *Modern Marketing* (N. Y.: Raudour House, 1975), p. 4.

❹ 王志剛編譯，行銷學原理（臺北：華泰書局，民國七十一年印行），第10頁(原著爲 Philip Kotler, *Principles of Marketing*(Englewood Cliffs, N. J.: Prentice-Hall, 1980)。

❺ Malcolm P. McNair, "Marketing and the Social Change of Our Times," in *A New Measure of Responsibility for Marketing*, Keith Cox and Ben M. Enis, eds. (Chicago: American Marketing Association, 1968), p. 2.

❻ Marketing Staff of the Ohio State University, "A Statement of Marketing Philosophy", *Journal of Marketing*, January, 1965, p. 43, 參閱 William M. Pride and O. C. Ferrell, *Marketing-Basic concepts and Decisions* (N. Y.: Houghton Mifflin Company, 1977), p. 8.

透過社會，產品之需求結構被預知並滿足；(2) 需求結構之預知與滿足係透過產品之觀念、產品之推銷、交易與實體分配來達成。

最傳統而較具權威性之行銷定義，乃爲美國行銷學會 (American Marketing Association) 所下之定義。該定義爲：行銷係引導貨品及勞務由生產者流向消費者之一切有關活動❼。

至於行銷管理之定義，受用較爲普遍者爲：❽

> 爲達成組織目標，在目標市場交易時，透過分析、規劃、及控制之機能，謀求建立及維持目標市場之交易之種種決策性活動。因此，依據目標市場之需要、欲望與知覺偏好分析，設計產品、定價、溝通、與分配乃爲重要行銷管理項目。

貳、行銷及行銷管理之嶄新涵義與「標的物」

上述數種行銷及行銷管理之定義，有者失之於過份廣泛，有者稍有偏於某特定功能。筆者認爲隨着人類生活水準之不斷提高與消費者「權益意識」之逐漸發揮，行銷及行銷管理已負有其新時代使命，以及嶄新涵義，玆將筆者之新行銷及行銷管理理念分別敍述於後。

一、行銷及行銷管理之嶄新涵義

筆者認爲行銷應特指促成「滿足交易」之種種活動而言。「行銷」已成爲一非常普遍之詞語，此一詞語實含有兩階段重要作業❾：

---

❼ American Marketing Association, *Marketing Definition: A Glossary of Marketing Term* (Chicago: American Marketing Association, 1960) p. 14.

❽ 高熊飛編譯，行銷管理——分析規劃與控制（臺北：華泰書局，民國六十九年十一月印行），第28頁。(原著爲 Philip Kotler, *Marketing Management: Analysis, Planning and Control*, Fourth Edition (Englewood Cliffs, N. J., Prentice-Hall, 1980).

❾ 郭崑謨，企業邁向產銷一貫化之基石，臺灣新生報，民國六十七年一月十九日，第2版，財經專欄。

第一、從「生產後到消費前」之產品流程作業階段。該階段涉及如何將產品經濟有效地分配到消費者或使用廠商（下簡稱消用者）之種種活動。（見圖例 2-1 之甲箭頭）。

第二、從「消費到生產前」有關產品消用上應服務或改善之作業階段。這一階段牽連到對消用者之售後服務與如何配合消用者之需求，規劃與發展產品等等諸活動。（見圖例 2-1 之乙箭頭）。

由此可見行銷乃以消費者爲核心之營運活動。它有調和及銜接生產與消費之功能。且比分配功能還要廣泛，多出上述之第二階段流程作業[10]。不調和的現象反映於產銷兩方產品與價格上、時間上、地域上，以及產銷量上之異同。產銷兩方之不調和可藉對消用者（則市場）之了解、產品規劃與設計、價格之釐訂、中間商之挑選、促銷、運輸、倉儲、情報溝通等等作業來消彌或解決。

圖例 2-1 之箭頭部份便是現代行銷作業之寫照。

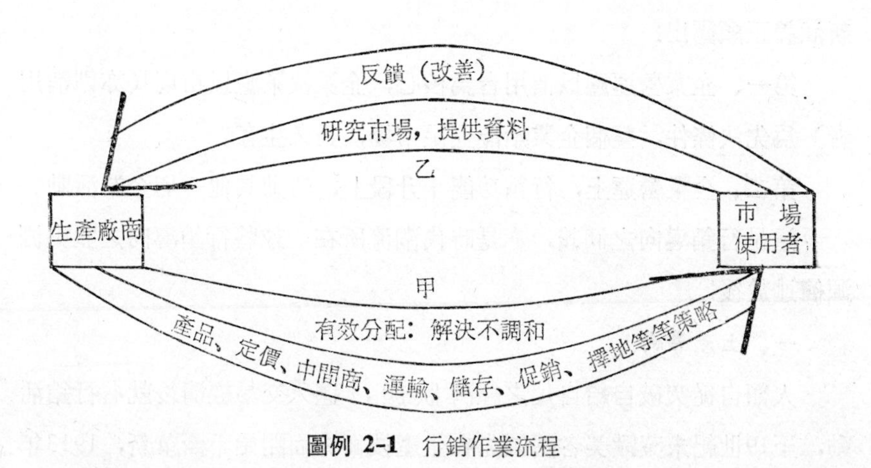

圖例 **2-1**　行銷作業流程

---

[10] 此定義與美國行銷學會之行銷定義略異。美國行銷學會之定義，見 *A. M. A. Committee on Definition, Marketing Definition: A Glossary of Marketing Term* (Chicago：AMA, 1960) p. 14.

基於上述之行銷新涵義，行銷管理乃為透過管理功能之運作，以達成行銷目標之有關活動，諸如目標市場決策、行銷策略決策、行銷資訊決策、行銷整體規劃與管制決策等等。

二、行銷「標的物」

傳統行銷標的物為貨品或勞務。現代行銷之標的物應為「交易對象（或買方）之滿足」。蓋不管廠商所推銷者係何種貨品或勞務，其本質乃在推銷貨品或勞務所眞正代表之「滿足」故也。此種觀念倘能建立，市場分析以及行銷策略之訂定始有意義。因此，廠商實為行銷消費者或使用廠商之「滿足」而生產，並非僅為行銷貨品與勞務而生產，因為若僅為行銷產品與勞務而生產，往往會導致行銷近視症，影響行銷視野。

叁、行銷管理之重要性

行銷導向（Marketing Orientation）為時代的潮流。上述行銷之嶄新涵義正顯露出:

第一、企業營運應以消用者為核心，企業決策應以市場（亦則消用者）為先決條件，整個企業始能立足市場，長久生存。

第二、企業營運上，行銷功能「升段」，帶動其他一切企業活動。

這是行銷導向之涵義，亦是時代潮流所在。玆將行銷導向之歷史淵源簡述於後:

一、生產導向

人類自從突破自給自足之經濟狀態，邁入交易經濟後就有行銷活動，至19世紀末葉歐美各國領先在生產技術方面開始不斷革新，1913年如福特之大規模大量生產降低了成本，促使其市場大為擴展後，企業界之營運策略重點乃開始下在如何生產「物美價廉」上，行銷活動乃居於次要地位。企業營運之重點於是集中於良好產品之生產與生產效率之改進上，此乃所謂企業之生產導向，時間延續至1930年代。圖例一中之甲箭頭便是生產導向之寫照。

二、生產銷售並重導向

1929年世界陷入蕭條，任何國家均避免不了此種經濟惡運，就美國言有25％之失業率，其他國家更是嚴重。消用者購買力大爲削減，不管如何增加生產效率，降低產品價格，亦無法發揮其推進市場動力，企業家在留戀「物美價廉」之良策中開始逐漸覺知銷售活動具有與生產活動同樣之重要性。這種產銷並重之理念便是生產銷售並重導向。

三、行銷導向

時至1950年代，企業環境有空前之改變，尤以歐美各國爲最，此種改變可歸爲兩類。一則「供」方面，另一爲「需」方面。在供方面，由於科學技術之突飛猛進，生產上所遭遇之技術困擾與成本問題已逐漸減少。於1946年電腦問世後，生產問題突然大減，要生產什麼，就可生產什麼，要生產多少，便可生產多少，加上大衆傳播與資訊系統益趨健全靈活，一有新生產方法與新產品出現，各廠家競相仿製應市，市場每每有供過於求現象，此種現象在已開發國度裏，較爲顯著，目前我國臺灣地區便有此一現象。

在「需」方面，由於國民所得之激增，國民可支配之購買力增漲，加上國民閒暇時間拉長，教育普及等等綜合作用，消費者對產品之需求業已多角化，消費者不但不易滿足，其購買過程亦比較複雜。無疑地，企業界現階段所遭遇之問題，其售點乃集中於如何出售其所生產之貨品與勞務。此乃意味着如何提高行銷效率，降低成本，增加競爭力，已蔚爲現階段之行銷導向企業特徵（圖例一中，由乙箭頭而甲箭頭之流程）。爲消用者而生產（Customer Orientation），爲行銷而營運，乃爲行銷導向之本質。話雖如此，吾人不應視行銷導向爲一「絕對導向」，事實上行銷導向爲一相對觀念。行銷應與技術相互配合，始能著效，蓋雖有廣大市場，倘技術水準不夠，廠商只有「望市場興嘆」，一如打獵；雖有一羣飛鳥，若無高度精確之獵槍，實無濟於事⓫。

四、行銷導向之社會涵義

隨着國民所得以及生活水準之提高，消費公衆開始重視其生活素質，以及影響生活素質之環境生態。此種新社會價值觀念將促使行銷導向涵蓋包括顧客之一般社會公衆之行銷責任，此乃一股不可推諉之責任，亦可視爲社會潮流。行銷主管顯需顧及社會公衆之需求。同時爲能滿足社會公衆之需求，市場分析、規劃與控制行銷策略，應配合廠商之資源以及國家之經建政策，始能提高行銷之運作效率⓬。

第二節　行銷管理之理念與作法之演進⓭

行銷自成爲企業管理一基本中心學科後，就不斷遭遇新的挑戰和因應的蛻變及演進，尤以柯特勒和雷威(Philip Kotler & Sidney J. Levy)揭起大纛，於1969年發表「擴大行銷觀念」(Broading the Concept of Marketing)一文後⓮，一時風起雲湧，百家爭鳴，蔚爲風氣。行銷觀念再也不固守舊巢，而伸展到新的領域，像低減行銷 (demarking)⓯、反

⓫ 郭崑謨著，「策進企業管理功能，提高國家生產力」，中國時報，民國七十一年一月十日，第2版專欄。

⓬ 郭崑謨著，現代企業管理學，第三版（臺北：華泰書局，民國七十一年印行），第28-30頁。

⓭ 本節之資料部份取材自陳明璋博士，於民國六十九至七十學年度，於國立政治大學企業管理研究所修讀「行銷專題研討」時所提出之研討報告。

⓮ Philip Kotler & Sidney J. Levry "Broadening the Concept of Marketing" *Journal of Marketing*, Vol. 33 (January, 1969) pp. 10-15.

⓯ Philip Kotler & Sidney J. Levy "Demarketing, Yes, Demarketing" *Harvard Business Review* (November-December 1971) pp. 74-80.

行銷 (Counter marketing)、社會行銷 (Social marketing)⑯、總體行銷 (Macro marketing)⑰，及行銷的一般化觀念 (Generic concept)⑱等，行銷理論與觀念因而燦然可觀，進入一新的境界。

誠然，會激起這樣之火花具有其道理，部份爲行銷本身成長過於迅速和對社會的影響力日益擴大所致，部份也因社會、科技及經濟環境發生劇烈的變化，行銷遂開始愼重地考慮自已的一些基本特質和問題，以及它和社會各單元之間的複雜互動關係。

再者，隨着科際整合運動的盛行，行銷科學已逐漸成爲學科之間的溝通語言。行銷再也不囿限於狹隘的銷售和廣告活動，開始超越傳統的經濟面，利用其獨特的技巧，來參與社會活動和社會問題的解決，行銷不再專屬於企業，反而成爲一種社會機構 (Social institution)，適用到各種類型的組織（包括政府部門和非營利事業組織），加上消費者主義 (Consumerism) 的興起，行銷在社會所扮演的角色和機能，其特性、觀念及涵蓋範疇，已愈爲學者關心和討論，這也是1970年代，行銷必須立予正視的問題。⑲

綜合這種時代潮流與趨勢，行銷科學如欲臻至完美地步，有三個基本問題値得吾人加以深思：⑳

---

⑯ 參閱 William Lazer & Fugene J. Kelley, (eds), *Social Marketing: Perspectives and Viewpoints* (Homewood, Ill: Richard D. Irwin, 1973)一書。

⑰ Philip Kotler, *Marketing Decision Making: A Model Bouding Approach* (New York: Holt, Rinehart & Winston, 1971) Part I. Chap 2-Chap 10.

⑱ Philip Kotler, "A Generic Concept of Marketing", *Joural of Marketing* (April, 1972) pp. 46-54.

⑲ Steuart H. Britt & H. W. Boyd., (ed)., *Marketing Management and Administrative Action*, 3rd ed., (New York: McGraw-Hillch, 1975) p. 1.

⑳ Daniel J. Sweeney., "Marketing Management Technology or Social Process?" *Journal of Marketing*, Vol. 36 (October, 1972) pp. 3-4.

1. 行銷基本上係企業的機能之一，它是否只適用於工商企業？或它的一些原始觀念、知識體系及技巧，依然可應用於非工商業？

2. 行銷在社會所扮演的角色為何？行銷社會責任的特質是什麼？社會對行銷系統需求和期望的改變，行銷學者和實務工作者如何採取因應之道？

3. 引導行銷未來研究的方向之優先順序和標準為何？如何設法才能找出基本重大問題和癥結之所在？

上述問題是牽一髮動全身，無法以一帖萬靈藥加以根治的，不過，解鈴還是繫鈴人，我們應從行銷科學的核心——行銷觀念，來探討其基本哲學和觀念的演變。

壹、行銷觀念的演進

行銷是交易活動和過程。在現代的社會，它必然會受複雜、變化又多的社會、經濟、政治及文化等方面的影響，因之，它會不斷地變動與順應，企業管理也要定期加以評估和矯正，至於如何矯正和採取因應措施乃要看企業本身所採的管理哲學。㉑

行銷是企業活動的中心和樞紐所在，它本身不能自絕於社會和環境，反而要適應和創造環境，反映此一現象者即為行銷觀念的演變。

當然，行銷觀念並非單指行銷活動，而是涉及企業各方面的業務和管理機能，它是企業活動的指導原則和意向觀念及管理當局政策的說明。故它又可稱之「行銷哲學」(marketing philosophy)、總體行銷 (total marketing) 及整合行銷 (integrated marketing)㉒，即表示它和

㉑ Robert Ferber, "The Expanding Role of Marketing in the 1970s", *Journal of Marketing*, Vol. 34 (January, 1970) pp. 29, 30.

㉒ Hirah C. Barksdale & Bill Darden., "Marketers' Attitudes Toward the Marketing Concept", *Journal of Marketing*, Vol. 35 (October, 1971) p. 29.

企業其他機能關係密切，且藉它使理論和實務相契合㉓。再者，我們亦可將它作業化，探討生產者和消費者之間的關係。另外，亦可站在實務的觀點，看其在企業的實際應用，本節將以時間面爲主軸，從這三方面來討論其演變。

一、行銷哲學五大導向之演進與發展

（一）歐西行銷哲學之演進與發展

雖然消費者一直都是行銷觀念的核心所在，但從行銷哲學的歷史發展來看，主宰行銷觀念的演進仍有其他導向。當然，到底有幾個階段是沒有定論的，如蘇伯特林等(F. Kelly Shuptrine et al)認爲有生產者、消費者及資源三個導向㉔。凱斯（Robert J. Kerth)㉕和達森（L. M. Dawson)㉖則分爲四階段（前三者爲生產、銷售及行銷，最後階段各爲行銷控制和人性導向）。凱利和雷若(E. J. Kelley & W. Lazer) 主張六階段（生產、製造、銷售、利潤、消費者及社會導向），前四階段爲傳統行銷，第五階段爲管理行銷，第六階段爲社會行銷㉗。甚至柯特勒本人在其「行銷管理：分析、規劃與控制」一書的二版和三版中，亦由生產、財務、銷售及行銷四導向㉘變成產品、銷售、行銷及社會行銷四

㉓ Burton Marcus et al., *Modern Marketing,* (New York: *Random* House, 1975) p. 7.

㉔ F. K. Shuptrine and F. A. Osmanshi, "Marketings Changing Role: Expanding or Contracting: *Journal of Marketing,* Vol. 39 (April, 1975) p. 62.

㉕ Robert J. Kerth "The Marketing Revolution" *Journal of Marketing* (January, 1961) pp. 35-38.

㉖ Leslie M. Dawson., "Toward a New Concept of Sales Management" *Journal of Marketing,* Vol. 34 (April, 1970) pp. 33-38.

㉗ E. J. Kelley and Willian Lazer., *Managerial Marketing Policies Stratigies, and Deusions* (Homewood, Ill: Richard D. Irwin Inc., 1973) pp. 6-12.

㉘ Philip Kotler, *Marketing Management: Analysis, Planning and Contorl,* 2nd ed. op. cit., pp. 14-17.

導向㉙，由這些學者的看法，即可看出其演變之一斑了。綜合上述，筆者認為應有以下五個階段。下述五個階段亦可視為本章第一節所提述之數種導向之補充與更詳細之探討。

1. 生產導向 (Production-Orientation)

生產導向可謂是最早的行銷觀念，早期資源匱乏，只要有產品不怕沒有市場，廠商產品根本不怕滯銷或廢舊，故其主要職責為大量生產，根本不用行銷策略或手段，即可獲得令人滿意的銷售和利潤，其最主要的假設有四：

(1) 企業應集中全力製造價格公道的好產品。

(2) 消費者所興趣的是購買產品而非其效用和解決特殊的問題。

(3) 消費者已充分了解各個競爭品牌。

(4) 消費者是以產品品質和其價格之關係為基礎來選擇競爭品牌。㉚

這種生產導向以非營利組織最為常見，它們所追求的標準是完美無瑕疵的產品，這種技藝至上常會因成本過高，而得不償失。故此一觀念現已不為廠商樂用。

2. 銷售導向 (Selling-Orientation)

銷售導向是緊隨生產導向之後的行銷觀念，認為消費者一般不會買很多產品，但廠商如採用各種銷售和促銷措施則為例外。故商品化 (merchandising) 及爭取市場佔有率成為廠商努力的方向，期以刺激市場對其產品的需要。一般言，此導向的基本假設有四：

(1) 企業的主要任務是銷售足夠的產品（爭取市場佔有率）。

㉙ Philip Kotler, *Marketing Management: Analysis, Planning and Controll*, 3rd Ed. (Englewood Cliff, N. J,: Prentice-Hall, Inc., 1976) pp. 12-19.

㉚ 同㉙。

(2) 消費者對其所需一般會保留些而非悉數購買。

(3) 利用各種促銷措施，誘導消費者購買。

(4) 消費者可能會重購，即使他不來，後補者也會源源而來。

另外，消費者不滿會迅速忘懷，不會告訴其他消費者或向廠商埋怨或控訴，亦爲其有關之假設。這種行銷導向一般是短視及短利的，它不重視消費者欲望與需要的滿足。故有時難免會與消費者發生糾紛與衝突。

3. 產銷並重導向 (Production-Marketing Orientation)

企業家在留意「物美價廉」之良策中，同時開始重視銷售活動之理念，謂之產銷並重導向（詳見本章第一節第叁款）。

4. 行銷導向 (Marketing Orientation)

行銷導向是一較新的以消費者爲中心的導向，它與銷售導向藉着推銷和促銷來賺取利潤不同，講求整體性與各部門相互支援和配合，使消費者滿足來賺取利潤和達成組織的目標。顧客至上取代了「爲銷售而銷售」之狹隘本位主義，期由消費者欲望與需求的滿足來創造企業未來的長期利潤。

此導向源於福利經濟上之「消費者主權」(consumer sovereignty) 觀念，倡導產品的製造並非操在企業老闆或政府手中，而是取決於顧客。企業配合消費者需求而生產，消費者至上。故我們可說行銷導向是由外而內，以顧客爲主體。企業的任務是尋求、發現、創造及決定消費者的欲望、需求及價值爲目標，使之比其競爭對手更能有效地滿足消費者。[31]

行銷導向的主要假設依然爲四:

(1) 組織（或企業）依其消費者羣體欲望與需求組合的滿足來制定和規劃其經濟使命 (mission)。

---

[31] 同[29]。

(2) 組織充分了解爲滿足消費者必須積極從事行銷調查，來探測其需求。

(3) 組織認識到所有以消費者爲主體的活動必須配合整體性的行銷策略。

(4) 組織相信只要讓消費者滿足，獲取其有美好的印象和讚賞，就可達成組織的目標。

5. 社會行銷導向 (Social Marketing-Orientation)

最近幾年，行銷導向之實際執行以及它是否只適用於企業漸遭懷疑，行銷已愈加涉及社會和環境問題，行銷再也不能只強調企業，消費者主義、政府管制及倫理問題，已和行銷密切相依相繫，學者和實務者都認識到，社會行銷和他們當前的專業發展已屬不可分……社會價值的改變對行銷與行銷管理的變革影響甚大，實際上，行銷已面對新的挑戰，要求應用其「新科技」到社會有利益的問題上。[32]

在此趨勢下，行銷觀念也醞釀着改變，如「搖擺不定的行銷觀念」(the faltering marketing concept)[33]，「社會適應：行銷之新挑戰」(Social adaptation: A new challenge for marketing)[34]。「消費者主義是否只是另一行銷觀念？」(Is consumerism merely another marketing concept?)[35] 這些文章都不約而同懷疑「行銷導向」在環境受污染、資源短缺、人口爆炸式成長、世界性的通貨膨脹及社會服務的疏忽

---

[32] E. J. Kelley (From the Editor) *Journal of Marketing*, January, 1973, p. 2.

[33] Martin L. Bell & L. W. Fmery, "The Faltering Marketing Concept" *Journal of Marketing*, Vol. 35 (October, 1971) pp. 37-42.

[34] Laurence P. Feldman, "Societal Adaption: A New Challenge for Marketing", *Journal of Marketing*. Vol. 35 (July, 1971) pp. 54-60.

[35] M. H. Broffman "Is consumerism Merely Another Marketing Concept?" *MUS Business Topics*, (Winter, 1971) pp. 15-21.

等之下，是否仍爲適當有效的企業目標，這些只說明廠商做好知覺、服務及滿足消費者需求工作之時，仍要配合消費者和社會的長期利益，行銷導向疏忽了個別消費者欲望的滿足和長期的大衆利益相衝突的事實。

很顯然，行銷決策和行動必然和社會密切交織而不可分，行銷是一種社會互動過程，它要使用社會的種種資源，故要獲得社會的首肯，它且評估社會的機會成本，社會構面自然融入行銷觀念之中。

誠然，行銷接受社會責任是有兩大思想源流[36]：第一、企業注意社會問題乃爲其自利（self-interest），因忽略它會惹生嚴厲的反應和不利的報復，企業在追求利潤、銷售及生產力的提高時，不可不注意人性因素、社會與倫理價值及其他的社會問題。

第二、很多社會問題像污染、消費者不滿、生活品質、失業、更好的產品等都和行銷密切有關，解鈴還是繫鈴人，企業旣與這些問題有關，行銷觀念、技術及方法自爲解決它們的利器。

社會行銷導向因而是行銷導向的擴大，不僅考慮了消費者的需求、利益，同時也兼顧企業的狀況及社會的長期福祉和社會公益。旣滿足消費者，又達成企業目標及履行企業的社會責任。

由上，我們可言社會行銷導向有下述假設：

(1) 組織（包括企業）的主要職責和使命爲創造滿意和健全的消費者，且對生活品質的提高有所貢獻。

(2) 依照消費者的訴求和利益，組織不斷地尋求和提供更好的產品，甚至準備提供消費者未曾奢求的合理利益。

(3) 組織遠避不屬消費者最佳利益的產品。

(4) 消費者將知覺、認識及嘉許那些關心其福利與滿足的企業，並

---

[36] Willian. Lazer & Engene J. Kelley, *Social Marketing: Perspectives and Viewpoint*, op. cit., p. 10.

予支持、信任和效忠。㊲

社會行銷導向現已爲行銷觀念的主流，不過，仍有一些類似的觀點來闡釋和補充其觀點，以下我們以表 2-1 來綜合說明行銷觀念的演變。㊳

表 2-1 行銷觀念的擴展歷程

主題	學者	1960年以前	1960～1970年	1970年以後	
				1971～1972	1972～1974
增加消費對管理需求	派卡德 (Pickard)	努力推銷企業產品			
	葛勒布雷斯 (Galbraith)	刺激消費			
	其他:		儘量推銷消費者所需者，最大量推銷	合理化銷售	詢問消費者所需爲什麼
	柯特勒等		擴大行銷	推展行銷包納社會觀念	
擴大行銷對『限於市場』	拉克 (Luck)		超越到廠商之外組織及限於市場行銷	管理需求	
	雷若 (Lazer)		刺激消費建立行銷標準		
	達森			查詢銷售對社會的價值	
自我價值對社會價值	費勒德曼 (Feldman) 凱利 (Kelley)			包含社會考慮，增加服務保存與改善環境	

㊲ Philip. Kotler, 3rd ed. op. cit, pp. 17-18.

㊳ F. K. Shuptrine and F. A. Osmanshi, op. cit, pp. 60-62.

	偉斯			合理的製造與再循環，增加服務，管制行銷，考慮所銷售者爲何	
產品對服務	費斯克 (Fisk) 企業週刊（三個發言人）				小心使用資源，增加服務，管理需求，改善產品開發，諮詢消費者的欲望

資料來源：F. K. Shuptrine & F. A. Osmanski "Marketing's Changing Role: Expanding or Contructing? *Journal of Marketing* Vol. 39 (April, 1975) p. 61.

（二）我國行銷哲學之演進與發展

至於我國行銷哲學（或理念）之演進與發展，據黃俊英教授可大致分爲下列幾階段：[39]

1. 生產導向階段

民國五十年以前，強調產量與生產效率的生產導向階段。

2. 銷售與分配階段

民國五十年代，係過渡到強調銷售與分配作業的銷售分配階段。

3. 行銷導向階段

民國六十年代始由銷售分配步向強調顧客滿足之行銷導向。

4. 社會導向階段

在消費者之壓力及政府對企業社會責任之要求下，企業界於七

[39] 黃俊英著，「臺灣企業管理哲學的演進與展望」，管理科學論文集，中華民國管理科學學會，民國七十一年印行，第1-14頁。

十年代開始重視社會責任，兼顧消費大衆之利益與企業本身之長期利益。

二、生產者和消費關係的演變

行銷觀念一向以生產者和消費者關係爲其討論核心，且以它爲二者的溝通橋樑。申言之，行銷觀念最簡要的解釋爲：（生產者）考慮提供什麼產品？給誰？（消費者），如何促進雙方的關係。[40]

在此前提下，行銷觀念有二大基本涵義：第一、消費者是所有企業活動的樞紐中心。第二、利潤而非銷貨額是評估行銷活動的基準。此種觀點以柯特勒氏之行銷界說最爲廣傳。他說：行銷爲分析、組織、規劃及控制廠商和消費者之間的資源和活動關係，並在牟利前提下，滿足所選消費者羣體的願望和需求。[41]

柯氏的行銷觀念包含有方法論和組織兩種觀點(both a methodological & an organizational perspective)。方法論觀點乃指消費者導向(consumer-oriented focus)，說明廠商營運方向如爲市場（外）而非產品（內），利潤將爲更大。至於組織觀點是一種整體行銷之設計，行銷部門居中協調、確保消費者導向的實現。當然，這並非意味着「行銷」要接管所有有關傳統的生產、會計及財務活動，而只是由它來指揮，企業活動的目的畢竟還是在銷售其產品和服務，而非其他機能。[42]

「消費者導向」對企業來說是一經常掛在嘴邊的觀念。早在 1776 年，亞當史密斯就開宗明義地說：企業生產的目的在於服務消費（The purpose of production is to serve consumption)。一般教科書也一再

---

[40] Andrew G. Kaldor "Imbricative Marketing" *Journal of Marketing*, Vol. 35, (April, 1971) p. 19.

[41] Philip Kotler, *Marketing Management: Analysis, Planning, and Controll* (Englewood Cliff, Prentice-Hall, Ins., 1967) p. 12.

[42] 同[40] pp. 19-20.

闡釋此一觀念，如:

> 企業的機能在於滿足消費者的需要，企業成功的首要評估即看它如何服務顧客，假如其經營不爲消費者，則儘管它獲利再多也是不對的，只要服務最佳利潤必定最大。[43]
>
> (The marketing concept has not done anything except providing a subject for conversation.)

我們由上述行銷哲學的演變來看，一直到1950年代以後才將此觀念作業化（行銷導向），行銷觀念似乎只停留在只說不做階段。[44] 消費者導向應是哲學觀念抑是運作觀念? 爲何會產生此種差距，以及產生消費者運動? 企業週刊更直爽地說: 「消費者主義廣義來說即指企業學校所傳誦的『行銷觀念』之破產。」[45]

在此狀況下，企業界也承認行銷觀念應作業化，而欲擴大其社會責任，保障消費者，來縮短二者的差距，其假設爲: [46]

(1) 企業與其永久生存最爲優先，提供消費者產品與服務乃爲達成此目的之手段。

(2) 消費者應且能防衞其最佳利益，即他應以其購買能力和對市場否決的批駁權來保證其消費效能。

(3) 假如產品在市場銷售良好，由於消費者可判斷自身的喜惡，故這是滿足消費者需求的初步證據。

(4) 銷售者承認長期的生存要看消費者的滿足，因此，從長期來說，它必須滿足消費者的需求，這是『長期生存必須行銷者能

---

[43] Martin L. Bell & L. William Emery, op. cit, p. 38.

[44] H. C. Barksdale and Bill Darden op. cit, p. 32.

[45] Martin L. Bell & L. W. Emery, op. cit., p. 37.

[46] 同[45] pp. 39-42.

滿足消費者』的初步證據。

但消費者主義不接受上述爲生產者和消費者之間的公平關係之基礎，他們反而有下列主張：

(1) 消費者最優先，假如生產與消費間有衝突，消費者最爲優先。

(2) 消費者一般處於不利地位，因他不能確保其效能。企業有協助他之責任，如未能，則政府或他方應助消費者。

(3) 提供而能銷售的產品與服務不能適當地衡量銷售者有履行其責任。企業應促進適當的消費價值。

(4) 生產者和消費者長期利益必然一致的假設旣不眞又不確實，二者之利益只能短期加以協調。

由於雙方觀點對立，故貝爾和艾默尼(M. L. Beel & C. W. Emny)認爲行銷觀念應予檢討，而建議行銷觀念應有三大要素：[47]

(1) 關注消費者：行銷者採取積極措施，使消費者的所有行銷決策都能確保所花費每元都能得高度的滿足。

(2) 整合運作 (integrated operations)：整個企業是以消費者和社會問題優於所有機能部門之整體運作系統。

(3) 利潤獎賞：利潤之產生乃因能有效滿足消費者需要而產生。

由上述爭論可看出生產者和消費者關係很少是站在平等地位，或以溝通過程相看等，反而是一方佔優勢而欲獲取控制權[48]。即行銷行爲是指生產者能替消費者做什麼，這樣一來，消費者導向微不足道，任人擺布，故只注意消費者是無法掌握行銷觀念的實質精神所在。史提頓森等 (B. Stidsen & Thomas F. Shutte) 認爲從行銷爲一溝通過程觀看，可

---

[47] 同[46]。

[48] Bent Stidsen, "Some Thought on the Advertising Process", *Journal of Marketing*, Vol. 34 (January, 1970) pp. 47-53.

能保握行銷要點。[49]

所謂溝通過程卽強調過程而非結果(on the process rather than on outcome)。吾人不知消費者利益爲何，須經過一溝通過程才能確定。尤以在一市場經濟體制下，沒有理由事先專斷決定消費者利益是什麼，作業性行銷觀念必須以溝通過程來加以表達和決定。

爲此，行銷觀念的最後目的和精神乃設法便利生產者和消費者對話(dialogue) 而非獨白 (monologue)。 這種行銷溝通過程一般有四個層面：[50]

1. 行銷所關注的疆域 (the bounding of marketing concern) 是由生產者和消費者的利益和決策所組成。這些利益的確認和評估是由行銷人員決定，至於滿足程度的多寡則不在行銷責任上。社會責任不再以社會可欲性 (socially desirable) 而是社會可達性 (socially attainable) 爲準。前者純靠想像，高不可攀，後者是看雙方的資源使用和努力。行銷責任乃便利雙方之相互影響和互動。

2. 行銷產品 (product or output of marketing)。行銷爲社會的成本或價值，未有滿意的定論。從理想觀點，生產與消費雙方要有完全的知識和情境，則行銷爲一成本。如視雙方互動爲自由企業社會科技的使用策略，則行銷爲一價值。在這種狀況下，行銷開支之評估乃以社會成員以其資源奉獻並管理其科技進步的程度而定。在這溝通過程下，行銷可便利雙方決策。

3. 生產與消費雙方的溝通方法。在這方面，行銷觀念的作業化仍

---

[49] Bent Stidsen & Thomas F. Shutte “Marketing as a Communication System: The Marketing Concept Revisited.” *Journal of Marketing* Vol. 36 (October, 1972), pp. 22-27.

[50] 同[49]。

有一些問題待解。消費者仍未能有效影響生產者，除了少數的行銷研究提供間接的回饋通路是例外，雙方的溝通通路仍有待加強與研究改善。

4. 行銷任務的區分，此乃關於各種行銷機構的相對角色而言。過去，學者和實務人員不成比例地偏重生產方面，現則宜有適當的區分，以便雙方有更廣泛的溝通。

總之，行銷的最後目的在使雙方能做最佳決策。行銷價值在此觀點下，要看它是否能便利雙方之溝通與對話，使科技發展與利用問題能得最佳的結果。

三、行銷觀念在企業之實際應用

行銷觀念的作業化莫過於看它在企業的實際應用。在二次大戰之後，美國通用電氣公司首先採用它爲其企業的指導綱領。寇帝納 (Ralph J. Cordiner) 先生以它爲所有活動的中心，強調它是公司所有計劃的起點[51]。所以，行銷在生產週期開始之際而非結束就被採用。這種整體的消費者導向觀念使通用公司業績大爲改善，一直到今，它都是美國最大的企業之一。

針對行銷觀念的應用曾有三個實證調查。1965 年，海斯 (Richard T. Hise) 曾對美國製造業調查，發現大部份廠商都採用行銷觀念，消費者導向已獲廠商接受，行銷主管在公司內相當有地位。不過，大企業似乎比小企業更崇尚行銷觀念，另有些方面仍未確實執行，如運輸和包裝尚付闕如。[52]

馬克拉馬 (C. P. McNamara) 在 1972 年也做一類似研究，所得結果與前次調查大同小異，仍以大公司採用得多，行銷措施仍未有整體性

---

[51] H. C. Barksdale and Bill Darden., op. cit, p. 29.

[52] Richard T. Hise, "Have Manufacturing Firms Adopted the Marketing Concept?" *Journal of Marketing*, Vol. 29 (July, 1965) pp. 9-12.

的執行。[53]

巴克斯戴勒等 (H. C. Barksdale & Bill Darcten) 在 1971 年也對行銷者的態度作一問卷訪問，結果，大廠商都承認行銷觀念是影響管理哲學和思想的有力和可行觀念，且對組織和行銷活動管理的改善有所貢獻。然而，大家對行銷觀念實際執行的成功仍有所保留。他們指出：未能應用的原因在於執行而非觀念本身有任何缺憾。[54]

巴氏最後的結論是：行銷觀念是個哲學觀，可作爲管理當局理想的政策說明，但不管是怎樣的理由，却少有企業能將此觀念付予每日之實際作業。故他認爲行銷未來最大的挑戰與問題乃在如何使其觀念易爲企業實際應用。[55]

---

[53] Carlton P. McNamara, "The President Status of Marketing Concept" *Journal of Marketing*, Vol. 36 (January, 1972) pp. 50-57.

[54] 同[22] pp. 30-36.

[55] 同[22] pp. 30-36.

第三章　行銷與行銷管理理論之發展概況

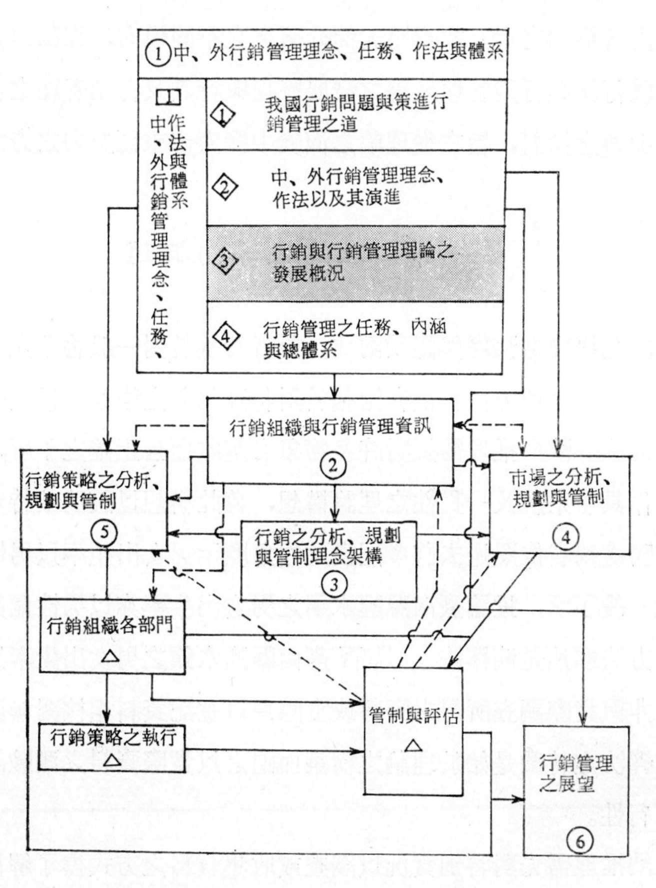

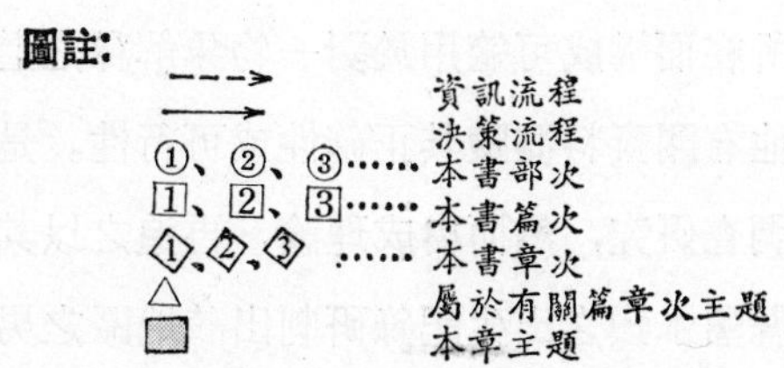

行銷及行銷管理之理論演變過程，隨環境因素之變化情況、研究者之研究導向以及其研究方法之不同而異。大凡新理論之產生若非修正舊理論之缺失，便是增添新觀念所導出之新研究方法與途徑，使理論更趨完整，內容更加充實。本章將先簡介研究之不同導向，亦卽理論化導向後，再就行銷與行銷管理理論之發展歷程與行銷及行銷管理之各種研究方法作扼要之探討，旨在從理論之演變中探索未來應努力之方向。

第一節 理論化導向概述

理論化導向有演繹與歸納兩種。前者乃基於對一般物象之了解而推演特別物象之推理方法。後者則基於對特別物象之觀察而推及一般物象之推理方法。演繹推理需要對許多物象有基本而且正確之了解，始能據此了解作具有系統及一貫性之理論構想，藉此構想以說明某特別物象。例如我國臺灣省依照過去許多記實及物象顯示男女出生率以男性偏高，若據此一般了解，推論臺南縣鹽水鎭之男女出生率亦以男性偏高，則該種推理方法顯然是演繹法。是否臺南縣鹽水鎭之男女出生率以男性偏高，除非與實際調查所得之資料或實際戶口登記資料相核對無法證實。是故演繹法之特徵是始於理論之構築而追之以實際資料之測驗證實其正確及可行性。

歸納推理需先對特別實況以調查或收集資料之方式得了解後，據實際資料判明其關係所在而構成可適用於對一物象解釋之道理。由此構成之理論亦要再藉其他有關資料測驗其正確性或可行性。是故歸納推理之過程乃始自實況之調查研究，然而構成理論，再追之以其他實際資料之證實。例如由臺南縣鹽水鎭之出生記錄研判出該地區之男女出生率以男性偏高，據此發現而推論在同樣情況下，臺灣省其他各地之男女出生率亦應是男高於女，如此推論乃屬歸納推理之範疇。

統計推論法設計之程序應視研究本題之性質以及研究人員之偏好而定。演繹及歸納兩法之程序依據前述觀念，可將其表明如圖例 3-1 於後。

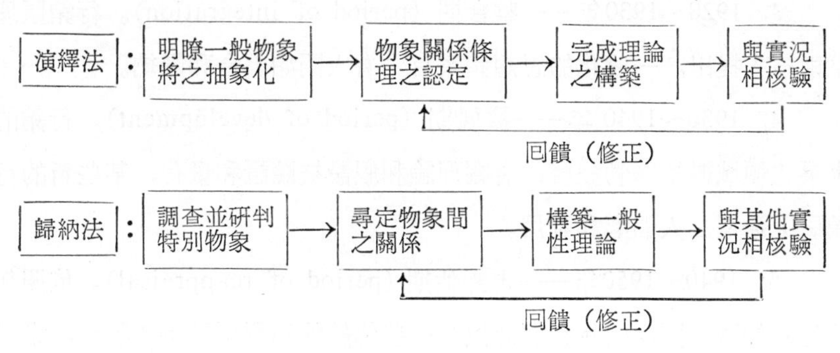

圖例 3-1　理論化導向

第二節　行銷與行銷管理理論之發展歷程

行銷一詞自1900年出現以來，至今已歷七十多年，中間經歷許多學者的開拓、闡釋、整理、分析、歸納、綜合及評鑑後，行銷目前已成爲一完整的學科，不過從其發展歷程來看，行銷研究有以下幾個階段：❷

1. 1900～1910 年——發軔期(period of discovery)。行銷學的拓荒者開始蒐集有關分配貿易的資料與事實，並從經濟學借入有關分配、

---

❶ 郭崑謨著，現代企業管理學，第三版（臺北市：華泰書局，民國七十一年九月印行），第 390-391 頁。

❷ Robert Bartels, *The Development of Marketing Thought* (Homewood, Ill: Richard. D. Irwin Inc., 1962) 轉引自 Sidney J. Levry & Gerald Zaltman, *Marketing, Society, and Conflict* (Englewood Cliff, N. J.: Prentice-Hall, Inc., 1975) pp. 11-12.

世界貿易及商品市場的理論，行銷觀念因而孕育和誕生，並得「行銷」(marketing) 學科的命名。

2. 1910～1920 年——觀念化期 (period of conceptualization)。很多行銷觀念開始發展，並加以分類和界定有關名詞。

3. 1920～1930年——整合期 (period of integration)。行銷原理原則被人提出，一般化的思想體系首先有人開始整合和歸納。

4. 1930～1940 年——發展期 (period of development)。行銷的專業化領域繼續蓬勃發展，有關理論和假設被驗證和量化，某些新的行銷研究途徑爲人倡導和利用。

5. 1940～1950年——再評估期 (period of reappraisal)。依照新的行銷知識需要，對行銷觀念以及一些傳統的解釋再予重新評估，尤以其科學性更受考慮和強調。

6. 1950～1960 年——再觀念化期 (period of reconception)。由於管理決策、行銷的社會面、量化的行銷分析普遍爲人承認和採用，故補足了傳統的行銷研究途徑。尤以很多新觀念從管理學、行爲科學及其他社會科學借入，使行銷學獨立爲一門完整的學科。

7. 1960年以後——再整合和發展期。赫爾勃特(Michael Halbert)認爲行銷理論的方法研究會有以下的改變: ❸

(1) 由主觀研究法變爲客觀研究法。

(2) 由較不正式研究法變爲更理論化研究（如模式、教學統計和行銷研究）。

(3) 由質到量， 尤以在態度 、 意見及動機方面（用尺度與投射技巧）。

---

❸ Michael Halbert, *The Meaning and Sources of Marketing Theory* (New York: McGraw-Hill, Inc., 1965) pp. 63-64.

(4) 更詳盡和完備的分類。

(5) 對因果關係加以分類。

(6) 由靜態到動態理論（由古典的統計到 Markov 的過程模擬）。

(7) 由不相同的事實和描述到尋求通則、原理和法則。

(8) 表面分析到深入的探討。

(9) 由純構思到講求實際及理論和觀念之直接可應用。❹

8. 1970～? 年——再循環蛻變期。此時可謂百家爭鳴，理論與研究方法最爲豐碩時期，故可能會建立一通則理論，不過仍難斷定。可預期的將是各種研究途徑的整合，如系統、管理、社會行銷及總體等，然而，在 1970 年代結束尙未有定論，在 1980 年代將因經此蛻變而改變新面貌出現。行銷學科的實質內容將與現在有相當的出入。

第三節　行銷及行銷管理之各種研究方法❺

行銷研究途徑常因研究單元（unit of study）的不同而有不同的分類，吾人認爲除了柯特勒氏所提的商品（commodity）、機構（institutional）、機能、管理及社會等五種研究法外，❻應還有系統和總體——個體等七種研究法。

---

❹ Philip Kotler, "A Generic Concept of Marketing." *Journal of Marketing*, Vol. 36 (April, 1972) p. 45.

❺ 本節之資料部份取材自陳明璋博士，於民國六十九至七十學年度，於國立政治大學企業管理研究所，修讀「行銷專題研討」時所提出之研究報告。

❻ Peter R. Mount., Explocting the Commodity Approach in Developing Marketing Theory, *Journal of Marketing*, Vol. 33 (April, 1969) pp. 62-64.

壹、商品研究法

商品研究法是行銷理論最早的研究法，早在 1930 年代，布雷阿 (Ralph Breyer) 就提出商品觀念來解釋行銷過程。他且以此闡釋供給與需求，產品特徵、分配通路、機構、機能、訂價、分配成本、貿易實務和商會等，故所有有關的行銷構面概與商品有密切關係。❼

正如前述，行銷名詞如商品在其意義上亦有變革和演進。茂特 (Peter R. Mount) 認爲有三個不同階段。❽ 第一階段商品可分爲生產者財和消費者財，前者爲工業之原料或中間製品之配零組件，後者則爲直接消費之用，故第二階段商品又演變爲工業者財和消費者財，後者又可分爲便利品、選購品及特殊品(convenience, shopping and speciality goods)、很多行銷機構和機能都依此來分類。第三階段爲對消費者有同樣最後用途者歸爲相對同質產品羣 (relatively homogeneous group of product)，彼此間可以相互代替，經濟學家李昂第夫 (Wassely W. Leontief) 用此商品觀念來建造經濟的投入——產出模式 (input-outpu model of economics)，美國商業部亦使用商品分類來建立標準工業分類表 (The Standard Industrial Classification table)。此外 IBM 以此來設立新的企業資料系統以及很多研究人員以此來預測未來趨勢，表示商品已可代替現有機構或機能做爲決策基礎。

另外，我們亦可從產品的生命週期來看，商品亦可包括品類 (product class，泛指一般產品，如電視、汽車)、品型 (product form，指同一產品之不同類型，如香煙有 Dunhill、5. 5. 5. 城堡等) 及品牌 (brard)

---

❼ 同❻。

❽ Philip Kotler, *Marketing Management: Analysis, Planning & Control*, 3rd ed. pp. 232-233.

三種。[9] 此三範疇亦可幫助我們做好行銷規劃與控制之用，同時也擴大商品的意義。

貳、機構研究法

機構研究法主要係探討分配通路在行銷活動所扮演的角色和地位。消費者和生產者之間的差距雖可因產品、情報及貨幣之流通而得以聯繫和溝通，但此流通過程概靠分配機構來擔當，它有組合、分類、運送及儲藏等機能。[10]

分配通路的成員相當繁複，且與一國的經濟與產業結構有密切關係。它是生產者和消費者之間的橋樑，故其類別因生產消費關係不同而有種種分法。一般有生產者、批發商、零售商、代理商及其他各種中間商。由這些通路機構的研究亦可了解整個行銷活動之運作。

分配通路在1970年代也因環境與行銷活動的進展而有六大變化，此爲機構研究法最近的新趨勢。[11]

(1) 垂直行銷體系的迅速成長。

(2) 不同類型（機構）間競爭愈形白熱化。

(3) 零售業經營愈往兩極發展。

(4) 機構生命循環週期加速。

(5) 自由式企業的出現。

---

[9] 許士軍著，現代行銷管理（臺北：作者自印，民國六十五年元月），第249–253頁。

[10] Willian R. Davidson., “Change in Distributive Institutions” *Journal of Marketing*, Vol. 34. (January, 1970) pp. 7–10.

[11] Richard J. Lewis and Leo G. Erickson “Marketing Functions and Marketing Systems: A Synthesis”, *Journal of Marketing*, Vol. 33 (July, 1969) pp. 10–14.

(6) 非店面零售業的擴展。

叁、機能研究法

行銷機能亦是較古老的研究法，其最簡單界說爲：行銷所執行之主要專業化活動。這些機能到底有幾，一直都爲學者所爭論，曾有人詢問美國行銷教師聯合會會員，原先只列十五個機能，收回 21 個人的答覆後，變成 40 個。⓬

行銷活動之可由機能觀點來研究是大家普遍承認的事實。可是，美國行銷學會界說委員會從 1948 年以來到 1960 年爲止，未能給予其肯定的界說。研究機能研究法最力的麥兌卡力 (D. McGarry) 區分行銷機能爲契約 (contractal)、商品化 (merchandising)、訂價、宣傳、實體分配及終結 (termination)。⓭至少給我一些較具體的內涵。

或許我們討論與行銷有密切的問題可幫助問題的解決。此即行銷過程的一致與獨特目的爲何？行銷有何獨特的角色？從這方面來看，行銷有兩大機能（目的）。獲取需求與服務需求，所有行銷活動不外表示這兩大交換 (exchange) 目的。而爲配合兩大目的有三個活動組合：那些活動與獲取需求有關？那些與服務需求有關？以及界於二者間有那些活動？其間關係可以圖例 3-2 說明之。

⓬ 同⓫。

⓭ 同⓫。

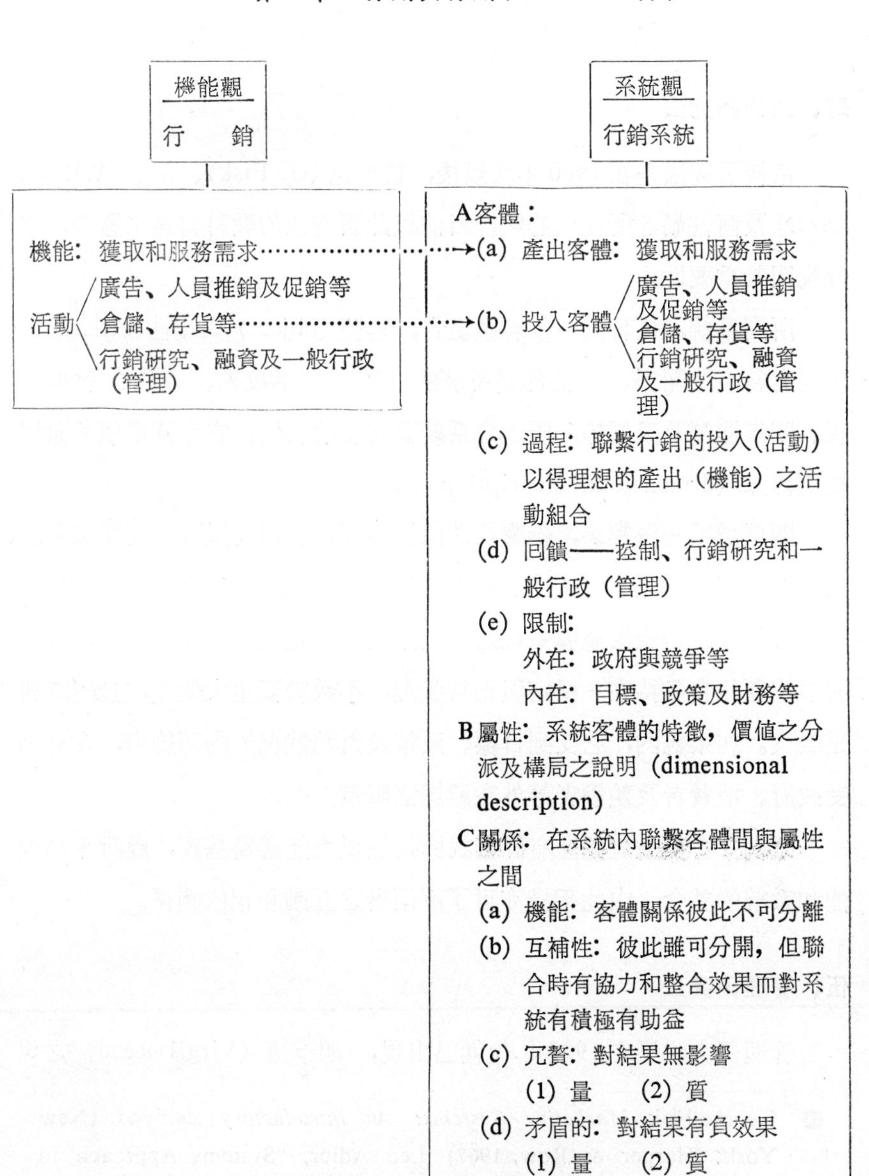

圖例 **3-2**　行銷之機能和系統觀

資料來源：R. J. Lewis & L. G. Erickson., "Marketing Functions and Marketing Systems: A Synthesis: *Journal of Marketing* Vol. 33. (July, 1969) p. 14.

肆、系統研究法

系統研究法是在1960年代以後，費斯克(G. Fisk)、雷若(Willian Lazer)及阿德勒等所提倡的⓮，目前以此研究法的教科書愈來愈多，充分說明其重要性。

所謂系統，係特指一羣客體組合，客體(object)與屬性(attribute)之間有特定的關係。客體即爲系統的母數，包括投入、產出、轉換過程、回饋控制及限制等。屬性爲系統裏客體的特質，它允許價值分派與構面描述(dimensional decription)。

關係爲系統過程裏，維繫屬性與屬性間，客體間以及系統和以系統之間的約束。關係有層次性，故可分別爲第一層、第二、第三層等第。⓯

行銷系統是企業整體系統之一次系統。它是人造之開放系統，藉着回饋控制使它保持在一穩定與正常狀況，不致於發生大偏差，且隨時糾正誤失。在系統內，它受到目標、政策及財務狀況的內部約束，在外則受政府、消費者及競爭者等外在環境之限制。

圖例3-2對上述觀念有詳盡說明，並以機能觀爲基礎，視行銷爲機能和系統的整合。由此架構亦可了解兩者之互動和相依關係。

伍、管理研究法

管理研究法早在1920年代就已出現，如李德(Virgil Reed)之規

⓮ George Fisk, *Marketing Systems: An Introductory Analysis*, (New York: Harper & Row, 1967) Lee Adler, "Systems Approach to Marketing" *Havard Busienss Review*, Vol. 45 (May-June, 1967) pp. 105-118. or Willian Lazer, *Marketing Management: A Systems Perspective*. (New York: John Wiley & Son, Inc, 1971)

⓯ Richard J. Lewis & L. G. Erickson, op. cit., p. 13.

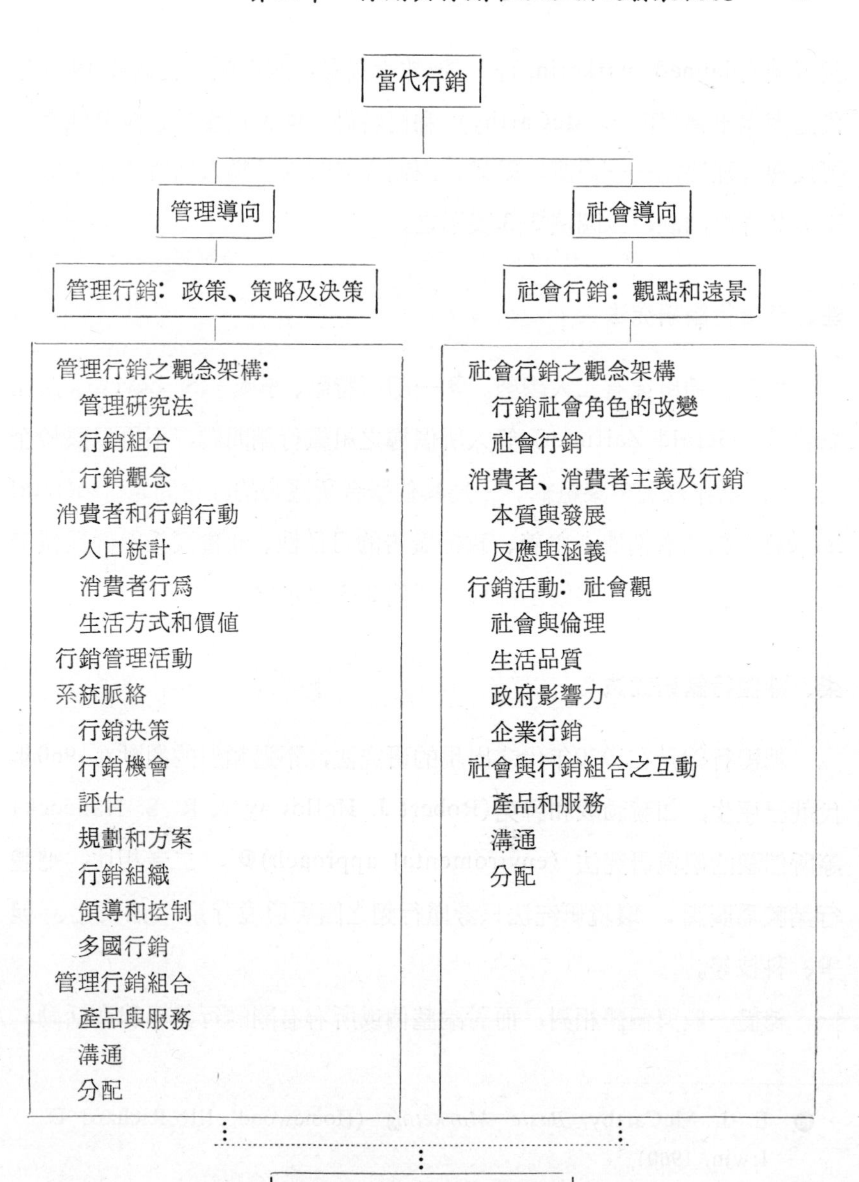

圖例 3-3　行銷之管理和社會觀之整合架構

資料來源：E. J. Kelley & W. Lazer, *Managerial Marketing: Policies, Strategies, and Decisions* (Homewood, Ill: Richard D. Irwin, Im., 1973) p. 9.

劃行銷(planned marketing)，不過放大異彩，臻至顚峯莫過於 1960 年代之麥克卡錫 (F. J. McCarthy) 和柯特勒。⑯ 尤以麥氏之四 P 觀念，柯氏對管理機能——規劃、組織、控制等之闡揚尤爲人們所津津樂道。至於其詳細內涵，以圖例 3-3 表示之。

陸、社會行銷研究法

社會行銷研究有二大趨勢。⑰ 一即柯特勒、李威 (S. Levry) 及札勒特曼 (Gerald Zaltman) 等人所倡導之組織行銷問題，不再只限於企業，而包括非營利事業組織。一爲其他學者所關心的社會問題 (societal issues)，包括有消費者主義、政治廣告的可欲性、社會責任與倫理價值及政府的管制等。這些觀點都可由圖例 3-3 表示之。

柒、總體行銷研究法

總體行銷是在1970年代才出現的研究法，不過類似的觀點在1960年代就已產生，如赫勒威和韓克(Robert J. Holloway & R. S. Hancock)等所倡議的環境研究法 (enviromental approach)⑱。二者相比，總體行銷較爲廣濶，環境研究法只考慮行銷之四周環境背景，如文化、競爭、科技等。

總體一般與個體相對，而討論整個或所有有關的行銷過程和活動，

---

⑯ E. J. McCarthy, *Basic Marketing* (Homewood, Ill, Richard D. Irwin, 1960)

⑰ Shelly D. Hunt, "The Nature & Scope of Marketing, *Journal of Marketing*, Vol. 40 (July, 1976) p. 20.

⑱ 參閱 Robert & Holloway & Robert S. Hancock, *The Environment of Marketing Behavier* (New-York: John Wiley & Son, 1964) 一書。

它是個體行銷之和。具體而言，它有三種涵意：[19]

(1) 它指全體之行銷過程和所有行銷機構之聚合體(aggregate mechanism)，包括通路、複合企業、行業及有關協會等。

(2) 它為個體行銷的社會環境，它在全國經濟所扮演的角色及非經濟財行銷之應用。

(3) 它是個體廠商無法抗制的環境。

總體行銷是新的研究法，其實質內容尚未確定，不過，它為一新的研究方向是正確的，或許巴鐵爾和準肯斯(Robert Bartel & Roger. L. Jenkins) 的見解可供吾人參考。[20]（見圖例 3-4）

行銷類型	資料或情報	理　論	規範模式	執行或管理
個體行銷	廠商資料	廠商理論	廠商之計劃如試式預算 (Proforma budget)	廠商之管理決策行政管理與控制
總體行銷	整體行銷系統資料	一般行銷理論	社會價值目標及方案	大衆（政府）管制協助及方案

圖例 3-4　行銷之個體總體觀

資料來源：Robert Bartels & Roger L. Jenkins, "Macromarketing" Journal of Marketing Vol. 42. (October, 1977) p. 18.

第四節　行銷管理理論與研究之努力方向

行銷一詞自1900年出現以來，行銷及行銷管理理論之發展經歷不少階段，本章第二、三節從二方面來析述。首從時間之橫斷面，分成發

---

[19] Robert Bartels and Roger L. Jenkins, "Macromarketing," *Journal of Marketing*, Vol. 41 (October, 1977) p. 17.

[20] 同[19] p. 18。

軔期、觀念化期、整合期、發展期、再評估期、再觀念化期、再整合和發展期及再循環蛻變期。接着探討各種研究途徑，並給各研究法新的內涵和整合。雖然所討論者係以商品、機構、機能、系統、管理、社會行銷及總體行銷等七研究法爲其順序，但我們知道各研究法之間必然有互動之相依關係，而非各自獨立。故本章第三節將幾種研究法合併說明，亦說明科技整合是行銷研究的必然途徑。一種新研究法的興起只是補充原先有的不足，而非取代，這也是今後行銷理論應努力的方向。如何朝向一般化理論來努力，誠然，這不是一件容易的事，但從過去的成果來看，在未來幾十年內，此種理想是可實現的。

行銷以及行銷管理觀念已逐漸成爲企業的經營哲學和指導原則，在我國，中小企業似乎比大企業較少奉此爲圭臬，爲何會如此，問題並非在觀念本身，而是未有一套實際運作的辦法，這也是吾人今後應努力的方向，如何使行銷觀念和實務密切配合的確是一件刻不容緩的課題。

第四章　行銷管理之任務、內涵與總體系

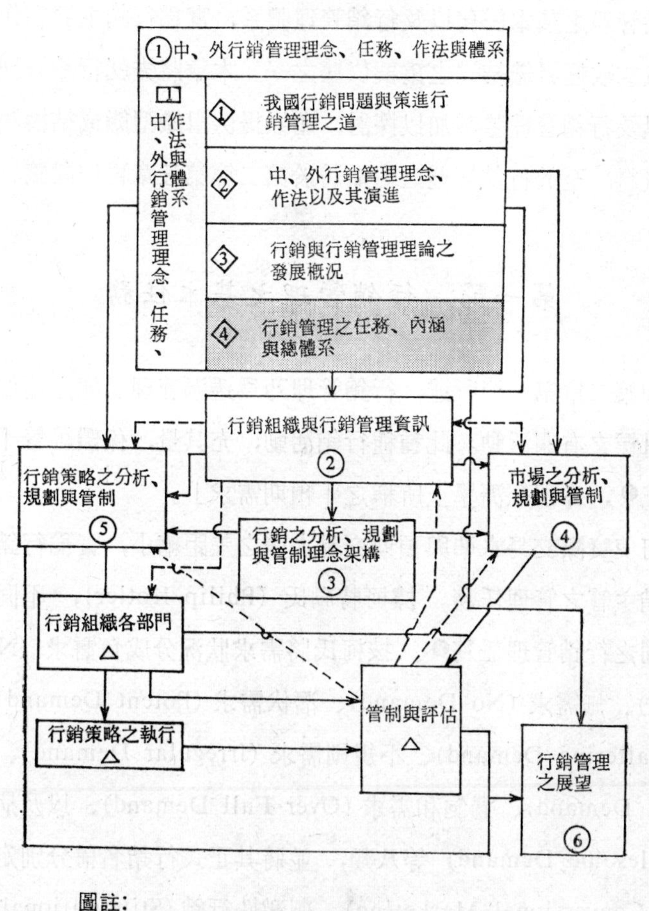

行銷主管人員在作衆多行銷決策時，應該認識行銷之基本任務，並透過妥切運用其所能掌握之組織，發揮行銷管理體系之功能，始能有效達成其組織目標，尤其行銷目標。

行銷管理之基本任務以及行銷管理體系，實爲行銷主管在作其組織型態決策或改變組織結構之重要依據之一。本章將先就行銷管理之基本任務，以及行銷管理體系加以探討，藉以提供組織型態或結構決策之重要基本資料。至於行銷管理之組織將於第二篇第五章再作討論。

第一節　行銷管理之基本任務

一如第二章第一節所述，行銷管理乃爲透過管理功能之運作，以達成行銷目標之有關活動。此種種行銷活動，充其量，係環繞着「預期交易水準」❶，亦即經濟學上所稱之「預期需求」。

如何使實際交易水準與預期交易水準之差距縮小，實爲行銷人員，尤其行銷主管之管理任務。據柯特勒氏 (Philip Kotler)，不同需求狀況有不同之行銷管理任務❷。按柯氏將需求狀況分成負需求 (Negative Demand)、無需求 (No-Demand)、潛伏需求 (Potent Demand)、搖晃需求 (Faltering Demand)、不規則需求 (Irregular Demand)、飽和需求 (Full Demand)、過飽和需求 (Over Full Demand)、以及病態需求 (Unwholesome Demand) 等八類，並將其正式行銷名稱分別定爲扭轉性行銷 (Conversional Marketing)、刺激性行銷 (Stimulational Mark-

❶ 參閱高熊飛編譯，行銷管理（臺北：華泰書局，民國六十九年印行），第29頁。(原著爲 Philip Kotler, *Marketing Management: Analysis, Planning and Control*, 4th ed. (Englewood N. J.: Prentice-Hall, Inc., 1980)

❷ 同❶，第 29-34 頁。

eting)、開發性行銷 (Developmental Marketing)、再行銷 (Remarketing)、調和性行銷 (Synchromarketing)、維持性行銷 (Maintenance Marketing)、低行銷 (Demarketing)、以及反行銷 (Countermarketing) 等。

筆者認爲柯氏之八種需求狀況，可視之爲八種達成預期銷貨量程度之行銷狀況，而可將其分成三種在不同行銷狀況並配以不同行銷任務。此三種不同行銷狀況分別可命名爲：(1) 未達預期銷貨量之行銷狀況；(2) 不規則銷貨量之行銷狀況；以及 (3) 超越預期銷貨量之行銷狀況。本節將此三種狀況分別以未達預期銷貨量時之行銷管理任務、不規則銷貨情況下之行銷管理任務、以及超越預期銷貨量之行銷管理任務作簡要說明。

壹、未達預期銷貨量時之行銷管理任務

未達預期銷貨量的原因可能有如柯氏所指之「負需求」、「無需求」、以及「潛伏需求」狀況。消費者或使用者不喜愛某種產品而不願付出代價購買該種產品，如二、三年前遠東飛機失事，許多旅客對航空公司之服務便產生負需求。肥胖婦女對奶油產品以及糖類產品亦有負需求狀況。倘未達預期銷貨量係由於負需求狀況之存在，則行銷管理之任務應爲了解眞正原因，諸如價値觀念、情緒問題、或成本問題等等，轉「負」爲「正」，使其成爲有效需求。

「無需求」產生之原因，多半爲消費者對某產品之存在與其效用、價値並沒有知覺，以致根本沒有購買意願存在。消費者對人壽保險、殯儀館之服務、汽車之防止盜油裝置等等便是「無需求」之例。如何將「無」成爲「有」，藉刺激消費者購買意欲之種種方法，引起市場，便是其重要行銷管理任務。

產品倘不存在，但若能推出此種產品，可滿足其特定消費市場時，此種產品便謂之具有潛伏市場之產品。這些消費者便是潛伏市場。消費者對癌病預防藥必定具有潛伏需求。行銷管理之任務，便是開發新產品——具有潛在效用之新產品。

貳、不規則銷貨情況下之行銷管理任務

廠商之銷貨量，由於競爭或其他外在環境因素之變動而不穩定，或由於消費習慣具有季節性，均產生不規則情況，如聖誕用品之需求、年節之公路客運服務需求等等。在此種情況下，行銷管理之任務應爲調配行銷策略，促使市場之需求在淡旺季節能趨於平衡、穩定。

叁、超越預期銷貨量時之行銷管理任務

市場已飽和，或某產品對社會公衆並不有利而從社會福利觀點論衡該市場已不能再推廣，均爲超越預期銷貨量之狀況。在此種情況下，行銷管理之任務自爲：(1) 設法不鼓勵消費者購買；(2) 停止出售該種產品；(3) 淘汰產品等等。

第二節 行銷管理體系

認識行銷管理體系爲訂定行銷組織與運用行銷組織以達成行銷目標之基本要件。由於個體企業（廠商）係在總體經濟與總體企業之環境下運作，行銷人員應對總體行銷與個體行銷之理念有所了解，始能掌握行銷重點，發揮組織機能，增加行銷效率。本節將先從經濟觀點，探討「總體行銷」體系與「個體行銷」體系之基本理念後，提出本書之獨特行銷管理體系。

壹、經濟觀點下之總體行銷與個體行銷體系❸

從經濟觀點論衡，行銷體系中之市場係企業營運上非常重要之外在環境。此一外在環境，係企業何以存在之原因。由於個體企業之市場與一國之總體市場情況有不可分離之密切關係，在論及行銷管理體系時，不能不兩者加以研討，以明其相互關係。

一、「總體」行銷體系

如將整個國家之經濟活動視爲一龐大生產、消費與分配系統。總體行銷體系，正是在此系統中具有解決生產與消費間所面臨之衝突問題，並達成生產消費兩者協調功能之重要支系。解決衝突或協調生產與消費乃借助於一連串之行銷作業而得。此行銷作業包括產品之集中、倉儲、分開、分級、打包、運輸等等。躉售商、經紀人、廠商代理、配給中心（站）、零售商等中間商人等，構成各種不同之行銷通路（則產品由生產廠商至消費者所經由之儲運路線），負起必行之行銷作業以調和生產與消費兩者本質上之相差異。爲減少資源之浪費（如生產過剩或生產消費者所不需者）與顧及消費公衆之福祉，生產消費兩者之調和應基於消費情況，亦即市場情況而作。因此市場與行銷自成一重要體系。在圖例 4-1 中該體系以粗線匡表示。圖中國家總體經濟活動以生產、消費與分配三大類概括，而分別以廠商、市場、與行銷等企業形態出現。生產與消費匡內所表示者分別爲生產與消費兩者之特質，分配匡內所表示者乃爲各行銷功能。歐美許多國家爲發揮總體行銷功能（區域性或全國性），紛紛設立儲運中心（Distribution Center）以營運推廣與銷售（簡稱推銷）以外之所有行銷作業。

---

❸ 郭崑謨著，現代企業管理學，第三版（臺北市：華泰書局，民國七十一年九月印行），第 302-305 頁。

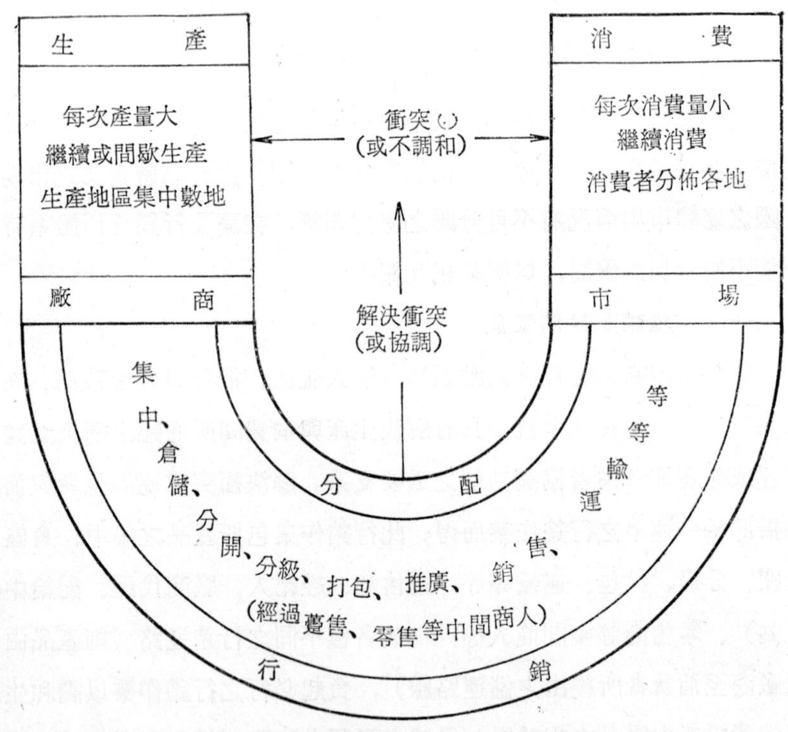

圖例 4-1　經濟觀點下之總體行銷體系

資料來源：郭崑謨著，現代企業管理學，第三版（臺北市：華泰書局，民國七十一年九月印行），第 302 頁。

區域性儲運中心之建立與營運非僅靠單一企業所能有效實行。要集數行數業，衆多單位之力量與合作始能績效。有時甚至於要政府輔導與創辦才能配合地區之需要，發揮儲運中心之潛力。儲運產品之業務若能配合區域之需要，將嘉惠該地區之廠商，減低地區內貨物成本，擴張地區內各廠商之市場，使得該區域比其他區域具有「相對經濟」優勢，因而促進該區域之經濟生長，儲運業務規劃時，對其本區域內運輸需求量，應有妥切之了解，始能在運輸設備上作適切之投資，並且在作業進行上減少因運輸瓶頸作用而導致之損失。

二、「個體」市場與運銷體系

從個體企業單位，則個體廠商的營運觀點觀看，其行銷作業自成體系與其他營運活動合成企業營運系統，靈活運行。究竟此一個體企業之行銷體系有何功能？其在企業營運系統中有何重要性？又如何管制並改進其體系？……種種問題乃爲企業營運上之首要問題。

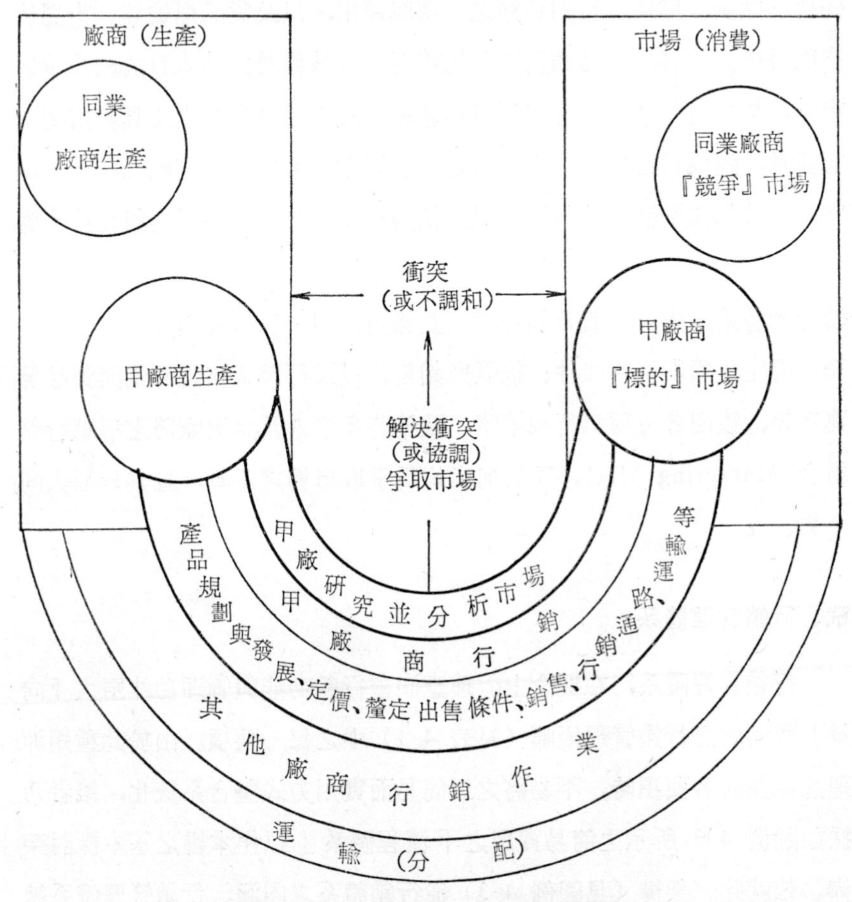

圖例 4-2　經濟觀點下之個體行銷體系

資料來源：郭崑謨著，現代企業管理學，第三版（臺北市：華泰書局，民國七十一年九月印行），第304頁。

個體行銷體系，與一國經濟體系之關係可由圖例 4-2 得到鳥瞰。個體廠商在一國經濟體系下，具有解決或協調生產與消費兩者之功能。該種功能之達成乃借助於各個別廠商之行銷體系，圖中粗線所包圍者乃為甲廠商之行銷體系。

體系所包括之作業有市場研究與分析、產品規劃、釐訂價格、出售條件、推廣、銷售、行銷通路之甄選與運用，以及貨品運輸等。市場研究與分析之最終目的乃為劃定標的市場。其餘作業之基本目的則為爭取市場，是故這些作業本身亦可視為達成爭取其銷售市場之工具。市場一有變動，達成目的之方法亦應隨之作妥切之變動與修正，此乃回饋之涵義。回饋如無靈活之資料及通訊系統無法達成。因此市場產銷體系亦應配備良好之資料及通訊系統，庶可俾便管制與改進作業。據此觀念，個體行銷體系之研討可概分為幾個重要課題，即市場研究與分析、產品規劃、訂定貨價與出售條件、推廣與銷售、以及行銷通路之甄選與貨品儲運等等，後四者可稱為行銷策略。歐美許多學者及企業家將之稱謂行銷組合(Marketing Mix)，不管何名均為爭取市場之工具，且其分類大同小異。

貳、行銷管理體系

行銷管理體系，在觀念上，理應涵蓋行銷功能與管理功能兩大「向量」所構成之行銷管理矩陣（見表 4-1）中之每一要項。由於此種矩陣理念在探討各要項時，不易將之以簡易而實用方式整合系統化，筆者乃採如圖例 4-3 所示之簡易實用之「流程體系」以作本書之基本探討架構。玆就此一架構（見圖例 4-3）從行銷體系之內涵、行銷管理體系總觀兩角度討論於後。

表 4-1　行銷管理矩陣

管理功能＼行銷功能	行銷資訊	選定目標市場與預測售量	爭取目標市場——行銷策略	行銷新領域之開拓、發展
規劃	×	×	×	×
組織	×	×	×	×
用人	×	×	×	×
推導	×	×	×	×
管制	×	×	×	×
協調	×	×	×	×
創新	×	×	×	×
管理才能發展	×	×	×	×

一、行銷體系之內涵

行銷體系所包括之作業有市場之分析、規劃與管制，產品規劃發展、價格與出售條件之釐訂、推廣銷售（下稱推銷）、行銷通路之選定、貨品運配儲存（又名實體分配）以及公共關係之運用等行銷策略之分析、規劃與管制。市場之分析規劃與管制之最終目的乃爲劃定「標的」市場。其餘作業之目的爲爭取市場，是故這些作業之本身亦可視爲爭取市場之策略。市場一有變動，達成目的之策略亦應隨之作妥切之變動與修正，此乃回饋之涵意。行銷之效率悉賴靈活之資料及通訊系統，簡稱資訊系統 (Information system)，否則行銷決策難臻正確與合理，產銷不易協調通和。因此行銷資訊體系，亦爲行銷體系之非常重要子系。

現代行銷體系與資訊流程可藉圖例 4-3 表達其相互爲用及一脈相通之密切關係。資訊流程亦可視爲行銷之神經。若無良善靈活之資訊系統，行銷決策必難下定。圖例 4-3 中之六類行銷策略，歐美衆多學者稱

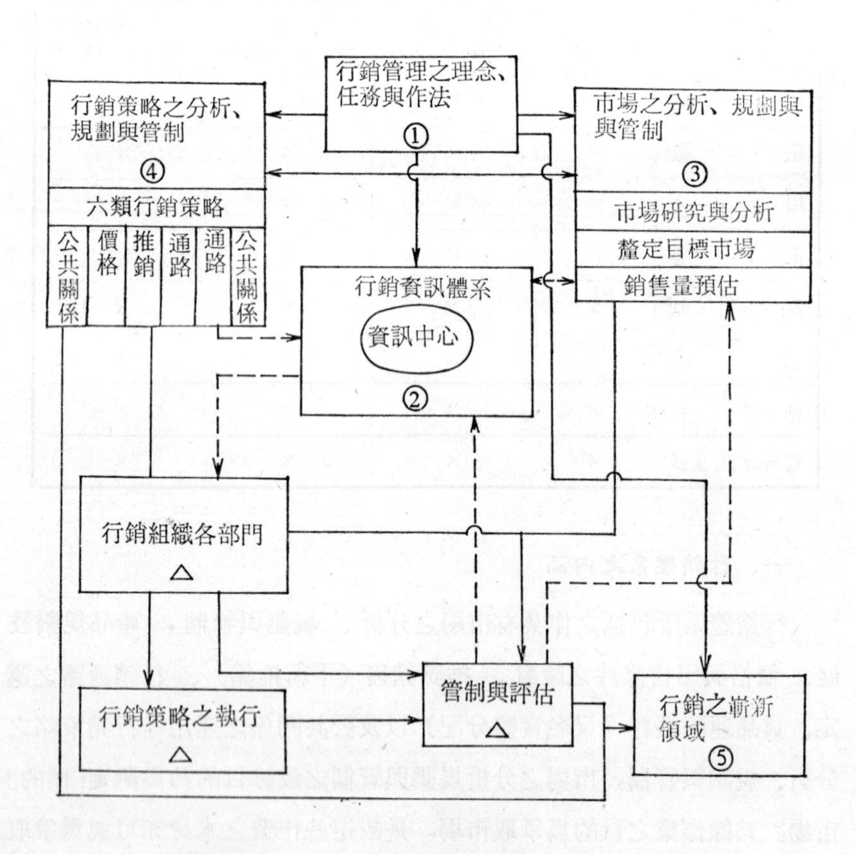
行銷管理之理念、任務與作法
①
行銷策略之分析、規劃與管制
④
六類行銷策略
公共關係
價格
推銷
通路
通路
公共關係
市場之分析、規劃與與管制
③
市場研究與分析
釐定目標市場
銷售量預估
行銷資訊體系
資訊中心
②
行銷組織各部門
△
行銷策略之執行
△
管制與評估
△
行銷之嶄新領域
⑤

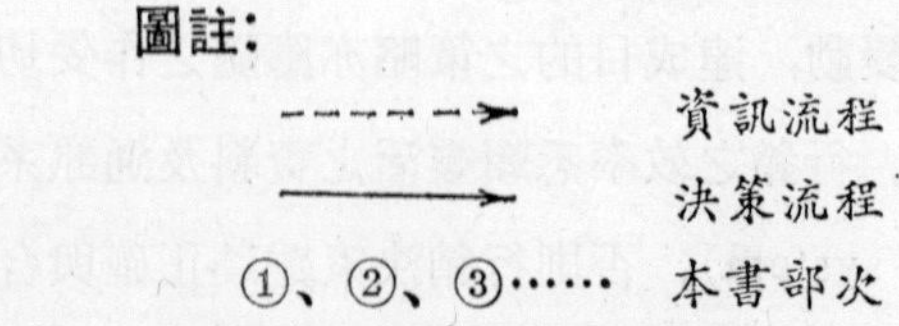
圖註:
資訊流程
決策流程
①、②、③…… 本書部次

圖例 4-3　行銷管理體系

之爲行銷組合 (Marketing Mix)[4]，不管何名，其爲爭取市場之利器則一。

（一）市場分析、規劃與管制

市場分析、規劃與管制之主要目的在乎劃定廠商之標的（或目標）市場與預估標的市場之銷售量，以供擬定行銷策略之依據。

1. 標的（目標）市場

所謂「標的」市場係個別廠商依其目標與現有資源所能爭取之市場。研究並分析市場時應時刻銘記追問者爲：（一）何者購買？（二）購買何物？（三）爲何購買？（四）何種購買程序？（五）何時購買？（六）何地購買？（七）有否購買能力等事項。這些事項亦爲劃定標的市場之重要因素。

2. 市場區隔化

劃定標的市場所必經之過程爲市場區隔化 (Market Segmentation)[5]，亦即將籠統廣大市場，依據不同標準，加以細分，使各經細分之小市場具有單純相同特性。區隔市場之變數有：

(1) 地理變數：如省、縣、市、鎮、氣候、人口密度。

(2) 人口變數：如年齡、性別、所得、職業、教育、宗教。

(3) 心理變數：如虛榮、媚外、同情、獨立、保守、激進、依賴、隨和、專橫。

---

[4] 參閱 Jerome E. McCarthy, *Basic Marketing: A Managerial Approach*, 5th ed. (Homewood, Illinois: Richard D. Irwin Inc., 1975), 第一章。

[5] 市場區隔化，係由 Wendell R. Smith 所首創。見 Wendell R. Smith, "Product Differentiation and Market Segmentation as Alternatice Marketing Strategies," *The Journal of Marketing*, Vol. 21 (July, 1957), pp. 3-8.

(4) 使用變數：汽車零件、建築原料、養護物料（用於中間商）。

(5) 行業變數：如合成化學、針織、機械（用於中間市場）。

市場研究人員可組合上述變數中二項或二項以上爲標準，區隔市場，就區隔化市場作妥切之考評後甄選適合於廠商本身條件之市場。廠商千萬不可將龐大籠統之全國所有人口與所得劃爲其目標市場，因爲如此劃定之結果爲分散廠商之資源，無法亦不可能有效取得競爭之優勢。

3. 「目標」市場銷售量預估

至於銷售量之預估可分兩大階段。第一階段爲產品總體需求量之預估。第二階段爲廠商市場佔有率預估。

分析一國經濟狀況藉以估定產品之總體市場，亦即行業之總需求量，涉及經濟景氣分析，謂之市場景氣分析。市場景氣分析結果與廠方本身資源一併可作爲行銷策略之依據。從此觀點，預估作業之第一階段應先於行銷策略之釐定。

待行銷策略釐定後，個別廠商便可依其行銷策略所能預期達成效果，如廣告預算之多少、人員推銷之預算等所能達成之企期效果，估定廠商在業界中之市場佔有率。從此總體銷售量預估之第二階段應後於行銷策略之擬訂。

許多學者及企業家時常對銷售量之預估與行銷策略之釐訂，孰先孰後有所混淆，殊不知孰先孰後需視預估作業之何一階段而定。銷售量預估方法甚多，筆者認爲上述預估觀念所產生之預估作業（定名爲雙階段預估法），可作許多其他方法之基本依據[6]。

（二）行銷策略之分析、規劃與管制

爭取市場之方法甚多，習慣上爲便於討論起見，通常將各種爭取市

---

[6] 參閱郭崑謨，現代企業管理學，第三版（臺北市：華泰書局，民國七十一年印行），第 310-313 頁。

場之方法分爲產品策略、價格策略、推銷策略、通路與實體分配策略以及公共關係策略等六大類。爰將與各策略之釐訂有關之基本觀念分別簡述於後。

1. 產品策略

產品本身是爭取市場之利器。優良產品是合乎目標市場之產品，是故產品之規劃與發展製造應依據市場分析結果行事庶能著效。產品之創新雖是企業營運之重要條件，但無的放矢之創新，實屬徒勞之舉。

產品具有生命週期，由推出、生長、成熟，而衰老「壽終」爲期通常不久，據美國之調查統計，一般產品（約80%產品）其壽命不會超過十年❼，因此推出產品時不但要考慮推出之種類，亦要考慮何時推出問題。一般而言，新產品之推出時間應在舊產品尚未衰老時，始能維持企業之青春活力。

包裝、商標品牌、標籤皆爲與產品不可分離之部份，因此產品之革新不應忽略該種「部份革新」。

2. 定價策略

定價策略應配合定價目標。如定價目標係長期性平穩價格之維持，定價策略應兼顧原料成本或其他變動成本之可能變動以及市場之競爭。質言之價格本身應能吸收可能增加之成本，而又不應高至不能與新舊廠商在價格上之競爭。其若定價目標爲擴大市場，增加銷售額，所應採取之策略乃爲低價策略，自產品上市之初期便應盡量放低價格長期掬取大部市場，防止新廠商之割據。倘若定價目標係登先掬取「富有」市場，則在產品初進市場階段便應盡量提高價格，待其他廠商介入後，降低價

---

❼ 見 Arch Patton, "Stretch Your Product Earning Year: Top Ma-nagement's Stake in Product Life Cycle," *The Manage Review*, June, 1959, pp. 7-14.

格，對付競爭。

出售條件，如現金折扣、多賣打折、廣告補貼等等，可視爲變相減價，個別廠商如果蔑視此種策略，雖其定價足可與其他廠商競爭，往往無法如期順利獲得應有市場。

3. 推銷策略

推銷爲推展有關產品、勞務、與產銷廠商之消息，以爭取顧客之有效方法。推銷以許多不同形態出現，諸如廣告、人員推售、經銷商勸導、店面佈置、產品展示、免費贈送、摸彩、特價券或減價券、公共關係等花樣百出不勝枚舉。由於推銷與顧客（或潛在顧客）較有直接接觸機會，容易詬病，爲衆矢之的，不能不善爲運用。

隨着大衆傳播媒介之普遍以及傳播效率之提高，廣告在推銷活動中已據有非常重要之地位。廣告活動之重要性可由各國廣告支出看其一斑。從各國廣告支出對國民總所得毛比率觀看，顯然國民所得毛額較高之國家，其比率亦較高❽。弦外之音乃爲廣告對國民所得之貢獻，隨着各國所得之提高而提高。雖然廣告效果不易正確推測，其爲具有情報性功能，說服性功能，以及創造服務性功能，實不可否認❾。機智廠商實不應因噎廢食，因不能正確測知廣告效果而不作廣告。

廣告媒體有電視、報章雜誌、收音機、公佈欄、公車箱壁、戶外牌貼、空中煙幕或照明、汽球、直接通信等等，據本省歷年來之統計，以報紙及電視廣告較爲普遍，兩者之廣告費約佔全部廣告費 2/3 左右❿，雖然報紙廣告費之支出仍較電視廣告費之支出爲多，報紙廣告費之增加

---

❽ 許士軍，現代行銷管理（臺北市：三民書局），民國六十五年印行，第 344 頁。

❾ 同❽，第 345-347 頁。

❿ 同❽，第 343 頁。

率有逐漸降低之趨勢，此種趨勢將會加速電視法規之嚴格化與電視廣告技術之不斷改進。

4. 行銷通路策略

廠商銷售其產品至使用者或最終消費者所必經之路程謂之行銷通路。通路上遞轉經銷之單位稱爲中間商人，如躉售商、零售商等。行銷通路上遞轉經銷之次數愈多，亦即所經中間商人愈多，行銷通路愈長，否則相反。貨品之行銷通路愈長，中間加價亦愈多，中間商之效率愈高，經銷成本當會愈低，是故如何甄選適當通路與中間商實爲行銷之要務。

5. 實體分配策略

實體分配乃軍事上「後勤」觀念應用於企業營運之活動。實體分配包括貨品之運輸、倉儲、貨品再處理、調配、採購、擇地等活動[11]。貨品「實體」由供源運輸至消用者之間，往往需經數次之運輸分級、分裝、處理打包、儲藏以利銷售，這些作業若能靈活進行，不但可節省可觀之行銷成本，且可增進對顧客之服務，加強市場競爭態勢，爲爭取市場之利器，其重要性已不下於其他任何行銷工具。

6. 公共關係策略

企業公共關係乃指廠商與外界之關係而言。「外界」包括同業、異業、政府機構、財社團體、以及社會公衆。舉凡一切能增進外界對廠商之感觀及態度之種種活動皆屬公共關係作業。

近來由於企業界開始強調行銷導向，加以行銷單位對大衆傳佈技術、設備人員均十分齊備，公共關係作業已成爲行銷策略之第六嶄新「組合」工具，而且將成爲更具潛力之行銷工具。

---

[11] 見郭崑謨，實體分配——另一嶄新而重要管理課題，現代管理月刊，民國六十六年十一月號，第7-9頁。

（三）行銷資訊體系

1. 行銷資訊之涵意

行銷資訊包括行銷決策用之靜態資料與蒐集、整理、分析與運用資料（包括分配資料）等動態作業。行銷資料應包括下列類型:

(1) 市場分析與規劃所需資料。

(2) 行銷策略訂定上所需之資料。

(3) 行銷管制所需資料。

行銷資訊不但要具有實用性、正確性、時效性、更重要者要具有未來性。

2. 行銷資訊系統

行銷資訊系統可為下列數子系⓬。每一子系皆甚重要，任一子系之瓶頸將會導致整個資訊體系之運作效率之降低。

(1) 自動報備子系。

(2) 偵察子系。

(3) 主動尋求子系。

(4) 資料處理子系。

(5) 察用子系。

（四）行銷觀念與作法之廣及幅度

上述行銷觀念，除日趨國際化外，不僅可應用於企業營運，亦可應用於非企業活動，舉如研究選民，規劃競選策略，區隔「標的」家庭，推進家庭計劃等等。吾人將繼續發現行銷觀念之受用於各不同政治、社會以及宗教活動，使行銷觀念逐漸與大衆生活結合。

⓬ 郭崑謨著，國際行銷管理，修訂三版（臺北：六國書局，民國七十一年九月印行），第132-133頁。

第二部

行銷組織與行銷管理資訊

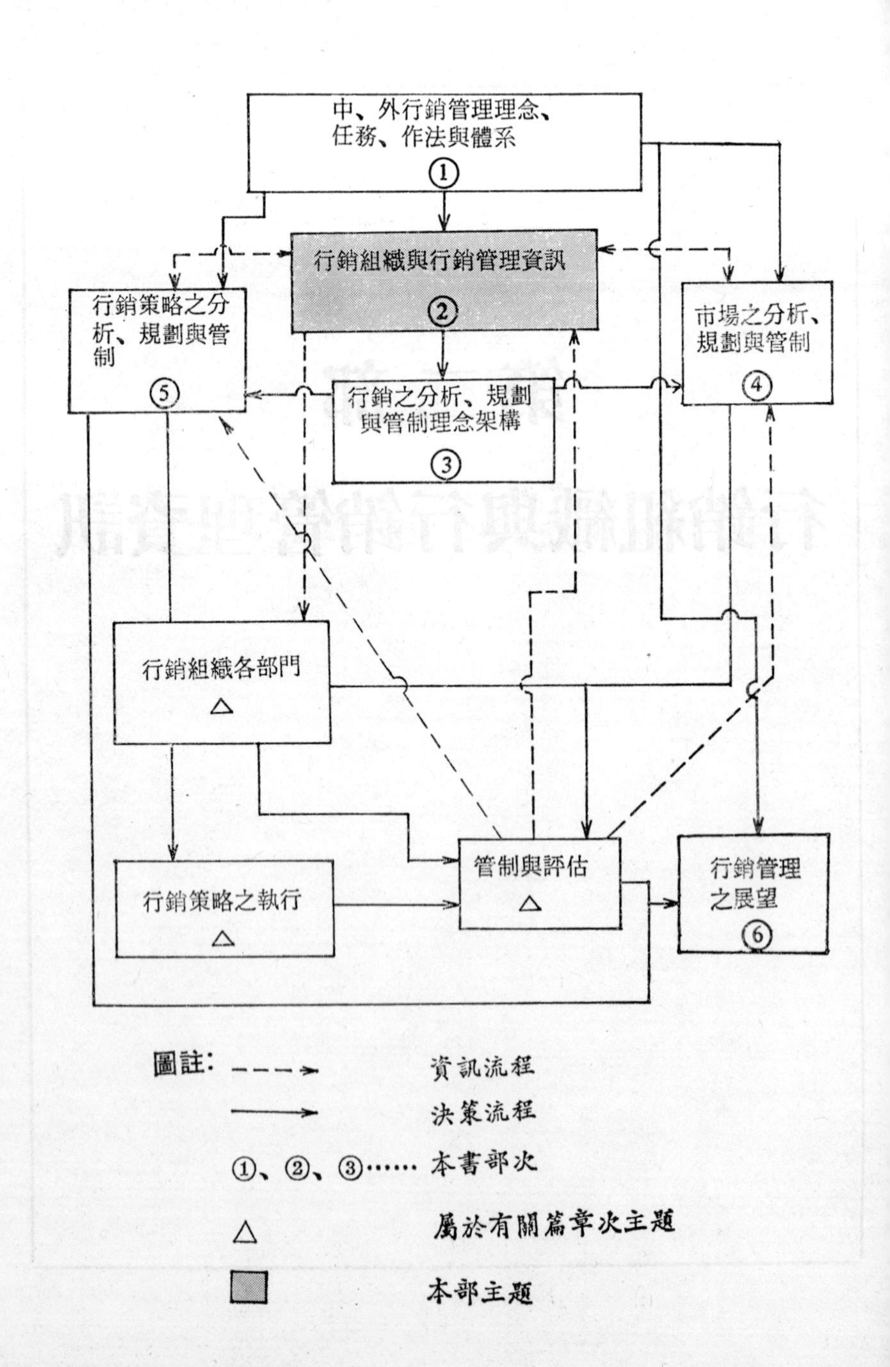
中、外行銷管理理念、
任務、作法與體系
①
行銷組織與行銷管理資訊
②
行銷策略之分析、規劃與管制
⑤
市場之分析、規劃與管制
④
行銷之分析、規劃與管制理念架構
③
行銷組織各部門
△
管制與評估
△
行銷管理之展望
⑥
行銷策略之執行
△
圖註：
資訊流程
決策流程
①、②、③……本書部次
△　屬於有關篇章次主題
本部主題

第 二 篇

行銷管理之組織

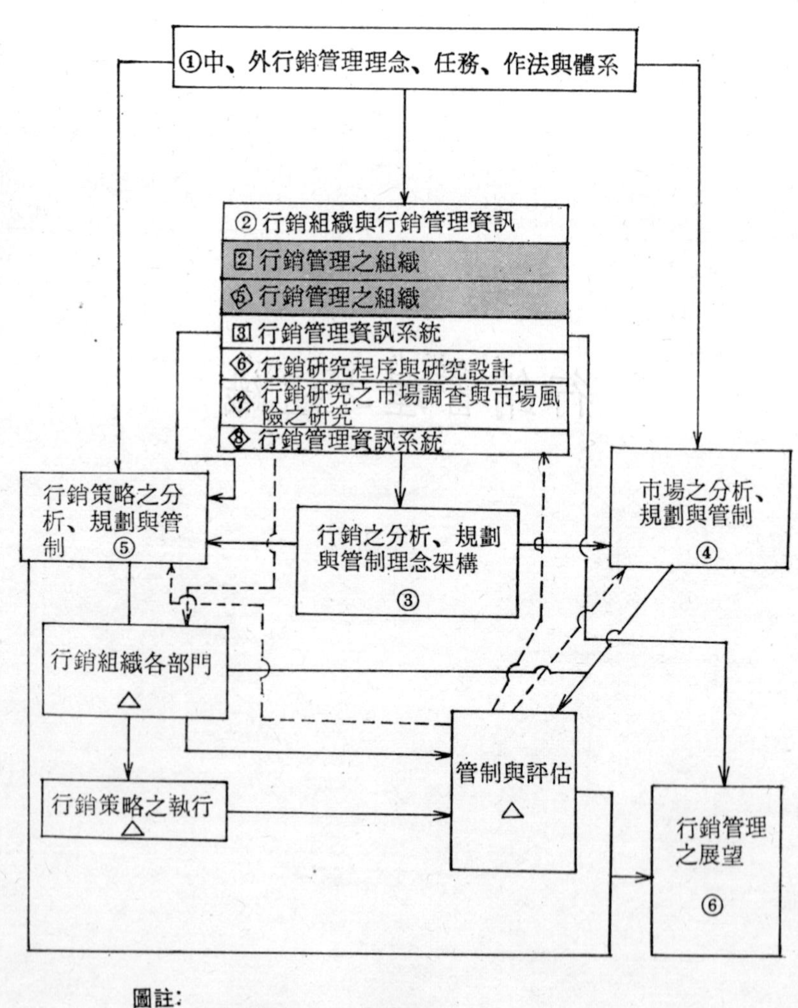

①中、外行銷管理理念、任務、作法與體系
②行銷組織與行銷管理資訊
2 行銷管理之組織
5 行銷管理之組織
3 行銷管理資訊系統
6 行銷研究程序與研究設計
7 行銷研究之市場調查與市場風險之研究
8 行銷管理資訊系統
行銷策略之分析、規劃與管制 ⑤
行銷之分析、規劃與管制理念架構 ③
市場之分析、規劃與管制 ④
行銷組織各部門
管制與評估
行銷策略之執行
行銷管理之展望 ⑥

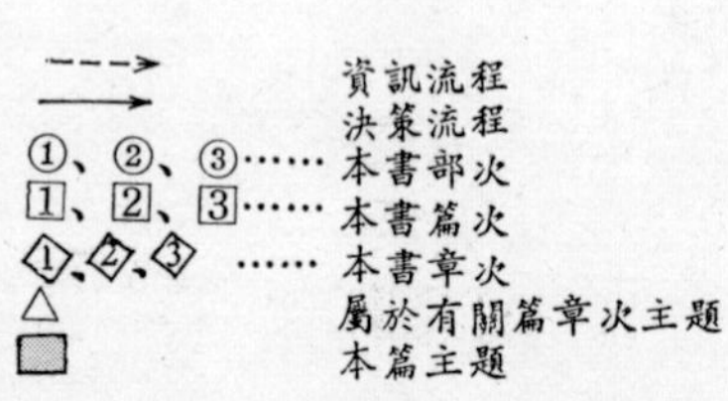

圖註:
資訊流程
決策流程
①、②、③……本書部次
1、2、3……本書篇次
1、2、3 ……本書章次
屬於有關篇章次主題
本篇主題

第五章　行銷管理之組織

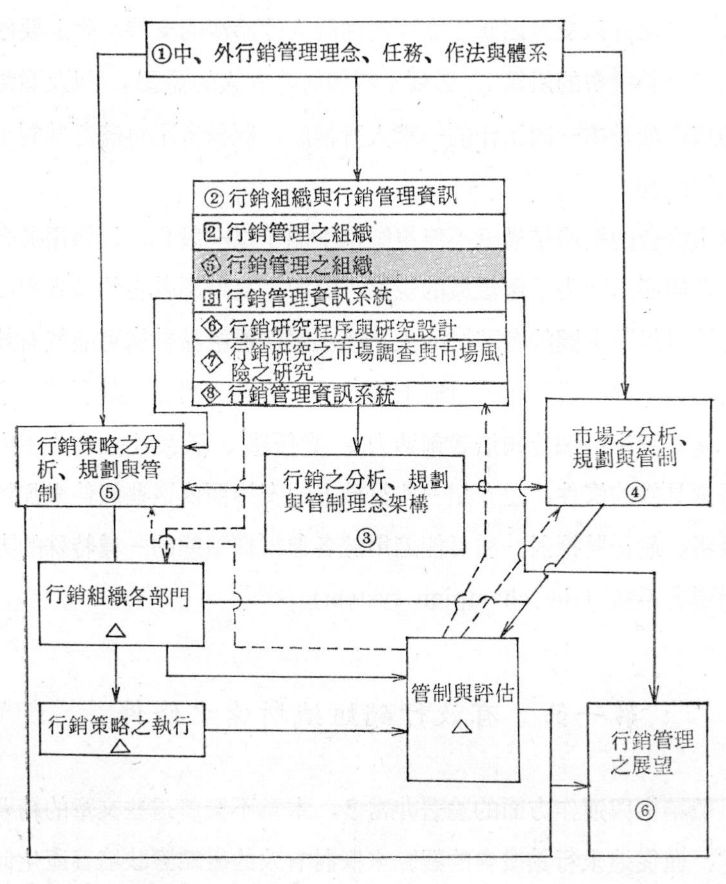

①中、外行銷管理理念、任務、作法與體系
②行銷組織與行銷管理資訊
②行銷管理之組織
⑤行銷管理之組織
③行銷管理資訊系統
⑥行銷研究程序與研究設計
⑦行銷研究之市場調查與市場風險之研究
⑧行銷管理資訊系統
行銷策略之分析、規劃與管制 ⑤
行銷之分析、規劃與管制理念架構 ③
市場之分析、規劃與管制 ④
行銷組織各部門 △
管制與評估 △
行銷策略之執行 △
行銷管理之展望 ⑥

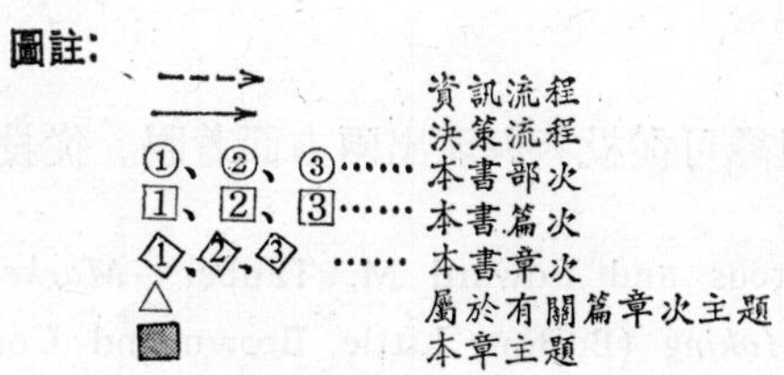

圖註:
資訊流程
決策流程
①、②、③……本書部次
①、②、③……本書篇次
①、②、③……本書章次
△ 屬於有關篇章次主題
本章主題

義大利政治家馬基維利在一五一三年印行的君王(The Prince)一書中說道:「切記!沒有比創造事物的新規律更難計劃,更難確保其成功,以及更危險的事。因爲創造者所面對的敵人是所有因保留原有制度而獲利的人,然而却只受到因新制度而獲利的人的冷淡的支持。❶」要建立一個追求行銷機會的組織,必須了解如何適應人的需要,以及激勵人性。由於組織是由一同工作的一羣人所構成,經營者不可疏忽其對事業和個人的義務。

追求機會的組織結構既不能複製也不能予以一般化,以適用於各個公司。我們必須要先了解組織的規模,資源、高階經營者的負責程度,企業的性質以及有關的各階層的人才能決定何種組織結構可能較有效。然而仍然有一些一般常見的組織上的安排,可供我們探究其利弊。本章的目的是要列出一個能夠培養創造力、責任感、高度士氣和生產力的組織所應具備的條件,並介紹一些組織上的安排而依這些條件來加以評估其優劣。最後將探討一種可能適用於各種組織型態的一種特殊的方法——倡導者系統 (the champion system)。

第一節　有效行銷組織所需之條件

組織結構與運作方面的論著非常多,本章不擬將這些文章的精要悉數介紹,僅從追求行銷機會的觀點來探討有效的組織應該培養產生何種態度,動機和行爲。

要建立有效的組織可從投入與產出兩方面着眼。從投入面來看,組

❶ Burton H. Marcus and Edward M. Tauber, *Marketing Analysis and Decision Making* (Boston: Little, Brown and Company, 1979) p. 59.

織結構的目標在於幫助個人發揮其個人最大的能力來達成公司目標。從產出面來看，組織的目標是要以公司有限的資源達到最大的產出。這兩種組織目標看起來似乎相同，但事實上它們並不同。由於員工的感情、抱負、自我以及個人目標可能與公司的利益不合。因此事實上，上述的兩種組織目標都不實際。只注意產出而未考慮組織中人的需要是缺乏遠見而且在長期內這種組織必然會失敗。如果只注意員工的需要，亦同樣行不通。因爲員工的目標未必與組織目標一致。因此，組織應該在這兩方面取得平衡，建立一種能夠達到可接受程度的產出，旣能滿足員工個人的需要又能滿足公司（組織）的需要。從長期觀看，這可能是最理想的組織。

有效的組織應該考慮到個人與其才能，此種才能包括創造力、創業能力、專業技能、決策能力、客觀性和奉獻精神。此外還應考慮組織中的員工之間的相互作用，包括靈感、溝通、協調和士氣。最後還應考慮有關組織型式的問題，包括投入產出比例與時間的關係，對變動的適應能力、權力的下授與責任的承認❷ 。這些條件彙總在表 5-1。

表 5-1　有效行銷組織的條件

1. 創造力	6. 奉獻精神	11. 投入 / 產出與時間的關係
2. 創業能力	7. 靈感	12. 應變的彈性
3. 專業技能	8. 溝通	13. 權力
4. 決行能力	9. 協調	14. 責任
5. 客觀性	10. 士氣	

資料來源：Burton H. Marcus and Edusard M. Tauber, *Marketing Analysis and Decision Making* (Boston: Little, Brown Company, 1979) p. 61.

筆者認爲除上述應考慮條件外，行銷主管人員，在組織結構以及其相互關係方面，須特加注意，庶能發揮組織之力量，爲達成組織之目標，

---

❷ 同❶, p. 60.

主管人員集衆多人力、物力，依據實際需要劃分權責，擬訂人力、物力之相互關係，期發揮團隊組織力量，每一層次之管理人員應明瞭下面所述幾點原則，力求組織之健全。❸

第一、組織之目標及政策應明確易行。目標及政策若不明白、正確，組織內之成員無法一貫遂行權責，成員間易起糾紛，工作分散，組織力量往往不易集中。目標若定得過高，政策又難於實行。成員在追逐目標過程中，遇事多頹喪，容易失却對工作之信心，由積極而轉入消極，組織力量自然無法發揮。

第二、職權、職責兩者之份量應保持平衡。職權增加職責也應正比例增加。設想紡織公司門市部經理負有銷售公司產品之職責，如果無權決定店內陳列排設，無權聘用所需店員，而需要一一請示廠方上層主管，則門市業務之進展必定遭受到權責之阻塞而難期順利。

第三、組織之指揮應「單一化」，指揮單一化係指每一部屬應只有單一直隸主管而言。倘若組織成員有一個以上之直隸主管，成員之作業指揮將混淆不清。成員一遇有疑難，需求解決，向何主管請示，莫知所措，成員間步調自難一致，衆力分散，組織力量由此而削減。

第四、分層負責、分工專業乃發揮團隊力量之基本要素。良好之組織最忌權責之過份集中。權責之劃分應據實際需要及管理人員之能力而定。權責類別應視業務性質作適切之分界以作擬定人力、物力關係之憑據。權責過份集中之情形，在小企業內屢見不鮮，這正說明何以小企業無法擴展之原因所在。

第五、組織之圓滑作業全賴組織內各部門間之和諧行事，一致向共同目標前進。是故組織功能之發揮，非有高度之協調莫成。協調之道在

❸ 郭崑謨著，「主管人員之八大職責」，企銀季刊，第5卷第2期（民國七十年十月），第11-18頁。

乎建立良善之協調工具——通訊系統，如會議制度、公司通報系統、資料收集存發等等。

第六、組織內之指揮權責與參謀權責應明確劃定，以防止指揮系統之混亂，助理幕僚不應沾權指揮。

第七、組織應具適切之伸縮性。內外環境，時刻變遷，組織本身若不具彈性，環境一變（如同業競爭、政府政策及法令、勞工運動、主傭關係等等），組織隨着易成陳腐，難濟新變化。組織之伸縮性可架構於組織政策內，以便利應變。因此在擬定政策時不能忘却，對未來情況之估定及應變之措施。

第二節　行銷組織之不同型態

從第一節所述，顯然良好的組織，其成員、環境和內部關係都應具獨特條件。雖然如此要將有效的幾種組織結構整理歸納成類仍然可能。這些結構是由這方面的一些學者基於其對一些公司的組織型態的觀察而得到的結論。

本節將討論並評估五種追求行銷機會的組織結構：(1) 產品或品牌經理系統、(2) 職能經理系統、(3) 委員會方式、(4) 專案小組、(5) 外部的專門機構。

壹、產品經理系統

最常見的一種組織方法是依產品別或品牌別來劃分組織（見圖例5-1）。在一些規模較大的產銷消費性包裝產品（Consumer packaged-goods）公司和產銷硬質產品（hard goods）公司以及服務業中，這種組織最廣爲使用❹。

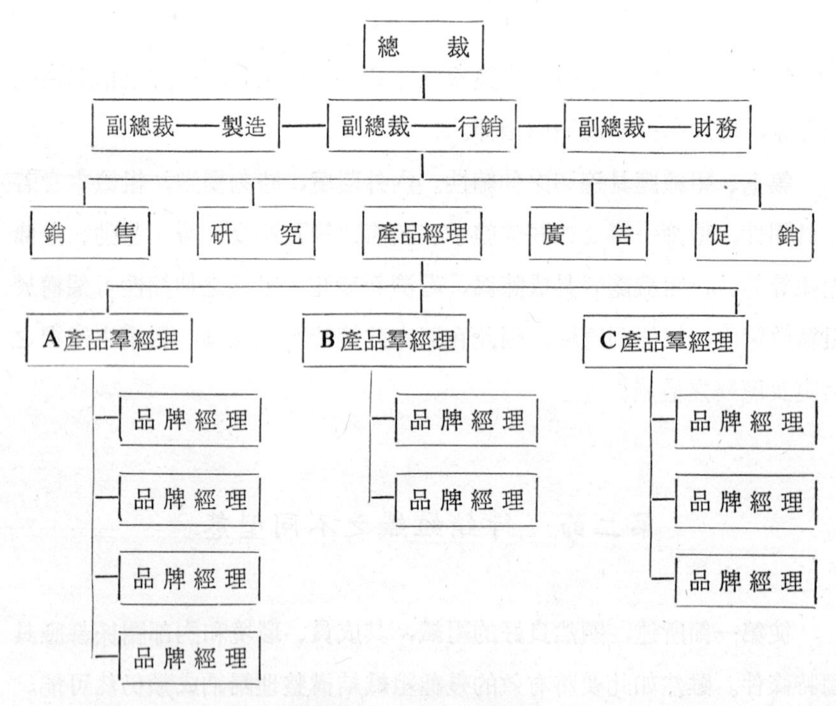

圖例 5-1 產品經理組織

產品經理系統早於一九二七年在 Procter and Gamble Company, 出現❺。該公司的新產品 Camay 香皂起初賣得並不好，因而指定後來成爲P & G公司總裁的 Neil H. McElroy 的年輕人專力於此種產品的發展和促銷。由於他做得相當成功，因此該公司又增加了幾位其他產品

---

❹ Richard M. Clewett and Stanely F. Stach, *Product Manager in Consumer Packaged Goods Industries*, a Monograph Published by Northwestern University, 1974. also see. Philip Kotler, *Marketing Management Analysis, Planning and Control*, 2nd ed. (Englewood Cliff, N. J.: Prentice-Hall, 1972), p. 287.

❺ 同❶, p. 62.

的產品經理。

此後有幾家公司也於二次大戰前成立了類似的組織，但產品經理系統是在二次大戰後才成長起來。由於在這段期間新產品的大量推出，大量的使用廣告和促銷活動，並常仰賴市場研究，此種轉變加上其他的發展促使更多的公司採用產品經理系統。尤其是在肥皂、食品、衞生用具以及化工業採用得更多。產品經理系統是一種組織上的突破，它創造了眞正的利潤中心也將企業家精神注入到經理思想中。

但是企業界漸漸發現這種組織並不是萬靈藥。在大部分的公司中，產品經理與其說是企業家不如說是管理員。因爲他們沒有職權。因此產品經理必須像推銷員一樣來說服那些握有資源而能幫助他的人。他如果對幕僚性機能組織如市場研究、廣告，製造或銷售部門沒有職權，他就必須使用大部分的時間來從事協調、說服、控制和計畫的工作，卽使是他自己所管的品牌的主要策略的決定也必須交由更高階的主管來作最後的決定。雖然如此，對於一些大公司或多產品公司的一些正在發售的產品而言，這種產品經理組織確實是一種重要而可行的組織方式。由於高階經理沒有足夠的時間和精力來管理每種產品的日常所需的作業，因此產品經理的確扮演重要的角色。

論及行銷組織，我們所關心的是行銷機會如何。由於產品經理對其產品有最深刻了解，因此應該最有能力追求那種產品的行銷機會。產品經理通常可以將其產品重新定位，擴展市場，和加長產品線的工作做得很好，然而尋求其產品線以外的新產品機會則不是他在行的事。因爲他沒有多餘的時間去開發其他的領域。他所最關切的是他的產品的盈虧，產品經理就像協調人一樣他缺乏企業家精神並且不願改變。又由於他是協調人，因此產品經理對任何職能領域都不專精，他必須仰賴一些專家來幫他做事。由於新產品需要大量的時間和精神的投入，產品經理不適合這種工作。

貳、職能經理系統

許多公司將其行銷部門照銷售、廣告、促銷、研究、預測等職能來組織（如圖例 5-2）。即使是產品經理組織也常常下設各種職能組織。採用職能組織的主要好處是這樣可個人專注於單一或有限的職能範圍因而可達專業化的目的。即使是企劃也是非常專門的職能而需要專人或專門的組織來處理。當公司的產品不是多樣化到需要各別的經理來管理各個產品時，職能經理系統是很有效的組織。

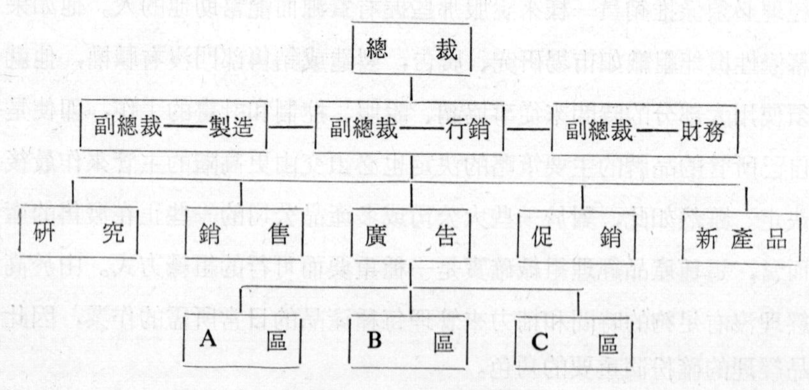

圖例 5-2　職能經理組織

從追求行銷機會的觀點觀看， 這種組織系統相當有效 。 將追求行銷機會的工作交給專人或專門的團體來做有很多優點。因爲這些人可有充分的時間和心力來從事這方面的專家。例如有些公司有新產品經理和企劃經理或類似的職位。這些職位應賦予可達到其目標所需的職權和資源 。 有些專家開發多樣化的市場機會 。 有的則從事產品線外的研究開發 。 如果用人正確， 這種組織可以將創造力和企業家精神注入此種組織。

使用職能經理來從事行銷機會的研究也有其缺點。由於這是他唯一的工作，因此他可能變得不夠客觀。對一個開發新產品構想或選擇產品多樣化途徑的人來說，在以後的評估各種可行方案時他會較不客觀。另一個問題是有關士氣的問題。如果追求行銷機會是他唯一的任務，其士氣則完全決定於其開發機會的成敗，同時成敗又是相當引人注目。如果他在相當的時間仍不能發展出什麼行銷機會時，他可能會變得沮喪。由於開發新機會往往非常困難，其成功的可能很低，因此這種士氣低落的問題當不難預見。

雖然如此，職能經理組織仍然利多於弊，而對中等或大規模的公司而言這是追求行銷機會的最佳途徑之一。這也就是說除非公司能夠長期的提供大量的資源來支持這種組織的活動，並且高階經營當局能鼎力支持並願意保護這種組織的決策和決行的權威；否則這種職能組織可能成本非常高昂而且效率差的組織❻。

叁、委員會組織

委員會組織事實上並不是一種單獨可行的行銷組織，而是一種輔助性組織。有許多商業決策在委員會議中決定。委員會組織的一個明顯的長處是它可以將許多人的智慧、意見和專長集合起來處理單一的事件。其聚合的腦力當然要比單一決策者來得大。從追求行銷機會的觀點來看，委員會組織是一種可供團隊協調聯繫的組織型式，並且可確保高階經營當局的意見的流入。這種組織通常是由高級經理，技術性研究發展主管、企劃經理、新產品經理以及行銷研究主管所組成（見圖例 5-3）。

這種委員會組織當然也有缺點。因爲每一會員還有其專任工作要照

---

❻ Davis S. Hopkins, *Option in New-Product Organization* (N. Y.: Industrial Conference Board, 1974), p. 613.

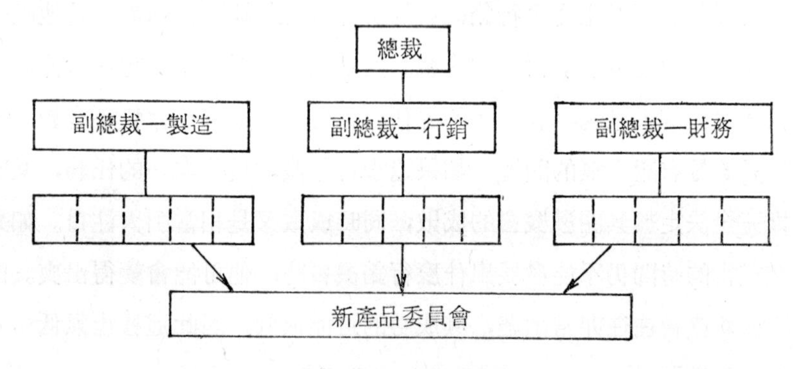

圖例 5-3　委員會組織

顧，因此委員會的工作對他而言只是次要的工作。而尋求行銷機會是需要專任的專才來做，不是委員會這種兼任者的專業水準所及。而且爲了討好各方的會員，委員會必須折衷各方意見，因此通常委員會的意見較爲保守而不可能會有突破性的改變。

因此委員會組織在追求行銷機會時最好是處於輔助的地位，而將主要的權責留給在這一方面有專業才能的人或團體，委員會成立的目的應限於偶爾提供新意見或作爲確保組織的計畫，朝着公司的目標進行的監視單位。

肆、專案小組 (PROJECT TEAMS) 及投資羣 (VENTURE GROUPS)

有一些複雜的工作需要特殊的安排，而專案小組和新行業投資羣就是由於此種需要而產生的。將特別的羣體設立於公司一般的固定結構外有一些優點，包括：❼

1. 不受一般進行中的作業的干擾而可專力於進行其特有的任務。
2. 可組合一些最佳的人才成爲各方專才的新結合以處理問題。

---

❼　同❶，pp. 67-68.

3. 製造一種能激發強烈的使命感以及透過創業激發企業精神的作用，提高成功的機會。

4. 克服在一般大組織下所產生的官僚化作風對創造力和即刻的決行的限制。

然而，由公司中專門人才所組成的羣體也有其短處:

1. 說服夠資格的人接受被他認為是具有高度風險而偏離其主要的事業方向的職位，很困難。

2. 其部門主管不願意這種重要人才外流。

3. 一方面要給專案小組相當的獨立自主的能力，另一方面又要掌握領導權，二者之間很難作適當的制衡。

4. 有高度使命感以及熱切的專案小組是容易變得失去客觀性的。

5. 高階經營者有過分干預專案小組作業的傾向。

以專案小組追求行銷機會雖在某些方面確有其價值，但專案小組通常用來處理緊急或偶發事件，因此此種組織不可以取代組織中原有的經常性的市場和產品開發部門。

專案經理選定後，他再從各部門中選擇其所需要的人員組成小組，而矩陣組織的概念就是從專案小組中發展出來的。職能性的專家不僅向其原部門主管負責也向專案小組的經理負責。專案小組在一定的預算內以及一定的時間表下努力完成特定的目標，因此在尋求行銷機會的工作範圍上，會受到限制。

投資羣是從專案小組衍生出來的組織，而其目標和結構都與專案小組不同。投資羣通常是高階經營者為尋求並發展異於公司現有經驗的新事業，因此投資羣可能可將公司帶入新的產業中。

馬克哈農 (Mack Haman) 曾分析過一些採過投資羣的公司 (Dow, Westing House, Monsanto, Celanese, Union Carbide, Dupont, and

General Mills）的經驗而得到以下的結論：❽

「新投資使創新較可預期而非隨機發生，是公司以持續的努力發展新的事業，而不是間歇性的或急於一時的活動。最重要的是新投資是用以達成重大創新的突破進入的行業，不只是將產品作細微的修改而已。投資羣有六種主要的優點：(1) 投資羣是單一導向的活動，只有一個目標；(2)投資羣是各種領域的交流；(3)投資羣有企業精神；(4) 投資羣是理智的，只受事實的影響，而不是訴諸情感；(5) 投資羣是改變的動力。」

由於投資羣像一個小公司一樣，因此必須要有兩個基本要素：即具有眞正企業精神的領導者，以及充分的預算。領導者必須是有遠見而且能夠將一羣專家組織並協調好。他必須有接受風險的意願，而不是期待經營一種已存在的事業，充分的預算可使投資羣成爲獨立自主的單位，但是就像一些小公司一樣，不充裕的資金可能造成其早夭。

艾格（Edger Pessemier）的筆下敘述了兩家使用投資羣的公司的情形：❾

「新投資不僅是風險高而且很容易失敗，爲了避免此種組織的夭折，投資羣應被給予充分的財務支持以及充分的獨立自主。如此投資羣在發展新產品或其他需要時間，創造力和應變能力的工作上可有很好的工作績效。如美國 Monsanto 公司的新事業部門和美國ＧＥ公司的投資計劃部門即是很好的範例。美國 Monsanto

---

❽ Mack Hanan, "Corporat Growth Through Venture Management", *Harvard Business Review,* January / Febriary, 1967, pp. 45-47.

❾ Edgar A. Pessemier, *Managing Innovation and New Product Development* (Cambridge, Mass: Marketing Science Institute, December, 1975), p. 47.

公司的新事業部門就像新事業的育嬰室，以各種方法拓展公司的技能，並發展出構想引導公司發展新產品並進入有利的新市場。ＧＥ公司也用非一般的預算支出來支持此種發展新事業的活動。在適當的情況下ＧＥ公司也積極的將其資源投入有利的新行業，此種做法可將不適用於公司目前事業的寶貴技術以及太小或太專業的市場有效的利用。而ＧＥ公司對於離開公司從事發展新事業的員工通常還給予相當大的股權。」

美國 The Industrial Conference Board 綜合其會員公司在投資羣上的經驗得到如此的結論，投資羣的優點是獨立自主，具持續，具激勵性，以及重視專業技術。其缺點是成本高，易與經營方針脫節，失去客觀性，人事異動率高，以及引起與母公司內的衝突❿。

伍、外包組織（Work Shops）

另一種尋求行銷機會的方法就是不成立組織，而是將此種工作授權給外界長於探求、評估並上市新產品的公司，或長於為現有產品重新定位的公司。（見圖例 5-4）此種從廣告代理商發展出來的組織在美國目前爲數相當多。

在一項針對這類組織的調查中發現，此種組織主要是被雇用於做行銷、廣告、消費者研究，以及技術上的研究。而盒裝產品公司為其最主要的顧客，工業產品與「硬質」消費產品也是其顧客之一。而這些公司都是以月為基礎支付費用。不發展公司內部組織的力量而借助外力的最大優點是此種外界組織具有新的看法。他們不受目前產品線先入為主的觀念所蒙蔽，或受生產能力的既有觀念的限制。另一種優點是此種發展方案的成本可以被嚴格控制，而不似公司內部組織可那麼自由的使用公

❿　同❻，pp. 42-43.

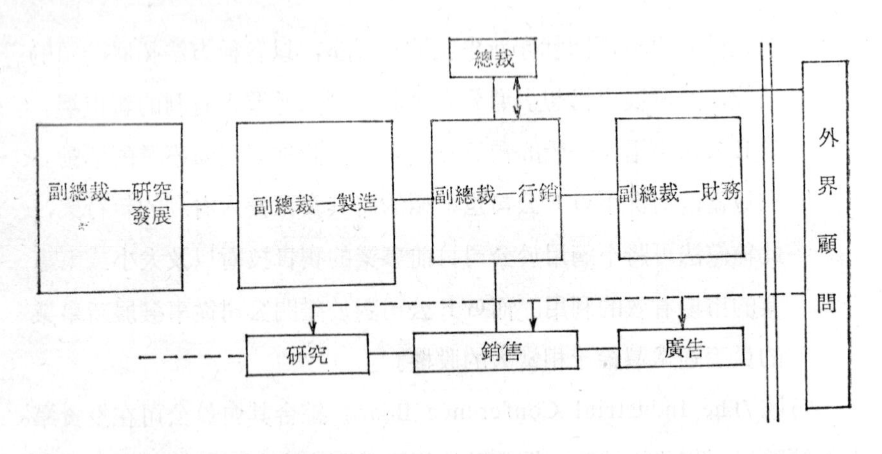

圖例 5-4 外部組織（外包組織）

司資源。高階經營者可預先知道此種發展方案的成本，並且此種成本通常比較經濟。

另一種重要的優點是，此種外界組織的調度彈性高，只有在有需要的時候才聘用此種組織，而不需要時即可停止此種雇用關係。而內部的發展部門則成立後即必會持續的消耗公司資源。此外當外界的顧問表現良好時，即可繼續保留其工作，因此，這種做法的調度彈性高。

然而外包的組織同樣有其缺點。外包的組織所提出的構想可能是理想過高而不可行或成本過高。他們較不瞭解公司的需要以及產能的限制。此外，要將他們的構想在公司中推展通常也會遭到困難。因爲，這種情形就像是要公司內的員工去撫養公司外的人所生的孩子，此種心態會妨礙外包組織的構想，在公司中實現。

最後一點，是製造商所擔心的情報走漏之問題。新產品的開發中，前置時間是重要的一環。當外人介入新產品開發時，很難保證或控制不讓情報在前置時間中流出。

第三節　決定組織型態之重要因素——倡導者之魄力

以上所討論的是有關組織的型式的問題。尋求行銷機會的成敗關鍵在於羣體互動的型式。因此，組織型態之倡導者對新構想的行爲與新構想本身同等重要。

根據學者的觀察，發現通常構想的提出者就是其構想最積極的倡導者。其倡導行爲通常偏激到失去客觀性，一意要說服他人接受其構想。雖然表面上，此種傾向可能顯然對追求行銷機會的公司有害。但事實上情形是可能恰好相反，因爲對一個大公司而言，要將新構想通過公司階層制中層層關卡，到付諸實現需要耐心及熱心的人來促成此種結果。卽使在子公司，新構想在付諸實現之前也同樣須經過種種懷疑、評估才能達到願望。而一個未實現的構想就等於一個沒有價值的構想。

在公司中倡導者是將其追求市場機會的構想實現的必要助力。只要有市場研究人員、財務分析人員，和高階經營者作爲此種構想的客觀評估和決案者，倡導者過於積極的行爲當不致造成不良的後果。就像如此客觀的仲裁者與積極的倡導者雙方的均衡成爲公司中發展新構想的行爲型式。此種行爲可在細微的產品重定位過程中或在新產品的發展突破過程中看到。若將組織結構的層面略去不看，將可發現，組織中的變革產生泰半是像倡導者這種具有創造性的個人所促成。

第三節　[illegible]之主要因[illegible]——[illegible]者之能力

[illegible]的組織。[illegible]

[illegible]。因此，組織[illegible]

[illegible]。

[illegible]

[illegible]，一[illegible]人[illegible]

[illegible]。[illegible]

[illegible]

[illegible]

[illegible]

[illegible]

在公司中[illegible]

[illegible]

[illegible]

[illegible]

[illegible]

[illegible]

[illegible]

第三篇

行銷管理資訊系統

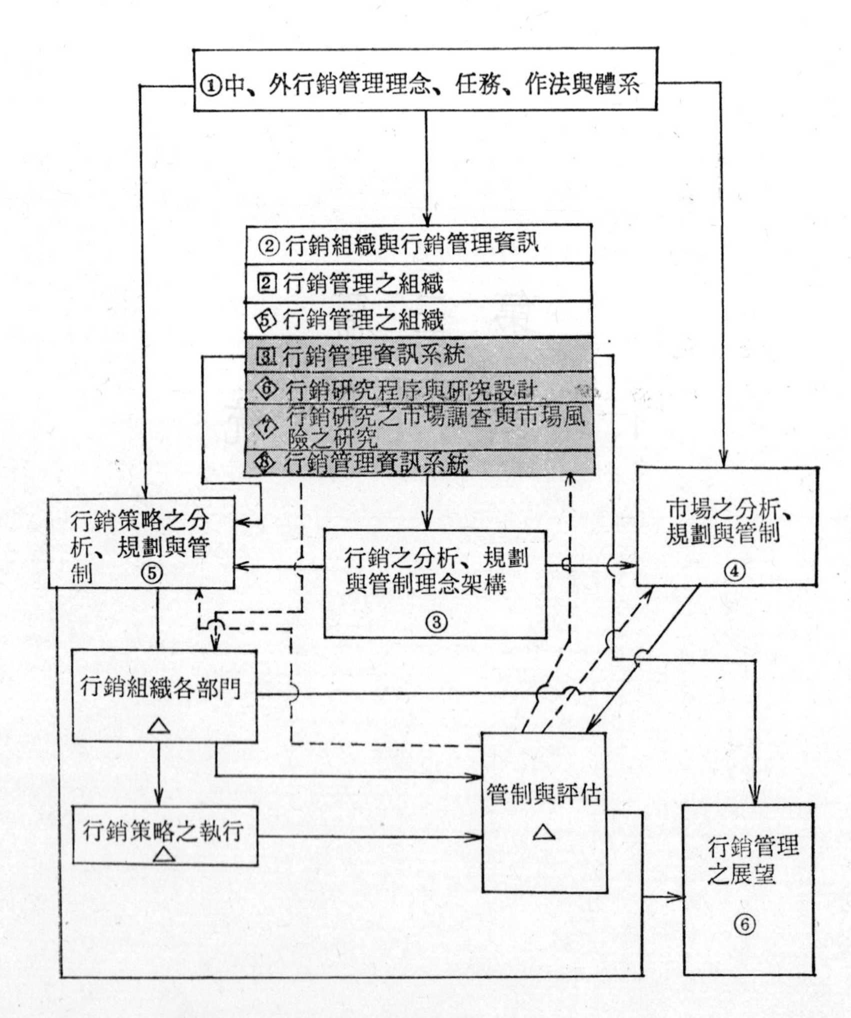
①中、外行銷管理理念、任務、作法與體系
②行銷組織與行銷管理資訊
2 行銷管理之組織
5 行銷管理之組織
3 行銷管理資訊系統
6 行銷研究程序與研究設計
7 行銷研究之市場調查與市場風險之研究
8 行銷管理資訊系統
行銷策略之分析、規劃與管制 ⑤
行銷之分析、規劃與管制理念架構 ③
市場之分析、規劃與管制 ④
行銷組織各部門
行銷策略之執行
管制與評估
行銷管理之展望 ⑥

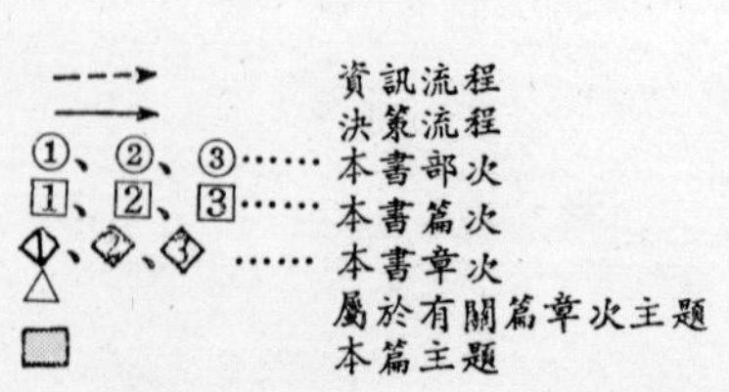
圖註:
資訊流程
決策流程
①、②、③……本書部次
1、2、3……本書篇次
1、2、3 ……本書章次
屬於有關篇章次主題
本篇主題

第六章　行銷研究程序與研究設計

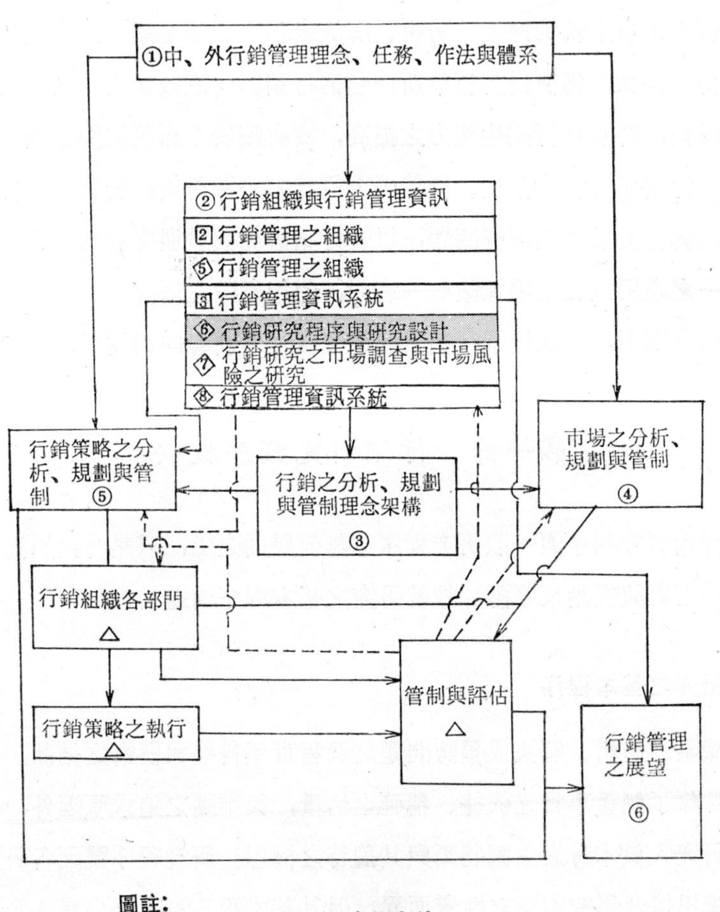

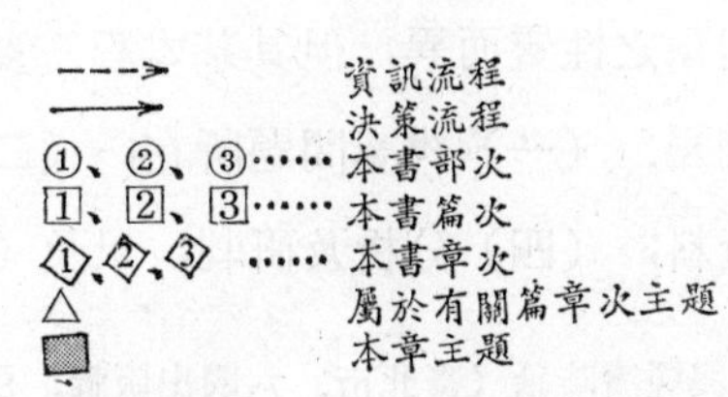

「有研究斯有發展，有發展斯有創新。企業之成長，經濟之晉段，非靠不斷研究發展，無由達成。」❶ 在行銷導向與生產技術導向普受重視之我國，行銷研究與發展，實爲一非常重要之課題。

研究是有系統的探索、研析、解決或預防問題之過程。發展是將研究所得的知識，轉變爲各種革新，包括行銷與生產技術之革新。因此企業的成長，特別是行銷生產力之提高，實有賴於不斷研究與發展。本章特先就行銷研究程序概要、行銷研究設計方法探討後，於第六章再行介紹行銷研究上抽樣與調查問題，以及行銷研究與發展之特殊層面——則實驗法之應用以及市場風險——客戶，信用風險之研究，亦卽客戶之徵信方法及應用，旨在提示行銷研究與發展之嶄新導向與內涵。

第一節　行銷研究程序概要

行銷研究程序與一般研究程序並無何異同之處，只是行銷研究所強調者爲市場與行銷策略爾。玆就研究之基本程序簡述於後。

壹、研究之基本程序

探索、研析、解決或預防問題之過程實係科學與藝術之結晶。蓋研究本身除了側重事實之依據、精確之估量，與不斷之追求原因外，仍要依賴研究人員本身之主觀判斷與其獨特之構思。研究程序雖因各研究人員之構思以及研究對象之性質而異，但其基本程序實大同小異。企業研究之基本程序可大別爲：（一）辨認問題所在；（二）收集有關資料；（三）整理所收集資料；（四）分析及研判；以及（五）研究所得之報

❶ 郭崑謨著，企業與經濟時論（臺北市：六國出版社，民國六十九年印行），第 101 頁。

備等五步驟。如圖例 6-1 所示，倘研究所得不合理想或研究結果對所遭遇之問題，無所關連，在程序上應重新檢討問題，覓求對所遭遇之問題力求正確之了解，然而再度循序求解。此乃研究回饋之本旨。研究程序實質上與解決問題之步驟相彷。有時企業研究旨在發掘問題或探索問題之有無，甚或防備問題之發生。此種研究，其所應依循之階段除偶而停留在辨認問題階段而不必再進一步進行各種研究就可獲得答案外，亦大都遵循解決問題之步驟。

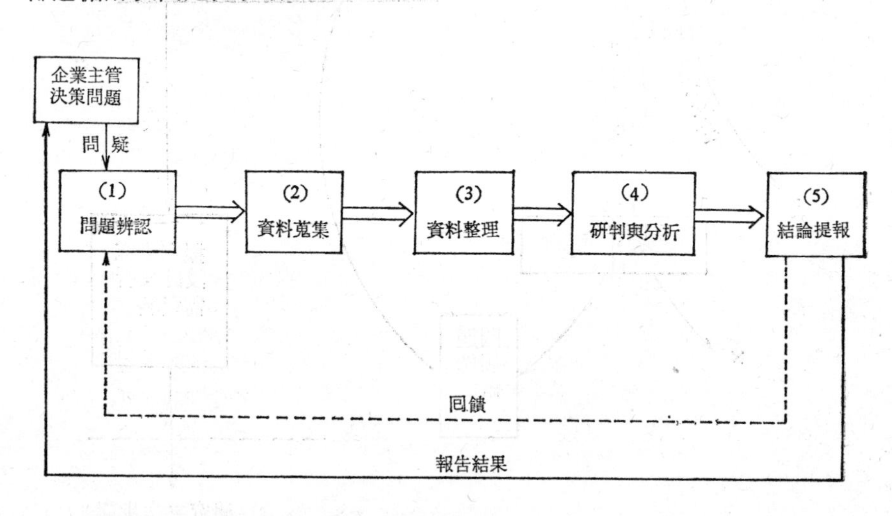

圖例 6-1　行銷研究程序

貳、問題之辨認

研究任何問題，首應辨認並認清問題之本質。其重點乃在辨別問題之徵候與問題之癥結所在以及認清問題確切之範圍，進而作解決問題之構想。此一步驟在研究問題之過程中佔有非常重要之地位。蓋了解問題後所作之解決問題構想引導其他各研究步驟。如圖例 6-2 所示，問題一

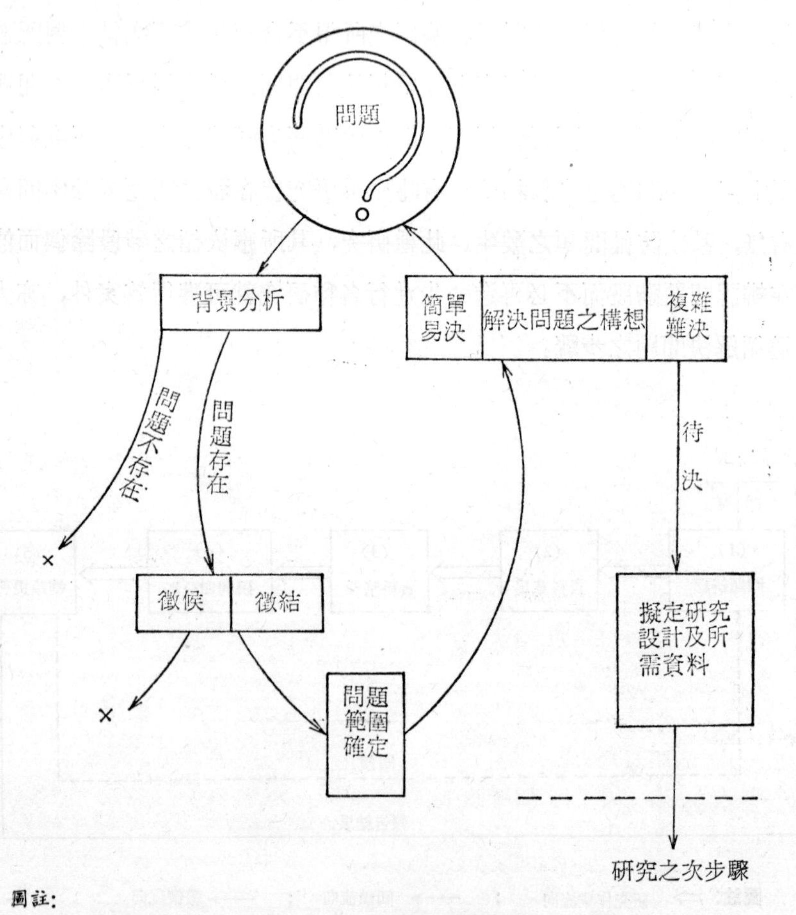

圖註:

⟶: 辨認問題之整體作業流向　×: 非研究對象　- - -: 研究作業上之各步驟分界

圖例 6-2　辨認問題之整體作業

資料來源: 郭崑謨著, 企業管理——總系統導向 (臺北市: 華泰書局, 民國七十二年印行), 第 398 頁, 圖 20-2。

經辨認清楚, 如情況表示需要進行更進一步之調查研究分析, 其所需資料悉依問題之本質而定。其若辨認問題之結果表示問題並非眞實存在或問題之解決不需進一步之調查研考分析, 研究作業自停留於斯而終結。

背景分析上所需資料通常有兩個來源: 一爲廠商內部資料, 諸如銷售記錄、在庫、發票、客戶記錄、會計資料、賒帳等等。另一爲自外界覓獲之資料，如同業界之銷售額，消費者之所得額、人口、同業競爭、同業人士及專家學者之意見等等。據此資料所作之背景分析旨在辨別是否問題「眞實」存在。如問題眞實存在，何者爲徵候，而何者爲癥結所在，應分別清楚。所謂徵候係反映問題存在之情況，亦卽問題之指標而非問題之本身。若以廠商利潤年年低減爲例，利潤之低減並非問題之本身而是反映出問題存在之徵候，眞正——問題癥結所在——可能是成本之激增，亦可能是銷售量之驟降。在辨別徵候與癥結時，研究人員不妨採用下列數種方法以探求問題之眞象。該數種方法亦可用以明確地劃定問題範圍以利解決問題之構想。

一、從時間觀點上探討問題：若賣額驟減，可細究每季、每月甚至於每半月之賣額以探知究竟何季、何月或何週爲問題之癥結。

二、從產品觀點上探討問題：若成本之激增爲問題所在，研究人員當可研究各主要產品之成本細目以判明何種成本爲問題中之問題。

三、從地域觀點上探討問題：廠商銷售額之減少，可能不是整個市場之萎縮問題，而是某特別區域市場之問題，如能細查各市場分區之銷售額眞正問題所在或可一目了然。

四、從同業競爭上探討問題：問題之發生往往歸咎於市場競爭因素，研討同業競爭態勢或可根求眞正問題所出。

問題之本質旣經明確劃定，研究人員可進而擬定解決問題之構想或腹案。其爲構想或腹案，並非意味問題已可迎刃而解，只是表示問題解決之可能性而已。一如上述，在特殊情況下，此種可能性十分明顯，試以解決構想或腹案，問題就已消除，無需進一步之研究，研究於斯結束。但在一般情況下，問題之解決需要更多之探究，需要特定資料以資究考、研判，非有周詳縝密之研究設計無法順利遂行資料之蒐集、整理分析、研判等等之具有系統之研究作業。擬定研究設計成爲研究程序上一特別重要之工作，研究設計各法乃將於第二節作專題介紹。

叁、資料之蒐集

研究上所需資料可分初級資料與次級資料兩類。爲所從事研究之問題而由研究人員初次蒐集之一切資料皆爲初級資料。其他人員，機關單位所蒐集之資料或由從事研究問題之人員爲其他問題所收集之資料皆屬次級資料。顯然次級資料不一定能運用於所要研究問題之分析。是故研究人員應愼重挑選，而不可隨便取用。一切業經出版或發表之資料或業經收集存檔之資料均爲次級資料，這些資料旣容易獲得，成本又低，甚至免費，省時省費，如能取用應優先取用。在取用次級資料時應注意下列數端:

一、資料是否新穎及時。

二、資料是否與所要研究之問題十分相關。

三、資料收集者或機關單位之作業是否可靠。

四、資料收集方法是否正確妥當。

五、資料所示度量單位是否與本研究所用單位相符。

六、資料出版是否有連續性，易言之，該資料是否陸續出版或供應。

七、資料之本身有否一貫，系統確立而明顯。

次級資料之來源甚爲廣泛，若依其來源性質分類，可歸爲下列數類:

一、政府普查資料: 如人口普查、工商普查等等。

二、各項登記資料: 如車輛登記、結婚登記、營業執照、建築許可、選舉登記等等，依法應行申報事項。

三、各項刊物及研究報告：如學術論著、書籍、專題報告、文摘、報章雜誌、學報等一切業經刊登發行之資料。此種資料概可在圖書館、研究機構等尋獲。

四、政府機構之經濟調查統計資料及有關檔案：包括中央、省、縣、市、區、鎮等單位所蒐集之資料。

五、各工、商、農、漁、林、牧、礦業同業公會及工會所蒐集之資料及檔案。

六、企業資料商所備售資料：專司企業資料之蒐集及研究公司，雖在我國臺灣省不甚普遍，就我國現今工商農林工礦等各業之逐漸趨向專業分工之情況看，企業顧問公司及研究公司皆可視爲企業資料商，皆以出售其服務或資料爲營運之目的。

初級資料之蒐集，不但較費時日，費用也較鉅，且往往不易取得資料蒐集對象之通力合作。惟在無次級資料可資查考之情況下必須設法求得。蒐集初級資料之方法，大別之有調查與觀察兩大類。前者之調查對象爲一般個人或代表組織團體之個人。後者之觀察對象爲事物之動態、人羣動態、事故紀錄等等。調查方法又可分通訊調查、面談以及電話調查等三項。觀察可分儀器觀察紀錄與肉眼觀察及聽察等兩項（見圖例6-3）。不管採用何法搜取所需資料，初級資料之蒐集意旨乃在正確地向蒐集對象搜取「第一手」消息或資料以供研究分析。是故如何有計劃有系統地逐行蒐集作業乃爲每一研究人員所關心之問題，通常有計劃有系統的蒐集資料工作反映在標準調查表（或記錄表）之製訂，調查或觀察對象之遴選，以及實地調查之規劃及執行三大項目上。每一項目均係「可能」誤差之源泉。任何誤差終必導致分析究判之錯誤而抹殺研究作業之價值。研究人員蒐集初級資料時，不能不愼重行事。據波以得(Harper W. Boyd Jr.)及維斯特否爾(Ralf Westfall)兩教授之論調，

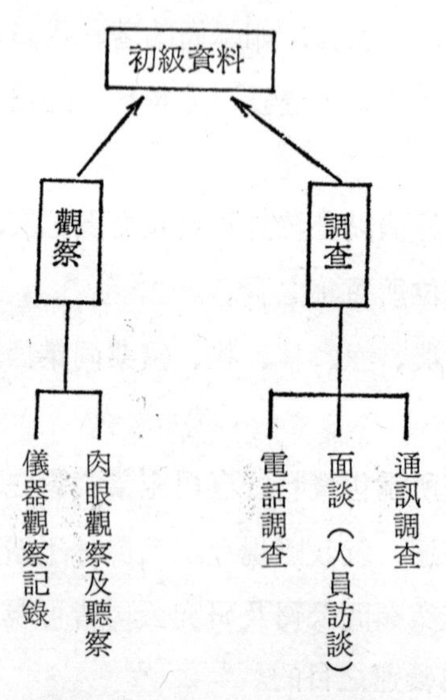

圖例 6-3 初級資料蒐集方法

若以 t 代表所研究問題之眞實價數；r 代表對該問題之研究所得價數；a 代表實際抽樣所得之價數；而 P 代表原擬定抽樣調查應得價數；則研究結果之潛在錯誤可藉公式 (1) 表示❷：

$$\frac{t}{r}=\frac{t}{P}\times\frac{P}{a}\times\frac{a}{r} \tag{1}$$

公式 (1) 中之 $\frac{t}{r}$ 是研究結果之總錯誤比例值；$\frac{t}{P}$ 係取樣調查所具有之誤差比例值；$\frac{P}{a}$ 爲由於調查對象拒絕合作而生之誤差比例值；$\frac{a}{r}$ 則研究程序上可能發生之測度或究析差誤比例值。由此可見 $\frac{P}{a}$ 及 $\frac{t}{P}$ 兩差誤均發生在蒐集資料之過程中。研究者若能在蒐集資料階段愼重行事，

❷ 參閱：Boyd H. W. Jr. and Westfall. R. *Marketing Research–Text and Case* 3rd D. (Homewood, Illinois: Richard D. Irwin, Inc., 1972), pp. 217–219.

定可減少研究錯誤而提高研究之精確度。

調查表製定上之基本原則是簡明、易爭取調查對象（則被調查者）之合作以及反映所需蒐集之各項問題。向被調查者所問問題，可用「問答對話式」，或「選擇答案式」——二個或三個以上之可能答案。所謂問答對話式係提出問題，由被調查者自由作答。選擇答案式乃爲就所提問問題，提供數種可能答案，由被調查者擇一作答，擬定問題時應避免雙重否定文句編排調查表時應注意下列事項:

一、比較具有吸收被調查者興趣之問題應編排在先。

二、分類分段編排，其順序應有連貫性。

三、編插難答之問題於調查表之中途處。

四、如辨認被調查者之個人資料，應有之問題可編排於調查表末段。

由於調查成本之限制，以及實際作業上之困難，初級資料通常僅向部份調查對象蒐集。如何遴選被調查者乃爲抽樣問題。抽樣方法有機率抽樣與非機率抽樣兩類。前者之抽樣係根據機率原理使每一調查對象均有被抽選調查之可能。後者之抽樣乃出自研究者之主觀判斷做計劃性、代表性或方便性選樣調查。愛國奬劵之抽奬乃爲機率取樣之例，其過程若用於對被調查者之選樣，所抽選者便係機率取樣之結果。現今有許多種機率或隨機數目可資敷用， 可節省不少選樣時間及費用 。 隨機數目表之應用非常簡單。在應用前只需將被調查對象或潛在對象編號（數目字），然後依據隨機數目表之數目循序擇取便得。被調查對象潛在總數若有三位數，在隨機表上擇取之單位亦以三位數爲準。隨機表之編訂係採用各種隨機過程之結果，故表上之數目不管是縱序或横序、斜序或逆序均屬隨機安排，依此表取樣當屬隨機（或機率）取樣。非機率選樣之例有配額任選、標準性取樣、方便性取樣等等，該種取樣，深具取樣者或研究人員之主觀成份，故其結果往往帶有偏差。從統計學觀點着論，只有從隨機取樣調查所得結果才能確定研究結果之精確度，因此隨機取樣方法，已逐漸普遍受用。隨機取樣方法甚多，諸如單純隨機取樣、分層隨機取樣（Stratified Random Sampling）、集羣隨機取樣（Cluster Sampling）、系統隨機取樣、區域隨機取樣等等不勝枚舉。應用何法當視研究性質，潛在被調查者名單之齊全與否，以及研究經費之多寡而定❸。

抽樣調查之另一問題是抽樣多少之問題。此種問題，如採取隨機抽樣，則易做統計上之解決，否則悉依研究人員之主觀判斷外，並無特別精確具統計依據之決定。如採取單純隨機取樣，則可循統計學上之常態分佈觀念決定抽樣數目❹。

如以 n 代表抽樣數目；K 代表統計可信賴程度(Confidence Level)，亦即多少標準差；r 代表所需研究結果之精確度（以百分比表示）；C 代表相對標準差，亦即等於標準差（σ）與平均數（M）之比例；P 代表百分比率（Proportion），則抽樣數目可由公式(2)或(3)推算而得。

$$n=\frac{K^2C^2}{r^2} \tag{2}$$

其中：$C=\dfrac{\sigma}{M}$

$$n=\frac{K^2}{r^2}\left(\frac{100-P}{P}\right)10,000 \tag{3}$$

抽樣方法及取樣數目既經決定。研究工作人員便可逐行現場調查作

---

❸ 有關抽樣技術之詳細研討，讀者可參考：
Cochran. W. G. *Sampling Techniques*. New York: John Wiley & Sons, 1963. 一書。

❹ 抽樣數目之決定方法許多，本法只是比較簡單之方法而已，比較詳細之方法，參看註❷第八章。

業。對調查工作人員之職前訓練非常重要，職前訓練之重點應下在：（一）如何執行面談訪問；（二）如何覓找被調查者；（三）如何減低調查差誤；（四）如何與現場主管取得連絡解決困難；以及（五）如何報備填妥之調查表格等。如調查作業規模龐大或調查作業特別重要二、三次之「模擬」預演，係良好之訓練項目之一。現場主管對現場調查人員之管制及考評制度亦應事前釐定。抽查工作人員進度之報備、審核填妥調查表及完成調查面談件數之比例，等等皆屬可行之辦法。

肆、資料之處理

整理所蒐集資料之主要目的是使分析究判作業容易精確達成。所蒐集之資料堆集一處，各項目資料若不加以歸類成系，去除誤差、分析之結果必滲有錯差，分析究判當較費周章。

資料之整理涉及編輯、分類、編號以及計算列表等作業。編輯之重點在乎去除錯誤並求取資料之一貫、清晰明瞭，此種作業可於現場執行亦可於研究中心統籌進行。資料之分類應依循研究分析之構想設定分類分組之組距。每一分類或分組不得重覆，並且應能使每一資料均有所屬。在許多情況下須特設類、組以吸收或容納無任何適當歸類或歸組之資料。編號之目的乃在使計算列表容易進行。何種編號較佳，悉視所用計算工具而定。現今電腦之應用逐漸普遍，許多廠商對調查資料之整理均採用電腦卡編號方法。圖例 5-4 所示者乃普遍受用之國際商業計算機公司 (I. B. M.) 之電腦資料整理卡 (Punch Card)，該卡橫數有 80 欄，縱數有十排，皆係阿拉伯數目，在適當安排下當可容納許多資料。如一卡不足，當可用二卡或二卡以上，以便輸入電腦計算機計算或列表。例如表卡之第一欄及第二欄可用以作被調查者年齡之編號，第三欄至第五欄爲職業編號等等，至於計算列表之方法當然可用手算列表，亦可用簡單分類計算機（Tabulating Machine），比較快速之方法是電腦資料卡輸入電子計算機 (Electronic Data Processing Machine) 計算列表，利用電子計算機整理資料時須在資料卡上依編號穿孔（Punch the Card）如圖例 6-4 中之黑色長方形所示者。穿孔當然亦用打孔機進行，速度相當快速，當然亦可用其他方法，諸如磁帶等等。

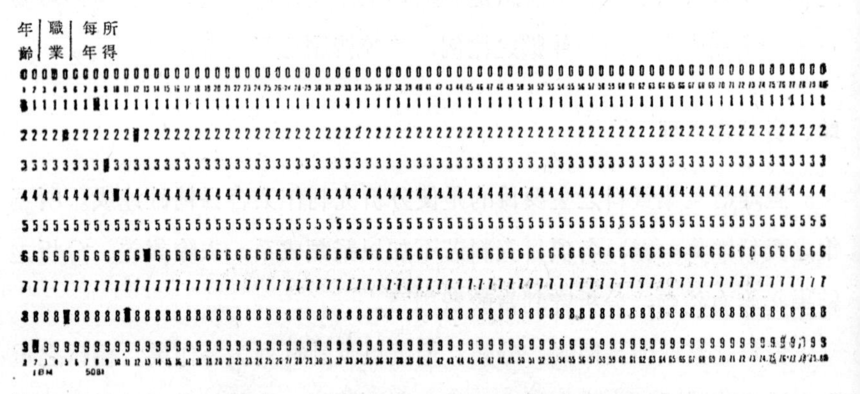

圖例 6-4　電腦資料整理及統計用卡之使用

伍、資料之分析與研判

資料分析之重點乃在將所整理妥善之資料隨一細驗探求各部份間之關係，進而覓求整體資料之一貫性並且尋出偏差（包括取樣及非取樣誤差）以確定研究之精確性。研判之要旨乃在就所分析之結果做研究主題之總評論。該種總評論應能明晰地道出所研究問題之原因所在，以及可以解決問題之途徑。每一研究人員在研判分析結果時，應對研究精確度有所闡述，同時提供並忠告解決問題上可能導致之偏差。分析與研判作業所運用之統計及理論上之技術相互連貫，其所受用較廣而且較爲基本者有：中央傾向及偏差分佈之估定、相關性之究定、統計顯異性研判、概差平方分析、差異源研判、區別分析以及因素分析等數種。玆將其概要簡述於後：

一、中央傾向及偏差分佈之估定 (Determining Central Tendency & Dispersion)：可藉以代表羣像或羣體資料之典型數值謂之中央傾向。通用之中央傾向有平均值、中位數、集中數 (Mode) 等。用以表達羣像或羣體資料中各個別羣像資料與中央傾向相偏之程度者謂之偏差分佈。偏差分佈可以標準偏差（或標準差）羣體資料之最大數值與最小數值之差距（又稱序列差距）等等表明。

二、相關性之究定 (Determination of Relationship)：1. 交叉分類研判：將資料交叉分類以取求資料間之相關；2. 百分比：用以表示兩數、兩例數或兩羣像之關係。如國立政治大學男生或女生之百分比，便說明此兩羣體之關係數值；3. 時間序列分析(Time Series Analysis)：究定羣像或羣體資料與時間變動之關係；4. 單相關研究分析 (Simple Correlation Analysis)：從兩種資料序列中尋求其相互關係；5. 複相關研究分析 (Multiple Correlation Analysis)：從三種或三種以上之資料序列中研定重要相互關係。

三、顯異性研判 (Significance Analysis)：統計顯異性研判乃藉常態分佈原理，究析兩種羣體資料是否顯然相異，抑無顯然差異。通用者有“ t ”測驗與“Z”測驗兩類。

四、概差平方分析 (x^2 analysis)：該分析係用以分析三種或三種以上序列之差異而研判序列間之差異是否僅爲抽樣上之不可避免差異或眞實之差異。此種統計方法，又稱卡方檢定。

五、差異源研判 (Analysis of Variance)：此種研判可分明差異之來源，所用測驗方法是「F」測驗。

六、區別分析 (Discriminant Analysis)：該分析之重點乃在將關連因素分成兩極，諸如好與壞、高與低、長與短、重與輕、有影響與無影響等等，以決定何者之影響較為顯著重大藉以解決問題，或說明問題之原因所在。

七、因素分析（Factor Analysis）：影響或促使問題存在之因素有時甚為繁複，此種因素通常稱之變數（Variables）。因素分析之功能係將此繁複之變數，藉研究分析各變數間之相互關係，縮減成少數重要變數，以說明其對某問題之影響與關係所在。

第二節　行銷研究設計方法

所謂研究設計方法，筆者認為應特指依研究目標，考慮成本效益，所釐定之分析究判方法而言，並非泛指一般例行性研究設計。研究設計之種類甚多，本節所述者為較為基本者。

壹、研究設計方法之類別

研究設計作業應包括研究目的之確立，研究特殊依據之闡明，所需資料、分析、究判等依據之釐定，成本費用之預估，以及研究總「藍圖」之製訂等等項目。該數項目中以所需資料、分析、究判等依據之釐定作業最費周章亦為研究分析究判之關鍵所在，研究設計之重點誠然在此。是故在論及研究設計時，其焦點乃集中於如何設計分析與究判之方法，本節之重點乃為介紹幾種比較基本之分析究判方法，用以說明研究設計之精華所在。依照此種觀念，研究設計乃特指分析究判方法之設計而言。分析究判方法之設計可分實驗法設計、統計推論法設計、與模擬作業設計三大類，統計推論法設計又可分為歸納法與演繹法兩種。

貳、實驗法設計

實驗乃爲一種特殊研究過程，該過程之特徵是研究者可以造成容易收集資料及控制變數之環境以達成研究目的。影響問題之變數謂之實驗變數。收集資料之對象，亦卽被實驗之人或物，稱爲實驗對象。在某特定環境下，測定實驗變數對實驗對象之影響程度，例如刊登廣告（實驗變數）以視廣告效果（實驗對象對廣告之反應）便有實驗之涵義。實驗在企業營運研究上已逐漸普遍，其爲研究之方法，已普遍被重視，下列數種實驗法之設計在歐西各國受用相當普遍。我國工商界對該數種實驗方法雖尙未臻普遍，以其應用在市場及行銷作業之研究範圍旣廣泛又簡明，其普遍受用當係時日之問題而已❺。

實驗法設計之重點包括：（一）實驗主題之確切辨認；（二）實驗對象之擇定；（三）實驗變數之控制；（四）實驗結果之測量；以及（五）管制實驗對象之設定等。所謂管制實驗對象乃爲與實驗對象相類似之對象，但對該對象並不加以實驗變數。設立管制實驗對象之目的乃在用以與實驗後之實驗對象反應相較，以求得變數之眞正效果。實驗法之設計有許多種類。其不同之處大致在其是否作實驗前測量與是否設定管制實驗對象：比較常用之實驗法設計有後測實驗、前後測實驗、前後測具管制實驗、雙組前後測具管制實驗、後測具管制實驗、多變數實驗設計及永久實驗樣本設計等類。各種實驗設計各有不同後果及副作用。

---

❺ 本段之實驗法設計乃依據康杯而 (D. T. Campbell)、史旦雷 (J. C. Stanley) 兩氏之創見而編寫。康、史兩氏之有關實驗方法之著作是:
Donald T. Campbell and Julian C. Stanley, "Experimental and Quasi-Experimental Designs for Research on Teaching," in N. L. Gage ed., Handbook of Research on Teaching (Chicago: Rand Mc Nally Company, 1963), pp. 171-246.
康、史兩氏之實驗法大要亦可從波以得 (H. W. Body) 氏之市場研究一書閱得。參閱❷，第 87-114 頁。

爲便於表達實驗結果及其副作用，玆以 X_1、X_2、X_3 與 X_4 分別代表第一組實驗對象之前後測量值與第二組實驗對象之前後測量值。Y_1、Y_2、Y_3 與 Y_4 分別代表第一組管制實驗對象之前後測量值與第二組管制實驗之前後測量值。（前後測量值係指實驗前與實驗後測量之數值，該數值若係市場（行銷）實驗，通常是銷售額、運輸量、顧客光顧次數、顧客對產品之喜愛程度等等）。

一、後測實驗法

選定實驗對象，投以實驗變數，經一段時日後，測量實驗對象對實驗變數之反應。例如擇定某特定商店所在地區域，廣告該商店商品，經一段時日後（或一個月或三個月）查核該商店商品賣額以測定實驗變數（廣告）之效果。採用後測法，以無前測可資比較，實驗效果只限於粗略之估定。是故，往往僅適用於「探測」或「初試」實驗，以便做比較大規模之實驗。實驗結果可以（$X_2-\bar{X}$）代表，$\bar{X}$ 乃爲實驗前之平均賣額。

二、前後測實驗法

本法與前法（一）相異之處乃爲本法不但有後測可稽而且亦有前測可資比較。在投放實驗變數前正式測量實驗前之數值（X_1）。變數對實驗對象之效果可以（X_2-X_1）表示之話雖如此，（X_2-X_1）數值除了反映出實驗變數之效果外，亦反應出實驗前測所導致之影響、實驗對象在實驗期中之交互反應作用（如實驗對象間之交談、交換意見等等影響）以及與實驗變數全無相關之其他變數影響。非實驗變數所引起之效果，均可視爲實驗之副作用。此副作用乃實驗本身所不欲使其表現者。如以 a、b、c 與 d 分別代表其他變數所導致之效果、實驗前測所導致之影響、實驗對象在實驗期中之交互反應作用所生之效果以及實驗變數之效果，則前後測實驗法所產生之效果可以公式 (4) 表示於後：

$$(X_2-X_1)=a+b+c+d \tag{4}$$

公式 (4) 中之 $(a+b+c)$ 係實驗副作用所產生之效果，d 乃爲實驗變數所導致之眞實效果。利用前後測實驗法雖參雜副作用效果，但以其方法簡便，又比後測法較具精確性，在經費有限而精確性可略降低之情況下乃不失爲良好之實驗法。

三、前後測具管制實驗法

本法與前後測實驗法之惟一異同之處乃在本法具有管制實驗對象，雖對管制實驗對象不投於實驗變數，但對此管制實驗對象在對實驗對象施以前後測同時亦行測量其數值。其主要目的乃爲藉對管制實驗對象之前測與後測之相差數值，測估其他變數所導致之效果以及實驗前測所引起之影響，從而估價實驗之效果與實驗期中實驗對象間之交互反應所生效果。此種情況可以公式 (5) 表示之。

$$(X_2-X_1)-(Y_2-Y_1)=(a+b+c+d)-(a+b)$$

$$\therefore \quad (X_2-X_1)-(Y_2-Y_1)=c+d \tag{5}$$

四、雙組前後測具管制實驗法

本法之實驗設計比較繁複，但其結果可算最爲精確。在實驗前遴選相仿之實驗對象四組，兩組爲實驗對象，另兩組爲管制對象。實驗對象與管制實驗對象（簡稱管制對象）之各一組（第二組）不施行前測，其餘與前後測具管制實驗相同（見圖例 6-5）實驗結果可作下列數種分析求得精確之答案。

雙組前後測具管制實驗法所測量之數值有 x_1、x_2、x_4、y_1、y_2 與 y_4。從此六個數值既可求得前後測具管制實驗法之結果（公式 (5) 所示），亦可求得實驗變數之眞實效果。如以 x_1 與 y_1 之平均值代表第二組之前測（在觀念上第二組雖無前測，但在一般情況下假定某數值存在，而此某數值卽以 x_1 與 y_1 之平均值代之。此種假定並不影響實驗之精確性，蓋在推算上此值乃自行相消如公式 (6) 所示）則實驗變數之眞值可由公式 (6) 看出。

$$\left[x_4-\frac{x_1+y_2}{2}\right]-\left[y_4-\frac{x_1+y_2}{2}\right]=[d+a]-a$$

$$\therefore\ \left[x_4-\frac{x_1+y_2}{2}\right]-\left[y_4-\frac{x_1+y_2}{2}\right]=d \tag{6}$$

五、後測具管制對象實驗法

雙組前後測具管制實驗法所得之結果，如公式 (6) 所示，既然可由 x_4 及 y_4 兩測求得。實驗對象實無需四組，實驗對象與管制對象各一組便可濟事，因此乃有此後測具管制對象實驗法之採用。x_4 與 y_4 實際上係後測，任何一組之後測均可，因此後測具管制對象實驗法之結實可由公式 (7) 代表如後：

$$x_2-y_2=d \tag{7}$$

實驗對象 / 測量作業	實驗對象		管制對象	
	第一組	第二組	第一組	第二組
前測	√ x_1		√ x_1	
後測	√ x_2	√ x_4	√ y_2	√ y_4

圖註：√＝施行測量
x_1, y_1＝各測量值（説明如前）

圖例 6-5 雙組前後測具管制實驗法設計大要

其他實驗法諸如拉丁方匡設計 (Latin Square Design)、永久性實驗對象 (Panel Sampling)、因素分析 (Factorial Analysis)、以及隨機實驗對象之選定等等設計乃爲比較高深之樣本選擇之實驗上技術，本節將作簡要之介紹，至於詳細分析，讀者可參閱有關樣本設計及研究之書籍❻。

六、多實驗變數實驗法❼

多實驗變數實驗法之特徵爲投入實驗對象（或羣體）之實驗變數有三種或三種以上，此種實驗法又名「因素分析實驗」。因素分析之較複雜者爲每一實驗變數具二個水準以上，謂之 N^n 因素分析實驗。n 代表實驗變數之數目，而 N 則代表每一變數之水準數❽。玆就 2^3 因素分析實驗法爲例，說明此一「三變數二水準」實驗法之行銷研究以及拉丁方匡之設計。

（一）2^3 因素分析實驗設計

如廠商欲知廣告次數、廣告時間，以及廣告節目對銷售所發生之效果，並且每一實驗變數具有二個水準，例如廣告次數有一次及二次；廣告時間有早晨及晚間；而廣告節目有綜藝節目與連續劇，實驗變數之組合便有如表 6-1 所列之數種。

至於實驗設計則可用表 6-2 方式表達。表中之 x 代表應變數數值，則銷售額 0 。i 而 j 分別代表各變數組合與各組合內之各項，依本例，i 8 有，j 有 n。從此種不同變數組合所得之實驗結果，可略知何一組合爲最佳組合，以助行銷決策。惟此種實驗需經「F」測驗後始能確定

---

❻ 除了樣本研究書籍外，市場（行銷）實驗書籍對此數設計均有所闡述，如：Bank Seymoun, *Exprementation in Marketing*, New York: McGraw-hill Book Co., 1665. 一書。

❼ 郭崑謨著，「實驗設計」，刊載於陳定國與黃俊英主編企業研究：應用技術大全（臺北市：大世紀出版事業有限公司，民國六十八年印行），第 9-1 至 9-22 頁。

❽ 參考 Allen L. Edwards Experimental Design in Psychological Research.（臺北市：雙葉書局，民國六十六年印行，原著於民國六十五年出版），第 12 頁及 154 頁。

表 6-1　2^3因素分析實驗法之變數組合

組合	廣告次數	廣告時間	廣告節目
甲$_1$乙$_1$丙$_1$	一次	早	綜藝
甲$_1$乙$_1$丙$_2$	一次	晚	連續劇
甲$_1$乙$_2$丙$_1$	一次	早	綜藝
甲$_1$乙$_2$丙$_2$	一次	晚	連續劇
甲$_2$乙$_1$丙$_1$	二次	早	綜藝
甲$_2$乙$_1$丙$_2$	二次	晚	連續劇
甲$_2$乙$_2$丙$_1$	二次	早	綜藝
甲$_2$乙$_2$丙$_2$	二次	晚	連續劇

註：①甲代表次數；乙代表時間；丙代表節目。
②1及2分別代表兩種不同水準。

表 6-2　2^3因素分析實驗法設計

（應變數爲買額以 x_{ij} 表示）

甲$_1$				甲$_2$			
乙$_1$		乙$_2$		乙$_1$		乙$_2$	
丙$_1$	丙$_2$	丙$_1$	丙$_2$	丙$_1$	丙$_2$	丙$_1$	丙$_2$
x_{11}	x_{21}	x_{31}	x_{41}	x_{51}	x_{61}	x_{71}	x_{81}
x_{12}	x_{22}	x_{32}	x_{42}	x_{52}	x_{62}	x_{72}	x_{82}
x_{13}	x_{23}	x_{33}	x_{43}	x_{53}	x_{63}	x_{73}	x_{83}
⋮	⋮	⋮	⋮	⋮	⋮	⋮	⋮
x_{1n}	x_{2n}	x_{3n}	x_{4n}	x_{5n}	x_{6n}	x_{7n}	x_{8n}
$\sum x_{ij}$	$\sum x_{2j}$	$\sum x_{3j}$	$\sum x_{4j}$	$\sum x_{5j}$	$\sum x_{6j}$	$\sum x_{7j}$	$\sum x_{8j}$

實驗結果統計上之差異顯著性。爲進行 F 測驗，實驗結果之總差異與個別實驗處理之差異應先行計算，然後再從總差異減除個別實驗處理差異以求得實驗上不可避免之「機會差異」。總差異與個別實驗差異與機會差異可藉公式 (8)、(9) 與 (10) 求得。

$$總差異 = \sum (x_{ij})^2 - \frac{(\sum x_{ij})^2}{N} = A_1 \tag{8}$$

$$個別實驗處理差異 = \frac{\sum (x_{ij})^2}{n} - \frac{(\sum x_{ij})^2}{N} = A_2 \tag{9}$$

$$機會差異 = (A_1 - A_2) \tag{10}$$

由公式 (8)、(9) 與 (10) 所提供之資料可求得 F 值以資測驗差異之顯著性。

$$F = \frac{A_2 \div (K-1)}{\dfrac{A_1 - A_2}{K(n-1)}} \tag{11}$$

公式 (11) 中之 K 代表組合數（等於 i），而 n 則代表每組之項目數。若 F 測驗定有顯著之差異，則證實實驗所得之結果具有顯然之行銷決策上之使用價值。

（二）拉丁方匡實驗設計

多實驗變數實驗法如每一變數有三個或三個以上之水準，在實驗設計上頗行繁複，成本又高，在假定各因素間之交互作用不值考慮之情況下，可利用拉丁方匡 (Latin Square) 設計以簡化實驗手續。拉丁方匡之意義爲方匡內之每排與每列均無實驗變數之重複。倘以廣告次數、時間以及節目均具三個水準爲例，拉丁方匡之排列可以圖例 6-2 表示之。在測定各實驗變數組之效果時，可依每一實驗變數，計算各不同水準之

乙		甲：甲$_1$	甲$_2$	甲$_3$
乙	乙$_1$	丙$_1$	丙$_2$	丙$_3$
乙	乙$_2$	丙$_2$	丙$_3$	丙$_1$
乙	乙$_3$	丙$_3$	丙$_1$	丙$_2$

圖例 6-2　拉丁方匡

總銷售額，藉以比較採取各實驗變數中最高銷售額水準之組合，爲行銷決策之依據。例如乙$_1$水準之總額計算爲含有乙$_1$之排內各項數總額，亦即乙$_1$甲$_1$丙$_1$、乙$_1$甲$_2$丙$_2$，以及乙$_1$丙$_3$甲$_3$之總和，其餘各水準亦同樣類推計算。

在設計拉丁方�內各匡之排列順序時，應以亂數隨機方法行之，以增加實驗結果之精確度。又爲增加樣本數，同一實驗可用數個拉丁方匡。例如某廠商有十五分店，爲試驗三種廣告佈局在春天、夏天以及冬天之效果，則可用五個拉丁方匡方式進行實驗，其設計如圖例 6-6 所示者。

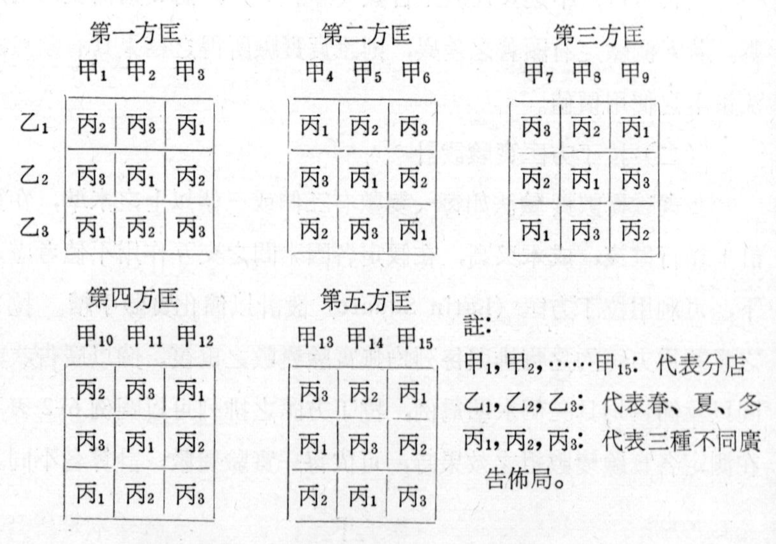

第一方匡

	甲$_1$	甲$_2$	甲$_3$
乙$_1$	丙$_2$	丙$_3$	丙$_1$
乙$_2$	丙$_3$	丙$_1$	丙$_2$
乙$_3$	丙$_1$	丙$_2$	丙$_3$

第二方匡

甲$_4$	甲$_5$	甲$_6$
丙$_1$	丙$_2$	丙$_3$
丙$_3$	丙$_1$	丙$_2$
丙$_2$	丙$_3$	丙$_1$

第三方匡

甲$_7$	甲$_8$	甲$_9$
丙$_3$	丙$_2$	丙$_1$
丙$_2$	丙$_1$	丙$_3$
丙$_1$	丙$_3$	丙$_2$

第四方匡

甲$_{10}$	甲$_{11}$	甲$_{12}$
丙$_2$	丙$_3$	丙$_1$
丙$_3$	丙$_1$	丙$_2$
丙$_1$	丙$_2$	丙$_3$

第五方匡

甲$_{13}$	甲$_{14}$	甲$_{15}$
丙$_3$	丙$_2$	丙$_1$
丙$_1$	丙$_3$	丙$_2$
丙$_2$	丙$_1$	丙$_3$

註:
甲$_1$,甲$_2$,……甲$_{15}$：代表分店
乙$_1$,乙$_2$,乙$_3$：代表春、夏、多
丙$_1$,丙$_2$,丙$_3$：代表三種不同廣告佈局。

圖例 6-6 五個拉丁方匡 (3×3) 之設計

七、永久實驗樣本實驗法

企業研究可藉設置隨機選取之永久實驗對象（消用者或非消用者）求其合作，長期內視情況之需要，投入實驗變數，以觀察其長期趨勢變化。在每次投入實驗變數之前，應行前測，投入實驗變數後，某固定期

間內，亦須進行後測，始能探測實驗變數之效果。此種實驗法可同時投入衆多變數，亦可在不同期間內增減變數，以視其效果，如圖 6-7 所示。由圖例 6-7 可看出投入一個實驗變數之效果較諸投入二個或三個變數者爲大。此一情況，可從圖中各線段之斜度看出。

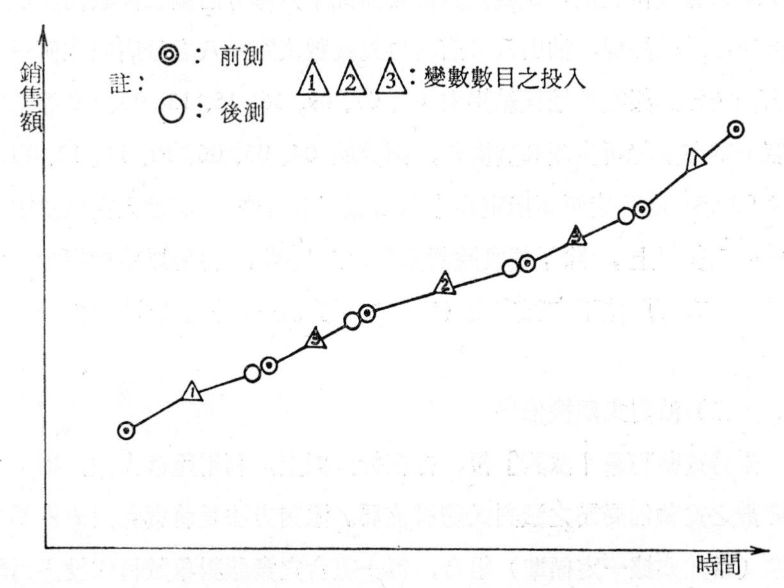

圖例 6-7　永久實驗樣本實驗法之過程

資料來源：郭崑謨著，「實驗法在行銷研究上之應用」，國立政治大學學報，第36期（民國六十六年十一月），第 69-80 頁。

實施「永久實驗樣本」實驗法，應注意永久實驗樣本是否具有代表性，否則實驗結果之偏差將使該種實驗法失却意義。通常樣本之選擇，可用分層隨機（亂數）方法以減少偏差。

八、實驗法佈局

實驗法佈局係指實驗（投入）變數與實驗對象之安排而言。爲提高實驗之正確度，實驗變數與實驗對象之安排應採用隨機原理較佳。玆將受用較廣之簡易隨機佈局與派對式隨機佈局簡介於後。

（一）簡易隨機佈局

利用單純隨機亂數原理，將實驗變數隨機安排於實驗對象之實驗佈局，便是簡易隨機佈局。例如某商店有十六處分店，欲實驗臺灣新生報與中華日報廣告效果，實驗人員便可將此十六處分店編二位數代號，由01至16，亂數抽樣，抽出八分店後再以亂數決定此八處分店要在何一報紙刊登廣告。如亂數抽樣結果有 01、07、09、16、15、13、02、08 等八處分店指定在臺灣新生報刊登廣告，則其餘 04、05、06、10、11、12、14，以及 03 等八處分店便要指定在中華日報刊載廣告。如投入實驗變數有三種或三種以上，除了將實驗對象分成三集羣，再施以隨機指派實驗變數外，亦可用拉丁方匡方式（參閱拉丁方匡一節）達成隨機佈局之目的。

（二）派對式隨機佈局

先將實驗對象「派對」後，再在每派對上，利用隨機方法，指定實驗變數之實驗佈局謂之派對式隨機佈局。派對方法是將實驗對象依其類似性（當然要據一定標準）組合，每一組合之實驗對象數目依投入實驗變數之多少而定。如實驗變數之數目有二，則每一組合便有二個實驗對象，如實驗變數有三，每一組合便有三個實驗對象，依此類推。如此派對後，便可在每一派對中，用隨機方法指定實驗變數。

例如上述之十六處分店，若要實驗在新生報與中華日報之廣告效果，實驗人員首應將此十六處分店依員工之多少、年銷售額或其他共同標準，分成兩店一組（因投入之實驗變數有二，故每組應爲兩店），共八組。每組指派一代號如 1 與 2，第一代號或第二代號等，以亂數隨機指定第一代號或第二代號，要在新生報抑或中華日報登載廣告。如第一代號要在新生報廣告，則第二代號當在中華日報廣告。如此陸續配合廣告報紙與廣告分店結果，定有八分店被安排在中華日報廣告而其餘八分店在新生報廣告，此種派對隨機佈局，本質上頗類似隨機分層抽象，其在統計上之正確度亦較諸單純隨機抽樣者高。表 6–3 爲派對隨機佈局之摘要，可供參考。

表 6-3　派對式隨機佈局

組　別 (派對別)	*隨機取出之號碼分配於每組之代號	
	第　一　代　號	第　二　代　號
1	1	2
2	2	1
3	2	1
4	1	2
5	2	1
6	1	2
7	1	2
8	2	1

* 隨機取出之號碼中，1 代表新生報，2 代表中華日報。

九、行銷研究實驗法須知

企業研究着重消用者或潛在消用者之行爲研究，藉以發掘最有效之企業策略。人類之行爲因素甚爲複雜，實驗環境之設置也無法盡善，是故實驗效果往往不如理想。話雖如此，企業研究者倘能注意下列數端，當可減少實驗之誤差，增進企業研究之效果。

（一）應使實驗對象明瞭實驗情況，以求取合作，但不必將眞實測度之項目及眞正目的詳細告知，以免影響測驗之眞實性。例如實驗啤酒之價格時，可告知試驗之目的係爲明瞭啤酒之味道對消用者之使用關係。話雖如此，此種對實驗目的之隱瞞，對某些心理反應，諸如對電視廣告印象、貨品包裝之心理評價實無多大意義。蓋此種心理反應，實驗

對象往往無法作決定性之假裝。❾

（二）應提醒實驗對象，實驗之重要性，使其能對投入之變數加以應有之注意。

（三）應使實驗環境儘量接近自然情況。此種自然情況尤以「人」爲對象之行銷實驗更顯重要。一般而言，人之眞實行爲當在自然而實際之情況下較易表露。

（四）應以匿名方式進行實驗對象之實驗，如此始能避免實驗者對投入之實驗變數有「造作」或「臆造」之現象。所謂造作乃指其避重就輕，偏重愛好之答案而言。

（五）投入間接主變數可助眞實因果之發掘，是故對實驗變數如有尷尬難以作答者，則應以間接變數方式投入較爲有效。

實驗法可提供資料，協助行銷決策者作重要策略之遴選，亦可用以構築行銷模式，改善行銷理論。前者偏重於實際行銷作業之應用，後者則偏重於學理之創新。不管實驗之效用是偏重於實務，抑偏重於理論，實驗法經一、二十年之改進，業已成爲行銷研究之一重要工具，對此一嶄新而重要之行銷研究工具，廠商若能廣加利用，對市場行爲之了解及行銷策略之釐訂當可收宏效。

叁、統計推論法設計與模擬作業設計

統計推論有演繹與歸納兩法。前者乃基於對一般物象之瞭解而推演特別物象之推理方法。後者則基於對特別物象之觀察而推及一般物象之推理方法。演繹推理需要對許多物象有基本而且正確之了解，始能據此

---

❾ Gerald Zaltman and Philip Burger, *Marketing Research: Fundamental and Dynamics* 臺灣版（臺北市：華泰書局，民國六十四年印行），第334頁。

了解作具有系統及一貫性之理論構想，藉此構想以說明某特別物象。例如我國臺灣省依照過去許多記實及物象顯示男女出生率以男性偏高，若據此一般瞭解，推論臺南縣鹽水鎮之男女出生率亦以男性偏高，則該種推理方法顯然是演繹法。是否臺南縣鹽水鎮之男女出生率以男性偏高，除非與實際調查所得之資料或實際戶口登記資料相核對無法證實。是故演繹法之特徵是始於理論之構築而追之以實際資料之測驗證實其正確及可行性。

歸納推理需先對特別實況以調查或收集資料之方式得瞭解後，據實際資料判明其關係所在而構成可適用以對一物象解釋之道理。由此構成之理論亦要再藉其他有關資料驗證其正確性或可行性。是故歸納推理之過程乃始自實況之調查研究，然而構成理論，再追之以其他實際資料之證實。例如由臺南縣鹽水鎮之出生記錄研判出該地區之男女出生率以男性偏高，據此發現而推論在同樣情況下，臺灣省其他各地之男女出生率亦應是男高於女，如此推論乃屬歸納推理之範疇。

統計推論法設計之程序應視研究本題之性質以及研究人員之偏好而定。演繹及歸納兩法之程序依據前述觀念，可將其表明如圖例 6-6 於後。

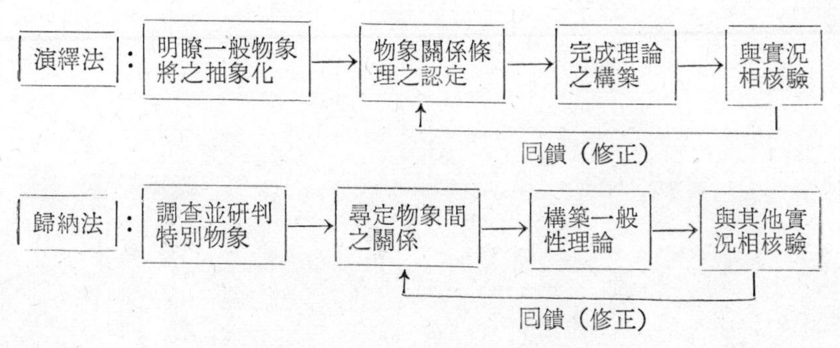

圖例 6-6　統計推論法設計程序圖

所謂模擬作業乃指對業已構成之理論模式加以實驗以視其結果之研究作業而言。對理論模式加以不同之實驗變動數值——簡稱輸入資料，可得不同之結果。模擬作業之要旨乃為從不同之輸入作業中探測並判定可獲最佳結果之輸入以助企業決策者之決策。

第七章　行銷研究之市場調查與市場風險研究

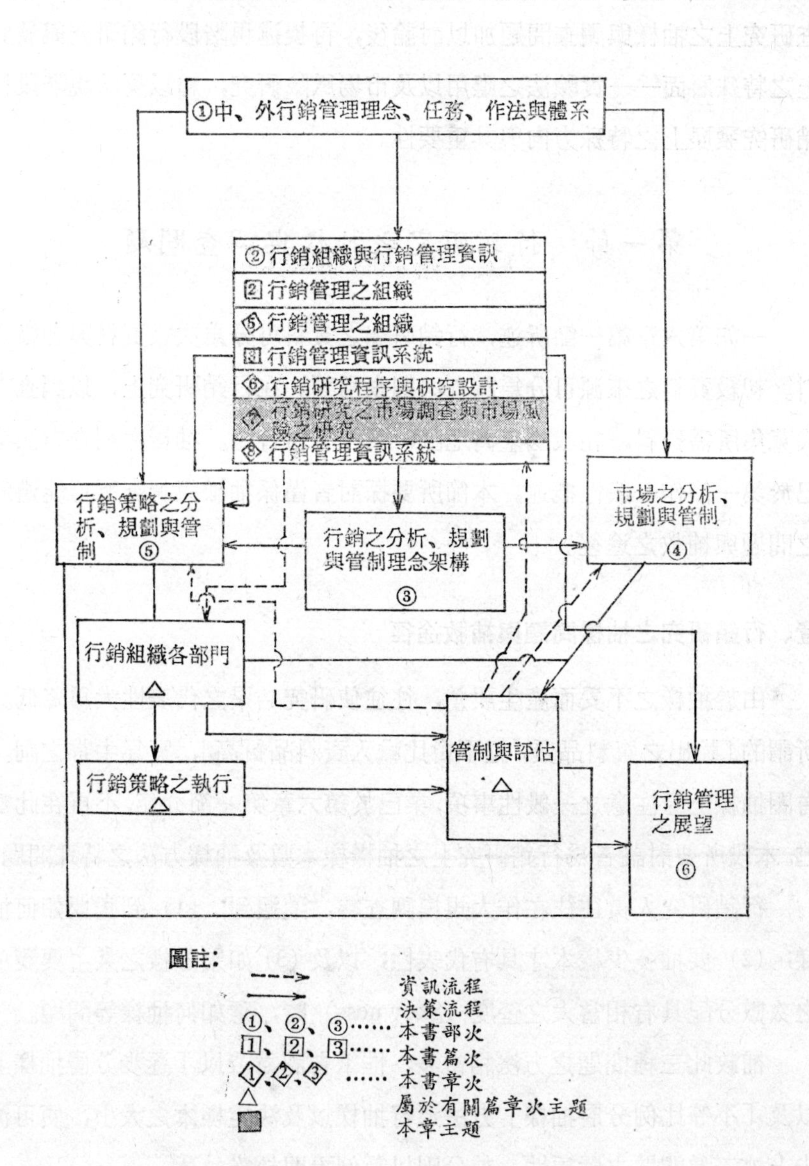

邇來我國學術界與企業界，因應政府之呼籲，在研究與發展方面業正已積極加速步伐進行推展。調查研究之風氣相當熾盛。本章乃特就調查研究上之抽樣與調查問題加以討論後，再提述現階段行銷研究與發展上之特殊層面——實驗法之應用以及市場風險研究，藉以反映現階段行銷研究發展上之特殊方向與其重要性。

第一節　行銷研究之抽樣與調查問題

一如第六章第一節所述，行銷研究之資料可分爲次級資料與初級資料。初級資料之來源可分爲調查與觀察兩類。在行銷研究上，以調查方式蒐集所需資料，在我國臺灣地區，業已相當普遍。抽樣與調查方法業已於第一節作一般性概述，本節所要探討者僅係抽樣與調查所可能遭遇之問題與補救之途徑。

壹、行銷研究之抽樣問題與補救途徑

由於抽樣之不妥而產生誤差，往往使研究結果之代表性大爲降低。所謂的「輸出之資料品質，絕不會比輸入資料品質高」，實爲中肯之詞。有關抽樣上應注意之一般性事項，業已於第六章第一節介紹，不再在此贅述。本段所要討論者爲行銷研究上之抽樣樣本數及抽樣方法之特殊問題。

行銷研究人員往往在作大規模調查時，遭遇到：(1) 到底要如何抽樣；(2) 要抽多少樣本才具有代表性；以及 (3) 如果母樣之某主要變項之次數分配具有相當大之歪度 (Skewness) 時，應如何抽樣等問題。

補救此三種問題之方法相當多，惟筆者認爲若以「逐步分層抽樣」以及「不等比例分層抽樣」方法進行抽樣以及決定樣本之大小，便可減少上述三種問題之嚴重性。玆分別以範例說明於後。

一、「逐步分層抽樣法」——消費品消費行為調查研究範例

本研究之初級資料來自人員問卷調查，母體爲臺灣地區（不包括澎湖）。爲分層調查之需，本研究將母體規劃爲北、中、南、東四個地區。北部地區包括臺北縣(市)、基隆市、桃園縣，中部地區包括臺中縣(市)、南投縣、彰化縣、新竹縣(市)、雲林縣及苗栗縣。南部地區包括高雄縣(市)、臺南縣(市)、嘉義縣(市)、及屏東縣。東部地區包括花蓮及臺東兩縣。並以此22個縣市區域之住戶爲對象，作人員問卷訪查。

（一）抽樣方法

調查範圍涵蓋除澎湖外之臺灣地區，母體以戶爲單位，多達3,992,415戶❶，若採簡單隨機抽樣方法，非但成本太高，且會減低估計之精密度。故本研究決定按各行政區「都市化程度」之不同予以分層，即分「都市層」、「城鎮層」及「鄉村層」作爲「原母體」。再按各層「每戶最終消費支出」分配之標準差間之比例，自各層原母體中隨機抽取相同比例之區（市、鎭、鄉）數，作爲「次母體」。最後再自各層次母體中，按戶數比例分配樣本，並採系統抽樣法抽取所需樣本戶，作爲訪查之對象。

（二）樣本決定

樣本之大小主要係決定於三項因素，即：

1. 母體之大小——母體越大，樣本需越大。
2. 要求之精密度——要求精密度越高，樣本需越大。
3. 母體分配之變異大小——變異程度越大，樣本也需越大。

而在母體分層的情況下，以採 Neyman's Optimum Allocation 法最爲經濟（因此法最節省樣本）。

---

❶ 中華民國臺閩地區人口統計（臺北市：內政部，民國七十一年六月印行），由各有關頁數，彙總而得。

其公式爲: ❷

$$總樣本數\ n=\frac{\left(\sum_{h=1}^{L}N_h\cdot S_h\right)^2}{N^2D^2+\sum_{h=1}^{L}N_h\cdot S_h{}^2} \quad (1)$$

$$各層樣本數\ n_h=\frac{n\cdot N_h\cdot S_h}{\sum_{h=1}^{L}N_h\cdot S_h} \quad (2)$$

式中: L＝層數

N＝總母體戶數

N_h＝各層母體戶數

S_h＝各層母體分配之標準差

$S_h{}^2$＝各層母體分配之變異數

D＝要求之估計精密度

本調查採用之基本資料如表 7-1 所示:

表 7-1　依都市化程度別劃分之區、戶數及最終消費支出分配表

	都市層	城鎮層	鄉村層	總母體
戶數 (1)	2,270,536	815,981	905,898	3,992,415
區（市、鎮、鄉）數 (2)	77	85	192	354
每戶最終消費支出平均數 (3)（元）	202,777.27	171,189.97	142,954.34	179,786
每戶最終消費支出分配標準差 (3)（元）	72,138.36	63,084.86	56,083.13	

資料來源: (1) 根據71年 6 月底內政部人口統計資料計算。
(2) 根據70年 8 月行政院主計處編印「年終戶籍統計村里別資料應用手册」計算。
(3) 參見行政院主計處編印「69年臺灣地區個人所得分配調查報告」。

❷ Taro Yamane, *Elementary Sampling Theory* 臺灣版（臺北市: 美亞書局，民國六十一年印行），p. 139。

同時吾人要求在0.95之信賴度下，樣本之估計誤差不超過±2,700元，

即 $D=\frac{2,700}{1.96}=1377.55$（元）

以上資料，代入公式求得 $n=2,283$，增列5％廢卷率，故本調查之樣本數定為2,400戶。各層樣本數見表7-2：

表 7-2　本調查依都市化程度別劃分之抽樣計劃表

	都市層	城鎮層	鄉村層	合計
樣本數	1,477戶	465戶	458戶	2,400戶

（三）實際抽樣作業

1. 一般抽樣程序

(1) 先自各層區數中，按標準差比值，隨機抽取相同比率之區數，作為次母體。（見表7-3）

表 7-3　依都市化程度別劃分之次母體區數分配表

	總區數	標準差比值	次母體區數
都市層	77	1.0000	77
城鎮層	85	0.8745	74
鄉村層	192	0.7774	149

(2) 按各層次母體中各區戶數，將各層樣本數比例分配於各區。

(3) 為節省調查時間及成本，將各層各區中樣本分配數少於下述標準者予以剔除，將該部份樣本數再按比例分配於剩餘各區。

樣本數標準：都市層每區不少於10戶。

城鎮層每區不少於5戶。

鄉村層每區不少於 4 戶。

(4) 各區樣本戶之決定，則先自該區中隨機抽取一里（村），由訪員自該里（村）中，任擇一戶作爲第一個樣本戶，而後間隔 i 戶，卽爲第二樣本戶。依此類推，直至達到所需樣本戶數爲止。

(5) 樣本戶受訪對象之決定需爲 18～45 歲間之受訪者，各戶之受訪對象則由表 7-4 隨機決定。

表 7-4 各戶訪問對象選擇之隨機號碼表

在家合格受訪對象			訪問號數									
號數	姓名	年齡	1	2	3	4	5	6	7	8	9	10
1			1	1	1	1	1	1	1	1	1	1
2			1	2	1	2	1	2	1	2	1	2
3			3	1	2	1	2	3	2	3	2	1
4			4	1	3	1	2	4	3	1	2	1
5			1	5	3	4	2	1	3	4	5	2
6			6	4	1	5	4	2	3	6	4	3
7			5	1	3	2	4	6	7	1	3	4
8			2	5	4	1	3	6	7	8	5	3

二、「不等比例分層抽樣」法——東南亞市場研究範例❸

國際行銷研究所需資料， 往往需要以抽樣方法獲得 。 在研究方法上，抽樣技術非僅使用於獲得初級資料之問卷調查，亦常應用於項目爲

❸ 本節部份資料取材自郭崑謨與張東隆共撰之如何擴展對東南亞國家貿易問題之研究報告，（行政院研究會委任研究），民國七十一年初稿第13-18頁。

數非常多之次級資料之選取。在外銷廠商資料之蒐集上，時常遭遇之問題爲母體之分配，若以某種標準，如外銷實績、資本額之大小等等衡量，具有相當大之歪度（Skewness）同時由於我國外銷廠商規模小者爲數甚多，其業績總和所佔比率很不對稱，因此爲降低研究成本，提高研究可靠度，外銷廠商調查研究上之抽樣方法，似宜以「不等比例分層抽樣」進行較易著效。

國貿局進出口廠商名册中，行銷東南亞地區廠商母體共有 13,479 家，母體的貿易額與廠商家數分配近似於指數分配(Exponential distribution) 由圖例 7-1，得知我國外銷廠商母體的分配，變異性很大，且具有歪度（Skewness）很大的分布，爲了提高本研究的精密度，及節省時間和調查費用，行銷研究人員可採用分層抽樣 (Stratified Sampling)。

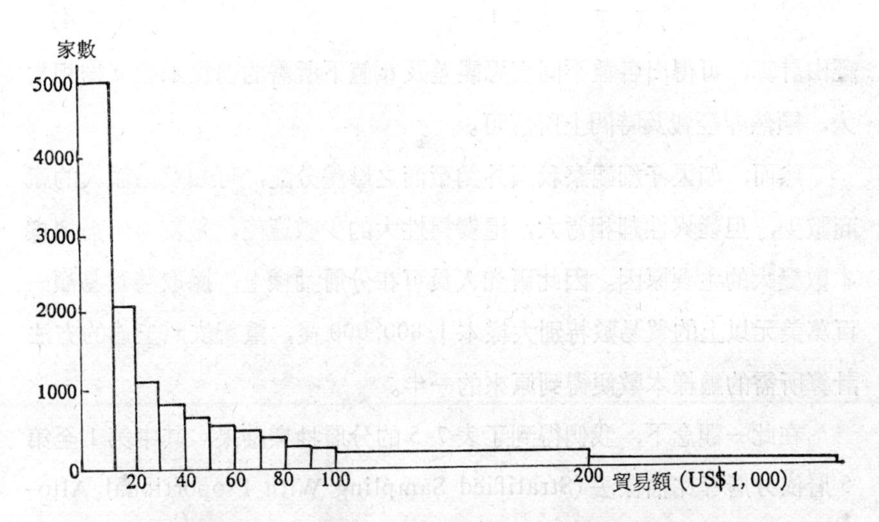

圖例 7-1　我國對東南亞地區外銷廠商母體分配圖
(1981年 1 月至10月)

就對東南亞有貿易往來之廠商言，雖然研究人員知道母體的分配，可是却難以得知各層的變異數（Variance）大小，因此不能應用分層抽樣之公式，來估計總樣本的大小。但是，統計理論有一原則：在一定的可靠程度下，「不等比例分層抽樣」所需的樣本大小較之簡單隨機樣本所需者爲少❹。

依據此原則，我們可先從母體中，按貿易額大小，約每 260 家中隨機抽出一家，共得51家組成一估計用樣本，並算出此樣本之變異數 S_1^2，然後依下列公式求出 n 值❺。

$$n=S^2 t^2 \alpha/2\left(1+\frac{2}{n_1}\right)/e^2 \tag{3}$$

如果研究人員希望母體的平均數 $\bar{y}$，與樣本平均數 $\bar{x}$ 差之絕對值，即 $|x-y|$，小於或等於所能容忍的某一數值 e 之機率爲測定之信賴係數 (Confidence Coefficient) $1-\alpha$。❻

$$P[|\bar{x}-\bar{y}|\leq e]=1-\alpha \tag{4}$$

經由計算，可得出各種不同容忍誤差及 α 值下所需的總樣本數 n 均相當大，顯然非經費及時間上所許可。

然而，如果仔細觀察我國外銷廠商之母體分配，可知貿易額大的廠商數少，但變異性却相當大，這變異性大的少數廠商，是使得所需總樣本數變大的主要原因。因此研究人員可在分層抽樣上，採取將貿易額一百萬美元以上的貿易數特別大樣本 1,800,000 後，重新依照上述的方法計算所需的總樣本數便得到原來的一半。

在此一觀念下，我們得到了表 7-5 的分層抽樣結果，其中第 1 至第 5 層依分層等比抽樣法 (Stratified Sampling With Proportional Allo-

---

❹ 黃俊英著，行銷研究，增訂版（臺北：華泰書局，民國七十年印行），p. 132。

❺ 魏應譯著，抽樣理論及其應用，增訂版（臺北：三民書局，民國六十六年九月印行），pp. 110-113。

❻ 同❺，p. 106。

cation)，第 6 層採加重權數抽出，計得總樣本數 220 家。依不等比例分層抽樣原理，吾人知至少在17.5%容忍誤差下，得到90%以上的信賴程度。

表 7-5　我國對東南亞地區外銷廠商家數按貿易額分層抽樣分配表

層　號	層界 (US$ 1000)	家數(f)	每層抽出家數(n_1)
1	5～　以下	2,938	44
2	5～　10 以下	2,083	31
3	10～　40 以下	4,097	62
4	40～　100 以下	2,106	32
5	100～1,000 以下	2,054	31
6	1,000 以上	201	20
合　計		13,479	220

註: 1. 第 1 至第 5 層依分層等比抽樣法 (Stratified Sampling With Proportional Allocation) 抽出。
2. 第 6 層因變異數很大，考慮變異數大小，加重權數，依 $\frac{1}{10}$ 比例抽出。

理論上似乎分層的數目愈多愈好，然而依照 Cochran, W. G. 的意見，當分層數目超過六層以後，對於總樣本變異數 (Variance) 縮小程度極爲有限，不是一個有效率的作法❼。在分層數卽定下，T. Dalenius 已導出分層等比及最適分層 (Neyman 氏分配) 抽樣之最適當的層界界定方程式❽。經計算 Cum $\sqrt{f}$ (Cumulatine of $\sqrt{f}$) 總計爲 554.62，將其分爲五等分卽得分界點爲 110.92，221.85，332.77，443.70，從 Cum $\sqrt{f}$ 表中可找出與該四個分界值相近之 Cum $\sqrt{f}$，其所對應之組

❼ 同❺，pp. 194-198。及❹，p. 289。
❽ 同❺，pp. 187-194。

上限就是理想的層界。

綜合上述之分層抽樣理論依據，分層後的對東南亞外銷廠商的抽樣分配，可保持一定之信賴度，但成本必然可減少很多。

貳、行銷研究之調查問題與補救途徑

以調查方式取得之資料，由於調查對象（受訪者）拒絕合作而生之誤差，以及調查人員之疏忽而產生之錯誤，足可使整個研究結果之代表性大爲降低（當然調查表之設計、抽樣、樣本數等等亦爲使研究結果產生偏差之原因。此種種原因不擬在此重複討論），尤以通訊調查以及電話調查爲甚。

臺灣地區之一般社會大衆與企業界接受調查之習慣尙未養成，對調查研究之重要性亦稍欠了解，因此以通訊方式與電話方式蒐集資料時往往不易取得充分之合作。因此在作調查時，應盡可能以人員調查訪談較佳。蓋中國人，重「人情」，人員訪談較易取得受訪者之合作。倘以通訊方式調查，則應適當輔以電話調查與人員訪談藉以彌補調查過程中之缺失。

至於調查人員（訪員）之疏忽問題，除應在調查過程中，作嚴密之現場督導與複查外，最根本之辦法實爲訪員之選訓。表 7-6 所列者爲用以訓練訪員用之「訪員手册」部份資料，可供參考。此一訪員手册之資料與第一節第壹款第一項所討論之「逐步分層抽樣法」相互關連，可相互對照以明其內涵。

表 7-6　臺灣地區個人/家庭用消費品消費行為調查研究

訪員手册範例

國立中興大學法商學院企業管理學系編製
民國七十一年八月三十一日

一、訪員應有的基本認識

1. 本次研究係採抽樣調查方式，樣本共 2,400 戶，係抽自臺灣本島 3,992,415 戶，平均訪問一戶，即代表 1,700 戶，任何一項答案發生偏差，均足以影響整個研究結果之正確性。可見訪員在整個研究過程中，實居於關鍵地位。因此每位訪員必須徹底了解調查之目的、內容及方法，且須發揮高度工作熱忱及耐心、與細心的良好工作態度，才能達成預期之目標。
2. 訪員均應參加訪前講習，以了解各項工作須知及問卷內容，才可能順利完成本身任務。凡未參加講習者，均不得參加實地訪問工作。

二、訪問前應有的準備

1. 計劃今天的訪問地區、訪問對象及問卷份數。
2. 出發前必須携帶下列物品:
   (1) 聘函及學生證
   (2) 調查問卷（宜較預定訪問份數多 2～3 份）
   (3) 贈品
   (4) 鉛筆、橡皮、筆記本
3. 注意您的服裝儀容。
4. 了解每一問題的涵義，並熟悉其填答方法，不要遺漏任何一個項目。
5. 任何訪問工作切勿交由不熟悉本調查的親友代理。
6. 每日調查地區及時間，應先告知督查員，並要知道督查員的連絡地點、時間及方式。

三、如何尋求有效樣本及受訪對象

1. 訪員於各預定樣本地區（鄉、鎮、市、區）內，隨機選一村（里）爲起始區，再自其中隨機選一戶爲起始樣本戶，而後各樣本戶之間至少隔十號（都市層地區至少隔二十號）同時同一「巷（弄）」最多選一戶，同一「路（街）」最多選三戶。
2. 本次調查，問卷共分（A）家庭消費調查問卷與（B）個人消費調查問卷兩種。家庭問卷中，又分爲非食品與食品兩類。

3. 各種問卷之受訪對象不盡相同，詳如下表。

問卷種類		訪問對象
家庭問卷(A)	非食品(A1～A4)	全係家庭主婦
	食　品(A5)	20～29歲未婚女性(1/6)，15歲（含）以上男性(1/3)，家庭主婦(1/2)
個人問卷(B)		全係 18～45 歲之女性

4. 家庭主婦係指已婚且主持家政者。
5. 20～29 歲之未婚女性、15 歲（含）以上之男性及 18～45 歲之女性等特定條件受訪對象之尋求，則按下述方式選取：

   訪員到達樣本戶時，即行詢問該戶中符訪談條件且在家之人數，圈於下表中最左一列之相當數值上，其與事先圈定之預定訪問號數交叉所得數字，即爲本樣本戶在家合格成員中應接受訪問者的年齡排行。

在家合格受訪對象			預定訪問號數									
序號	姓名	年齡	1	2	3	4	5	6	7	8	9	10
1			1	1	1	1	1	1	1	1	1	1
2			1	2	1	2	1	2	1	2	1	2
3			3	1	2	1	2	3	2	3	2	1
4			4	1	3	1	2	4	3	1	2	1
5			1	5	3	4	2	1	3	4	5	2
6			6	4	1	5	4	2	3	6	4	3
7			5	1	3	2	4	6	7	1	3	4
8			2	5	4	1	3	6	7	8	5	3

6. 訪問時若遇空戶或戶中無合格受訪對象時，應選該戶的下一戶爲樣本戶，依此類推。

7. 若樣本戶中合格受訪對象當時不在，可視情況約定時間再訪，或依上項準則另選樣本戶。

四、如何進行訪問調查

(一) 訪問程序及注意事項

1. 先表明自己的身份和來意。
2. 說明此次訪問所需時間，及說明訪問完畢後將致贈禮品，絕不可在訪問完畢前致贈。
3. 訪問進行時，宜用受訪者最慣用言語（如國語、閩南話或客家話），並以口語化表達。
4. 訪問時避免提示性的解說。
5. 訪問對象以個人爲主，若受訪者的家屬或親友在旁觀表示意見，應予阻止，並說明別人的意見將影響樣本的代表性，請其諒解。
6. 嚴禁問卷留置，及由受訪者自行塡寫。
7. 訪問中，若受訪者因時間太長或問題太多而感厭煩，應以婉言解說使其諒解。若遇其臨時有事，無法繼續受訪，則可另約時間完成訪問。若中途因厭倦拒答，或回答敷衍不實時，當視爲廢卷，另找樣本戶。
8. 訪問中，若遇無法解決的難題，宜即時停止訪問，速與督查員連繫，以謀解決，俟問題解決後方續行訪問。
9. 訪問結束後，必須核對問卷有無筆誤或遺漏之處，若有應即更正或補足之。
10. 待一切妥當後，應感謝對方接受訪問，並致贈禮品，再行告辭。

(二) 問答方法及注意事項

1. 問卷內含有塡空題、單選題、複選題及順序塡選題:
   (1) 題後如無特別註明，均係單選題。
   (2) 複選題及順序塡選題須注意題後答案數的限制，如「最多√五項」等等。
   (3) 單選或複選題均一律用「√」作答。
   (4) 順序塡選題作答，非打√而係塡入 1. 2. 3. 等數目字，並依受訪者意思，整理後記錄之。
   (5) 如√選「其他」者，必須在空欄內加以說明。若回答項目很多，可以在空白處儘快記錄之，俟離開訪戶後，再行正確填入。

2. 注意問題或答案後面是否有續問或跳問，務請依照題內指示進行。
3. 每題右邊的電腦編碼欄，訪員當時請勿填寫，待問卷回收彙總後，再集合訪員統一填寫。
4. 有關「數量」的問題，若受訪者回答係不確定的數字（如：兩、三瓶），可追問請其確定，不然就取其上限爲準。
5. 有關「購買場所」的問題，若回答「超級市場」或「福利中心」者，均應予追問，以確定係百貨公司的超級市場或是一般小型超級市場；係軍公教福利中心或是一般福利商店、平價商店。

（三）產品問項應注應事項（下略）

資料來源：臺灣地區個人、家庭用消費品消費行為調查研究訪員手冊，國立中興大學法商學院企業管理系，民國七十一年八月三十一日編製印行，第 1-5 頁。

第二節　行銷研究與發展之特殊層面
——實驗法之應用以及市場風險研究

實驗法在行銷研究上之應用範圍，近幾年來，業已逐漸快速擴大。在我國實驗法在產品市場之試測、廣告效果之測定、包裝效果之測定等等受用甚廣，堪值行銷研究人員之重視。

從另一角度觀看，隨行銷作業層次及範疇之擴大，消費者之信用問題亦已普受重視。廠商之高效率推銷所得之營業額之成長，往往被信用不良之客戶，毀損而導致嚴重虧損。因此市場風險亦成爲目前行銷研究之嶄新重要研究主題。

壹、實驗法之應用

實驗法之應用範圍頗爲廣泛，玆僅舉簡易機率佈局實驗分析、派對式機率佈局實驗分析，以及拉丁方匡實驗分析等三例，旨在說明實驗法各不同層次之應用。

一、簡易機率佈局實驗分析——範例一

假設廠商在大臺北地區選擇二十四家經銷商店實驗，藉以明瞭兩種包裝新式樣何者較佳，利用簡易機率佈局，將此二十四家經銷商歸爲兩類，每類各有十二分店，分別投入實驗變數（分別經售不同包裝式樣之產品），經一段時日，如一月、三月、半年後，分析其銷售額，若該廠商之簡易機率佈局實驗所得之銷售額如表 7-7 所示，吾人可按下列步驟進行分析。

表 7-7　簡易機率佈局實驗結果

（單位：10,000元）

甲式包裝		乙式包裝	
經售分店代號：A_{1j}	三個月售額代號：S_{1j}	經售分店 A_{2j}	三個月售額 S_{2j}
A_{11}	38	A_{21}	25
A_{12}	23	A_{22}	16
A_{13}	26	A_{23}	23
A_{14}	33	A_{24}	25
A_{15}	26	A_{25}	40
A_{16}	36	A_{26}	29
A_{17}	25	A_{27}	19
A_{18}	25	A_{28}	29
A_{19}	32	A_{29}	23
A_{110}	32	A_{210}	27
A_{111}	30	A_{211}	18
A_{112}	25	A_{212}	23

第一步驟：計算各式包裝產品平均銷售額，如甲式包裝、乙式包裝等。

從表 7-7 得：

$$S_1=\frac{38+23+26+33+26+36+25+25+32+32+30+25}{12}=29$$

$$S_2=\frac{25+16+23+25+40+29+19+29+23+27+18+23}{12}=25$$

亦則經售甲式與乙式包裝產品之分店平均銷售額分別為二十九萬元與二十五萬元。

第二步驟: 計算各式包裝銷售額之平均差異。

從第一步驟得知甲式包裝與乙式包裝三個月平均銷售額之差異為四萬元（二十九萬減去二十五萬）。此種差額意味着經實驗結果估算甲式包裝較諸乙式包裝之產品三個月內平均可多售四萬元。

第三步驟: 建立估計值之信賴區間。

倘假設樣本標準差和母體標準差相同，則信賴區間可用公式(1)與(2)算出。

樣本比較大時（通常大於 30 時）

$$(\bar{S}_1-\bar{S}_2)\pm\sqrt{2}\ z\ \frac{\hat{\sigma}}{\sqrt{n}} \tag{5}$$

樣本比較小時（通常小於 30 時）

$$(\bar{S}_1-\bar{S}_2)\pm\sqrt{2}\ t\ \frac{\hat{\sigma}}{\sqrt{n}} \tag{6}$$

公式 (5) 與 (6) 中之 $\hat{\sigma}$ 代表樣本之標準差，n 代表樣本數目，t 代表 t 分配值，其餘代號與前同。t 值之大小受信賴水準以及估算樣本標準差之自由度影響，上式之自由度為 $2(n-1)$。在90%信賴水準下，上例之 t 值為 1.71，故其信賴區間為:

$$(\bar{S}_1-\bar{S}_2)\pm\sqrt{2}\ t\ \frac{\hat{\sigma}}{\sqrt{n}}$$

$$=(29-25)\pm\sqrt{2}\,(1.71)\frac{(5.67)}{\sqrt{12}}$$

$$\doteqdot 0.4\sim 8.3$$

亦則在90%之信賴水準下，甲、乙兩種新式包裝三個月之各店平均銷售額之差異是在 0.4 萬與 8.3 萬元之間。式中之 $\hat{\sigma}$ 值 5.67 係由公式 (7) 估算而得。

$$\hat{\sigma}=\frac{1}{2}\left[\frac{\sum(S_{1j}-\bar{S}_1)^2}{n-1}+\frac{\sum(S_{2j}-\bar{S}_2)^2}{n-1}\right]^{\frac{1}{2}} \tag{7}$$

本分析之基本假設為 $\bar{S}_1$ 與 $\bar{S}_2$，可充分代表各母體之平均值，此一假設可由下列數式看出。式中之 μ_1 及 μ_2 分別代表 $\bar{S}_1$ 與 $\bar{S}_2$ 之母體，ε_{1j} 及 ε_{2j} 分別代表 S_{1j} 與 S_{2j} 銷售額之誤差，此種誤差可相互抵消而為零。

$$\begin{array}{ll}
S_{11}=\mu_1+\varepsilon_{11} & S_{21}=\mu_2+\varepsilon_{21} \\
S_{12}=\mu_1+\varepsilon_{12} & S_{22}=\mu_2+\varepsilon_{22} \\
\vdots \quad \vdots \quad \vdots & \vdots \quad \vdots \quad \vdots \\
S_{112}=\mu_1+\varepsilon_{112} & S_{212}=\mu_2+\varepsilon_{212} \\
\sum\varepsilon_{1j}=0 & \sum\varepsilon_{2j}=0
\end{array}$$

二、派對式機率佈局實驗分析——範例二

設如廠商以派對式機率佈局抽取 48 家經銷店，實驗某一新上市產品之兩種價格（實驗變數），經一段時日後，衡量其毛利得（結果如表 7-8 所示），以決定何一價格較有利，則可依下述方法進行分析。

（一）計算每一派對之毛利得差額

若以 r_{1j} 與 r_{2j} 代表每派對商店中，以訂價 1 與訂價 2 出售某特定產品之商店，則每一派對之毛利得差額便為 $(r_{1j}-r_{2j})$。例如派對 1 之價格 1 與 2 之毛利得差額為 0.81 減去 0.78，則 0.03 萬元。派對 2 之價格 1 與價格 2 之毛利得差額為 0.13 (0.77－0.64)，依此類推。

表 7-8 派對式機率佈局實驗分析

(毛利得單位: 10,000元)

派對 (P_j)	毛利得 價格1 (r_{1j})	毛利得 價格2 (r_{2j})	價格1與2之毛利得差額 ($r_{1j}-r_{2j}$)
1	0.81	0.78	0.03
2	0.77	0.64	0.13
3	0.78	0.41	0.37
4	0.82	0.74	0.08
5	0.54	0.55	−0.01
6	0.46	0.33	0.13
7	0.52	0.22	0.30
8	0.52	0.48	0.04
9	0.67	0.51	0.16
10	0.49	0.51	−0.02
11	0.55	0.58	−0.03
12	0.56	0.33	0.30
13	1.49	0.70	0.79
14	1.39	0.96	0.40
15	0.77	1.02	−0.25
16	1.10	0.74	0.36
17	0.79	0.95	−0.16
18	0.83	1.14	−0.31
19	0.85	0.84	0.01
20	0.58	0.58	0.00
21	0.70	0.85	−0.15
22	1.17	0.81	0.36
23	0.58	1.00	−0.42
24	0.98	0.96	0.02

資料來源: Harper W. Boyd, Jro. and Ralph Westfall, *Marketing Research Text and Cases*, 3rd Ed. (Homewood Illinois: Richard D. Irwin, Inc., 1972), p. 465.

（二）計算採用價格 1 商店之平均毛利得與採用價格 2 商店之平均毛利得。

以 $\bar{r}_1=\frac{\sum r_{1j}}{n}$ 及 $\bar{r}_2=\frac{\sum r_{2j}}{n}$ 算出之 $\bar{r}_1$ 及 $\bar{r}_2$ 值分別爲 0.779 及 0.693。

（三）求得 r_1 及 r_2 之差額

由 $\bar{r}_1$ 及 $\bar{r}_2$ 兩者之較大者得知何一價格較爲合適有利，在本範例便是價格 1 $\bar{r}_1$ 及價格 2 r_1 之差額，反映着較合適價格之優異程度，本例爲 0.086 萬元。

（四）建立估計値之信賴區間

實驗設計之信賴區間 C_i 可依公式 (8) 計算:

$$C_i=(\bar{r}_1-\bar{r}_2)\pm\sqrt{2}\ t\ \frac{1}{\sqrt{n}}\left(\frac{\sum[(r_{1j}-r_{2j})-(\bar{r}_1-\bar{r}_2)]}{2(n-1)}\right)^{\frac{1}{2}} \quad (8)$$

若以80%信賴水準計算，則其信賴區間便爲:

$$C_i=(0.779-0.693)\pm\sqrt{2}\,(1.32)\frac{1}{\sqrt{24}}(1.86)$$

$$\doteqdot 0.015\sim 0.157$$

0.015～0.157可解釋爲採用價格 1 時十中有八其平均毛利得較之採用價格 2 高有 0.015 至 0.157 萬元之多。

三、拉丁方匡實驗分析——範例三

假定某廠商欲實驗三種不同廣告（以 a_1、a_2、a_3 代表)、三種不同價格（以 b_1、b_2、b_3 代表)，以及三種不同包裝（以 c_1、c_2、c_3 代表)，以決定何一廣告、價格及包裝組合最爲合算，便可應用 3×3×3 之拉丁方匡設計。如以銷售額（S）爲衡量標準，經一段期間之實驗結果，可藉表 9-6 表示之。

依表 7-9，吾人可計算含有每一實驗變數每一水準之總銷售額，再

表 7-9　拉丁方區實驗結果

（售額單位：元）

	b_1	b_2	b_3	
a_1	$S(a_1b_1c_1)=10,000$	$S(a_1b_2c_2)=12,000$	$S(a_1b_3c_3)=15,500$	$c_1c_2c_3$
a_2	$S(a_2b_2c_2)=9,500$	$S(a_2b_2c_3)=11,000$	$S(a_2b_3c_1)=10,500$	
a_3	$S(a_3b_1c_3)=6,500$	$S(a_3b_2c_2)=13,000$	$S(a_3b_3c_2)=12,000$	

資料來源：黃俊英著「行銷研究」第 133 頁。

取每一實驗變數中之最高總銷售額水準組合之。諸如價格變數中，含 b_1 水準之總銷售額爲 $S(A_1B_1C_1)$，$S(A_2B_1C_2)$，以及 $S(A_3B_1C_3)$ 之銷售額之和，在此例爲 26,000(10,000+9,500+6,500)，其餘含有 b_2、b_3、c_1、c_2、c_3、a_1、a_2 以及 a_3 之銷售額總和分別爲 36,000、38,000、33,500、34,000、32,000、37,000、31,000，以及 32,000。顯然 a 變數中，以含有 a_1 水準之售額爲最高，b 變數中以含有 b_3 水準之售額爲最高，而 c 變數中則以含有 c_2 水準者爲最高，故就價格、廣告以及包裝言，以 a_1、b_2、c_3 之組合最爲合適有利。

貳、行銷上之市場風險研究——客戶信用之研究

廠商若放鬆授信標準，銷貨量必然增加，但呆帳產生機會亦必會提高。授信可被視爲一種投資行爲。它的預期收益爲售量之增加；而呆帳與利息損失爲授信之主要成本。授信之爲投資行爲，反映於應收帳款之增加，因此謂之應收帳款之投資❾。在行銷上，呆帳之產生往往可使企

❾ 郭崑謨著，「簡論經營者之投資決策」，臺北市銀月刊第十一卷第八期（民國六十九年八月二十五日印行），第1-8頁。

業營運虧損，導致企業癱瘓。因此客戶信用之研究重點在於呆帳風險之評估。當然評估呆帳風險之依據爲影響信用變數之分析。

一、呆帳風險之評估——區別分析之應用

呆帳風險可用機率表示。無呆帳風險者，發生呆帳之可能率爲 0，確定會發生呆帳者，其呆帳發生之可能率爲 1 。呆帳風險之估定方法，繁簡互異，惟線性區別分析 (Linear discriminant Analysis) 受用已相當普遍。

線性區別分析之第一步驟係依廠商之客戶資料分成信用良好者與信用較差者兩大類後，依公式 (9) 輸入客戶資料，求出其線性關係。

$$C_s = a + b + b_1X_1 + b_2X_2 + \cdots\cdots b_nX_n \tag{9}$$

式中：

C_s＝信用分數，信用好者代入 1，信用較差者代入 0

$a, b_1, b_2 \cdots\cdots b_n$＝常數

$X_1, X_2, \cdots\cdots X_n$＝客戶信用資料，如總資產，負債與資本比率等等。

線性關係求出後，再依信用好者與較差者分別列出各特定信用分數以下之廠商百分比（見表 7-10）

表 7-10　信用分數與廠商數累積百分比（範例）

信用分數	信用較好廠商	信用較差廠商
.199	0%	38%
.208	3%	40%
⋮	⋮	⋮

如廠商據過去資料有80%客戶信用良好，20%客戶信用較差，則可

從上述資料依公式(10)算定呆帳可能率[10]。

$$P_b=\frac{B\cdot b}{G\cdot g+B\cdot b} \qquad (10)$$

式中:

P_b＝某特定信用水準下（廠商自行訂定）之呆帳可能率

B＝信用較差廠商在某特定信用分數以下之累積百分比

G＝信用較好廠商在某特定信用分數以下之累積百分比

b＝廠商依過去資料，自行判定之信用較差客戶之百分比

g＝廠商依過去資料，自行判定之信用較好客戶之百分比

例如某廠商之徵信資料代入公式(9)後、得分爲0.208（見表7-10）則該廠商之呆帳發生之可能率便爲:

$$P_b=\frac{0.40\times0.20}{0.40\times0.20+0.03\times0.8}=\frac{0.08}{0.104}=0.79$$

授信決策應以能使累積預期淨利最大化爲原則。此種原則可藉表7-11說明。依表7-11所示之資料，顯然屬於風險類別第九類與第十類客戶，並非廠商授信之對象，蓋其邊際貢獻率業已等於甚至於少於0。

二、影響客戶信用之變數以及其分析

影響客戶信用之變數甚多，這些變數爲上述呆帳風險評估時之「輸入資料」。一般而言可將之分爲客戶之還款意向、資財狀況、還款能力、管理效率、發展潛力等數大類。

在評等客戶信用時，應注意下列數端:

(1) 盡量蒐集更多之影響信用之變數作爲分析之依據。

---

[10] David C. Ewert, "Trade Credit Management: Selection of Accounts Receivable Using Statistical Model," in Jame C. T. Mao, *Corporate Financial Decision* (J. C. Mao, 1976), pp. 260-266.

表 7-11　客戶累積預期呆帳損失與累積預期淨利

呆　帳 風險類別 (Ⅰ)	銷貨額 (Ⅱ)	呆　帳 可能率 (Ⅲ)	每　元 淨利得 (Ⅳ)	** 累積預期淨利 (Ⅴ)＝(Ⅱ)×(Ⅳ)	* 預期累 積呆帳率 (Ⅵ)	累積呆帳額 (Ⅶ)＝(Ⅱ)×(Ⅲ)
1	50,000	0.002	.290	1,490	.20%	NT$ 10
2	40,000	0.005	.295	2,670	.33%	30
3	⋮	⋮	⋮	⋮	⋮	⋮
4						
5						
6						
7						
8					1.80%	
9	500	0.30	0		1.90%	
10	500	0.35	−.05		2.50%	

* 預期呆帳率＝$\frac{\text{呆帳}}{\text{銷售量}}$　　** 假定未扣除呆帳之淨利得率為30%時，每元淨利得為30%減除呆帳可能率。

資料來源：郭崑謨著，「簡論經營者之投資決策」，臺北市銀月刊，第十一卷，第八期（民國六十九年八月二十五日），第 1-8 頁，表三。

(2) 影響信用之變數，自變數之檢定（相關檢定、均數間之差異顯著性檢定以及離散度間之同質顯著性檢定），是否確切，足可影響區別分析之區別能力以及信用評等風險。

(3) 信用評等，宜採雙階段，甚或多階段審查方式，以區別分析爲第一道關卡，輔之以其他方式。

第八章　行銷管理資訊系統

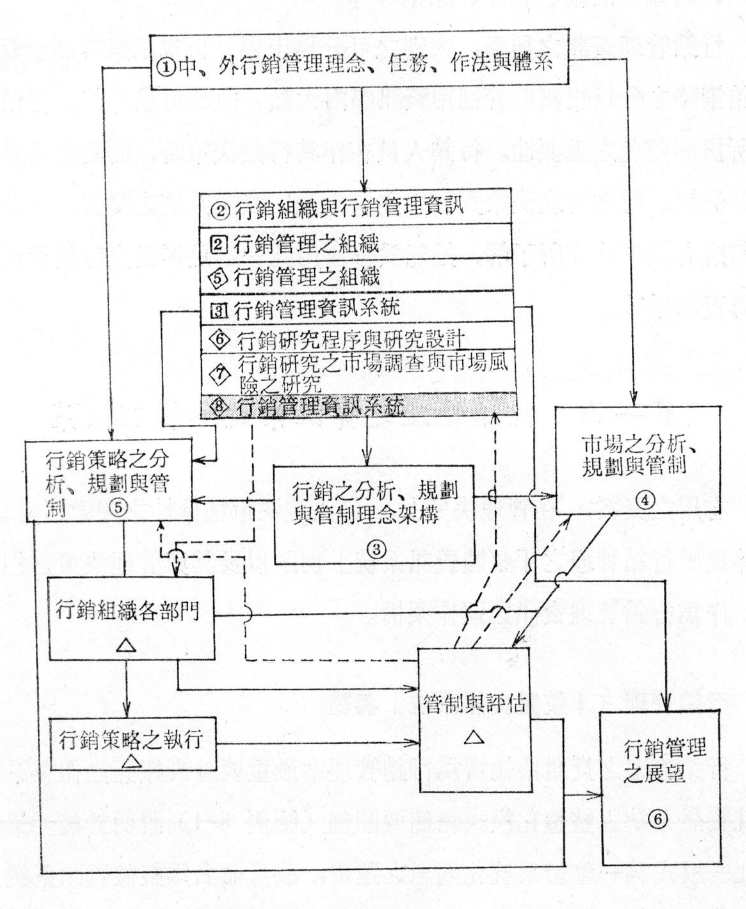

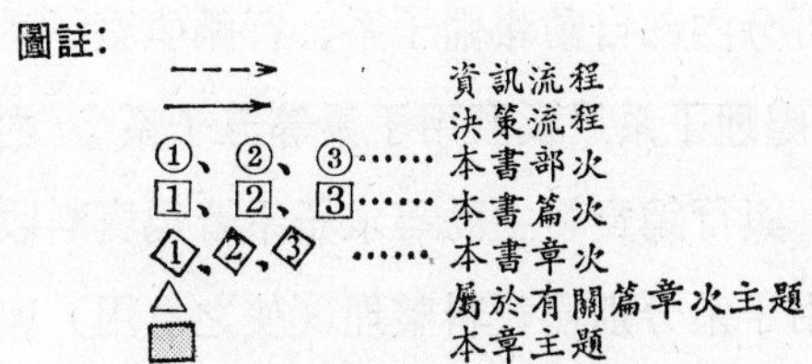

所謂的行銷管理資訊系統係特指具有互相連貫且未來導向之可用以協助決策之資料流程與結構。此一流程與結構，涉及之範圍甚廣，包括人員、組織、設備、程序、原則等等。

行銷管理資訊之種類，大別之可分爲市場分析規劃與管制用資訊，行銷策略之分析規劃與管制用資訊等兩大類。由此可見，其在行銷決策中所扮演角色之重要性。行銷人員在作其行銷決策時，應對資訊系統與管理決策、行銷管理決策資料之主要來源、資訊系統之發展，以及蒐集資料應有之作法有所了解，始能妥善運用此一舉足輕重之行銷管理上之整體資訊系統。

第一節 行銷管理之資訊系統與管理決策

有用之資料，在管理決策上，係決定決策精確性之關鍵因素。本節將提出行銷管理之「整體資訊系統」芻議以及其與管理決策之相互關係，作爲行銷管理資訊之運作架構。

壹、行銷管理之「整體資訊系統」芻議

行銷管理之資訊系統實爲行銷管理中最重要且最艱鉅之作業系統。爰就資訊系統之整體化模式藉簡要圖例（圖例 8-1）說明於後。筆者認爲此一模式爲一整體系統化觀念之運用，故可命名爲整體資訊系統。

整體資訊系統可分內部自動報備子系、行銷偵察子系、行銷資料主動尋求子系，資料處理子系以及發用子系等五子系。內部自動報備子系、行銷偵察子系，與行銷資料主動尋求子系皆爲資料收集之作業，而資料處理子系與發用子系分別爲資料整理（使之有用）與發用作業，如以組織型態相配合，則整體資訊系統可藉圖 8-1 表明之。一如圖例 8-1

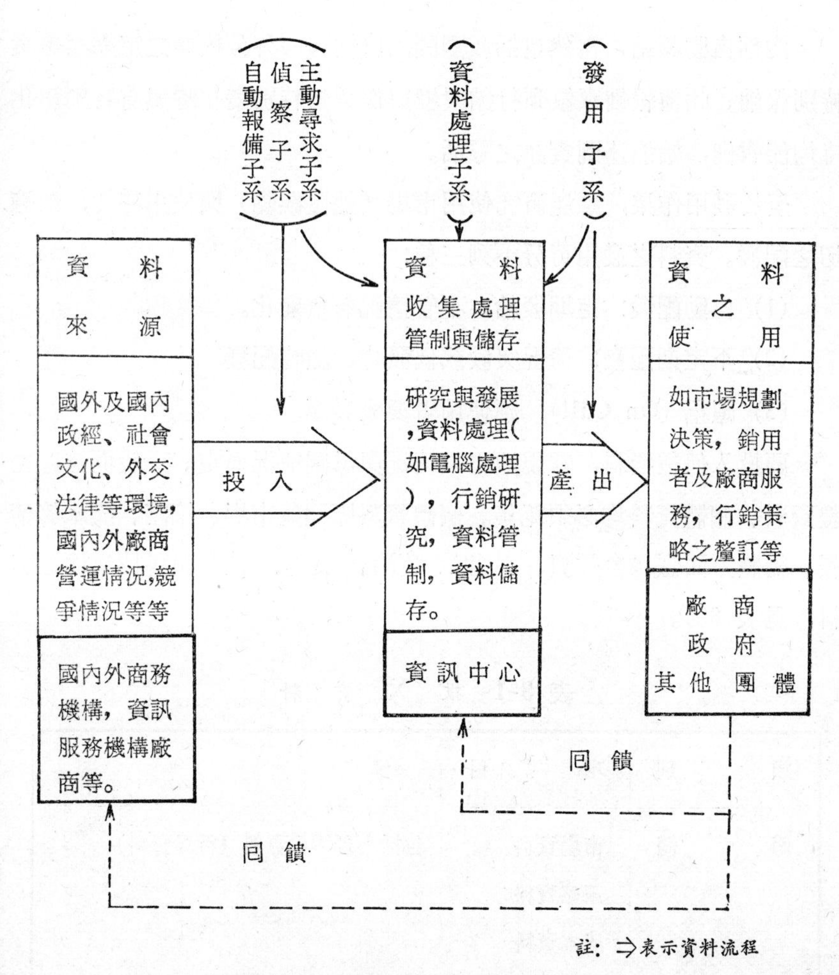

圖例 8-1　總體資訊系統與其有關組織

所示，粗線方匡實爲整個資訊支系之樞紐機構。應具備充份之組織資源，如人力、資力以及權威，始能運用自如，應變靈活。

資訊系統之建立耗資旣大，亦需龐大之人力，非中小企業之能力所及，在推廣成立健全之資訊系統之初期，於我國現階段情況下，似應靠政府之大力輔導始能收效。

內部自動報備，當然包括我國國內機構與海外分機構之定期與專案特別報備。此種報備應做到行銷環境與作業無特別變化時與有特別變化時均能報備，始能達到資訊之靈活。

至於發用作業，應能研究使用市場（總體觀點）與使用特性，做適切之配發。資料之發用可分下列三種：

(1) 自動配發：定期發給，不管情況有無變化。

(2) 不定期配發：情況突發或偶發時，隨時配發。

(3) 應招 (On Call)：應使用者要求發配。

要投入何種資料，當視地主國情況與母國情況而定。一般而言，總體資料、個體資料均必須蒐集。個體資料應涵蓋市場、策略、成本等情報。總體方面應包含經濟、法律、政治、文化、社會與科技方面之資料，見表 8-1。

表 8-1　投入資料

類別	項目	備註
個體	市場資料	包括心理因素資料（行為資料）
	策略資料	
	成本資料	
總體	經濟資料	包括國內與國際資料
	法律資料	
	社會文化資料	
	科技資料	

圖例 8-1 之產出（或發用）可藉簡報、通知、刊物、公告、會議、電報、咨詢等等方式達成。

貳、行銷管理之資訊系統與管理決策

資訊系統與管理決策之相互關係可從圖例 8-2 得到鳥瞰。如圖例所示，決策流程始於管理人員，資料流程可始自管理人員，亦可始自資料來源，但以資訊中心爲樞紐機構。如斯決策人員（則管理者）可運用資訊系統自如，以達成高速機動應變之目標與理想。

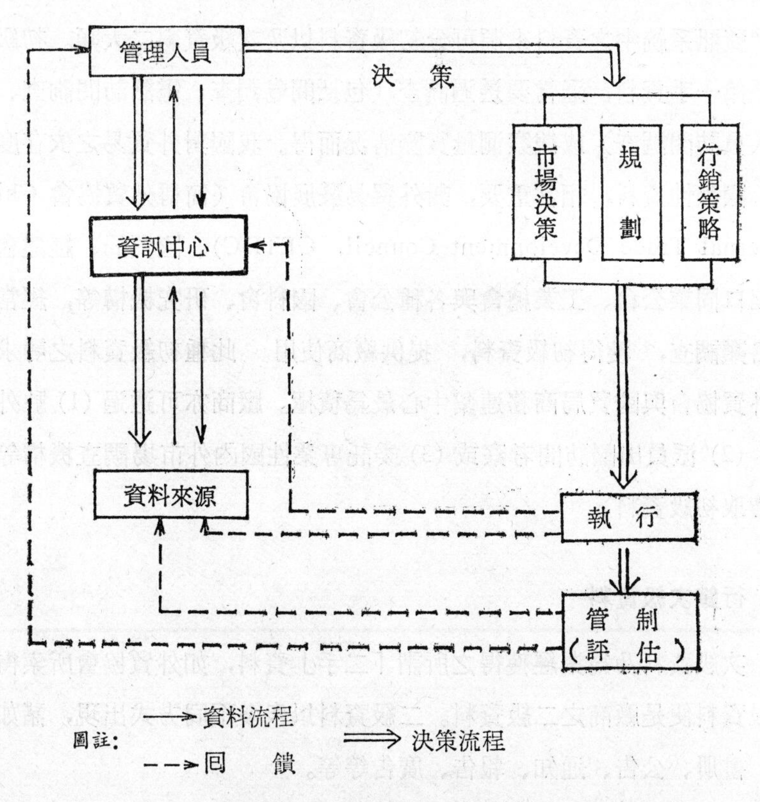

圖例 **8-2**　資訊體系與管理決策

第二節 行銷決策資料之主要來源

行銷決策資料，可分初級資料與二次級資料。初級資料之蒐集通常要在沒有可靠而有用之二次級資料時才進行。

壹、行銷初級資料

資訊系統中之資料來源可分初級資料以及次級資料二大類。初級資料係第一手資料，通常要透過調查（包括問卷調查、電話訪問詢查、以及人員訪問調查）或觀察測量實際情況而得。我國對外貿易之依存度甚高，國際性資料，相當重要，對外貿易發展協會（簡稱外貿協會 China External Trade Development Council, CETDC）、國貿局、經建會、進出口同業公會、工業總會與各種公會、國科會、研究機構等，經常舉辦各類調查，獲得初級資料，提供廠商使用。此種初級資料之尋求尤以外貿協會與國貿局商務連繫中心最爲積極。廠商亦可透過 (1) 駐外機構，(2) 派員出國訪問考察或 (3) 委託專業性國內外市場調查機構等方式獲取初級資料。

貳、行銷次級資料

次級資料乃爲業經獲得之所謂「二手」資料，如外貿協會所索得之初級資料便是廠商之二級資料。二級資料以衆多不同方式出現，諸如期刊、書册、公告、通知、報告、廣告等等。

行銷次級資料，受用較廣者爲政府機構所印行之各種統計資料，諸如行政院主計處印行之各種統計年鑑、月報、快報，經濟部會計處印行之各種刊物與統計資料册，以及省市政府所發布及印行之資料、經建會之臺灣統計資料册及景氣指標等等。至於國際資料之來源則首推外貿協會及國貿局等機構所刊行之刊物諸如「外銷機會」、「外銷市場」、「國際貿易參考資料」、「貿易叢刊」等等。比較詳細之行銷主要來源，將於下段介紹。

叁、行銷決策資料之國內外來源簡介

行銷決策用之次級資料（則二手資料），由於受政經法律社會文化環境之限制，往往不易獲得；尤其國際資料，各國情況又不盡相同，在蒐集過程中有束手無策之感。玆就行銷決策用之次級資料來源分供應商情機構以及供應商情之刊物兩大類分述於後，俾供讀者自行尋取國際商情資料之參考。

一、供應行銷資料之機構

（一）我國供應行銷資料之有關機構

我國臺灣地區，有許多機構蒐商情資料，玆將較重要者列舉於後:

(1) 政府機構

經濟部商業司、國貿局、工業局、交通部、財政部、中央銀行、經建會等。

(2) 圖書館、藏書單位及出版單位

外貿協會資料館、中央圖書館、行政院經建會圖書室、國科會科技資料中心、各大學圖書館報紙、雜誌等出版社等。

(3) 工商團體、協會等組織

全國工業總會、商業總會、工商協進會、外貿協會、進出口同業公會、及各產業之同業公會等。

(4) 民間機構

中華徵信所、工商徵信通訊社等。

（二）與我國有合作關係之海外機構及行銷研究機構

與我國有商業性合作之國家或地區非常多，論商業組織諸如：市商會、進出口公會、銀行、公會、政府組織，數目之多更難一一列舉。下列所舉者僅爲與我國較有密切商業關係之商業組織，詳細之名單地址，可參考外貿協會印行之「與貿協及遠東貿易處合作之海外商業組織名冊」❶。

至於各國行銷及行銷研究機構，可從發拔氏（R. Ferber）所編印之行銷研究手册（*Handbook of Marketing Research*）一書中獲得所需資料❷。

二、供應行銷資料之刊物

（一）期刊年鑑類（一）——國內刊物

(1)「外銷市場」：外貿協會印行，每星期三出版，內容爲貿易機會、國外商品市場動態、貿易法規等。

(2)「外銷機會」：外貿協會印行，每週六出版，內容與外銷市場類似。

(3)「國際經濟情勢週報」：經建會印行，每週出版，內容爲主要工業國家生產指數、物價、貿易、外滙準備等資料。

(4)「貿易週刊」：臺北市進出口同業公會印行，每週出版，內容爲貿易機會、國際經濟動態、專論等。

---

❶ 該書係外貿協會印行，全名爲：*List of Oversea Trade Organization Cooperating With* China External Trade Development Council and Far *East Trade Center,* 廠商可向該會資料處索取。

❷ 詳細之名單可從可蘭氏（A. G. Cranch）文中獲得，見 A. G. Cranch, "Organization of International Marketing Research", in R. Ferber (ed.), *Handbook of Marketing Research* (N. Y.: McGraw-Hill Book Co., 1974), pp. 4:357-359.

(5) 「市場與行情」：工商徵信通訊社印行，每日出版，內容爲市場商情及分析。

(6) 「中華民國進出口貿易統計月報」：財政部統計處印行，每月出版，內容爲進出口貿易指數、各國進出口比例及進出口貨品分類統計等。

(7) 「國際貿易參考資料」：國貿局印行，每週出版，內容爲市場報導、國貿新聞、產品市場介紹、國貿簡訊、貿易機會、國際標訊等（自民國71年7月起暫時停刊）。

(8) 「自由中國之工業」：經建會印行，每月出版，內容爲國內農工生產及貿易運輸等重要統計數字彙編。

(9) 「主要大宗農產品市場資料週報」：國貿局第三組印行，每週出版，內容爲黃豆、小麥、玉米等主要農產品之國際價格。

(10) 「韓國經濟簡訊」：中華民國駐韓大使館經濟參事處印行，每月出版二次，內容爲韓國之經濟與貿易現況。

(11) 「菲律賓經貿簡訊」：太平洋經濟文化中心駐馬尼拉辦事處經濟組印行，每月出版，內容爲菲國財政、金融與對外貿易。

(12) 「中華民國進出口貿易統計月報」：海關總稅務司署統計處印行，每月出版，內容爲各項貨品之進出口量、值、來源及輸出國別等。

(13) 「中華民國進出口貿易統計年刊」：海關總稅務司署統計處印行，每年出版，內容與月報類似，而爲年資料。

(14) 「工具機簡訊」：工業技術研究院金屬工業研究所印行，每月出版，內容爲工具機之市場概況及產銷分析。

(15)「鋼鐵工業市場簡訊」：工業技術研究院金屬工業研究所印行，每月出版，內容爲鋼鐵市場概況及其產銷分析。

(16)「橡膠工業」：臺灣區橡膠工業同業公會印行，內容爲橡膠有關市場動態、外銷統計、法令規章等。

(17)「石化工業」：石化工業雜誌社印行，每月出版，內容爲我國石油化學品供需情形，世界石油化學品工業市場概況。

(18)「中國水產」：中國水產協會印行，每月出版，內容爲國內外水產消息、臺灣區漁業生產統計。

(19)「罐頭出口統計」：臺灣區罐頭食品同業公會印行，每年出版，內容爲各類罐頭產銷狀況及國外統計資料。

(20)「臺灣林業」：臺灣省林務局印行，每月出版，內容爲國內外木材市場產銷報導、林業技術及工商服務。

(21)「臺灣茶訊」：臺灣區製茶工業同業工會印行，每月出版，內容爲國內外茶情、臺茶輸出量統計。

（二）期刊年鑑類（一）——國外刊物

(1) The Oversea Business Reports. 美國商務部印行。內容包括世界各國（選擇國）之經濟、地理、人口、法令、進出口情況、進口管制、專利、商標法、通路結構等資料，頗値參考。

(2) The European Common Market Newsletter, The European Common Market Development Corporation 印行，週刊。

(3) Kiplinger's Foreign Trade Letters, Kiplinger Washington Editors（Washington D. C. USA）印行，月刊。

(4) Comprehensive Export Requlation, 美國商務部印行，活頁裝訂之出口法規「大全」。

(5) Survey of Current Business, 美國商務部印行，月刊。有詳細之經濟企業統計資料及專題報導。

(6) Direction of International Trade, 美國商務部印行，有進出口貿易資料。

(7) World Business Spotlight, 英國 Economist Intelligence Unit 印行。

(8) Commerce Today, 美國商務部印行之月刊，內容分類頗類似外貿協會之外銷市場與外銷機會刊物。

(9) OECD Statistical Bulletins, 國際經濟合作及開發組織（Organization of Economic Cooperation Development）印行，內容包括各國人口、勞動力、貿易、商業、工業、農業、金融等資料。

(10) Sale Management，美國 Sales Management Inc. 印行，具有美國、加拿大等詳細之人口、零售額、可支配所得等資料，及 1 年至 5 年之預測資料月刊。

(11) UN Statistical Yearbook，聯合國印行之各國綜合性年鑑。

(12) UN Demographic Yearbook，聯合國印行之各國人口統計資料。

(13) Annual Report on Exchange Restrictions, IMF 國際貨幣基金會印行，含有各國外滙有關資料。

(14) UN Yearbook of International Trade Statistics, 聯合國印行之國際貿易統計年鑑。

(15) Balance of Payments Yearbook, IMF, 國際基金會印行之各國國際收支情況資料。

(16) The Europa Yearbook, 美國 Noyes Development Corp.

(New York) 印行之有關歐洲各國之綜合性年鑑。

(17) 日本「工商弘報」，日本 JETRO（相當於我國外貿協會）發行。

(18) 韓國「貿易通訊」，韓國 KTA（相當於我國外貿協會）發行，有中、英文版。

（三）參考書類及索引類

(1) Dun and Bradstreet S. Million Dollar Market, 美國 Dum and Bradstreet 印行有詳細之美國大廠商綜合性資料。

(2) R. Ferber (ed.) Handbook of Marketing Research. New York: McGraw Hill Book Co. 1974. 行銷研究手册，包羅甚廣，有詳細之次級資料來源。

(3) Thomas Register, 美國之採購指南。

(4) AMA International Directory of Marketing Research Houses and Services, 美國行銷學會紐約支會印行，內含行銷研究廠商名錄。

(5) Checklist of International Business Publication, 美國商務部印行之國際企業類刊物索引。

(6) Catalog of UN Publications, 聯合國印行之出版物目錄。

(7) New York Time Index, 美國紐約時報索引。

(8) The Wall Street Journal Index 美國華爾街日報（經濟財務企業等之專業日報）之索引。

(9) United States Department of Commerce Publication Catalog and Index 美國商務部刊物索引。

(10) Catalog of OECD, OECD 索引。

第三節　管理資訊系統之發展

那一種資訊是我們所需要的，爲什麼需要，爲誰所需要，何時需要(What, Why, for, Whom, When)，這些特定事項都是設計一個資訊系統的基礎，而決定這些特定事項就是管理當局的責任。縱使有分析家、顧問的協商，但主要的決定權還是在於管理當局。新資訊系統的執行更須富於技術性，這固然是電腦人員的責任，然而爲了配合新系統的執行而須做組織變革時，管理當局是必須與電腦人員時時配合聯繫的。電腦人員在執行管理當局所設計之特定事項轉入所需的最後產品之後，才算是完成了所謂「新的資訊系統」。

在研究資訊系統的發展中，使用者（User，即管理當局）與發展者(Developer，即系統分析師）總是被明顯的劃分，但個人認爲，管理當局與系統分析師都是發展者，在發展的過程中他們必須互相合作，瞭解彼此的能力與限制並相互支援。發展過程，應該是高度相互作用的過程，但是如 Schoderbek 所言，「以往高階管理當局，總是推卸其本身的責任，而允許 EDP 人員，設定自己的目標，決定自己的標準，評估自己的績效，然而這是一種不當的管理制度」。[3]

對某一部份缺乏管理的興趣，可能導致無法預期的嚴重後果，根據 Ackoff 的說法，「不願將他們的部份時間投資在發展過程中的經理人員，無法將管理控制系統使用得很好，而且到後來，反而會導致此一系統的誤用，產生無法挽回的後果」。[4]

---

[3] P. P. Schoderbek, ed., *Management Systems*. (New York: John Wiley & Sons, Inc., 1967).

[4] R. L. Ackoff, "Management Misinformation Systems", *Management Science, Application* (Series B), Vol. 14, No. 4 (December 1967), p. 136.

在發展資訊系統的過程中，要有效的履行管理當局的角色，經理人員必須瞭解基本的分析工具，他們必須擁有資訊系統與資料結構的基本知識，以及明瞭數個資訊系統的發展過程。

壹、主管人員在發展行銷管理資訊系統中之角色

發展資訊系統最重要的資源爲投資的時間和公司各階層員工的努力。被牽涉到的管理階層要看發展的資訊系統是何型式，通常主管會批准在組織結構上低他們一層的系統發展和參與其本身階層的功能性系統發展。操作的員工可以幫助發展操作性系統。圖例 8-3 描寫這套規則。

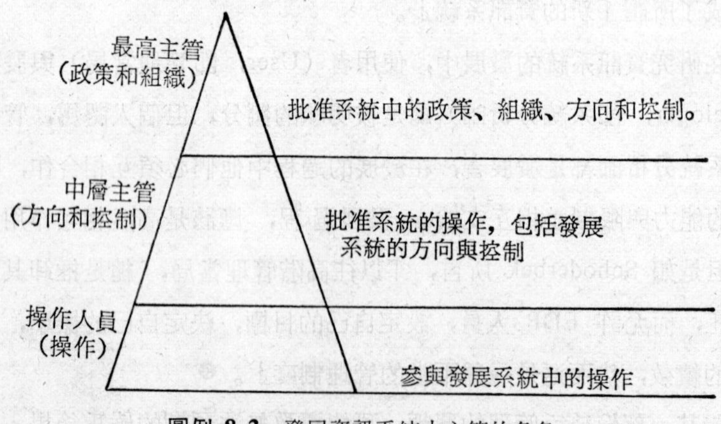

圖例 8-3 發展資訊系統中主管的角色

根據圖例 8-3，系統若只影響執行性事情無需得到最高階層的主管准許，例如：一個企業的工廠每年花費二萬元生產，故在二萬元以下可以自由使用無需經過最高主管批准，需要中階層行政人員，如生產經理的批准便已足夠。如果系統需要額外的資源，就算只爲某點轉變，若會影響企業的機構性政策，或妨礙機構性的限制，或會引致各部門間的敵對，則需要最高主管的批准。

主管參與發展中的資訊系統是必須而重要的，實證上的證據如 Garrity 的調查所示❺。Garrity 研究在十三種不同產業中的二十七個不同公司使用電腦化的資訊系統，他把這些公司分爲兩組：一些是成功的使用電腦系統，一些是最多只是邊際成功而已。在此分析中，那些成功的公司的特徵，Garrity 這樣描述：

「主管當局貢獻時間於電腦系統程式以平衡其成本、潛能和與其他主管間的關係。這些時間並不是花在技術性的問題上，而是管理上的問題包括整合電腦系統與企業管理程序的標準，特別是高級主管的時間應用於再檢討應用電腦系統的方法和程式後的效果及接着而完成的結果。

經過正式的檢討後（最少每季一次），使公司主管人員能確保電腦效果維持高水準應用，他們同時注意到當前的專案正如期進行。對於沒有結果的專案，他們尋找問題所在和建立改正行動。簡而言之，這些公司的主管人員都已涉入電腦的使用……」❻。

就算是新系統在操作階段，管理當局對電腦化的資訊系統的態度仍是決定性因素。Garrity 說：

「很明顯地，如果一個公司要使電腦系統有效地應用在存貨管理、設備排程、需求預測，諸如此類，操作管理者的密切參與是很重要的。成功的公司會組合各因素，包括由技術員所做的生產性工作。但最高主管的態度似是主要因素。最高主管創造有效的直線與幕僚關係、最高主管創造出一種氣氛使之有助於創新、

---

❺ John J. Garrity, "Top Management and Computer Profit" *Havard Business Review*, (July-August, 1963) pp. 10-12.

❻ 同❺。

要求途徑、操作等，並使人們願意參與其行動。的確，某些方面，他們是主要的推動者。

但是超過間接的鼓勵，在那些成功的公司中最高主管驅使操作主管人員利用電腦，達成共同目標以及達成預期利益。一個操作主管說：「我並不想成爲電腦的天竺鼠，但訊息來得又響亮又清楚時，我預期使用電腦並顯示成果」。❼

貳、發展行銷管理資訊系統過程中之分工

表 8-2 表示在發展循環活動中，管理當局所具有的責任。雖然主管應明白和監督那些委派給分析師的活動（列於表 8-2），事實上，一個完整而成功的發展程序是靠管理與技術人員的充分合作。因爲兩組人員均有不同的背景，訓練及觀點這些其實很困難的。此兩組人對於何者可

表 8-2 發展活動的人員責任

發展活動	人員基本責任
可行性研究	主　管*
系統需求	主　管*
設計系統	分析師
執行系統	分析師
測試系統	分析師與主管*
組織變革	主　管*
轉　換	分析師
評　估	主　管*
維　護	分析師

* 相關應用範圍的管理者或直接參與的管理者

❼ 同❺。

以做何者應該做，常有認知上的不一致。便引起解釋及溝通的問題。

很多主管抱怨資訊系統的預定目標很少成功。對此有兩個原因可資解釋：系統分析師常超過其能力範圍作允諾，而管理者又對資訊系統一系無所知，而經常要求過份。電腦非魔術機器可以立即產生結果。部份企業主管的錯誤觀念和過份熱心的系統分析師，使結果更差、更令主管頹喪。如果主管參與資訊系統發展的所有活動，此現象是可以避免的。

第四節　蒐集行銷管理決策資料之作法
——資料蒐集「陣線」與組織架構

廠商（或總體機構），應如何逐漸展開行銷資料之蒐集作業，以及如何有系統地組成資訊蒐集「陣線」與「組織」，各界人士頗多論及，茲就較簡要而易行之架構以圖例 8-4 簡述於下❽。

1. 資訊尖兵由資訊前衞機構構成分子擔任（假定他們係透過專長檢定挑選出）。各負責總體各方面如政治、經濟、教育、文化、社會等，資料的採訪蒐集。
2. 資訊前衞可由駐外政府機構，海外辦事處，海外分公司或代理人擔任。
3. 資訊總站設於國內為一專門之供諮詢各方面資料之研究機構。其資料應分總站式和細節式二種以便應付所需，且加以促進資訊流通速率。
4. 資訊分站為總站分出之資訊機構，其所提供之資料應為總括性質。若需細節性內容，該站設有某電子徵詢管道，經由彼處可

❽ 郭崑謨著，國際行銷管理，修訂三版（臺北市：六國出版社，民國七十一年九月印行），第 156-159 頁。

取得。

5. 需用資訊個體爲索求資訊的每一個人或機構或公司企業，有電腦系統者，可經由某操作程序接通資訊分站或總站甚至前衞基地；無電子系統者，可經由電話獲得較少量的資料。

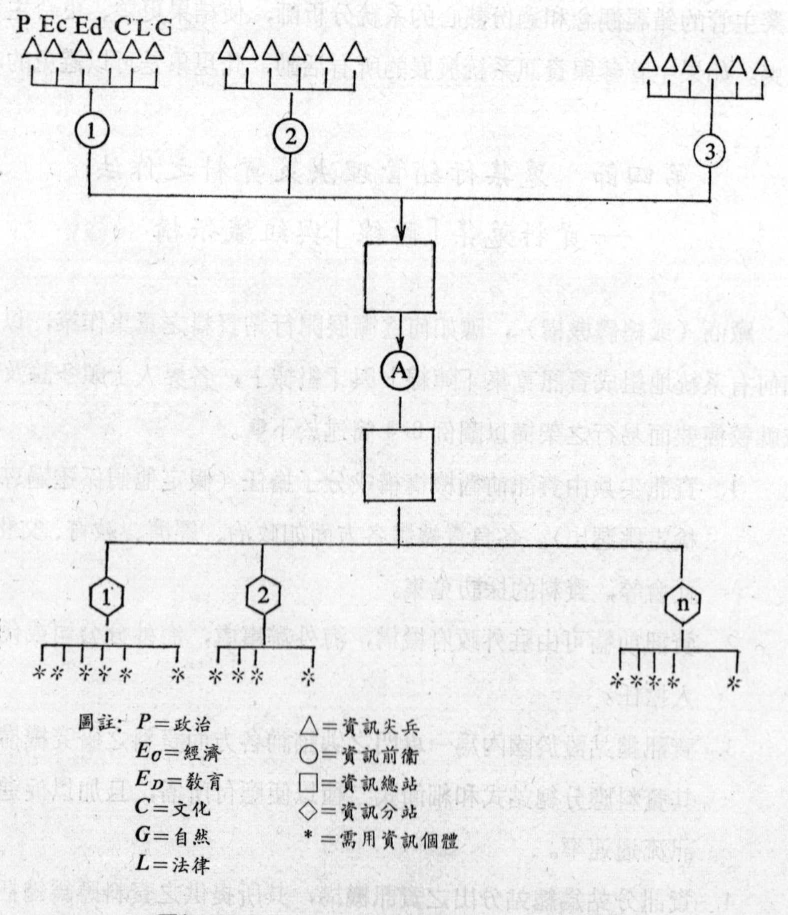

圖例 **8-4**　國際商情蒐集「陣線」與組織架構

第三部

行銷之分析、規劃與管制理念架構

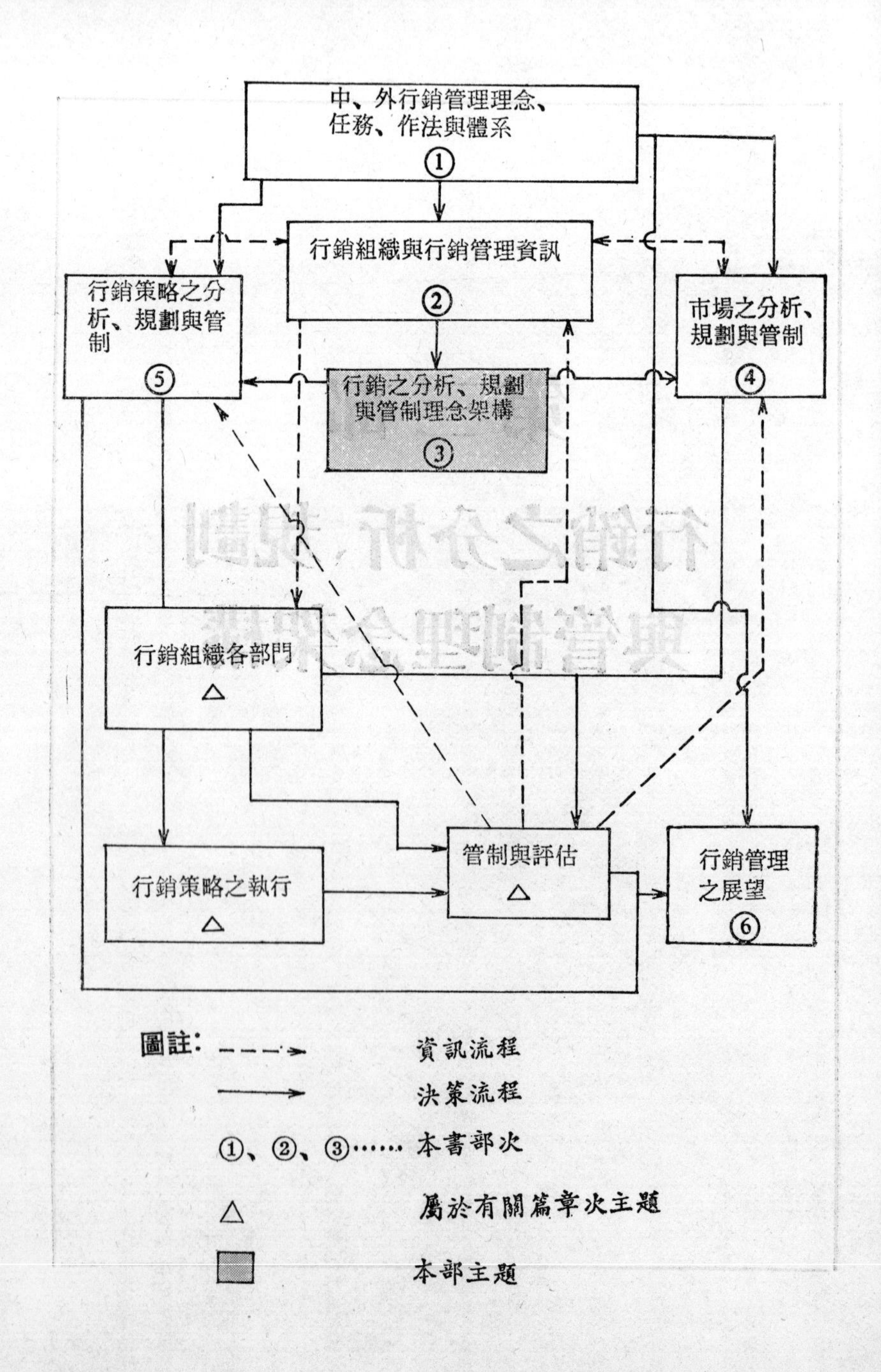
中、外行銷管理理念、
任務、作法與體系
①
行銷組織與行銷管理資訊
②
行銷策略之分析、規劃與管制
⑤
市場之分析、規劃與管制
④
行銷之分析、規劃與管制理念架構
③
行銷組織各部門
△
行銷策略之執行
△
管制與評估
△
行銷管理之展望
⑥
行銷之分析、規劃與管制理念架構
圖註：
資訊流程
決策流程
①、②、③…… 本書部次
△ 屬於有關篇章次主題
本部主題

第四篇

行銷之分析、規劃與管制之理念與架構——戰略（策略）規劃理念

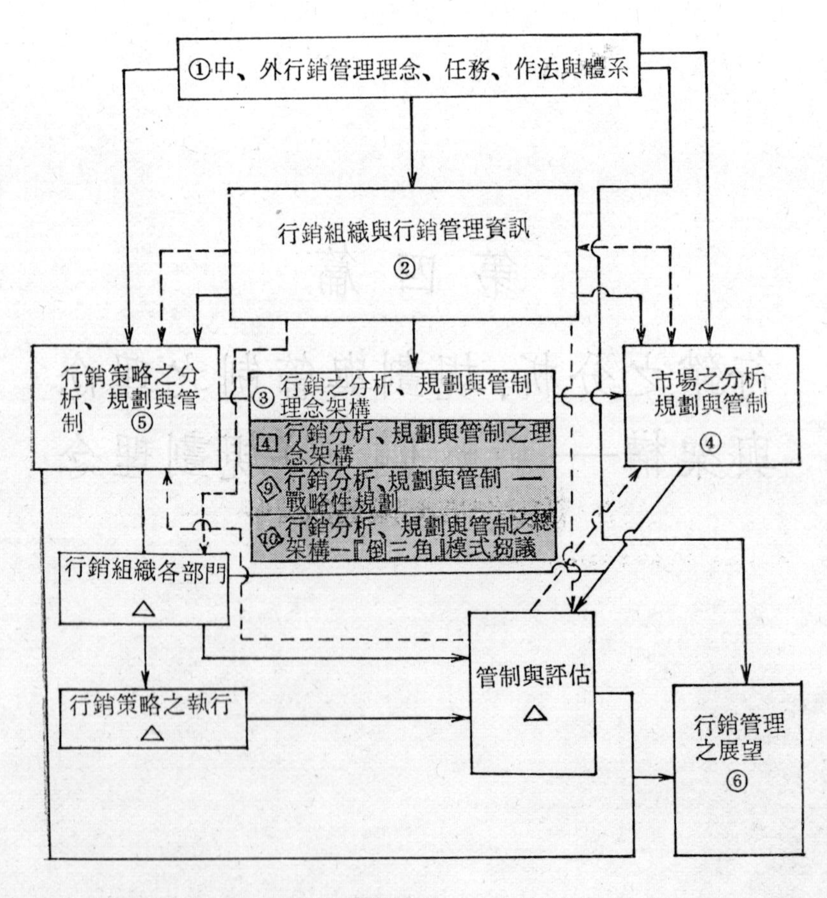
①中、外行銷管理理念、任務、作法與體系
行銷組織與行銷管理資訊
②
行銷策略之分析、規劃與管制 ⑤
③ 行銷之分析、規劃與管制理念架構
4 行銷分析、規劃與管制之理念架構
9 行銷分析、規劃與管制 — 戰略性規劃
10 行銷分析、規劃與管制之總架構—『倒三角』模式芻議
市場之分析規劃與管制
④
行銷組織各部門
△
管制與評估
△
行銷策略之執行
△
行銷管理之展望
⑥

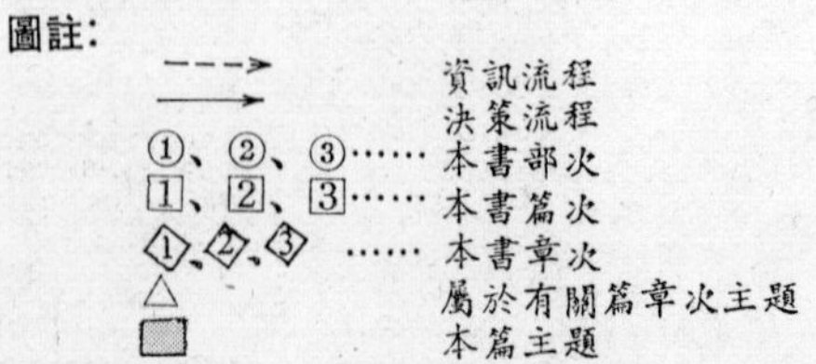
圖註:
資訊流程
決策流程
①、②、③…… 本書部次
1、2、3…… 本書篇次
1、2、3 …… 本書章次
△ 屬於有關篇章次主題
本篇主題

第九章　行銷分析、規劃與管制
——戰略（策略）性規劃

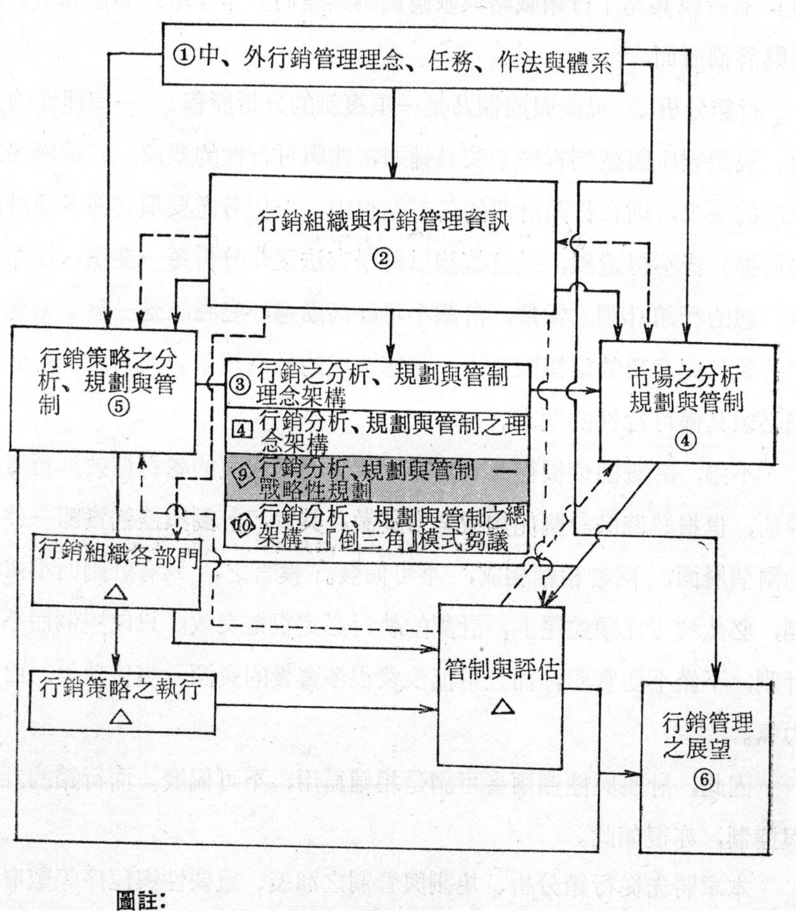

溯自一九七〇年代後，策略規劃開始被學術界及企業界重視後❶，行銷分析、規劃與管制亦隨着普受應用。學者專家以及企業界所用以表達此一未來導向之重要課題，並不一致，有者稱之為「策略性行銷規劃」，有者視其為「行銷戰略與戰術規劃與控制」等等用以涵蓋分析、規劃與管制層面。

行銷分析、規劃與控制乃是一項複雜的分析歷程。一個理性的分析、規劃程序與控制程序必須具備週密性與可行性的要求。若欲滿足週密性的要求，則在行銷計劃的釐訂過程中，一切考慮要項（卽各種計劃的前提）皆不得遺漏，並且能夠以科學方法逐步分析每一要項，從而獲致理想的行銷計劃。當然，計劃不可好高騖遠，它應該是一個企業在有限的資源與多變的環境限制下，可望達成的最高績效。換言之，這套計劃必須具備可行性的要求。

不過，計劃卽使編得天衣無縫，要是不對人員的執行績效進行考核評估，也很難確保計劃能夠被全力貫徹。其實，計劃與控制實卽一件事的兩個層面，兩者相輔相成，不可偏廢。換言之，只有計劃而不做控制，必然會「虎頭蛇尾」，計劃的執行必定很難奏效。只做控制而不去計劃，不僅不切實際，而且可能浪費很多寶貴的資源，事倍功半，白費力氣。

因此，計劃與控制兩者可謂是相輔為用，不可偏廢。而行銷的計劃與控制，亦復如此。

本章將先從行銷分析、規劃與管制之涵義、重要性與程序等數層面

---

❶ 據柳曼（W. H. Newman）及羅要（J. P. Logan）氏策略規劃在企業界與學術界於一九七〇年代始逐漸、普受重視。見 William H. Newman and James P. Logan, *Strategy, Policy and Central Management*, 8th Ed. 臺灣版（臺北：華泰書局，民國七十年印行），PV.

探討行銷分析、規劃與管制之理論或模式後，於第十章再就戰略與戰術規劃與管制以及筆者所築構之「倒三角」行銷分析、規劃與管制模式提出研析。

第一節　行銷分析、規劃與管制之涵義與重要性❷

倘視行銷分析、規劃與管制（Marketing Analysis, Planning & Control, 簡稱 Marketing A. P. C.）爲策略性行銷規劃，即吾人對此一策略性行銷規劃之涵義、特性、重要性以及障礙或限制等論據要有所了解始能掌握策略規劃在行銷上應用之本質。

壹、策略性行銷規劃之涵義

策略性行銷規劃是在企業策略的管理之下，所發展的可行性行銷定位及方案所採行之步驟，從企業的生態環境與內部資源的分析入手，發展出一套對企業最有利的行銷策略之程序。

爲使策略性行銷規劃之涵義更明確，下列幾項操作性定義（Operational definition）有加以說明之必要。因爲這些名詞在美國的著作中，尚有各說各話，對同一名詞有不同之界說之情形。在我國更因管理學的發展歷史尚短，加上翻譯的困難，致更加混亂。所以，先廓清名詞之定義將有助於觀念的溝通。

一、使命（mission）

企業之使命是指以產品、市場，或服務、客戶來表示之業務範圍(the scope of operations in terms of product and market or of

---

❷ 本節之資料部份取材自黃營杉教授　於民國七十一學年度，於國立政治大學企業管理研究所修讀「行銷專題研討」時所提出之研究報告。

service and client)❸。

企業使命與目的在回答,什麼是我們的業務(What is our business?),我們的業務將是什麼 (What should it be?)❹

二、目標 (objective)

企業目標是指企業在某一特定期間內所想要或需要達成之成果 (result)。是由使命轉換爲特定目標,以引導公司執行所設定之使命;也就是整個企業或其成員所希望的未來狀況 (future state)。目標常指長期性的,可以是計量的或非計量的。標的 (goal, target) 是指短期性的,是計量的,亦即以特定之構面來表示之目標。❺

三、政策 (policy)

政策是總經理、主管、與其他從業人員,爲達成企業目標的廣泛性指導原則;爲了實現目標而導出之資源分派原則。❻

四、策略 (strategy)

策略是將軍用兵之法。企業策略是達成企業目標之行動類型,或特定之主要行動,❼ 是根據資源分派之原則所做之資源分派方向。換言之,策略是在政策的規範下,所發展出來,做爲達成企業目標之特定的主要行動。

茲將政策與策略兩者之相異處藉表 9-1 示明於後。

---

❸ Frank T. Paine and William Naumes, *Strategy and Policy Formation* (W. B. Saunders Co. 1974), p. 6.

❹ Philip Kotler, *Marketing Management* 臺灣版(臺北市:大同圖書公司,一九七六年),p. 52.

❺ Steiner, *op. cit.*, pp. 150-153.

❻ 同❸。

❼ 同❸, p. 7.

表 9-1　政策與策略之比較

政　　策	策　　略
行動的廣泛指導原則	特定之主要行動或行動類型
資源分派之原則	資源分派之方向
廣泛性、長期性	選擇性、短期性
可包括策略	可因政策之協助而順利完成
不一定指重要資源	專指重要資源

五、策術 (tactics)

策術是在策略的範籌內，所做用以執行策略的具體行動之決策。策術在確認 (1) 應該做什麼，(2) 何人去做，(3) 何時去做，(4) 花費多少，(5) 預期結果。如果主策略正確，策術犯錯也可成功；如果主策略犯錯，策術正確將徒勞無功。[8]

貳、規劃之特性

為求對策略性行銷規劃做更進一步的瞭解起見，再就規劃的特性說明於後。

一、基本特質

規劃是在考慮未來，對未來所下之決策。其工作重心在於發掘未來的機會與威脅，並加以利用及克服。規劃是有目標的前瞻性準備工作。

二、程序性

規劃是一種程序 (process)，其第一步是設定目標，其次是發展策略、政策，第三是行動計劃之設計，第四是考評。如麥克馬拉 (McNa-

[8] Martin L. Bell, *Marketing* (Boston: H. M. Company, 1972), p. 52, 以及 E. Jerome McCarthy, *Basic Marketing*, 5th ed. (Ill.: Richard D. Irwin Inc, 1975), pp. 84-85.

mara）所云：「規劃是將目標及可達成目標之行動作有系統之評估與編擬。」❾所以，可將其定義爲，預先設定要做什麼（what），什麼時候要做（when），怎樣去做（how），由誰來做（who）的一連串活動。

三、連續性

企業環境不斷在變，而企業却不能以不變應萬變。所以規劃活動也應不斷的修改，並有適當的行動來支持，其目標才能達成。所以，規劃是繼續不斷、周而復始的程序。

四、哲　學

哲學是一種思考方法或對事件之態度。規劃哲學是指執行決策時之熱忱，以及系統性與一致性思考的決心。這種決心所建立之規劃氣候乃爲有效規劃之要件。

五、結構性

規劃爲一整體性作業，必然包括許多次規劃，而次規劃彼此間互相關連，或包括許多企業機能別，如行銷、生產、技術、財務、工業關係、研究發展、人事等，而構成一網狀關係。這些都必須建立在同一前提或假設之下而構成一系統。

策略性行銷規劃除了具備上述特性之外，最重要與最基本的特色是，做爲企業策略性規劃之軸心，以及其他功能性規劃之基礎。因爲它是在確認企業最有希望之行銷機會，告知如何成功地滲透、獲取、維持所確認之市場，決定了公司適應未來之目標、原則、程序與方法。

叁、規劃的重要性

策略性行銷規劃逐漸受到重視，主要在此種工具能爲企業帶來許多

---

❾ George A. Steiner, *Top Management Planning*, 臺灣版（臺北市：大同圖書公司，民國六十四年），p. 7.

利益。據 Alfred Oxenfeldt 的看法，[10] 從事策略性行銷規劃有六點好處：

(1) 協調各有關部門的活動

(2) 確認預期的發展

(3) 對可能發生之情境預謀對策

(4) 降低對不可預期情境的無理性反應

(5) 對經理人員做較佳之溝通

(6) 降低部門間對公司目標之衝突

從上述六點觀之，其優點主要來自企業生態之動態性所做之預知與適應。是用以降低風險的危機管理 (management by crisis) 工具，此與 William J. Stanton 之看法相似。[11]

此外，若從企業經營的積極面觀之，尚有下列功能：

(1) 刺激思考使公司資源做較佳之運用

(2) 指派責任並安排進度

(3) 協調並統一工作

(4) 便於控制與評估績效

(5) 便於瞭解困難以資克服

(6) 確認行銷機會

(7) 提供確實之行銷情報做爲目前與未來之參考

(8) 便於推動公司目標之進展。

---

[10] Harper W. Boyd, Jr. and William F. Massy, Marketing Management 臺灣版（臺北市：圓山圖書公司，民國六十二年），p. 24.

[11] William J. Stanton, *Fundamentals of Marketing*, 4th ed. 1975, pp. 636-637.

肆、規劃之障礙

儘管策略性行銷規劃具有許多利點或功能，事實上還有許多公司未具有正式之策略性行銷規劃。有的因為已經享有高度成長，在經驗上覺得不必要；有的小公司則因為一切都以老闆做為核心人物，規劃工作盡在他一人之腦海裏，雖然有實質的策略性行銷規劃，却無正式的、書面的形式。

根據調查，美國大規模公司執行行銷規劃時，遭遇到四項共同問題[12]：

(1) 高階經理人未能建立並溝通主要的公司目標

(2) 未能確實地評估競爭者可能之策略與能力

(3) 公司內缺乏內部協調與溝通

(4) 規劃程序過份結構化，產生不必要的書面資料，並由無關的瑣碎資料隱藏着重要問題

上述(1)(3)兩項問題導源於溝通，第2點在於情報的搜集與判斷，第4點在於規劃之技巧，這些問題都不是本質上的缺點，其實除了第四點外，都是策略性行銷規劃所欲致力的目標，而非其本質上的缺點。

第二節　策略性行銷規劃程序[13]

史氏（Stanton）將策略性規劃分成四個步驟來進行：[14]

(1) 現況分析（Situation analysis）：分析現況與未來之趨勢。

---

[12] *Ibid.*, p. 637

[13] 同[2]。

[14] Stanton, *op. cit.*, pp. 639-640.

(2) 決定目標 (Determine objective)：目標應是具體的、可實行的，而且在目標體系間應一致。

(3) 選擇策略、策術 (Select the strategies and tactics)：如何從事以達所欲之目的。

(4) 評估結果 (evaluate results)：查考正走向何方？所爲是否爲原來所欲者？

這四個步驟可再歸納爲分析（現況分析）、規劃（決定目標、選擇策略、策術）與控制（評估結果）。不管規劃之客體爲何，內容如何複雜，在本質上應具備這三個步驟。再者，這三個步驟也不一定完全是順向性的。在可行性試驗 (feasibility testing) 或施行檢討時，往往是回復性的逆向計劃，特別是在分析與規劃之間。其流程如下圖所示。

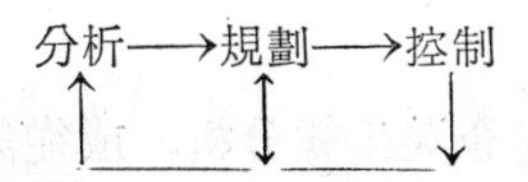

企業整體性規劃 (total company planning) 爲長期性的、廣泛的、且以長程之企業目標爲對象，所發展之整體策略。雖然現在還有一些因爲發展新產品需要大量投資設備者，如石油、鋼鐵業，仍爲生產或財務導向外，企業規劃大多從行銷導向開始並以此爲規劃之重心所在。

行銷導向之整體性企業策略規劃程序，先確定市場目標與機會，再決定開拓市場機會之行銷策略，最後才規劃所需之工廠、資金、人事等。因此，在企業使命之確定，及至整體策略之選擇爲止，均以行銷爲重心。在整體策略確定，進入功能性策略時，方可在整體策略與目標的架構下，與生產、財務、人事、研究發展諸功能分開進行。

本節特就策略性行銷規劃之程序總括上述觀念以簡要流程（如圖例9-1）分別按生態分析、使命、目標、政策、現況分析、問題與機會、整體策略之發展、策略選擇、行銷組合、行動計劃，以及管制與評估說明。

程序上雖然由 (1) 至 (9) 循序漸進，但並不排斥其反復性，以求規劃之更妥善。整個規劃程序在求得目標與手段間的可行性；目標與目標之間，手段與手段之間的協調性與平衡性。

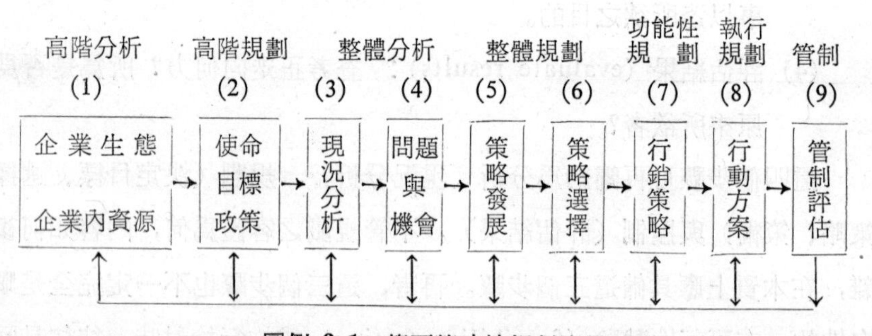

圖例 9-1 簡要策略性規劃流程

壹、生態環境與企業分析

策略性行銷規劃應從企業生態分析，或從設定目標開始，仍是個爭論之問題。

同意先分析生態者認爲有好的機會存在，倘目標沒有訂妥，有再檢核之必要；若機會改變時，目標也會隨之改變。反對者之意見認爲，沒有先確定目標來做爲引導，將盲無頭緒而找不到機會；或者認爲目標可以改變，而隨着新目標去找機會，致朝秦暮楚。此外還有第三種看法認爲有時也可能以公司資源爲起點來從事策略性行銷規劃。不過，不管如何，對於企業生態系統與企業資源先做分析，再選取目標，則所受限制較少，而又能考慮及企業之比較優勢，也許更爲理想。如先設定目標再分析環境與企業資源，則實際上意味着在此之前已做了環境與企業優勢分析，否則如果所設定之目標經分析後發現不可行，或不適當，則必將重訂目標。

構成企業生態環境之構面，大致有市場需要（經濟與行爲）、政治與法律、社會與倫理、科學技術、競爭態勢、分配結構等六項，從這六項變數所構成之企業生態中，可找出有利於企業之利基 (niche)。

企業之生態環境可分爲穩定的、緩慢的演變與劇變三類。由於劇變的環境逐漸面臨着我們，因此，必須對此環境做謹慎的觀察，以辨認環境中之威脅與機會，進而從中選取機會或予適應、利用，或對於威脅予以規避、克服。

企業所面臨之機會應分爲環境機會 (environmental opportunities) 與公司機會(campany opportunities)。在經濟社會中存在着許多未予滿足之需要的環境機會，可是考量企業本身的優劣勢，顯然的不是每一個特定公司對環境機會均有差異優勢 (differential advantage)，其具有差異優勢者稱爲公司機會。公司機會與威脅是策略性規劃首先要尋找的對象。

貳、使命、目標、政策

企業經營之使命決定於組織的基本社會經濟目的，高階主管的經營哲學⑮，評估內在及外在的機會與問題，以及公司的強弱點。

組織的基本社會經濟目的應指社會對組織的存在所期望之基本目的。換言之，社會要求企業有效地運用其資源，以滿足社會大衆之需求。高階主管的經營哲學，是指一套運用於其組織體之思想方法。這一套思想方法是建立在其價值體系、倫理觀念及道德標準之上。組織藉此以引導努力以達組織之使命，評估內在及外在之機會與問題，以及公司之強弱點，如上節所述。

企業之使命是指明白陳述組織之業務範圍，並列於公司章程之內者，通常以顧客、市場、產品、技術或其組合來表示之。企業的使命一

⑮ 黃營杉，「中式管理之必要性及中式管理哲學」，未出版論文。

旦形成，則企業經營之大方向也就確立。其對企業營運之榮枯存亡關係至鉅。不過，一旦確立，便成爲企業長期資源運用之重心。其更改應視設立之正確性，以及環境變化之態勢與內容而定，平常在短期內不輕易更動的。

企業目標是企業使命所要追求的目標，有短期和長期之分，光有使命而無目標，則在規劃資源分配與管理上，無一共同的依據。企業目標可以是一般性的（general objective），也可以是計量的，如利潤、投資報酬率、銷售額或成長率、市場佔有率等，這些是由董事會和總經理所決定的。

政策涵蓋一套引導管理行爲之原則性架構，策略將由此架構發展出來。有了政策之後，使政策與執行有其一致性、省時性、並便於溝通。通常在政策的制定上，可分爲三類：（1）包括倫理與道德的哲學性政策，（2）廣泛性分配資源之方法的資源應用性政策，（3）例行性工作方法的作業性政策。在此，規劃程序所定之政策是指前兩者而言。

叁、現況分析、問題與機會

現況分析與高階的生態環境、企業內資源分析，最大的差別在於現況分析範圍已大爲縮小，縮小到企業經營的業務範圍（使命）之內。同時在現況分析時已經有了企業目標和企業政策做爲其分析之前提條件。因此，其範圍較小，深度較深。

現況分析可從四個途徑來進行：（1）企業生態系統（ecosystem）分析，（2）產業與公司銷售預測，（3）企業優劣點分析（相對於同業競爭者），（4）市場區割分析。其分析之目的是，找出所經營的行業內，未爲競爭者所提供或較競爭者爲優勢之機會，以及所遭遇或將遭遇到之困難。

分析問題與機會階段之目的在於解釋前一步驟所分析之事實(fact)。所謂機會是指提供消費者需要之機會，特別是對本企業有差異優勢之企業機會，得以去創新、改良、或去創造差異優勢。至於問題點，則應採取行動以改進銷售、利潤、或市場佔有率。總之，不論是問題或機會，都構成策略基礎，以資發展目標市場和企業策略。

肆、發展可行策略並予選擇

經過現況分析並找出問題與機會之後，應尋找目標市場並發展可行策略，以達到所設定之企業目標。

一、目標市場之選擇[16]

目標市場亦為策略之一，其選擇可根據下述步驟：(1) 確立基本需要，(2) 發展消費系統 (consumption system)，(3) 形成區隔架構，(4) 分析各區隔市場之需要特性與趨勢，(5) 預測各區隔市場之銷售趨勢，(6) 預測各區隔市場之地區分佈趨勢，(7) 分析各區隔市場之各通路銷售比重，(8) 估計各區隔市場之競爭者市場佔有率，(9) 分析各區隔市場競爭者之主要策略，(10) 自我評審相對之優勢，(11) 決定目標市場。

二、策略之發展

策略可分主動或攻擊性策略，與被動或防禦性策略。這往往要看企業的大小或市場佔有率之高低而定。大企業往往採取主動攻擊；小企業也可以在大企業所忽視之市場採取主動攻擊。

策略依主從關係又可分為核心 (core) 或主要 (grand) 策略，與支援或輔助策略。核心策略是建立在企業之差異優勢的基礎之上。根據古

---

[16] Boyd, *op. cit.*, pp. 29-55.

羅克氏（Glueck）的研究[17]，主要策略有四種形態，如表 9-2 所示。

表 9-2 古氏之策略形態

基本策略	次策略	使用次數	使用時機與效果
穩定		最常使用	1. 當產業成熟時 2. 當環境變化緩慢時 3. 當企業成功時
合併	1. 同時採用二種或更多之策略 2. 順序的採用二種或更多之策略	1. 主要用於大企業 2. 比縮減策略用得多	1. 在經濟不景氣或復甦時 2. 在主要產品之生命週期改變時
成長	1. 內部集中式整合 2. 外部（合併）集中式整合 3. 垂直整合	次多使用	1. 在生命週期初期時 2. 成敗參半 3. 通常不很成功
縮減	1. 功能性改善成本裁減 2. 單一顧客公司 3. 清算	最不常使用	1. 成敗參半 2. 成敗參半 3. 最後手段

策略發展之程序，有下述步驟：

(1) 尋找可能採取之策略

(2) 預測策略之後果

(3) 預測競爭情勢改變對上述結果之影響

(4) 預測對獲利性之影響

(5) 選擇核心策略

---

[17] William F. Glueck, *Business Policy*, 2nd ed. 臺灣版（臺北市：華泰書局，民國六十二年印行），pp. 120-147.

(6) 選擇支援策略

(7) 選擇備用策略

策略性行銷規劃進行到此地步，不但發展出更細的數字性目標，而且已經有了策略性組合，用來執行達成所賦之目標。企業之資源亦根據所發展出來的策略組合而予以分配，並做成預算。

伍、行銷組合（策略）

自企業營業範圍之界定，以至整體策略之發展與選擇，均以行銷爲其核心，而逐步推演出來。到本階段，應將生產、財務、人事、硏究發展與行銷等五種功能從整體策略的基礎上，分門別類的繼續進行規劃。

所分出的行銷策略規劃，目標市場旣已確定，接着便應投射於競爭性定位 (competitive positioning)，並就產品、價格、通路、分配、推銷及公共關係六項訂定關鍵性結果 (key result)，發展行銷組合、試做條件性預測 (conditional forecost)。構成行銷組合之要素:

產品: 品質、外觀、買賣權、式樣、品牌、包裝、大小、服務、保證、退貨。

通路與分配: 通路、涵蓋區域、位置、存貨、運輸。

推銷與公共關係: 廣告、人員銷售、銷售促進、宣傳。

價格: 標價、折扣、折讓、付款期間、信用條件。

陸、策術性之行動規劃

有策略無行動，則規劃毫無意義。行銷組合之要素旣經確定，則應將之轉換爲短期的行動方案，此卽爲策術性之行銷規劃，構成策術性行動計劃之具體要素是:

(1) 所欲採取之特定行動的陳述

(2) 指明每一特定行動之負責人

(3) 訂定每一特定行動之時間表

(4) 綜列每一特定行動之預算

(5) 陳述每一特定行動之結果

換言之，策術性行動方案是在認定 (1) 應做什麼，(2) 何人去做，(3) 何時去做，(4) 花多少成本，(5) 預期什麼效果。很明顯的，如果未將策略轉換爲行銷組合，並由策術性行動方案予以擴大，其行動便無由產生。

柒、評估與控制

行銷方案執行之後，其結果應儘快評估。不予評估就無法證明方案是否可行，成功度有多高，其成敗原因何在。規劃與評估是互相關聯的活動。邏輯上應先規劃再予評估，評估後再修正計劃。

行銷稽核 (marketing auditing) 是一種總體的評估作業。它是系統性的、重點式的、不偏性的對於行銷功能之目標與政策，以及用以執行目標與政策之組織、方法、程序與人事的一套評估作業。若干行銷活動的局部評估，固有其用途，雖然也是稽核的一部份，在系統上應以整體性的評估觀念來從事稽核，而不應瞎子摸象。

稽核之步驟，需先設立標準，其次衡量結果，第三是比較差異並發掘原因，最後是提出改正行動。也就是應該如何，事實如何，何以如此，並決定應該怎麼辦的一連串過程。

控制在策略、策術、執行方案都需要。控制是控制人，因爲事在人爲。成本、程序、標準都由人負責的，應找到負責的人。控制還要視事實之特質採取不同之控制方法，控制方法有三：[18]

---

[18] 同[17]。

(1) 先機控制 (steering control)， 預測結果並在全部作業完成之前，提出矯正行動，此種方式在應用上最普遍。

(2) 是否控制 (yes/no control)，在上一步程未通過前，不准進入下一步程，如此一關一關的控制。在本質上是一種安全措施，以免浪費資源。如果先機控制可行的話，就不必有此種控制，但因前者有時不可靠，成本又太高。

(3) 事後控制 (postaction control)，行動完成後才予衡量、比較。此法用以獎償以最後之結果爲依據者，或類似工作將在未來從事者。

評估與控制在整個策略規劃過程中，均扮演重要角色，雖然其重心在最後，爲策略性規劃之終點工作。

捌、策略性行銷規劃之整體性

企業策略性規劃不僅是以行銷途徑 (marketing approach) 行之，而且是以行銷規劃爲經。因此，策略性行銷規劃自始貫穿整體企業策略性規劃，而做爲企業策略性規劃的輔導工具，直至整體規劃完成，衍生出機能別之策略性規劃，才劃分開來。

在一系列的行銷規劃過程中，分析、規劃、控制三者在每一步程均同時運作，只是三者在不同步程所佔份量不同而已。在規劃過程中，愈接近原點，分析與規劃所佔之比重愈大；越接近終點，控制所佔之百分比越高。此外預測亦由整體而個體，由大數而細數，自始至終做爲策略性規劃之重要工具。

策略性行銷規劃爲企業求生存、穩定、成長之管理工具。在一系列的規劃作業中，在求取手段與目標之經濟可行性，在求取目標與目標間，手段與手段間之協調與平衡。其目的乃在發揮管理之功能，來做爲經濟有效之管理工具。

第十章　行銷分析、規劃與管制之總架構
——『倒三角』模式芻議

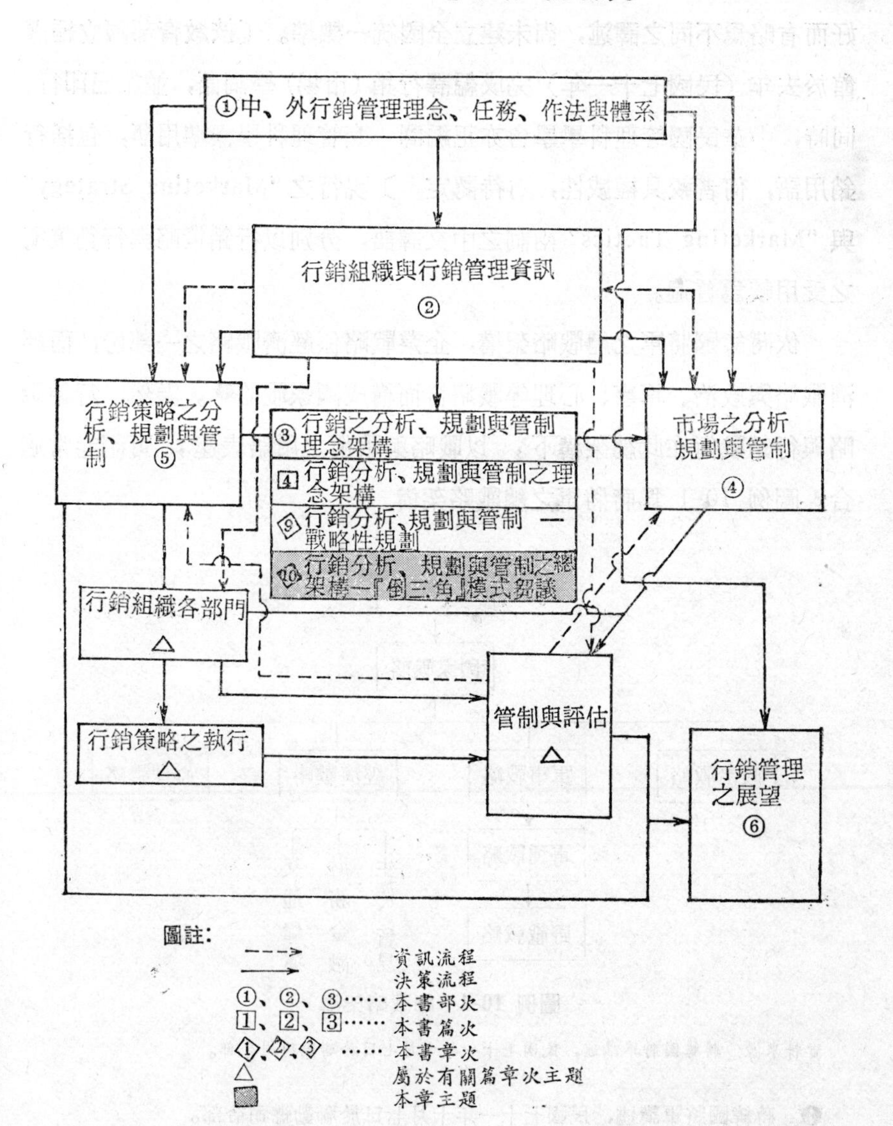

戰略與戰術之用於企業管理業已逐漸普遍，當然在行銷方面亦已漸被採用。在我國，行銷管理學上所用之術語（或名詞），泰半係由歐西，特別是美國所出版之英文書刊編譯而成，依不同學者專家或企業家之偏好而有略爲不同之譯述，尙未建立全國統一標準。〔按敎育部國立編譯館於去年（民國七十一年）完成編譯行銷（市場）學詞語，並業已印行。同時，中華民國管理科學學會亦正編譯一套管理科學標準用語，包括行銷用語，何者較具權威性，有待認定。〕現行之 “Marketing Strategy” 與 “Marketing Tactics” 兩詞之中文譯語，分別以行銷策略與行銷策術之受用較爲普遍。

依蔣緯國將軍之總戰略架構，企業戰略係經濟戰略之一部份，而經濟戰略與政治、軍事、心理等戰略合而構成國家戰略❶。顯然，行銷戰略與行銷戰術在此總架構下，以戰略與戰術之用語表達，可謂非常適合。圖例 10-1 爲蔣將軍之總戰略架構。

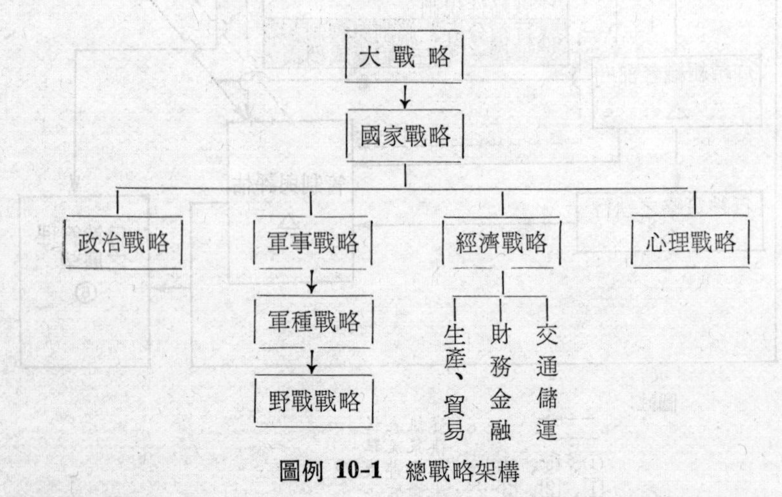

圖例 10-1 總戰略架構

資料來源：蔣緯國將軍講述，民國七十一年十月七日於聯勤總司令部。

❶ 蔣緯國將軍講述，民國七十一年十月七日於聯勤總司令部。

本章將先就行銷戰略與戰術之規劃與管制文獻加以探討後，再提出筆者之「倒三角」行銷分析、規劃與管制模式，以供參考，並作爲以後數章之分析研究依據。

第一節 行銷戰略與戰術之規劃與管制理論之探討

戰略計劃是一種長期性的計劃，所含蓋的期間可能短至三、五年，也可能長至十年二十年。由於所涉及的期間較長，因此它必須面對一切變動（譬如環境的變化、技術的突破、競爭情勢的變化）的挑戰。爲迎接此項挑戰，戰略計劃必須具備廣博性、全面性、與彈性的要求。因具廣博性，因此所涉及的領域也就無所不包；且具全面性，故任何事項都不會遺漏；又具彈性，因此在一定的合理範圍內，外在環境卽使發生變動，這套戰略計劃仍然可以適應，而不致發生手足失措之感。另外，戰略計劃乃是一種政策性、方向性、或原則性的計劃；因此，中期計劃與短期計劃都需依賴長期計劃才能落實。如果長期計劃或有失誤，也必定會對中期計劃或短期計劃造成影響，在編製長期計劃時，很多地方必須藉助於科學的分析與邏輯的判斷。雖然企業當局所釐訂的長期計劃並不見得非常精確，但是它却是企業營運發展的藍圖。如果缺乏這套有用的藍圖，就好像船沒有舵一樣，不知該航向何方。

一套理想的理性行銷計劃，除了計劃本身務求完美之外，尙需準備一套完善的控制方法與之配合。爲便於討論起見，玆將計劃分成戰略計劃與戰術計劃兩部份探討。在戰略計劃的探討方面，本節引用J. Bracker對戰略的定義，來澄清釐訂戰略需考慮的四大層面；接着引用 E. J. Kelley 的看法來澄清這些不同層面的相對重要性。

瞭解戰略計劃所考慮的層面仍然不夠，換言之，它的先後順序在分析上也很重要。因此，本文引用 R. E. White 與 R. G. Hamermesh 及 E. J. Kelley 的模型並進行整合，使成爲較完整的戰略計劃架構，並且使用 M. E. Stern 的戰術規劃架構來連繫前面已探討過的整合戰略計劃架構，從而獲得較完整的行銷計劃體系，本節最後將介紹 STECOM 控制模型，並與行銷計劃體系相銜接，從而獲得一個相當完整的行銷計劃與控制模型。此一模型對行銷戰略、戰術的分析和控制頗有價值。

壹、行銷戰略之規劃與管制理論❷

行銷戰略計劃乃是行銷戰術規劃與短期行銷活動的指南，它對企業的重要性，不言自喻。一般企業在釐訂行銷戰略計劃時，以下兩項問題必須先行解決：（一）行銷戰略計劃需考慮那些要項？這些要項的相對重要性如何？（二）這些要項在分析時的先後順序如何？藉此將可獲得行銷戰略的理論架構。

一、行銷戰略規劃需考慮之要項以及其重要性

若欲瞭解行銷戰略規劃需考慮的項目，我們可從學者對戰略所作的定義着手研究。戰略與策略兩詞，於本書相互通用，策術與戰術亦然。

J. Bracker 認爲，企業策略具有以下特質：「它是一種環境或情境的分析，用以決定公司所處的地位，然後才能以適當的方法使用公司的資源，並達成公司的重要目標。」❸因此，企業在釐訂行銷戰略所需考慮的要項包括：(1) 環境或情境；(2) 公司的地位；(3) 公司資源的配

---

❷ 本段之資料部份取材自池進通教授於民國七十一學年度，於國立政治大學企業管理研究所修讀「行銷專題研討」時所提出之研究報告。

❸ J. Bracker, "The Historical Development of the Strategic Management Concept", *Academy of Management Review*, May 1980, pp. 219-224.

置；及 (4) 公司目標。

詳細言之，行銷環境包括：①經濟體系（包含競爭者、金融機構、實際的與潛在的行銷通路與其成員、實際的與潛在的顧客等等），②政府體系（包含司法機構與政府官員等等），③社會文化體系（包括形成與管理社會價值與規範的機構，例如教會、家庭、教育機構、或參考團體等等）。諸如消費者市場區隔與目標市場的決定，和企業與外界的關係，都與環境有關。公司的地位則指公司所擁有的特色而言，它是表示公司的優點，亦即藉此優點，公司才能與衆不同。諸如相對的市場占有率、產品品質，和投資的密集度等，都與公司的競爭地位有關。至於公司資源的配置，則指公司的結構而言。諸如買方與賣方的數目、產業的成長型態、代替品的多寡、成本結構、產品的差異化、進入市場的阻礙、公司部門分工、控制與情報協調配合的設計方式、獎工制度、及分支單位的自主性等，都與公司的結構有關。從公司結構的分析，將可看出公司的優點在那裏？弱點在那裏？最後，所謂公司的目標、目的，是表示公司希望獲得的成果而言；而公司的任務，則指企業較籠統與較廣泛的目標或目的；換言之，企業的目標目的，是將企業的任務給予較明確的方式來表示者。

談到戰略的內容， R. C. Shirley 曾從「決策」觀點，將企業戰略的範圍分爲以下七類：①基本任務；②目標與目的；③顧客組合；④對外界的關係；⑤產品組合；⑥服務區域；⑦競爭利益。顯然，在此①②與公司的目標有關；③④與環境有關；⑤⑥與公司資源的配置或公司結構有關；至於⑦則與公司地位有關。❹

---

❹ Robert C. Shirley, "Limiting the Scope of Strategy: A Decision Based Approach", *Academy of Management Review*, Vol. 7, No. 2, 1982, pp. 262-268.

從上面的分析，如果採用大分類的方法，我們可以瞭解公司當局在釐訂戰略時，至少需包括公司環境、地位、結構、與目標四大項。然而，這四大項何者較爲重要呢？若欲回答這個問題，我們必先認識行銷計劃所採行的導向爲何？

據 E. J. Kelley 的看法，行銷規劃的演進歷程（見圖例 10-2），至少可分爲以下六個導向：(1) 生產導向；(2) 製造導向；(3) 銷售導向；(4) 利潤導向；(5) 消費者導向；及 (6) 社會導向。從 (1) 到 (4) 爲傳統行銷導向的時期，企業當局較重視生產效率的提高，產品品質的增進，產品技術的發明及企業最大利潤的追求，顯然，此一時期較重視公司的競爭地位及公司的結構。至消費者導向時期，生產者對消費者行爲特別感興趣，因此生產者無時無刻都在留意消費者的潛在需要，希望從中能夠找到它所要行銷的目標市場，所以這一時期企業的環境特別被重視，尤其是與消費者的行爲有關者。至社會導向時期，大家認爲企業是從事社會活動的有機體，企業營運需滿足社會大衆的需要，因此這一時期在釐訂行銷戰略時，特別重視企業環境，尤其是與大衆需要息息相

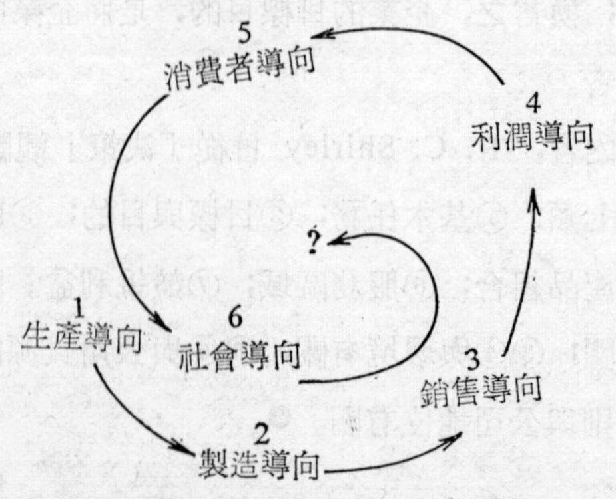

圖例 **10-2**　行銷計劃導向的演進歷程

資料來源：Engene J. Kelley & William Lazer, *Managerial Marketing: Policies, Strategies, and decisions* (Homewod, Ill: Richard D. Irwin, Inc., 1973), p. 12.

關者。❺

二、行銷戰略規劃所考慮的要項，在分析時的先後順序

從前段之說明可知，釐訂行銷戰略必須考慮公司的環境或情境、公司的競爭地位、公司的結構、與公司的目標。然則他們的分析順序究竟爲何？若欲回答這個問題，我們可從 R. E. White & R. G. Hamermesh 的理論及 E. J. Kelley 的理論的分析，得到瞭解。

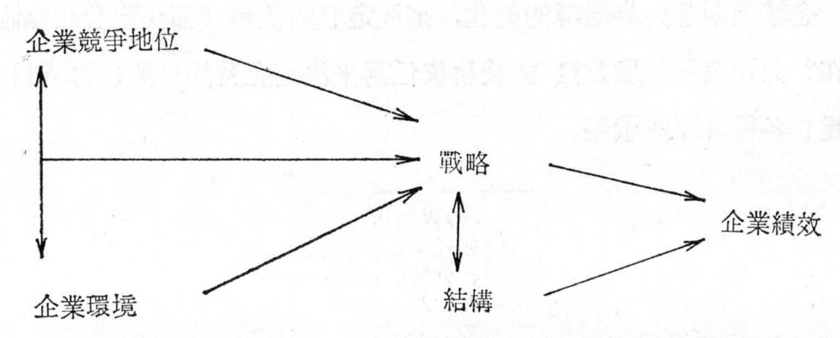

圖例 **10-3**　R. E. White & R. G. Hamermesh 的模型

資料來源：Roderick E. White & Richard G. Hamermesh, "Toward a Model of Business Unit Performance: An Integrative Approach, *Academy of Management Review*, Vol. 6, No. 2, 1981, p. 218.

R. E. White 與 R. G. Hamermesh 在 1981 年，曾將工業組織經濟學、組織理論、及企業政策三種觀點加以整合，而獲得圖例 10-3 的模型（見圖例 10-3）。從此一模型可以獲悉企業經由對競爭地位與環境的分析，將可獲悉它的機會與威脅，然後據此來釐訂戰略及安排它的組織結構。另外，從組織結構的分析，可以獲悉公司的優點和弱點在那裏。倘若經由公司競爭地位與企業環境分析後，按照機會與威脅所釐訂的戰略與公司的結構（或資源）無法進行有效的搭配時，則需考慮改變

❺ Eugene J. Kelley, *Marketing Planning and Competitive Strategy* (Englewood Cliffs N. Y: .Prentice-Hall Inc., 1972) pp. 52-61.

戰略或改變結構，以便能夠獲致最佳的配合，增進企業的績效。❻

E. J. Kelley 對於環境、任務、目的、目標、與戰略的關係，曾以下圖來表示（請參閱圖例 10-4)。圖中，企業的競爭地位被包括在企業環境之內。而市場分析也被列在環境分析內。雖然它並沒有明顯地表示企業的資源分析及結構分析應該置於何處， 然而在表達環境任務、目標、目的，與戰略的關係上，却十分明朗。從圖例 10-4 的模型可以獲悉：企業須因應外界環境的變化，來決定它的任務（即決定公司爲誰而存在？公司要做什麼？)；然後再依任務來決定企業的目的；再依目的，來建立各種目標與戰略。

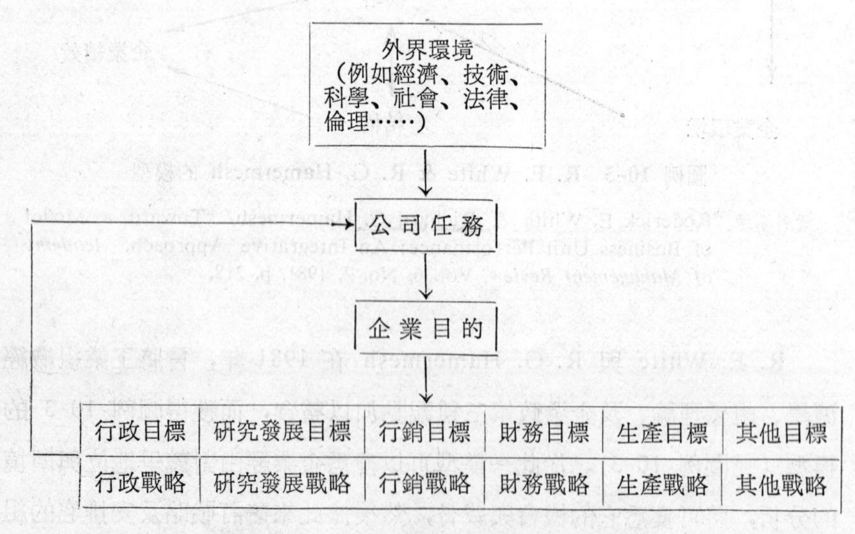

圖例 **10-4** E. J. Kelley 的戰略計劃架構

資料來源：Eugene J. Kelley & William Lazer, *Managerial Marketing: Policies, Strategies, anddecisions*, (Homewood, Illinois: Richard D. Irwin. Inc.. 1973). p. 217.

---

❻ Roderick E. White & Richard G. Hamermesh, "Toward a Model of Business Unit Performance: An Integrative Approach", *Academy of Management Review*, Vol. 6, No. 2, (1981), pp. 213-223.

如果將圖例 10-3 與圖例 10-4 整合，我們將可獲得圖例 10-5 的整合戰略計劃架構。

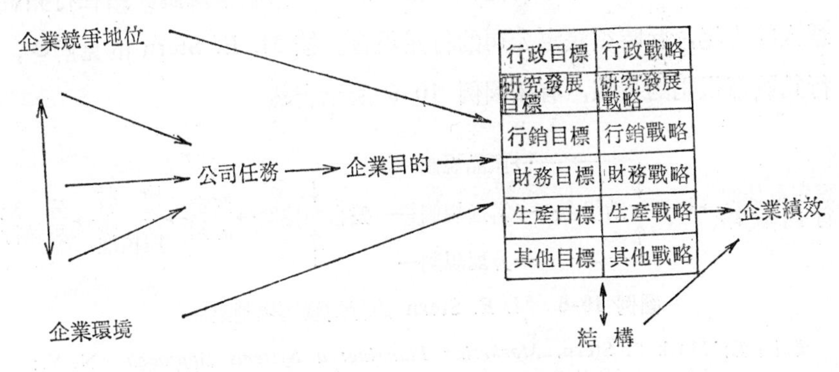

圖例 **10-5**　整合的戰略計劃架構

圖例 10-5 可以顯示很多變項間的相互關係，若欲瞭解它的應用方法，可參閱表 10-1 ❼。

表 **10-1**　整合戰略計劃架構的應用

環　　境	目標導向	競爭地位	結　　構	戰　　略	舉　　例
依　賴　性	成長	經濟規模	機械式的	垂直專業化與控制	速食店，郵購商，保險公司；公用事業
發　展　性	產品／服務的品質	優越科技	有機式的	水平專業化與協調	醫院；顧問公司、製藥公司
不確定性	分散、多角化	科技的多變性	分散的、多角化的	購併	財團企業
平　衡　性	穩定與彈性	平衡發展	平衡的	平衡戰略	一般小公司

資料來源：Lawrence R. Janch & Richard N. Osborn, "Toward an Integrated Theory of Strategy", *Academy of Management Review*, Vol. 6, No. 3, (1981) p. 495.

貳、戰術（策術）之規劃與管制論據❽

當最佳的戰略計劃求得之後，即應着手從事戰術規劃。站在行銷經理人的立場，此時須決定公司的行銷組合。按 M. E. Stern 的見解❾，行銷戰術規劃的步驟，有如圖例 10-6 所示者然。

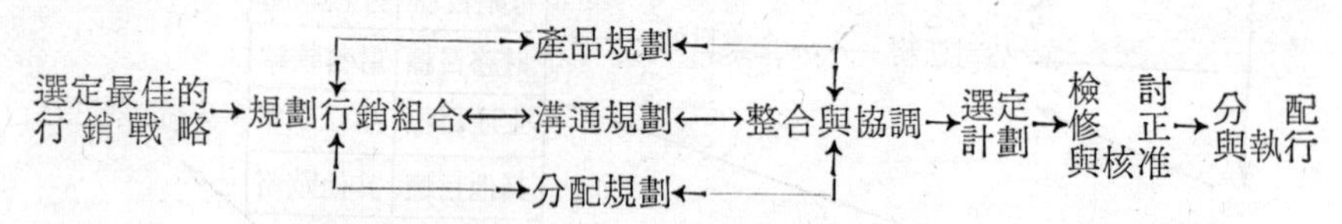

圖例 10-6　M. E. Stern 的行銷戰術規劃架構

資料來源：Mark E. Stern, *Marketing Planning: a Systems Approach*, (N. Y.: McGraw-Hill Book Co., 1966), p. 13.

從圖例 10-6 可以獲悉，當公司已經選定最佳的行銷戰略之後，即可着手規劃行銷組合。這時需對產品、溝通、與分配三者進行整合和協調。在產品規劃方面，需分析公司的產品線、產品計劃、產品品質、定價、及新產品上市計劃，俾使此項產品能夠滿足消費者需求及擁有市場上的競爭地位。

至於溝通規劃可分爲人員銷售規劃與非人員銷售規劃兩種。而非人員銷售規劃則包括廣告、促銷、及公共關係的規劃。

另外，分配規劃則包括實體分配與配銷通路的分析。其中前者包括運送、存貨控制、倉儲、物料管理、防護性包裝、及訂單處理等活動。

---

❼ Lawrence R. Jauch & Richard N. Osborn, "Toward an Integrated Theory of Strategy", *Academy of Management Review*, Vol. 6, No. 3 (1981) pp. 491-498.

❽ 同❷。

❾ Mark E. Stern, *Marketing Planning: A System Approach* (N. Y.: McGrow-Hill Book Co., 1966), pp. 12-14.

在此也需選擇最有效的運輸工具及決定最適的分配點。

上述這些規劃活動，必須進行整合與協調，然後才選定計劃，此套計劃尙需呈送上級檢討、修正，始告定案，而後才正式付諸實行。

當公司設有預算制度時，在行銷計劃定案之後，即可着手分配預算。

叁、計劃與控制之配合模式

若欲瞭解計劃與控制應該如何配合的問題，除需將圖例 10-5 的戰略計劃與圖例 10-6 的戰術計劃整合外，尙需引入控制技巧。在此，吾人可試圖引用 Sharma & Achabal 的 STEMCOM 行銷控制模型，以便爲行銷的計劃與控制設計一套「事前控制 (SteeringControl)」模型，俾使行銷計劃更加落實。圖例 10-5、圖例 10-6、與 STEMCOM 模型加以整合後，可獲得圖例 10-7 的理論架構。⑩

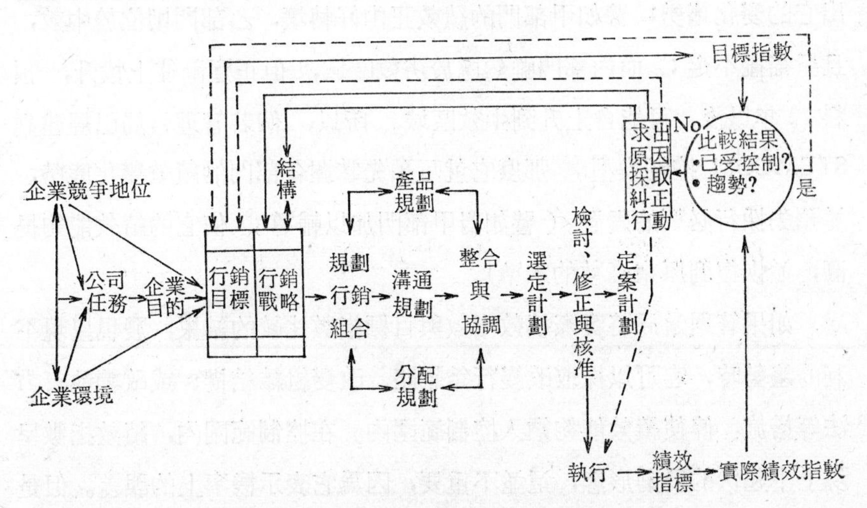

圖例 10-7　整合性事前行銷計劃與控制模型

⑩ Subhash Sharma & Dale D. Achabal, "STEMCOM: An Analytical Model for Marketing Control", *Journal of Marketing*, Vol. 46 (Spring, 1982), pp. 104–113.

在圖例 10-7 中，有關計劃部份（包括戰略計劃與戰術規劃）已如前述。在此僅介紹控制部份。當管理當局欲使用事前控制技巧時，需先對績效加以分類（譬如分爲高效、中效與劣效三種）。然後根據過去經驗，找出影響績效高低的因素（即績效指標，譬如成本加價百分比 (x_1)、營業費用佔銷貨的百分比(x_2)、交易量 (x_3)、每坪銷貨額 (x_4)、投資報酬率 (x_5))，然後以區別分析 (Discriminant) 的方法，找出可以區分行銷績效高低的方程式（譬如 $a_1x_1+a_2x_2+a_3x_3+a_4x_4+a_5x_5=\frac{m}{n}$）。這套區別方程式必須能夠明顯地區分績效高低才有價值。譬如以圖例 10-8 而言，若將區別績效指標代入區別方程式後，所獲得的值大於m時，則判定此部門屬於高效； 如果低於 n 時， 則判定爲劣效；介於 mn 之間者，則爲中效。從圖中可以看出，甲部門屬於高效，乙部門屬於中效，而丙部門則屬於低效。且從 70 年 3 月至 71 年 12 月間的觀察值可以看出它的變化趨勢；譬如甲部門的績效正由好轉壞，乙部門則位於中效，且呈搖擺不定； 而丙部門雖然處於劣效區域， 但正逐漸往上拔升， 預料 72 年以後，可能會上升到中效區域。所以， 倘若管理當局已經建立 STEMCOM 控制模型， 那麼它就可預先掌握各部門的績效變化態勢，並預先採行必要的處置（譬如對甲部門加以輔導， 使它的績效能夠提高，並恢復到原來高效的水準)。

如果管理當局將實際績效指數與目標指數比較的結果，發現呈現不利的趨勢時，它可以採取改變行銷戰略、改變組織結構、或改善執行方法等措施，俾使績效能夠納入控制範圍內。在控制範圍內，績效指數呈現上下起伏的變動形態，這並不重要，因爲它表示機率上的誤差。但是如果績效指數的變化超過控制範圍時，如果是屬於不利的差異，管理當局即須追查原因，並採取糾正行動。這種控制形態，頗符「例外管理」原理。

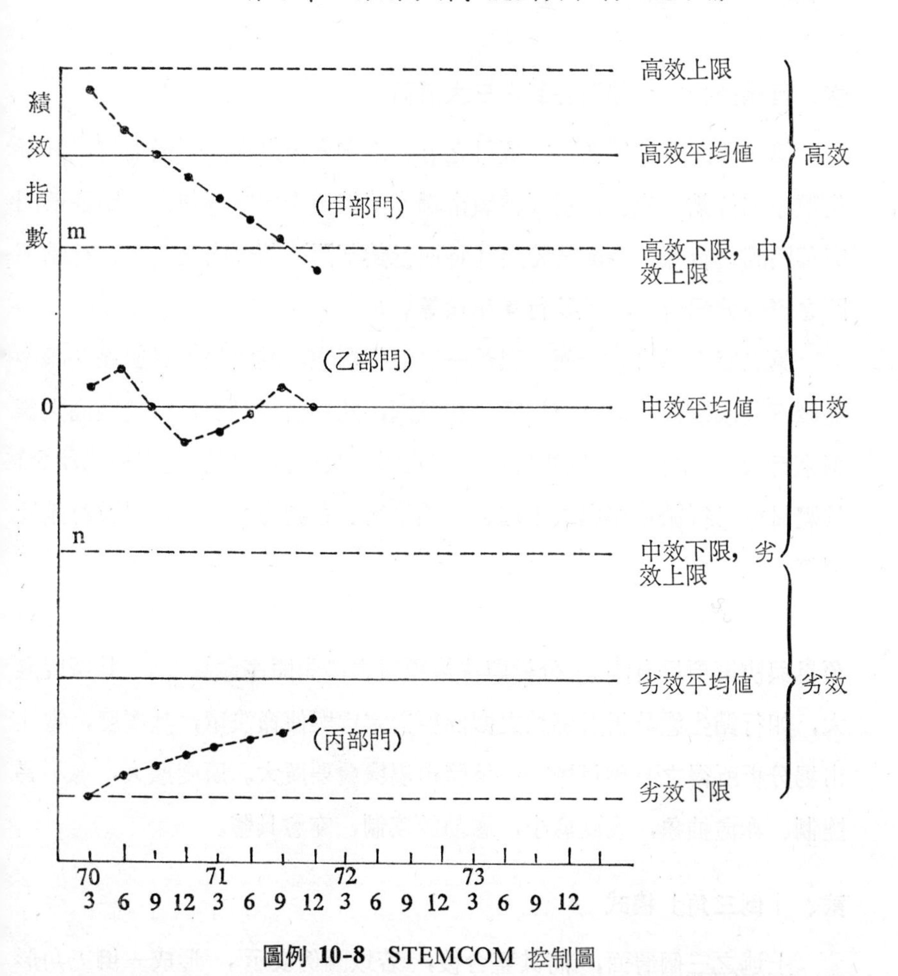

圖例 **10-8**　STEMCOM 控制圖

資料來源：Subhash Sharma & Dall D. Achabal, "STEMCOM: An Analytical Model for Marketing Control, *Journal of Marketing*, Vol. 46 (Spring, 1982), p. 107.

第二節　『倒三角』行銷分析、規劃與管制模式芻議

行銷分析、規劃與管制之理念與運作步驟，可從三個角度或三種不同層面加以說明。此三個不同層面可整合成一「倒三角」形模式。

壹、行銷分析、規劃與管制之三大層面

第一層面為分析項目。項目之分析應有先後之別。一般而言，其優先順序為行銷生態、市場（總體市場亦即總體市場之機會）、廠商部門與部門間之資源、廠商某特定（特指行銷部門）部門內之資源、行銷部門之資源分配情況，以及行銷稽核等。

第二層面為決策層面，與第一層面相對應，其決策項目與優先順序為廠商（或機構）之哲理目標（在我國，此種哲學目標反映於廠商之經營宗旨）、基本目標或經營目標（在我國，此種基本目標通常稱為使命）具體目標、行銷策略與次策略、行銷策術、行動方案、預算以及行銷管制等。

第三層面為分析、規劃與管制項目之廣度。此一廣度與上述之分析項目與決策項目有關。分析與決策項目之優先順序愈高者，其廣度愈大，如行銷生態分析所導致之廠商經營宗旨與使命決策，其廣度，當比市場分析所得之具體目標——總體市場機會要廣大。廣度愈大，愈不易控制、亦愈抽象，廣度愈小，愈易於控制，亦愈具體。

貳、「倒三角」模式

上述之三個層面，將其整合後，若以圖例表示，形成一倒三角形（見圖例 10-9），玆將其相互關係說明於後:

1. 行銷生態之分析與主管之經營哲理與態度相互影響，導致組織宗旨與使命之決策。
2. 行銷生態與市場分析（總體市場機會）結果，提供具體目標，亦即總體行銷機會之決策資料。
3. 市場分析與廠商各部門間資源與行銷部資源分析之結果，可資行銷策略與次策略決策之參考。此乃屬高層次決策，包括目標

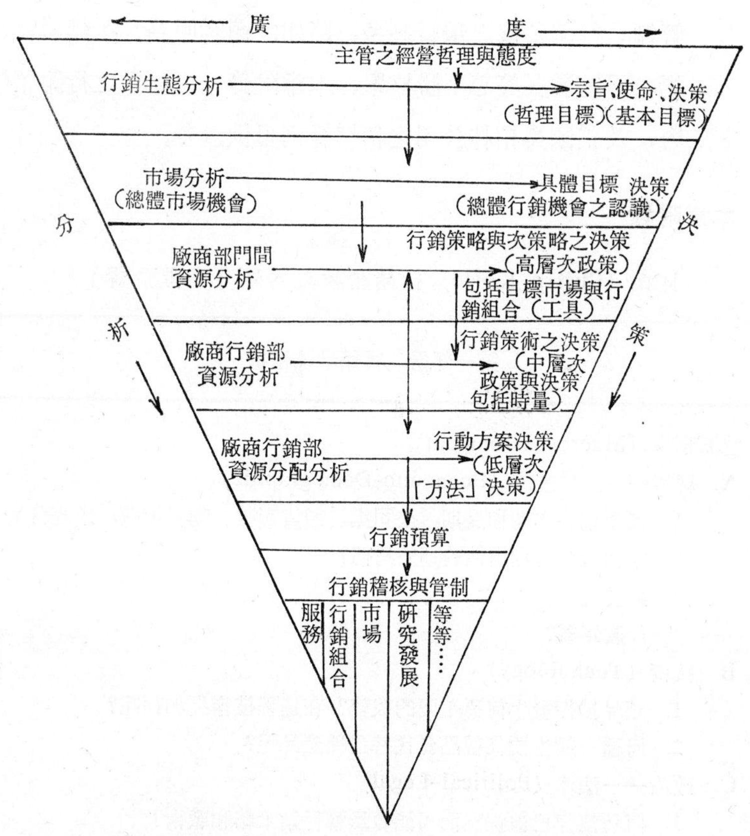

圖例 10-9　「倒三角」行銷分析、規劃與管制模式

市場與行銷組合之政策性決策。

4. 廠商各部門間資源關係之分析與行銷部特有資源之分析，可導致行銷策術 (Tactics) 之決策。此乃屬於中層次決策，爲領導行動方案之政策。

5. 廠商行銷部資源分析與分配情況之分析，可供製訂行動方案決策之參考。此乃爲低層次決策，着重行銷「方法」。

6. 廠商行銷部資源分配分析之結果，可提示行銷預算之參考。

7. 行銷預算一經製訂，行銷稽核之項目就可細化，藉以加強行銷管制。行銷稽核之項目甚多，諸如：顧客服務、行銷組合、市場、研究發展等等不勝枚舉，本章附錄一、柯氏之行銷稽核內容，及美國奧柏林公司之稽核範例可供參考。

本章附錄一

柯氏 (Philip Kotle) 行銷稽核之內涵（高熊飛譯）*

第一部份 行銷環境稽核

總體環境 (Macroenvironment)

A．經濟——人文統計 (Economic-Demographic)

1. 在短期、中期和長期，公司處於通貨膨脹、物料短缺，未充分就業和資金可利用性的期望爲何?
2. 對於企業、人口的多寡、年齡分配、和地區分配之預測趨勢會有什麼影響?

B．技術 (Technology)

1. 產品技術發生何種主要的改變? 在過程技術又如何呢?
2. 何種一般主要代替品會代替這種產品呢?

C．政治——法律 (Political-Legal)

1. 何種法律已被提出而可能會影響行銷策略和戰術?
2. 聯邦、州和地方機構的何種行動應該注意? 對行銷規劃有關的如污染控制、公平就業機會、產品安全、廣告和價格管制的情況如何?

D．社會——文化 (Social-Cultural)

1. 公衆對本公司及本公司所生產的產品所採取之態度爲何?
2. 對公司目標市場和行銷方法有關連的顧客生活格調及價値將會發生何種改變?

任務環境 (Task Environment)

A．市場 (Markets)

1. 市場大小、成長、地理分佈和利潤之情形如何?
2. 主要市場區隔爲何? 他們期望的成長率爲何? 何種是高機會和低機會區隔?

B．顧客（Customers）

1. 現有及未來顧客對本公司和競爭者之評價如何？特別是在聲譽、產品品質、服務、銷售力和價格方面。
2. 不同類別的顧客如何作其購買之決策？
3. 購買者在市場所尋找待發展的需要和滿足爲何？

C．競爭者（Competitors）

1. 主要競爭者是誰？每個主要競爭者之目標和策略爲何？他們有何優點和缺點？其在市場佔有率的大小及趨勢爲何？

D．配銷及代理商（Distribution and Dealers）

1. 把產品帶給顧客的主要交易通路爲何？
2. 不同的交易通路之效率水準和成長潛力爲何？

E．供應商（Suppliers）

1. 生產所採用之不同關鍵資源可利用性之展望如何？
2. 供應商銷售型態的趨勢爲何？

F．促成者（Facilitators）

1. 運輸服務的成本和可利用性之展望如何？
2. 倉儲設備的成本和可利用性之展望如何？
3. 財務資源的成本和可利用性之展望如何？
4. 廣告代理商履行的效果如何？廣告代理商服務的趨勢爲何？

第二部份　行銷策略稽核

A．行銷目標（Marketing Objective）

1. 公司目標是否淸楚地陳述？他們是否引導合理的行銷目標？
2. 行銷目標是否以淸楚形式陳述，來指導行銷規劃和後來績效之衡量？
3. 在公司競爭地位、資源和機會上，行銷目標是否切當？建立、維持、收割或終止此企業的策略目標是否適當？

B．策略（Strategy）

1. 達到目標的核心行銷策略爲何？它是一個健全的行銷策略嗎？
2. 是否有足夠資源（或太多資源）來預算以完成其行銷目標？
3. 對組織的主要市場區隔、地區、產品而言，其行銷資源是否作最佳地配置？

4. 對行銷組合的主要成份如產品品質、服務、銷售力、廣告、促銷及分配其行銷資源是否作最佳地配置?

第三部份 行銷組織稽核

A. 正式結構 (Formal Structure)
1. 高階層行銷人員對於會影響顧客滿意的公司活動是否有適當的權力和責任?
2. 在功能、產品、最終使用者和地區線上,行銷責任是否作最佳地結構化?

B. 功能效率 (Functional Efficiency)
1. 行銷和銷售之間是否有良好的溝通和工作關係?
2. 產品管理系統是否有效地工作? 產品經理是否能規劃利潤或僅能銷售數量而已?
3. 在行銷上是否有任何羣體需要再訓練、激勵、監督或評估?

C. 互相面效率 (Interface Efficiency)
1. 在行銷和製造之間是否有要注意的問題?
2. 行銷和研究發展之情況如何?
3. 行銷和財務管理之情況如何?
4. 行銷和採購之情況如何?

第四部份 行銷系統稽核

A. 行銷資訊系統 (Marketing Information System)
1. 行銷情報系統在市場發展上能否產生正確、足夠與適時之資訊?
2. 行銷研究是否爲公司決策者適當使用?

B. 行銷規劃系統 (Marketing-Planning System)
1. 行銷規劃系統之構想和效力是否良好?
2. 銷售預測和行銷潛能衡量是否健全地實行?
3. 銷售配額是否在適當基礎下訂定?

C. 行銷控制系統 (Marketing Control System)
1. 行銷控制 (每月、每季等) 是否適當以確保年度計劃目標可被達成?

2. 是否制定條款來定期分析不同產品、市場、地區、分配通路之獲利性?
3. 是否制定條款來定期地檢查和確認不同的行銷成本?

D. 新產品發展系統 (New-Product Development System)

1. 公司是否對新產品構想的收集、產生、篩選有良好的組織?
2. 公司在大量投資新構想之前，是否作適當概念研究和商業分析?
3. 新產品上市之前公司是否作適當的產品和市場測試?

第五部份 行銷生產力稽核

A. 獲利性分析 (Profitability Analysis)

1. 公司不同產品、服務市場、地區、分配通路之獲利性如何?
2. 公司進入、擴展、收縮或撤退任何企業區隔將如何? 以及短期和長期結果將如何?

A. 成本/效益分析

1. 是否有任何行銷活動成本似乎過多? 這些成本正當嗎? 降低成本的步驟可採用嗎?

第六部份 行銷功能稽核

A. 產品 (Product)

1 產品線目標爲何? 這些目標健全嗎? 目前產品線是否配合這些目標?
2. 是否有特別產品應該剔除?
3. 是否有新產品值得增加?
4. 是否有任何產品能從品質、特色或形式改進而獲利?

B. 價格 (Price)

1. 定價之目標、政策、策略、程序爲何? 在健全的成本、需求和競爭準則下價格設訂之範圍爲何?
2. 顧客由公司所提供產品之察覺價值，是否認爲公司價格離譜?
3. 公司是否有效地利用價格促銷?

C. 分配 (Distribution)

1. 分配之目標及策略爲何?

2. 是否有適當的市場範圍及服務?
3. 公司是否考慮改變分配者銷售代表及直接銷售的依賴程度?

D. 銷售力 (Sales Force)

1. 組織的銷售力之目標爲何?
2. 銷售力是否足夠來完成公司目標?
3. 銷售力是否依適當的專業化原則 (如地區、市場、產品) 組織而成?
4. 銷售力是否顯示高度的士氣、能力及努力? 他們是否有足夠訓練和足夠誘因?
5. 設訂配額和評估績效的程序是否恰當?
6. 公司銷售力相對於競爭銷售之知覺爲何?

E. 廣告、銷售促進及公共報導 (Advertising, Sales Promotion and Publicity)

1. 組織的廣告目標爲何? 他們是否健全?
2. 在廣告上所花的數量正確嗎? 預算如何決定?
3. 廣告的主題和文案是否有效? 顧客和大家對廣告的觀感如何?
4. 廣告媒體是否愼重地選擇?
5. 銷售促進是否有效地利用?
6. 是否有一良好感覺 (well-conceived) 的公共報導方案?

美國奧柏林糖果公司行銷稽核之發現與建議摘要

發　現

1. 公司的產品線是危險地不平衡。兩種領導產品佔全部銷售額高達76%,且沒有成長潛力。十八種產品中的五種沒有獲利性且沒有成長潛力。
2. 公司行銷目標,旣不淸晰也不實際。
3. 公司策略沒有考慮改變分配型或迎合迅速改變的市場。
4. 公司是由銷售組織來經營,而非由行銷組織來經營。
5. 公司行銷組合不平衡, 花費太多在銷售力方面, 而在廣告方面則不夠。
6. 公司缺少成功地開發和推出新產品的程序。
7. 公司銷售努力無法和可獲利的客戶相配合。

短期建議

1. 檢查目前產品線且刪除成長潛力有限的邊際產品。
2. 行銷支出由支付成熟產品的部份轉移一些到最近產品。
3. 行銷組合重點由直接銷售轉移到全國性的廣告，尤其是新產品。
4. 引導一個糖果市場中最快速成長區隔的市場描述(market-profile)研究，並發展一套計劃以打入此區域。
5. 指導銷售力去捨棄一些較小的銷售出口，不從低於二十個產品項目的出口取得訂單。同時刪除銷售代表重覆的銷售展示和對同一顧客的批發商拜訪。
6. 開始作銷售訓練方案及改進的報酬計劃。

中長期建議

1. 從外面僱用一位有經驗的行銷副總裁。
2. 設立正式和操作性的行銷目標。
3. 在行銷組織中引入產品經理概念。
4. 開始有效的新產品發展方案。
5. 發展優勢品牌名稱。
6. 尋求更具有效地推銷自己品牌給連鎖店的方式。
7. 增加行銷支出水準至銷售額的20%。
8. 將專業銷售代表用於配銷通路，以重組銷售功能。
9. 設訂銷售目標，並由毛利潤訂立基本銷售報酬。

資料來源：取材自高熊飛編譯，行銷管理——分析、規劃與管制（臺北：華泰書局，民國六十九年印行），第 919-926 頁。原著為 Philip Kotler, *Marketing Management: Analysis, Planning and Control* 4th Ed. (Englewool Cliff, N. J.: Prentice-Hall, Inc. 1980) 一書。

第四部

市場之分析、規劃與管制

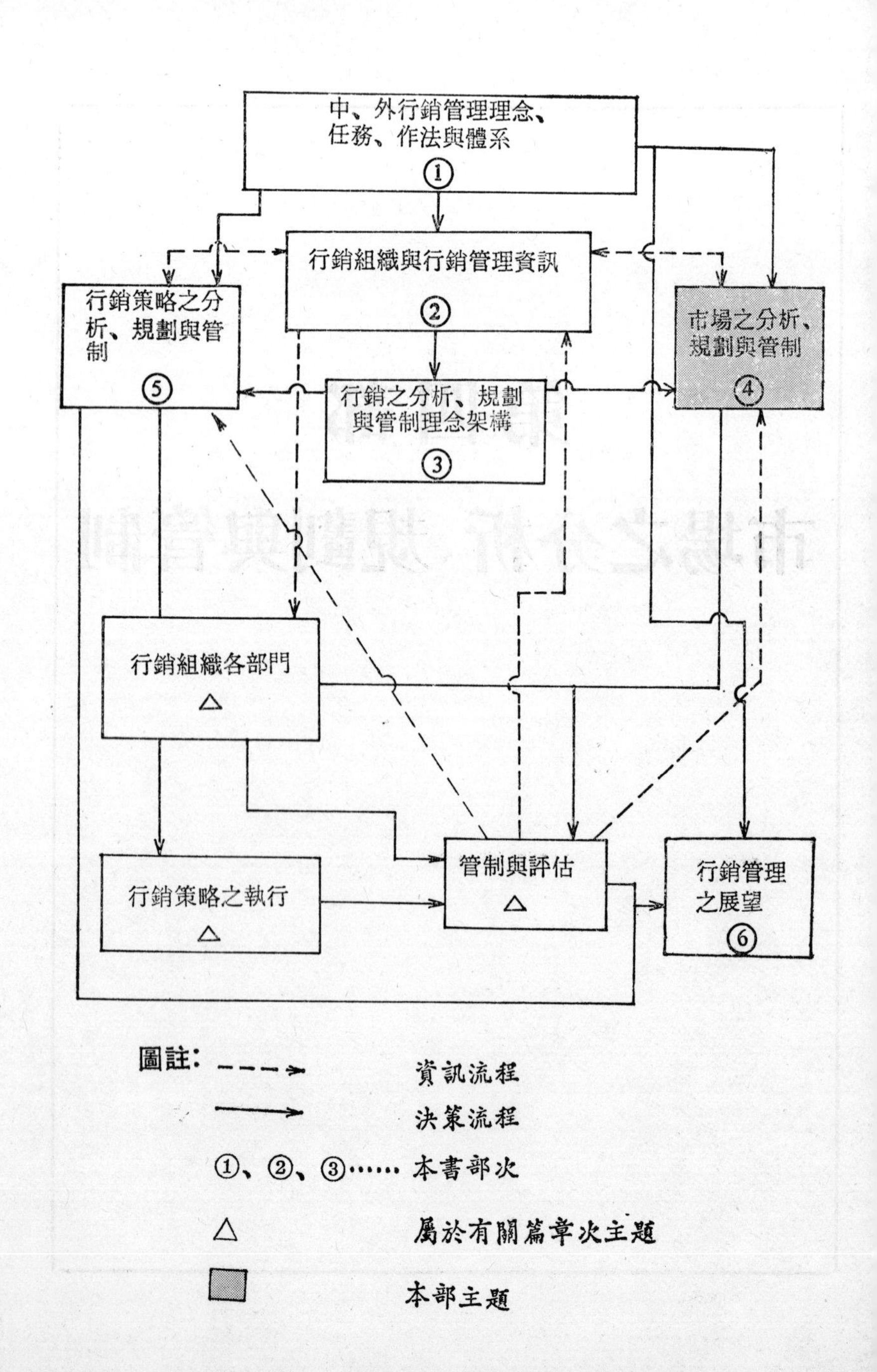
中、外行銷管理理念、
任務、作法與體系
①
行銷組織與行銷管理資訊
②
行銷策略之分析、規劃與管制
⑤
市場之分析、規劃與管制
④
行銷之分析、規劃與管制理念架構
③
行銷組織各部門
△
行銷策略之執行
△
管制與評估
△
行銷管理之展望
⑥
圖註：
資訊流程
決策流程
①、②、③……本書部次
△　屬於有關篇章次主題
本部主題

第五篇

市場分析、規劃與管制之總架構

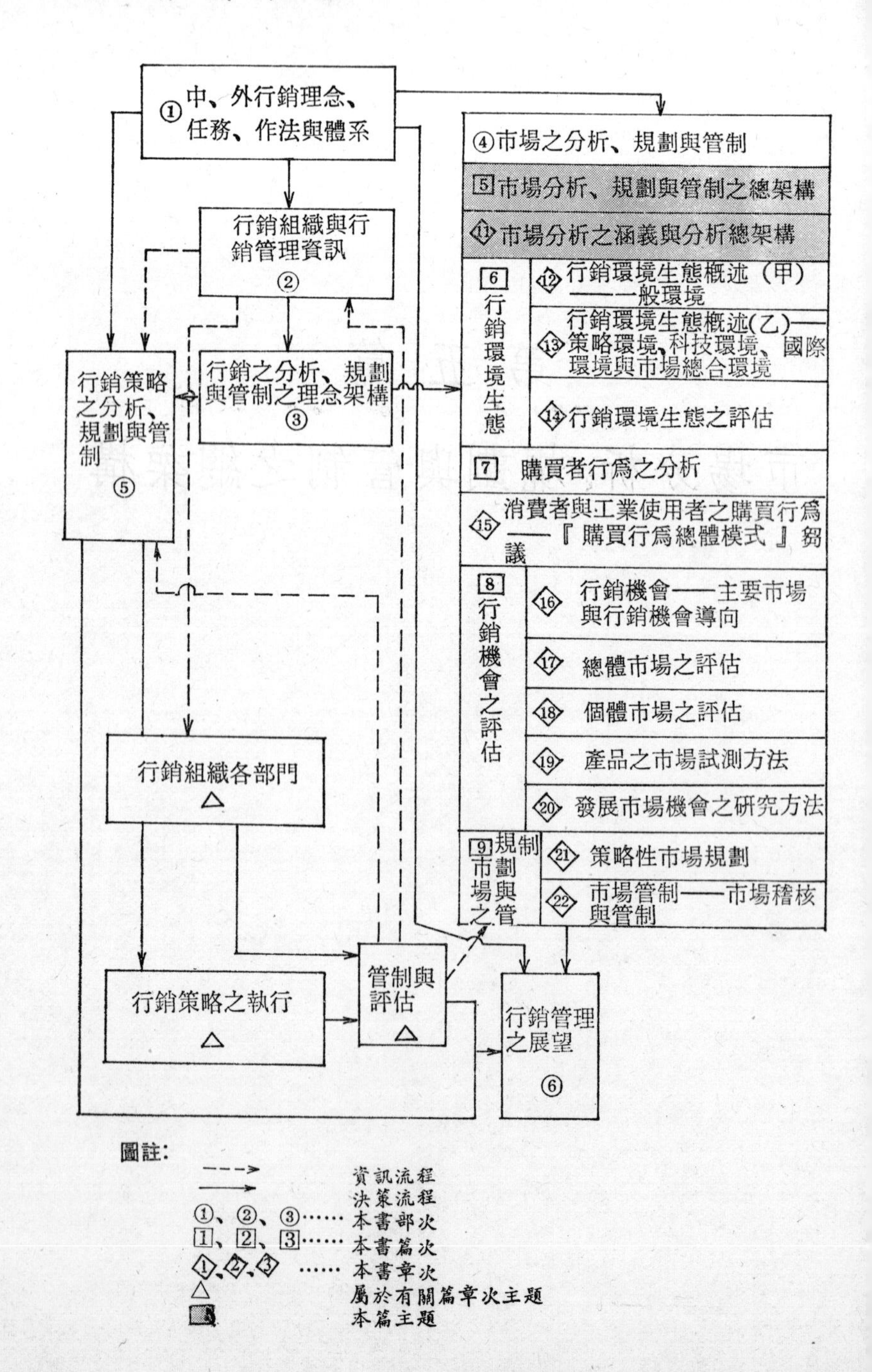
①中、外行銷理念、任務、作法與體系
行銷組織與行銷管理資訊 ②
行銷策略之分析、規劃與管制 ⑤
行銷之分析、規劃與管制之理念架構 ③
④市場之分析、規劃與管制
5 市場分析、規劃與管制之總架構
11 市場分析之涵義與分析總架構
6 行銷環境生態
12 行銷環境生態概述（甲）——一般環境
13 行銷環境生態概述(乙)——策略環境、科技環境、國際環境與市場總合環境
14 行銷環境生態之評估
7 購買者行爲之分析
15 消費者與工業使用者之購買行爲——『購買行爲總體模式』芻議
8 行銷機會之評估
16 行銷機會——主要市場與行銷機會導向
17 總體市場之評估
18 個體市場之評估
19 產品之市場試測方法
20 發展市場機會之研究方法
9 市場規劃與管制
21 策略性市場規劃
22 市場管制——市場稽核與管制
行銷組織各部門 △
行銷策略之執行 △
管制與評估 △
行銷管理之展望 ⑥
圖註:
資訊流程
決策流程
①、②、③……本書部次
1、2、3……本書篇次
1、2、3 ……本書章次
△ 屬於有關篇章次主題
本篇主題

第十一章 市場分析之涵義與分析總架構

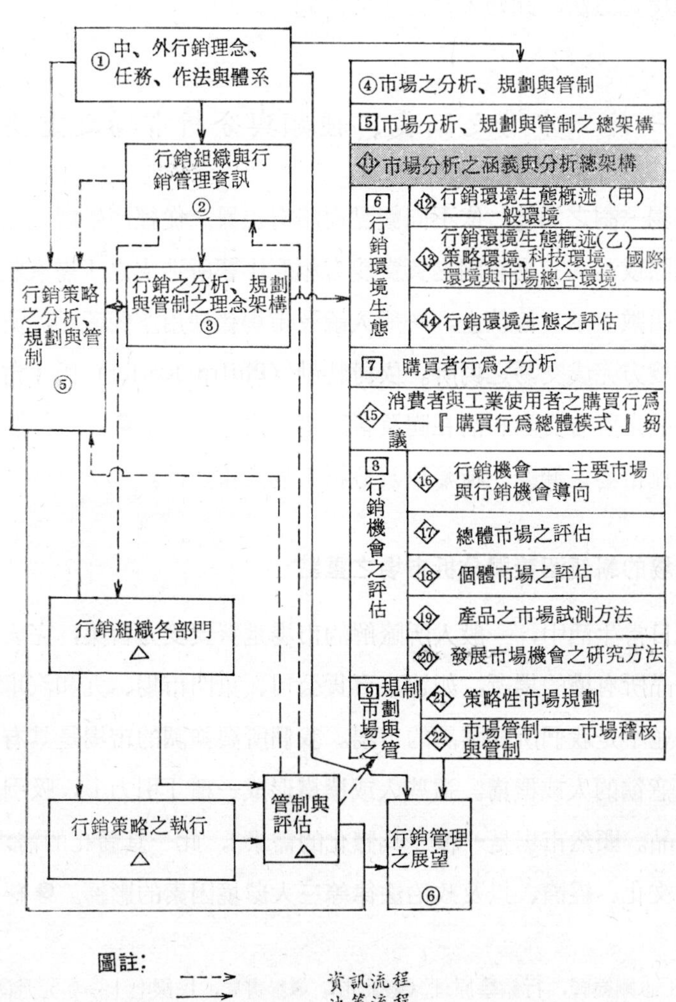

要了解行銷機會（具體言之，亦即瞭解有無適合於爭取之市場），必須具備有關市場之知識，諸如市場之特質，種類，以及分析、規劃與管制市場之方法，此乃本章之主要課題。

第一節　市場之涵義、種類與分析市場之重要性

市場一詞之涵義，依不同觀點而略有差異。從經濟學觀點論之乃特指與實際或潛在交易有關之買賣雙方相互影響所造成之「需求狀況」，以需求函數表示。傳統上，一般人論及市場係採用空間觀點，認為市場係買賣雙方完成交易之場所。依柯特勒（Philip Kotler）氏「市場係一特定產品之所有實際和潛在購買者所構成之集合體」❶。本節將從不同觀點論述市場之涵義、種類以及分析市場之重要性。

壹、市場的嶄新涵義與分析市場之重點

在日常生活中，一般人所瞭解的市場是買賣雙方會集，完成交易，轉移產品所有權的場所，如遠東百貨公司、東門市場、九和汽車展售處等。這並不是我們所要強調的市場。我們所要強調的市場是具有購買力及購買意欲的人或機構。這些人或機構形成一種「引力」，吸引廠商行銷其產品。顯然市場是一種「具體化的需求」，此一具體化的需求力量，受社會文化、經濟、以及政治法律等三大環境因素的影響。❷經濟環境

---

❶ 王志剛編譯，行銷學原理（臺北市：華泰書局，民國七十一年元月印行），第323頁。（原著為 Philip Kotler, Principles of Marketing (Englewood Cliff, N. J.: Prentice-Hall, 1980)。

❷ 郭崑謨著，「論市場分析、行銷作業與企業營運」，企銀季刊，第5卷，第4期（71年4月），第38-42頁。

偏重於對「有否能力」購買的影響；社會文化環境與政治法律環境則偏重於對「可否」購買的影響。此一觀念可從圖例一窺其概要。

一如圖例 11-1 所示，論及市場，購買意欲、購買能力、以及購買限制（可否購買）缺一不可。因此分析市場之重點應集中於對此三者之究析。

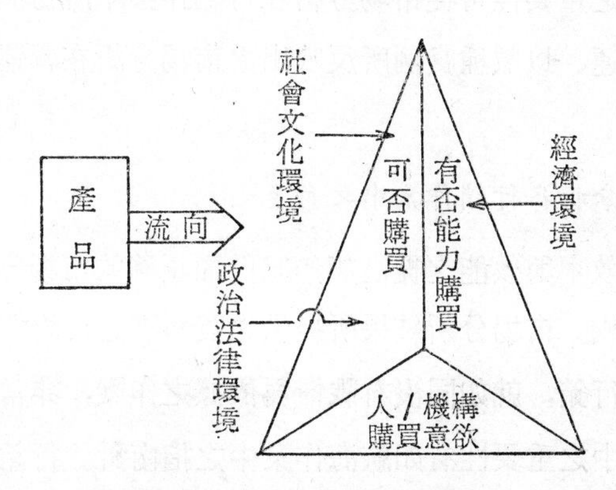

圖例 **11-1**　市場——引力觀念

資料來源：郭崑謨著，「論市場分析、行銷作業與企業營運」，企銀季刊，第 5 卷，第 4 期（民國七十一年四月），第 38-42 頁。

貳、市場之種類以及市場分析之廣及幅度

市場之種類甚多，市場分析之範圍亦隨之擴大，下列者僅爲少數之例，旨在顯示其主要層面。除第一項外，其他各項市場之分析尙未普遍。

1. 消費市場、經銷市場以及工業市場——貨品市場之分析。
2. 服務市場（非營利或營利）——選舉市場之分析。
3. 服務市場（非營利）——慈善市場之分析。

4. 服務市場（營利或非營利）——就業市場之分析。
5. 服務市場（非營利）——政府政策市場之分析。
6. 服務市場（非營利）——社會服務市場之分析。

叄、市場分析之重要性

市場分析之重要性可從市場分析在行銷作業中所扮演之角色、市場分析與企業營運、以數種實例所反映出之市場分析在營運上之重要性窺其概要。

一、市場分析在行銷作業中之角色

行銷作業效率與效能之提高如無充份而正確的市場分析所提供之決策資料無法達成。市場分析結果所提供之資料謂之市場資料。沒有市場資料爲依據之行銷，就如同沒有戰情爲依據之作戰，非常危險。市場分析在行銷作業中之重要性有如航海作業中之指南針。行銷人員不但要具備此一行銷指南針，同時也要知道如何去使用它。

上述市場分析在行銷作業中之角色，亦可藉市場分析與行銷策略之相互關係，更具體地表明出來。一般而言行銷體系包括市場分析子系、行銷策略子系以及行銷資訊中心三者。整個行銷作業之運作，要依據市場狀況而定。當然市場資料之靈活運用有賴於資訊中心之運作。

市場分析之重要性亦從市場分析在整個行銷決策中所扮演之角色，窺其一斑。圖例 11-2 所示者爲以市場分析爲主導之決策體系，此一體系顯然反映市場分析之主導地位。

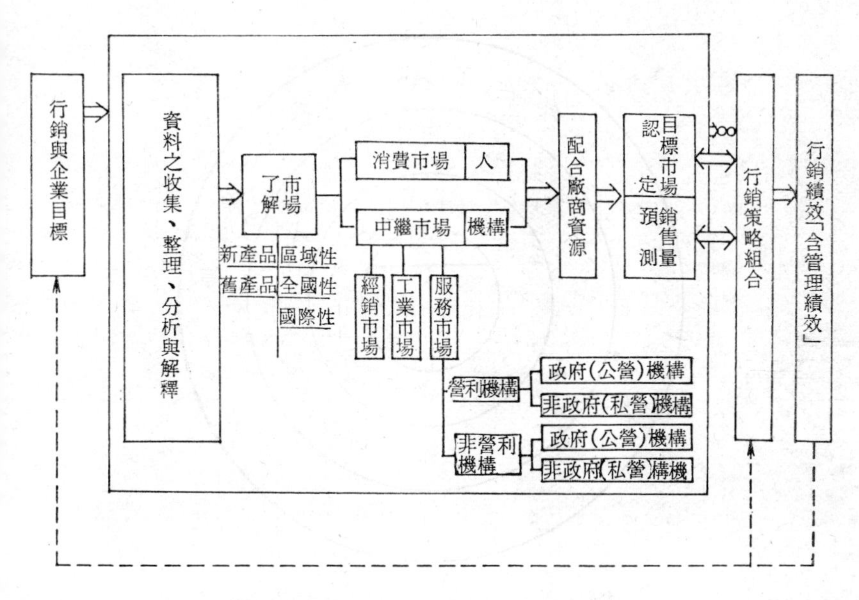

圖例 11-2　以市場分析爲主導之決策體系

二、市場分析與企業營運

企業係一由外在環境與內在營運作業所構成之一貫系統。其爲一貫乃從營運作業之應順乎外在環境生存發展之角度窺視而得。企業營運作業之外在環境包括經濟、政治、法律、國際環境、社會文化教育、技術、資源，以及消費者或使用者——市場。消費者或使用者之行爲又受政經法律技術等等因素影響，是故以消費者爲核心之企業營運作業時時刻刻承受兩方壓力。此種壓力之減輕悉賴市場分析以達成。圖例 11-3 中之最外圈代表外在壓力，核心圈代表內在壓力。由於市場分析牽涉及核心圈與最外兩圈，企業營運之圓滑進行當要看市場分析所指示之方向如何而定。企業營運目標若沒有透過生產、財務、行銷、人事等諸企業功能之妥善配合無法達成。

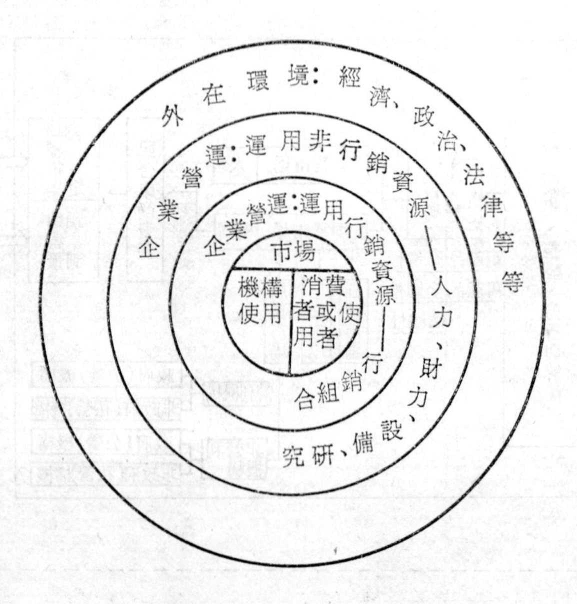

圖例 11-3　企業營運與市場

三、從企業營運實例看市場分析之重要性

（一）市場分析失敗之例

舉世聞名的美國福特公司，自 1909 年到 1926 年，以 T 型黑色汽車之產銷領導全世界之汽車業，時至 1927 年雖然開始改進車型，生產 A 型汽車，但在業界已失去了領導地位，被通用汽車公司取代，一直到現在仍然無法重登領導寶座。原因是福特當時沒有注重使用者購買行爲之研究，過份強調生產效率，希望降低售價以達到大衆化目的殊不知 1920 年代人民生活水準逐漸提高，汽車使用者對汽車之顏色、型式、舒適、安全等特徵開始注重，加上競爭者，通用汽車公司，推新出異，開始推出不同型式與顏色之雪佛蘭迎合新時代之使用者，已使福特之 T 型黑色汽車無法立足市場。此種不注意市場分析所造成之損失，實無法估計。

福特連一接二，於 1957 年再度患了市場分析的重大錯誤。此次錯誤並非不注重市場研究，而是市場分析與判斷之失錯。按經十年之研究發展，據市場研究調查結果福特當局認爲 1960 年代的大型中價位轎車將必看好，乃花盡心血，在美中部與西部進行使用者意見調查，依調查結果做產品規劃，由車型至命名非常愼重，結果愛廸素 (Edsel) 車於 1957 年 9 月推出後只經兩年虧損達二億萬美元，終於 1959 年底關閉愛廸素廠❸。據研究此次的失敗原因是，經濟景氣預測之錯誤。美國於 1958 年經濟景氣衰退。一般而言，景氣不好時，大型中價位汽車的銷售必然大幅減少，小型車輛得勢。彼時日本、德國、意大利等國之小型車輛，乘勢大展其市場。有人認爲福特之市場分析人員過於粗心大意，未能領悟 1959 年新車推出前美國小型汽車銷量業已顯著增加，反映市場情況之改變，致使福特應變莫及❹。

（二）市場分析成功之例

日本新力 (Sony) 公司，據市場分析結果，發現郊遊活動頻繁的美國年青人喜好携帶收音機或唱機赴野外歡樂，但當時 (1950 年代) 收音機及唱機相當笨重，如能推出體積旣小又輕，價格低廉的電晶體收音機，銷路必定很好，乃決意打開美國電晶體收音機市場。結果新力非但順利進軍美國市場，現已成爲美國電晶體收音機市場之佼佼者，產品遍佈美國各地❺。

臺化毛毯曾一度發生滯銷。表面原因似爲品質不良與惡性競價。倘

---

❸ Robert F. Hartley, *Marketing Mistakes* (Columbus, Ohio, USA: Grid, Inc., 1976), pp. 59-70.

❹ 同❸。

❺ 詹炳發著，行銷學——原理與個案（臺北：六國出版社，民國六十六年印行），第 16-17 頁。

非管理階層強調大幅度市場分析，對症下藥，定必無今日之臺化。當時經市場調查發現滯銷原因除上述品質以及惡性競價外，一般購買者，對毛毯品牌之認知程度很低（約85％購買者絲毫不知道他們所購買之毛毯係何種品牌），對毯色具有高度選擇性（比較喜愛橙、藍兩色），且小經銷商過多增加銷售成本，無法提高服務等等❻。市場研究分析所提供之資料，顯然與決策者之直感相差甚多。臺化管理階層之善用分析資料奠定了公司營運之正確方向。

（三）市場分析之主要層面及重要性

上述數例雖然過於簡略，但提示諸多市場分析層面，諸如：

1. 何人需要何種產品？爲何需要該種產品？他們是否有能力並且「可以」購買此種產品？
2. 實際購買產品的人在何地？如何進行購買？
3. 產品之預期銷售量如何？競爭情況如何？
4. 產品推出之時機是否成熟？是否合適？
5. 經濟景氣變動時，對特定產品市場是否有影響？影響多大？

市場分析之重要性在提供行銷決策之必要資料，使生產、財務、人事之規劃、執行與管制作業有所依循，藉以減少，甚或避免企業營運之差誤。市場分析不但費時，成本亦相當可觀，爲長期性作業。廠商應將之視爲「長期投資」行爲，始能奠定行銷作業與企業整體營運之穩健基礎。

第二節　市場分析、規劃與管制之總架構

市場分析、規劃與管制之主要目的在於尋找、肯定並改進適合於廠

---

❻ 取材自楊必立主編，臺灣企業管理個案（國立政治大學企業管理研究所叢書，民國六十六年印行）臺化公司個案。

商自己之行銷機會。從行銷機會之探索直至改善行銷機會整個過程，相當繁複，但必須要考慮企業經營之哲理目標（宗旨）以及基本目標（使命）甚至於經營政策。

廠商應時刻注意可能導致行銷成功與失敗之原因，始能在作市場分析、規劃與管制時，鑑往知後，避免不應發生之差錯。

壹、分析、規劃與管制市場之策略規劃上應考慮之「目標」

無論企業是否試圖擴充市場、重新產品定位、削弱對手或提供新產品，均須分析、規劃與管制。

廣泛地說，廠商進行擴充市場、修正產品或產品發展，乃在求滿足企業利潤、成長和自我延續的目標。特定的業務目標通常源自行銷目標。依內生或外生，行銷目標可以分成兩大類。

內生企業目標包括產品增加、產品重新定位、市場代替、市場擴充和新產品發展。外生目標係爲了反應競爭、政府和消費者。表 11-1 說明目標之來源及其與行銷努力之關係。

表 11-1　尋求機會時之行銷目標

來　　源	相　關	目　　標	案　　例
內部衍生	產　品	擴充產品線	Jergens 男用化粧水
		替換處於生命週期末期之產品	黑白電視機
		保持產品領導地位	IBM
	市　場	停滯性產品重新定位	Johnson 嬰兒洗髮精
		以新或舊產品進入新市場	Kaiser 汽車

		配合改變中之需求維持目前市場	Singer 電子產品 冷凍食品
	利　潤	更高之報酬 取得基本物料經濟的與合理的供應	Honda 機車產品的升級 石化產品
外部衍生	競爭者	強化產品特徵、印象、地位	防臭劑
	政　府	符合政府立法(產品修改)	汽車排煙管 鎮靜劑
	消費者	反應消費者需求 反應改變中之生活型態	非肉類食品 兒童用品製造商增加十多歲少年與成年人之產品線

資料來源: Burton H. Marcus and Edward M. Tauber, *Marketing Analysis and Decision Making* (Boston: Little Brown and Company, 1979) pp. 18-19, Table 1-1.

貳、行銷成功與失敗之原因

有很大比例的行銷投資失敗。其型態有新產品、模仿產品、產品重新定位、市場擴充，但均爲財務的失敗。

有些研究行銷投資成功與失敗的比例，部分結果彙整於表 11-2。各項研究結論相差甚大，其中原因之一是對新行銷投資與衡量失敗的定義不一致。此外研究的樣本組成份子亦不同，亦即調查的公司型態和數量不一。

表 **11-2**　新投資計劃失敗率之研究

各項研究	失敗率%
Angelus 研究	80
Roos Federal 研究	75
Nielsen 研究　1971	53
1962	46
Buzzell & Nourse	39
Booz Allen Hamilton	33
美國國會	30

資料來源: Burton H. Marcus and Edward M. Tauber, *Marketing Analysis and Decision Making* (Boston: Little, Brown and Company, 1979), p.21.

然而，無一研究有明確的答案，因而正確的失敗率仍然存疑。但一般而言超過半數的行銷努力未達管理者預定最低水準的利潤。

行銷投資失敗的成本有多少？在該投資中支出的現金是最重要的一部分，但僅爲其中之一。

譬如，嚴重的失敗波及企業聲譽，降低未來成功的能力。經銷商可能失去信心，而拒賣其他產品。顧客因爲一次不愉快的經驗，而不再光顧公司的產品。企業內部也會遭受失去信心的打擊。由於失敗的經驗，企業將難以說服其員工接受其他新的或修正過的行銷努力。假使企業有一連串的失敗，公司的士氣，尤其是參與投資計劃的產品經理、團隊和推銷人員的士氣勢將急劇降低。卽使高階管理人員也變得不願承擔高度競爭所必須之風險。

成功或失敗對決策的影響難以量化，但不應低估它。管理者失去信心後，通常難以採取步驟來改變情勢。企業無法追求其他行銷機會，將一再地失敗下去。因爲企業的成長唯賴行銷機會，杜絕於尋找機會，就長期而言是一項重大的災難，也是失敗的導火線。

表 11-3 投資計劃失敗之原因

各種研究	失敗原因
國會研究	不當市場分析
	產品缺陷
	成本比預期高
	行銷努力不足
	時機不對
	競爭
Mckiney & Company 研究	缺乏週詳考慮目標
	高階管理過份參與
	行政管理鬆散
	正式評價與過濾
Buzzell & Nourse 研究	時機不對
	行銷努力不足
	未預期到的強烈競爭
	產品設計與品質的問題
	未能取得適當分配
	發展與生產成本超出預期數額
Angelus 研究	自消費者立場產品差異不大
	產品定位不當
	模仿產品無特性
	時機不對
Berg 研究	策略與戰略混淆
	不當定義公司任務
	低估介入團體
	哨前戰失利
	錯誤溝通
	逾離目標市場
	行銷組合不平衡
	規劃與執行不具彈性
Jones 研究	不當行銷投入

	過份樂觀
	推銷人員配合不上
	過早放棄研究
	忽視回饋
	缺乏消費者的參與
	貪婪訂價
	退出遲緩
Crisp 研究	盲目訂價
	缺乏行銷知識
	管理者關注不足
	消費者忠誠性不足
	生產導向
	研究作得太少又太慢

資料來源: Burton H. Marcus and Edward M. Tauber, *Marketing Analysis and Decision Making* (Boston: Little, Brown and Company, 1979), p. 22-23.

表 11-4　計劃失敗原因之分類架構

管理、組織與能力	行銷組合之執行	外部環境: 消費者與競爭者
不當之市場分析	產品有缺失	缺少消費者參與
成本高於預期成本	行銷努力不足:	消費者之忠誠性
行銷決策時機不對	促銷不力，廣告不充份，分配水準低	嚴重之競爭
未詳細考慮發展目標		前哨戰失利
高階管理過份參與	產品差異不顯著	
固守組織傳統思考方式	策略與戰略混淆	
行政管理鬆散	行銷組合不均衡	
缺乏正式評價與過濾	配合不當，如銷售人員	
對公司而言錯誤的市場，不當估價企業本身	貪婪訂價	
低估介入之團體		
規劃與執行沒有彈性		
過份樂觀		

過早放棄研究		
忽視回饋		
缺少行銷知識		
管理者關注太少		
生產導向		

資料來源: Burton H. Marcus and Edward M. Tauber, *Marketing Analysis and Decision Making* (Boston: Little, Brown and Company,1979), p. 25, Table 1-4.

瞭解失敗的原因及促進成功的辦法之重要性是相當明顯的。已有許多調查詢問參與行銷計劃的主管失敗之主因爲何（見表 11-3)。表 11-4 以三種觀點列出失敗之因。其中包括:（1）外部環境，如市場、顧客和競爭者;（2）管理者規劃能力;（3）執行行銷組合之組織的效率。本質上，行銷失敗係因不良的分析、規劃與控制，並且導致行銷組合不能配合消費者的要求和競爭者的行動。

在研究中，歸因於內部的失敗原因有「未深思熟慮發展目標」，「缺乏正式的評估和檢定程序」，「缺乏行銷知識」或「管理者不重視」等等。歸因於外部情況的失敗原因有如，「產品有缺陷」，「不良定位」，「無法得到適當的分配」，「產品差異微小」或「行銷努力不夠」等等❼。

其實內部與外部的失敗原因是一體的兩面。譬如，假使消費者因爲價格太高而排斥該產品，管理者在訂價決策中已有錯誤。假使消費者對該產品沒興趣，則係管理者未能適當測試市場及預測銷貨。因而這些研究確認的外部問題同時是分析、規劃與管制功能的缺失。

認清失敗的原因是走向正確途徑的重要步驟。此一觀念和方法，企

---

❼ Burton H. Marcus and Edward M. Tauber, *Marketing Analysis and Decision Making* (Boston: Little, Brown and Company, 1979), pp. 21-25.

業用以增加尋找行銷機會的成功機率。

叁、市場分析、規劃與管制之總架構

以科學方法，有系統地搜集、整理、分類、分析、並解釋有關市場的資料，作爲行銷與企業決策的依據，乃市場分析的基本作業。科學方法之特徵在乎其客觀性、正確性、連續性與貫澈性。

市場分析涵蓋層面相當廣泛，舉凡有關消費者或使用者(人與機構)之購買力及購買意欲均包括在內，諸如人口分析、企業機構分析、消費者之行爲研究、機構採購行爲分析、所得分析、機構投資擴張情況之研究，以及影響購買行爲之其他環境因素等等。

行銷機會之探索、肯定與改善，工作繁複，一不小心，掛一漏萬，不易掌握重點。因此，分析、規劃與管制作業總架構之建立爲一非常重

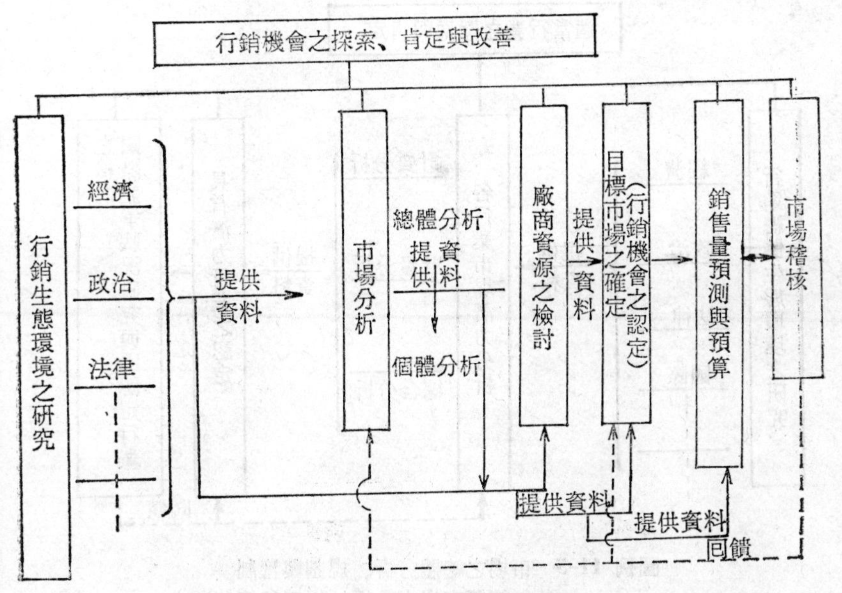

圖例 11-4　市場分析、規劃與管制之總架構

要之事。圖例 11-4 所示者爲市場分析、規劃與管制之總架構。

一如圖例 11-4 所示，行銷生態環境之研究爲市場分析與規劃管制上之首要作業。行銷生態環境之研究分析所得資料可供市場分析之輸入資料。此一階段之作業頗費時日，資料之獲得往往不易。

市場分析又可分爲總體分析與個體分析兩者。總體市場分析之目的在於尋找並肯定應該而且適合之行業。總體分析所得之資料爲個體分析之基本輸入資料。倘總體分析不正確，個體分析當亦不會正確，所謂“Output is no better than Input”，其理甚明。如果總體分析結果，找錯行業，進入「夕陽行業」，則回生往往乏術，若選對行業，進入成長或「旭日東昇行業」甚或「日正當中行業」，則廠商便可大有作爲。可見總體分析之重要性。圖例 11-5 爲總體分析之架構圖可供參考。

至於個體市場之分析、規劃與管制架構可藉圖例 11-6 說明。

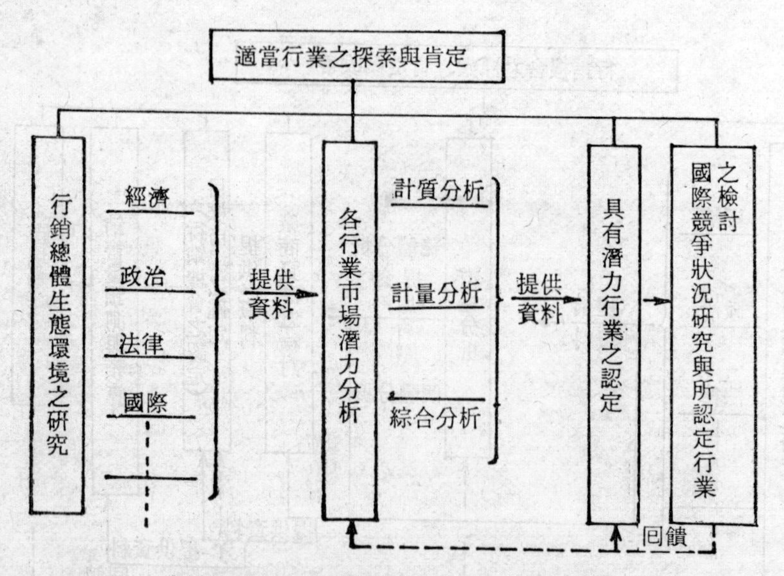

圖例 11-5 市場之總體分析、規劃與管制
(總體市場之分析、規劃與管制)

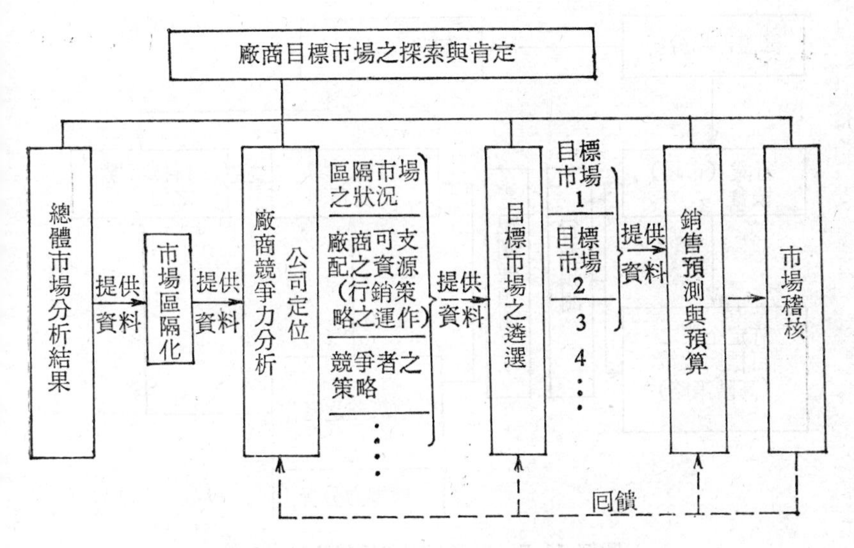

圖例 11-6　個體市場之分析、規劃與管制架構

從圖例 11-6 可以看出，競爭力分析，實爲個體市場分析之關鍵所在，亦爲個體市場分析之中心作業。其中尤以競爭對象之策略（即行銷策略）之分析最爲艱巨。廠商競爭力分析之結果可確定公司在行業中之地位——公司定位。

總體分析所得之市場機會（行業機會）之認定可提供公司行銷使命與高階策略（政策）之訂定依據，亦可用以修訂公司之哲理目標（宗旨）；而個體市場之廠商競爭力分析，尤其公司資源（可支配資源）之分配策略，可提供目標市場選定與預算之依據，筆者認爲此種論據雖與一般業界與現行之學術理論似相左，但實際上，應係一合乎實務與理論之界定。蓋行銷策略之訂定，諸如廣告費之增加、人員推銷陣容之加強可使公司之競爭力提高而改變目標市場之遴選故也。此一觀念可藉圖例 11-7 示明於後。

圖例 11-7 中所提及之政策與策略兩詞，往往不易界定，但可從兩

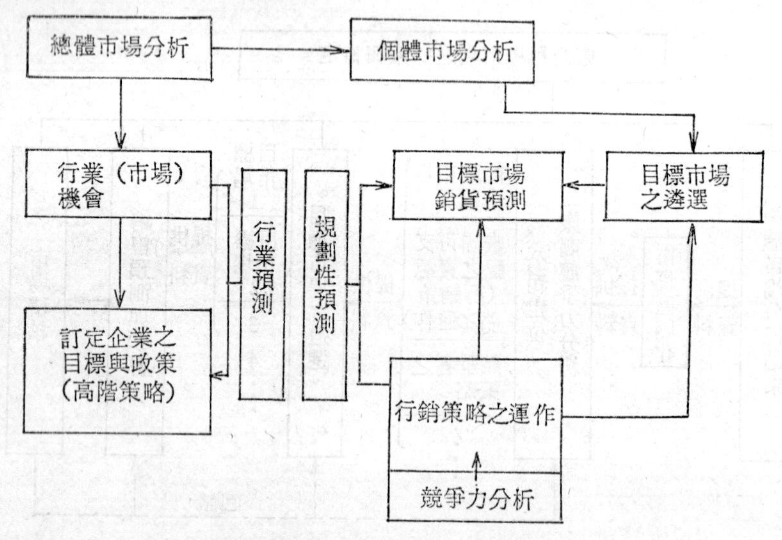

圖例 11-7 行業預測與規劃性預測

方面加以說明:

第一、若從整個企業之觀點論衡,策略應爲政策之訂定依據,是故筆者認爲若兩者要相互通用則以「高階策略」與政策兩詞共通使用較爲合適。倘以行銷部門觀點論之,則以政策「領導」策略(亦卽部門之策略)似較合邏輯。

第二、行銷政策與行銷策略之訂定,若兩詞不相互通用,則孰先孰後問題,當視廠商之組織結構而定。大凡中央集權制者以政策爲先導,分權制者以策略爲先導。

第六篇

行銷環境生態

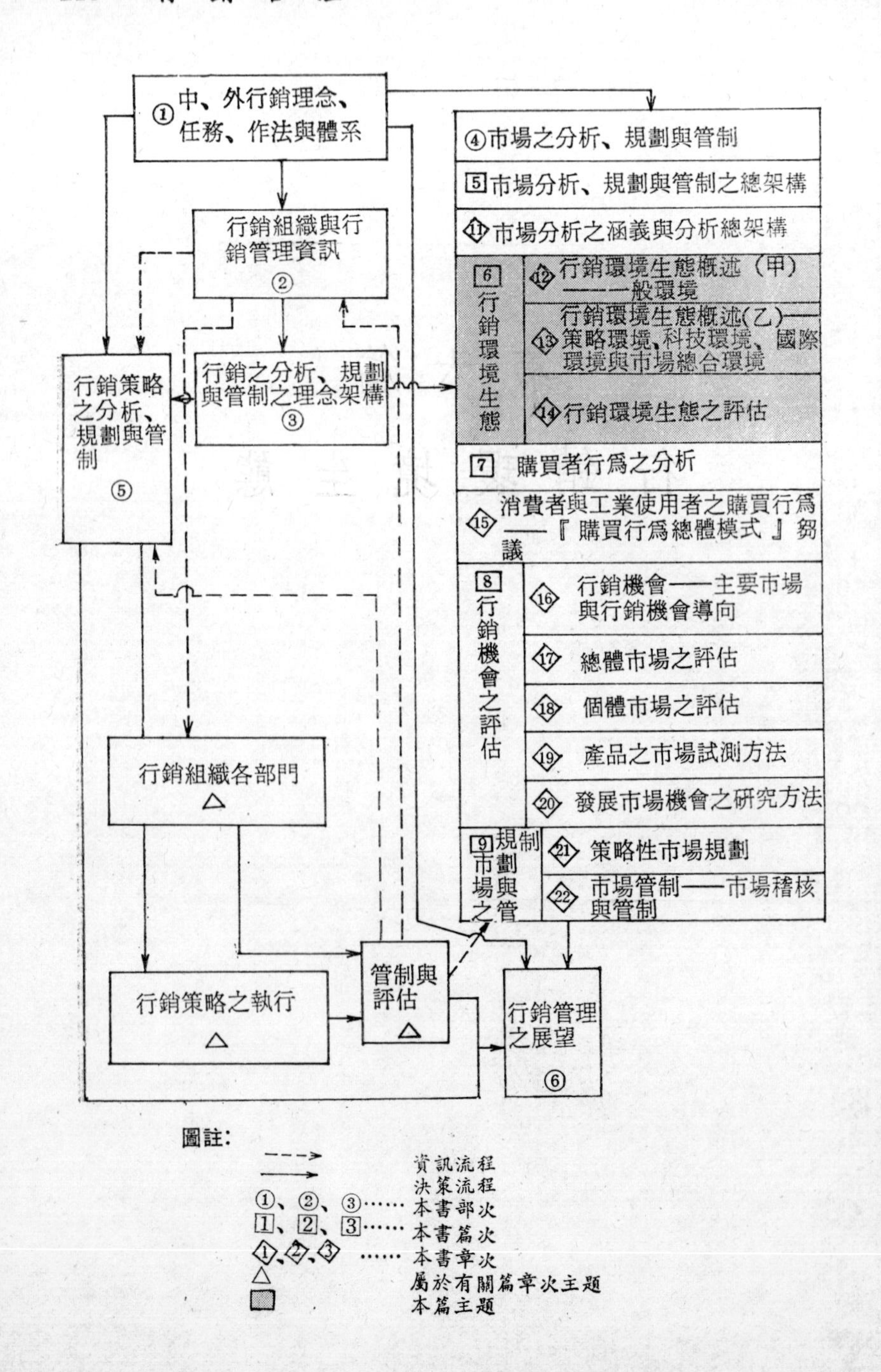

①中、外行銷理念、任務、作法與體系
行銷組織與行銷管理資訊 ②
行銷策略之分析、規劃與管制 ⑤
行銷之分析、規劃與管制之理念架構 ③
④市場之分析、規劃與管制
5 市場分析、規劃與管制之總架構
11 市場分析之涵義與分析總架構
6 行銷環境生態
12 行銷環境生態概述(甲)——一般環境
13 行銷環境生態概述(乙)——策略環境、科技環境、國際環境與市場總合環境
14 行銷環境生態之評估
7 購買者行爲之分析
15 消費者與工業使用者之購買行爲——『購買行爲總體模式』芻議
8 行銷機會之評估
16 行銷機會——主要市場與行銷機會導向
17 總體市場之評估
18 個體市場之評估
19 產品之市場試測方法
20 發展市場機會之研究方法
9 市場規劃與管制
21 策略性市場規劃
22 市場管制——市場稽核與管制
行銷組織各部門 △
行銷策略之執行 △
管制與評估 △
行銷管理之展望 ⑥
圖註:
資訊流程
決策流程
①、②、③……本書部次
1、2、3……本書篇次
1、2、3 ……本書章次
△ 屬於有關篇章次主題
本篇主題

第十二章　行銷環境生態概述(甲)——一般環境

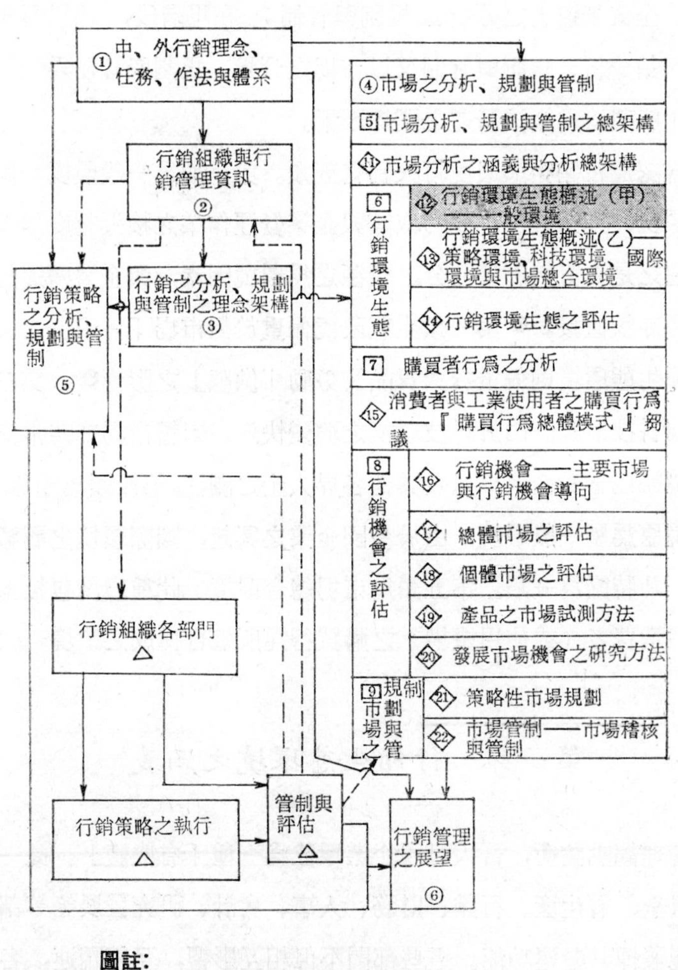

近幾年來，我國企業界對企業生態環境逐漸重視。蓋企業營運之成功與否，要看企業對其生態環境之適應或應變能力，特別是應變速度如何而定。企業營運上之分析、規劃與管制，在現階段，係以行銷爲主導，而行銷分析、規劃與管制又以市場之分析、規劃與管制爲主導。顯然市場生態環境爲企業營運之關鍵因素。

筆者認爲行銷生態環境可大別爲五類。第一類爲一般環境。第二類爲策略環境，亦卽資源。此乃依其與企業營運作業之接近程度以及其對企業營運之是否直接影響而分。資源之爲環境因素，與企業營運較爲接近，影響亦較直接。❶第一類生態環境偏重於對市場「需求」之影響，而第二類生態環境則偏重於對貨品及勞動「供應」之影響❷。第三類生態環境爲科技環境。由於科技環境之演變快速，影響市場亦非常深遠，此種環境業已普受企業界以及其他各界人士之關注。第四類爲國際環境。此種環境原爲屬一般環境，由於多國企業之興起，國際環境之認識，特別重要，乃特歸爲一類。第五類爲市場總合環境。此種環境包括上述四種環境與消費者（或使用機構）之購買行爲所總合構成之環境。

第一節　行銷生態環境之涵義

從管理觀點論衡，吾人可視企業單位爲一種「有機體」。此一有機體五臟俱全，有生產、行銷、財務、人事、會計、研究發展等等部門，使企業能發揮其營運功能。這些部門不但相互影響，互相關連，各部門與外界之關係亦相當廣泛而且密切，尤其行銷部門與外界之關係比之其

---

❶ 郭崑謨著，現代企業管理學，第三版（台北市：華泰書局，民國七十一年九月印行），序言第1頁。

❷ 同❶。

他部門還要廣泛，更加密切。

據柯特勒 (Philip Kotler) 氏，行銷環境係特指與企業單位有潛在關係之所有外在力量與機構之總體系❸。柯氏並將行銷環境分成下列四大層面：❹

(1) 任務環境 (Task environment)：如供應商、經銷商及市場。

(2) 競爭環境 (Competitive environment)：如產品競爭者、產品品型競爭者、企業競爭單位等等。

(3) 大衆環境 (Public environment)：如政府機構、媒體、金融機構、一般社會大衆等等。

(4) 總體環境 (Macroenvironment)：如經濟、政治、法律、技術、自然資源、文化社會等等。

筆者認爲行銷生態環境係泛指與行銷部門之運作有相互關係之外在因素而言。此種外在因素中依其與行銷作業之接近程度以及直接影響行銷程度可分成：

(1) 一般環境：包括政治、法律、文化、教育、社會、經濟、國際、自然等環境。

(2) 策略環境——資源：包括人力資源、社會固定資本、原料資源等等。

(3) 科技環境：包括創新、研究發展之風氣等等。

(4) 國際環境：包括國際政、經、法律、文化、社會、自然環境等等。

(5) 市場總合環境：包括上述四種環境與消費者及使用機構購買行爲所總合構成之環境。

---

❸ Philip Kotler, *Marketing Management: Analysis, Planning and Control* 4th Ed. (Englewood Cliff, N. J.: Prentice-Hall, 1980) p. 95.

❹ 同❸, p. 96.

行銷生態環境與行銷部門之運作關係可從圖例 12-1 窺視而得。

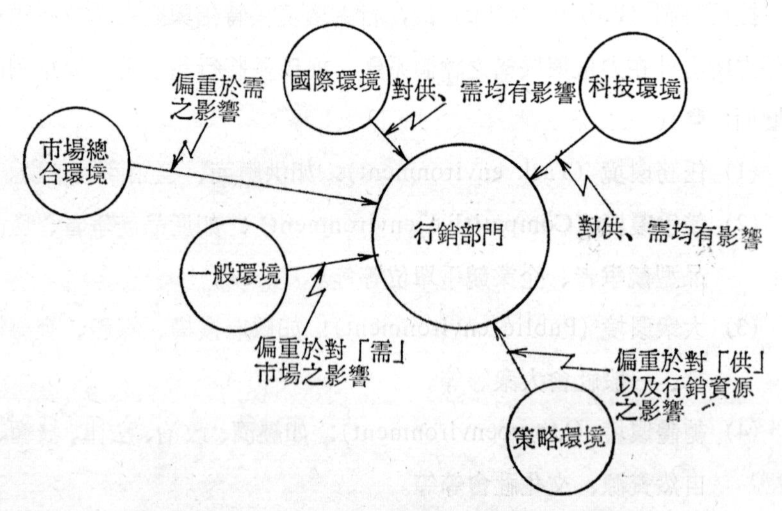

圖例 12-1 行銷生態環境與行銷部門之運作關係

第二節 行銷之一般環境

一般環境構成行銷之外在力量。對此種力量，行銷人員只好因應順變作最有效之運用。明瞭此種力量，實爲每一行銷人員之首要任務。一般環境包括經濟、政治、法律、社會、教育、文化、自然以及國際環境等數端。

壹、經濟環境

有良好之總體經濟環境，個體企業始能生存與發展，行銷作業始能運作順利。在同一經濟制度下企業家經營其事業必然有諸多營運上之限制。其決策當亦受到影響。非但如此，每一企業家經常憂慮衆多問題，例如原料之有無、價格之高低、消費公衆之購買力、人口之增減、能源之供應、運輸設備之有否、資金之融通、消費者之消費傾向等等。此種種問題與一國經濟制度上之限制均屬企業經濟環境，亦爲行銷之經濟環境，而其本質及其改變超乎個體企業所能控制之範圍。企業家在營運其事業時，唯有配合其所面對之經濟環境，因應順變，作適切之決策。

一國之經濟環境因素旣繁多亦複雜。依企業營運之觀點可將之分成下列三大類。第一類爲經濟制度；第二類爲總體市場狀況——「需」之因素；第三類爲總體產銷要素——「供」之因素。因此在討論行銷之經濟環境時，研討焦點當拋射於此三大課題。如圖例 12-2 所示，一國之經濟制度影響其他經濟環境——市場狀況與產銷要素。因此每一企業家首應對本國之經濟制度以及「與國」，甚或敵國之經濟制度有所了解。蓋在不同制度下，其經濟成長速率，國民所得分配狀況，人口增加情形，資源開發程度，資本市場功能，以及社會固定資本豐瘠程度通常不一，明瞭此種情況後，行銷主管始能據國內外經濟狀況，作其營運上之長程規劃。

企業係經濟活動之中心部份。而一國之經濟活動悉受其經濟制度之保護、引導、甚或限制。如何解決經濟活動所產生之問題，諸如如何開發並使用有限之資源，如何進行生產？生產多少？何時生產？生產何物？等等，可由經濟制度本身求到解答。一國之經濟制度因此必定包括各種有形無形之指揮、引導、獎懲、與限制之原則、習慣、信條、甚至於形而上觀念。爲何大公司愈來愈大，爲何政府要經營鐵路、公路，爲何在某些國家生產者可擁有私人生產工具，而在有些國家不許保有私人財產等等均係制度上之問題。我國之經濟制度係民生主義計劃性自由經濟。外國有採取資本主義者，有採取共產主義者等等不一。此不同主義，對行銷之影響如何，可概略地由其各不同特徵看出，行銷主管應在作行銷規劃時考慮這些不同特徵。

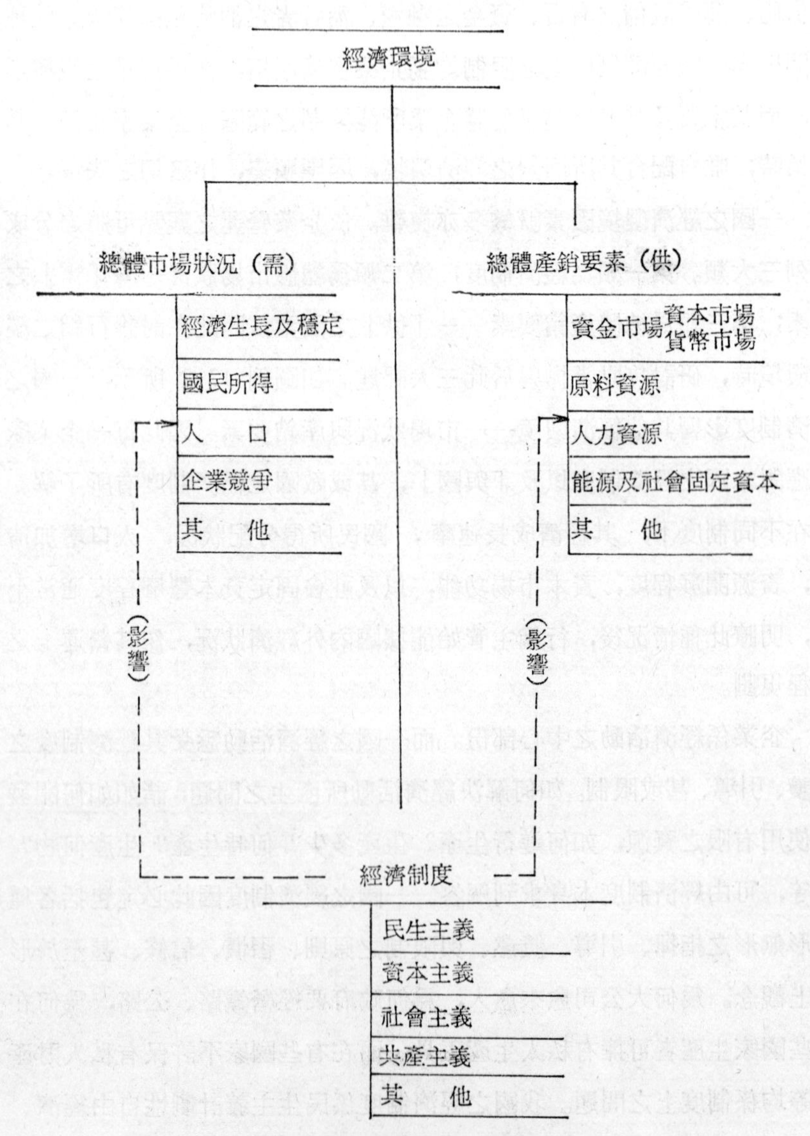

圖例 12-2 行銷之經濟環境

資料來源：郭崑謨著，「現代企業管理學」，第三版（臺北市：華泰書局，民國七十一年九月印行），第 52 頁，圖例 4-1。

貳、政治環境

政府之一般措施，充其量，直接間接影響行銷活動，而其目的乃爲達成整個社會國家之長久繁榮。如圖（圖例 12-3）所示，政府之一般措施可分爲：保護性措施，協助輔導性措施，直接經營企業（或與私人企業競爭），引導與管制性措施，以及對企業課稅等。政府對企業加課各稅，除以稅收維持政府之運行外有均衡企業活動之功能，當然亦有均衡行銷作業之功能。

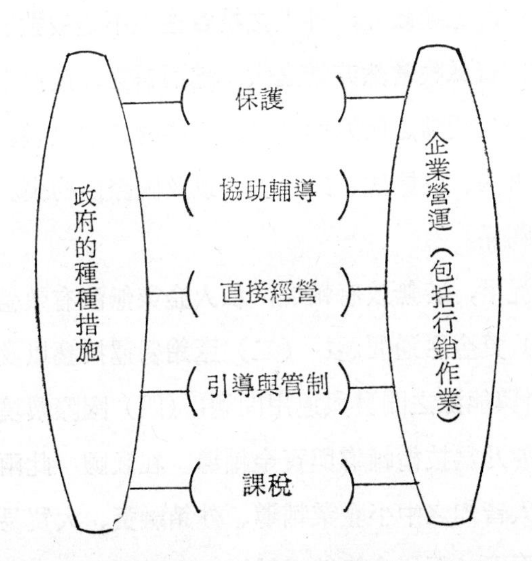

圖例 12-3 政府對企業營運（包括行銷作業）有影響之一般措施

政府保護企業活動以種種不同型態出現。對國內企業之營運，當然在政策上，政府可藉行政或法律規定以保護個體企業間之均衡發展，確保個體企業之營運不遭外力之阻礙或侵害，臺省糖米平準基金之設置，便是其例。衆所皆悉，物價不甚平穩時期蔗農之福利容易遭受侵害，政府對蔗農之保護乃從保障糖價開始。在美國類似之保障時有所聞，唯彼國之保障常以獎勵不生產或政府收購方式實現爾。此外，政府對國內企業活動之保護也可由其對抵制外來企業侵蝕措施着手。我國為保障國內工商農業之發展，對進口品之課稅，以及外人投資條例之實施便是此種範例。至於對國人在國外之企業活動所具保護，當然需靠國家力量以條約關係保護國人在外企業活動之安全。在動盪不安國度裏，國人所經營之企業最容易遭到侵蝕，在此種情況之下，政府保護力量之發揮必然表現在外交政策之動向與政府立場之堅定與否之基礎上。企業家應對國際外交動向以及政府之立場有所了解始能減低風險及損失。南美州許多國家政治不甚穩定，每逢政變，外人之投資往往不是被毀壞就是被充公。在此種國度裏投資風險當然非常之大。總而言之，政府對私人企業之保護包括（一）企業活動之保障與（二）企業財產之保護。其比較具體之辦法散佈在商事法、商標法、民刑法、以及國際條約裏。商事法與企業行為有較直接關係。

在許多情況下，若無政府輔導，私人企業無法有效營運。此種情況不外乎：（一）資金融通問題；（二）產銷營運技藝以及管理技能之缺乏；（三）原料與能源之開發與運用問題；（四）國際環境之困擾等等。比較普遍之輔導乃為技術輔導與資金輔導。在我國，此兩種輔導之成果相當卓著。衆人皆知之中小企業輔導、外銷融資、大貿易商之輔導等等僅是數少例子而已。類似之協助或輔導，在歐美各國亦時有所聞。例如美國小型企業管理局(Small Business Administration)不但對小型企業作低利貸款（透過地方銀行的合作），而且在經營技術，資料收集以及市場方面，亦加以協助。聯邦政府為了協助小型企業，保留部份政府採購俾使小型企業申包而孕育其順利發展。總之，對政府之輔導，企業家若能注意受用，可節省許多風險、時間、以及費用。

叁、法律環境

法律係社會公衆所共同遵守及勵行之一種行爲準則。此種行爲準則之解說及執行由司法機構如高等法院、地方法院等行使。雖然有許多行爲準則不能由司法機構執行或解釋而屬於倫理範疇，唯吾人可將倫理與法律之關係視爲一種實質上不易劃分界線，而形式上劃分了界線之人類生活行爲準則。形式上之劃分乃據是否有明顯之執行依據而定。如開空頭支票，有票據法之依據，法院可依法執行，無疑是法律問題。其若企

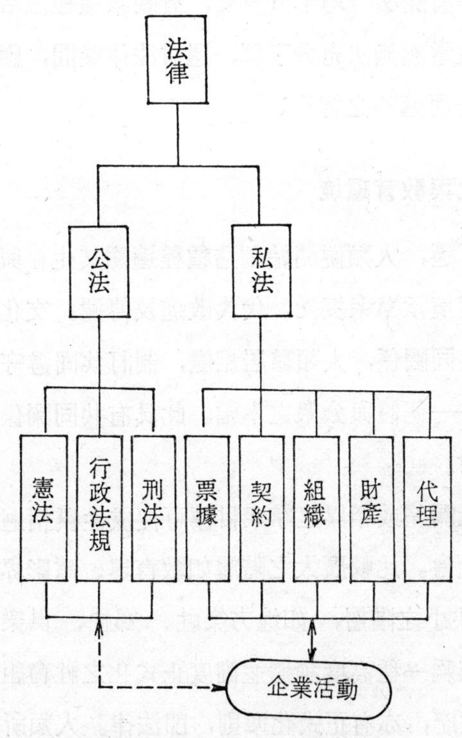

圖例 12-4　行銷活動與法律

註：←→：直接與特別關係
←┈→：一般關係

業家爲不斷增加企業利潤，加強機械自動化設備而導致多數工人失業，「不顧及失業工人之苦境」，對企業家言，此種行爲，並無違法，法院當然無法執行，只是倫理上之問題而已。

依其準則所要達成之任務區分，法律有公法與私法之別。前者規範政府與個人之關係，而後者製訂個人與個人間之關係。前者包括憲法、行政法、刑法； 而後者則包括票據法、財產法、公司組織法、契約、代理人等有關法令。行銷之法律環境乃特指私法部份而言。（參閱圖例12-4）。對個體廠商言，私法部份之票據法、財產法、公司組織法、契約、以及代理等有關法令均十分重要，有關該種種法令之詳細規定或條文每一管理人員當然無法充分了解，遇有法律疑問，應從速與專業律師商討，以求妥善而適時之解決。

肆、社會、文化與教育環境

自有人類以還，人類便開始創造種種適應其生存與活動之環境。人類創出之生活環境承羣衆接受，代代改進及傳遞。文化乃此種環境之統稱。基於某種共同關係，人類羣居相處，制訂共同遵守之行爲準繩，以達成羣居目標——個體與公衆之幸福。此具有共同關係及共同目標之羣衆組織謂之社會。

各不同羣衆關係或相異之羣衆目標可促成性質相迥異之社會，而造成「各階層」社會。比較廣大之階層如教育界、電影界、運動界、婦女會， 以及比較狹小之階層， 如地方樂社、鄉社、俱樂部等等皆爲「社會」。當然國家爲一種高度發達並高度正式化之社會組織，秉有服務及管理機構，卽政府，亦有正式化準則，卽法律。人類所創造之生活環境代代累積，代代改進。傳遞這些文化之過程通稱曰教育。是故教育實意味着智識及經驗之傳遞、學習、以及改進之過程。社會文化與教育對企業活動之影響可從「供」與「需」兩方觀看。換言之，文化與社會略偏重於「需」（或市場）之影響，而教育則略偏重於供（成本及生產效能）之影響。話雖如此，教育對消費者言，亦有「需」方面之影響，而文化社會對企業活動基於社會公德與倫理態度，可限制種種企業活動，亦可發揮其「供」方面之影響力。此種關係可由圖例 12-5 看出。圖中之箭頭表示影響方向，箭頭之粗細顯示影響之大小。

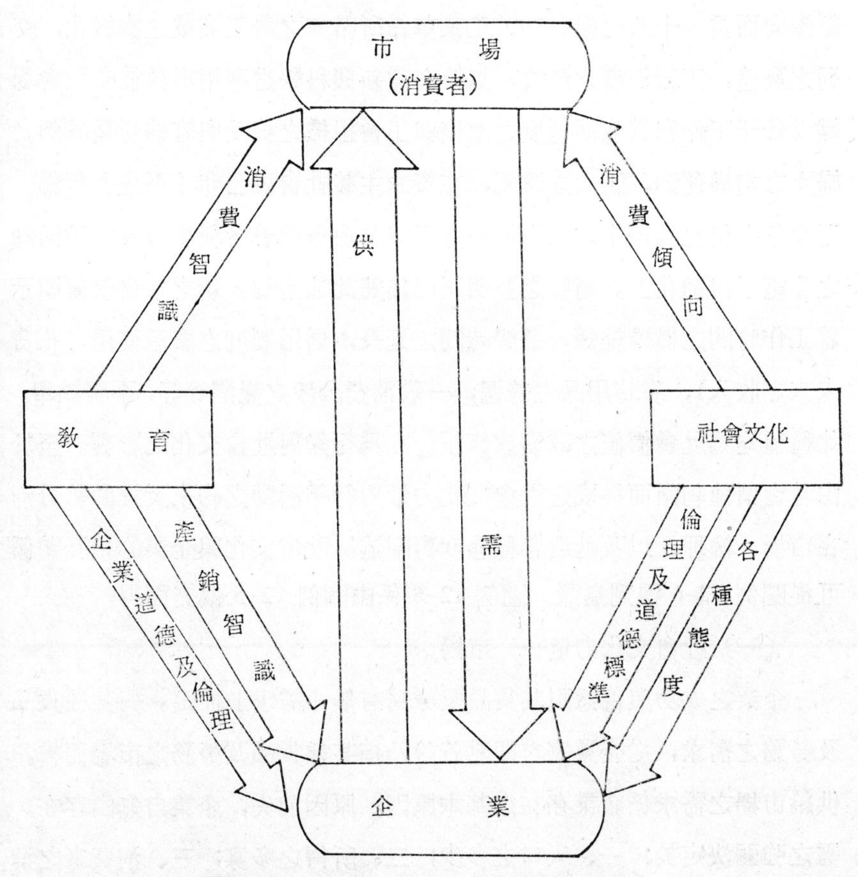

圖例 12-5　社會、文化、教育與企業之關係

資料來源：郭崑謨著，「現代企業管理學」，第三版（臺北市：華泰書局，民國七十一年九月印行），第 73 頁，圖例 6-1。

一、社會文化與行銷

行銷活動係社會活動之一，與數千數萬羣衆互有關係，影響所及遠超乎企業利潤所能衡量，因此行銷活動實時刻改變社會文化。日新月異之貨品與勞務，顯然足可改變人類之生活習慣與態度。其實企業所生產之貨品（如電腦）其本身即爲社會文化之新猷。不但如此行銷可改變社會之「價值判斷」。所謂社會之價值判斷係指整個社會對是非良莠之判斷傾向而言。十八世紀(1700)工業革命所帶來之農工商業之機械化，交通之發達，工廠制度之建立，以及各種新興科學之應用導致彼時社會對婦女參予工作與其生活態度之改變與工會組織之接受與容納便是其例。婦女之均權運動，工人之罷工，在資本主義社會裏已非「不是」行爲。工業革命仍在持續中。二十世紀之工業革命象徵着各種生產及行銷活動之「電子自動化」。電腦之發明正已加速此種過程。新之社會改變顯示着工作時間之繼續縮短，遊樂時間之延長，信用制度之廣泛使用（花費未來之收入)，省時用品之普遍，一般消費公衆之覺醒等等，不勝枚舉。此種種均爲社會價值之改變或修正。亦爲行銷對社會文化之影響。至於由社會價值判斷而構成之社會文化力量對行銷活動之約束及推動將分別在市場、倫理、以及社會各種態度裏闡述。社會文化與企業的相互關係可從圖例 12-6 得到鳥瞰。圖例 12-6 係由圖例 12-5 擴充而得。

(一) 社會文化力量——市場

企業之成功與否悉視其貨品及勞務有無「需求」而定。對某種貨品及勞務之需求，從企業家之觀點着論乃指某種貨品及勞務之市場而言。供給市場之需求係企業存在之基本原因。原因消失，企業自無由存在。需之強弱決定於：一、人口之多少；二、所得之多寡；三、消費者之消費傾向等三者。社會文化力量之影響市場乃從此三方滲入，唯在習慣上人口與所得以其性質特別，通常歸爲經濟環境裏。而消費傾向乃習慣上

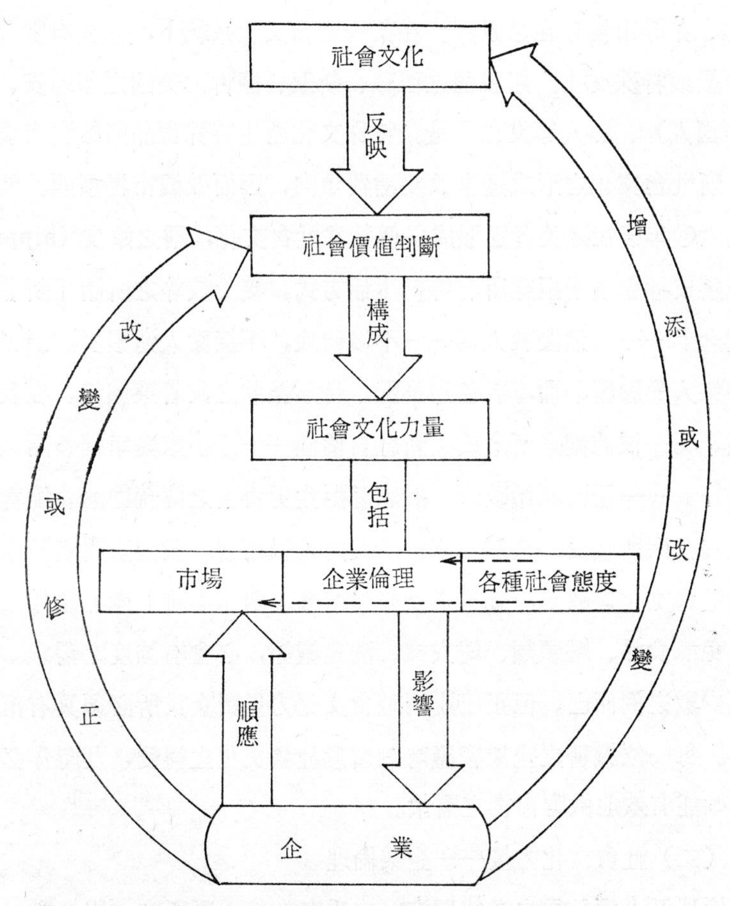

圖例 12-6　社會文化與企業之相互關係

資料來源：郭崑謨著，「現代企業管理學」，第三版（臺北市：華泰書局，民國七十一年九月印行），第 75 頁，圖例 6-2。

歸入社會文化環境之範疇。

消費傾向寓變於消費者之嗜好、風俗習慣、家庭傳統、宗教信仰、生活方式、語言等等。此種種均係社會文化因素。中國人吃米飯喝濃茶；美國人吃麵包、喝咖啡；意大利人吃比查（Pizza）、喝啤酒；墨西哥人吃大可（Tacco）等等均爲社會文化之產品，說明了爲何麵包、米、咖啡、茶等市場存在之原因。在某一社會文化系統下，往往有數種重要之次級或特殊文化，如我國之西藏、新疆、蒙古，美國之印地安、唐人（中國人）、黑人等文化便是。特殊文化產生特殊貨品與勞務市場。

新社會文化之形成通常改變消費傾向，因而改觀市場型態。例如從一九六〇年後在歐美各國形成一個特殊社會文化，稱之嬉皮 (hippie)。此種嬉皮社會幾乎拒絕所有傳統生活方式。接受彼等之所謂「新社會價值觀念」——自然優於人為——不修儀表，不接受人造環境。結果，理髮事業大受影響，而專於色彩鮮艷，奇形怪狀之衣着業興起。在我國臺灣省，另一價值觀念所形成之新社會價值——「小家庭幸福多兩個孩子恰恰好」——正已開始改變一般家庭對生男育女之傳統觀念。節育已漸被社會公衆所接受，自然形成避孕藥之初級市場。我國臺灣省將來隨着此種社會文化之改變，就業婦女必然增多，對「省時」產品諸如冷凍吃品、免煮食品、罐頭類、洗衣機、洗碟機等，必會有強度之需求。此僅為極少數之例而已。但正已說明社會文化力量對企業所必須具有市場的影響。每一位機警之企業家應時刻留意社會文化之轉變，及時作必要之調整始能有效地供應市場之需求。

（二）社會文化力量——企業倫理

倫理係人類行為之道德標準，幾乎存在於人類所有一舉一動。各人之道德標準不盡相同，於是對同一事物之看法與作法亦不會相同。企業家之企業決策及作為，乃依照其道德標準所表現而出者。巴里克 (Walter W. Perlick) 與里斯卡 (Raymond V. Lesikar) 兩教授共著之企業導論一册中轉載着一則約一百年前（一八八五年十月）美國生活雜誌所刊載之有關企業倫理道德之寓言，十分巧妙地表白出個人道德標準對企業行為之重大影響❺。該寓言係兎、羊之「生意」交道。緣兎設攤販賣花生。

---

❺ Walter W. Perlick and Raymond V. Lesikar, *Introduction to Business*

羊喜吃花生乖爲顧客，趨購五分花生，擲兎十分銅板。兎還找零錢五分，羊取之而返。數日後，羊再度光顧兎攤，查知前次由兎找回之銅板中間留有空洞，仍以木塊塞平中洞交兎。兎一見該幣立卽拒收。羊答稱此幣乃渠所找者，何以不收？兎聲言彼係清白之流無意欺騙，何況彼時羊收取零幣時明知有洞云云……並提醒老羊：以木塞洞蓄意轉手施詐，誠屬詐欺行爲，嗣後如不小心，難逃法網等等……。何者之倫理有問題？着實各依所從而已。由這一則寓言，讀者當可了解，個人之道德標準甚爲參差，不易有天下合一之規範。唯須銘記從整個社會觀點上着眼，畢竟有某種可以識別而公衆所接受之倫理信條。基於此種信條，消費公衆（社會公衆）之壓力將不斷加諸企業家身上。

四維八德向爲中國社會之傳統基本「行爲典範」，從此基本典範中拋射出成千數萬之行爲準繩。例言之：忠於國家者，定不會處心積慮，想盡辦法，尋找稅律漏洞，避免納稅；孝敬父母者，定會推己及人，『老吾老以及人之老』；遵守信用者，必然作事誠篤，遵守諾言……諸如此類由四維八德而廣大之道德行爲，不勝枚舉。此衆多之行爲準繩，其與企業行爲尤其行銷作業有關連者，概言之，可歸爲下列數信條：一、守信篤實；二、扶弱濟貧；三、公平競爭；四、推己及人；五、維護公益；六、盡己所能等等。

企業係一種社會組織，其行爲雖是「非個人行爲」，但由於經營者畢竟是人，而且企業本身乖爲「多元社會」之一份子，其行爲與社會其他成員行爲相互關連，是故上敍之倫理信條，便成爲企業行爲必要遵循信條。所謂多元社會（Pluralistic society）係指整體社會具有衆多種權力中心（Power centers），每一權力中心具有適度之獨立性，唯任一權力中心却無法完全獨立。易言之，每一中心多少必定依賴其他中心。這

(Dallas, Texas: Business Publications, Inc., 1972) p. 107.

正說明企業社會責任之必然性。企業在多元社會裏之地位可由圖例12-之構想圖看出。

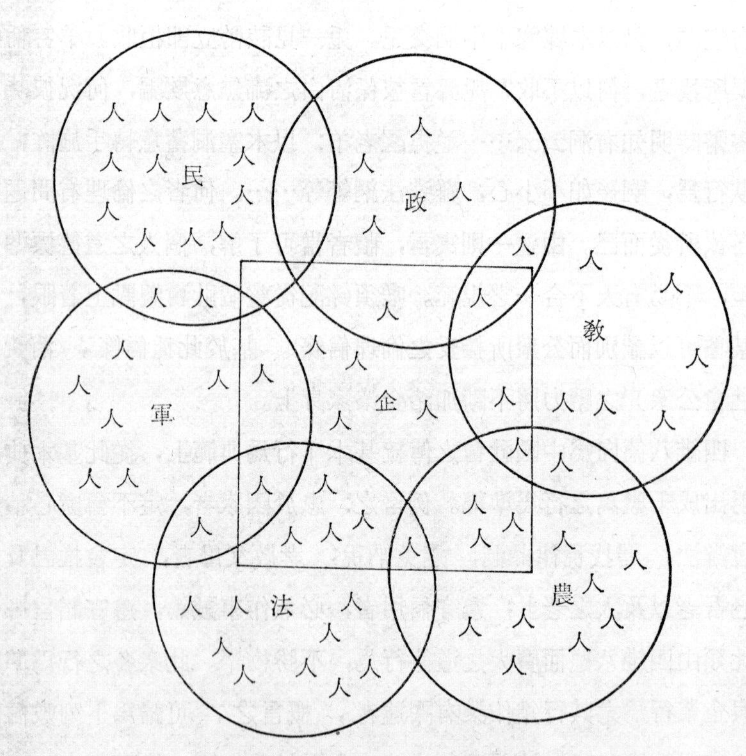

圖例 12-7　多元社會裏的企業

圖註：人：組織成員及消費者～人
　　　企：企業
　　　政：企業外的組織：如政府機構等等。

（三）社會文化力量——各種社會態度

社會各階層之態度往往透過輿論、選舉，民間運動，消費者或使用者之意見，工人之行動，企業經營者之作風，企業所有者之見解，而直接、間接（經由政府政策）影響企業行爲。此種種社會態度不但反映出市場之消費傾向以及企業倫理信條（如圖例 12-6 的虛線箭頭所示）亦且更實切地左右企業「供」之行爲。若企業家能接受日新月異之科學方法，一般勞動階級對機械化之生產過程容納，同業及異業間有高度合作精神與態度，經理人員認爲管理係一種專業，具有創新立異精神，力求職業上之滿足，卽企業經營效果必然大增。相反地，如果企業家對新進科學採取懷疑之態度。勞工對機械取代人工不但不認爲係一種增進工作效率之工具，而認爲是一種對職業之威脅而處處加以阻礙，不同企業單位對可以相互收益之技術與方法未能採取高度之合作，經理人員不了解其專業地位，消極彼動，其結果必然導致生產效果低降，成本增加，而萎縮其供之能力。社會各階層之良好態度正已說明何以臺灣省近十年來企業活動會如此高度頻繁，生產力之增加會如此神速之部份原因所在。

各階層社會態度並非固定不變之社會現象，而實可因時、因地、因事而變。每一企業家應明察其變而作必要之政策與策略上之修正，否則終會遭受政府之干預而減少自由活動範圍。例如一般消費公衆對生活素質之提高已採取積極態度，對空氣汚染，河川汚濁開始密切之關懷，爲了顧及社會公益，企業開始增置減汚設備，企業活動處處須考慮防備汚染。雖成本隨着增加，活動範圍亦減小，但此種應變乃爲「必要」之措施。

二、教育與行銷

人類之智識及經驗代代累積，代代改進。傳遞人類智識及經驗之過程又不斷產生對未來智識與經驗之貢獻。由冰塊冷藏至液體氮冷凍，由蒸氣推動而至電子推動，由點放鞭砲而至發射太空船與太空梭，由貝殼媒介之使用而至現代化國際信用卡之受用，由人力操作而至電腦控制等等實爲此種智識及經驗之傳遞過程——教育之產品。教育當然反映於企業，尤其行銷活動，亦述明企業尤其行銷活動之演進。

從另一角度觀看，教育對企業，尤其行銷活動之影響不但及於市場之改變，亦滲入行銷策略之使用，尤以後者較爲顯著（參閱圖例 12-6）。

伍、自然環境[6]

自然環境之變化，較之政治法律之變化不但不大，資料之蒐集亦較容易。但行銷人員往往由於資料既多且易集，未加強進行研究分析，甚至流於「人云亦云」，無法掌握此一行銷變數，甚爲可惜。

自然環境包括氣候、地形、地勢、人口分佈情況與資源分佈情況等五項。

在冰冷地帶汽車若無特別保溫裝置，無法使用。在濕度甚高之地域行銷產品，應特別注意防濕裝置，或乾燥設備。包裝運輸之方法亦應因氣候之不同而異。

地形地勢不但影響運輸分配體系，亦可造成人口之隔離而造成性質不同之市場。這當然與人口之分佈情況互爲因果。交通方便之處，人口之流動亦易，此種人口之流動足可改觀市場結構，而使現有之行銷策略陳舊。

自然環境中以資源之分佈較受國際行銷人員之注目。衆所週知，中東之石油大大地改變了全世界之國際行銷結構，致使產油國家與非產油國家間必須作全盤之行銷重企劃。

產油國家（OPEC）由於油元（Petro-Dollar）豐富，現正積極地在推動其國家基本建設，因而吸引了中華民國及韓國之工程人員、阿拉伯國家將來必然繼續成爲世界各國所急欲爭取之工程市場，以及建築器材、工程用具之良好市場。我國廠商應把握此種機會，積極地研析中東市場之潛力，以及未來之發展方向，始能在中東市場上佔取優勢。

---

[6] 郭崑謨著，國際行銷管理，修訂三版（台北市：六國出版社，民國七十一年九月印行），第127頁。

第十三章　行銷環境生態概述(乙)
——策略性環境、科技環境、國際環境與市場總合環境

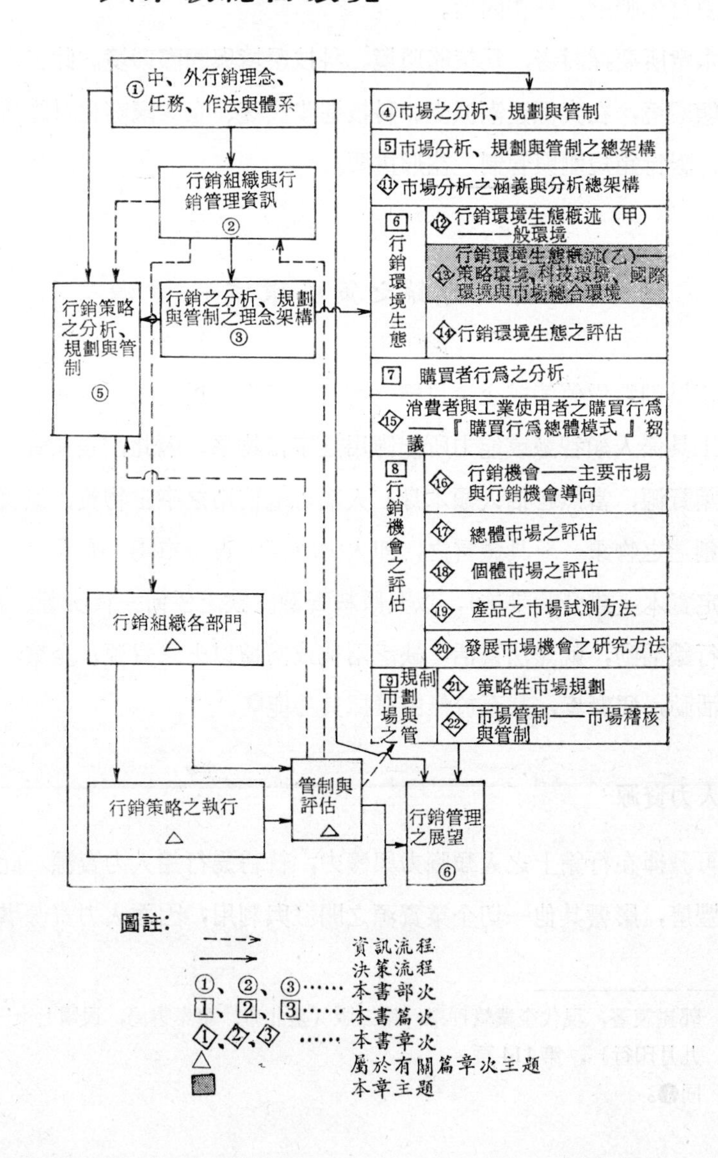

行銷生態環境，雖然相當繁雜，一如第十二章所述，可將其分成四大類。一般環境在四大類別中，涉及範圍較為廣泛，諸如政、經、法律、文化、社會、自然等等，影響供需兩方，為行銷分析、規劃與管制上必須首先瞭解之外在因素。

本章所要探討者，為策略環境、科技環境與國際環境。此三大類行銷生態環境，在資源逐漸減少、科技進步快速、企業國際化日趨普遍之現今，對行銷規劃與管制，益形重要。

第一節　行銷之策略環境——資源

藉以創造價值達成企業目標之智慧、能力，以及工具統稱企業資源❶。工具係人類智慧或能力所能應用之宇宙物象。因此，企業資源，尤其行銷資源，當然包括人類本身，人類可能使用之宇宙物質，以及人類所已創造之物象——具體言之，即人力資源、資金市場、企業場所、社會固定資本（或公共設施），以及原料資源。缺乏任何一種資源、企業，尤其行銷活動，就無法靈活；缺乏兩種或兩種以上之資源、企業，尤其行銷活動，便癱瘓，甚至於無由發揮其功能❷。

壹、人力資源

可發揮在行銷上之人類腦力與體力，統稱為行銷人力資源。此種資源之豐瘠，影響其他一切企業資源之開發與利用，因而人力資源堪稱資

❶ 郭崑謨著，現代企業管理學，第三版（臺北市：華泰書局，民國七十一年九月印行），第114頁。

❷ 同❶。

源之資源❸。一國人力資源之豐瘠與否，實係相對之現象，須視其供需情形而定。比較有意義之研究，當然要看各特種行業之供需情形。一國可能會缺乏電機職工人力，而同時有農工過剩之現象。是故有系統之人力資源開發成爲非常重要之工作。玆就人力之供應、人力需求，以及人力資源之開發與運用，略加闡述，藉以表明該項資源之重要本質。

一、人力之供應

人力之供應與人口狀態直接牽連，與勞工組織、社會一般工作習慣、以及教育（或訓練）是否普及有密切之關係。是故在研討人力供應時不能不把此種因素加以分析。

企業人力旣然是可發揮在企業營運上之人類腦力與體力，不可能所有人口均爲人力資源。何部份人口方屬企業人力，各國有其不同規定，在我國年滿十五歲，神經正常，能工作而願意工作者不分男、女均爲企業人力。如此人力之多寡，年年變動，悉視人口生長趨勢，以及人口生長特徵而定。

二、人力之需求

各行各業之人力需求悉受各該行業之生產情況影響。而各行業生產之擴張或萎縮又視社會大衆對該行業所生產之貨品或勞務需求程度以及政府之政經目標而定。不但如此，在一國政府之政經目標下，各行業之擴張或者萎縮彼此有「連鎖」作用。譬如汽車工業之擴張連鎖及鋼鐵，橡皮事業之擴張，而鋼鐵橡皮業之擴張又連鎖到礦業以及橡樹墾植業之生長。前者係初級連鎖而後者則爲次級連鎖，此種經濟連鎖可達無數級，是故在推測未來人力需求時必須顧及此種錯綜複雜，各行業間之連鎖性，始能作比較正確之推測。溯自第二次世界大戰後各國體會到人力

❸ 郭崑謨著，企業與經濟時論（臺北市：六國出版社，民國六十九年二月印行），第3頁。

並非一如同歐西歷代自李嘉圖以還這些經濟學家所相信之「不虞虧乏」❹，於是紛紛開始作長期性人力需求之預測估計。比較簡單而不甚科學之預測方法係從歷年來各行業，就職人數之長期趨勢上研究，而獲得粗略之答案。此種方法並未考慮「連鎖性」以及政府政經目標之變動。現在科學先進各國所使用之推測方法為總體分析法（英文稱之Input-Output Analysis）❺。此種方法不但考慮各行業之連鎖關係，亦且基於政府之政經方針分析人力需求動向。現今各國之人力需求量大致依照此法導算而出。

總體分析法過程之首要為設定各項國家目標，由這種目標估計其開支預算，由開支預算換算成其對各產品及勞務之購買需求，然後再由這個需求換算成各行業為滿足這些需求所必須生產之貨品及勞務。當然在換算各行各業所必須生產之產品與勞務時，重要連鎖關係業已計算在內。人力需求量之演算乃基於各行業每單位生產量所需之人工數而定。此一人工數各行各業不一，有些行業可能為生產，每臺幣十萬元價值，產品需要一人工數，而有些行業可能為生產，每臺幣十萬元產品只需半人工數，要視其過去數年來之經驗而定。此外，值得注意者乃為各項國家目標之設定悉依整個國家之政經計劃如何而定。我國臺灣省之第三期

---

❹ 李加圖（Ricards）、馬而塞斯（Malthus）、馬歇而（Marshall）、馬克斯（Marx）、鄉皮得（Schumpeter）等論調均直接間接地暗示着人力之不虞缺乏。彼等認為工人之流動過程帶有自動調節效果。比較詳盡之述說，參考：

Eli Ginzberg, *The Development of Human Resources* (New York: McGrau-Hill Book Company, 1966) 前言。

❺ 利用總體分析法來推測一國人力需求之方法，早在一九五八年美國業已開始。年年由其國家計劃協會承擔工作，分析方法概要可從下列一書看出

Lecht, Leonard A. *Manpower Needs for National Goals in the 1970*。New York: Frederick A. Draeger, 1969。

經建計劃與第四期經建計劃當然有不同之重點；第五期與第六期經建計劃更有顯著差別。如經建計劃中包括，造船工業之提倡與輔導，則整個國家對該行業之開支預算就會增加，造船業對其他有關行業之購買需求亦就增加，於是就連鎖到其他行業之生產，如此結果，不但造船業所需之人力增加，其他有關行業之人力需求亦跟着增加。總體分析所依據之各項國家目標大別之有下列數類:

（一）消費者開支；（二）教育；（三）健康與衞生；（四）國民住宅；（五）國防；（六）人力資源之保養；（七）農業生產；（八）天然資源；（九）區域性開發；（十）社會保險及公益；（十一）交通通訊；（十二）社區建設；（十三）企業工廠及設備；（十四）研究與發展；（十五）對外援助等。

鑒於人力資源對一國經濟生長之重要性，各國業已開始認眞地估計其人力需求。我國臺灣省之人力需求係由行政院會同有關部會聯合作長程規劃估計，行政院經濟建設委員會，設有人力資源規劃小組，作整體規劃，現正朝向人力均衡發展之新里程邁進。

三、人力資源之開發與運用

人力資源之開發與運用充其量係供需問題。由於人口之生長，教育與訓練不易與一國之經濟生長相互配合，人力供需之失調是一難免之事，問題是如何去減少或緩和此種供需之失調。這當然要對供需失調之狀況有充分之明瞭方能對症下藥。對個體企業講，整個國家人力資源之開發影響其企業內本身供需調和之方法與其難易，是故各國企業家業已紛紛開始與其政府携手合作，作各項富有建設性之措施。人力供需失調原因甚多。爲方便討論起見，此種種原因亦將之歸爲三大類別。第一類爲人口生長率與經濟生長率之差異導出之失調；第二類爲教育、訓練與經濟生長脫節而引起之失調；第三類則爲聘顧作風所影響之失調。任何一類之供需失調均可陪伴着其他類型之失調。最壞之狀況乃爲兼具這三類型之失調。

一國之人口生長率如果高於經濟生長率，則人力過剩之機會便增加。如印度、巴基斯坦；儘管該國鼓吹人力集約企業制度，亦無法吸收這些過剩之人力，以其單位人口收入微少，國民無法改進其教育衞生與住宿環境，人力資源之運用亦就往往無法臻乎理想。相反地一國之經濟生長若高於其人口生長率，而科技之運用及資本集約程度不高，則很可能誘致人力不足之現象，此種現象往往發現在經濟正在開發起飛之國家。如尹索比亞（Ethiopia）人口年增加率約百分之二，而國民總生產毛額生長率約有百分之四左右，雖然兩者之差距不大，但該國之生產還逗留在以手工爲主之工業上。大部份（約百分之八十左右）工人仍從事於手工業，對生長比較快速製造業所需之人力，就有不足之現象❻。我國臺灣省近幾年來雖然人口增加率遠低於經濟生長率，由於我國近幾年來積極應用科技，並加深資本，增加新進之設備，人工生產力提高甚多，除了幾項科技專門人才一如電腦系統設計人員、高級管理專才、污染處理專家、交通設計專家等係屬於下述之第二類失調外，並沒有第一類失調之跡象。行銷人員，尤其行銷主管，應能對人力資源之供需狀況，能十分了解，始能充分運用此種「資源之資源」，發揮行銷效率。

貳、資金市場

經營企業，一如掌管家務，若無資金，一籌莫展。創業開始需要資

---

❻ 此乃眞巴克（Eli-Ginzbera）與史密斯（H. Smith）兩經濟學家經長年研究所得之報告，參看：
Ginzberg, Eli and Smith, Herbert A. *Manpower Strategy for Developing Countries: Lessons From Ethiopiao* New York: Columbia University Press, 1967. 一書。

金購買設備，經營時需資金週轉運用，擴展業務更要資金以敷不斷增加之開支。此種資金有屬於長期性者，有屬於中期性者，亦有屬於短期性者。所謂長期、中期、與短期係指資金留用期間之長短而言。習慣上資金留用期間若不超越一年者謂之短期，若超越一年而未達五年者稱之中期，其若超越五年以上者曰之長期。資金一詞，依一般定義，係指一切可被接受之支付而言，舉凡貨幣（硬幣及輭幣）、支票、銀行滙票、商業滙票、商業支款單、商業本票、有價證券，以及其他有價票據均屬資金。企業營運必須之資金可在資本市場與貨幣市場籌獲備用。長期性資金之籌獲通常要透過資本市場，中期性資金之融通可以資產抵押向金融機構獲得或由政府伸予援手，至於短期性資金之融通需靠健全之貨幣市場。由於在長期資本累積過程中，證劵市場所負之功能巨大，在論及長期性資本市場時，吾人之焦點往往拋射在證劵（包括股票與債劵）市場上，而把貨幣市場視為短期資金之來源。近十年來金融界與政府對中期性融資相互配合協助企業界，解決中期性資金問題，成效卓著。長期性與短期性融資尚待努力改進，期能臻乎健全。行銷人員對長、短期融資往往遭遇到各種困難。明瞭資本市場與貨幣市場之組織與功能成為融資作業上之重要課題。

叁、社會固定資本——公共設施

試想味全食品公司，如果為產銷其味全產品，非得擁有一切產銷必須物資及工具無法營運。顯然，其營運條件勢必迫使其因不能承受時間與成本上之負荷而閉門大吉。實際上每一「個體企業」，根本不可能，也不必要，自己擁持所有之一切生產運銷上必備之物資與工具，尤其是運輸設施、通訊系統、水電能源、實物儲存設備等耗資巨大，與整個民生社會福祉相關之「大衆工具」。此種「大衆工具」係衆所慣於聽聞之公共與公用設備。對企業言，此乃爲其所不可缺少之社會固定資本。使用此種社會固定資本，個體企業所付出之代價非常有限，與自設自用所要承擔之成本相較，眞有天淵之別。（如自設電話系統廣達其顧客，自設自來水備用，自行發電取用等等，就是個體企業財力所能及，亦甚不經濟）。有些社會固定資本，係整個社會發展之產物。公用及公共施設之修建與保養係由整個社會負擔（以納稅之方式表達），而其造作與設備受惠全民，各企業也可自由使用無虞。例如公路之使用，水利灌漑，公共遊樂場所等等便是。

社會固定資本如果匱乏，企業營運效果必然無由提高。電訊設備不普遍之處，通訊成本不但高昂，工商活動之機能亦大受阻礙。交通不發達之國度，貨品之流動旣緩慢，市場之擴展亦遭限制。電力不充裕之處，每月停電次數頻繁，影響產銷活動甚大。此種情況在在印證社會固定資本與整個企業活動之相關性。若謂社會固定資本爲工商企業活動之指標，亦非誇大之詞。

我國臺灣省之社會固定資本，不是政府供應便是公私聯合供應。在政府通盤之規劃下，近幾年社會固定資本賡續高速度增加。南北高速公路之興建，打開北市交通瓶頸之華中大橋之動工，市區高架快速道之設計興建，高雄自由通商港區之設定，市區電話之自動化（自動撥號）僅係少數之例，行銷人員，尤其行銷規劃人員，應能好好運用公共設施，作其行銷規劃與管制。

肆、原料資源

廣義之原料實應包括一切人類可藉其智慧與必須工具轉變爲有用貨品或勞務之物質，與狹義之原料——可被轉變爲成品之物質相比，當較有意義。此廣義之原料，乃爲每一行銷人員所應關懷者。依此定義，可鑽採取用之煤礦，用以燃燒鍊鋼之成品煤，農產品大麥，經由大麥磨製而可供烘烤麵包之麵粉，供餐廳用於三明治之麵包等均為原料。汽車修護廠用以整修，失靈機件之部份品如分電盤，計程汽車為服務顧客所需之汽油等等也未嘗不是原料。可見個體行業之成品往往為其他行業之原料。因此原料可來自各不同之行業或廠商。同一原始物質可經過無數層次之轉化而成不同之有用物質或物品，諸如由大小麥而麵粉，而麵包，而三明治等等。其原始物質以及初次轉變而成之有用物質可稱為初級原料——如大小麥、煤炭、原油、油氣等。第二、三、四次或更多次轉化而成之物質或物品，可稱為次級原料，如麵粉、機件、銅絲等。由於初級原料限制其他次級原料之豐瘠有否，初級原料自然最受一般人重視。是故論及原料資源時，焦點自然抛射在初級原料上。同時行銷人員亦往往偏重於初級原料資源。初級原料資源可大別為礦物資源、農林漁牧資源、水資源三大類。資源之變動受着人類科技文化與天然條件之影響，是故在研討原料資源時不能不對資源之變動過程有所瞭解。

雖然一般物理學家認為宇宙物質之總量恒久不變，企業家所關心之可供使用物質之質量與種類時時變動。因此就有原料資源短缺之現象。燃料短缺時，「能源」之供應便成問題，企業活動必然遭受連鎖性影響。又某特種原料缺乏時，企業根本無法生產與行銷。由於人類具有高超於其他生物之腦力與不斷推動「創作改進」之「自我」心理(egoism)，在面臨匱乏時就會發揮其個體以及羣衆力量，藉已知之科技及工具去利用宇宙物質，解除匱乏，或尋獲替代品。此種變動之過程，按當代歐西資源學大師積馬門 (Erich Zimmermann)，係資源之創造❼。人類消費之

---

❼ 積馬門教授 (Erich Zimmermann) 係已故美國德州大學教授，對世界資源有極為精緻之分析，其對世界資源之分析貢獻，可參看：W. N. Peach and James A. Constantin, *Zimmermann's World Resources and Industries*, 3rd Ed. (N. Y.:Harper and Row, Publishers, 1973)一書。

過程，便可視爲資源毀滅之過程。原料資源變動過程之三大關鍵因素，乃人類本身，文化與宇宙物質。

人類本身所賦有之智慧，實爲資源創造之原源。此種智慧促使人類利用慢慢疊積下來之經驗與智識去改進並創造良好之生活環境，結果發現到更多之有用物質。此種過程說明爲何在新石器時代，儘管人類到處奔跑，亦無法發見現代人所珍貴之石油、油氣、原子鈾、煤礦等原料之原因。從另一方面言，人類爲維持其本身之代代持續，以及確保導自「自我」觀念之人類羣衆安逸生活，自需對衣、食、住、行、育、樂求得滿足。此種需求，不管是屬於基本之自發行爲或非基本之他發行爲皆隨人類之文化進步而複雜化。滿足人類需求之必然結果是資源之毀滅。隨文化進步，人類之生活水準提高，消費種類頻繁，量數亦增加，資源之毀滅也愈衆多。一旦生活水準提高，很難向下調整，人類智慧所及，峯迴路轉，往往迫出新法創造新資源以替代不足之舊資源。此種由社會羣衆之壓力所迫出之創新對人類文明——物質或非物質——之貢獻巨大。當然新式創造陸續添加，與舊式創作滙集而成更輝宏之文化。資源之創造與毀滅充其量，可將其視爲人類在宇宙生活過程中對其環境之調整。

第二節　行銷之科技環境

科技之進步，不但可帶來更多的產品，導致行銷機會之擴張，亦可使行銷人員爭取行銷機會之工具更加有效。廢物，可藉物理過程，加壓成爲有用之建築原料。廢物亦可藉化學過程，如廢紙之再處理，成爲「再生紙」。電腦之運用可使廠商之實體分配，諸如送貨速度、倉儲轉運以及存貨管制之效率提高。此種種科技進步所帶給企業界之行銷機會與爭取機會之工具，雖僅為二、三範例，足可說明科技環境在行銷上之重要性。

科技之演進，可視為創新過程，此一過程與一國之研究發展有何關係，對行銷之影響如何？有何重要之發展趨勢？非但行銷人員所關心，亦為一般社會大衆所關懷。

壹、科技之演進、創新與研究發展

科技之演進，一如上述，實為創新過程。此種創新過程，有賴於研究與發展之加強推進。科技之進步，既然可帶給企業界行銷之機會，研究發展與企業之依存性必然甚高。此點可從研究發展與銷貨額看出。據頁克氏 (David J. Luck) 等教授之研究結果，研究發展與銷貨額有正相關關係❽。據統計，美國之研究發展經費佔售額之比率業已超越百分之二以上，且此種比率有增加之趨勢❾，我國雖無類似之統計，但據行政院國科會之調查，民間投資之研究發展經費佔國民所得毛額之比率偏低，只約佔百分之〇・〇三❿。

我國政府正積極推進，並加強研究發展，為配合民生建設之新里程，未來之研究發展似將朝向：⓫

(1) 基礎科學與應用科學研究發展之並重。

(2) 管理科學之推進以增進既成之民生建設之有效維護與運用。

---

❽ David J. Luck, *et. al., Marketing Research,* 4th. Ed. (Englewood Cliff, N. J.: Prentice-Hall, Inc., 1974) p. 380.

❾ 同❽。

❿ 閻振興著，科技人才之培育利用與組織管理，行政院科學技術會議專題報告，第4-7頁。

⓫ 郭崑謨著，「民生主義與企業之研究發展」，中央月刊，第12卷，第1期（民國六十八年十一月十六日印行），第60-65頁。

(3) 社會、心理科學之研究發展以加速育樂建設之完成。

(4) 民間(私人廠商)研究發展之倡導，藉以建立研究發展之風尚。

貳、科技環境對行銷的影響⑫

在各種環境中，影響人類前途最大的力量爲科技。人們對於科技的進步實抱持着相當複雜的感情。有一些人將科技視爲一切進步的動力，具有解決我們大多數社會問題的能力，認爲它可以協助人們從極度錯綜複雜的社會羈絆之中解脫出來，而且也視之爲繁榮的源泉。另外一種相反的觀點則將科技幾乎視爲絕對的禍害。他們認爲科技剝奪了人們的工作機會、隱私權及參與民主政治的權利，最後甚至剝奪了人們做人的尊嚴。這些人認爲技術是無法控馭的，它鼓吹唯物主義的價值觀，摧毀宗教，帶來一個唯科技是尙的社會和官僚形式主義的狀態⑬——無論人們的看法如何，科技始終在進步着。

科技對於企業的影響遠甚於一般廣泛的人類。任何一種新科技的肇始都將產生一項新的產業，但同時亦毀滅一個原有的產業。例如：⑭

1. 高速公路的誕生使得公路成爲人們主要的交通工具，而鐵路業却因而沒落。

2. 電視機的誕生使得電視成爲人們主要的娛樂工具，而電影業却隨之沒落。

---

⑫ 本段資料部份取材自吳思華先生於民國七十一學年度，選讀國立政治大學企業管理研究所之「行銷專題研討」時，所提出之研究報告。

⑬ Emmanuel G. Mesthene (陳文豫譯)：Techological Change: Its Impact on Man and Society, 臺北：學生英文雜誌社，一九七七年三月出版。

⑭ Theodore Levitt, "Marketing Myopia", *Harvard Business Review*, Sep-Oct. 1975, pp. 26-28。

這些實例都說明科技所可能產生的龐大影響力，熊彼德（Schumpeter）曾預料科技爲一種具「創造性的毀滅力量」(Creative Destruction) 實至爲允當。因此，每一企業均須注意科技環境的新變化，因爲這些新變化可能會使得該企業毀滅，亦可能會使該企業綻現新的契機。

科技環境的變化對於一般企業的行銷活動而言，旣然如此重要，因此如何有效的進行科技預測的工作實爲行銷規劃中一項重要的環節。

叁、科技發展的重要趨勢⑮

吾人在探討科技預測的內涵以前，對於科技發展的重要趨勢實有必要做進一步的瞭解，以幫助吾人從事科技預測的工作。科技發展的未來趨勢根據 Kotler 的看法，重要的有以下幾項：⑯

1. 科技改變的步調在加速進行：由目前市面上通用的產品和品牌觀之，可以發現其中 20% 均是最近 10 年內所發明者，科技改變的速度可見一斑。杜佛勒認爲在新科技的發明、開發與擴散中存有一股加速的推力。事實上，在許多研究中，從觀念的產生到產品的推出，其間的時差已大大的縮短。
2. 無限的創新機會：科技的進步雖然快速，但是人類的慾望與需求在短期內却很難滿足。眼前可見的機會如癌症治療、海水淡化及機械佣人等均是急待解決的課題。
3. 巨額的研究發展預算：世界各國政府和企業對於研究發展費用的支出均大幅增加。支出的增加使得吾人對於科技的突破可以抱持着更多的希望。

---

⑮ 同⑫。

⑯ Philip Kotler, *Marketing Management: Analysis, Planning and Control*, 4th Ed. (Englewood N. J.: Prentice-Hall Inc., 1980), pp. 112-115.

4. 集中於輕微改良而非主要的突破：各個企業爲了因應日趨激烈的競爭，在研究經費的分配上多集中於產品、技術的改良，而不對少數重大創新做賭注。
5. 對科技變遷的管制日漸增加：科技的變遷比以前遭遇到更多的管制與反對。產品變得愈複雜，大衆愈希望得到更有效的安全保證。政府和消費組織均已擴大其權力，對於可能造成直接傷害或產生副作用的新產品主動的調查或禁止。法令限制的增加意味着吾人在科技預測方面的工作將日益繁複。

以上這些重要的趨勢對於科技預測的工作而言，均有相當重要的涵義，值得吾人特別的重視與留意。

第三節 行銷之國際環境

國際行銷與國內行銷之最大異同處乃在當企業行銷活動涉及兩國或兩國以上時，國際環境因素滲入，行銷作業頓行繁雜，營運較難控制。企業行銷活動伸延至外國時所承受之國際政經法律環境有羈縶作用，亦有助長作用。廠商須瞭解這些國際因素，並對如何探測及廻避政經法律風險有所瞭解始能駕輕就熟地把握並運用國際行銷之良機。

自從 1973 年產油國家 (OPEC) 石油禁運所觸發之石油危機後，全世界之景氣復甦甚慢。世界性不景氣，並不意味各行各業均遭受影響，亦非表示各國均有同一程度之遭遇。由於各業與各國所受影響不一，吾人應多研究各行業，各產品之市場環境，並且廣加研究各不同國度及地區，庶能在不景氣時，覓出更多行銷機會。

壹、國際環境之羈縶作用

企業營運活動伸延到他國時，所遭受之限制或阻力，可從三個角度去探討。第一爲地主國所加上之限制及阻力。第二是本國國內之擊足力量。第三則國際區域市場所造成之困擾。

如果我國大同公司在泰國設廠，泰國便是地主國。又如吉璋國際有限公司外銷玻璃以及木器類產品至美加地區以及日本，則美國、加拿大、日本等皆爲地主國。各不同地主國，基於其經濟發展之需要、政治外交之作風、以及一般消費公衆之習性，對與外人通商建廠之態度自有不同之反應。此種相異反應可歸爲下列數類：（一）關稅阻力、（二）非關稅阻力、以及（三）地主國市場阻力等。

地主國往往爲（一）保護其本國工商企業、（二）保留其本國之資源、（三）維持其國際政治外交與軍事之優利地位、以及（四）增加國庫收入，對進（出口）產品或原料加以課稅。此種課稅通稱爲關稅[17]。一般言之，如果地主國要保護其國內工商業之均衡發展，對成品（製成產品）之課稅成爲必然之途徑。這當然以進口稅（或關稅）形態出現。若地主國欲保護其本國之資源，則地主國自會對原料之出口課以重稅，而對原料之進口放寬限制，不是減稅就是免稅。對進口物資之課稅輕重，隨不同產品或原料而異。

從國家的立場而言，徵課關稅可使該國的貿易條件得以改善，因爲對進口品徵課關稅，將提高商品的售價，若輸入國的需求彈性較大，在其他條件不變下，則輸入的數量可能因而減少，消費者將轉而購買本國產品，以代替部份進口貨，這種能與進口貨相競爭的產品將擴大生產，

[17] 當然在許多情況下，地主國加課關稅之目的爲增加國庫收入。但此種單純課稅理由比較少見。雖然如此，課加出口稅之原始原因係增加國庫之收入，此往往在經濟未十分開發之國度裏常見。又關稅一詞，在許多國家諸如美國，只適用於進口稅，原因爲出口稅在美國並無憲法之依據。

增加雇用生產要素，提高貨幣國民所得與就業水準，因而可改善貿易差額，有助於國際收支的改善[18]。

但是從消費者的立場而言，唯有降低關稅稅率，使進口貨的價格下跌，輸入數量增多，消費大衆才能得到更多的消費滿足。對生產者，則

表 13-1 部份國家隱蔽税税種及税率

國 別	稅 種	稅 率 %
南 非 (South Africa Rep.)	附加稅[a]	10
日 本 (Japan)	奢侈稅	5~40
韓 國 (Korea)	消費稅	2~100
泰 國 (Thailand)	附加稅[a]	0.5
秘 魯 (Peru)	銷售稅 1	3, 15, 25
墨 西 哥 (Mexico)	附加稅 2	3, 10
比 利 時 (Belgium)	移轉稅	7
哥斯達利加 (Costa Rica)	銷售稅	5
瓜 地 馬 拉 (Guatemala)	消費稅（飲料）	10~33
智 利 (Chile)	銷售稅	7
菲 律 賓 (Philippin)	銷售稅 3	7~200

註：1. 基本貨物 3 %，奢侈貨物25%，其他15%。
2. 平運貨物 3 %，郵運貨物10%。
3. 奢侈品100~200%，汽車7~70%不等。
a. 1982年 2 月起實施。

資料來源：1. U. S. DC. Oversea Business Report (Washington D. C.: Government Printing Office, 1970-1974).
2. 外銷市場（臺北：外貿協會，民國七十一年印行）No. 573，（民國七十一年五月二十九日），26頁。
3. 外銷機會（臺北：外貿協會，民國七十一年印行）No. 584，（民國七十一年八月十一日），23頁。

---

[18] 魯傳鼎著，國際貿易（臺北：正中書局，民國六十六年印行）第28-31頁。

由於關稅的課徵致使國內物價的上漲，進口數量的減少，刺激廠商擴大生產，獲取利潤。

非關稅阻力以種種型態出現，如配額、各種稅負（可稱之為「隱蔽稅」見表 13-1 等等。

造成地主國阻力之種種原因，同樣地在許多情況下亦為造成本國國際營運上縶足力量之原因所在。僅不過自己本國之阻力，除了國際收支不平衡而所導致之種種壓力外，通常比較容易消滅或減輕，並且其持續期間也相形地比較短暫。我國臺灣地區現階段對國際營運之種種限制，已放寬甚多。而且正陸續覓求適度之再放寬。

溯自一九五七年羅馬協定 (Treaty of Rome) 簽訂而於一九五八年歐洲，六發起國正式成立了舉世矚目之第一個區域市場稱之歐洲共同市場後（European Common Market 正式名稱為 European Economic Community 於一九七三年元月再增三國，最近希臘及土耳其加入後已有十一個國家之多，諒不久以後，西班牙將會加入），區域性經濟團結風氣，如雨後春筍，日日增強。現今比較著名之區域性經濟團結，顯現出三種不同組織——共同市場，關口聯盟 (Custom Union) 以及自由通商區 (Free Trade Association)。表 13-2 包括這些重要之共同市場，關口聯盟，以及自由通商區之參與國與其名稱。此種區域性市場之形成還在繼續生長中。區域市場之形成當然對參與國言係一種有利因素，但從非參與國觀點着論，利弊參差。就其弊點言，最嚴重之困擾乃為區域市場及關口聯盟區本身所築成之重厚圍牆——對外之「保護性」關稅以及排外性種種措施。舉如中美洲共同市場(Central American Common Market) 之對外關稅平均額曾經高到百分之五十七左右[19]。又如加利賓

---

[19] 根據美國海外企業報導第 70 卷第 66 期 (U. S. D. C. *Oversea Business Report. OBR* 70-66.) 之資料估計。

表 13-2 重要國際區域性經濟團結組織形態以及參與國

組織形態	特徵	參與國
歐洲共同市場 (European Economic Community)	資本、勞力、以及貨物在區域市場內可以自由流動，對區域外之通商建立共同之防禦。	比利時、法國、意大利、荷蘭、盧森堡、西德、英國、愛爾蘭、丹麥、希臘、土耳其等國。
中美洲共同市場 (Central American Common Market)	同上	哥斯達利加、瓜地馬拉、宏都拉斯、尼加拉瓜、愛而塞維多等。
安地安共同市場 (Andean Common Market)	同上	波利維亞、智利、哥倫比亞、秘魯、厄瓜多爾等。
阿拉伯共同市場 (Arab Common Market)	同上	伊拉克、庫維特、伊朗、敍利亞、沙地阿拉伯等。
歐洲自由通商區 (European Free Trade Association)	貨物可在域內自由流通，唯資本與勞力之流動仍受限制。對區域外，無共同防禦。	奧大利亞、丹麥、冰島、挪威、瑞典、英國、瑞士、葡萄牙等。
拉丁美洲自由通商區 (Latin American Free Trade Association)	同上	阿根廷、巴西、哥倫比亞、巴拉圭、烏拉圭、厄瓜多爾、墨西哥、秘魯、智利、維內瑞拉等。
加利賓自由通商區 (Caribean Free Trade Association)	同上	多明尼加、蓋阿拿、聖露易、買麥加等。
南非關口聯盟 (South African Custom Union)	貨物可在聯盟自由流通，資本與勞力之流動仍有限制，聯盟內建有共同之對外通商防禦。	南非聯邦、波慈瓦那、利索蘇、斯威治蘭等。
東協五國 (ASEAN)	貨物之流通藉優惠關稅擴大，聯盟內有共同對外通商之防禦。資本及勞力之流動藉工業合作以加強。	印尼、馬來西亞、泰國、菲律賓以及新加坡。

註：※原擬於1974年成立

自由通商區（Caribean Free Trade Zone）之對某特定國拒絕通商等等各有其不同抗拒陣勢。此種區域性團結所造成之困擾，除了順應其規定外，個體企業單位，並無特別有效「武器」或「妙策」對付，因此通商營運之前應該對參與國之情況以及區域市場之種種規定加以了解，庶不致於事倍功半，徒費心機。好在目前之發展，似乎向削減圍牆之途徑進展。區域與區域之間也似乎正朝區域間合作之方向邁進，殊足欣慰。

貳、國際環境之助長作用

許多情況可助長國際間之企業營運活動，諸如減低關稅、國際間之合作、政府之提倡輔導，各國經濟之發展（市場之膨大）等等，不勝枚舉。爲便於說明起見，這些助長條件可歸爲三大類別：一爲政府與職業團體之倡導，二爲國外市場之膨脹，三爲國際間之經濟合作。這三大類因素不管是起自地主國或本國均足以推廣國際企業活動。

國際營運所必備之各種資料及消息，在許多情況下需依賴政府之力量（人力與物力）始能有效地獲得。各國對這些資料之獲取大多透過國際關係經由使領館進行，或以錯綜複雜之情報系統去尋覓，然後轉佈於本國廠商。另一方面，本國之企業機會也可藉政府之力量散佈國外，以利通商設廠。除了政府機構外，職業團體，如紡織業同業公會，進出口商同業公會，國際青商會等等，均可藉同業力量推廣國際營業機會。有意參加國際營運之企業家，至少要對國際營運所必具備之種種資料及消息有相當之了解始能踏上國際營運之第一步驟。各廠商可逕向經濟部國貿局，外交部駐外使領館，外貿發展協會，辦理國外滙兌之公私銀行等機構索取有關資料，以獲知初步外貿消息及機會。國貿局定期出版之刊物如「國際貿易參考資料」（已於民國 71 年 7 月起暫時停刊），行政院

表 13-3 中駐外以及外駐中使領館名稱以及所在市（部份表）

中駐外		外駐中	
使領館名稱	所在市	使領館名稱	所在市
Embassy of the Republic	Panama City	Embassy of the United States of	Taipei
of China	Panama	Brazil	
	Nicaragus,	Embassy of the Republic of Parama	Taiwan, R. O. C.
	Nicaragus		
		Embassy of the Kingdom of Thailand	
	Mexico City		
	Mexico	Embassy of Spain	
	Marila	Embassy of Australic	
	Philippines	Comsulate of Belgium	
	Bangkok	The Republic of South Africa	
	Tailand	Consulate General in Taipei	
		Malaysia Consulate	
		Embassy of the Republic of Korea	
	Niamey, Niger	Consulate of Costa Rica	
	Riode Janeire		
	Brazil	Embassy of the Republic of	
	Quito, Ecuador	Philippines	
	Brusselle	Embassy of Turkey	
	Belgium		
	Lima, Peru		
	Bogota		
	Colombia		

經建會出版之「臺灣統計資料册」、「臺灣經濟發展」(Economic Development of Taiwan)，外貿協會定期刊物「外銷機會」、「外銷市場」、「貿協叢書」、「臺貿月刊」等等供給不少這種基本資料。

行銷人員對中駐外以及外駐中使領館之協助亦應善自利用，表13-3，雖係部份表，可供參考。

區域經濟學泰斗羅斯多 (W. W. Rostow) 曾把各國經濟發展情況分爲五個階段[20]——傳統社會，起飛前奏，起飛、成熟，以及高度消費等等。這些不同階段之發展對國際市場之區分與辨別有十分密切之關係。一國若由「傳統社會」進入「起飛前奏」，原料物資之生產及外銷，資本及科學技藝之輸入成爲必然之現象。中東國家北非這些國家便是此例。一旦進入「起飛階段」，輕工業開始發展，消費品之生產，如農產品、食料、飲料，一般非耐用品之生產可供給地區內消費，但還需賡續輸出原料。科技、生產資本（包括生產用重機械及設備等）之輸入，仍甚需要。印尼、星加坡等國便有此種現象。一到成熟階段，一國之生產就達到爲所欲爲之階段，不但可生產電視、冰箱、汽車等耐用消費品，而且可生產重機械類。旣成品之輸出逐漸增加。又由於國民所得之不斷增加，輸入量亦增加，我國、韓國，現正在此階段中。充分成熟之經濟便顯出高度消費之境界。如斯基於經濟生長之必然趨勢，各國有其不同市場，這些市場往往只有他國才能供應。尤其經濟不斷生長結果，部份國家發現到某項類產品或原料之國內市場漸達飽和狀態，而另一部份國家發現到彼等對該項類產品有急切之需求，這當然是一種非常巨大之國際營運助長原動力。

邇來我國臺灣地區之經濟生長，舉世矚目，業已造成國際營運之理想

[20] 羅斯多之經濟發展階段曾出版於其名著 *The Stages of Economic Growth* DC: Government Printing Office. 一書。

環境，乃爲每一企業家所應慶幸之事。誠如美國商業部次長大謀（John K. Tabor）所言，中華民國之傑出經濟生長供給了美國廠商們之良好外貿機會㉑。弦外之音是臺灣之經濟生長乃爲國際營運之助長動力——自然之動力。

國際間之經濟合作除了區域性經濟團結以共同市場，自由通商區以及關口聯盟方式優惠參與國外，兩國或衆多國家間通常可簽訂協約或和約以利通商設廠。此外，爲保護國際企業財產之安全與企業營運國際糾紛之和平處理，國際間業已成立數種機構。諸如巴黎協會（Paris Convention for the Protection of Industrial Property）保護企業產權及財產，倫敦仲裁法庭（London Court of Commercial arbitration），國際市商會（International Chamber of Commerce），美洲商業仲裁委員會（Inter-American Commercial Arbitration Commission）等和平處理國際企業糾紛。一九四七年成立之國際基金會（International Monetary Fund）協助減少國際滙率之變動。聯合國許多附屬機構倡導並協助國際區域性之合作及開發。更值得一提者乃爲早在一九四八年由衆多國家（自由國家）簽訂之「貿易及關稅一般協定」（General Agreement for Tariffs and Trade 簡稱 GATT）。緣一九四八年以前一般通商貿易協定大多由兩國國家訂定，至一九四八年後自由國家開始接受衆國協定觀念。參與貿易及關稅一般協定之國家定期（每兩年）舉行商討減少關稅以及其他貿易上之阻力。

自從 1973 年至 1979 年，六年間，在 GATT 總架構下，GATT 參與國曾舉行一連串多邊貿易談判，謂之東京回合談判（MTN），達成下列數項協定：

㉑ 據美國「今日商業 *Commerce Today*, April 29, 1974 次長論談」。今日商業月刊相等於臺貿月刊。內容充實有許多外貿機會報導。

1. 東京回合關稅減讓。
2. 國際貿易行爲架構。
3. 關稅估價協定。
4. 政府採購規約。
5. 技術性貿易障礙協定。
6. 補貼及平衡稅措施協定。
7. 進口簽證規約。
8. 美國貿易協定權利之執行。

上述各協定內容包羅甚廣，諸如關稅減讓彈性之規定與實施、互惠原則之規定、紛爭解決、關稅、估價方法、政府採購規約、貿易障礙之破除或減少、進口簽證規約、其他稅項之協議等等，均有原則性之申明，對國際行銷當有促進之功能。我國雖自民國三十九年退出GATT，未能享受 MTN 所達成之協議，仍可透過雙邊貿易談判，享受部份 MTN 所達成協議之好處。我與美國於民國 67 年 12 月間所達成之雙邊關稅減讓協議便是其例。今後我應積極爭取雙邊貿易協定，進而爭取再入會 GATT。

國際間之經濟合作，除前述者外，尚有許多不同性質之組織。諸如：英國國協（The Commonwealth of Nations），係以英國爲主體之經濟性政治同盟；共產國家之經濟互助會（Council for Mutual Economic Assistance, 簡稱 COMECON），以蘇聯爲主體，於 1949 年史太林政權時成立；東協五國（Association of Southeast Asian Nation, 簡稱 ASEAN），1967 年成立以新加坡爲主體；非—馬經濟同盟（Afro-Malagasy Economic Union），包括 Chad. Central、African Republic、Ivory Coast、Nigel、Togo、Upreu Volta 等 13 國；東非關盟（East African Custom Union），由 Ethioria、Kenya、Sudan、Tanzama、

Uganda 等七國組成；卡薩布蘭加集團(Casablarrca group)包括 Eggpt、Ghana、Morolco 等4國等等㉒。這些區域組織中，以前述之歐洲共同市場之進口量最大（1977 年之估計達 3,131 億美元左右)㉓。可見歐市市場相當龐大。

論及國際間政經法律之助長因素時，另一不可忽視者爲 1980 年在奧國首府維也納，經六十多國代表集會通過並簽證之聯合國國際貨物買賣契約合約（United Nations Convention On Contract for the International Sales of Goods, 簡稱 1980 Sales Convention)。該公約包括：適用範圍、契約之完成、貨物買賣以及最後條款㉔，按該合約之通過，可歸功於聯合國於1966年成立之國際貿易法委員會(United Nations Commission on International Trade Law, 簡稱 UNCITRAL)。

叁、國際環境之風險

政經法律風險意味國際行銷作業可能遭受之意外損失。廠商要能探測風險，始能設法廻避風險，減少意外損失，在國際市場上爭得競爭之優勢。

政治之不穩定可導致經濟之頹萎不振，並且促使各國限制性法律之訂定。經濟之不振，無疑地，可能誘發政治之動盪。不適時宜法律之訂定足可使外商裹足不前影響國際間之經濟活動。政經法律之風險實應視之爲一綜合性風險。在國際行銷作業上既沒有國際商事法可資依據，又

㉒ Philip R. Cateora and John M. Hess, International Marketing, 4th Ed. (Homewood Illinois: Richard D. Irwin, Inc., 1979) pp. 397-320.

㉓ 同⑩。

㉔ 參閱梁滿潮著「一九八〇年聯合國國際貨物買賣公約」刊於外貿協會編印之國際貿易實務研究令講義（臺北：外貿協會，民國七十一年編印）第163-219頁。

沒有國際商事法庭，據法裁定並執行商事法，解決國際商事糾紛。一旦風險發生，各國各據其法，處理國際行銷之疑難。對地主國之政經法令，每一廠商應確切瞭解，始可防患於未然。

探測政經法律風險之指標甚多，茲就其較重要者列舉於後俾供參考。

1. 政綱之穩定與否。
2. 政變之頻繁程度。
3. 民間暴動或治安之良好與否。
4. 稅捐種類之多少以及苛刻與否。
5. 物價管制、出入口管制、以及滙率之變動與管制程度。
6. 民間對外來企業之態度（如主權保持意欲之強弱媚外、反外情緒等等）。
7. 地主國企業團體對外來企業之態度。
8. 新區域性經濟組織之建立。
9. 國民所得增加率之呆滯（往往以平均每人每年所得毛額 GNP per capita 來衡量。）
10. 經濟政策是否正確可行。
11. 外交關係。

政經法律風險所可能導致之後果據羅保克(S. H. Robck) 等氏有：[25]

1. 沒收 (Confiscation)：母國廠商得不到任何補償。
2. 國有化 (Nationalization or expropriation)：母國損却營運權，但具有補償。

---

[25] Stefan H. Robock *et. al., International Business and Multnational Euterprisos.* (Homewood, Illinois: Richard D. Irwin, Inc., 1977), p. 290.

3. 營運作業之限制：諸如產品、售額、用人、以及所有權之限制。
4. 產權或利得轉移之限制：如紅利、利息、利潤、產品、所有權等等。
5. 合約之違背。
6. 差別化作風，如對課稅之差別化，強迫性轉承包等。
7. 由暴動、反動、革命、或戰爭而引起之人員或資財之損害。

上述七種風險之後果，可歸納爲國有化 (Nationalization)，國民化 (Domestication)，沒收 (Confiscation)，人員及資財之損害等四類。該四類中以國民化較常見。國民化又以 49/51 之控制權較爲普遍。所謂 49/51 也者乃指母國之控制權與地主國之控制權分別爲 49% 及 51% 而言。

一般言之，政經法律風險之探測可透過：(1) 觀察執政黨或執政者之動向，(2) 在野黨或民間之反應，以及 (3) 第三國政府或執政者之看法等三端進行究析判斷。

政經法律風險之減輕，可循投保方式以及改進公司營運作風與技術兩大途徑達成。

由於國際行銷涉及多國關係，有效之承保作業通常要靠政府以及民間聯合機構始能收到良好效果。美國進出口銀行 (Export-Import Bank 簡稱 Eximbank) 在承保國際政治風險上，負有巨大之功能，繳 0.1% 之年保險金，廠商可獲最高至95%之風險損失賠償[26]。我國新近成立之進出口銀行，除對外銷廠商，進出口貿易商作融通資金及有關輔導業務外，可望承保業務之大力推展——尤其是承保政治風險。一般民營保險公司雖對外銷廠商作小幅度之保險作業，對政治風險之保險作業尙付闕

[26] Philip R. Catcora and John M. Hess, *International Marketing* (Homewood, Illinois: Richard D. Irwin, Inc., 1975), p. 130.

如。

廠商營運作風與營運技術亦可大大地減少政經法律風險，諸如較精確之售量預測、政經法律變動之究析與判斷、在地主國之用人作風，建立廠商在地主國之優異影像（image）等等。

許多經驗豐富之廠商認為如果廠商能在地主國建立優異之商譽與公司影像（Corporate Image），則可贏得地主國公衆之支持而減少政治風險。下列數端可供國際行銷主管之參考：[27]

1. 國際行銷人員在地主國純係具有「特權」客人，應在行動舉止上，處處留意，避免侵犯地主國之一切規定。
2. 廠商之營運應兼顧地主國之國民以及國家之利益。
3. 廠商切忌營運之全部本國化。
4. 行銷人員應具優秀溝通能力，建立良好之公共關係。
5. 適度之捐獻以及對地主國地方性建設之貢獻，誠屬一良好之「無形推銷人」。
6. 營運上避免坐鎮母國管轄由地主國國民主管之分公司或分處。

政經法律之風險亦依不同產品而異。業者應盡量避免具有下列性質之產品：

1. 具高度危險性：諸如容易爆炸，容易腐敗破損等等。
2. 與地主國直接針鋒相對，在市場上競爭者。
3. 使用上具有繁雜法律之限制者。
4. 具高度國防軍事價值者。
5. 對下游產業具高度重要性者。
6. 使用多量地主國資源之產品。

---

[27] 見 "Making Friends and Customers in Foreign Lands," *Printer's Ink*, Junes, 1960, p. 59.

除上述種種減輕政治法律風險之可行途徑外，廠商應密切注意地主國之貿易法規改變情形，妥善因應，必要時亦須透過政府力量尋求解決或改進之道。同時，亦應對我國之行銷法規作充分之研究與瞭解，始能減少或廻避不必要之行銷風險。近年來外貿協會所蒐集整理之資料相當豐碩，國貿局亦有貿易法規之彙編，由於貿易法規時常變更，行銷人員應時常查問供應資料單位，及時研究現況。

第四節　行銷之市場總合環境

市場總合環境爲一般環境、策略環境、科技環境、國際環境以及消費者與使用者（包括使用機構）之購買行爲之總合環境。此一環境，充其量爲分析市場之重點所在，範圍及層次相當繁複，見諸於本書之衆多章節，諸如，消費者與工業使用者之購買行爲章、總體市場評估章、市場區隔與個體行銷機會（目標市場）辨認章等等，在本節不擬贅述。

第十四章　行銷環境生態之評估

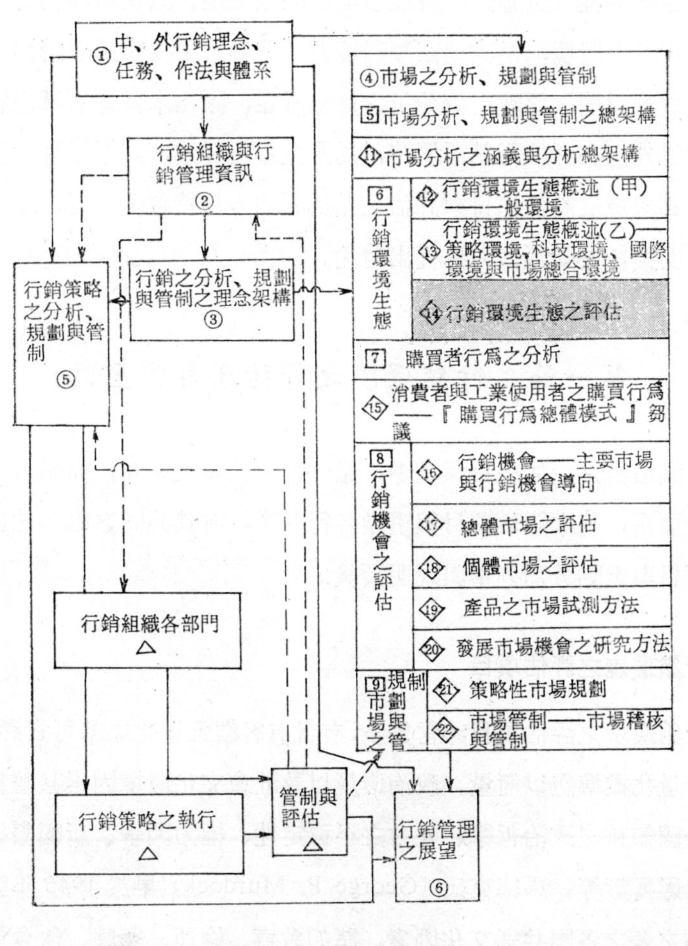

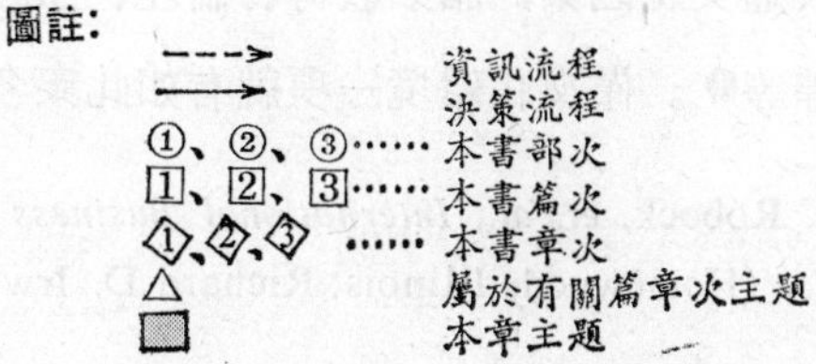

行銷環境之評估，實爲判定行銷機會之基本作業。一如第十二章及第十三章所述，行銷環境，依筆者之分類，可分成五大類——亦即一般環境、策略環境（資源）、科技環境、國際環境、以及市場總合環境。由於市場總合環境，爲其他四類環境與消費者及工業使用者購買行爲所構成之總合環境，反映市場分析之重點所在，除在本書適當章節特分別加以論述外，在評估行銷環境時，爲避免重覆評述，將不予評估。

行銷環境之評估項目與評估重點爲評估人員首應瞭解者，本章乃先將之說明後，再就評估方法提出討論。

第一節　行銷環境之評估項目與重點

行銷環境之評估項目與重點，雖因行業性質之異同，而略有差別，但一般而言，基本評估項目與重點各行各業，有其共同之處。茲就基本評估項目與重點分別列舉與說明於後：

壹、行銷環境之評估項目

行銷環境之評估項目非常繁多，有者有客觀且量化標準可資評估，有者並無量化標準憑以衡量。政治環境以及社會文化環境因素甚難量化，諸如一國領首之政治哲學、社會之不穩定性、權力鬥爭、新國際組織所形成之影響等等。馬德克氏（George P. Murdock）早於1945年就已擬訂70項之多之各國共通文化因素，諸如教育、倫理、家庭、飲食習慣及禁忌、婚姻、語言等等❶。僅文化環境一項就有如此衆多之考慮因素，

❶ 參閱 Stefan H. Robock, *et. al.*, *International Business and Multinational Enterprise* (Homewood, Illinois: Richard D. Irwin, Inc., 1977), pp. 310-311.

整個行銷生態環境因素，更不勝枚舉。本段所要提供者僅屬較普受重視者，較詳盡之項目，當可在實際進行分析與規劃作業時發掘。

一、一般環境 (General Environment)

（一）經濟

1. 行業消長情況：那一類人買那一類產品？消費者所遭受之境況以及其影響。產品之需求彈性不景氣時並非每一行業均遭受同樣程度之惡運，有者甚至於反而景氣好。
2. 經濟特色：經建計劃之內涵與重點。
3. 上游、中游與下游之產業關聯。
4. 每戶每年平均所得毛額。
5. 平均每人每年所得毛額——人或機構之購買力。
6. 經濟成長率。
7. 消費者物價。
8. 對外貿易成長率。
9. 資本形成率。

（二）政治與法律

1. 政治制度：包括行政命令（政令）與法律，前者屬於短期決策，後者屬於長期決策。
2. 物價管制。
3. 公民營企業的比重。
4. 獎勵投資規定。
5. 保護消費者法令。
6. 外滙管制。
7. 議會（立法機構）之態度與作風以及輿論。

（三）社會、敎育與文化與自然環境

1. 人口。
2. 人口成長率。
3. 貧富差距。
4. 教育普及率。
5. 都市人口的比重。
6. 價值觀念之演變：如婦女就業機會與就業之認同。
7. 所得差距之大小。
8. 教育普及情況。
9. 社會結構：如都市化程度可分大都會、城鎮、鄉村等。
10. 新社會運動。
11. 固有文化之特色與固有文化之「現代化」。
12. 民生必需品占家庭所得之比重。
13. 自然因素對行銷之特殊影響程度。

二、策略環境 (Task environment)

(一) 原料：

1. 能源供給。
2. 能源使用效率。
3. 原料進口的比重。
4. 進口稅率。
5. 原料供給的季節變動。

(二) 人力資源：

1. 教育程度。
2. 管理人才水準。
3. 技術水準。
4. 勞動供給是否充沛。

5. 員工流動率。

（三）資金市場

1. 利率水準。

2. 行業上市家數占行業的比重。

3. 信用放款的比率。

（四）基本設施（公共設施）

1. 交通網（公路或鐵路密度）。

2. 通訊設備（每千人電話數）。

3. 電力供給（平均每戶用電量）。

4. 港口卸貨量。

三、科技環境 (Technological Environment)

1. 研究發展之經費或預算。

2. 政府對科技發展之倡導及輔助。

3. 科技之引進情況。

4. 科技人才。

5. 研究設備。

6. 研究發展組織之規模。

7. 中外合作情況。

四、國際環境 (International Environment)

1. 國際收支情況。

2. 政治之穩定程度。

3. 國際貿易之障碍。

4. 經濟成長情況。

5. 滙率之穩定程度。

6. 利率。

7. 天然資源。

8. 人力資源。

9. 資本、設備。

10. 教育普及程度。

11. 人口。

貳、行銷環境之評估重點

行銷環境之評估重點在於各環境因素對市場機會以及行銷策略釐訂及使用上之有利與不利影響，諸如:

(1) 科技之發展， 使人類可以克服自然， 產製新產品與新市場機會。如山坡地之開發，使坡地可以耕種，可以建築國民住宅，自然形成農產品之種子，農藥，建築材料等市場。

(2) 婦女就業機會之增加使微波爐（Microoven）之市場擴大。

(3) 固有文化之「現代化」，如廟宇以紅色燈光代替傳統蠟燭，使小型電燈之市場看好。

(4) 利率之降低使產品之成本減少，增加訂價之彈性。

(5) 景氣欠佳時，耐久財之修護市場及修護零件之需求必然增加。

(6) 陳舊法令，來日修改機會增加，對市場與行銷策略將會有不利影響，可做未來規劃行銷之參考。

(7) 政令（行政命令），如政府爲有效管制汚染，以發展低汚染策略性工業爲主要對象。所訂定之「汚染性或危險性工業類別及其設廠地點之選定」以及「外僑投資汚染工業審核準則」❷之實施，將對汚染性產品之產銷有所限制，產銷成本必然隨着爲

❷ 「防止工業汚染經部訂多項措施」，臺灣新生報，中華民國七十二年三月二十三日，第五版。

符合政令規定之防污染設備而增加。

第二節　行銷環境生態之評估方法

柯特勒 (Philip Kotler) 氏在論及行銷環境時，曾一再強調行銷環境對企業之威脅 (Threat) 以及機會 (Opportunity) 之評估，並將威脅與機會合成機會威脅矩陣 (見圖例 14-1) 將企業分成投機型企業、理想型企業、成熟型企業、以及艱難企業等四大類型❸。此種評估方法，實質上係屬市場分析，故將於市場分析有關章節再行探討。本節將就市場

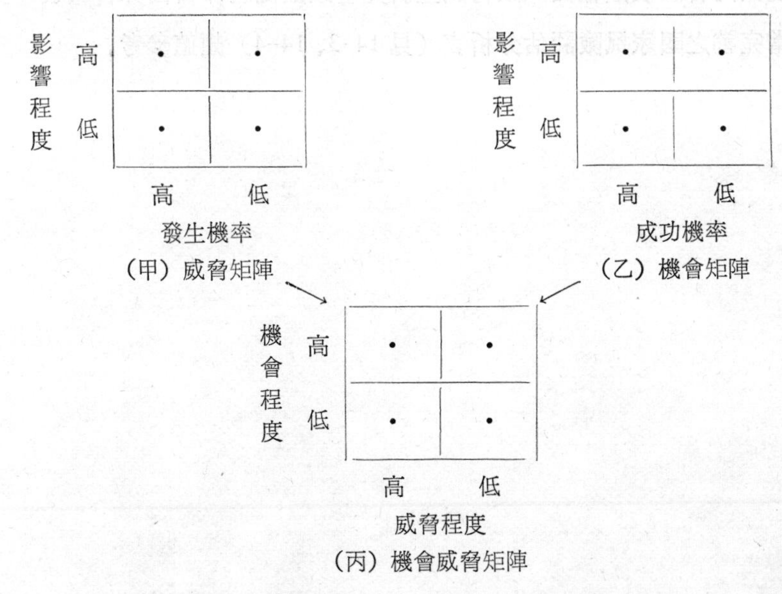

圖例 14-1　柯氏 (Philip Kotler) 之機會評估模式

資料來源: Philip Kotler, *Marketing Management*: *Analysis, Planning and Control,* 4th Ed. (Englewood Cliff, N. J.: Prentice-Hall, Inc., 1980) pp. 99-1-1.

---

❸ Philip Kotler, *Marketing Management: Analysis, Planning and Control,* 4th Ed. (Englewood Cliff, N. J.: Prentice-Hall, Inc., 1980) pp. 99-101.

分析上影響市場分析或可提供市場分析之環境因素之初步評估方式作簡要介紹，旨在反映行銷環境評估作業之重點——市場機會辨認上之初步「過濾」作業——過濾作業之第一關卡。

行銷環境之評估以盡量「量化」爲原則。倘有不易量化之「計質」因素，則可尺度化後，給於適當之分數。在必要時，各不同環境因素應加權給分，權數當然與環境因素之重要性成正比例。表 14-1 所示之評估量表，顯示行銷生態環境之較簡易方法。此一方法係參考櫻井雅夫氏之國際行銷環境評估表後略作修訂而得❹。櫻井氏之原量表可從表 14-2 窺視其內容。我國輸出入銀行調查研究室以及商務印書館亦曾編製一套相當完善之國家風險評估分析表（見 14-3、14-4）頗值參考。

❹ 櫻井雅夫，危ない國の研究——カントリーリスクにどう對應するか（日本：東洋經濟新報社，昭和五十五年十日三日發行），pp. 51-55.

表 14-1　行銷環境生態評估量表範例

（×××產品、行業、或地區別）

評估項目（包括計量及計質）	量化（計量）或無法量化（計質）單位或說明	評估標準等級 各標準等級之得分（包括加權）					得分	備註
依本章第一節之分類項目列舉 ⋮	如：每人每年平均 GNP 則其單位爲 NT $ 100 或 NT $ 1000. 00 等	如：<50, 000	50, 000～100, 000	>100, 000 ～300, 000	>300, 000 ～500, 000	>500, 000		
		1	2	3	4	5	3	
	如係無法量化之計質因素則可依其嚴重性分及第及不及第，如係及第(通過)者則可給以尺度及分數不及第者則停止評估	如：不及第	及第 可	良	優	甚優		停止評估，不予考慮機會
		×	1	2	3	4	×	
各分類得分小計							×	
⋮								
得分總計							×	

註：×＝不予考慮行銷機會

表 14-2　櫻井氏國際行銷環境評估量表

評估要素		評點				
分類	單位	5	4	3	2	1
一、自然環境						
1. 國土面積	萬 km²	300以上	100以上	50以上	10以上	10未滿
2. 人口	10萬人（普查人口）	500以上	200以上	100以上	50以上	50未滿
3. 人口密度	人 / 1 km²	10以下	10以上	50以上	100以上	300以上
二、教育文化						
1. 在學率	在學者數 / 人口（%）(5—24歲)	60. 0以上	50. 0以上	40. 0以上	30. 0以上	30. 0未滿
2. 文盲率	文盲人口 / 人口（%）(15歲以上)	10. 0以下	10. 0以上	20. 0以上	30. 0以上	40. 0以上
3. 新聞發行份數	每 4 人份數	300以上	200以上	100以上	50以上	50以下
4. 新聞用紙使用量	公斤 / 人	20以上	15以上	10以上	5以上	5以下
三、政治情勢						
1. 政治暴亂次數	最近 5 年內次數	0	1	2	3	4以上
2. 執政黨的亂機	最近 5 年內次數	0	1	2	3	4以上
3. 政變次數	最近 5 年內次數	0	0	0	1	2以上
4. 基本的憲法改正數	最近 5 年內次數	0	0	0	1	2以上

5. 議會的有無及其效果		有效果	有效果	部份效果	無	無議會存在
6. 政黨的聯合或對抗		一個以上的政黨：不是聯合	同：同	同：聯合對抗	同：聯合不是對抗	一個政黨
四、國內經濟情況						
1. GNP	10億美元	100以上	50以上	25以上	10以上	10以下
2. 平均每人 GNP	美元	2,000以上	1,000以上	500以上	200以上	200以下
3. GNP 成長率	%	8以上	6以上	4以上	2以上	2以下
4. 政府支出	政府支出 / GNP（%）	20以上	17以上	14以上	11以上	11以下
5. 固定資本形成	固定資本形成 / GNP（%）	25以上	20以上	15以上	10以上	10以下
6. 外滙存底	百萬美元	3,000以上	2,000以上	1,000以上	500以上	500以下
7. 輸入依存度	%	10以下	10以上	15以上	20以上	25以下
8. 債務償還比率	%	20以上	15以上	10以上	5以上	5以下
9. 工業化比率	第二級產業 / GNP（%）	30以上	25以上	20以上	15以上	15以下
10. 貨幣供給率	貨幣供給量 / 現金貨幣	3.5以上	3以上	2.5以上	2.0以上	2.0以下
11. 躉售物價上漲率	1970＝100	110以下	110以上	115以上	120以上	130以上
五、投資環境						
1. 獎勵外人投資之有無及安定程度	評估辦法另訂					
2. 外資滙回之限制	評估辦法另訂					

3. 投資金額之限制	評估辦法另訂					
4. 僱用限制						
5. 國有化計劃						
6. 國產化計劃						
7. 對外資之優待措施						
六、勞動條件						
1. 平均工資（製造業）	週薪（美元）	10以下	10以上	20以上	30以上	40以上
2. 生業率	%	8以上	6以上	4以上	2以上	2以下
3. 勞動力安定性	勞動人口／人口（%）	40以上	30以上	20以上	10以上	10以下
4. 消費者物價上昇率	1970年＝100	115以下	115以上	120以上	125以上	135以上
七、運輸通信						
1. 道路網	每平方公里哩程	1, 000以上	500以上	100以上	50以上	50以下
2. 商用車輛	萬臺	100以上	50以上	10以上	5以上	5以下
3. 鐵路網	每平方公里哩程	1, 000以上	500以上	100以上	50以上	50以下
4. 鐵路貨物運送力	千萬噸	2, 000以上	1, 000以上	500以上	200以上	200以下
5. 海運貨物處理能力	載重面積合計（10萬噸）	1, 000以上	500以上	300以上	100以上	100以下
6. 港口裝卸能力	入港船舶總噸數（10萬噸）	1, 000以上	500以上	300以上	100以上	100以下
7. 通信網	每百人電話數	25以上	15以上	5以上	3以上	3以下

八、供應環境						
1. 能源供給安定性						
2. 能源消費量	平均每人消費量（以煤炭kg表示）	2,500以上	1,500以上	500以上	100以上	100以下
3. 能源需求狀況	消費／生產（%）（以煤炭kg表示）	150以下	150以上	200以上	250以上	300以上
4. 電力供給狀況	發電量億 kwh	1,000以上	500以上	300以上	100以上	100以下
5. 平均每人電力供給量	發電量 kwh	2,000以上	1,000以上	500以上	100以上	100以下
6. 電力發電能力	100 kw	5,000以上	3,000以上	1,000以上	500以上	500以下
7. 其他能源					有	無
九、與我國的關係						
1. 與我國的距離	以基隆爲起點（海哩）	4,000以下	4,000以上	5,000以上	7,000以上	9,000以上
2. 與我國的貿易差額	商品：輸出－輸入（百萬美元）	(－) 100以上	(－) 50以上	(±) 50以下	(＋) 50以上	(＋) 100以上
3. 與我國的貿易量	上年出口＋進口（百萬美元）	500以上	300以上	100以上	50以上	50以下
4. 民間企業投資件數	件	200以上	100以上	50以上	50以上	10以下
5. 來自我國的投資金額	10萬美元	100以上	50以上	10以上	1以上	10以下
6. 與我國合資關係						

資料來源：櫻井雅夫，危ない國の研究
——カントリーリスクにどう對應するか
（日本：東洋經濟新報社，昭和五十五年十月三日發），行p. 51-55.

表 14-3 國家風險評估分析表

評估要素＼評分	單位	7	6	5	4	3	2	1	0
I 政治情勢（30分）			完全實現民主政治，政權長期以來相當穩固，並以和平方式移轉。	已經奠定民主政治基礎，政權相當穩固，但係由一黨或某關鍵人物所統治。	內部發生分裂，但政府仍可控制全局。	國內外均遭受強大壓力，執政黨無法控制全局。	人民對政府存有不滿情緒，可能引起革命，政變，或其他動亂。	政權極不穩定隨時可能發生流血政變，或其他動亂。	
II 經濟狀況（50分）									
一、國內經濟（25分）									
1. 國民生產毛額(GNP)	億美元					500以上	500～200	200～50	50以下
2. 平均每人所得	美元					2, 500以上	2, 500～1, 500	1, 500～500	500以下
3. 三年平均實質經濟成長率	%				12以上	12～8	8～4	4～0	0以下
4. 三年平均通貨膨脹率	%				5以下	5～10	10～15	15～25	25以上
5. 財政收支							盈餘	赤字	
6. 資本形成比率	%							10以上	10以下
7. 貨幣供給增加率	%						10～20	10以下	20以上
8. 失業率	%							6以下	6以上

9. 天然資源						豐富	有限	貧乏	
10. 技術人力與教育							高度訓練	一般訓練	缺乏訓練
二、對外經濟（25分）									
1. 貿易收支	億美元					順差50以上	順差50～0	逆差 0 ～50	逆差50以上
2. 經常收支	億美元					順差30以上	順差30～0	逆差 0 ～30	逆差30以上
3. 資本收支	億美元					順差30以上	順差30～0	逆差 0 ～30	逆差30以上
4. 三大出口商品集中比率	%						30以下	30～50	50以上
5. 三大出口地區集中比率	%						30以下	30～50	50以上
6. 外滙準備餘款	億美元			100以上	100～60	60～40	40～20	20～10	10以下
7. 滙率調整	%				升值或不變	貶值 5 以下	貶值 5 ～10	貶值10～20	貶值20以上
8. 三年平均出口成長率	%					15以上	15～10	10～ 5	5 以下
Ⅲ債負情況（20分）									
1. 公共債負比率	%	4 以下	4 ～ 6	6 ～ 8	8～10	10～12	12～16	16～20	20以上
2. 公共外債餘款	億美元			5 以下	5～10	10～20	20～40	40～60	60以上
3. 償債意願與記錄					未曾拖欠債務	三年內有過	二年內有過	去年有過	目前發生
4. 外滙存底支付進口能力					1 年以上	1 年～6 個月	6 個月至 3 個月	3 個月～1 個月	1 個月以下

註：政治情勢實際得分為其評分之五倍。　　資料來源：中國輸出入銀行，調查研究室提供。該表係民國六十八年三月二十八日製定。

表 14-4 外在環境威脅與機會剖析表

環境因素		環境之優劣程度①				對本公司之重要性（權數）②				①×②	採取對策
		極優 (3)	優 (1)	劣 (−1)	極劣 (−3)	很重要 (4)	重要 (3)	不太重要 (2)	重要性低 (1)	加權評分	
一般環境因素	政府之限制		√			√				4	
	財經金融措施	√					√			9	
	消費者之壓力		√					√		2	
	經濟景氣趨勢			√		√				−4	
	國民財富之變動	√					√			9	
	人口之變動		√						√	1	
	外貿條件			√		√				−4	
	小計	0.81＝(17/21)				權數和＝21				17	
資源供應	原料（零配件）供應來源	√				√				12	
	原料（零配件）價格	√					√			9	
	原料（零配件）品質		√			√				4	
	技術之突破		√				√			3	
	技術供應來源		√					√		2	

因素	勞動力供應來源	√						√		6	
	小　　計	2＝(36/18)				權數和＝18				36	
市場方面之因素	新產品推出	√				√				12	
	產品品質要求		√			√				4	
	價格競爭性			√			√			−3	
	市場需求		√			√				4	
	消費者偏好		√				√			3	
	新加入之競爭				√	√				−12	
	產品生命循環	√						√		6	
	小　　計	0. 58＝(14/24)				權數和＝24				14	
綜　合　評　析		1. 06＝(67/63)				63				67	

註：以上表格摘錄自商務印書館出版之「企業經營自我體檢表」。

資料來源：環球經濟，第 86 期（民國七十二年四月一日），第 28 頁。

第七篇

購買者行爲之分析

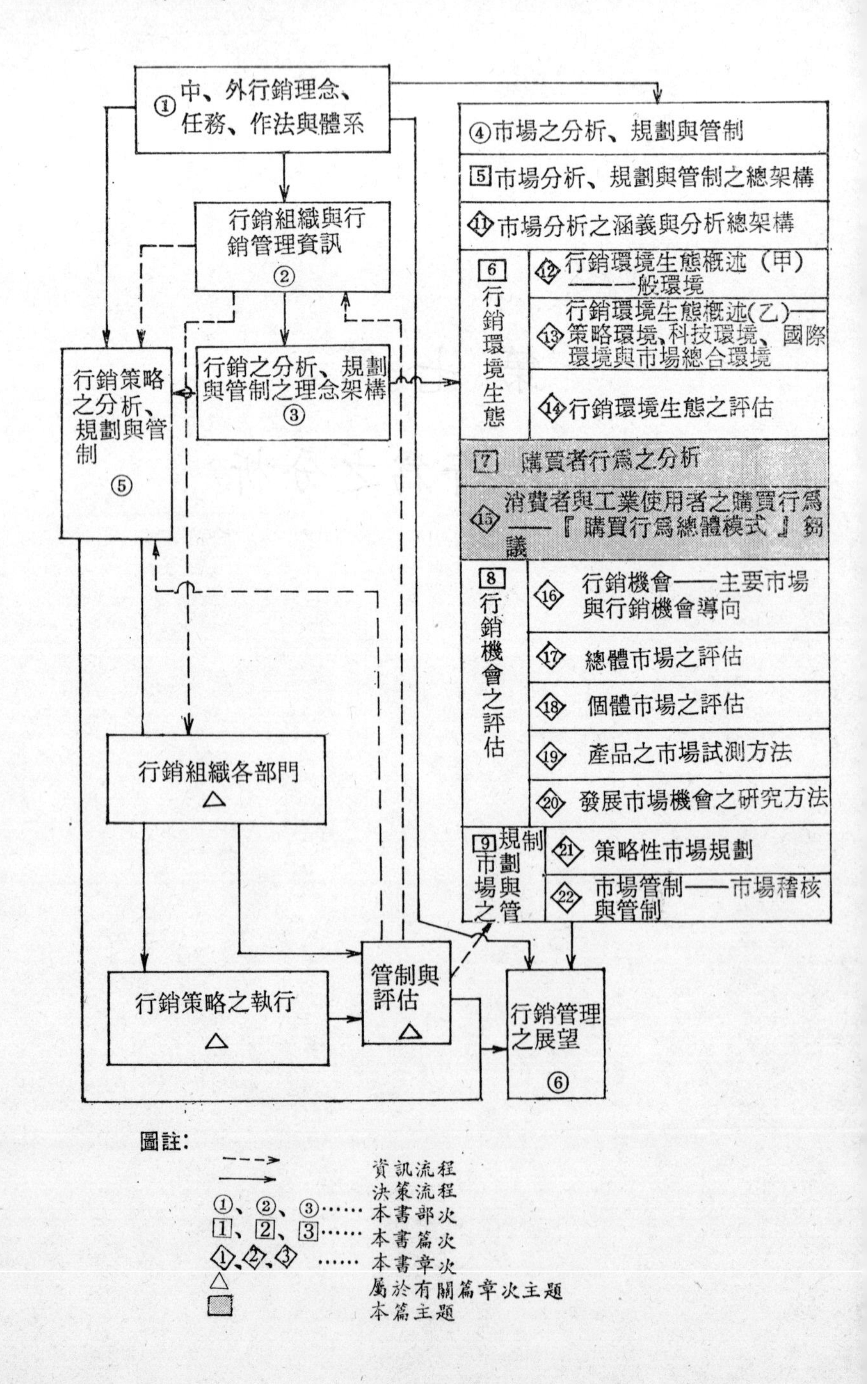
①中、外行銷理念、任務、作法與體系
行銷組織與行銷管理資訊 ②
行銷之分析、規劃與管制之理念架構 ③
行銷策略之分析、規劃與管制 ⑤
行銷組織各部門 △
行銷策略之執行 △
管制與評估 △
行銷管理之展望 ⑥
④市場之分析、規劃與管制
5 市場分析、規劃與管制之總架構
11 市場分析之涵義與分析總架構
6 行銷環境生態
12 行銷環境生態概述(甲)——一般環境
13 行銷環境生態概述(乙)——策略環境、科技環境、國際環境與市場總合環境
14 行銷環境生態之評估
7 購買者行爲之分析
15 消費者與工業使用者之購買行爲——『購買行爲總體模式』芻議
8 行銷機會之評估
16 行銷機會——主要市場與行銷機會導向
17 總體市場之評估
18 個體市場之評估
19 產品之市場試測方法
20 發展市場機會之研究方法
9 市場之規劃與管制
21 策略性市場規劃
22 市場管制——市場稽核與管制
圖註：
資訊流程
決策流程
①、②、③……本書部次
1、2、3……本書篇次
1、2、3 ……本書章次
△ 屬於有關篇章次主題
本篇主題

第十五章　消費者與工業使用者之購買行爲
——『購買行爲總體模式』芻議

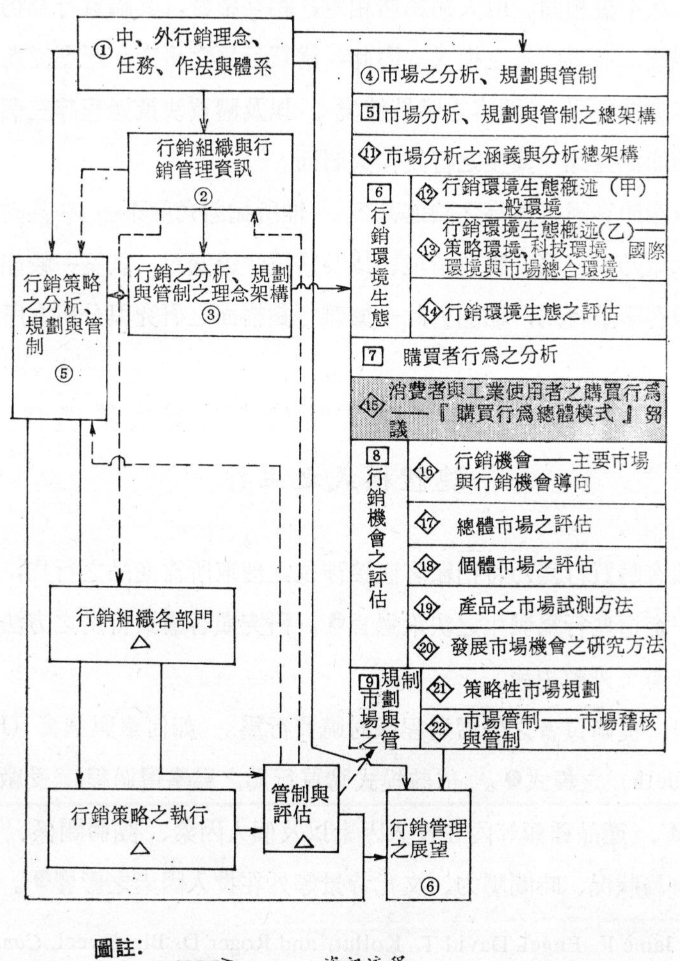

分析企業環境，研究市場以及辨認行銷機會，乃爲行銷分析與規劃之首要工作。顧客購買行爲之研究，實爲市場分析之重要部份，亦爲釐訂所有行銷策略之主要依據。顧客對不同產品，在不同情境下之購買行爲，當然不盡相同。但人類羣居相處，相互影響，其購買行爲仍然有可辨認型態，有可瞭解之模式。因此，購買行爲之研究，理應從產品特徵與顧客購買行爲、顧客之購買情境、以及購買決策過程等三個角度探討，始能涵蓋此一繁複之行銷作業層面。

有關顧客購買行爲之論述甚多，惟所拋射角度不一，甚難窺其大全，本章乃從產品、購買情境、以及購買決策過程，試築一較能涵蓋整體之顧客購買行爲，期能對此一繁雜行銷構面之研究與分析有所貢獻。

第一節　產品、購買情境與購買決策過程——總體模式之主幹

顧客購買行爲乃特指顧客直接涉及之獲取所需商品之行爲，包括導致與決定這些行爲發生之決策過程❶。研究顧客購買行爲之方法甚多，主要者有下列數主流。

1. 從購買者之學習過程探討購買行爲，如何華與施實（Howard and Sheth）之模式❷。依該模式購買行爲之爲學習過程，受廠牌、社會環境、產品種類等內在投入因素以及個人因素、團體關係、社會階層、財務狀況、時間壓力、文化背景等外在投入因素之影響❸。

❶ Jame F. Engel, David T. Kollat, and Roger D. Blackweel, *Consumer Behavior* (N. Y.: Holt, Rinehart Winston, Inc. 1968) p. 5.

❷ John A. Howard and J. N. Sheth, *The Theory of Buyer Behavior* (N. Y.: John wiley Sons, Inc., 1969), p. 54.

❸ 同❷。

2. 從購買者之決策過程探討購買行爲，如恩格爾、柯拉特與波拉克威 (Engel, K. Kollat and Blackwell, 簡稱 EKB) 模式。依 EKB 模式，購買行爲，乃係決策行爲。此一行爲受投入情報（如人員推銷、廣告、產品等）以及文化、參考羣體、家庭等因素之影響❹。

3. 從購買者所負之風險探討購買行爲，如鮑爾 (Bauer) 之風險負擔論說。鮑爾認爲顧客之主觀知覺風險 (Perceived Risk) 都有一可容忍水準。若知覺風險在其可接納範圍內，顧客可能逕予購買，但如很大時將會採取種種步驟降低風險以採取行動❺。當然購買上之客觀風險係指存於產品之風險而言。

4. 從產品之創新擴散探討顧客之購買行爲，如羅吉斯 (Rogers) 之創新與擴散理論。羅氏認爲創新本身不但可以影響採用率，而且可以透過媒體影響顧客採用或接受之速度❻。

5. 從市場特質探討顧客之購買行爲，如柯特勒 (P. Kotler) 之六 "0" 論據。按柯氏認爲要瞭解顧客行爲應廣泛地認識市場主體 (Occupants)、商品 (Objecs)、購買時機 (Occasions)、購買組織 (Organization)、購買目的 (Objectives) 以及如何購買 (Operation)，始能掌握眞正購買行爲❼。

上述研究顧客購買行爲之數種方法，係從各不同觀點着論，它們確實可提供吾人對顧客行爲有更深瞭解。惟顧客購買行爲實涉及產品特

---

❹ 同❶。

❺ Raymond A. Bauer, "Consumer Behavior as Risk Taking," in Donald F. Cox (ed.), *Risk Taking and Information Handling in Consumer Bechavior* (Boston: Harvard University Press, 1967), pp. 23-33.

❻ Everett M. Rogers and Floyd F. Shuemaker, *Communication of Innoivations* (N. Y.: The Free Press, 1971) pp. 22-24.

❼ 高熊飛編譯，行銷管理（臺北市：華泰書局，民國六十九年印行），第179頁。原著：Philip Kotler, Marketing Management, 4th Ed.

性、購買情境以及購買決策過程，研究購買行爲應從此三層面之相互關係探討，始有意義。本章試就此三層面之關係，建立總體模式，據以探討顧客行爲。此一模式可稱之爲「顧客購買行爲總體模式」。（見圖例15-1）。

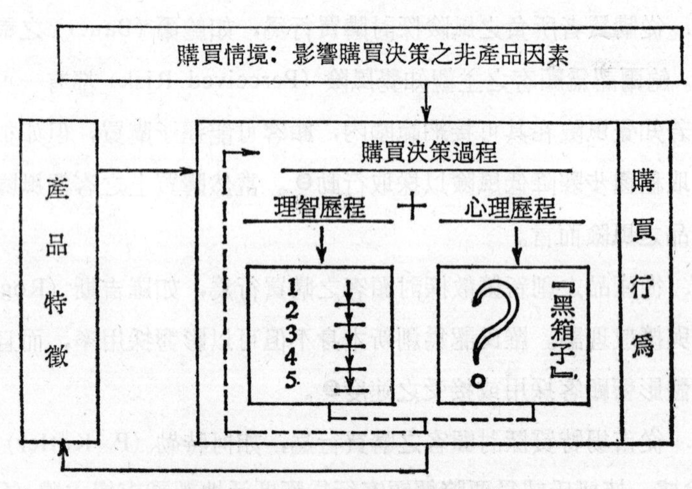

圖例 15-1　顧客購買行爲總體模式

圖註：⟶：影響；……→回饋。

資料來源：郭崑謨著，「從產品、購買情境與購買決策過程探討顧客購買行為——購買行為總體模式芻議」，臺北市銀行月刊，第12卷第8期（民國七十年八月），第10-21頁。

下面各節擬試就此一總體模式，分別探討產品特徵、購買情境、購買決策之顧客行爲構面。

第二節　產品特徵與購買行為

產品依銷售對象可分消費品與工業品。由於產品之固有特徵，消費品顧客與工業品顧客（通常爲各種營利或非營利機構）對這些產品之購買行爲也可直接間接反映產品特質。產品特質與顧客購買行爲「相互因果」，因此，明瞭兩者之關係，實爲探討購買行爲之重要一環。

壹、消費品特徵與購買行爲

消費品之特徵中，單價、重要性、耐久性、滿足顧客之時效等數端與購買行爲較有密切關係。單價低、耐久性低、較不重要、顧客使用產品後能立卽滿足欲望之產品，顧客在採購它時，通常不會花費很多時間去規劃，購買次數當然亦較頻繁，亦不會在採購時嚴密比價，顧客當然很重視採購之方便與品牌，對肥皂、牙膏、烟等之採購便是其例。

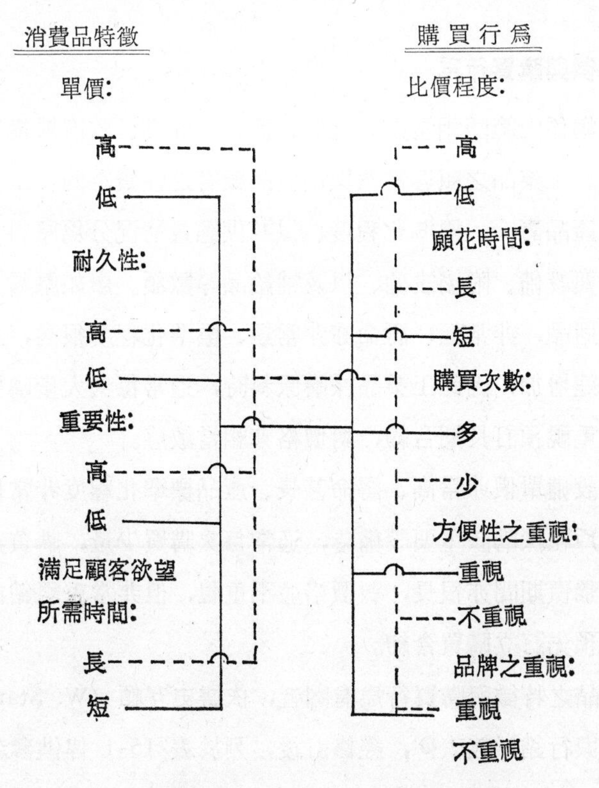

圖例 15-2　消費品特徵與購買行爲

圖註：……及——均表示消費特性與購買行為之關係

倘產品之單價相當高，耐久性高，顧客使用產品後要經較長時間才能滿足欲望，產品對顧客亦相當重要；則顧客在採購該項產品時，通常會花費相當多時間作規劃採購，亦會作比較嚴密之比價、比樣與比質，顧客採購次數當然較不頻繁。此種產品之例有傢俱、收音機、電視等。對這些產品，顧客在購買時，較重視商店品牌（見圖例 15-2)。

又如單價高、重要性高、耐久性高，而需較長時間始能滿足採購者欲望而且具有特殊品牌認定性之產品，如珠寶、音響、汽車等，顧客在購買它時，較重視店號與商品品牌，亦願意花費非常長時間作採購規劃與採購之努力。

貳、工業品特徵與購買行為

工業品市場係由範圍相當廣大之製造商、中間商、政府機構與非營利機構所構成。工業品之顧客當然與消費品顧客之性質不同。工業品特徵可從單價、產品壽命、標準化程度、以及供應量情況分為原料、材料及零配件、主要設備、附屬設備、以及補給品等數額。舉如原料之單價較之其他工業用品，非常低、壽命亦非常短、標準化程度很高，且供給有限，無法快速增加，因此工業品採購原料時，通常每次大量購買，購買次數頻仍，重視預訂長期合約，對價格亦相當敏感。

又如主要設備單價非常高、壽命甚長、產品標準化程度非常低、供應無問題，客戶在採購該主要設備時，通常每次購買少量，購買次數亦非常少，談判議價期間亦很長，對價格並不重視，但非常重視銷前售後服務，而不常預先訂立購買合約。

茲將工業品之特徵與購買行為有關者，依據史互頓 (W. Stanton) 之工業品特徵與行銷涵義表[8]，經修訂後，列於表 15-1 俾供參考。

---

[8] W. Stanton, *Fundamentals of Marketing*, 4th Ed. (N. Y.: McGraw-Hill Book Co., Inc. 1975) p. 129.

表 15-1　工業品特徵與購買行為

項目	類別				
	原料	材料及零配件	主要設備	附產設備	供應品
工業品特徵:					
單價	很低	低	很高	中等	低
壽命	很短	不一定	很長	長	短
標準化程度	很高且分級	很高	很低	低	高
供給量	有限，無法迅速增加	沒有太大問題	沒有問題	沒有問題	沒有問題
購買行爲:					
購買數量	大	大	很小	小	小
購買次數	頻仍	不多	很少	中等	經常
送運次數	經常	經常	不常	中等	經常
談判議價期間	不一定	中等	長	中等	短
對價格之敏感度	高	高	不高	低	高
品牌偏好	沒有		高	高	低
長期合約	重要	重要	不重要	不重要	不重要
服務	不重要	不重要	很重要	重要	不重要

第三節　顧客之購買情境與購買行為㈠——消費品市場

購買情境乃特指影響購買決策之週邊環境、狀況及時機而言。舉凡文化、社會、參考羣體、家庭、時機均足影響顧客之採購決策，概屬顧客之購買情境。顧客與週邊環境之相關係可從圖例 15-3 窺視而得。

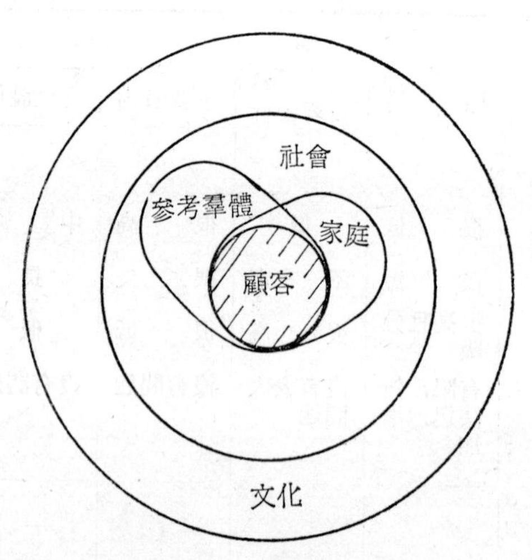

圖例 **15-3** 顧客與週邊環境

由圖例 15-3 得知:（1）顧客爲家庭之成員，其行爲必然受家庭環境之影響;（2）顧客之生活領域相當廣泛，參與不同組織，成爲家庭以外之組織成員，其行爲亦受此羣體之影響;（3）儘管家庭與參考羣體不同，他們均受同一社會與文化背景之規範，其行爲領域自無法脫離他所處在之社會與文化範疇。因此，研究顧客行爲自應對顧客所處之環境有所瞭解，同時購買時宜亦應有所認識。

壹、文化與購買行爲

文化包括宗教、語言、風俗習慣、價值觀念等等人類所創造之生活環境，在此一環境下，購買者在不斷學習與創造過程中，自然在購買貨品與勞務時，會反映其對產品之偏好、禁忌、風格與態度。譬如猶太敎之星期五「食魚」習慣，東南亞地區人民之男女行爲雙重標準所導致男女購買行爲上之相異等，均爲文化所規範之產物。

貳、社會與購買行爲

社會階層之存在，說明了同一階層社會有共同特性，購買行爲當然爲一非常重要共同特性之一。據美國恩格爾諸氏所研究之美國主要社會階層特徵，社會階層中，上上層社會人士之消費行爲往往成爲其他階層人士之模仿對象，而上下層社會人士之購買行爲常常有炫耀性作用❾。至於下下層社會人士之購買時常帶有衝動成份，對產品之品質不太重視❿（見表 15-2)。此種階層內之共同行爲特性，正反映社會環境對購買行爲之影響。

表 15-2　美國社會階層與其行為特徵

1. 上上層（Upper uppers)（少於 1％）　上上層是繼承有大批財富、具有著名之家族背景的社會精英。他們捐助大筆的財富與辦慈善事業，一舉一動都站在時代的尖端；保有一個以上的宅第，送他們的小孩進入最好的學校中就讀。他們是昂貴珠寶、古董、住宅與渡假的良好市場。由於這一階層中的人數很少，他們都成爲其他階級中人的參考羣體，尤其是有關他們的消費決策時常往下散佈，成爲被模仿的對象。
2. 上下層（Lower uppers)（大約有 2％）　這一階層的人是因着在職業或生意中，具有格外超凡的能力，因而賺進了極高的收入或財富。他們常常都是來自中等階級，在社會及公衆的事務上時常採取主動積極的態度；此外，他們往往也爲他們自己或他們的小孩買入一些足以代表其身份標幟的昂貴住宅、遊艇及汽車，興建豪華的游泳池，同時令其小孩進入貴族學校就讀。這一階層中還有所謂的「暴發戶」，他們的所作所爲，不外是向位在其下的衆多人們炫耀。上下層人的野心，便是冀圖獲得上上層人士的接納，這一點他們子女達成的可能性較大。
3. 中上層 (Upper middles) (12％)　中上層的人通常對其「前途」相當關切，他們占有律師、醫生、科學家及大學教授等相當良好的職業。他們相

❾ 同❼，第 190 頁。
❿ 同❾。按社會階層爲 W. Lloyd Warner 所首創，見 W. Lloyd Warner, *Social Class in America* (N. Y.: Harper & Row, 1960), p. 116.

信教育是極端重要的，所以，他們往往試圖培養其兒女受較高的教育，發展專業或管理方面的技能以免墜入較低的階層中。在這一階層中的人通常都喜歡接觸「理念 (ideas)」與「高級文化」，他們是優良住宅、衣着、傢俱與家電用品的最佳市場；他們在一方面往往也以用佈置優雅的家來招待朋友與同事爲樂事。

4. 中下層 (Lower middles) (30%)　中下層通常都很希望獲得其他人的尊重，他們表現出良好的工作習慣，並且恪遵社會文化所給予的常模與規範，包括上禮拜堂及遵守法律等。家庭對他們是相當重要的，他們喜歡把家裏保持整潔與「美麗」，而且，他們都會買些普通的傢俱，並且在家中周遭做許多自己動手的修飾工作；妻子們時常花費許多時間採買家用所需的物品。雖則白領階級是這一階層中最具代表性的最大部份，但是灰領階級（郵差、救火隊員）及「高級藍領 (aristocrat blue collars)」階級（鉛管匠、工廠領班等）亦在此階層之中。
5. 下上層 (Upper lowers) (35%)　下上層的人每天都過着相當刻板的生活，他們多住在城市中陰暗平淡區域內的小房子或小公寓裏。男人們的教育只有中等程度，依靠着勞力過活；家庭主婦的大部份時間則花在烹調、清掃與照顧小孩方面，看來她的主要「職業」便是小孩子們的母親，簡直沒有其他餘暇來參加消遣及社交活動。
6. 下下層 (Lower lowers) (20%)　下下層是社會的底端，他們通常都被社會其他階層的人士認爲是貧民區的居民，或者是社會的「渣滓」。有些下下層的人士企圖提高自己的階層，但却常常跌回下下層，最後停止再試。他們通常都沒有受過什麼教育，不理會中產階級所宣揚的道德與行爲規範。他們在購買物品時通常都沒有衡量產品的品質，一時衝動就買了下來，對產品支付過多，並常賒購。就食品、電視機及二手汽車言，他們都是良好的廣大市場。

資料來源：高熊飛譯，行銷管理，（臺北市：華泰書局，民國六十九年印行），第189及190頁。
譯自原著：James F. Engel, Roger D. Blackwell, and Daid Kollar, *Corrsumer Behavior* 3rd Ed. (Hindale, Illipois: Dryden Press, 1978).

叁、參考羣體與購買行爲

參考羣體包括範圍相當廣泛，凡顧客參與面對顧客之行爲具有影響力之團體，均爲參考羣體，例如互助會、俱樂部、樂社、公會、工會等等。參考羣體不但會影響個人之態度，同時也會產生對成員之壓力。此種壓力很易使成員改變對商品易品牌之選擇。參考羣體不一定對任何產品或品牌均有強大影響力。佈爾恩 (Bourne) 早在 1956 年就發現參考羣體對汽車與香煙產品與品牌選擇之影響力甚大，但對冷氣機、電視產品之品牌影響力較弱⓫。每一團體都有意見領首存在。因此，團體之意見領首往往直意影響成員之購買行爲。

肆、家庭與購買行爲

在我國，社會之組織單元爲家庭。嚴密之家庭組織使家庭中每一成員所扮演之角色普受尊重。東方諸國家庭中之家長權威性大，購買決策普受家長影響。西方諸國，家庭中之家長權威性不大，社會組織之單元爲個人，當然每一家庭成員之購買決策自主力較大。

家庭大小對購買行爲之影響，反映於不同家庭生命週期對不同產品之需求。諸如年輕夫婦，有不足六歲孩兒家庭，需要洗衣機、電視機、玩具、奶品等產品，而老年夫婦獨居家庭，對一般醫藥服務，旅遊之需要當較殷切。

據美國一項硏究，在許多產品之購買決策上，先生之影響力小於其太太，諸如地毯、吸塵機、主要傢俱等產品⓬。這些產品多半爲太太所

⓫ Francis So Bourne, *Group Influence in Marketing and Public Relation*, A. Research Paper for Foundation for Resench on Human Behavior, Ann Arbor Michigan, 1956, p. 8.

⓬ *Purchase Influences., Measures of Husband / wife Influence on Buying Decisions*. A. Monograph, Haley, Overhalser , and Assoriates, New Canaann, Conn, 1975, pp. 27-29, 以及 willian M. Pride and O. C. Ferrell *Marketing* (Boston: Houghton Mifflin Co., 1977) pp. 110-111.

使用產品。在家庭成員中，對一項產品之購買，有時，發起者、影響者、使用者、購買者以及決策者之角色，不一定由同一人扮演。購買決策者到底受其他家庭成員之影響多少，要視所購買之產品性質而異。

伍、時機與購買行爲

因購買時機之不同，購買行爲亦異。發薪水後之數天內，購買者之價格敏感性略爲降低；中秋、新春、慶典相當多之「光輝十月」，顧客存有特價心理，較會比價，購買數量及頻率亦增加。季節性產品，如夏天之泳衣、冷氣機；冬天之取暖設備，在每年季節初期，顧客殷切期待，對價格之敏感性並不大於對型態與時尚之敏感性。平時感到相當昂貴之餐館，一到母親節，相對地並不感到昂貴，諸如此類，在在說明購買時機對購買行爲之影響情況。

第四節　顧客之購買情境與購買行爲(二)——工業品市場

工業品市場之購買情境與消費品市場之購買情境並不相同。雖然工業品用戶之採購者仍然爲人，但因其所代表者爲機構團體，所遭遇之情境與你我等個體爲個人消費而採購之情境不同。一般而言，影響工業品採購行爲之主要因素有[13]：

(1) 環境：如經濟情況、政治與法律之限制、技術演變、競爭情況、資金成本、通路，同景與異業關係等。

(2) 組織：如採購組織之目標、政策、程序、組織系統與結構等。

---

[13] 同[7]，第250頁。

(3) 人際因素：如採購單位之職權、地位與其採購作業之自主力等。

(4) 個人因素：如採購人員之年齡、教育程度、專業權威性、個性等。

(5) 購買時期：如供應過剩、供應不足等市場之供需情況所反映之時機。

(6) 參予決策人數：如有者只有一人單獨決定採購工作，有者有相當龐大組織作集體決策，繁簡互異。

上述之購買情境，對購買行爲之影響程度及方向端視各因素之相互配合情況而異。如原料市場供過於需，參予決策人員雖然衆多，但權力集中，而資金市場之銀根甚鬆，則購買決策勢必傾向於大量採購，付款條件亦較有利於買方，但對服務條件之要求以及供應商之遴選亦將較爲苛刻。

第五節　購買決策過程㈠——消費品市場

購買決策過程，一如圖例一所示，可分理智歷程與心理歷程兩者。兩歷程相互作用，相互影響，實難作非常明確之劃分。由於理智歷程較易說明，步驟亦較分明，而心理歷程不但不易說明，步驟亦不明顯，乃有心理歷程爲「黑箱子」之稱。

壹、理智歷程

若從理智歷程看顧客購買決策過程，此一決策過程可分成確認問題、蒐集情報、評估可行方案、選擇方案以及購後反應等五階段[14]。在每一

---

[14] James F. Engel, Roger D. Blackwell, and David T. Kollat, *Consumer Behavior,* 3rd Ed. (Hinsdale Ill: The Dryden Press, 1978) p. 22.

階段中，顧客之行爲，雖因時、因地、因情景、因購買產品種類而異，但其過程相當一致。要瞭解顧客購買行爲，首應對顧客購買決策中每一階段之思考與行爲過程有所認識後始能掌握研究購買行爲之重點。

理智歷程之爲購買決策過程，的確相當有規律且標準化（見圖例15-4），但它不一定受每一購買決策者嚴謹地遵循。在此一情況下，心理歷程就產生互補作用，此正說明心理歷程之超高角色。

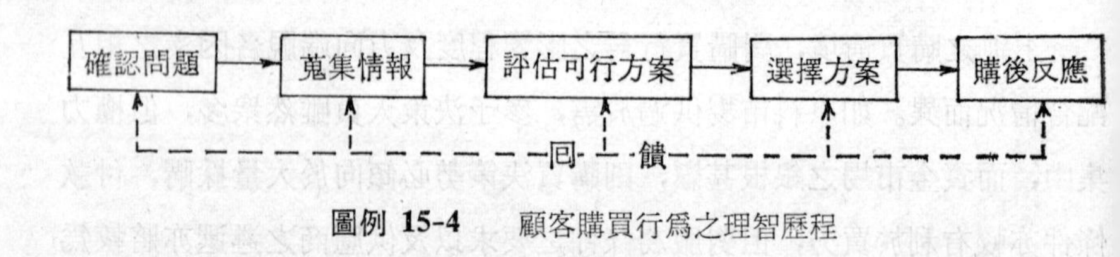

圖例 15-4 顧客購買行爲之理智歷程

一、確認問題

顧客是否有「待解決問題」（或有待滿足之欲望與需求），通常非導自內在、或內發因素，便源自外在或外誘刺激。內發因素之例爲饑餓、口渴、以及性欲望等等發自人類本能均衡 (Homoestatic) 狀況。外誘之例爲經由刺激而發生之問題，如見到洗衣機之電視廣告，而產生之對洗衣機之購買欲望，外誘因素往往可透過學習而變成更有意義。

二、蒐集情報

顧客確認有待解決問題後，便開始搜找可以協助他解決問題的有關資料。一般而言，顧客尋找情報之先後順序爲：(1) 從已有記憶和經驗中尋求；(2) 從周邊家人或友人獲取必要情報；(3) 從大衆傳播中獲得必要情報。這些情報的累積與相互引證，可能影響方案之評估。

三、評估可行方案

顧客對所蒐集情報，通常經過意識判別，加以瞭解後，便建立評估準則，並從評估過程中建立信念，從信念之改進，改變態度⑮。

四、選擇方案

若顧客對某一產品之態度良好，便有可能產生對該產品之購買意向。倘其他情境有利，如所得增加或政府獎勵，家庭支持，則購買意向自然會實現而決定購買該產品。惟由於社會文化因素之規範，往往在理智過程中經評估而認爲可行而應行選擇之方案，會流爲不可行方案而遭否決。如中國人禁忌 (Taboo) 死亡；忌談死亡，使人身保險不易推廣便爲其例。據一項研究，我國至今尚有29%之非保戶認爲談死亡爲不吉利⑯。

五、購後反應

顧客購買一某產品後，必會對已購買產品產生滿意或不滿意之經驗反應。此一經驗反應謂之購後反應 (Post Purchase Dissonance)，對再購買行爲有決定性作用，顯係一不可忽略之顧客購買行爲。如顧客購買某種產品後十分滿足，在下次進行再購買同樣產品時自會跳越上述(一)至(四)階段而逕行採購。否則，顧客將再經一次決策階段，其購買決策時間不但會延長，選擇其他品牌之機會當會增加。

顧客購買行爲亦可分爲 AIDA 等四階段⑰。此四階段分別爲：(1) 認識階段 (Awareness Stage)；(2) 興趣階段 (Interest Stage)；(3) 喜愛階段 (Desire Stage)；(4) 行動階段 (Action Stage)。該四階段與上

⑮ James F. Engel, Martin R. Warshow, and Thomas C. Kinnear, *Romotional Strategy*, 4th ed. (Homewood, Illinois: Richord D. Irwin, Inc., 1979) p. 60.

⑯ 參閱楊哲凱撰，人身保險市場促銷策略研究，民國70年國立政治大學企業管理研究所碩士論文，第四章。

⑰ E. V. Strong, *The Psychology of Selling* (N. Y.: McGraw-Hill Book Co., 1925), p. 9.

述恩格爾等氏之五階段，可相互對應形成一互不相克之決策歷程，如圖例 15-5 所示者然。

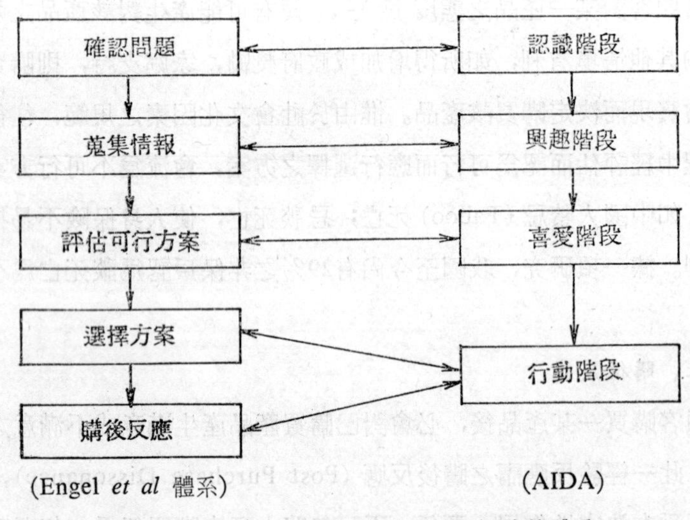

圖例 **15-5**　AIDA 與 Engel et. al. 決策體系

六、態度與購買行為

顧客之購買決策會不會導致購買產品，其關鍵在乎顧客之態度是否傾向於某一產品。

顧客對某一對象，如產品或品牌、或商店之「信念」評價以及由此評價而構成之信念體系，謂之態度⑱。

態度之為信念體系，可分成三部份⑲：

(1) 認知成份 (Cognitive Component)

顧客對產品或品牌之信念、知覺、及訊息係態度之認知成份。

---

⑱ Milton Rokeach, *Beliefs, Attitudes, and Values* (S. F. Jossey Bass, 1968), p. 115.

⑲ 李美枝著，社會心理學（修正版）（臺北市：大洋出版社，民國六十九年印行），第254頁。

(2) 情感成份 (Affective Component)

顧客對產品或品牌之情緒感覺爲態度之情感成份。

(3) 意向成份 (Intertion Component)

顧客之購買意向係指顧客選擇某一產品或品牌之主觀機率⑳。產生購買意向，購買行動始有可能，而購買意向又受顧客態度之影響，顯然顧客對產品之態度爲研究顧客購買行爲之重點所在。意向顯然爲行動之準備狀態。

上述態度之三種成份，與 EKB 模式中之信念、態度、與意向相互對應，反映購買行爲之重要因素。

貳、心理歷程

解釋所謂的「黑箱子」心理歷程，迄今並無一普受公認之模式。茲將比較常用之模式簡介於後。

一、馬歇爾之經濟人模式 (Marshalliam Economic Man Model)

在經濟人模式中，顧客作採購決策之評估標準爲效益與成本之比率。顧客所追求者當然爲此一比率之最大化。

依據經濟人模式：(1) 價格上漲，採購量自會減少；(2) 輔助品之價格下跌，主要品之需求會增加；(3) 替代品之價格下降，被替代品之需求會下降，購買產品之組合自然改變。此一模式可用以解釋顧客購買行爲之理智性層面。

二、知覺風險模式 (Perceived Risk Model)

據知覺風險首創者鮑爾氏 (Bauer)，採購行爲可被視爲風險之履行行爲。人們購買東西牽涉到兩種風險，一爲績效風險，另一爲心理——社會風險。購買者關心前者，因爲產品可能會發生故障；他也會關心後

---

⑳ 同⑮，第 60 頁。

者，因為所購買之產品可能會損害自我印象。減少風險之方法甚多，但購買者可減少購買以減少損失，或多作購後對產品之瞭解，以避免可能產生風險之原因㉑。

三、心理分析模式 (Psychoanalytic Model)

心理分析模式係佛洛依德氏 (S. Freud) 所首創。按佛氏，人類之行為受三個不同層次之本我 (id)、自我 (ego) 以及超我 (Super-ego) 之統制。本我係人類潛意識本能；超我為一個人在社會羣居生活中之社會道德標準，係良知之表現。而自我則為平衡潛意識本能與社會道德之表現，為本能加上理智之產物，為人類行為之最常見部份。

據心理分析模式，每一採購行為雖然以自我表現，但要眞正瞭解顧客行為應能透視意識層下被壓制之人類本能欲望。

四、認知失調模式 (Cognitive Dissonance Model)

費丁格 (L. Festinger) 創導認知失調模式，渠認為人類行為反映對知識、態度、信念價值等認知之失調。一旦發生失調，採購者會設法解決，諸如:

(1) 設法改變自己意見以符合已採取之決策。

(2) 收集資料支持現有之認知。

(3) 改變行動，不購買某產品等等。

五、學習模式 (Learning Model)

人類之欲望與需要，有賴引發，引發後反應於買與不買之行動上。此種欲望與需要為人類行為之驅策力 (Drive)，引發事物為引索 (Cue) 或板機，而反應 (response) 之產生，則取決於前所學習而得到之經驗。如果因購買產品而得到之滿足甚高則由此一滿足而得到之經驗，將會加強 (reinforce) 下次之反應程度。此一模式說明新產品上市時如何使潛

㉑ 同❺。

在顧客能加速學習新產品使用之重要性。學習模式係 Pavlov 氏所創。

六、問題解決模式 (Problem-Solving Model)

霍華氏 (S. Howard) 認爲消費者購買產品，係一解決問題之行爲，此一行爲有三大類型[22]：

(1) 例行反應行爲(Roatinized Respense Behavior)：常見諸於對低價且經常採購貨品之採購。

(2) 有限問題解決行爲 (Limited Problem-Solving)：常見於對產品熟悉，但對特定品牌尚不十分熟悉產品之採購。

(3) 廣泛問題解決行爲(Extensive Problem-Solving)：常見諸於對新產品之採購。此一行爲之特徵爲顧客需要甚多之有關產品之資料支持其採購行爲。

第六節　購買決策過程(二)——工業品市場

工業品購買決策過程，一如消費品購買決策，亦有理智歷程與心理歷程兩者。工業採購者雖替其所代表之團體採購，也多少受其個人動機所能影響。只不過在競爭供應商所提供之產品甚少差異時，向何一供應廠商採購顯無差異，其個人動機，因而個人之行爲，較易左右採購決策爾。

由於工業品採購決策之理智歷程較爲特殊，玆將以工業產品之採購決策矩陣與其在採購行爲上之涵義，說明工業品購買決策之理智歷程。

壹、工業品採購決策矩陣

[22] John A. Howard, *Consumer Behavior: Application of Theory* (N. Y.: McGraw-Hill Book Co., Ltd., 1977), pp. 8-15.

一般而言，工業品採購步驟包含八個階段謂之採購階段(Buyphases)㉓。它們分別為確認需求情況，決定需要何種規格產品與數量，說明所需產品之項目與數量，尋找供應商，分析評估供應商，選擇供應商訂購，以及採購績效之評估等。實際上要花多少精力與時間來作這些採購作業，端視購買性質而定，圖例 15-5「√」號表示要花時間，「√」號愈多，表示愈要花時間，重要性也愈高。

採購工業品時，考慮因素各行各業互異，一般言之，凡採購廠商之營運利潤有直接關係，或與運作之精確性有關者均為考慮之列㉔。

購買步驟	購買類型(性質)		
	新購買	修正再購	純粹再購
1. 確認問題和解決方法	√√	√	√
2. 決定所需產品之規格及數量	√√	√	√
3. 說明所需項目及數量	√√	√√	√
4. 尋找供源	√√√	√√√	√
5. 分析供源	√√	√√	√
6. 評估及選擇供源	√√	√√	√
7. 訂　購	√√	√√	√√
8. 採購績效之評估	√	√	√

圖例 15-5　工業品購買決策矩陣

圖註：√號愈多表示愈要花時間，重要性亦愈高。

據國內一項研究調查結果，工具機採購時，購買者考慮因素有規格

㉓ 同❼，第253頁。

㉔ E. Raymond Corey, *Industrial Market: Cases and Concepts*, 2nd Ed. (Englewood Cliffs. N. J: Prentice-Hall, Inc., 1976), pp. 8-16.

是否合用、精確度是否夠標準、品質穩定與否、價格是否合理、售後服務是否良好等等；其中前三項最為重要㉕。從 130 家工具採購廠商採購考慮因素研究所得結果，顯示規格合用、精確度與品質穩定可靠等考慮因素評分之得分數占總分數百分之六十強；若再加價格考慮因素，評分之得分數（則品質與價格考慮因素評分之得分數）幾占總分數百分之八十㉖。由此可見採購工業品時，採購人員所思考者，概與利潤及運作之精確度有關。

貳、工業品購買決策矩陣之特殊涵義

工業品採購過程中，涉及人員多寡不一，但較之消費品採購過程中所涉及者為多。工業品採購程序當然較消費品之採購過程長，所需時間亦長。參予工業品採購之人員，一面要扮演具有理智之經濟人角色，另一方面，他本身亦為具有情緒與感情之自然人。採購步驟所顯示之作業係一連串之理智行為，一如上述，除非供應廠商所提供之產品無顯著之差異，採購決策受採購人員感情上之影響不會太大。採購步驟中每一階段之理智作業將會統制採購決策。

就「新購買」採購言，採購作業所涉及之人員必定較多，亦需要較多有關情報，當然最易產生決策風險，因此採購人員必定抱以非常謹愼態度，處理每一步驟，決策時間勢必拖延。若對「新購買」採購行為加以壓力，可能導致採購者轉向其他供應廠商採購。面對此種購買類型，供應商品只有耐心推銷提供足夠情報，贏得工業顧客之信心。

「修正再購」之情況，較之新購買所需情報少，決策參予人員亦較

㉕ 張志丞撰，我國工具工業促銷策略之研究，國立政治大學企業管理研究所碩士論文，民國七十年六月，第 35 頁。

㉖ 同❶。

少，但由於對舊採購不甚滿意，除一面考慮另尋其他供應商外，仍然對原供應廠有興趣。因此對舊供應廠商所提供之產品與服務，必會多方評擊，倘供應廠商能及時提供改進措施，必有爭取顧客重購機會。

「純粹再購」對顧客言，只係例行性採購，毋需搜集很多情報，購買決策歷程簡短。例行性採購，重方便、準時送貨，因此實體分配作業對純粹再購買非常重要。

顧客購買行爲相當微妙而繁複，不易以一簡單模式說明。三十年來有關顧客購買行爲之論述甚多，惟各論述所強調層面不一，繁簡互異，雖均或多或少地增進了吾人對顧客購買行爲之認識，但尙缺乏一較整體化而同時適用於消費品與工業品之購買行爲架構。本文所提供之架構係由產品特性、購買情境、以及購買決策過程三大層面構築而成，其中將購買決策過程分爲理智歷程與心理歷程，正可涵蓋現階段有關購買行爲之主要模式而不失去其相互連貫性，旣可適用於工業品購買行爲，亦可適用於消費品之購買行爲[27]。

顧客行爲隨社會之進步以及經濟之繁榮將會不斷改變或演進使顧客之購買行爲益行繁複，更加微妙。深望本章所提供之總體架構對研究與分析此一繁複而微妙之顧客購買行爲有所助益。

---

[27] 郭崑謨著，「從產品、購買情境與購買決策過程探討顧客購買行爲——購買行爲總體模式芻議」，臺北市銀行月刊，第12卷第 8 期（民國七十年八月），第10-21頁。

第八篇

行銷機會之評估

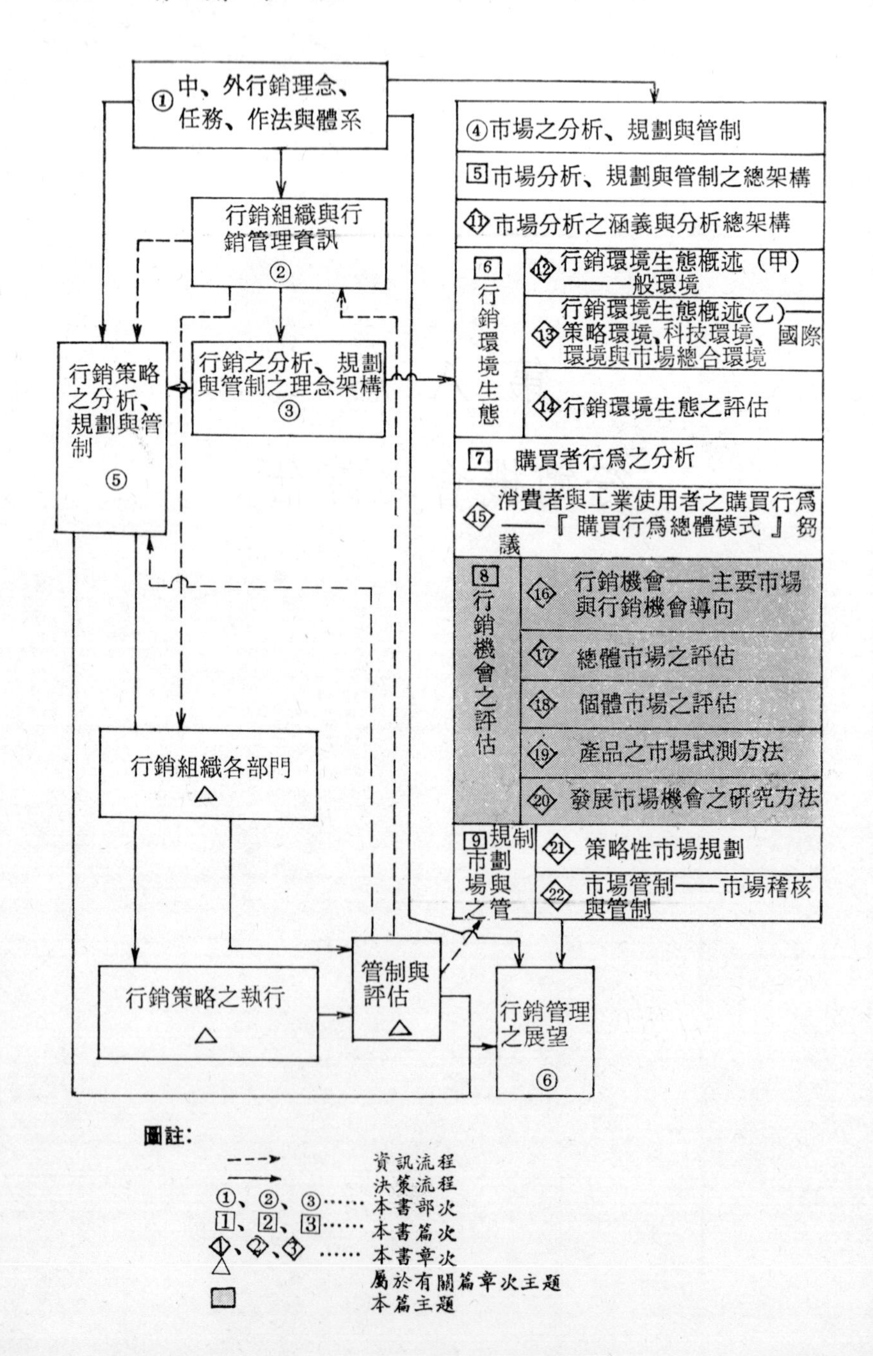
①中、外行銷理念、任務、作法與體系
行銷組織與行銷管理資訊 ②
行銷之分析、規劃與管制之理念架構 ③
行銷策略之分析、規劃與管制 ⑤
④市場之分析、規劃與管制
5 市場分析、規劃與管制之總架構
11 市場分析之涵義與分析總架構
6 行銷環境生態
12 行銷環境生態概述（甲）——一般環境
13 行銷環境生態概述(乙)——策略環境、科技環境、國際環境與市場總合環境
14 行銷環境生態之評估
7 購買者行為之分析
15 消費者與工業使用者之購買行為——『購買行為總體模式』芻議
8 行銷機會之評估
16 行銷機會——主要市場與行銷機會導向
17 總體市場之評估
18 個體市場之評估
19 產品之市場試測方法
20 發展市場機會之研究方法
9 市場規劃與管制
21 策略性市場規劃
22 市場管制——市場稽核與管制
行銷組織各部門
行銷策略之執行
管制與評估
行銷管理之展望 ⑥
圖註:
資訊流程
決策流程
①、②、③……本書部次
1、2、3……本書篇次
1、2、3 ……本書章次
屬於有關篇章次主題
本篇主題

第十六章　行銷機會——主要市場與行銷機會導向

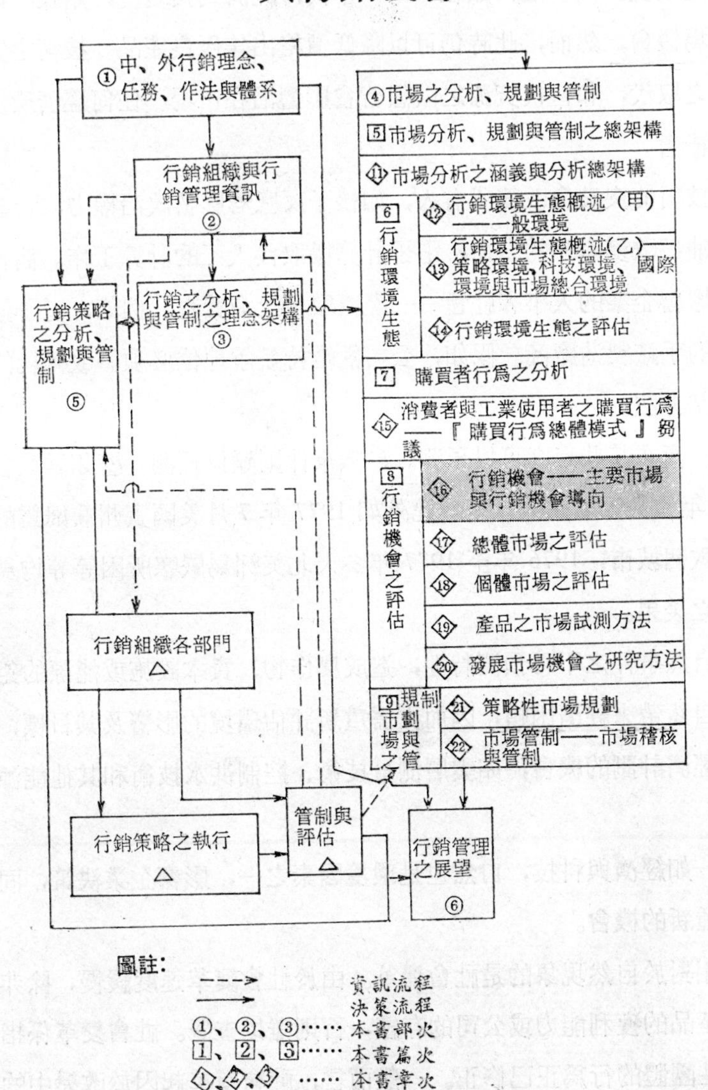

任何工業化國家均重視經濟。有良好經濟政策，國家才能繁榮、壯大，提供個人和組織參與經濟成長的機會。同樣地，企業的擴充也需要相同之環境。換言之，如在 1930 年代，經濟成長緩慢，蕭條，似乎沒有市場機會，然而，此時仍可以降低價格出售優良產品。技術之突破，材料之取代，和替代資源之供應皆會影響潛在市場。任何經濟環境皆有市場機會。

技術的突破會改變所有人，如核子反應器影響政治權力，合成纖維和石油，改變產品的壽命，電子計算機取代人工的計算工作。簡言之，科技影響企業的人事和社會——經濟環境及消費者。例如，電子錶威脅傳統的手錶製造廠商。假如，公司欲維持競爭地位必須修改傳統的生產及行銷方法。

技術在某些程度可以預測。自然事件則難以預測。譬如誰又曾料到 1970 年代美國加州大乾旱。此外如 1977 年 7 月美國賓州詹姆鎮的洪水淹沒數個城市；1976 年至 1977 年冬天北美洲為嚴寒所困等等均為自然事件之後果。

自然事件之不可預測特性，造成農作物、資本設施或能源的鉅大損失。自然帶來經濟困頓，因而更需重新評估環境的影響及其目標，同時帶來經濟計劃的機會，如雲層測量技術、控制洪水技術和其他能源的開發。

一如經濟與科技，自然也是環境因素之一，影響企業決策，同時也是一種新的機會。

相對於自然現象的是社會變革。由於社會變革速度緩慢，除非嚴重威脅產品的獲利能力或公司的存續，否則難以查覺。社會變革係指社會中某些團體的行為正已修正。一般而言，社會變革起因於改變中的經濟和社會狀況、改變中的價值與生活型態，或改變中的自然環境。

許多經濟研究顯示所得變化，改變消費者支出型態。這種現象經過一段時間變得更廣泛，而影響購買產品的種類。在今日富裕社會中，比起較不富裕的社會，旅遊和休閒活動佔了較大的預算。

消費者價值與生活型態的改變促進對某些特殊產品的需求。延後生育的價值觀，增加了對較小房屋的需求。

今日社會秩序與制度愈趨複雜，政府角色益形重要。政府法令、規章影響企業行銷的各個層面。價格、廣告、分配、產品績效及消費者的使用等均受政府影響。

這些影響對企業言，是限制，也是機會。例如，在燃料成本增加期間，對節約能源的廠商提供租稅扣抵的優待，因而有諸如使用其他能源等長期性解決方案的提出。同樣地，若改變租稅結構，減少對獨資企業的優待，則予獨資的建築公司很大威脅。對大的建築公司言，則是擴張市場的好機會。

政府愈有力，其觸角遍及各層面。因而企業必須檢視各項提議或已制定之法令，以爲決策參考。

多國企業在今日國際市場中， 亦不應忽視政治的影響。1974 年石油危機期間，許多企業，甚至於國家能否繼續生存下去均有疑問。全世界的國家與企業認識到石油供給中斷的後果，因而發展替代能源及電力廠。同時，人們也承受了生活成本升高的困苦。

國際關係影響企業家可得之新資源、產品、程序及市場。因而一如其他環境因素，亦代表變化中的限制與機會。

上述種種環境對行銷機會之影響，雖僅屬較易觀察之數種，却反映出行銷環境生態對行銷機會之重要性。本章將先就三種主要市場以及其行爲作簡略探討後，再就追求行銷機會之導向與行銷之各種機會加以討論。

第一節 主要市場與其行為

在大多數的課本裏，市場和市場行為分析多半着重於消費者分析，部份的理由是因為多數的學生比較熟悉消費市場，在利用理論和實務的結合時比起其他角度的結合要來的容易。當然除了這些理由外，尚有其他理由說明大多數的行銷為什麼比較偏重消費者市場。同樣的在非消費者市場也有行銷機會存在。第五篇所列舉之市場相當廣泛，種類甚多，本節特就下列三種比較重要者分別討論藉以了解此三市場之行為。

1. 消費者市場（Consumers Market）
2. 政府市場（Governmental Market）
3. 中間市場（Intermedicate Market）

壹、消費者市場

當我們研究消費者市場時，我們多半指最終消費者（ultinate consumers）。所謂最終的意義係指消費者購買產品時其目的乃在於消費該項財貨。如果將這個解釋用來做較廣義的推論，它似乎涵蓋了所有的個體。要做有意義的行銷機會分析，廠商有必須利用消費者市場來做區隔。但是做這個區隔，要花費相當的代價。但是，我們仍然可以從市場狀況或是該廠商在產業的地位來建立區隔標準。一些有關消費者市場的主要考慮因素，行銷人員必須認識。它們是人口特性、所得資料以及就業（職業）特性。

一、人口特性

在 1970 年代後期，世界人口大約是 40 億。這些資料顯示出逐漸增加的產品和勞務需求，以便滿足個人的基本需要❶，如食物、衣服等；和較高層次的需要，如書籍。但是在實際上什麼樣的產品和勞務是眞正的被需求，則決定於什麼吸引這些市場使廠商增加產出。一個人口出生的增加無法說明個別廠商的行銷機會。譬如說：人口增加的地區並不一定是消費一個由某一個專門生產食品的廠商產品。其原因可能是該產品市場的人口正逐漸的衰退；因此，就較大的市場指標來觀察顯然不夠。必須在透過中間市場需求的調查來配合。在多數國家，人口比較集中於主要的城市和地區，如臺灣區的人口，是以高雄和臺北密度較高。對於人口集中的地域加以認定可以很快的告訴我們市場的機會及估評市場之方向。同樣的，我們也可以就人口的年齡結構加以觀察而發現有利的趨勢。例如，一個國家的人口結構中，如果年幼兒童的出生率降低，曾經導致兒童玩具市場的緩慢成長。

二、就業、婚姻狀況和所得

就業又是另一個行銷分析的主題。人口資料中的就業勞動力或參予率可以粗略的作爲我們某些特定區域市場（人口）之經濟狀況指標。同樣的，例如新光保險公司的退休養老保險的市場，亦是以退休的人員所領之退休金爲指標。婚姻狀況和家庭的生命循環 (life-cycle) 支出模式同樣的也可以做爲研究市場機會的重要對象。根據上面提到的理論，支出模式中，從婚姻的開始起，至子女的出生和成長等過程，其間所要的花費和需要均可做爲分析的對象。對這類支出模式的了解及不結婚人士的個人支出模式的了解，均十分重要。例如，結婚的男女雙方，不願意有太多子女，甚至不想有子女的男女夫婦增多，卽有可能隱含着子女傢俱市場的縮小，子女衣服市場的減縮等。

---

❶ United States Bureau of the Cansus, *Statistical Abstract of the United States: 1976, 97th Edition* (1976), pp. 5 & 70.

所得是衡量一個產品市場購買力的粗略指標。例如個人的所得，特別是所得的分配更是常被用於多國籍市場分析的好題材。例如：相同所得分配的地區和國家，很可能讓人有一種有相同購買力的錯覺，而實際上並不盡然。因爲各地區的生活水準並不一致，且同樣的產品在所得相同地區也有不同的含義。

三、社會和文化特徵

在決定行銷機會時，社會和文化的背景因素也是相當重要。人口的特徵，也可以用社會羣體的概念來剖析，它們可以是家庭的分子或非家庭成員，作正式或非正式的研究。例如：地理性的氣候可能會影響到棉毛衣的厚重。又同時在中國人的心目中紅色是吉祥喜氣，而在泰國則似乎是黃色才代表吉祥，因此銷往泰國的產品就必須注意這些細節。我們有關消費大衆的購買行爲大多是來自於心理上、社會學上和人類文化學上的相互關係。前者是較重消費者個人，而後二者則是比較重視羣體上之行爲觀察，多數的廠商似乎容易忽略這些研究。馬斯洛的需要層次理論有助於個人的人類複雜的需求層次了解❷。它們是生理需求、安全需求、社會需求、心理需求及自我實現的需求。消費者可能從某種產品的購買來滿足這種層次的需求。人首先必須滿足某些較低層次的需求，然後才追求較高層次之需求。馬氏的理論可以用來說明前面所談到的相同所得分配但却購買不同產品之原因。也就是說，如果具有相同所得分配之國家，其中多數人口是低所得的貧民，則他們的購買行爲必不同於具相當環境，但大多數是中產階級的人。同時，行銷經理可能須用不同的方法來區隔市場，而研究行銷機會。

---

❷ Abraham H. Maslow, *Motication and Personality* (N. Y.: Harper & Row, 1954), pp. 80-106.

貳、工業市場[3]

工業市場的購買行爲就如同消費者一樣受到社會和心理的影響。雖然這些影響會改變企業決策，就像是消費者的決策一樣受到各種限制，但經濟邏輯(economic logic)却是主要的決定因素。消費者和工業行銷之間的區別在於決策的成本和影響決策的社會組織均是遠超過於影響個人支出的因素。其決策成本的高低需要仔細地經過經濟分析和根據經濟的理論指導作一合理的最佳決策。但是無論如何，在重於經濟分析之際，仍不可忽略了個人和羣衆的心理因素。這些心理因素相當重要，如果忽略了它們可能導致錯誤的行銷機會決策。例如美國 IBM 公司，其公司的知名度遠超過了經濟因素的考慮。因此 IBM 公司和其他的競爭對手的行銷機會應各有強調，卽 IBM 公司強調 IBM 的優點，而其他的競爭對手則應強調理性的經濟因素以對抗衡 IBM 公司的心理因素之強調。

因爲多數的消費財均經過多重交易和迂廻的生產過程才到達消費者手中，所以工業市場的生產財貨之規模和交易金額，不論在規模和件數均較消費者市場大。這種工業市場的大小和重要性可以從工業產品的分類指標上看出。這類產品的購買可以分爲數大類。第一類是基本原料(raw material)，如食物和煤。第二類爲資本設備(capital equipment)，這種資本財多隨時間而折舊，如廠房。第三類有零件(parts)和裝配原料(compont material)，如鋼鐵(steel)。第四類則有生產中的消耗品，如原油。尙有其他類，如卡車等輔助設備。因此，要有成功的工業行銷

---

[3] Burton H. Marcuo and Edward M. Tauber, *Marketing Analysis and Derision Marketing*(Boston: Little, Brown and Company, 1979), pp. 9-11.

其主要成份是產品設計、成本和服務 (Service)。

叁、政府市場

政府市場包括各型政府單位，如中央機構、省級機構、及地方機構，如縣級及鄉鎮政府。在美國，政府機構的支出大約佔 GNP 的四分之一。政府提供的財貨和勞務有健康保險醫療、福利、房屋貸款、交通工具和國防等。政府提供的財貨和購買的財貨可謂相當龐大。政府機構提供了相當多的行銷機會。因爲購買(採購)的動機不在於營利 (profit)，亦不在於慾望的滿足，因此要和政府交易必須注意成本的降低和合理之價格，並且注意民意機構的動向。同時，在有影響力的一些私人關係中，政府會特別注意這些有影響力廠家的能力。例如，政府要建立一電腦化的偵查系統，則其所決定的乃在於用什麼系統，然後再作廠商及廠商和政府關係的評估。對某些廠家而言，爭取政府的行銷機會相當重要。因此，對於政府這個龐大的行銷機會，廠商不可輕易放棄。

第二節　追求行銷 (市場) 機會的導向

構成機會的因素，由一家公司到另一家公司和由一產業到另一產業有相當大的區別。不同組織，由於不同的結構，而導致擁有不同的需求。

不同的公司在相同的市場上如何認知他們獨特的機會，可藉下列之例說明。在 1960 年美國啤酒工廠 Budweiser 被認爲是無懈可擊，其產品之需求超過其生產力。該公司的競爭者 Schlitz，經由擴充其產品生產力，把握機會，稍後經由提供一種可接受的代替品而對領導者的地位產生了挑戰性。當 Budweiser 看到對其傳統品質有極強烈需求的機會時，Schlitz 利用對一相同競爭產品不滿意的需求，有利地與 Budweiser 競爭。

即使在相同的領域中，產業和公司的市場需求可能變更。例如：當汽車工業需要發展較爲省油（消費較少能源）之交通工具時，美國汽車公司利用其能源節省設備而成爲成功的行銷者。該公司的主要策略與經由任何可接受的方法擴展其市場分配有關，包含了能節省能源的汽車。相同地，石油工業的策略是緩和營運上的政治影響以及使長期的供給與需求更趨於均等。然而，美國的大石油公司需要有合適的投資環境，才可以投資於石油挖掘，但小公司則需此投資的報酬率至少不小於融資借款的成本率。因此，由於大小公司的優點與弱點，公司的行銷機會常有相當大的改變。

以下將討論兩種追求行銷機會的方法，兩者均係關於一家公司的基本導向。

壹、技術和市場的導向

確認新的行銷機會是大部份公司的一項主要工作。依歷史的觀點來看，預測新的行銷機會已反應出兩種不同的導向：(1) 技術導向（產品及供給導向）(2) 市場導向（需求與需要的導向）。

強調顧客需求與需要的行銷（市場）乃是着重於應該製造些什麼而不是能製造出什麼產品。所謂的行銷觀念是認爲一事業應由顧客的需求開始，進而去發展產品並利用製造、分配、定價，與促銷這產品的方法，以適合這項需求。雖然此一理論相當健全，但是行銷人員很久以來即已感到應用此種行銷觀念的困難。事實上，大部份的行銷機會，特別是對新產品而言，並不因行銷觀念的應用而起作用（發生）。甚少觀念是由顧客（消費者）直接產生。相反地，一般的程序是由公司研究開發出產品，而後測試顧客的反應而產生。

對行銷（顧客）導向或傳統的生產導向下結論看看那一種較好，較有效率，似乎尚早。事實上，這兩種方法都曾經成功地被引用來發展新行銷機會。因此，我們應該客觀的來研究這兩種方法。

一、顧客導向

這二十年來行銷方面的業者及教育家均擁護行銷觀念之事業哲理，學生們也是如此被教導。正如柯特勒（Philip Kotler）氏，簡潔的定義着：行銷觀念是一種經營導向，掌握着組織中的主要工作以決定需求、需要及目標市場的價值，以適合這組織能更有效率及效果地輸送產品滿足顧客的慾望。這個事業哲理反應出了二十世紀中間的事業氣候——在產品豐富而需求有限的市場中與競爭廠商猛烈地爭取各自的市場❹。

行銷觀念隱含着組織的努力與利潤方面的整合。前者反應出組織對於產品的修改、追加、刪除等各方面努力的需求，後者反應出滿足組織財務上的需求與股東的需求。因此，行銷觀念在1970年間有三項主題：顧客導向，整合的努力與利潤導向❺。

行銷觀念的邏輯非常簡單，行銷卽是一種交換的程序。產品由一個人或組織轉至另一個人或組織的結果必須雙方都滿意。否則，交換卽不會發生或是不會繼續發生。所以，一公司的產品必須滿足相當的顧客，這樣該公司自己的目標才有辦法達成。如此一來，當公司追求機會時，由滿足潛在顧客的需求開始似乎很合乎邏輯。

理論上，很少有經營者會反對這一哲理。然而，在追求機會的實際

❹ Philip Kotler, *Marketing Management Analysis, Planning and Control*, 3rd Ed. (Englewood Cliff, N. J: Prentice-Hall, Inc. 1976), p. 14.

❺ Arther P. Felton, "Making the Marketing Concept Work", *Harvard Business Review*, Vol. 37 (July-August, 1959), pp. 55-65.

管理上，行銷觀念變動相當大。顧客導向有兩大限制。第一、關於衡量潛在顧客需求的問題。第二、大部份的公司均有影響生產的優點與限制。

二、確認與衡量顧客需求的問題

行銷的研究與其它技術尙不足以證明，如經營者所想像的那樣，能確認未滿足的顧客需求。不論是使用直接問卷或間接的方法研究，決定顧客的需求，都沒有很成功的例子。主要的原因是顧客不能眞正的說出他們需要什麼，因爲他們時常並不了解自己。再者，顧客的需求互相依賴。因此，個別的詢問顧客（如市場研究調查）可能無法涵蓋什麼才是一大家可接受的產品。搖搖圈（The Hula-Hoop）就是一個例子。

普通顧客的需求只能反應出人們目前的需要，或他們認爲在將來他們可能需要些什麼；但衆所週知的，顧客在他們的需求上是很差勁的預言者。當然，顧客也會受目前狀況（事件）的影響，例如：能源危機與地震，他們是根據這些目前的事件來預測他們的需要。這些預測能提供公司短期的機會。例如：地震保險單的提供是跟隨着一主要的地震而來，在能源危機時有太陽能資源的出現以及在高犯罪率（卽暴動）時期，槍砲的銷售等。

長期的機會較難認定，當然主要者，不連續的革新，如汽車及電視並不是一種因現在的想像而產生的。這種規模的革新與滿足他們的需要，通常不是大部人的預測或事業機構所領導的研究所能達到的。

大部份的人似乎都有反抗改變的天性。他們通常不會感覺到需要改變他們生活型態的需求。例如：❻

若將冰塊裝在櫃子中以作爲保存易腐敗食物的方法，我們大

---

❻ Joe Kent Kirby, "The Marketing Concept: Suitable Guide to Product Strategy?" *The Business Quarterly*, Vol. 37 (Summer, 1972) p. 34.

都會感到相當的不方便。但是，在本世紀的早期，用那種方法來保存食物相當普遍。當美國通用汽車公司(G. M.)引進 Frigidair（冰箱之一種）時，將電力的便利帶進了家庭的冰箱，却需要非常大的努力使家庭主婦信服，使他們放棄冰櫃子 (iceboxes)，而利用現代的方法來儲存食物。可能會有很多的理由來支持這項反抗。有些人可能會認爲這種新方法並不是絕對的安全，有些人則可能會覺得成本太高。姑且不論這些理由，如果 G. M. 基於消費者決策，在該產品有迫切的需要時不將它引進市場，目前我們可能還是用老方法，將冰塊置於櫃子中以保存食物。

三、生產限制

應用顧客導向以研究行銷機會的第二個限制是一非常明顯的事實，卽每一公司在任何時刻裏，在特別的技術範圍中均擁有其專精及特殊的生產優勢。公司以最大的努力作好它。若其他情況均相等，一公司若能善用其生產優勢則較能成功；例如，美國 Campell 公司在湯類方面較能成功，而 Chrysler 則是汽車，McDonnell-Douglas 是航空產品。

這個例子可由一家美國主要的藥廠引進一新產品失敗的例子來說明。在 1960 年，美國一家藥廠經由藥物銷售對象成功的引進了一種天然維他命。由於維他命的銷售是如此的成功，因此該公司想利用現有的生產線及配銷通路尋求一種新產品。該公司中較有創造力的職員幕僚想出來的一個方案是銷售罐裝堅果。促銷該項產品的想法與方法是如此的令人興奮，然而該公司對該項產品不甚了解，以致犯了一些嚴重的錯誤。其中最嚴重也是影響該公司聲譽的錯誤，就是某些堅果存於罐中，經過一段時間以後便會腐壞。因此造成該項產品無法繼續生產，同時也無法推出該產品的惡果。若該公司對其專業的領域有較深入的了解，這種錯誤應該會減少。

總之，問題不是一家公司是否應該利用顧客導向的觀念，而是機會的研究應該是由實驗室開始？還是由市場開始？到現在仍然有人爭論。筆者認爲應該採取「產銷技術並重導向」。

貳、技術導向

一公司提供的產品亦可視爲一種該公司生產能力的功能。事實上，在行銷觀念來臨之前，產品的提供是由公司決定。一公司的生產能力是由其內部與外部的力量所構成或計劃與非計劃的力量構成(見表16-1)。

表 16-1　公司生產能力的決定因素

程序	力量：內部	力量：外部
計劃	1. 公司基本與應用的研究與發展。 2. 專有的技術。 3. 購買與生產。	1. 政府贊助的研究。 2. 工業或貿易協會的研究。 3. 教育或機構的研究。
非計劃	1. 無意中的發現。 2. 可利用的資源。	

資料來源：Burton H. Marcus and Edward M. Tauber, *Marketing Analysis and Derision Marketing* (Boston: Little, Brown and Company, 1979) p. 87.

一公司有計劃的研究活動，時常提供公司競爭優勢的產品發展。威金公司 (Wilkinson Sword) 所發展出來的不銹鋼刮鬍刀片即是這種產品發展所提供的差別利益（優勢）之一例，美國杜邦公司 (Du Pont) 所發展的尼龍也是一個例子。

工業或政府有計劃的研究發展也能促進技術的發展，因而導致國家、產業與公司的比較利益。組織或公司延遲或根本不採用技術與那些利用較小的技術以生產產品或代替品的公司比較起來，其不利的條件相當明顯。政府贊助的能源資源方案之研究卽是一種有系統的計劃活動，這可能無法由各別的公司來從事，但却可由政府的廣大資源來支持。

沒有計劃的技術發現，時常是在做基本研究時無意中發現的。事實上，部份最重要的技術上成就是在這種情況下發生的。美國寶踐公司 (Proctor 和 Gamble) 乳白色的肥皂之發現，雖然不是技術上的成就，卽是一個沒有計劃却有報酬的發現之例。

相似地，未計劃的產業及政府的發現可以幫助個別廠商。此外，許多消費性產品由美國太空方案的支案所開發出來，卽是一例。其他例子如縮小電晶體及雷射線之應用等等不勝枚舉。

姑且不論技術性發現的資源，來自內部或外部，來自計劃性或非計劃性，大部份都是生產導向。從一行銷的立場來看，生產導向最主要的限制就是由技術所開發出來的產品，可能會缺乏潛在的市場。另一方面，某方面的技術進步可應用於多種不同的產品。有一些可能具有潛在市場，例如，快速脫水過程的開發使得美國康乃馨 (Carnation) 公司得以提供多項的產品革新及改良，如脫脂奶粉，卽溶奶粉及節食用的食物等等。

簡言之，以技術導向追求市場行銷機會雖然較浪費時日與成本，但經由主要產品的革新，亦可提供有潛力的報酬。而另一方面，消費者導向通常可以確保產品配合顧客的需求及欲望，從而獲得的好處遠大於技術的革新，但產品之改變有時看起來並不顯著或甚至是浪費。

至於公司是否須反應消費者需求抑或技術創新創造了顧客的新需求，由於二者在實務上皆發生，因此這個問題便有些學術味道！一位行銷學者相信二者彼此配合可更精確地描述所提供產品的開發。下面是他們的論據❼。

---

❼ William H. Reynolds, *Product and Markets* (N. Y.: Appleton-Century Crofts, 1969), p. 7.

利用旅遊業作爲例子，屢次受到造訪的地區，經由雙向適應的過程較易受到開發。多年以前，許多旅遊者到美國拉斯維加去離婚分居或賭博。有一觀光旅館增加了表演節目，吸引了更多的觀光客，導致建立更多的觀光旅館及汽車旅館。精益求精的舞臺節目安排出來，商店及便利設施亦陸續地建立。如今，拉斯維加成爲許多觀光客的目的地。

由上例可看出顧客需求創造產品上市的機會，而產品亦創造了顧客的需求。

因此，在作行銷機會之研究時，沒有單獨一個導向是最好的。假若一個公司能同時經由顧客導向及技術導向來追求機會，則其所提供的產品必受到消費者之歡迎。此種兼顧生產技術與行銷技術之導向，筆者稱之爲「產銷技術並重導向」，亦爲目前我國應採取之導向。

第三節 行銷的各種機會

機會對企業而言，非常重要，莎士比亞曾說過「人世間良機導致幸運的來源」❽。就是這些機會把過去的幻想轉變成豐裕的未來之一種寫照。

機會很少自天而降，大部份是廠商自己所創造。它們是經由一系列的研究參與而創出新意見，加以評核，進而去追求這可帶給廠商最佳報酬的機會。

一個組織要保持活力的最佳方法是不斷的尋求新機會。事實上大部

---

❽ Shakespeare, *Julius Caesar*, Act IV. SC. 3, Lin 27, in Burton H. Marcus and Edward M. Tauber, *Marketing Analysis and Derision Making* (Boston: Little, Brown and Company, 1979), p. 93.

分的組織所承受的這種壓力相當重要。例如在研究一個衆多部門的產業時，常可發現幾乎所有的廠商都在尋求新機會。這種似乎是永無止境的研尋新機會是今日企業上所共同面臨的許多因素所造成的，例如:

(1) 週期性較短的產品逐漸增加，減少目前既有的產品及可能產品的獲利性。(因爲生命週期較短的產品所投下的固定設備較多，故獲利性會降低。)

(2) 技術急遽的變動。

(3) 消費者需求的不斷改變，時常因而提供了新的行銷潛能。

(4) 探尋機會而延伸的競爭擴大。

(5) 在公司的有限時間內是否能成功的開發出新機會的不確定性。

因此一個組織無法發掘新機會所造成的壓力與對一個機會的投資所引起內部和外部的不確定性的提高的壓力是一樣的。因此，各行業都積極的尋求各種新機運。

壹、新產品與現有產品機會

在討論新的機會與目前存在的產品機會前，應對名詞的定義與一些較有用的分類方法有所認識與了解。

廠商旣有產品機會範圍從「舊品新賣」如美國嬌生 (Johnson's & Johnson's) 的嬰兒洗髮精開闢了成人系列產品到能影響消費者生活的主要創新活動 (如電視)。追求行銷機會必須應用到某些行銷組合 (產品、促銷、分配與價格等等。)

對廠商與市場而言，產品可依其新舊程度作適當的分類，(見表 16-2)。所謂「新舊程度」很難下定義。新舊是相對的。對誰而言是新的? 何時是新的? 有多新? 事實上，大部份公司所謂新的是指從前未開發上市的產品。然而這定義並不承認對公司是新的產品，對消費者而言亦是新的。相反對消費者是新的產品，亦不一定是生產者的新產品，因此兩者都得重加考慮。

表 16-2　從廠商與市場的觀點看行銷機會

市　場	廠商產品：舊	廠商產品：新
舊	現有產品	模　仿
新	市場擴充或產品更置 (product repositioning)	創　新

貳、舊產品與新市場——市場擴充或產品改名

舊產品是公司目前提供市場銷售的產品。但是當這些產品以一種嶄新方式使消費者耳目一新的感覺時，這是利用消費者對市場的不熟悉的功能。我們可以用市場擴充與產品更名的方式加以應用。

市場擴充是將原有產品開發到另一羣陌生的消費者之中。（例如：Rheingold 啤酒原僅在美國東海岸銷售，現在亦擴銷到美國西海岸，這亦被視爲新產品。）產品更置是將原有產品的名稱、包裝、廣告等加以變更使消費者全部受到混淆而認爲有所不同，美製 Marlboro 香煙就是一個很好的例子。它原本是適於女性的，甚至有一紅色濾嘴使女人的唇膏不致印上去；後來因銷售不佳，其經營者就將之改爲男性用的香煙，把紅色濾嘴改掉，包裝盒也換過，在廣告上並強調是一種男性化的牛仔，結果銷路大增，而成爲美國經營香煙成功的故事。市場擴充與產品更名都是一種以目前產品創造機會的方法。這兩種策略使舊有產品改頭換面，而增加目前已有的產品之銷售量。

叁、新產品：限制與創新對行銷機會之影響

從典型的企業組織觀點，新產品對公司而言是新的東西。當某些產品已被其他組織開發出來，對消費者而言已不是新產品，只能稱之爲產品仿造 (product imitation)，在市場上謂之仿造品 (me-too product)。反之，如果產品對企業本身和消費者本身而言都是新的，才能稱爲產品創新 (product innovation)。例如全錄公司的影印機就是一種創新；市場上沒有類似產品，消費者對這種產品及其功能不熟悉。因此以後如 3M 和 IBM 的影印機再出現，雖然對他們公司是新產品，但都是仿造全錄公司的機器之基本性能，縱使有其他小功能，也不能算是創新。

經由追求創新或仿製新產品能使公司同樣的成功。其選擇有賴於某一時間對某一公司影響的狀況。

一、新產品發展：達成公司目標的方法

成長是大部份大企業的主要目標。但在今日的企業環境，如果不注意到新舊產品，甚難達到成長。此外，尙需兩個先決條件：一是研究發展成本及人事上的支持。

能注重研究產品的產業通常較能達成其成長目標。如 Booz, Allen Hamilton 的研究報告顯示，對新產品研究發展支出愈大的產業，其成長率就愈高❾。

另一研究亦顯示了產品開發的重要性，美國幾家主要大企業的高級主管亦表示往後五年內他們公司百分之八十五的成長都得靠產品的研究開發——包括內部和外部的開發❿。

（一）產品新穎的程度

要多新才能算是創新？產品創新的新穎程度變動很大，如十段變速

❾ *Management of New Product* (N. Y.: Booz, Allen Hamilton, 1968), p. 5.

❿ 同❸，第 97 頁。

腳踏車和微波爐，可以說都是創新的產品，但他們究竟有多新？有待研討。

了解創新和新穎的程度是一件重要事項。衡量新穎的變數有兩大類：產品的遠景和市場遠景。表 16-3 列舉出其範圍。產品遠景乃指貨品在技術上、功能上和基本形態上的變動。市場遠景乃指產品如何依據消費者對該項產品特性的認識及依據它們對消費者形態的效果的變動程度。

表 16-3　產品新穎的程度

遠景（希望）	主　　題	新穎的依據基礎
產品	改善	目前產品微小變化（如顏色、大小等）
	繁衍	影響產品形式和功能的修飾。
	進步	在產品形式、功能和技術上有重大的改變。
市場	認知的差異	產品特性、其他市場組合的特徵。
	認知上的行爲差異	社會文化形態的連續性。
		連續的
		變動連續的
		間斷的

資料來源：Burton H. Marcus and Edward M. Tauber, *Marketing Analysis and Decision Marketing* (Boston: Little, Brown and Company, 1979) p. 99, Table 5-2.

1. 產品改善

當產品改善、繁衍、進步時，都可定義做產品的新穎，如電視機螢幕加大及音響效果改善。

2. 產品的繁衍（產品線的擴充）

此乃指保存目前產品的基本形式，功能和技術外做些許的變動，如手提型與桌上型電視取代落地型，雙層刮鬍刀片等。

3. 產品創新

此乃指完全新式的產品、最新創見。其形式功能和技術都與公司從前銷售的產品完全不同。如 1920 年，冰箱進入消費者市場卽爲一例。這些產品實質上與其他從前市場的產品不同，可謂創新。

「產品變度」乃指在技術、形式和功能上的改變程度。然而，在也許會影響其他方面的變度。例如：一項技術上的改進可以應用到許多的產品上，固態元件和積體電路技術上的改進可以應用在消費者市場（如音響、計算機）和工業市場（如電腦和廠房自動控制系統）同樣，旋轉式引擎技術被運用在汽車、飛機等交通工具。然而這些技術並未改變其原先產品的功能，而是改變了這些產品的效能和某些形式。

相反的，某些產品並不影響技術而却顯著影響了產品的功能。如車庫自動開門機 (automatic garage door opener) 和 trash compactor 並非技術上的突破而只是對傳統產品做主要的修改。

（二）市場的遠景

雖然公司必須從產品的前途判斷其新穎度，但也同時注意到市場的前途。消費者會與其他市場的產品一起比較其特性。當發展新產品時，生產者必須保證讓消費者知道這是新的產品。

新產品在市場上如被認爲與原產品沒有多大不同時，就不能刺激消費者購買的興趣。另一極端相反的情形是，如果新產品根本上被認爲完全與市場上其他產品不同也會不能刺激消費者的購買，甚至會被認爲是過度吹噓。

另一種因素不是消費者對產品的認知，而是產品在消費形態上的效果。一位著名的行銷學者，提出依照個人使用習慣的經驗之連續性的程度用來判斷是新產品。依照這個理論，可以將新產品依其從高度連續性到不連續而加以分類爲三種：連續性的、變動連續性的和間斷性的[11]。

屬於連續性的創新幾乎不會影響到已建立的消費形態，且對目前的產品僅有些微小影響，例如洗衣粉和肥皂、超氟牙膏和普通牙膏就是這一類的例子。在目前既有產品類別內，高度連續性的產品的加入一般都是新品牌，同時可以立卽適合消費者的使用行爲——故謂之連續性的新產品。

變動連續性的創新對消費者行爲而言就稍有間隔，可是間隔並不大。如電動牙刷，對消費者行爲而言並不需有多大的改變就可使用這些產品。

最後間斷性的創新必須停止過去的習慣以適應新產品。消費者從前並不知道有這類產品而且必須有新的消費習慣，如本世紀的汽車和留聲機的發明，冷凍食物和避孕藥等卽是此類例子。

依據 Robertson 的看法[12]：

在美國大部份的創新，在消費者部門方面，一般都是屬於連續性的，這也是他們想區分產品別以增加市場佔有率的結果；很少有間斷性的創新以顯著的改變或創造新的消費形態。

高度連續性的創新很少能影響我們的生活，間斷性的創新却可使消費者的生活方式和消費形態有很大的改變。這種差別是很顯著的，因爲消費者的接受間斷性新產品可能很痛苦。因此在預測市場可接受性的比例之前先了解特殊新產品的類似效果是很重要的一件事。

（三）新產品策略：創新或仿造

雖然創新的重要性不容否認，但許多成功的公司却不追求這種方

---

[11] Thomas S. Robertson, *Innovative Behavior and Communication* p. 1 in Marcus & Tauber, *op. cit.* p. 101.

[12] 同[11]。

法。事實上，某些研究者認爲採仿造政策的方法比創新較易成功。雖然沒有結論性的結果顯示那一邊是對的，不過許多成功的企業常追求每一種方法。事實上，大部份的公司都曾是創新者和模仿者，創新的方法是無窮盡的。

某些最成功的創新與公司本身技術性產品發展關係不大。例如美國的蘭特公司(Sperry Rand)是第一家發展電腦市場的公司而非 IBM 公司⓭。事實上，某些 IMB 的競爭者已開發了許多技術性的突破而對 IBM 有很多的貢獻。而 IBM 眞是最成功的模仿者。因爲 IBM 集中於銷售與服務，這是一種從其他公司提供的行銷組合所變更的創新。IBM 也承認銷售方法的解決是比電腦機器更重要的。因此使顧客建立了一個新形象。

美國 L'eggs 的褲襪也是相同的一例，他們的創新是行銷上的創新，譬如重新包裝或是改變配售途徑，因而使得 L'egg 公司在幾年之內成爲一重要的品牌。

對於公司以創新政策的利弊有許多爭論，主要如下：

1. 創新的利益：

(1) 創新的品牌在市場上較易達到優先的市場佔據力。在美國乃爾斯 (A. C. Nielsen) 公司，其創新的品牌銷售量爲別家模仿最好的公司的兩倍。因此較高售量通常可以獲得較好的利潤邊際。優勢的品牌較能以高價出售，而且可以比銷售較少量的其他模仿品牌獲得更大的創新利潤。

這種原因尚未被完全了解，但有許多不同的假設提出。其一是說第一出現的品牌較先打入顧客的心理，較容易獲得顧客的欣賞。其二爲創新的品牌被認爲是品質較好的產品，雖然其他模仿者按其價格和類似包

⓭ 同❸，第 102 頁。

裝，但決無法獲得更好的品質。第三種假設認爲一旦顧客購買了這種產品，他們就變成忠誠的使用者，不再改變。

(2) 模仿的品牌面臨了較不利的競爭挑戰。顧客需要已被創新的品牌所滿足。因此模仿者唯一之途是更滿足顧客的需要，但由於習慣形式，認知的防禦和經驗等造成了顧客無法接受。因此大部份模仿者只能有較小的佔有率和以較低的價格吸引顧客了。

(3) 創新品牌有前導時間的利益 (lead-time)。在模仿者能模仿之先，創新者有獨佔控制整個市場的優勢。在模仿品進入市場之後，創新者已有足夠時間來建立他的勢力。

(4) 創新者可以獲得專利的保護，在這期間之內，創新的產品就具完全獨佔的局面。

(5) 可授予執照給其他廠商，而賺得許多專利版費。

(6) 創新的品牌使公司得以藉機擴充。當成功的創新有利益時，就有機會擴充、繁衍而獲得更大的銷售量和成長率。因爲可以創新產品更加的改善發展，而擴充其市場。

2. 創新之弊害:

(1) 創新的風險很高。許多研究者在尋找創新產品的失敗率。並指出成功的可能是很低的。在各步驟失敗的行銷和發展成本必須在少數的幾種成功產品中收回，許多公司在此一系列的賭博之中因而失敗。

(2) 發展成本太高。小公司幾乎沒有能力維持研究發展和行銷專家的費用。例如美國東部一家大廠商的研究成本在十年之間高達兩千四百萬美元。在這十年之中，僅有三種產品經由研究發展、測試，而終於成功的[14]。另一研究報告顯示，消費財在全國性的試驗失敗的成本是

---

[14] 同[3]，第104頁。

三十萬到一百萬美元，而且不包括發展與行銷前的成本⑮，高度技術的工業產品可能更多，福特公司 Edsel 的發展失敗的成本是兩億五千萬美元。因此高度的發展成本是許多公司的障礙。像這些資本較少的公司只能做市場開發或模仿的工作。

(3) 失敗損失包括了財務和心理上的成本。公司的士氣可能因失敗而受阻，甚至影響到顧客、股東、經銷商和競爭者。甚至可能由於新產品失敗的許多不實的謠言而影響到目前的產品。此外缺乏正當的管理、決策和創新技術，都會阻礙公司的創新活動。

3. 模仿的優點:

模仿政策常被採用，其理如下:

(1) 模仿與創新的風險。在其他公司創新成功而且市場顯示良好之後，許多公司常採模仿政策。模仿者不再需要介紹新產品。雖然沒有研究報告顯示模仿的失敗率比創新少，但一般相信是如此的。

(2) 模仿和創新的成本不同，當然前者不需像創新者承擔那麼多的研究開發成本。

(3) 容許競爭者的存在，新產品的範圍很廣，可以容許一兩個競爭者的加入。

(4) 競爭者可以避免生產、包裝、配售、訂價或促銷的錯誤。這些錯誤都已經由創新者承擔。新產品仍有許多待改進之處，模仿者如能了解這些缺點而改進，可能更容易佔得優勢。因此避免創新者的錯誤，降低了模仿者的風險與成本。

因此，選擇創新政策或模仿政策，即是不同階層風險和報酬之間的選擇。這項選擇反應出對公司使命、特性和資源的認識，在這種變動的時代裏選擇任何一種都有機會成功，如果都不選的話，可能註定失敗。

⑮ 同❸，第 104 頁。

(四) 目前產品的發展: 一種達到公司目標的方法。

新產品的機會是很重要的成長資源之一，增加現有產品的銷售量在許多大企業之中逐漸重要。目前許多趨勢顯示廠商增加或擴充目前產品的銷售。

在 1970 年代，美國的國民生產毛額 (GNP) 雖能繼續增加，但已有減緩現象。1980 年代的展望雖略會改善，以一種稍低的水準繼續成長。最主要的因素之一是人口成長的下降。自 1960 年到 1970 年人口成長 14%，而 1970 年至 1980 年爲 9 %，1980 年至 1985 年預計爲 5 %。在 1967 年出生率爲有史以來最低，每千人之中僅 14. 7 人，在 1970 年爲 18. 2 人，在 1976 年每個女人之間就有 1. 8 個孩童。當然降低了每戶人數平均，1960 年是 3. 33 人，1970 年是 2. 89 人，如果這個趨勢繼續下去至 1985 年平均每戶僅 2. 64 人。[16]

美國輸入不斷增加的壓力將繼續發生於 1980 年代。日本、西德以及其他國家經濟的成熟，縱使不致超越美國，亦將成爲她的競爭者。這將對美國國內外市場與生產者造成損失，而對我國有利。

最後，由於 OPEC 的抬高油價造成能源成本的增加以及自然氣的短缺亦造成了成本的壓力。其他原料的短料亦造成製造業的變遷和限制。

總之，由於生產力、人口、和能源成本壓力造成成長率的遞減亦造成了許多公司在市場行銷的停滯。因此，許多公司的注意力轉向消極性的防禦他們的銷售或以競爭者的費用去尋求擴大銷售。有兩種增加市場占據率的策略似乎可行。

(1) 市場擴充的策略: 增長銷售促進成長的方法就是開闢新市場。如果目前的產品已經成功的建立起市場，它必有可能在其他地區亦建立市場爭取新顧客。美國 Coor 的啤酒在美國西南部頗富盛名，而其他地

---

[16] 同[3]，第 107 頁。

區常需以高價才能購得，後來也在東部准予配售權。

有時候上面的情形會不一致，在一市場成功的產品不一定能打入新市場或其他國家。不同的消費者習性或競爭環境可能阻礙成功，因此必須先研究新市場以決定產品進入的可能最佳辦法。其方法如大作廣告、降低價格或甚至更名等方法。

(2) 產品更置的策略：更置一項產品乃使原產品「改頭換面」以保持舊顧客或獲取新客戶。更置可以使產業成長，同時更能獲得市場佔據率。

有許多更置的策略都僅致力於回復顧客過去的認知。這種方法能以改變新的使用方法或改變產品的意像以別於競爭牌或強調品質的標準。史伯新格氏 (Jack Springer) 強調三點以達到競爭的平衡 (1) 學習與競爭產品有關的屬性和利益 (2) 知道那一品牌無法獲得這些利益 (3) 提供對有弱點之品牌的顧客最有利的組合。[17]

不管使用那種方法其目的乃是藉加強原先特點以獲得顧客青睞來增加產品的生命週期進而增加行銷機會。

---

[17] 參閱 Jack Springer, "Positioning-The Three Blind Men and the Elephunt", Association of National Advertisers, New Product Marketing Workshop, New York, November 10, 1976 之內容。

第十七章　總體市場之評估

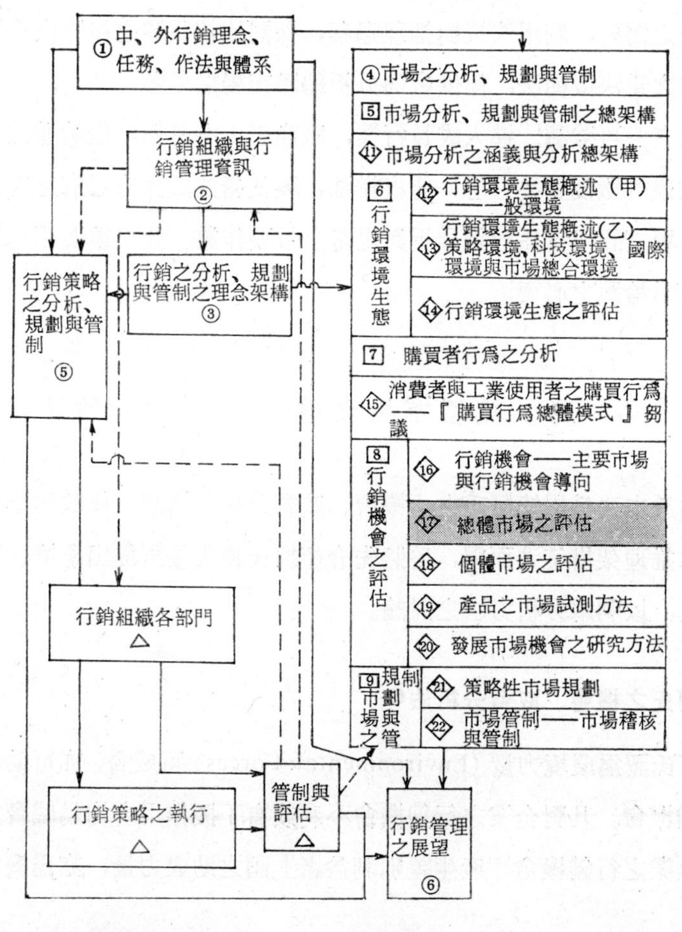

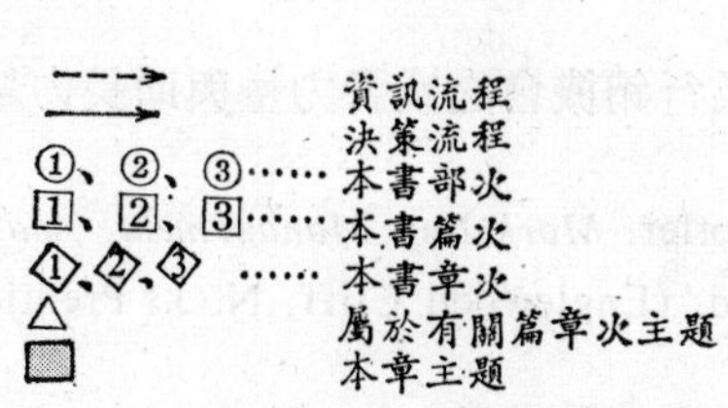

於行銷生態環境評估章（第十四章）中， 筆者曾提及柯勒（Philip Kotler) 氏之「機會與威脅分析」，可供總體市場分析之參考。本章將基於柯氏之基本構想，提出環境——資源評估新方法。同時基於計量資料運用上之需要，利用決策樹推理過程，探討比較具體之總體市場評估方法，稱之爲決策樹法，俾供廠商分析總體市場之參考。

筆者一再強調：進入成長行業，廠商必大有可爲；但倘進入夕陽行業，則儘管廠商費盡心思，想盡辦法，要使營運回生亦必有乏術之慨。總體市場之評估實係行銷分析與規劃之首要作業。此一重要「關卡」，實有審慎檢視之必要。

第一節 總體市場之環境——資源評估法

由於本法係依據柯氏之「機會、威脅分析」構想，修改並配合本書之基本推理架構築造而得，爰將先介紹柯氏模式後再提出環境、資源評估模式，以利本分析方法之討論。

壹、柯氏之機會、威脅分析法❶

柯氏認爲環境力量 (Environmental Forces) 可威脅，亦可助成企業之行銷機會。凡對企業之行銷機會不利或有干擾作用者均爲威脅力量。若對企業之行銷機會「產生差別利益者」謂之助成力量，亦爲機會之所在。

環境因素對企業行銷機會之威脅力量與助長力量，影響之程度有高

❶ 參閱 Philip Kotler, *Marketing Management: Analysis, Planning, and Control*, 4th Ed. (Englewood Cliff, N. J.: Prentice-Hall, Inc. 1980) pp. 99-101.

低之別，因此，可組成威脅矩陣與機會矩陣（見圖例 17-1)。助長行銷機會矩陣中之 *a* 象限所表達者，具最佳機會，倘能掌握此一機會，廠商之行銷成功率亦最大。*c* 象限所代表者，雖亦相當良好，但或許廠商因缺乏資源或能力，無法好自運用，因此，獲得行銷成功之機會並不甚樂觀。*b* 象限所代表者，雖屬易於成功，但對行銷機會之助長較少，並不具備積極掌握之顯著價值。*d* 象限所代表之助長機會，在行銷上並無多大意義，爲不必考慮之因素。

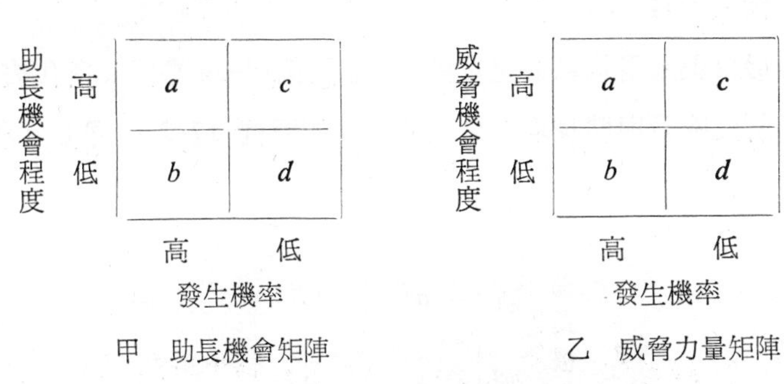

圖例 17-1　柯氏之威脅矩陣與助長機會矩陣

資料來源: Philip Kotler, *Marketing Management: Analysis, Planning and Control* 4th Ed. (Englewood Cliff, N. J.: Prentice-Hall, Inc, 1980) p. 100, Figure 5-1。該矩陣略經筆者修訂。

至於威脅力量矩陣所顯示含義，依 *a*、*b*、*c*、*d* 四象限所代表者，可簡述如下:

(1) *a* 象限: 威脅力量對行銷機會之影響最大，對競爭地位之威脅當亦嚴重。

(2) *b* 象限: 威脅力量產生並發揮之可能性甚高，但將不致造成對競爭地位之嚴重損害。

(3) *c* 象限: 威脅力量產生並發揮之可能性雖然不高，但對廠商可能會造成相當嚴重之競爭上之威脅。

(4) *d* 象限：環境因素對廠商行銷機會之威脅產生機會旣不高，威脅力量對廠商競爭態勢之不利影響亦低。

柯氏將上述之威脅力量與助長機會力量兩種矩陣整合後，認爲行銷環境因素對行銷機會所造成之影響，經評估，可辨認出四種行銷機會高低程度不同之經營型態（見圖例 17-2)。它們爲：

(1) 行銷成功機會最佳之理想型（圖例 17-2，象限 *c* 所代表者)；

(2) 機會最差，亦則成功機會最低之艱難型（圖例 17-2，象限 *b* 所代表者)；

(3) 機會與威脅均甚高之投機型（如圖例17-2，象限 *a* 所代表者)；

(4) 所受威脅與助長均少之成熟型（如圖例 17-2，象限 *d* 所代表者）。

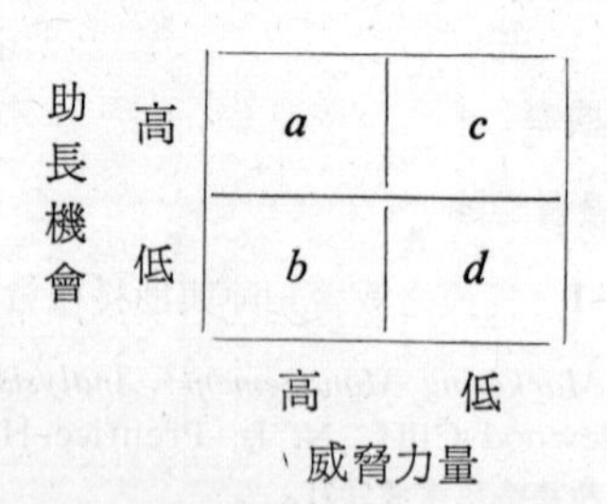

圖例 17-2　柯氏之威脅力量、助長機會矩陣

資料來源: Philip Kotler, *Marketing Management: Analysis Planning, and Control,* 4th Ed. (Englewood, Cliff, N. J.: Prentice-Hall Inc, 1980), p. 100, Figure 5-2.

貳、環境——資源評估法

在總體市場之評估過程中，以資源因素爲經、環境因素爲緯，分析兩者所構成之總體市場之機會——亦卽行業之分析，決定何種行業爲機會所在，謂之環境——資源評估法。

環境——資源評估法之最終目的顯然爲遴選具有行銷成功機會之行

業。以最平凡之詞語言之，選擇「旭日東昇」之行業。如圖例 17-3 所示，若將各行各業之銷售消長情況以座標表示，則銷貨量之增加率未開始減少前爲成長期；銷貨量增加率開始減少至銷貨量開始降低前爲成熟期； 銷貨量開始降低後爲衰退期 。上述三階段分別爲貫稱之「旭日東昇」、「日正當中」、以及「夕陽西落」階段。

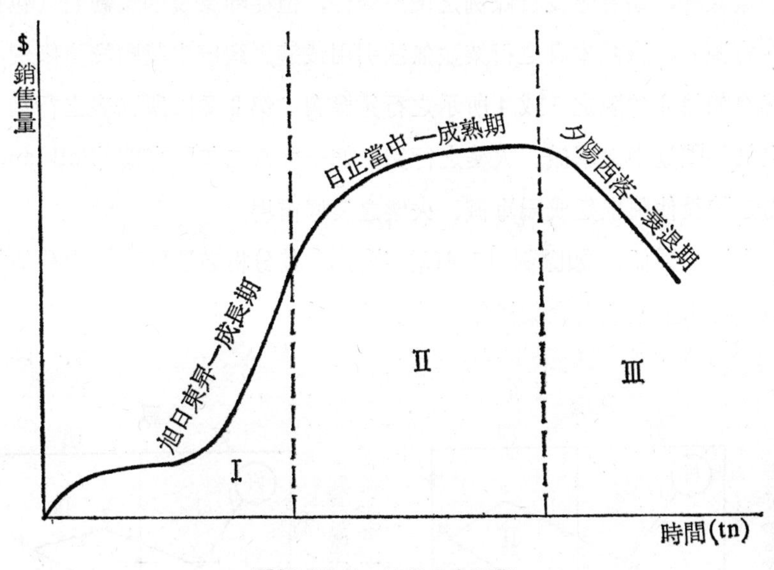

圖例 **17-3**　行業生命週期

玆將環境——資料評估法之決策架構、評估項目、評估標準、以及最後之定案分別探討於後。

一、決策架構

仿照柯特勒氏之機會、威脅分析法，本環境——資源評估法之決策架構，乃以環境——資源評估矩陣爲評估之主幹。環境——資源矩陣係由環境之評估與資源之評估兩者整合而得。

環境之評估則採圖例 17-4(甲) 之環境評估矩陣所示之方法作業。

矩陣中之環境分好、壞兩級，而影響營運成功之程度，則依非環境因素對營運成功程度之影響高低區分。矩陣構成四個象限，由行銷機會之「看好」而至「惡劣」，可從箭頭所指之方向看出。箭頭側邊所示之阿拉伯數字代數評估之級別，此種級別可量化成分數，做爲計量分析之用。級階愈高者代表行銷機會愈不樂觀。例如，在第Ⅲ象限中之5可解釋爲環境因素甚好，如獎勵投資條例之優厚條件，但從非環境因素觀看（包括內在資源），廠商本身之行業並無法引用或適用政府之獎勵投資條例，當然不如第Ⅱ象限之3或4所示之行銷機會。第Ⅱ象限所代表之行銷機會之例爲戰亂中之軍械、火藥之行銷，如一九八二年福克蘭 (Folkland) 羣島之戰役使阿根廷成爲軍械、火藥之良好市場。

資源之評估，如圖例 17-4(2) 所示，其分析方法與環境之評估相類似，可用上述之觀念架構作分析。

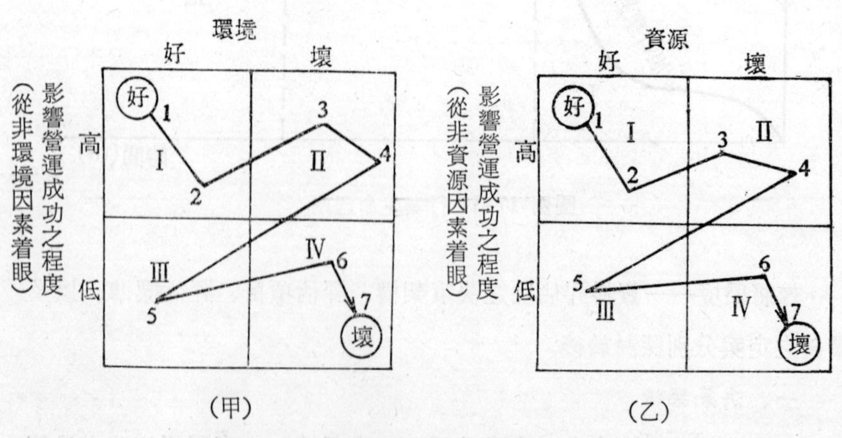

圖例 **17-4**　環境評估矩陣與資源評估矩陣

資料來源：郭崑謨著，「論行業市場機會之評估」，臺北市銀月刊，第14卷第6期（民國七十二年六月），第1-8頁。

至於環境、資源兩者之整合分析，可運用圖例17-5所示之環境——

資源評估矩陣理念性架構行之。圖例 17-5 中之資源評估之好、壞與環境評估之好、壞區分標準，可用不同量化或尺度化方法製訂。該矩陣之四個象限所代表者與柯氏之機會、威脅矩陣所代表者不相類似。本評估法所得之機會型態爲：❷

(1) 第Ⅰ象限代表穩健成長型行銷機會

(2) 第Ⅱ象限代表投機型行銷機會

(3) 第Ⅲ象限代表成熟型行銷機會

(4) 第Ⅳ象限代表艱難行業

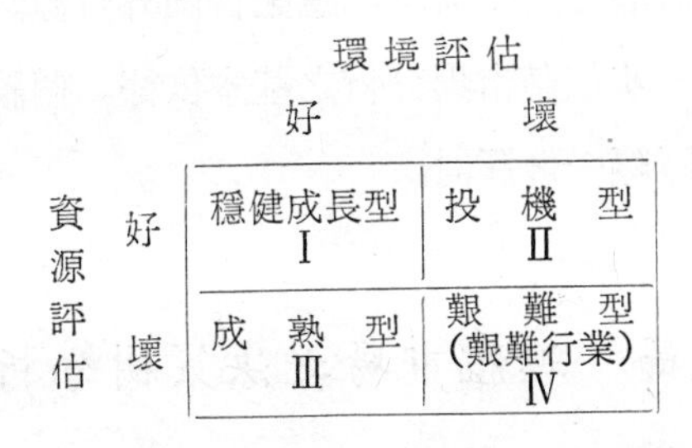

圖例 17-5　環境——資源評估矩陣

二、評估項目

評估項目可分外在環境因素與內在資源因素兩大類。環境因素包括經濟（含人口統計資料）、資源（含外在原料及自然環境等）、科技、政治法律、文化社會環境。內在資源包括國內現有或可獲原料及配件、國內科技水準（如是否達美國之 UL 標準或日本之 JIS 等）、國內人力、資金、組織（含內外銷組織、採購組織、研究發展組織、政府組織等）。

評估時應考慮是否一種優異條件會影響另一環境、資源條件。舉如汽車之發展是否危害鐵路營運機會？電視之產品開發是否影響電影院行

❷ 郭崑謨著，「論行業市場機會之評估」，臺北市銀月刊，第14卷，第 6 期（民國七十二年六月），第 1-8 頁。

銷機會？果凍（或涼果）之上市是否危害傳統蛋糕之行銷？果汁之產品開發是否影響「發泡」飲料，如汽水之市場等等不勝枚舉。此仍熊彼得氏（Shumpeter）之創造性毀滅」(Creative destriction)❸。

三、評估標準與行業之選擇——定案

評估標準之設定應考慮資料是否可量化，若能量化，應儘量量化，否則應就不能量化部份，用「過濾淘汰」方式先行過濾，除却不利行業。因此在行業之選擇過程中，須先就不能量化之行銷環境因素進行過濾淘汰後，再進行計量評估藉以決定行業。

廠商在決定具有潛力之行業時，應配合內外資源之情況，遴選一種或多種行業作爲進一步個體市場分析之基本依據。個體市場之分析，將於第十八章與市場區隔一併探討。

第二節　總體市場之決策樹分析法

應用決策樹分析之原理，逐步進行總體市場機會分析之過程謂之總體市場之決策樹分析法。我國經濟係以國際行銷爲主導，總體市場之分析架構當要考慮國際市場。因此，本節將以國際市場分析計量架構作爲基本依據，再就國內市場分析上應修訂部份加以探討。

壹、國際市場分析計量架構芻議——決策樹分析法❹

國際市場分析上之計量模式，理論相當深奧，亦有很多論據。本段所要簡介者係一非常簡易之決策樹推理過程之應用，故稱之曰決策樹

❸ Alvin Toffler, *Future Shock* (N. Y.: Bantam Books, 1970), p. 28.

❹ 郭崑謨著，國際行銷管理，修訂三版（臺北市：六國出版社印行，民國七十一年九月），第286-289頁。

法。

研究人員，可就廠商能提供之研究資源，依進出口統計資料按 SITC 或 CCC, CCCN 等產品分類，先以地區別依進口量按大小順序編列後，再依產品別列出該國各產品佔世界輸入總值之比率、我國在該產品之市場佔有率、產品之進口成長率、廠商之在該產品市場之佔有率以及該產品市場在該國之成長率等，藉以判定廠商之國際行銷機會。當然廠商認定其國際行銷機會後，應視實際需要再行市場之區隔，以便更精細地訂定目標市場與銷貨預測。

圖例 17-6 爲總體分析與個體分析之總架構圖。圖例中之數字爲假設數值， 僅供參考之用。 決策分析法之程序應由左向右推算 。 從圖例 17-6 中可以看出產品 P_3 雖然在目前進口量（對我國言爲出口機會之指標）甚大，且我國產品在該國之佔有率相當高，但正意味着數種可能情況：

(1) 美國國內可能會改變產業結構，影響該產品之輸入。

(2) 美國可能對該產品加以配額限制，使我國之出口受到人爲阻礙。

同時該產品之進口成長率偏低（5％），亦意味 P_3 之產品生命週期已達飽和狀態（包括「人爲」飽和）。因此美國 P_3 似非爲良好外銷市場。

至於西德之 P_2 市場亦非樂觀。蓋我國在該市場之佔有率僅爲 4％，雖成長率相當高（>25％），但我們之競爭力非常差。

日本之 P_3 似爲我國廠商之機會所在。因爲若選擇該市場，只要廠商稍加區隔，並作產品差異化，便可使該產品之行銷有進展之機會。

貳、國內市場之決策樹分析應用

國內市場之分析亦可運用上述國際市場之決策樹分析架構進行。惟

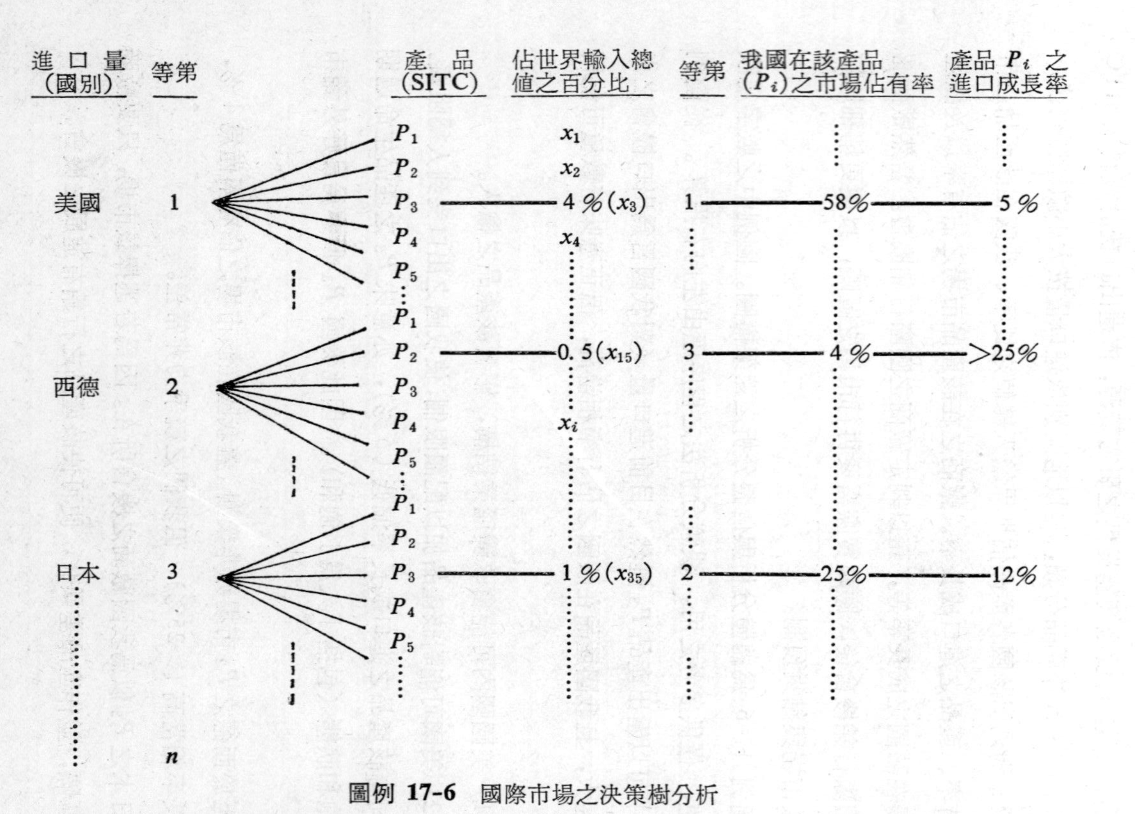

圖例 **17-6**　國際市場之決策樹分析

資料來源：郭崑謨著，國際行銷管理，修訂三版（臺北市：六國出版社，民國七十一年九月印行），第 287 頁。圖例 10-1。

地區別（則圖例 17-6 中之進口國別），應以國內之區域取代；「佔世界輸入總值之百分比」，應以該產品佔國內總銷貨量之比率取代；而圖例 17-6 中之「我國在該產品（P_i）之市場佔有率」一項在國內市場分析時，不必考慮。

本章所述之總體市場之評估，旨在遴選具有成長潛力之行業，做爲廠商作個體市場分析，選擇合適目標市場之依據。惟行銷環境之變化多端，廠商除審愼評估各種行銷機會外，還需多運用自己思考能力以及判斷，作主觀而具有創造性行銷機會之推測作爲行銷規劃之參考。誠如李微德 (Theordore Levitt) 所言，在許多情況下，有時吾人發現有需求，但却沒有行銷機會，如汚染控制雖有迫切需求，但並沒有行銷機會——市場❺。又在某種情況下，依據總體市場分析，確具市場，但並無顧客，如教育用新設備顯然具有市場，但有財力購買者並不多❻。因此市場分析人員與行銷主管，在做總體市場分析時，不可一味依賴計量分析所得資料，據以作行銷機會之判斷，而須在決策過程中，運用自己之思考，多方考慮可能產生之現象，作爲修訂計量決策之參考。如斯，始能避免行銷機會決策之偏頗。

❺ Theodore Levitt, "The New Markets-Think Before You Leap,. *Harvard Business Review*, May-June, 1969, pp. 53-67.

❻ 同❹。

第十八章　個體市場之評估

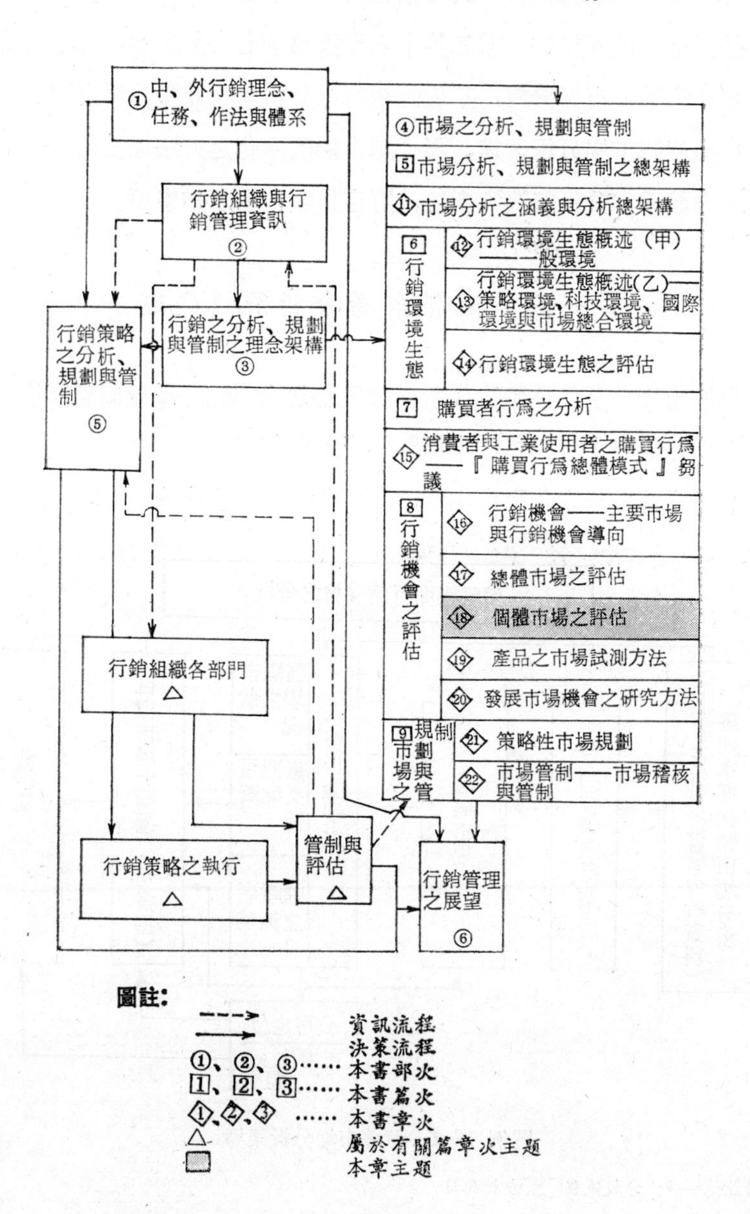

個體廠商市場機會，亦卽目標市場之辨認，不但要根據第十七章所提供之行業機會分析結果，做更細分析，將市場區隔化，亦要配合廠商之行銷資源，始能肯定。誠如第十六章與第十七章所顯示，每一廠商都有許多「行業」市場機會，基於此種行業分析——總體分析之資料，本章將提出個體市場分析架構，再介紹市場區隔化之方法以及範例，最後探討經由競爭力分析與決策樹法，訂定目標市場須知事項。

第一節　個體市場分析架構簡述

個體市場分析爲個體廠商所十分關心之作業。蓋經個體市場分析後，廠商始能肯定何一目標市場最適合於行銷。

個體市場分析之步驟與內涵，可藉圖例 18-1 說明。從圖例 18-1

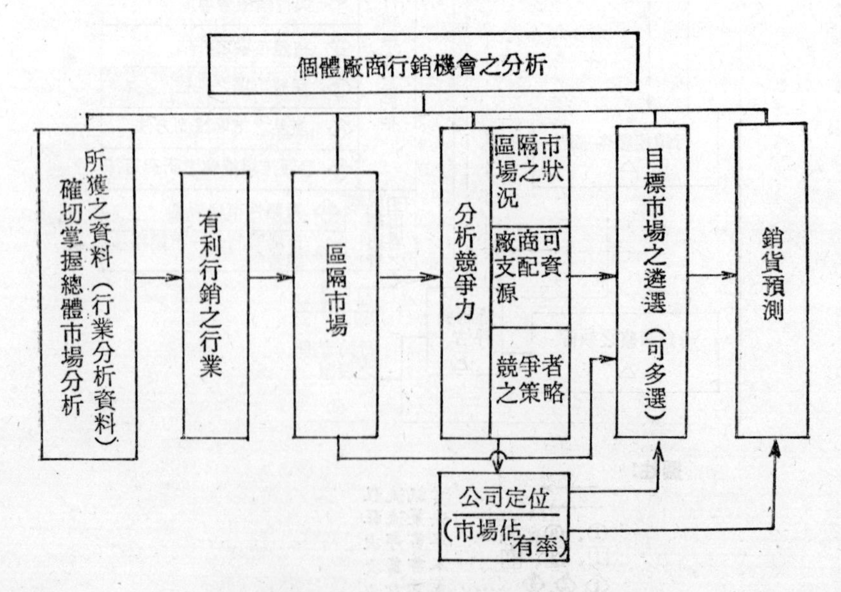

圖例 18-1　個體市場分析架構

圖註：⟶：分析流程□：分析項目

中，可得知區隔市場與競爭力分析，實爲訂定目標市場之主要決定性項目。同時銷貨預測應依據公司定位資料，針對所選之目標市場。

第二節 市場區隔化之涵義與決定因素

將具有行銷潛力之市場再度進行更精細分析，以便明瞭市場狀，對個體廠商言，係一項關鍵性作業。爰就決定市場區隔涵義與決定市場區隔因素、區隔市場之行爲因素之分類與衡量方法分別探討於後。

壹、市場區隔之涵義與決定市場區隔因素

市場區隔之構思與方法首由史密斯氏 (Wendall Smith) 提出❶。

市場區隔意指將市場區分爲有意義的幾個部份 (Sections)。這些部份市場之性質要看產品、公司及其他內在外在因素（例如組織的財力及經濟狀況）而定。舉如：一家大規模的清潔劑製造商，可能依國界來劃分市場，而小規模單一產品的清潔劑製造商則可能以清潔之功能種類來區隔市場。不管劃分市場的特定變數是那些，目的不外是要針對每一局部市場擬訂有效的策略。

區隔的概念是基於顧客有差異與這些差異導致市場需求的假定。區隔是一分隔的程序，試着找出潛在顧客的差異，然後將具在一種或一種以上「相同差異」的顧客再結合起來。區隔的概念不只根植於經濟學中的差別取價 (Price discrimination) 理論——討論顧客對不同價格的反應，同時也包括顧客本身差異在內。總之，市場區隔是一羣具有一種或

---

❶ Wendell Smith, "Product Differentiation and Market Segmentation as Alternative Marketing Strategies," *Journal of Marketing*, Vol. 21 (July, 1956), p. 3.

以上特質的同質 (homogeneous) 顧客，這羣顧客對特定行銷組合(Marketing mix)的反應不同於另一羣的顧客。

行銷觀念及產品的創新要能有效的滿足顧客需要，必須從事市場區隔分析。雖然公司在推出產品時可以不考慮市場區隔，但是這種廣泛的作法，可能不夠有效，尤其是當產品數目及複雜性、促銷方式、配銷通路 (Distribution channel) 及價格體系 (pricing schemes) 日益繁雜的情況下爲然。

較早在區隔市場時採用簡單而原始的變數。例如：地域、產品用途、產品型式 (type)、產業等級 (industry class)，或購買者收入。用這些變數來區隔市場在尋找機會及擬訂市場策略上很有幫助。然而使用較複雜的變數，雖然要較多成本，同時很難正確衡量，但這方面愈行普遍受用。大約在過去十年中，行銷的文獻也討論到像心理描述圖區隔法，購買行爲及利益分析法 (Benefit Analysis) 等技術❷。表 18-1 列舉出行銷學上用的區隔型式及其典型的層面 (typical dimension)。

選擇區隔體系必須與擬訂適合組織行動的行銷策略同時並行，這些體系最多包括少數主要變數及一些可能的次要變數。例如：前面提到的小規模清潔劑製造商，如果他建立長期的組織目標是想在有利生產肥皂泡沫液體清潔劑 (Suds-producing liquid detergent) 的地區，使其產品

---

❷ Ronald E. Frank, William F. Massy, and Yorum Wind, *Market Segmentation* (Englewood Cliffs, N. J.: Prentice Hall, 1972); Russell I. Haley, "Benefit Segmentation: A Decision Oriented Research Tool," *Journal of Marketing*, Vol. 32 (July, 1968), pp. 30-35; Harold H. Kassarjian, "Personality and Consumer Behavior: A Review," *Journal of Marketing Research*, Vol. 8 (November, 1971), pp. 409-418; James H. Myers "Benefit Structure Analysis: A new Tool for Product Planning," *Journal of Marketing*, Vol. 40 (October, 1976), pp. 23-32.

表 18-1 區隔變數與其典型層面

變數	典型層面
地域…………………	政治領域，貿易區域。
用途…………………	使用頻率 (Rate)，數量，時間。
產品型式…………	耐久性，最終使用者，起源國家或地區。
行業…………………	製造業，處理業 (Processing)，配銷，消費者，政府。
人口統計學………	年齡，性別，收入，職業，宗教 (life-cycle stage)。
心理描繪圖………	個性 (Personality)，價值觀，態度，興趣，活動。
購買行爲…………	選購程序，產品用途，知識，忠誠度，社會文化購買習慣。
利益…………………	實際上的，心理的，社會的，文化的。
行銷組合…………	價格，促銷，配銷。

資料來源: Burton H. Marcus and Edward M. Tauber, *Marketing Analysis and Decision Making* (Boston: Little, Brown and Company, 1979) p. 167, Table 8. 1.

成爲該地區的主宰品牌(dominant brand)，他選擇的主要區隔變數必須是與心理描述有關；假如他只想去除一些微不足道的潛在市場，次要變數應與地域性變數有關。

如此，市場區隔是一種視市場中心爲 (1) 確定額外機會及 (2) 指明前面所確定機會的目標市場的方法。在這過程中，必須同時分析市場和公司。此項分析可以顯示出對組織目標及目的最重要的區隔變數。然後將這些區隔變數和組織目標結合起來，可以針對廠商想進入的目標市場擬訂計劃。當然，這些計劃能指出對旣定的短期或長期目標最合適的行銷組合。

貳、區隔市場之行爲因素——分類與衡量

要尋求增加新產品或修正產品的機會時，可同時從與產品購買及使

用有關的行爲和對於某一產品，一組產品或組織的預先購買行爲（Pre-purchase behavior）及態度着手。吾人應專注於這些影響購買者行爲的變數——也就是所謂的行爲因素（Behavioral determinants）。

研究由分析購買者行爲來發現市場機會的程序，而不研究行爲本身似乎缺乏內涵。因此，本節將一齊討論各不同種類的行爲決定因素及程序、衡量技巧之例。

表 18-2 描出四種行爲決定因素，它們是：(1)文化，(2)社會，(3)個人，及(4)消費[3]。由它們本身的分類及它們對行爲的影響，這些變數有些是一般化的，而有些具有特殊性質。

一、文化變數

消費者行爲以反映社會其他成員的典範或常規及價值觀的方式表現出來。他們的行爲同時展現出對共同問題的解答。因此，他們行爲的特質及他們相處的行爲（如：同僚、父母及孩子），可以找出並加以分析。在社會中的局部團體（Subgroup），擁有自己的行爲模式，給市場組織予可能機會，來滿足這些特定局部文化的特殊需求及慾望。行爲決定因素可以立基於宗教，國籍或職業（參考表 18-2）。

如：大部份美國人都習慣不二價的零售方式。雖然也有些例外，如汽車零售業，但大部份購買者仍居於被動地位。他們只對既定的價格拒絕或接受某一產品或勞務，而無法影響價格。另一方面，大部份拉丁美洲的國家，成交的價格多少都是由買賣雙方討價還價決定。買方能主動的影響價格。

文化對人類行爲的影響也可以從人們經常光顧的零售店看出來。許

---

[3] Burton H. Marcus and Edward M. Tauber, *Marketing Analysis and Decision Making* (Boston: Little, Brown & Compay, 1979) pp. 168-172.

表 18-2　市場區隔化之行為因素

種類	影響行爲的變數：行爲機會的決定因素 行爲的影響
文化變數	購物形態（光顧的商店）。
	購物行爲（積極角色的扮演）。
	可接受的產品（食物項目）。
社會變數	家庭角色。
	同僚團體的角色。
	職業團體的影響。
	其他相關團體的影響。
個人變數	喜好。
	態度及價值觀。
	需求及慾望。
	動機。
	認知。
	個性。
消費變數	品牌忠誠度。
	用途。
	方便。
	價格。
	顧客。

資料來源：Burton H. Marcus and Edward M. Tauber, *Marketing Analysis and Decision Making* (Boston: Little, Brown and Company, 1979) p. 169, Table 8. 2.

多在國外出生的美國人喜歡在一些特殊的商店購買產品或勞務，這些商店的特色和他們的次級文化 (subculture) 一致。例如：適合猶太教的肉類市場，德國香腸店，臺灣新東陽食品店，瑞典傢俱店，及意大利麵包店，這些商店能滿足某些人的需要及特殊口味。

重要的是我們應瞭解，這些市場區隔 (Market segments) 都代表着潛在的市場機會。但只有當沒有現存商店迎合這些特殊文化背景消費者的行爲模式，及當這些消費者願意追求這些行爲模式時，潛在的市場機會才有意義。例如：可以討價還價的商店在我國臺灣地區、拉丁美洲、及中東地區移民者的住宅區特別盛行。這類商店仍盛行的原因（儘管他們也有文化整合的意願），乃因他們個人（尤其是後代子孫）強迫自己擁有和社會少數同族一致的行爲模式。

研究文化或次級文化及行爲決定因素的方法，對大部份行銷研究人員而言都很熟悉的。性向尺度法 (Attitude Scale)，投射技術法 (Projective technique)，深入訪問法 (Depth interview)及行爲觀察法，這些都是實證研究的方法之一。內容分析法 (Content analysis)，是一種由紀錄的口頭資料，如歌曲、戲劇、語言、報紙等，來決定文化主題 (Cultural theme)、價值觀、模範行爲及角色的方法，雖然至今它被用的不普遍，但其潛力不可限量。另外，比較性研究法也是相當有效的方法，它主要依據描述性資料及解釋性分析。

二、社會變數

購買者行爲的社會決定因素源自社會團體，如家庭、同事團體、職業上的團體、參考團體 (reference group) 等等。這些社會團體並不只是簡單劃分，它還有階層化的關係 (Stratification)。這些階層化可使我們做市場區隔分析，找出同質的價值觀、態度及行爲模式，同時也可決定團體間的地位。舉如：雖然家庭的形式及功能因文化而異，但它的制度及組員相互間的影響可能一致❹。家庭對其成員消費行爲的影響，帶給公司難題，也同時提供了機會。例如：搭乘何種交通工具對家庭成員是否適當，全看家庭財力及家庭對何種交通工具較適合的觀念有關。又如：許多家庭認爲一個二十歲大學生搭船旅行是適當的行爲，但他們可

❹ William F. Kenkel, *The Family in Perspective*(New York: Appleton-Century-Crofts, 1966), p. 3.

能認爲在印尼海岸搭四級汽船旅行並不適當。因此，一個公司若要佔有大學女生的市場，就必須替她們找到各種不同的交通工具。

同樣的，同僚、職業上的團體及其他參考團體的價值觀、態度、標準或規則也會影響個人消費行爲。

研究行爲的社會決定因素的方法，主要在分析各種不同社會團體間的行爲差異。常用的方法有調查法、深入訪問法、心理描述法及實驗設計法。既然，我們重點在團體及其影響的行爲方面，其它常用的分類法，如主觀指派，或客觀衡量，較少爲我們所注意。

三、個人變數

影響個人行爲的因素很多，多得使人無法毫無遺漏的予以分類。然而，那些可以找到且能提供市場機會的主要影響因素，如顧客的好惡，價值觀、態度、動機、需要、慾望（desire），認知及個性。

顧客的好惡、價值觀、態度、需要及慾望會影響認知及行爲。態度表示個人對某項物品正向或負向的基本導向，而好惡則更爲特定化。同樣的，個人的需要及慾望反應出生物學、社會及文化的現象，這些現象常和特定消費行爲的動機糾纏在一起。

舉如：當一個人購物時，採購地點、向誰採購、及採購何物都反應出對個人的多重影響。由對個人好惡、需要、慾望及動機的研究，可以導致許多產品及勞務的引進，這些都證實公司在尋求市場機會時非常值得（例如：冷水清潔劑，摔不破的洗髮精瓶子及性感誘人的服飾）。相反的，找出具有特定個性、特質的潛在購買者，配以適當的產品用途，却不見得很值得廠商去做。❺

---

❺ Franklin B. Evans, "Psychological and Objective Factors in the Prediction of Brand Choice," *Journal of Business*, Vol. 34 (January, 1961), pp. 57-60; Ralph Westfall, "Psychological Factors in Predi-

(一)價值觀及態度

價值觀及態度是針對某一物品的概念、信仰、習慣及動機等組合的產物[6]。它們是預先貯存在記憶中的元素，影響認知及行為，因為我們假定態度的修正會導致行為的改變。就特定層面來看，價值觀通常被認為是不同於態度的。價值觀是一般性的，而態度則是特定的。例如一個人肯定自由的價值，但他對缺乏嚴格管制槍枝的法律却抱着負向的態度。

經由直接的問卷調查，來衡量價值觀及態度是可行的。然而，由於價值觀及態度本身的複雜性，及問卷本身受限於解釋的不便，回答訪問者或格式的偏差，許多研究者覺得採間接方法也許優於直接問卷法。有許多間接方法，如性向尺度法常被採用。直接問卷法的例子是「何種牌子的清潔劑，你最喜歡？為什麼？」，或「當衣服脫水時，你對所加入的反靜態衣服軟化劑有何看法？」。這些問題局限回答者於一小範圍，而從這些答案中，研究者依據事先或事後之研究假設來分類。

相反的，性向尺度法是研究者可將對手邊問題有顯著性的個人反應(依據預先決定或假設的層面)結合起來。例如：研究者可能要求受訪者，對下列敘述指出同意的程度：

我覺得洗衣服時，肥皂比清潔劑好。

我覺得洗精緻衣物時，肥皂要比清潔劑好。

冷水清潔劑已不如以前受歡迎了。

---

cting Product Choice," *Journal of Marketing*, Vol. 26 (April, 1962), pp. 34-40; Charles Wineck, "The Relationship Among Personality Needs, Objective Factors, and Brand Choice: A Re-examination," *Journal of Business*, Vol. 34 (January, 1961), pp. 61-66.

[6] Wilbert J. McKeachie and Charlotte L. Doyle, *Psychology* (Reading: Addison Wesley Publishing Company, 1966), p. 560.

當然，同意或不同意的程度各不相同。我們可以使用一個五或七點的尺度表，分別表示：非常同意、同意、既不同意也不反對、不同意、非常不同意。甚至針對一個數量化的尺度表，省去「既不同意或不反對」一項，而強迫回答者指出他們的同意或不同意的程度，也是可能。

一個在行銷研究上常用的尺度表是語意差別尺度表 (Sementic differential scale)。它利用形容詞或句子的正負兩端，要求受訪者在兩端之間的某位置，回答他的答案。例如：欲測知回答者對某一清潔劑的態度時，尺度表可設計如下：

慢……………………快

貴……………………不貴

好……………………壞

無用……………………有用

容易使用……………………使用困難

強……………………弱

性向尺度表可以多種方式建立。在行銷研究上常用的技巧列在表 18-3 中。如要詳細的討論，讀者可自行參閱研究方法方面的書。

在某一時刻作態度調查固然可以獲得許多寶貴資料，假如能針對某一時間中，觀察態度的改變對於廠商發掘新市場機會將更有幫助。Yankelovich Monitor 是一種專門提供服務的雜誌，它提供企業界有關顧客價值觀及社會趨勢有關的訊息。它指出顧客會購買什麼產品和不購買那些產品。Yankelovich 追踪了三十五種社會趨勢，並將其分爲四大類。它所取的都是統計上具有代表性的樣本，來作私人訪問，包括二千五百個十六歲或以上的顧客（這些趨勢，見表 18-4）。

表 18-3 行銷研究常用的性向尺度技術

技　術	說　明
1. Thurstone 平均尺度:	以剖析的程序及問題陳述爲基礎。
2. Appearing Internal:	涵蓋着從正向 (favorable) 到負向 (unfavorable) 之面，劃分成相等距離的間隔。
3. 李克特評分法: (Likert's Summated Ratings)	將回答者所得的分數（一到五點）加總而得。
4. 語言區分尺度法: (Semantic Differential)	假定回答者對某一物品的態度可由一組兩極 (bipolar) 形容詞來決定，它必須有三個基本因素——評估(evaluative)，效力 (potency) 和活動 (activity)。
5. Q排列法: (Q-Sort)	將回答者對物品正負向喜好的程度予以歸類排列成羣。它假定排列者對物品的觀點是週知的，每一語句的陳述有相等距離，且每一羣所給的分數有限制。
6. Scalorgram:	目的在確定所研究的態度或特質是否屬於同一層面(unidimensional)，一個累積尺度表，可以確定單一層面性是否顯著。

資料來源: Burton H. Marcus and Edward M. Tauber, *Marketing Analysis and Decision Making* (Boston: Little, Brown and Company, 1979) p. 175, Table 8. 3.

爲了要說明舊社會價值觀的消逝及新的如何新起（新的價值觀會影響對不同產品及勞務的需求），下述 Yankelovich 之論據，頗令人尋味。

「阿弗森（Alfonsin）夫婦在五十歲前已決定不再住大房子。他們搬進一間較小的房子，使用較少而省人力的設備，同時買一輛較小的車。阿弗森先生在當地百貨公司購買西裝而不再到西服店訂做。阿弗森太太用冷凍蔬菜及甜點準備晚餐，儘量少做些清潔和做飯的工作，同時在一家體操訓練班報了名，她也因此更有時

表 18-4 Yankelovich Monitor 中社會趨勢的衡量

趨　　勢	衡　　量
朝向加強自我趨勢，反應自我（相對於較大的團體如家庭、社區、國家等）和導向個人強化(enhancement)，個人完成及自我實現的目標。	個人人格化，生理上的自我強化，生理方面的適應及福利，社會文化的自我表示， 顯著的培養 (Conspicious Cultivation)， 個人創造力，有意義的工作，內在視察(introspection)，自由的性態度，女性職業主義(female creerism)，對私人隱私的關切。
朝向一個強化的個人環境趨勢，藉着增加刺激、快樂、神秘性及多樣化反應出個人對生活品質的加強及豐富化。	神秘主義，官能的享受(Sensuousness)新羅羅帝克主義， 多變化， 回歸自然，對環境的關切，社會研究調查。
朝向一個安逸、缺少威脅的個人環境的趨勢，反應出個人創造一個易配合及缺少威脅的環境的慾望。	簡單化，反巨大化，反對僞善，新犬儒主義，對個人安全的關切。
朝向一個缺少結構之生活型態的趨勢，反應出對閒散，更具彈性的生活方式的企求。	反物質主義，遠離所有權(Away from possession)，爲今日而活，避免自我改進，對性觀念的模糊，接受藥物氾濫，反對權威，容忍凌亂及沒秩序，逃避家庭主義 (familism)，對無目的行爲的接受。

資料來源: *Yankelovich Monitor* (N. Y.: Yankelovich, Shelly and White, 1974) p. 3.

間及心力注意自己的容貌，且替他們倆安排了旅行的計劃。」[7]

[7] *The Yankelovich Monitor* (New York: Daniel Yankelovich, 1974), p. 3; Harper Boyd, Jr., and Sidney J. Levy, “New Dimensions in Consumer Analysis,” *Harvard Business Review*, Vol. 41 (November-December, 1963), pp. 129-140; Edward M. Tauber, “Why Do People Shop?” *Journal of Marketing*, Vol. 36 (October, 1972), pp. 46-49.

這些價值觀及社會趨勢的資料可以幫助各階層管理者檢討過去業績及市場情況，作未來的計劃。這些資料分兩部份，第一部份是趨勢參考部份(Trend Reference Volume)，對 35 項社會趨勢提供各別的統計數字，另一部份是管理摘要 (Management Summary Volume)，它將第一部份所提資料的應用予以整合、摘要。

上面提到用來發掘個人行爲決定因素的方法，通常還包括問卷作答及交互訪問，在交互訪問中由專家主持，並對回答者心理動機及認知予以認定、分析並分類。

四、消費

分析消費或購物行爲本身，可以提供新市場機會的線索。例如：品牌忠誠度及使用方式、使用頻率、價格、光顧型態(patronage pattern)和產品方便性，這些因素可以提示創新的領域。

考慮一塊草地每天必須澆水的次數。這樣的分析可以決定銷售洒水水管，人工洒水系統或自動洒水系統的市場機會。同樣的，利用微波烹調，必須時時注意食物有無烤焦了，因而發明了旋轉式鍋子及自動控制系統。

調查消費行爲型態的方法，包括消費者定期調查，觀察及個人或集體訪問。

第三節 市場區隔化之計量方法

行銷界已發展出許多統計的技術，協助行銷研究者來區隔市場。不論資料是經由觀察或調查而來，都必須依據市場誘因 (Stimuli) 來將消費者區分成不同團體。這些技術從單變量的分析，像交叉列表法，到複雜的多變量分析，如階層集羣法 (hierarchical clustering) 等同時採用數個變數來區隔消費者。

較深一層的研究超出本書範圍，不擬討論。本節將大概的討論幾種工具及它們在區隔分析上的價值。

壹、交叉列表法 (Cross-Tabulation)

將個人劃分成幾個團體，最常用的方法是交叉列表法。這只是一種將人們依據事前擬定的變數，如年齡，所得等等予以分類的方法。例如：利用各不同年齡別來探討汽車購買行為或品牌選擇時，可以顯示出各團體不同的趨向。十幾歲青少年偏向於選購經濟型的跑車，而中年人則喜歡購買大型的豪華轎車。有時候，同時考慮數種變數（多重交叉表列法）可以看得到有意義的區隔。同樣是中年人，有小孩的和沒有家庭的可能有不同購買習慣。同時，所選購的車是他的第一部或第二部車也影響他的選擇。在這例子中，人口統計變數可用來作為容易衡量的替代性變數，而那些不易衡量的變數，需要依據年齡，以不同種類的汽車來滿足不同的市場。決定性變數如（年齡、婚姻狀況）被選用來做前置變數 (priori)，然後與購買的種類相結合。因為市場可以利用許多方式及變數來區隔，因此多變量方法要來得妥當些。

在一項有關活動、興趣、及意見的研究中，利用交叉表列法來表示每週使用速食烹調法的次數和他們同意下列這句話的贊同程度。這句話是「我從報章雜誌取得烹調法（參閱表 18-5）。發現每週使用次數愈頻繁的可能取得更多烹調法」。如果加入其他變數，如雜碎烘烤習慣 (Scratch baking habit)，則速食烹調法的使用者的市場區隔可以進一步加以定義。

表 18-5 取得烹調法和速食使用間的關係

對我從報紙雜誌取得烹調法的同意程度	每週一次或少於一次 %	每週數次 %	一天一次或多於一次 %
絕對同意	42	52	63
大體同意	24	25	19
稍爲同意	20	12	14
稍爲，大抵或絕不同意	14	11	4
樣本	(N=286)	(N=296)	(N=204)

資料來源: William D. Wells and Douglas J. Tigert, "Activities, Interests, and Opinions," *Journal of Advertising Research*, Vol. II(August, 1971), pp. 27-35.

貳、因子分析 (Factor Analysis)

因子分析「R型式」是一種資料簡化的方法，心理學家用它來對性向問題的答案予以列表分類，然後作成多重問題(multiple-question)尺度表。我們也可以利用「Q型式」的因子分析，以多重變數爲基礎，將顧客分成互相獨立的羣體。在一個汽車市場的區隔市場中，顧客是「對操作的經濟性有強烈的好感，而不喜歡複雜的機械性」。經由因子分析區分出的這類顧客和其他區隔市場的顧客，可能有，也可能沒有，不同的購買型態。雖然因子分析在市場區隔的應用上仍有些問題待解決，但它仍受歡迎，乃因它爲衆所週知，且電腦程式很容易取得。

叁、區別分析 (Discriminant Analysis)

區別分析是以多種決定變數爲基礎，將一羣項目如產品，品牌或消費者予以區分的技巧。例如：我們的目的是要經由消費者對產品特性的評分來區別各種不同品牌啤酒的顧客，區別分析可協助我們找出最有效的評分法，借以預測顧客對何種品牌的啤酒最喜歡。強森(Richard M. Johnson)基於個人對產品特質的認知來探討市場結構，利用這技巧來區隔市場。結果得到一幾何的「產品空間」❽，在其中品牌是以消費者的認知來定位（見圖例 18-2)。

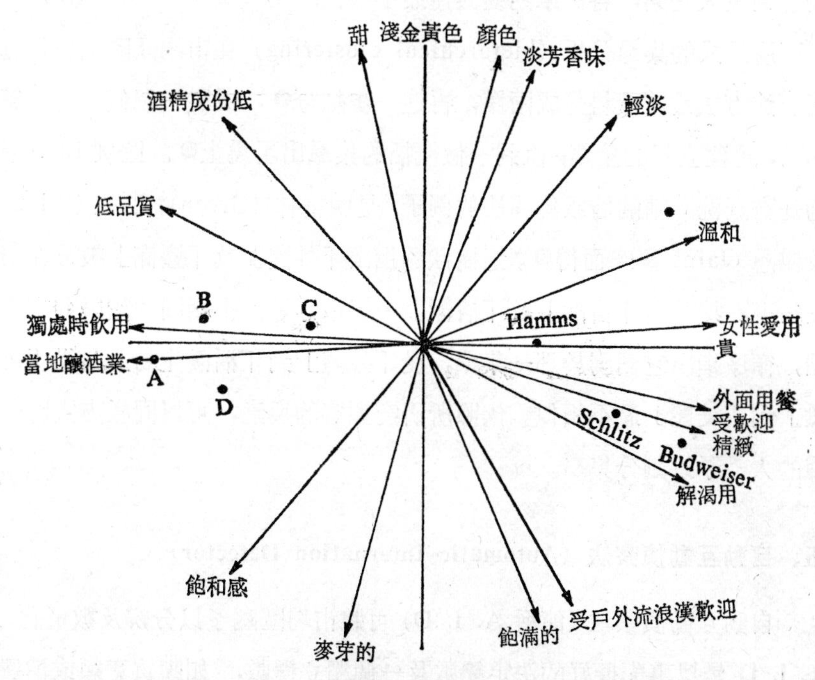

圖例 18-2　利用區別分析分析支加哥啤酒之例

資料來源: Richard M. Johnson. "Marketing Segmentation: A Strategic Management Tool" *Journal of Marketing Research*, Vol. 8, (February, 1971), p. 13.

肆、集羣分析 (Cluster Analysis)

---

❽ Richard M. Johnson, "Marketing Segmentation: A Strategic Management Tool," *Journal of Marketing Research*, Vol. 8 (February, 1971), p. 13.

區隔市場最適當的工具大概是集羣分析。目前有許多這方面的電腦程式，將受訪者（respondents）分成幾個集羣。這些集羣彼此不同，但同時列入同一集羣的成員則具有顯著的相似性。當然在作集羣分析前，研究者必須事先決定集羣的數目，然後再反覆的劃分集羣，直到各集羣間達到最大變異，各集羣內變異達最小爲止。

層級式的集羣分析（hierarchical clustering）在市場區隔上也很有用。這方法是將資料分成兩羣，再進一步細分[9]，或從一個個體的集羣開始，再建立新的集羣，直到一個概括的集羣出現爲止[10]。圖例 18-3 指的是有關洗髮精的層級集羣法的例子，是由格林（Green），溫德（Wind）及傑恩（Jain）研究而得[11]。這樹狀圖指出「外體」及「豐滿」被分在第一集羣，接着是「自然」及「清潔」………等等。不相同的階層列在底端，循序指出它們屬於那一集羣，從「外體」到「活潑生動」與從「自然」到「美麗」最不相似。依照所研究顧客的反應，可以同樣方式將幾羣的人，予以劃分集羣。

伍、自動互動偵察法（Automatic Internation Detector）

自動互動偵察法（簡稱 A. I. D）可將市場區隔予以分辨及數量化。A. I. D 是以事先擬好的決定變數及一個獨立變數，如購買意願或消費量爲基礎，將顧客予以區分的方法。電腦可以劃出樹狀圖，將與因變數最密切相關的項目放在第一位，然後依據顧客對因變數及獨立變數的回

---

[9] A. W. F. Edwards and L. L. Cavalli-Sforza, "A Method for Cluster Analysis," *Biometrics*, Vol. 21 (June, 1965), p. 362.

[10] Stephen C. Johnson, "Hierarchical Clustering Schemes," *Psychometrika*, Vol. 32 (September, 1967), p. 24.

[11] Paul E. Green, Yoram Wind, and A run Jain, "Analyzing Free-Resporse Data in Marketing Research," *Journal of Marketing Research* (Febrnary, 1973) p. 45.

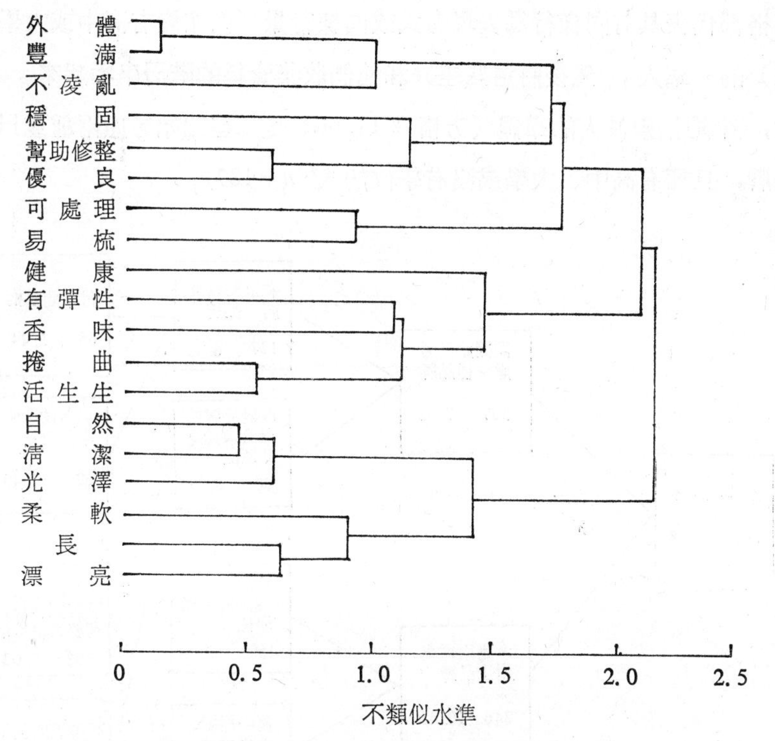

圖例 18-3 洗髮精層次集羣分析之例

資料來源: Paul E. Green, Yoram Wind, and Arun Jain, "Analyzing Free-Response Data in Marketing Research," *Journal of Marketing Research* (February, 1973), p. 45.

答，將之納入方格中。

舉如：紐曼 (Newman) 及史德林 (Stailin) 以人們在選購汽車及家電產品前資料爲基礎，利用 A. I. D 將人予以區隔（見圖例 18-4）⓬。首先將人們以考慮一種或一種以上品牌來區分，然後將考慮一種品牌的人，細分爲購買以前的品牌，改變品牌或從未買過此類產品三類。每一

⓬ Joseph W. Newman and Richard Stallino, "Prepurchase Information Seeking for New Cars and Major Household Appliances," *Journal of Marketing Research* (August, 1972), p. 249.

方格都代表具有同樣行爲表現方式或同樣背景（例如擁有高中或大學學位）的一羣人，然後將這些差異和他們收集資料的階層串聯起來。如此，平均指數最大的羣體（方格 ＊11.66）是那些開始考慮兩種或以上品牌，且擁有高中、大學或沒有學位的人（$n=187$）。

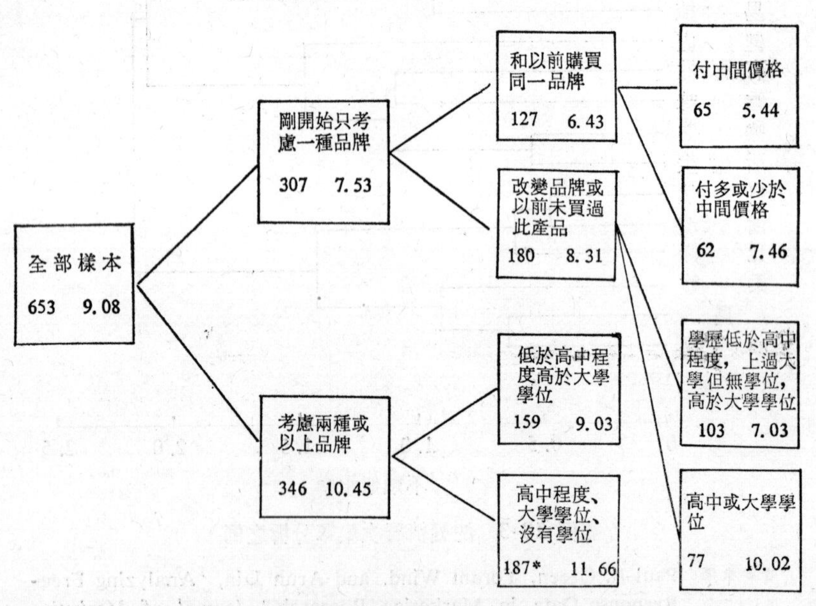

圖例 18-4　自動互動偵察法（A. I. D）樹狀圖

圖註：方格中左下角為樣本數，右下角為平均指數。

資料來源：Joseph W. Newman and Richard Stallino, "Prepurchase Information Seeking for New Cars and Major Household Appliances," *Journal of Marketing Research*, (August, 1972), p. 249.

第四節　市場區隔化應用之例⑬

市場區隔的概念及變數可以文書化且易瞭解。然而，在本節我們將

⑬ 同❸，第 185-187 頁。

列舉數例，進一步說明市場區隔分析能提供行銷決策資料。

壹、家庭用清潔產品

有一些研究被應用在家庭用清潔產品市場上。有一研究，依照顧客自我觀念，將顧客區別為二組。一組是女權解放的婦女，不以家事來肯定自己的價值。另一組是樂於以家事來肯定自己的價值。另一研究將婦女區分為在零亂前及零亂後整理家務的兩個羣體。每一羣的婦女購買不同品牌，因為她們追求不同的利益。

貳、電腦產品

應用在電腦市場上的一項研究指出，顧客在區分產品及品牌選擇時依照他們的信心及對電腦的專業知識而定。此研究發現大約20%的市場相信他們知識多豐富，其餘80%則否，後面的80%選擇電腦時以著名品牌為重，而前面20%則以產品特色為重。

叁、狗食品

在區分狗主人的市場區隔研究中，包括四種區隔變數。四種不同功能的區分是 (1) 保衞用狗；(2) 陪伴用狗；(3) 工作用狗，及 (4) 供孩童玩耍用的狗，區分這些是以狗在室內或室外為準。更甚者，也有以主人對自己他的寵物的食物的態度來區分，假如他對自己菜單關心的是養分及多樣化或非常挑剔，很可能他對狗的食物也同樣的關心這些。

肆、零售店

一項研究零售購物者的分析指出，在區隔購物者時，特別是有關特定商品線或購買旅次時，商店的特色扮演很重要的角色。注意價格的購物者常光顧折扣商店，對其他注重商品樣色齊全的購物者，可能喜歡大型購物中心。對於某特定情況或特定產品（如銀行服務），其座落地點的便利，停車位置及採購方便可能是最重要因素。對於一些服務占重要因素的顧客，提供完整服務（賒帳、送貨、修理……）的百貨公司可能受歡迎。另有些顧客在購物時喜歡一些精神及社會利益的，如娛樂，人們注視及被等待。這些人適合於奇異的購物廣場（Shopping Malls)。

伍、牛　奶

一項對牛奶使用及非使用者的研究中發現，依據他們對自己和產品的信仰和態度，可區分爲五種羣體:

(1) 從節食菜單中剔除牛奶的婦女，因爲她們相信牛奶使人發胖。

(2) 排除牛奶的婦女，因爲她們不喜歡牛奶的味道。

(3) 將牛奶包括在節食菜單中的婦女，及一些不喜歡牛奶味道的人，她們相信牛奶提供必須養分。

(4) 飲用牛奶乃因其味道，而非基於營養上的考慮的婦女。

(5) 喜歡牛奶味道，也顧及養分，而不認爲牛奶會使人發胖的婦女。

這些研究指出，產品及品牌選購的決定因素有許多，而且在市場區隔時，考慮多種層面的變數將更有用。

第五節　競爭力分析與目標市場之訂定
——個體市場分析之決策樹法

公司是否能進入想要的分配通路，或者是否能取得促銷活動所需要的時間和地點，端賴該公司的競爭優勢及劣勢。譬如，兩家公司以類似的收音機，經由近乎相同的分配通路，在近似的區隔市場銷售，則任一家公司幾乎沒有機會增加市場占有率（除非其中有一家公司改變行銷組合或競爭方式）。假如，其中有一家公司進口產品，而另一家在本國生產產品。當新臺幣對外滙貶值時，本國生產的公司就有機會利用價格的優點擴充分配或降價以吸引更多的買者。

分析競爭者的產品、分配、價格、促銷特質、結構性安排、供應替代方案、廠房限制、銷售組織，等等，可以提供有效的行銷行動方案。

若廠商之營業跨越國際界線，進入國際行銷作業則研究競爭國之工業結構可以明瞭競爭廠商之競爭地位。研究工業結構可據下列因素，分別加以究析：(1)整體的經濟和競爭結構（如，公司數目），(2)地區性分配，(3) 進入的障礙，(4) 市場集中，(5) 生產能力和變異，(6) 產品類似性和差異性，(7) 比較性的市場組合技術，(8) 市場區割，(9) 當代技術，和（10）創新之潛能。

下述數例說明這樣的分析如何發現競爭與機會。舉如分析降落裝置的行業，可以知道其市場結構是寡占，需要資本密集及產製高強度鋼品的技術專才。進一步分析得知該市場集中在航空工業。和其他寡占市場一樣，該行業提供之產品非常近似，而且該市場（航空工業）的區隔有限。若爲「着陸齒輪公司」，其行銷組合可減至兩個「P」——產品(Product)和價格(Price)。因此，有機會修改技術（如，改善現有之生產系統），區分產品供給（如，以塑膠取代高強度鋼），或變化行銷組合（如，增加促銷努力），增強競爭態勢。又如二次大戰後美國之成衣工業，大部份的設計和生產設施集中在東海岸——特別是東北。然而由於工資成本，及工廠的空調系統的引入，及獎勵投資使紡織工業從東北移至南方。此外，人口西移及西海岸的熱潮，引導建立了西海岸成衣工業的強勢地位。經由市場和競爭行業的分析而發現我國廠要與之競爭，

	圖例18-6中之產品(SITC)	我國在該產品(P_i)之市場佔有率	廠商	廠商之 P_i 市場佔有率	廠商 P_i 市場佔有率之等第	P_i 市場之成長率
美國	P_1		Co_{11}	⋮	⋮	⋮
	P_2		Co_{21}			
	P_3	58%	Co_{31}			
	P_4		Co_4			
	P_5		$\boxed{Co_5}$	56%	1	5%
	⋮		⋮	⋮	⋮	⋮
西德	P_1		Co_{21}			
	P_2		Co_{31}			
	P_3	4%	Co_{41}			
	P_4		$\boxed{Co_5}$	5%	7	>25%
	P_5		Co_3	⋮	⋮	⋮
	⋮		⋮			
日本	P_1		Co_{13}			
	P_2		Co_{21}			
	P_3	25%	Co_{31}			
	P_4		Co_{41}			
	P_5		$\boxed{Co_5}$	25% (有潛力之市場)	5	12%
……	……		……	⋮	⋮	⋮

圖例 18-5 決策樹法——個體分析之部（續圖例 16-6）

圖註：P_i＝產品；Co_i＝競爭廠商；$\boxed{Co_i}$＝我國廠商

必須要在成本結構方面加以改善。諸如此類，不勝枚舉。

區隔市場後，決定目標市場之主要關鍵在於，知己知彼，「量力」預估廠商之市場占有率，同時訂定決策原則 (Decision rules)。受用較廣之決策原則有:

(1) 具有競爭潛力者。

(2) 市場占有率高者。

(3) 領先廠商退出市場，或有退出市場之徵象。

(4) 獲利能力高者。

(5) 市場占有率不致高至會引起國內或外國法令之限制者。

(6) 市場之成長率沒有降低之現象者等等。

依據上述之決策原則，國際行銷之目標市場，若以圖例 18-5 所示之決策樹法遴選， 則以日本之 SITC 產品 P_3 爲最佳。如果廠商尚未進入市場，則可採用與本公司類似者作決策之參考，以便進入新行業，開發產品市場。

圖例 18-5 所示之方法，亦可運用於國內目標市場之分析，惟廠商可:

(1) 依據國內地區或經濟區域作爲區隔變數，

(2) 分析國內競爭廠商之競爭地位，

(3) 依據廠商「不同競爭情況」作分析，以及

(4) 依據本國該產品之內銷成長率。

第十九章　產品之市場試測方法

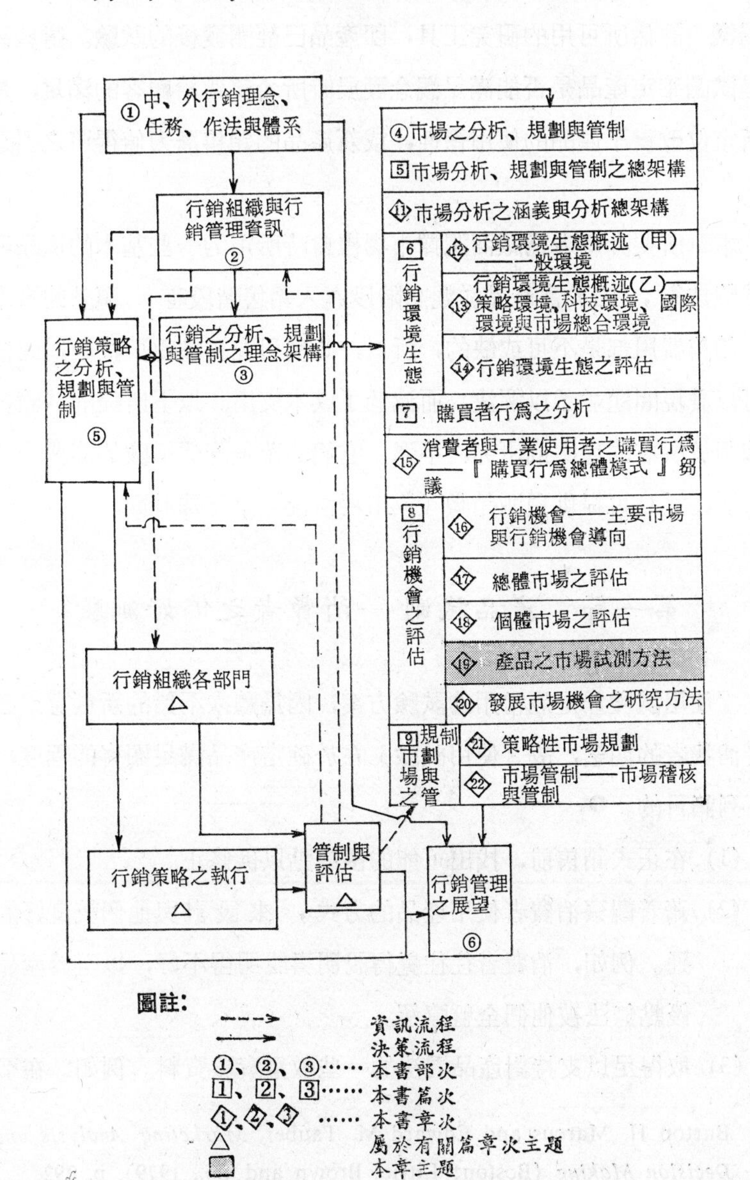

前幾章業已介紹評估市場機會的研究技術。筆者所強調者爲從管理或消費者的觀點，來評估市場機會。本章將特別提述產品觀念成形後的市場機會評估所可用的研究工具，卽產品已經開發後的試驗。這些研究都是試圖確定產品是否能滿足觀念發展時所希望帶給顧客的滿足，是否重新定位改變了產品的使用習性，或新產品的銷售潛力值得將之引進市場。

本章所要介紹者爲廠商選擇市場機會時所用的一些基本的產品與市場試驗技術，由於當產品從觀念階段邁入銷售階段時，額外的資本設備、銷售費用都是不可或缺的，所以，此種研究日益重要，因爲此種研究可以發現問題並予以解決，而減低了成本支出。以下所提的試驗並不能適用於所有的專案或研究，不過，它們的確是降低風險的選擇交替方案方法，並且可提供預測銷貨（或市場情況）之特殊層面。

第一節 產品試測——消費者之偏好測驗

『使用試驗』是最常用的試驗方案，因爲聽來不錯的新創意未必能滿足消費者的期望，故『使用試驗』在於確定產品滿足顧客的程度，以及下列諸目的。❶

(1) 在正式銷售前，找出可能的優缺點以供修正。

(2) 藉着觀察消費者使用產品的方式，來設計與他們較良好的溝通。例如，消費者往往覺得說明書說明得不好，以至於產品的優點無法被他們全盤瞭解。

(3) 取得足以支持對產品看法的一些數量實驗資料。例如：在不貼

---

❶ Burton H. Marcus and Edward M. Tauber, *Marketing Analysis and Decision Making* (Boston: Little, Brown and Co., 1979), p. 292.

標籤的比較試驗中，大多數原飲用可口可樂的消費者反而喜好百事可樂。

(4) 提供經營當局有關公司產品與競爭品比較優劣的預先信號。

使用試驗一般可分爲兩類：成對比較試驗(paired comparison test)與單一試驗 (monadic test)。在試驗過程中，消費者都被要求評估產品並表達他們的意見。這兩種方法的差異僅在於前者評判兩種產品，而後者只一種。成對比較試驗又可分爲同時(side by side)與分開(staggered)兩類，同時試驗是同時提出兩種產品，而分開試驗則在提出第一種產品後，隔一段時間再提出另一種產品。不過，由於前後順序對受試者的影響可能很顯著，所以，一般都將順序輪調以避免定向偏差。成對的比較試驗往往不貼上足以被受試者發現眞正品牌的標籤，故評判的依據完全是產品的特性本身。

單一試驗則是請受試者以某些標準來評判某產品，對單一或成對試驗的取捨，就如同對模擬實況與說明能力間的取捨。因爲一般而言，消費者在購買產品時很少一次買兩種來同時試試看，故就此而言，成對試驗對眞實情況的模擬較差，結果兩種產品間的差異可能被誇大，而這種不實際的誇大在市場上沒什麼意義，却可能使廠商爲修改產品而增加不必要的成本。反過來說，單一試驗往往需要受試者具有相當的解釋表達能力，故其採用也有一些難處。同一羣受試者採用成對與單一試驗可能也眞的有不同結果的情形發生，例如，曾有以上情況而兩種方法對產品的整體喜好一樣， 然而， 將近三分之一的受試者將前一試驗的喜好品牌，在後一試驗時轉成另一品牌❷。

進行使用試驗時，喜好、區分的衡量十分重要，例如，成對試驗中

❷ Allen Greerberg, "Paired Comparisons VS. Monadic Test," *Journal of Advertising Research*, Vol. 3 (December, 1963), pp. 44-47.

有些受試者說不出其間的差異，強迫式的選擇並非喜好的表達，而只是一種機率因素而已。卽使受試者有信心能區別出偏好，他們的判斷也未必可信。如果要求他們再試驗一次，結果很可能不一樣。實驗報告顯示，當兩種產品很相近時，大多受試者的區分不可過份相信。

有一些方法可用來試測受試者的區別能力，最簡單的是多次地重覆實驗，看多少受試者的喜好選擇是一致不變的。在極端情形下，只試驗一次而喜好A、B兩種產品的比率剛好是各50%，這麼一來，研究者就很難確定受試者有區分能力。

雖然由使用試驗可瞭解不少事情，還是要小心避免以試驗結果爲依據來預測銷售量，因爲消費者的選擇受許多市場因素的影響，而這些因素在試驗中往往沒有或無法安排進去，如品牌、價格、競爭等。不過銷售預測是行銷決策的重要考慮因素，故在全力促銷活動之前，有適當的方法來預測銷售是十分重要的，第二節所討論的四種試驗爲銷售預測常被使用的方法。

第二節 銷售預測試測

不足的銷售量會使行銷計劃慘敗，因此，如果銷售能被適當地預測出來，可省下許多支出，降低特產品滯銷的市場之風險。全盤性的試驗如試銷——經證明能預示出產品未來的成敗，並提供經營當局銷售估計，不過，試銷的代價十分昂貴，並不比地區性甚至全國性的促銷來得便宜，其成本包括提供產品、配銷通路及一切其他行銷費用。

試銷前有許多方法可用來預測銷售。玆將先探討銷售估計的主要因素。消費者的採用及所導致的銷售主要被四項行爲所影響；試用、初期重複、採用及購買頻率。它們都需從競爭情形與行銷努力的水準來分析，以提供完整的銷售預測。產品進入市場後第一年的銷售預測是旣重要又困難。

有的產品由於試用與初期重複導致早期的銷售潛力相當發揮，但接着却銷量劇降。因此，預測銷售的重要因素之一是要能預測採用——卽試用者將產品視爲他們的品牌並繼續使用的比例。對大多數的消費品，購買者在試用後還會再購買幾次，然後卽停止購買。這種消逝現象的成因可能是：厭煩，對價格的抗拒或消費者需使用數次後才能確定是否合乎需要。因此，除了試用與初期重複外，在試銷前必須對採用水準再加以預測，以選擇眞正的機會。

在討論各預測要素的方法前，吾人必須對新產品的涵義有所瞭解。新產品的創新程度不一，因消費者的感受而異。舉如連續性創新產品由於與現有產品很類似，以至所需的改變很少甚至沒有，這一類的產品範圍包括產品線的延長與跟隨性產品以及不需消費者改變消費習性並很容易歸入現有產品類別的新產品。在美國，跟隨性產品的例子有跟隨 Hamburger Helper 的 Betty Crocker 食品及跟隨 Sanka 的 Taster's Choice Decaffeinated coffee❸。在臺灣跟隨性 (Me-too) 新產品之例以家用電腦最爲明顯。

另一極端情形是不連續創新，這些產品不是改變便是創造新的消費型態，均會引起消費行爲相當大的改變。這些不常見的創新產品有卽溶咖啡、省油設備（指汽車用省油設備）、避孕針；預測這幾種新產品的研究結果差異頗鉅，並且適合甲產品的方法未必適合乙產品。

基本上，預測消費者未來行爲的衡量方式有三種：(1) 購買意圖或人們說它們將購買什麼 (2) 現在行爲，(3) 過去行爲。不過，這三種方式的有效性主要視所要預測的產品類別而定，有些研究技術是將三者

❸ 同❶，第297頁。

合併使用。玆將四個預測系統探討於後。它們是：(1) 觀念與產品試驗 (2) 歷史資料迴歸模式 (3) 實驗室試銷 (4) 銷售波動實驗。

壹、觀念與產品試驗

本法是根據呈現給受試者的觀念或實體產品來衡量其購買意圖的方法。對本法預測價值的研究顯示，就連續性創新品而言，對試用的預測能力相當可信。不過由於消費者對自己長期的未來行為也不清楚，本法預測採用及使用頻率的能力並不好。對創新性的產品而言，本法也不是好的預測指標。

不連續性創新品是在人們中慢慢地傳播開，因為它們引起價值觀與習慣的重大改變，而現行的研究技術不管是根據意圖或行為的調查，都未能證明足以適當地衡量採用及擴散過程。這種缺憾一部分是因為我們在試驗時，將受試者孤立並在他們第一次獲悉有該產品時即衡量購買意圖，而忽略了由社會影響及使用等所引起可能的態度改變。由於主要創新品都對原有的思想、習慣構成挑戰，故消費者初次面對它們時，都難免會有不協調的感覺。這種困境不利於消費者對產品的初次試用，並有礙往後對產品的接受程度，認為多數人能體認到對改變他們生活方式之創新品的需要是一種很不實際的假設。產品雖是用來滿足需要，但是消費者的瞭解能力、接受意願及最簡單的需要都十分有限。

總而言之，觀念與產品試驗對預測連續性創新品的試用與初期重複雖然還頂有用，但是對同類產品的採用及購買頻率或不連續性創新品的接受程度則不甚管用，故對長期銷售預測而言，本法似不足採用。

貳、歷史資料迴歸模式

分析過去新產品的抽樣資料並作一迴歸分析，對解釋銷售的變數關係有某些程度的效果。較著名的模式有 the Demon and News Models of BBDO, the N. W. Ayer Model, the E. S. P. Model of National Purchase Diary❹。基本上，以上三模式都考慮到了一些變數如：產品類別、促銷費用、分配、相對價格、對產品滿意度、產品定位等。

這些模式都可以應用到高度連續性及跟隨性產品。不過，兩點困難限制住了它們預測連續性與不連續性創新品的能力。第一點是將產品歸入現有產品類別並不容易，另一點則是不易衡量採用過程的動態性。例如，就上列三模式而言，新產品都必須能被歸入某一類別，如此，滲透類別與購買頻率才能決定。在這些模式中都假定新的跟隨性產品的重複購買頻率類似於該類別內的其他產品，不過，就創新性產品而言，這個假設仍有問題。

此外，採用過程的動態性也常不符模式的假設，早期的模式認爲預測初次抑累積的重複購買是一個有效的銷售預測的必要條件，然而實證資料却顯示發現消逝現象並預測使用者的品牌忠誠水準才是辨別產品有利與不利所必須的。更複雜的模式甚至假定有衰退函數 (decay function)，該函數用以決定當由試驗估計出重複購買時的採用水準。該模式的提出者指出該函數符合許多有現成資料新產品的重複購買情形，雖然如此，一些特殊的新產品在短期經過重複購買後，依然「死於暴斃」，甜點類

---

❹ 這些模式之詳細內容，讀者可參考 A. Charnes, "Deman: Decision Mapping Via Optimum Go No-go Network-A Model for Marketing New Products," *Management Science* (July, 1966); H. J. Claycamp and L. E. Liddy, "Prediction of New Product Performance: An Analtytical Approach," *Journal of Marketing Research,* Vol. 6 (November, 1969); and National Purchase Diary, *E. S. P., A New Way to Predict New Product Performance before Test Marketing* (New York: NPD Research. Inc., 1976) 等文獻。

食品都是像這種型式。不過，非連續性創新品也有例外，即當顧客發現產品的新用途時，購買頻率會隨着時間再增加。

一般而言，歷史資料廻歸模式似乎就時間、成本而言，頗適合用以預測跟隨性產品，而對難以歸入現有類別的創新品及重複購買過程類似的特殊品，不連續、擴散慢的產品，則以其他預測方式爲宜。

叁、「實驗室」試銷

本法以衡量意圖、態度、行爲等來預測銷售的諸要素，其中常見的有兩種：Yaukelovich laboratory test market 與 Elrich and Lavich "Comp"❺。在實驗室試銷研究中衡量試用的方式是先給受試者看產品目錄，再在模擬商店中由他們決定採購。產品被他們帶回使用後，才衡量對產品屬性、滿意度與再購買意圖，一般競爭廠牌的資料也被加以收集，並給予受試者再購買的機會。

本法的主要好處是能觀察實際的試用購買行爲，並減低對依過去類似產品來推論的依賴。另一優點是不必有產品歸類的麻煩，可用抽取隨機樣本在實驗室中試用產品。

本法的主要缺點在於採用的動態性——持續的重複水準及再購買頻率——必須被判斷或類推。因此，用本法來預測連續性及非連續性創新品的缺點與其他方法類似。另一項不利之處是依賴受試者對產品試用的意圖來預測重複購買行爲， 根據研究顯示， 這些意圖很不可信， 充其量，只能預測第一次重複而已。

總而言之，本法的優點是以現在行爲替代「意圖」或過去行爲來作爲衡量的工具。不過， 現在行爲也只適於預測試用或第一次重複。因此，對採用與購買頻率的衡量需以其他方式來進行。

---

❺ 同❶，第 304 頁。

肆、銷售波動實驗 (Sales Wave Experiments)

許多公司試着以本法來預測採用與購買頻率。對重複購買行爲的衡量是觀察一羣受試者，使他們取得某一產品，然後在特定價格下給於一系列選購該產品的機會。由於受試者爲重複購買必須付款，並有 4 至 6 次的重複購買機會，研究者假定其行爲足以顯示眞正市場上的消逝現象及採用水準。

本法實施的經驗確認連續性創新品——特別是那些有特殊性質或購買頻率不與現有類別一樣的創新品——能被本法有效地預測。由於產品線延伸與連續性跟隨品不必延長銷售期間來測訂它們的最終銷售量或市場佔有率水準，故用廻歸模式或實驗室法反而較有效率。

不連續產品的採用往往很慢。因此，幾個月的行爲實驗不足以代表消費者互動增加後的採用與購買頻率。延長銷售實驗很費時，往往長達六個月，需視產品的購買週期而定。不過，如同任何長期的研究，受試者常隨着時間的增加，感到厭煩而退出，而且連續的個人人際接觸在廣告爲主的眞實市場上似不可能。因此，購買行爲的延長是預測持續銷售量的關鍵——也是本法的直接衡量對象。這些行爲的衡量也隨着時間的增加而顯得格外困難，而不連續的創新品往往却需要較長的一段時間。

總之，本法雖耗時費錢，却有可觀察某一產品的持續購買行爲的優點。表 19-1 係從衡量的種類來彙總以上四種方法。

以上四種方法之取捨，受兩種因素影響。首要因素是產品的種類。另一因素是方法的預測效度，多數的顧問公司均稱它們的方法效度最高。對這種說法的執疑並不僅僅是一種懷疑態度的偏見，而是針對它們發現結果導來方式的執疑。評估任何技術的正確方法應將樣本產品在系統內試驗，並把同樣產品引進市場。如此銷售成果可與預測數字相比較。不

表 19-1　各項技術對銷售要素的衡量種類之彙總表

銷售要素	各種試測或預測技術			
	觀念與產品試驗	歷史資料廻歸模式	實驗室試銷法	銷售波動預測
試用	購買意圖	過去行爲的歷史要素，如：促銷分配。	被觀察的現在行爲	購買意圖
首次重複購買	購買意圖	重複購買意圖	重複購買意圖或現在被觀察之行爲	被觀察的現在行爲
採用	×	對首次重複購買水準之假設關係	對首次重複購買水準的假設關係	被觀察的現在行爲
購買頻率	×	過去行爲或該類別內其他產品的資料	過去行爲或該類別內其他產品的資料	被觀察的現在行爲

資料來源: Burton H. Marcus and Edward M. Tauber, *Marketing Analysis and Decision Making* (Boston: Little, Brown & Co. 1979), p. 306.

幸的是，大多數的廠商當試驗時顯示不應將產品上市，即不敢冒然行銷產品，以致使預測不利而實際却銷售得很成功之產品的研究顯得太少。從另一方面觀看，對預測有利而却行銷失敗的產品的研究資料却並不多見。

第三節　小型市場試測

前述銷售預測方法是應用人爲、模擬的市場情況。雖然對傳統試銷有許多優點，但是，它們對可試驗的變數種類却有許多不便之處，假設也多不符實際。為了取得模擬市場預測與全盤試銷間的均衡，於是有的小型試銷與商店試驗。類似傳統的市場試驗，它們提供實際市場上的試用情形，這種小型試銷可在一個或多個小地區實施，在這些小地區多數實際大市場（如全國等）上無法控制的變數都能被研究者適當的掌握。小型試銷的規模則視公司的目標而定，一般多選擇人數約五萬到十萬人左右的小城鎮。

有些市場研究公司提供可控制商店試驗的服務。這些公司與一些城市的商店已有現成的合作關係，這些商店能符合各種規模、通路及顧客型態。這種安排使得市場研究機構能在試銷過程完成產品的所有正常流程，並可根據產品的購買頻率來決定對商店的觀察期間。除了可衡量銷售來決定是否將產品上市外，這種控制商店的試銷並可用來衡量各行銷計劃的相對有效性。例如，當要選定新產品各種市場定位時，可用一組商店來試驗。價格、包裝設計等變數都可用同一方法來進行。此種方法既快又省錢，並且較不被外在不可控制力量所影響。

本法之缺點源自其優點。例如，強迫 100% 的分配很不實際，市場情況往往有缺貨、展示空間不足、標價錯誤等情形發生。由小型試銷來預測全盤銷售也是值得置疑的。因為這些原因，預測額往往比實際高。所以，市場研究機構對控制商店的試驗成果應該調低。

由於現金收入帳業已電腦化，使得對某產品的購買時間與次數能很容易地取得。只要將該店的老顧客抽取適當樣本給予識別卡，每次購買完畢後，把識別號碼也登記入現金收入磁帶，便可連個人的購買情形都能被追溯。故當試銷成本與問題日增時，這種控制商店的試驗方式無疑也將會跟着成長。

第四節 試銷與行銷機會預測

除了全面性行銷外，傳統的試銷是最徹底、可信的產品試驗法。試銷是在實際市場情況下小規模的行銷活動。試銷的含蓋對象約是全國人口的1％至3％不等，有的公司在全面性行銷某產品前會先在某地區試銷。如果成績不錯，再逐區地慢慢推廣。試銷的觀念常與新產品的引進、試驗結合在一起。不過，更廣泛的觀念是任何行銷組合的改變都能以同樣方式來試驗，舉凡新的廣告方案、新的分配方式、定位、包裝與促銷的改變，或市場擴張都能經由試銷來試驗其有效程度。

壹、試銷的價值

試銷的主要目的在於提供研究者研究行銷組合因素的場所。經由這些研究使行銷組合能充分地發揮，並提供銷售預測的需要。它比諸全面性行銷努力有許多優點。例如，廠商能夠很容易地修改現有廠房設備以生產足量的試銷用新產品。不過，相對而言，在試銷中的廣告費用與其他促銷費用却比較貴，這種無效率是由於缺乏規模經濟所致，如缺乏數量折扣與電視廣告。然而，就絕對量而言，其促銷費用還是遠低於全面性上市的作法。就新廣告專案的試驗而言，選擇幾個城市、地區已足以提供所需的試驗環境。本法之其他好處是降低全國性行銷的風險。

貳、試驗與否之決定

對行銷組合是否改變的試驗，應從事業政策的觀點來考慮。因為試銷費用昂貴，並延緩對組合的預定改變，雖然未必能使利潤極大化，却足以使公司的損失極小化。例如，為了試驗，將成功的產品延緩 6 至12個月上市，意謂着利潤的損失。不過，如果是失敗產品的話，却能將損失減至最低。卡特玻利氏 (N. B. Cadbury) 建議在決定試銷與否時，應考慮四個主要因素：❻

一、應該權衡產品失敗的成本、風險與成功的利潤、機率；例如，卡特玻利公司（Cadbury Typhoo Ltd.）在過去 3 年內試銷了 24 種產品。同期未經過試銷，也成功地全國性地上市了 4 種產品，它們失敗的成本與風險都很低。

二、試銷與全面上市間的投資差異對是否試銷的影響很大。如果兩者差距頗大，即試銷的投資不大而全面上市的投資却頗鉅時，則最好先有試銷較為穩當。為了正確地預測而將產品限制在試銷區域，也意謂着相當高的機會成本，可能達一年全國性銷售的利潤，這種金額端視試銷期間之長短而定。

三、如果試銷成功，需面對強烈競爭的可能性。因為競爭者可能在監視試銷，只要他們也有此生產技術與機會，他們隨時會搶先上市。例如，在卡氏公司成功地在英國上市了兒童巧克力（Curly Wurly）後的兩年內，同樣的競爭品即在加拿大、日本、西德與美國市場上市。

四、除了有關的設備投資外，每一上市的新產品也伴隨着相當的行銷投資。因為新產品往往需要鉅額的廣告、推廣費用，以及相當的時間與努力，其展示空間的取得甚至需犧牲本公司原有產品的展示空間。此外，如果上市失敗，尙需面對顧客的退貨，所以高階經營主管們應考慮產品失敗對公司可能造成的傷害。例如，在消費者心中的形象，這種傷害雖然無法數量化，却是眞正存在。

---

❻ N. D. Cadbury, "When, Where, and How to Test Market," *Harvard Business Review*, Vol. 53 (May-June, 1975), p. 97.

消費品廠商比工業品廠商更常試銷，它們所考慮的規模、複雜程度等也較多。不過，工業品廠商亦有一種常進行的試銷方式，即產品試驗。由銷售代表與一羣可能購買的顧客接觸，以瞭解他們對新觀念的反應。這種試驗在耐久工業品項目如：辦公設備、重機器等較常見，小型的消費性工業品如清潔用具、辦公用品等則少見。玆舉一例說明於後。❼

如同工具業內其他競爭者一般，某公司一向不太注意其工業品的試銷。後來，該公司與其同業發現它們的新產品技術要求比以往爲高，將導致成本之增加。爲確定新產品是否值得發展上市，該公司引進新型鐵槌作爲試銷案之用，該鐵槌的特性是可携帶並有氣壓可打碎水泥裝置。公司的工程師在分析傳統式的鐵槌時，發現它們只能完成 6 %的工作，傳統式的槌上槌下雖然成本較低，但工人們必須來回旋轉鐵槌以壓碎水泥。此外，這種工作方式對工人而言十分乏味。所以，工程師認爲鐵槌應可以被改良成旣可上下又能旋轉的工具。產品設計卽依此構想來進行。在實驗室內的發展過程中，工程師發現附有碳化物之鑽擊設置的新型鐵槌工作成效最佳。不過，這種修正也顯示出行銷問題。雖然鐵槌的價格與競爭牌的產品約略在同一水準，但是，碳化物鑽擊裝置却比鋼製品貴十倍。他們寄望的是這不會成爲嚴重的缺點。起初的現場試驗證明產品觀念頗具可行性。不過，行銷主管却又擔心通路問題，因爲多數的配銷商已堆積大量的傳統式鐵槌與鋼製鑽擊附件的存貨。後來決定小規模引進市場與試銷同時進行。公司開始小量生產並在各銷售地選擇一兩家主要配銷商，將新式鐵槌帶至該處展示說明，但公司暫時不供應配銷商們存貨，也沒準備要進行全國式的廣告活動。這一階段的重點放在決

---

❼ E. Patrick, McGuire (ed.), *Evaluating New Product Proposals* (N. Y.: The Conference Board, 1973), p. 81.

定顧客對高價鑽擊附件的抗拒程度，購買者的滿意程度與最可能的市場潛在地位。這些現場報告被呈遞給地區銷售經理與總部。試驗專案持續超過 6 個月。這段期間銷售工程師發現一些附件也被新產品的顧客所購買，而公司的行銷主管也察覺到對新鐵槌的需求遠比原先預期的來得大。由是，生產設備已準備好在產品全面引進後，可滿足強勢需求。若非對這全新產品進行 6 個月的試驗，該公司將已嚴重地低估了生產要求量；而來自配銷經理的回饋訊息也有助於「低成本高效率」口號的提出，意即雖然新鐵槌的成本高，但它對生產力的提高與可用年限的延長却使這個代價很值得付出。這種方式在進行全國性廣告、促銷時十分成功。該公司以水泥鐵槌市場的「小市場位置」為始，由此，銷售量一直爬升到超過市場佔有率的一半，迫使其競爭者不得不模仿此新產品以求生存。

由以上可知，試銷運動在工業品市場雖不如消費品市場上常用，但它不論產品種類一樣能有相同效果。

叁、如何進行試銷

在發展試銷計劃時所必須先予提出解答的問題有：(1) 試銷應在何處進行，(2) 試銷的規模應多大，(3) 應試驗那些變數，(4) 應採用那種實驗設計，(5) 試銷應採用那種類的衡量，(6) 試銷應進行多少。

圖例 19-1 展示試銷活動的組成。試銷計劃是一種很複雜的過程，爰將以上的六個問題分別探討於後。

一、何處試銷

試銷地點的選擇需考慮產品性質、行銷計劃的性質與地區性質，另外還有以下的幾點應注意。由於可預測性是市場試銷的重要考慮因素，地區應儘可能愈大愈好，這種作法的基礎是人口統計資料，一些常被選為試銷地區的美國城市多有與全國性資料相配合的人口統計資料，如：

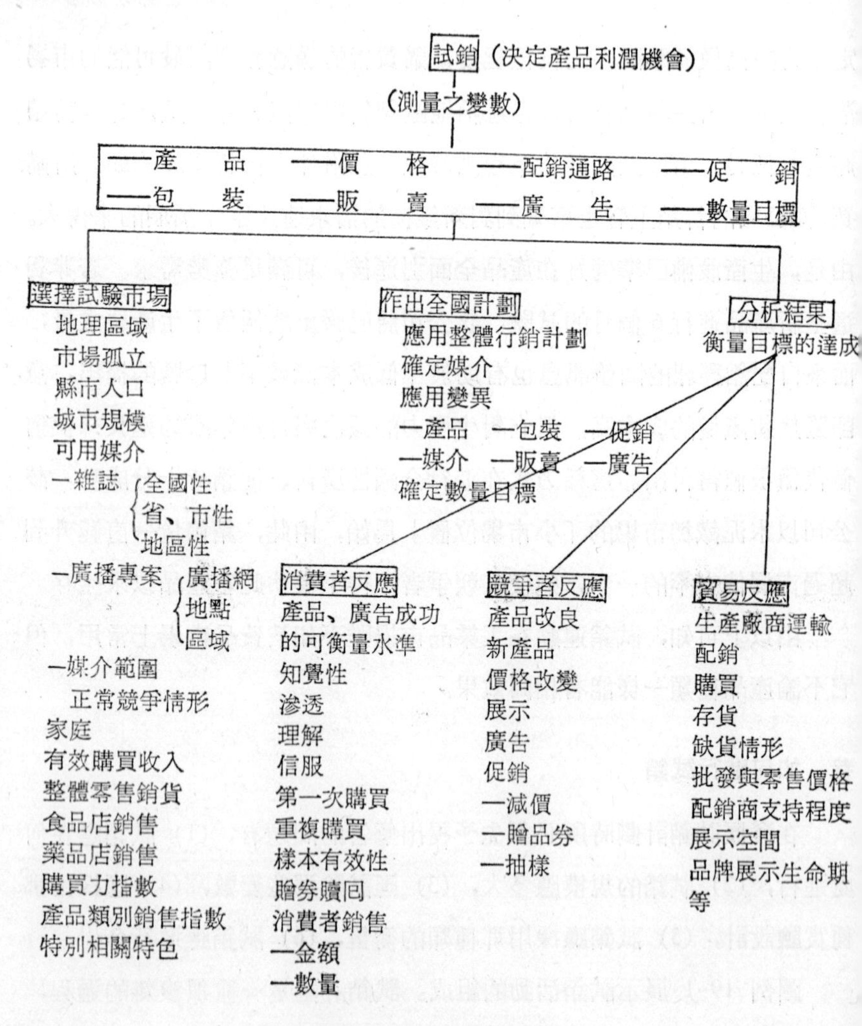

圖例 19-1 試銷組成要素

資料來源：Remus Harris "The Total Marketing System," *Marketing Insight* Jan. 30, 1967, p. 14.

人口組成的年齡、宗教信仰、家庭大小、所得、就業水準等等。

更重要的是，眞正大市場所在與試銷地區產品使用的代表性程度。行銷專家透過他們自己的銷售資料能獲悉某地區對試銷產品類別的銷售指數之代表性高低；例如，通心粉調味產品在美國東部有相當高的銷售指數，這是由於多數商品化的通心粉調味料都是在該地區銷售出去。所以，若在低佔有率市場如西部亞利桑那州的鳳凰城試銷該類新產品或修改產品品位，並非十分妥當。

試銷地點選擇的另一考慮因素是將配銷通路與溝通的獨立化，如果全國性媒介計劃需一項達 4 百萬元的廣告活動，那麼試銷地區的金額支出也應依此有適當比例。不過，由於試銷地區的廣告媒體可能與其他地區者相混合，其比例支出不易確定。例如，一些地區有來自其他地區的溝通媒體，如有線電視、新聞報紙等。同樣地，如果某地區的配銷網路未能與其他地區相分隔，許多試銷品將被賣至以外的地區，而使試銷結果很難作推論。

在選擇試銷城市時，對行銷控制的額外限制也必須加以考慮，特別是，必須取得配銷商、批發商、零售商與公司人員的合作。有關全國各地區的資料可由次級來源取得，例如， 由美國耐而遜（A. C. Nielsen）公司所事先定義好的試銷地區在選擇試銷地點時，就顯得格外有幫助。

二、試銷的規模應該多大

試銷規模的決定因素有很多，如果所要預測的一些地區的市場反應可能彼此不一樣， 那麼能包含各地區的樣本地區應被包含在試銷計劃中。另一考慮是樣本大小的預測能力，根據一項對 102 家進行試銷的公司的調查所作的報告顯示，50%的受訪廠商回答他們的試銷計劃中所包含的城市少於 4 個❽ 。

如同任何樣本大小的決策一般，總是需在代表性與成本之間取得均衡。雖然樣本多，則有關的成本如促銷、配銷通路與市場研究成果衡量的成本也跟着提高，但是，許多試銷活動涉及對行銷組合諸多要素的實

---

❽ *Printers Ink*, April 3, 1962, p. 22.

驗進行，故一次作好幾個城市也是必須的。

三、什麼變數可被試驗

所有組成行銷組合的要素都可被列爲衡量的對象，事實上，試銷的主要優點之一是使得行銷組合的諸要素能在市場上產生互動，並在實際環境引發消費者的反應。除了對產品、廣告、配銷通路及價格可試驗外，其他較細節性的要素也可以進行。

四、試銷設計與銷售預測

試銷常用的特殊實驗設計往往很複雜，超出本書所要討論的範疇。然而，在試驗各種產品形成、定位、廣告水準時，我們最好用統計步驟來設定已控制的實驗設計，以儘量去除外在因素；尤其是，當試銷環境不是已控制時，隨機化、重複等統計工具更是能使試驗較具科學化的精神。

由於試銷的主要目的在於銷售預測，一些衡量銷售的工具常被使用。除了取得銷售預測外，瞭解銷售動態也十分有價值，例如：顧客間對產品的試用滲透、重複廣度與購買頻率，這些資訊使行銷人員知道被試驗新產品所吸引的顧客型態，並且由認定早期採用與購買頻率的要素來明白重複購買的性質。

除了消費者的反應外，試銷也能用以觀察競爭者與配銷通路的反應，當然，在較大市場水準時，競爭者的反應可能有所不同。許多試銷計劃都被競爭者所夾殺。對計劃中的全面銷售活動而言，接受新產品或行銷組合的改變都有相當價值。例如：經由零售方式出售的消費品，在商店內的展示空間限制有效的配銷通路。當美國其烈士公司（Gillette）成功地上市了一種男性噴髮器，許多公司也想藉此機會引進它們的類似品。不過，由於這種產品較佔面積，並且一般而言，零售商對某類產品的可用展示空間有限，所以，這些公司在爲它們的跟隨性產品爭取展示空間時碰上不少困難。

試銷有許多研究工具有用以衡量消費者、競爭者與貿易（買賣）反應，例如：

(1) 工廠出貨(shipment)：工廠銷售或出貨的資料一般均可拿到，並且屬於長期又廉價的資料。不過，對試銷的早期階段而言，未必可信，因爲貨物從倉庫運到經銷商，再由之交到消費者之間，有一段時間差距。此外，試銷的早期出貨通常只是變成分銷商的存貨而已。

(2) 零售店查帳：很多顧員公司都爲零售店提供查帳服務，尤其是對某幾類產品常作例行性的檢查，這種方式可分成兩類：可預測查帳與趨勢查帳。前者是選擇一些可預測的商店作爲樣本以預測銷售；後者只是追尋某類產品的銷售趨勢，及該類某品牌的盈虧，是一種較不昂貴的方式，不過，並不適用於對較大地區的預測。

這種方式也有其嚴重的限制，其一是資料收集後一兩個月才報告一次，故需要較長時間（一般至少六個月）來進行，才能評估產品遠景的好壞。另一缺點是未能提供有關購買動態或購買者特性的資料。

(3) 態度及使用調查：對某產品個別購買者之資料的收集方法有一種是經由面談方式，進行縱斷面分析 (cross-sectional analysis)；這些調查衡量受試者對受試產品的知覺程度、廣告運動、個別的使用情形（試用、重複、購買頻率）等。不幸的是，常被購買之產品的重複次數常被誇大。因此，這些數字不足以作正確的銷售預測。然而倘長期進行，這種方式的確能提供有關知覺、試用、態度的趨勢資料。

(4) 消費者小組 (consumer panel)：本法是研究購買動態的最佳方式，小組是由同意提供對各產品類別購買的消費者所組成，經常是以日誌方式寄交顧問公司，由此能衡量試用、重複、採用與購買頻率。本法不只能供預測銷售，亦可指出銷售動態中的缺點所在，例如，某品牌的試用很低，而其他之項目則很高時，公司可多花錢來刺激試用，如增加廣告、促銷贈券、甚至免費贈樣品。目前已有一些模式被發展出來，可以在早期卽將資料用於長期預測。

本法並能提供有關品牌改變、同廠品牌互斥與購買者特色的資料，其缺點是小組成員是否足以代表整體的問題。

總之，各種衡量技術均有其優缺點，所以，各方法的混合使用才是最佳之道。

五、試銷應進行多久

從試銷的機會而言，時間卽是金錢，所以，行銷主管往往希望儘快看到結果，故對進行時間的長短取捨應視評估出產品優劣所需的時間與公司的目標而定。美國耐而遜 (A. C. Nielsen) 公司在檢視過 100 個試驗專案後，提出以下結論：❾

在下決策前至少應有八個月的試銷時間。

故用查帳資料時，至少應在八至十個月後再進行銷售預測，不過，也有僅三個月就成功地完成預測，對應多快卽結束試銷是對預測的信心與機會成本之間的一種均衡。

六、應從試銷中學到什麼並採取什麼行動

試銷所取得資料主要用以決定新產品是否上市。足夠的預期銷售量是將試銷擴展到較大地區的基礎。反過來說，它也能提供提醒企業做改變的預先警報，卽使是產品在試銷時失敗，那些原因一般都可改正。

七、試銷的限制

試銷的主要限制有三：預測能力、成本與戰略性考慮。阿錢邦氏

---

❾ 同❶，第 328 頁。

(Alvin Achenbaum) 認為從試銷來作預測有以下列五種可能問題[10]。

(1) 如何取得一組足以代表整體的樣本市場。

(2) 如何將全國性媒介計劃轉成地區性計劃。

(3) 如何根據今年的競爭情形來預測明年的情況。

(4) 競爭者對試銷的了解與地區性競爭情形是否足以代表日後全國性競爭情況。

(5) 外在不可控制變數的問題。

試銷的成本缺乏效率問題一直是推廣上的阻礙，結果是，大家將注意力放在試銷前可採行的預測方法，或是省略試銷階段，而直接上市。

試銷的戰略性限制頗多，很明顯地，產品一旦出現，競爭者必會採取一些反擊方案。因此，除了在進行試銷時被失去先機外，競爭者的夾殺、模仿品等都頗具蹂躪性，尤其當競爭者覺得該新產品將構成對他們的嚴重威脅時， 他們多會以降價、贈品券等方式來擾亂正常的使用型態。

總而言之，預測能力、成本與競爭情形使得新產品的試銷變成一種戰略性的決策，而不是試銷過程的自然步驟而已。

---

[10] Alvin A. Ackenbaum, "The Purpose of Test Market," in *The Marketing Concept in Action,* ed. Robert, M. Kaplan (Chicago: American Marketing Association, 1964), p. 584.

第二十章　發展市場機會之研究方法

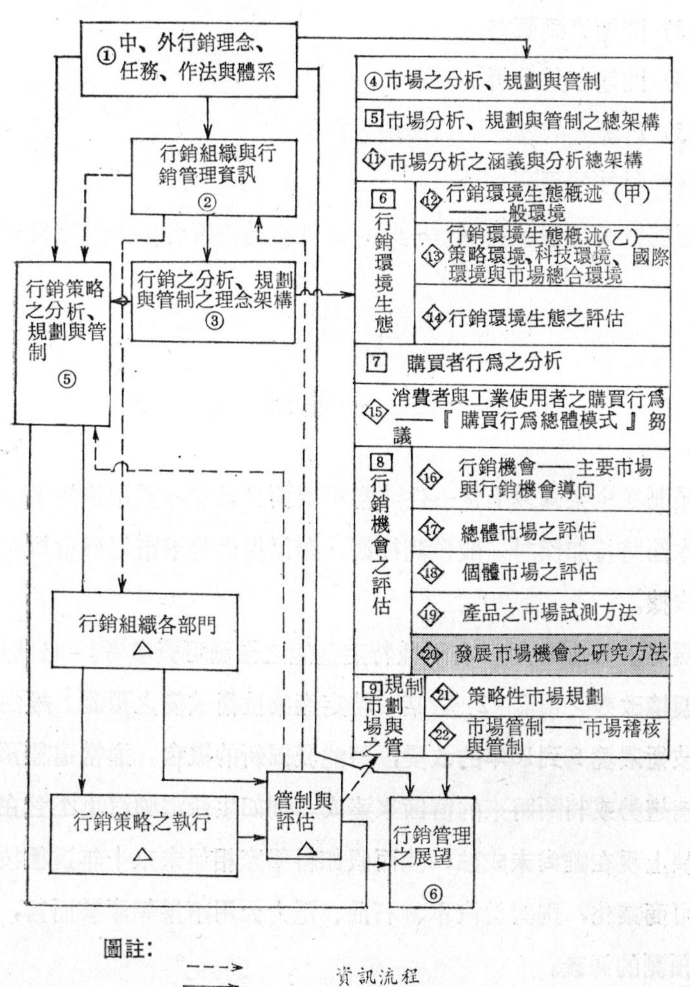

圖註：

- - - → 資訊流程
——→ 決策流程
①、②、③…… 本書部次
1、2、3…… 本書篇次
◇1、◇2、◇3 …… 本書章次
△ 屬於有關篇章次主題
▒ 本章主題

本章擬探討用以發掘市場機會的數種研究工具。它們是：[1]

(1) 一般預測技術

(2) 集中羣體研究（Focus group study）

(3) 問題偵測研究

(4) 問題存貨分析

(5) 啓發式的觀念溝通與觀念構築

(6) 科技的預測

這些技術之理論及實務，可提供行銷決策者作市場機會評估之參考。

第一節 一般預測技術

預測在企業營運上是一件非常重要而且具有多重用途的作業。因此，本節將特加探討一般預測技術，藉以提供尋求市場機會以及行銷策略的依據。

爲尋求市場機會，有兩種特定型態之預測可資參考。它們是：(1) 市場環境改變之預測 (2) 對某一特定產業技術改變之預測。經由預測消費及技術環境5到10年的改變，將能發掘新的機會。通常這種預測是使用插補趨勢或判斷將來的情節來達成。例如生產電動汽車不管在技術上及經濟上現在雖尙未成熟，然而假如科學家相信未來十年這種技術將成熟而可商業化，則對於汽車、石油、電力公用事業等產業而言，將可能具有預測的涵義。

---

[1] 參閱 Burton H. Marcus and Edward M. Tauber, *Marketing Analysis and Decision Making* (Boston: Little, Brown and Company, 1979) Chapter 10, pp. 211-218.

壹、預測上應考慮之因素

雖然我們對於將來情況無法全然知悉。但我們可以對將來可能產生的情況建立「架構」，然後在各種情況下建立行動計劃。

如果我們想知道在未來 5 年除草機產品的需求情形，我們可以調查現在的使用者請問他們希望將來 5 年的需求如何。這種方法雖然很平常，但充滿着不確定性。因爲消費者僅能在其極有的有限背景之內，了解他們希望如何。如果消費者是處在 1980 年代的環境來期望 1990 年代車子的情況，大部份的人都會描述類似他們所擁有之車子。然而如果他們被告知石油的價格會加倍，防污設備會降低汽車行駛效率，勞力及工具成本會使汽車價格上漲50%，則這些受訪者的反應一定會不一樣。在這種情況之下，研究者會預期更小，更有效率之汽車需求。如果要預測將來之需求會如何，則需要考慮諸多消費者環境之條件。因此，爲了建立將來情況，則必須先認清有關變數，及觀察其可能組合。

以除草機爲例，下列變數可能會影響這種產品之需求。它們是新家庭戶數、單戶家庭住家與公寓宿舍建築比例、除草機使用之可行性及成本。就是僅考慮二變數，則有很多的可能情況存在。表 20-1 所示者便爲其例。

表 20-1　除草機需求預測上應考慮之因素

	園丁	
	多又便宜	少又貴
大部份公寓少住家	1	2
大部份住家少公寓	3	4

卽使在這簡單的情況下，吾人可對其需求作好幾種假設。如果第 1 方格情況將出現，則可預期家庭除草機銷售量會下降，對小花園及室內園地的用具會增加。隨 2、3、4 格之不同，則會有不同之需要。

卽使技術對於事業、政府、社會有很大之影響，其方向及成長會一年一年愈來愈重要。因技術不斷進步所造成之機會及失去的機會之威脅激勵很多產業一致地評估其未來。

在事業經營上使用預測並非是一件新事情。例如創業家經常預知將來會有怎樣的一種情況。吾人所強調者應爲方法論及其技術。因此各國政府已鼓勵研究將科學技術及預測轉換成經濟實質及效用。

貳、技術預測之重要性

對於某一特定行業行業而言，下列問題非常重要。❷

1. 超音速飛機對於各國航空事業會有什麼樣之影響？對於機場及運輸網會有什麼樣之影響？

2. 在本世紀，替代能源是否會有其經濟可行性？能源短缺之長期影響如何？對於石油產出是否有替代方案？

3. 電動汽車在功能上是否可行？對於服務站網之影響如何？

這些問題很明顯地反映技術預測對於個人、公司、產業、政府會有嚴重之影響。

預測技術之意義是使用邏輯分析系統導致可以藉數量表達的有限範圍內各種可能性，尤其技術可能性。它是對有用的機器、程序、技術的將來之特性加以預測❸。技術預測，通常是以數量方式來表達績效水

---

❷ 同❶，第 214 頁。

❸ James R. Bright (ed), *Technological Forecasting for Industing and Government* (Englewood Cliffs, N. J.: Prentice Hall, 1968) pp. VI, XIII.

準，如此幾乎所有即將有的水準都會被建立起來。爲了達到一定之績效水準及一定水準之準確度，資源之衡量有時包括於技術預測之中。

叁、預測之準確性

預測之準確性及資源通常會受到預測本身之影響，同時也會受到決策者反應之影響。預測的四種主要因素如下：❹

1. 時間長度
2. 特殊技術的特質
3. 技術會帶來之特質
4. 技術帶來之特質存在之可能性。

每一種因素被衡量之準確性當然要看使用那一種預測方法，例如在考慮汽車的將來情形時，只需要一般的時間長度即可。然而在其他情況之下，準確的時間長度在武器方面就很重要。同樣的在某些情況下，只需具備廣泛的技術觀點即可，而在其他方面，較狹窄而特定的途徑是必須的。

很多人批評預測之可信度及方向。這種批評產生了兩種反應——預測是否必須要能完成某事及是否所有預測必須具類似的方向。

邏輯上，好的預測並非一定要能完成什麼，但首先，預測是根據歷史資料及對將來之假設。如果將來會有創新而會改變假設及週圍環境，當然預測會無法擊中目標。爲了這些及其他理由，很多舊預測方法被新的分析技術替代。另外，即使預測是正確的，決策者本人可以對於預期的一連串事件加以修飾。如果預測顯示有兩個競爭廠商會倒閉，則決策者會修飾因果關係，然後用修正後的結果來估計並修正以往之預測。

然而預測應該具目的導向。各種不同事務都能加以預測，好幾種水

❹ 同❶，第215頁。

準的預測已經被認知出來，如表 20-2 所示。

表 20-2 預測水準與預測方法

預測水準	預測方法
1. 自然現象或科學的了解	特定衡量，更緊密之規格
2. 實驗室可行性示範	
3. 對於原始型技術之應用	
4. 商業化	特定技術（如 Delphi 及衡量）
5. 使用適應性	
6. 社會及經濟結果之採用	質及量之衡量
7. 全球性之影響及技術性之需要	複雜之方法，觀念性之解釋

資料來源: Burton H. Marcus and Edward M. Tauber, *Marketing Analysis and Decision Making* (Boston: Little, Brown and Company, 1979), p. 216.

水準 1 是一種不可能之預測工作， 並沒有什麼出色的預測效果產生。水準 2 ～ 4 代表大部份的技術努力的集中點。水準 5 ～ 7 很困難，因爲需要很多在本身專長領域很專精的一大堆科學家參與。同時，預測可經由決策者本身及行動來加以修正。

肆、常見之預測方法

因爲影響預測的變數性質及範圍，以及建立可信衡量甚爲困難，好的技術不見得是好的預測。有些對於技術衡量可能很準確，但在政策所產生之結果可能會有錯誤結果。同樣的，預測羣體的假設對某些技術者適用，但對於別的預測者不見得接受。諸如 Delphi 技術方法使用了很多專家之判斷。一般常見的預測方法可彙總如表 20-3。

表 20-3　常見之預測方法

技　術	說　　明
專家判斷法:(Delphi)	專家的意見及羣體之判斷個別的加以調查，然後預測經由重覆的及交錯的過程而加以修飾。
歷史數據引證法	根據實證資料來做歷史性引證。該法使用簡單方法。
成長曲線:	用歷史數據資料配合到數學函數用來預測的方法。
起勢插補:	針對某一特定技術水準，用好幾個成長曲線加以綜合。
分析模式:	描述在一定技術水準下，以投入——產出關係模式再以更複雜的尺度來表示因果關係。

第二節　『集中羣體』研究法

集中羣體研究在找尋市場機會的研究初始階段就加以處理而經常被認爲是一種探索性學習。經由小團體討論，研究者指導對某些特定主題有關之討論。

集中羣體的目的正好反應其名稱；集中於一個或少數主題而來發掘反應者的認知，價值、態度、需要、期望、產品使用行爲。不像個別處理的面談，該羣體由 7 到10人組成。這樣研究者及受訪者的配對的偏差及效果會被降低，而羣體之交錯關係會增加。結果，通常是眞實的交談而能眞實反應對所觀察主題的反應而對於所研究之產品——在建議新機會方面來說是很有價值的一種反應。

壹、集中羣體研究法之優點與缺點

集中羣體研究有優缺點。把它當做其他技術之輔助是很有用的。當做其他技術之替代方案，則特定研究之目的必須加以小心的分析，如此各種代案之比重就可以加以衡量出來。

茲將集中羣體研究之優缺點列於表 20-4。至於這種方法要如何使用，則列示於表 20-5，而處理羣體研究的技術則列示於表 20-6。

如果羣體研究中的個人在同事之間願意自動的發表意見而不要等人問才回答，羣體集中會很成功。有關構想經意見交換結果幫助個人表白其態度、感覺。這樣會讓研究者經驗「情緒架構」，了解產品如何使用。受訪者之感覺、意見、滿足、挫折、經驗及產品期望目標如何也會被發現。

羣體研究不能代替數量研究。反應者的方向及參與決定所發現結果之用處如何，有待指導者往後之數量研究。

表 20-4　集中羣體研究之優缺點

優點:

1. 過程、地方、羣體大小具彈性。
2. 新鮮而不偏之反應。
3. 更小之研究分割及成本。
4. 羣體動態運作來刺激構想及感覺及消息之分享。
5. 口語上而非語言上的消費者偏好，易於表白。
6. 羣體能集中於特定刺激物。
7. 快速構思及解決。
8. 不會迫使反應者的觀念變成容易表達之分類。

缺點:

1. 必須具備訓練有素之討論領導者。
2. 建議性的、非結論性之研究。
3. 幾乎不可能確定樣本之隨機性。
4. 通常只是在早期研究階段比較有建設性。
5. 只依據於解釋及深入了解。
6. 對於某單一批評具錯誤解釋風險。
7. 須要有對發現具創造性之應用。

表 20-5　什麼時候使用集中羣體研究法

1. 對於不熟悉的主題領城用以發現一些主題及觀念。
2. 在熟悉的主題領域內，發掘新觀念。
3. 測試消費者接受程度及新觀念之認知能力及認知之配合性。
4. 發掘實際的或認知的生活型態及人格。
5. 協助決定內容。
6. 發掘一些假設而後可以數量化地衡量者。
7. 在產品線擴張或增加時，用以測定其互容性。
8. 在產品早期使用階段（或觀念發展階段）了解消費者對於觀念或產品之反映。
9. 更深入地了解，看看在包裝、廣告、市場努力上是否有更新的方法。
10. 發現爲什麼顧客對於廠商之行銷努力能有正或負的反應。
11. 了解產品或組織形象之基礎如何。

表 20-6　羣體集中面談技術

1. 在要讓羣體在某主題討論前要設立廣泛地討論指南。
2. 限制加以考慮的特定項目之數目。
3. 避免過份的參與羣體之中。
4. 控制個人在羣體中之影響力。
5. 注意口頭之敍述，行爲反應及羣體交錯情形。
6. 根據某一地區或生活型態的基礎，將期望之反映及發現結果加以比較。
7. 非結果綜合成結論。
8. 將觀查者留在個別房間內而不發問題直到討論完畢。
9. 防止意見人員對某單一敍述作錯誤之結論。

貳、集中羣體研究之各種方法

一些研究者成功或失敗的改變參與人員、交換意見地方以及主席人數。主席人數最好限制爲一人。多於一人會造成困擾而打斷了主席及反映者的思路。

反映者人數一般是從 7 ～10人，雖然更少或更多的人數都成功的使用過。然而當人數減少時，則可能之交錯會急劇下降。當羣體增加時，則會影響交錯及反映的溫暖及非正式程度會降低。另外一方面，在大羣體中之個人有更多的機會而又具更少壓力參與。

至於在什麼地方來舉辦集中羣體討論是變化最多的一項。有些研究者覺得研究室，廣告代理商會議室，或廠商辦公室是最好的。因爲這些地方安靜，又可控制氣氛而沒有外面之干擾。另外一些研究者認爲有家庭、厨房氣氛之場所是最適合討論之場所。至於那一種最適合要看反映者型態及討論的主題而定。

總之「計質」研究之使用很廣。廣告代理、獨立之產品發展組織、及生產消費品的大公司很贊成使用這種方法。然而研究方法使用最重要的因素是合理的及創造性的應用。換言之，將發現的結果轉換成對某一公司有用之觀念。

例如，有關汽車音響消費者使用意見的研究顯示被偷的風險在作購買決策是主要的決定因素。羣體建議各種方案來減低緊張及誘使購買本廠之品牌。這些建議了大部份廠商都可能採用之經濟而又可行之解答。但有時尙需考慮在產業中所處之相對位置，雖然最適合消費者，但財務上負擔不起，則自有必要棄除。

汽車磁帶系統有關之集中羣體研究的範本列示如表 20-7 。從表中可知處理會議的研究者佔着很重要之角色。什麼時候推敲，什麼時候從反映者中找出線索，什麼時候將兩個或更多的思想或行爲反映連結起來則能在會議中視情況來決定。

表 20-7　集中羣體討論大綱範本

集中羣體會議目的:
1. 學習了解顧客對汽車磁帶系統之意見，例如對於這個系統之不同屬性所具有之相對重要性。
2. 發掘各品牌相對強度。
集中羣體會議大綱:
1. 個別發音對於今天的娛樂改變情形（時間幾分鐘）
2. 策動羣體來討論錄音娛樂。（時間幾分鐘）
3. 集中於自動磁帶機及系統之討論。（會議之大部份時間）
a. 討論問題
b. 討論積極之屬性
c. 討論消費者希望看到之改變。
9. 對於自動磁帶機系統之各品牌之個人經驗（時間: 10～15分鐘）

資料來源: Burton H. Marcus and Edward M. Tauber, *Marketing Analysis and Decision Making* (Boston: Little, Brown and Company, 1969), p. 225.

第三節　問題偵測研究方法

問題偵測研究是一種行銷研究技術，用來提供行銷經理對於某一特定產品類別消費者的問題。這些問題對於新產品的發展觀念、產品再定位、或新廣告運動提供一些線索。此一技術是由廣告代理商百貨等公司 (Batten, Barton, Durstino, Osborn, 簡稱 BBDO) 所首創❺。

這種技術之哲學是: 市場的新機會大部份由解決顧客對於現有產品的問題產生。問題偵測學習並非集中於產品正向的方面，而是要認知在特定領域的主要問題，然後針對這些問題對於顧客之重要性加以數量化。任何問題偵查研究，首先需定義所要研習之特定產品分類。這些定

❺ 同❶，第 223 頁。

義可能很窄，例如電視，但也可能很廣，例如對於家畜類產品。本章將利用「家狗之照料」來說明如何使用這種技術。

本研究之第一步是定義要研究之目標觀衆。

本例可能是家狗之擁有者。一如上述問題偵查研究有二個層面：質及量。質的一面是處理小數額之集中羣體或與目標觀衆之每一反映者進行面談。其目的是要儘量發現這產品領域的各種問題。通常，在一個分類裏可以有超過一百個問題。表 20-8 是有關家狗問題樣本列示表，這些都是從質的第一階段得到之問題。

第二階段是數量研習，其目的是要從目標觀衆大樣本中決定各問題之相對重要性。這些目標通常可以經由詢問反應者來評價每一個問題（以次數或發生之重要性來表示），來達到決定重要性之衡量目的。尤其，受測之參與者以 4 點尺度的問卷來被發問某一問題是經常發生、少發生或不發生。然後又被問及當一問題發生於其身上時，是極多、很多、很少、不困擾。這些數量資料可以幫助行銷經理按照每一問題對於總合消費市場或市場之一部份有多大之影響來將各問題加以排列。

表 20-8 第一階段（質方面之研習）：從消費者中決定家畜的問題

1. 要養太貴	8. 需要房間運動
2. 弄髒庭院	9. 需要小孩看顧
3. 吵到鄰居	10. 死時，大家會傷心
4. 弄亂衣服、家具	11. 生蚤
5. 生病而需要醫藥治療	12. 藏頭髮
6. 需要經常餵吃	13. 吵鬧
7. 與其他動物打架	14. 小孩要安排在另一房間

資料來源：Burton H. Marcus and Edward M. Tauber, *Marketing Analysis and Decision Making* (Boston: Little, Brown and Company, 1979), p. 224, Table 10. 6.

表 20-9　第二階段（數量研習）：根據大樣本之目標觀衆所得之最經常發生及最困擾之問題

有關家狗問題	問題經常發生程度		問題干擾程度	
	%	Rank	%	Rank
㊀要養很貴	87	2	57	2
②弄髒庭院	35	7	30	7
③吵到鄰居	12	12	5	14
④亂弄衣服家具	14	11	12	12
⑤生病時需要醫藥治療	23	9	38	6
⑥需要經常餵吃	98	1	21	9
⑦與其他動物打架	18	10	8	13
⑧需要房間運動	31	8	18	10
⑨需要小孩看顧	40	6	14	11
⑩死時大家傷心	2	14	95	1
⑪生蚤	78	3	53	3
⑫藏頭髮	70	4	46	5
⑬吵鬧	66	5	25	8
⑭小孩需安排另一房間	3	13	48	4

資料來源：Burton H. Marcus and Edward M. Tauber, *Marketing Analysis and Decision Maketing* (Boston: Little, Brown and Company, 1979), p. 225, Table 10, 7.

表 20-9 是在第二個家狗問題研習階段可能會得到之一些消息。這些資料顯示各問題發生頻次大小順序及問題干擾程度之順序。此資料亦顯示目標觀衆中有多少百分比的人相信每一問題會經常發生及困擾。而所報告之百分比是所抽樣本之百分比。

從問題偵查研究之第二階段所得之結果提供行銷人員一張，顯示消費者的問題。這些問題也是機會之來源。例如貓狗之寄生蟲顏色是一種新產品，設計用來解決寄生蟲的問題。藥公司及小狗食物製造商正發展或提供小狗之出生控制藥物，解決懷孕之問題。

爲了使對一些問題有解決辦法，在這階段之創造力是相當重要的。有很多解決問題之方法，當然要利用想像力。

第四節　『問題存貨』分析

「問題存貨分析」(Problem Inventory Analysis) 多多少少與問題偵查有些相反意味，不是呈現給顧客一種產品或分類而請這些顧客認知問題。問題存貨分析提供給消費者一系列問題，然後問顧客針對每一問題那一些產品有這種問題發生。這種程序有兩個前提：(1) 產品能改進生活品質的方法相當有限；(2) 要讓消費者將已知的產品與所建議之問題連貫起來較簡單（對於特定之產品，希望建議問題則較難）。

如果將行銷觀念從顧客導向擴延到改善消費者認知的生活品質之使命，則更應多加思考一些新的方法而使產品及服務能達到這些目標。例如，他們能更容易做工作、減低完成工作之時間、提供安全、使行動更有效、提供娛樂等等。表 20-10 是產品能改善生活品質之各種方法一覽表。

問題存貨的另一假設是對於某一特定產業分類，可能的問題領域是相當有限的， 例如想發掘有關食品消費的問題， 總數只有 134 個問題[6]。

一旦問題整理出來後，研究階段便開始。準備好很多句子，每一個句子敍述一個問題而不是一項產品，在自我管理的觀查中，反應者只要填滿空格卽可。事實上，這是一種反射技術法，消費者被要求對於某特定問題點出相關產品。

---

[6] Edward M. Tauber, "Discovering New Product Opportunities With Problem Inventory Analysis," Vol. 39 (January, 1975) pp. 67-70.

表 20-10 能改善生活品質之貨品及勞務方法一覽表

1. 提供保護	11. 改善或擴充 Sense (聽、看、…)
2. 改善住的環境	12. 便利創造及自我實現
3. 使工作更容易	13. 降低困擾或複雜性
4. 提供娛樂	14. 提供知識、消息
5. 更輕鬆或激勵	15. 貢獻次序或組織
6. 降低完成工作所需時間	16. 增加記憶
7. 便利運動、競爭及競賽	17. 提供儲存
8. 使移動更有效	18. 滿足生存需要
9. 治療疾病及其症狀、結果	19. 改善溝通
10. 提供安全	20. 提供地位

資料來源: Edward M. Tauber, "Discovering New Product Opportunities With Problem Inventory Analysis," *Journal of Marketing*, Vol.39 (January, 1975), pp. 67-70.

表 20-11 有關食品消費問題範例

心理的	感覺的	活動	買或用	心理/社會
重量:	味道:	計劃:	可攜帶性:	服務公司:
肥	苦	忘了	在外吃	不服務客人
沒有Calories	鹼	很累	拿回家吃	要長時間準
饑餓:	醇	儲藏:	部份控制:	備
吃	外表:	用完了	放包裝內不	自己吃時:
吃後仍然餓	顏色	包裝不適	足夠	自己做之力
口渴:	令人消化	準備:	製造殘留物	氣
不會解渴	形狀	太困難了	可行性:	作只爲自己
使更渴	一致性:	太多污點	過季節	吃時
健康:	韌	煮:	超級市場沒	意志消沉
不消化	乾	燒	有	自我之意像:
對牙有害	油	分解	毀壞度:	懶惰者自己
使睡不着	腐敗、變質:	洗:	腐臭	做
酸	融	弄亂 Oven	酸	非好母親來
	壞	冰和味道	成本:	服務
	分解		貴	
			貴的成份	

資料來源: Edward M. Tauber, "Discovering New Product Opportunities With Problem Inventory Analysis, *Joural of Marketing* Vol. 39 (Jan, 1975) pp. 67-70.

有關食品業之研習將被用來模擬問題存貨分析，有 25 個問題由 200 位家庭主婦來回答，表 20-12 顯示列表資料之結果。❼

表 20-12　食品之「存貨問題分析」結果

1. 有關下列包裝不適合放在架子上：
   穀49%　麵粉、小麥 6 %
2. 我的丈夫 / 孩子拒絕吃下列東西：
   肝臟18%　蔬菜 5 %　菠菜 4 %
3. 下列東西不能止渴：
   Soft 飲料58%　牛奶 9 %　咖啡 6 %
4. 下列包裝物不易融化：
   布丁 5 %　肉湯 8 %　凝膠物32%
5. 每一個通常必須下列不同成份之東西：
   蔬菜23%　米11%　肉10%　點心 9 %
6. 下列東西會把爐子弄亂：
   煮排骨19%　餡餅17%　烤猪脚 / 肋骨 8 %
7. 經包裝的下列東西較人工化：
   即可使用之蕃茄12%　macaroni 及乾酪 4 %
8. 要容易倒下列東西很困難：
   果醬16%　糖漿13%　牛奶11%
9. 下列包裝物看起來較不令人消化：
   漢堡 6 %　肉 3 %　肝 3 %
10. 我希望我丈夫 / 孩子便當盒裝：
   熱肉11%　湯 9 %　冰淇淋 4 %

資料來源：Edward M. Tauber, "Discovering New Product Opportunities With Problem Inventory Analysis", *Journal of Marketing* Vol. 39 (Jan, 1975) pp. 67-70.

顯然的，這些問題存貨分析結果必須小心加以解釋。一定的存貨或期望答案不見得就是市場之好機會。例如，有49%的受訪者認爲穀物不易放置於架子上（見表 20-12）。美國通用食品公司（General Food)

❼ 同❻。

因此做改進而介紹緊密的穀箱，但結果却失敗。因為這個問題對消費者而言其相對性並不重要。

這些例子顯示從「問題存貨分析」所產生之結果應當做是一種做更深入觀查之線索。任何被認知之產品問題應再深入的研討來決定有多少人口百分比有這種問題而其密度如何，經過濾而殘留下來之問題也要與問題偵查方法一樣的方式來作更深入之了解。在此階段可使用理想會議技術來對這些問題提供有建設性之答案。

有些存貨問題之答案並不能反映市場之好的機會，要小心不要丟去手上之問題。這些問題過去無法解決或一些顯著之答案也無法解決。例如，將產品加以改良並不是解決很難倒蕃茄醬之好辦法時，則可經由改變包裝及包裝之彈性而獲得解決。

隱含於問題偵測及問題存貨分析的假設是消費者知道問題所在及他們所需要的是什麼。但不可諱言的，主要的創新大部份人是無法了解的。即使在一很成熟之產業，很多消費問題仍存在及容易辨認，要尋求解決是相當困難的。要找出產品變異比要解決消費者問題要容易得多了。解決問題需要時間、技術、金錢，但是很有代價的。假如解決之問題很容易被溝通起來，對於已認定的消費者問題若能提供解決則能獲得市場機會，且更容易廣告而成功。

第五節　啓發式的觀念溝通與觀念構築
——啓發性構思技術

啓發性構思技術（Heuristic Ideation Technique）提供分析工具來產生有關創新及產品線修正方面新的構思及努力之方向。但它不是一種過濾設計，因此所獲得之一些觀念可能對廠商而言，不合適或不可能生產或打入市場。

該技術背後之原則相當簡單。它是基於下述涵義。觀念可組合成「創造性之理想」，但人類要產生這種組合會遇上很多的障礙。然而，這種障礙可以電腦排除。如果一個人能獲得有關產品領域的各種觀念，所有可能觀念之組合則是該領域內所有產品構想之總組合。這種分析方法之步驟如下：(1)對於特定產品領域有關之各種觀念加以認知；(2)將所有這些觀念加以組合成爲很多組的構思。

壹、啓發性構思過程概述

啓發性構思技術之第一步是對於某產業觀念列出一張想像表。如果有一些觀念才可組合成一個新產品構思，則現有之構思能夠被分成一張觀念表。例如巧克力糖棒組合之構思可以分成巧克力糖、巧克力等等。將這些字眼再根據產品形狀、技術、組成成份、包裝、準備、何時吃、理由等加以分類。那麼食品界之分級，便可列成表 20-13 之分級表。

雖然這些所有可行組合代表所有可能的產品觀念，經由這些技術所產生之組合是一種資產亦可能同時是最大之缺點。因爲其可行之組合相當大（2^n-1），要從很多很多的組合中來分析及選擇，當然會碰到很多的困難及成本壓力。因此，使用該技術時必須找出有效率之方法來降低需要被發現之個數。

啓發性構思技術是一種經驗法，經常經由錯誤嘗試而得到一些答案。對於某一些形態之問題能成功地產生可以接受的解答。它代表一種原則或方法，則降低平均尋求解答時之次數。對於任何特定之新問題，除非每一組合觀念都加以評價，否則不能保證得到最低之答案，因此一個人只能評價一個觀念而將之當做組成觀念字彙之個別觀念字彙的價值函數。有一個簡單之模式能表示一個構思之價值，其值等於個別觀念價

表 20-13　食品界分級範例

產品（什麼？）		食物準備（如何？）	消費者
形式	點心觀念	廚房用具	用餐時間（何時）
技術	含有成份	消費者準備	消費者利益（爲什麼）
包裝	另加之成份	煮用	消費羣（誰）
包裝材料	準備食物		
一致性	生麵團		
形狀	藥料		
蔬菜	季節性		
水菓			
肉			
穀物			
核			
魚			
酒類			
牛奶			

資料來源：Burton H. Marcus and Edward M. Tauber, *Marketing Analysis and Decision Making* (Boston: Little, Brown and Company, 1979), p. 232.

值之總合加上兩種觀念正或負的交錯—— Value＝A＋B±（AB）。這種交錯通常是賦予構思最大潛力之項目。

例如，在產生點心食品觀念裏，有三個字可以考慮薄片 (chip)、濃液（shake)、以及馬鈴薯（potato)，個別而言，每一字的評價相當低，但馬鈴薯薄片——卽薯片（potato chip）之組合評價相當高，而馬鈴薯濃液——薯膏（potato shake）之評價相當低。在第一種情況交錯是正的，而在第二種情況其交錯是負的。若不看看字羣之每一可能組合，則一些包含正的效果的交錯的觀念可能會被忽視。

一些人在食品業中爲了產生新觀念的一些有力的啓發性構思，企圖指出具有高的正的效果交錯的組合。這種大概法則決定那些組合要除去，那些組合要保留考慮。其規則主要根據下面的假設：大部份觀念之核心能由二個字之組合來解釋。其他必須完成構思的另外字眼對觀念來講並不重要，而能留在後面考慮。因此其規則是兩個字的組合才加以評價。

第二個規則是根據所作之觀察，在食品界分級的某些交錯分類比其他方法產生更好的構思。例如，食品新包裝比包裝內之新成份組合更令人感到興趣。食品界分級的各種不同之兩個字的組合可列示如表 20-14（代表二個字的每一格以數字符號來標示，這些數字不代表次序，只代表格子而已。）

貳、啓發性構思技術之使用

啓發性構思的字的組合是句子組合之一部分並不代表完整之構思。例如，冷凍冰淇淋，不同的人在思考這些組合時，以不同之方式來想像各種產品。例如有些人會認爲冷凍冰淇淋是一種冰乾之結晶體，將之加水及融化而得到冰淇淋。有些人則會把它看成固體型態的乾凍奶油而當做一種點心來吃，點心在口裏融化當做冰淇淋。

以心理學之名詞，人們所被發問之刺激物很模糊，其模糊之程度就如同字的聯合一樣。然而同時字體之組合確實指導着構想者就針對某一特定字體來產生新觀念。因此，啓發性構思法經由提供參與者模糊但又有指向性的刺激物來刺激個人之創造物。

首先，一羣之產品經理或其他員工被選取來參與腦力激盪會議。在會議前幾天，兩三個加以選擇之格子先送給某一個人，指導參與者先檢討每一格子，在能代表特定產品的每一格子上劃「×」然後在他（她）本身認爲是新構思的組合上圈起來。然後再對於每一有趣的組合上作簡

表 20-14 形狀及包裝

形狀	包								裝						
	噴罐	包	桶	籃	煮袋	瓶	箱	罐	紙板盒	杯	盤	封	壺	鍋	袋
乾酪	1	2	3	4	5	6	7	8	9	10	11	12	13	14	15
冰凍飲料	16	17	18	19	20	21	22	23	24	25	26	27	28	29	30
炸餅	31	32	33	34	35	36	37	38	39	40	41	42	43	44	45
飾糕	46	47	48	49	50	51	52	53	54	55	56	57	58	59	60
水果	61	62	63	64	65	66	67	68	69	70	71	72	73	74	75
光狀物	76	77	78	79	80	81	82	83	84	85	86	87	88	89	90
肉汁	91	92	93	94	95	96	97	98	99	100	101	102	103	104	105
肉末或小肉丁與馬鈴薯共燒之菜	106	107	108	109	110	111	112	113	114	115	116	117	118	119	120
冰淇淋	121	122	123	124	125	126	127	128	129	130	131	132	133	134	135
冰狀物	136	137	138	139	140	141	142	143	144	145	146	147	148	149	150
菓子凍	151	152	153	154	155	156	157	158	159	160	161	162	163	164	165
菓汁	166	167	168	169	170	171	172	173	174	175	176	177	178	179	180

烤　　肉	181	182	183	184	185	186	187	188	189	190	191	192	193	194	195
麵包條	196	197	198	199	200	201	202	203	204	205	206	209	208	209	210
檸檬果醬	211	212	213	214	215	216	217	218	219	220	221	222	223	224	225
肉	226	227	228	229	230	231	232	233	234	235	236	237	238	239	240
乳　　漿	241	242	243	244	245	246	247	248	249	250	251	252	253	254	255
甜　　點	256	257	258	259	260	261	262	263	264	265	266	267	268	269	270
鬆　　餅	271	272	273	274	275	276	277	278	279	280	281	282	283	284	255
薄煎餅	286	287	288	289	290	291	292	293	294	295	296	297	298	299	300

資料來源: Burton H. Marcus and Edward M. Tauber, *Marketing Analysis and Decision Making* (Boston: Little, Brown and Company, 1979), p. 235.

略之觀念說明。

其次，對於多少模糊不清的刺激物的組合能由消費者來進行結構性的集中羣體研究。消費者被告知他們正玩遊戲以發展新的食品觀念。例如當我們考慮到點心食品時，有特定表格（如 20～30 格）分發給每一參與者。然後羣體之領導者領導每一組合之討論。爲了要衍生每一組合可能代表之觀念，第一個問題可能是「它是什麼？」。然後集體被告知「我們想從這個組合中產生新的構思」，這種指導可能會刺激羣體「它是點心」，「你使用它而當做點心？」。「它是否可以與麵包一齊使用？」等等。

在這種會議裏，主席要刺激參與者將各組合轉換成新的及不同的觀念。當然，這種方法是否會成功就要看羣體之想像力及主席領導的技巧了！

啓發性構思法迫使人們針對所有形態的指導性的構思貢獻中創造出有意義的產品觀念。這種方法假定個人自己允許選擇自己之觀念組合。他們會避免那些不尋常之組合而對那些比較顯著性之組合下手。當然顯著性之組合同樣的對競爭者而言也是很明顯。可能會假定不可能得到這種構思的市場機會，因爲生產及行銷方面可能有困難。本法也承認對於那些似乎沒有意義及不可行之構思組合，若再考查可能也會得到一些新的重要產品意念。

本節所述方法不是產生新產品構思的萬能藥。它並不能很自動地運作，也不能不受知識、能力、遠見的影響而運作，它只是一種刺激物用來刺激創造力，移轉注意力於尋求構思及發現字羣組合的關係。所使用的方格對於有系統的使用啓發性構思及查看所產生之觀念提供了一種架構。

因此，本法有下列主要利益：1. 使管理者思考很多代案方案，以便增加發現好的產品構思的機會。2. 有彈性。這些觀念字的組合只要被特定化一項即可以。所有觀念字的組合很多，應該可包含一個產業很多產品觀念。3. 所用設計能被個人使用而且不需要受什麼訓練，因此這些方格可以被產品經理採用，也可被員工、消費者使用。

同時，啓發性構思技術也有一些限制。諸如：(1) 本法依靠管理當局是否有能力來「特定化」很多的相關觀念，很難預料；(2) 它使用啓發及大概經驗法則而並不能保證最佳答案；(3) 只傳達了有限的字句組合。(最關鍵之一步驟是將這些組合轉換成可行之構思)；(4) 提供的新觀念可能在技術上是不可行的。

不管如何，這種技術之主要貢獻是使行銷經理從產品角度來看他的產業（以一種以前從沒有考慮的方式來進行）。在這過程裏，會產生新的觀念。而這些構思中的一項可能會提供很好的市場機會。

第六節　科技預測[8]

壹、科技預測的目的

很多人以為，科技預測的目的是要精確的算出某個時日會有某種形式的技術產生。事實上，若以此標準來評估科技預測，根本是一種不可能的事。事實上，科技預測的目的和其他的預測相同，只是在評估未來何者發展的概率較大？重要性如何？換句話說：任何有經驗的管理者，絕不會期望從市場預測中獲得毫厘不差的情報。他知道這是不可能的事。因此，他只是合理地要求分析、預測人員，估計出最可能的情形，並對其他可能情形的出現機率，加以評估，使管理者能根據它做出

[8] 本節資料部份取材自吳思華先生於民國七十一學年度於國立政治大學企業管理研究所修讀「行銷專題研討」時所提出之研討報告。

較佳的決策而已⑨。

一般人在想到科技時，都會直覺的認為所指的是明確的實體，却不知道它具有多變的特性。對它只能作範圍性的預測，或者以概率的形態表示出來。他們的想法認為，在某種特定的情形下，科技是否存在，從事預測的人，也必須做出準確的結果才算數。這種誤解，不僅是對預測者的苛求，而且也混淆了科技預測的觀念。這個觀念若不加以澄清，將使吾人對科技預測的目的產生重大的誤解。

事實上，「科技」不單指金屬，也不是化學物質。它所代表的意義，是知識——各種物質間相關的知識——和其有系統的運用。從表面上來，各種機器、產品或生產系統，雖呈現出一種跳躍式的發展，但事實上，創造這些技術背後所隱含的知識却是許許多多不足稱道的個別小成就累積而成的。

換言之，科技預測之所以可能，是因為技術知識與經濟特質是有連貫性的，而技術在經濟上的可能運用，亦可被預卜。因此，科技預測的目的，事實上是：(1) 基於現存的科技，做延伸性的推估；(2) 針對未來的需要，做個「範圍預測」；(3) 對某種技術在運用上的特性，以機率的型態來說明；(4) 分析這些科技一旦實際運用後，所可能產生的影響⑩。

吾人唯有謹記科技預測的眞正目的後，才能對科技預測的活動眞正有所認識，亦才能眞正有效的進行。

貳、科技預測的技術

⑨ James Brian Quinn, "Technological Forecasting," *Harvard Business Review*, (March-April, 1967), pp. 39-57.

⑩ 同⑨。

科技預測的方法相當多,本段僅選取其中幾項重要的科技加以介紹。

一、時間序列分析

時間序列分析是最古老的分析方式，在應用這項分析時，應遵循以下五項原則：⓫

1. 選擇適當的自變數；
2. 確認該模式的限制，並判定該變數是外延的（extensive）或內隱的（intensive）；
3. 如果該變數是內隱的，藉由適當的尺度改變轉換爲另一個絕對值；
4. 判定該模式使用變數對於「世界上各種狀態」（如政治、軍事、國際現勢等）的敏感程度；
5. 將同樣的步驟應用到其他很明顯可替代的技術上，然後使用外插法加以推估。

時間序列分析法基本上是假定未來的發展是現況的延伸，如果發展趨勢呈不連續的狀態，則無法用時間序列分析法來加以推估。

二、需求導向分析法

許多研究顯示，如果能清楚地確認需求爲何——只要不超出科技的能力——那必將成爲促使科技改變的最主要力量。事實上，科技也祇有在能迎合需求的時候，才有用處。因此，要能夠確認目前的科技無法迎合未來的需求，才能動手分析科技在未來可能進展。

在分析未來的需求時，可由以下幾個方面着手：⓬

⓫ Robert U. Ayres, "Envelope Cure Forecasting," *Technological Forecasting For Industry and Government: Methods and Applications*, James R. Bright ed., (New Jersey: Prentice-Hall Inc., 1968), pp. 89.

⓬ 同❹。

1. 人口及社會結構的分析(Demographic and Sociological Analysis)。這方面的研究，可以讓我們概括的了解，未來技術性需求的本質及其程度。
2. 條件需求分析 (Conditional Demand Analysis)。這類方法是用來推測在何種條件下，才會對新科技產生需求，以及它發生的概率是多少。
3. 機會確認技術 (Opportunity Identification Techniques)。這種方法能協助管理者找出由新科技來解決的，或者是新科技能解決的潛在需要。

在採用需求導向分析法時，預測者不但要衡量外在壓力的強度，還要把科技進展的速率、可行性、社會未來的偏好傾向，以及在抵制中從事變革的可能性統統列入考慮。也祇有這樣的分析才能夠確實地估計出，新科技在何時才能眞正滿足社會需求。

在科技預測方法中，有一種是先提出假想的或未來可能發生的問題，然後找出解決這些問題的方法，並界定其所需具備的特質。這種「問題」導向的方法是「需求」導向的一種變形，它廣泛的用在分析太空、軍事上的潛在問題。因爲這些方面，沒有任何過去的經驗可資參考。

三、供給導向分析法

企業在從事科技預測時，另一種值得介紹的方法是把現有的設備或現象，推展到理論的極限，看看它能解決那些問題。這種方法較能把握到科技本身的限制。不幸的是，利用這類預測技術得出來極富想像力的結果，往往離現實太遠，被認爲是荒誕的「科幻小說」，而顯不出它們眞正的重要性。所以在採用這種方法時，應儘量和需求導向評估法共同使用，以免脫離現實的需要。

在供給導向評估法中，有一種是科學展望研究⓭。這種方法是預測：(1) 將來，那門學問會成爲注意的焦點；(2) 從企業的觀點看，未來幾年裏那方面最有可能發展出相關的新知識；(3) 目前的研究工作，在可預見的將來，能解決那些問題？又有那些問題是不太可能有結果的？這種預測法基本上亦是考慮「供給面」，在實際使用時，常面臨的問題是幾乎每一門科學裏，都可以發現許多可能的發展。所以必須小心謹愼的做，才能提供管理者眞正有價值的情報。

四、專家意見法

由於科技本身是一個相當專業化的學問，一般人很難理解，因此專家的意見，本身便具有舉足輕重的地位，因此企業在從事科技預測時，常採用這種方法。

專家意見法在實際執行時可以有三種不同的方式：

1. 團隊討論法：即邀請數位專家共同參與討論，希望自其中獲得一項共同的結論。
2. 個人估計彙總法⓭：即將個人的估計提交給一位主持人，然後彙總成綜合數字。
3. 德爾菲法 (Delphi Method)⓮：這種方法是個人估計彙總法的修正，該法是當個人估計與假設的資料提交給主持人後，經檢討及修正後，再發回每個人作第二次的個人估計，或再做第三次的估計等。這種方法已逐漸爲大家所採用。

利用專家意見法主要的優點在於：1. 預測速度較快，成本亦較低；2. 在預測過程中可調和各種不同的觀點；3. 不需要其他的資料。

⓭ 同❹。

⓮ 同❸，pp. 325-326.

叁、科技預測的限制

以上所介紹的四種方法各有優點，事實上也的確給企業的管理部門提供了有價值的情報。但在實際應用上，這些科技預測法亦有許多缺點，值得制訂政策的主管和專業人員在使用預測法時特別注意。以下所述者係這些缺點。

1. 科技間交互影響的效果，可能會引起令人完全無法預料的結果，使原先的預測完全失效。一般說來，在極端進步的科學領域裏，我們只能知道，某些科技之間可能會有交互影響，而且將因這種影響而使這些科技益形重要。困難的是在極端進步的科學領域裏，很難找到一位精通多項學問的專家來分析它們的影響程度。

2. 重要科技突破所造成的結果，將開創出一個完全嶄新的局面，但由於這種創新和以前的科技沒有必然的關係，常很難在事先觀察得到。因此，常被人們當成是貶抑科技預測工作的理由。

3. 科技預測工作進行過程中常碰到的最大問題是資料來源不足。以國內現況爲例，除了國科會、經建會、崇德工業研究發展基金會等少數機構負責收集部份零星之技術資料外，並沒有其他的機構有系統的建立可靠的資料系統。在這種情形下，預測者祇能透過直接的訪問，以取得第一手資料。但基於成本的考慮，抽樣調查人員數無法太多，因此常會影響及於研究的結果。

4. 從事科技預測工作的人員多是技術專業人員，由於他們日常的工作講求證據與科學，因此在從事預測工作時，常較於保守或欠缺想像力，使得預測的效果大打折扣。吾人一再強調，所謂預測並非算計得絲毫不差，而是判斷一個大概的方向，如何建立此項正確的觀念，實爲一般管理人員不可忽視的重要課題。

5. 科技預測者多從事研究工作，與外界隔絕，常不了解競爭公司的行動，也忽略了市場的競爭壓力可能加速科技之突破。如何加強業務人員與科技預測工作者間的聯繫，實在是一項重要的工作。

以上這些缺失是科技預測工作進度過程中所將面臨的最重要的限制，值得管理者特別注意。其他還有一些限制會因預測者個人特質和預測對象之不同而有所不同，由於較爲瑣碎，便不再加以贅述。

肆、科技預測與行銷規劃

科技進步對於企業的影響十分大，常會產生關鍵性的影響。過去國內的企業主要從事於勞力密集的加工行業，生產彈性大，對於外在的環境狀況——尤其是科技環境——的監視一向很不重視。目前國內已到了技術轉型的階段，政府積極鼓勵各個企業引入各種新型的技術，以求技術生根。但是如果不能做好科技預測的工作，一旦引入了其他國家已遭淘汰，或事實上即將淘汰的科技，則無論對企業本身或對國家社會而言，都將是一項極大的損害。

本節所介紹的四種科技預測的技術，除了第一種預測法是採用定量預測外，其他各種預測法主要都是定性、定量的預測。各種方法均有其特性和適用的時機，值得企業界參考採行。

或許有人認爲科技預測的結果若不能以具體的數字表達出來，則並未達到預測的目的。事實上，筆者一再強調科技預測的目的祇在於評估未來何者發展的概率較大？重要性如何，供管理者做決策時參考，絕非要求得到毫厘不差的結果，這個觀念是吾人在進行科技預測工作時宜特別注意的，值得再一次的加以強調與澄清。

科技預測在行銷規劃、分析與控制中所扮演的重要角色在許多企業案例中已明顯可見，值得大家特別重視。

第九篇

市場之規劃與管制

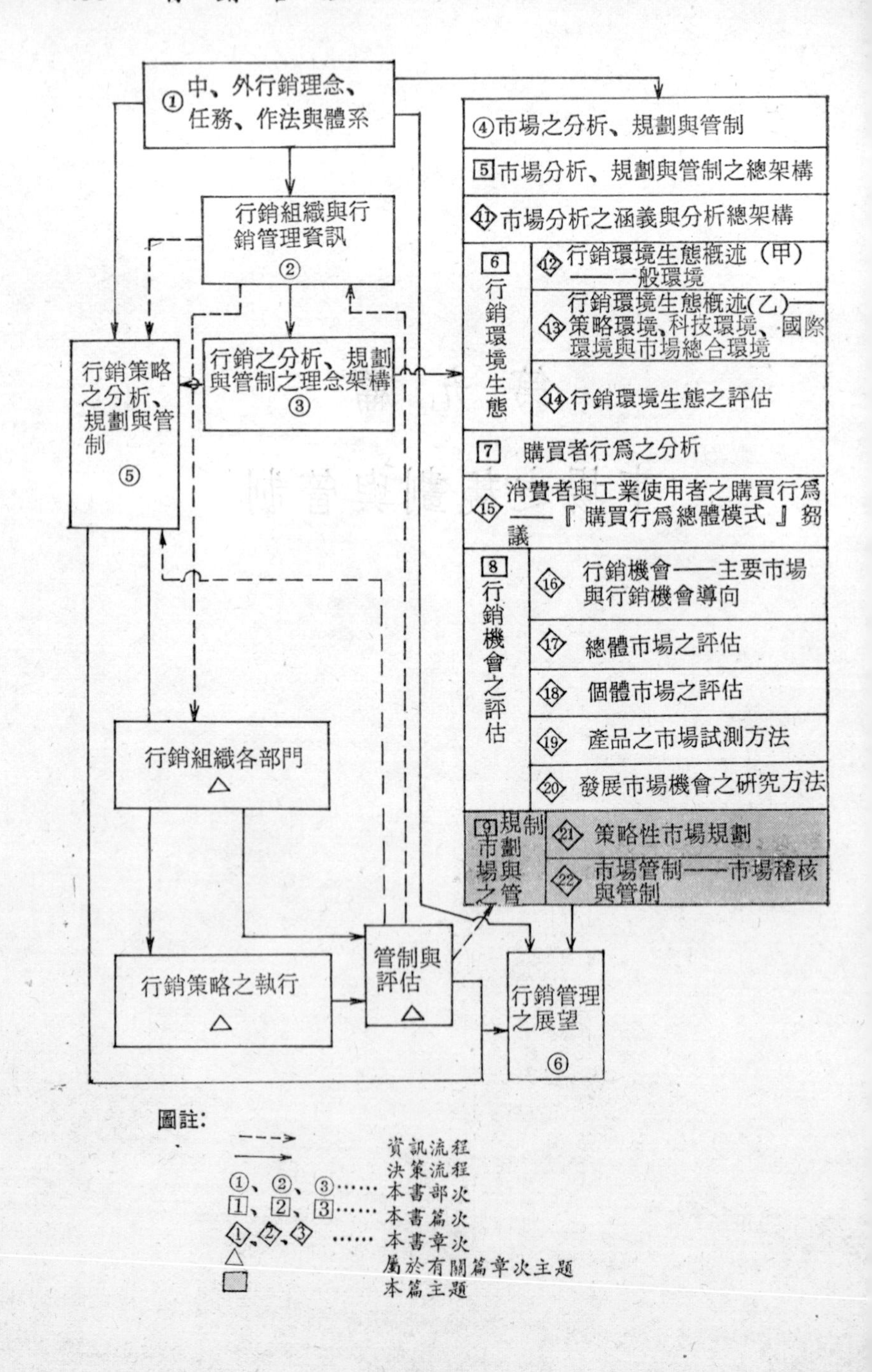

①中、外行銷理念、任務、作法與體系
行銷組織與行銷管理資訊 ②
行銷之分析、規劃與管制之理念架構 ③
行銷策略之分析、規劃與管制 ⑤
行銷組織各部門 △
行銷策略之執行 △
管制與評估 △
行銷管理之展望 ⑥
④市場之分析、規劃與管制
5 市場分析、規劃與管制之總架構
11 市場分析之涵義與分析總架構
6 行銷環境生態
12 行銷環境生態概述（甲）——一般環境
13 行銷環境生態概述(乙)——策略環境、科技環境、國際環境與市場總合環境
14 行銷環境生態之評估
7 購買者行爲之分析
15 消費者與工業使用者之購買行爲——『購買行爲總體模式』芻議
8 行銷機會之評估
16 行銷機會——主要市場與行銷機會導向
17 總體市場之評估
18 個體市場之評估
19 產品之市場試測方法
20 發展市場機會之研究方法
9 市場之規劃與管制
21 策略性市場規劃
22 市場管制——市場稽核與管制
圖註:
資訊流程
決策流程
①、②、③……本書部次
1、2、3……本書篇次
1、2、3 ……本書章次
△ 屬於有關篇章次主題
本篇主題

第二十一章　策略性市場規劃

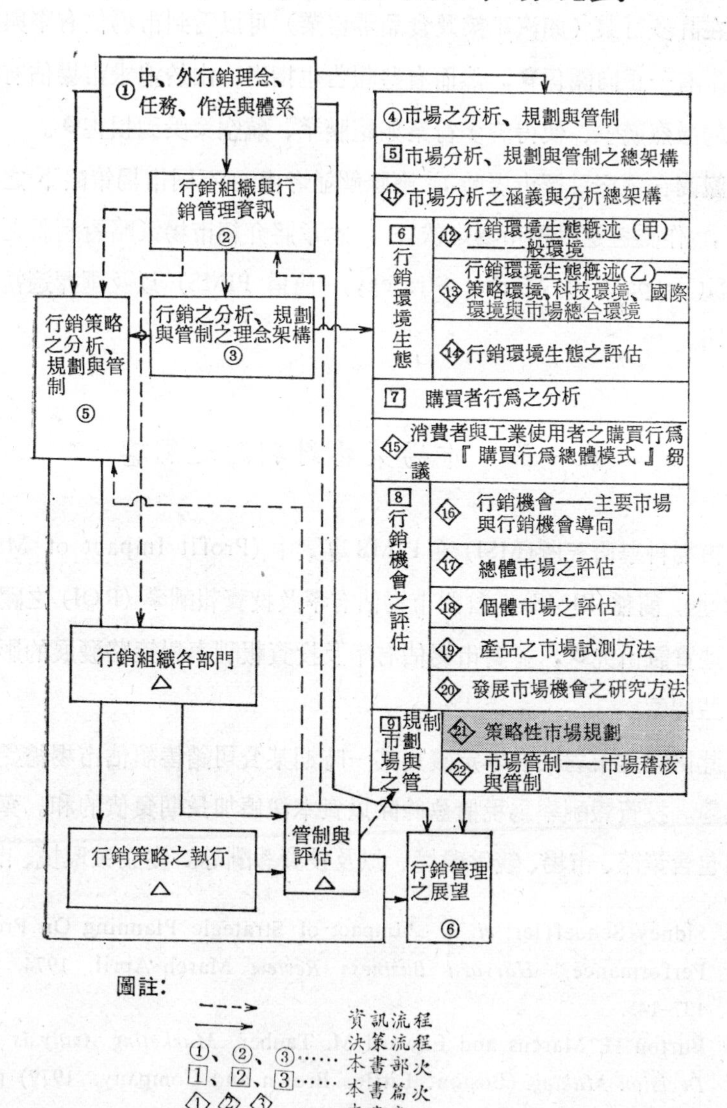

傳統上策略性市場規劃係以利潤做為衡量策略的基準，但目前有許多實證顯示許多公司以追求市場佔有率為主要目標。

在許多行業（如汽車業及食品零售業）可以看到市場佔有率與投資報酬率有一正向關係❶。然而有些報告也指出，由於追求市場佔有率所導致的激烈競爭、使得許多行業如電腦業、航空業受到損害❷。

廠商在選擇目標市場時，應瞭解並考慮在不同市場策略下之利潤狀況，作為遴選目標市場之依據。本章將介紹市場策略對利潤之影響 (Profit Impact of Market Strategy，簡稱 PIMS) 以及選擇適當的市場策略。

第一節 市場策略對利潤之影響

市場科學研究所(MSI) 在 PIMS 專案中 (Profit Impact of Market Strategy, 簡種 PIMS)，曾對市場佔有率及投資報酬率 (ROI) 之關係做了一些實證研究❸，並對市場佔有率及投資報酬率對策略發展的影響提供一些線索。

此研究將市場佔有率定義為某一時期某公司銷售額佔市場總銷售額的比率。投資報酬率為稅前盈餘除以資本淨值加長期負債的和。蒐集的資料包含策略、市場、競爭環境、以及投資報酬等。從企業環境、市場、

---

❶ Sidney Schoeffler, *et. al.* "Impact of Strategic Planning On Profit Performance," *Harvard Business Review* March-April, 1974, pp. 137-145.

❷ Burton H. Marcus and Edward M. Tauber, *Marketing Analysis and Decision Making* (Boston: Little, Brown and Company, 1979) pp. 145-159.

❸ 同❷。

企業本身、企業行爲所抽出的三十七個主要特性解釋了百分之八十有關企業間利潤及現金流動的變異。

PIMS 專案對市場佔有率及投資報酬率的高度相關性做了肯定的結論。圖例 21-1 顯示了這些變數的關係。由圖上可知市場佔有率和投資報酬率有極大的關係，追求市場佔有率的同時，也可能等於就是在追求利潤。PIMS 更進一步指出市場佔有率所以對利潤有影響主要是由於經濟規模、市場力及管理品質的關係。

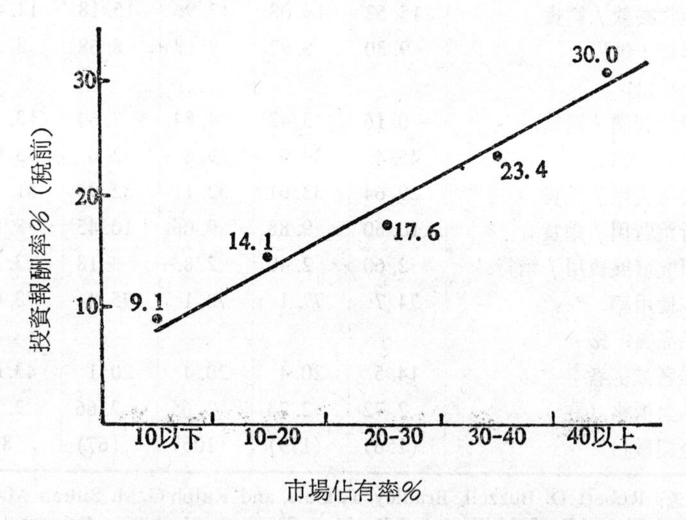

圖例 21-1　市場佔有率和投資報酬率之關係

資料來源: Robert D. Buzzell, Bradley T. Gale, and Ralph G. M. Solution "Market Share, Profitability, and Business Strategy," Marketing Science Institute, Working Paper, August 1974. in Burton H. Marcus and Edward M. Tauber, *Marketing Analysis and Decision Making* (Boston: Little, Brown & Co. 1979) p. 148.

企業規模愈大，愈合乎經濟效益。大企業不管在採購、製造、市場和其他方面都有利，而且，經驗曲線也告訴我們，製造規模愈大，則製品的單位總成本也愈低。由於在定價及協商方面，大企業也較佔優勢，故其市場競爭力也強。另外，大企業之管理通常較上軌道。因而根據經驗，一個企業一旦居於領導地位，競爭者便很難趕上。

表 21-1　市場佔有率和主要財務及營運比率的關係

財務／營運比率，%	市場佔有率				
	10%以下	10%～20%	20%～30%	30%～40%	40%以上
資本結構:					
投資額／銷貨	68.66	67.74	61.08	64.66	63.98
應收帳款／銷貨	15.52	14.08	13.96	15.18	14.48
存貨／銷貨	9.30	8.97	8.68	8.68	8.16
營運結果:					
稅前利潤／銷貨	−0.16	3.42	4.84	7.60	13.16
購貨／銷貨	45.4	39.9	39.4	32.6	33.0
製造費用／銷貨	29.64	32.61	32.11	32.95	31.76
行銷費用／銷貨	10.60	9.88	9.06	10.45	8.57
研究發展費用／銷貨	2.60	2.40	2.83	3.18	3.55
資本使用率	74.7	77.1	78.1	75.4	78.0
產品品質: %					
佳者減劣者	14.5	20.4	20.4	20.1	43.0
相對價格（註[a]）	2.72	2.73	2.65	2.66	2.39
企業數目	(156)	(179)	(105)	(67)	(87)

資料來源: Robert D. Buzzell, Bradley T. Gale, and Ralph G. M. Sultan Market Share, Profitability, and Business Strategy, Marketing Science Institute, Working Paper, August 1974, in Burton H. Marcus and Edward M. Tauber, *Marketing Analysis and Decision Making* (Boston: Little, Brown & Co. 1979), p. 149.

（註 a）五點數之平均值: 5 表示比領導者之平均值低 10% 或更多； 3 表示在競爭者之 3 %之內； 1 表示比競爭者高 10% 或更多。

表 21-1 根據 PIMS 的研究，對於不同市場佔有率的財務比率、營運比率、相對價格及產品品質加以比較。我們可以看出市場佔有率高者與低者之間有很大的差異，例如:

1. 資本回轉率隨着市場佔有率的增加變化不大，但銷貨利潤增加的幅度很大。

2. 在成本上的最大區別為購貨／銷貨這一項目。（可能由於市場佔有率高者發揮垂直整合的力量。自製率較高因而對外購貨少，購貨／銷貨之值也低）
3. 市場佔有率增加、行銷費用／銷貨的比率有降低的趨勢。
4. 市場領導者和小競爭者之產品策略有很大不同。市場領導者產品售價較高，品質和服務較佳，研究發展花費也較大。

PIMS 之研究者也觀察到耐久產品之市場佔有率較重要。其原因為耐久財價格較高，較難評估、較複雜，消費者寧願多花點錢去買大廠家的牌子較安心。至於經常購買的產品，價格較低，消費者可能願意冒風險購買一些小廠家的產品。

此外，PIMS 也發現，分散的消費者由於不像具有影響力的小團體消費羣有力量對市場佔有率高的企業討價還價，因而其利潤也歸諸於大企業。

表 21-2 對 PIMS 之其他發現作了一個摘要，可供參考。

表 21-2　PIMS 之研究發現（部份，不全）

資本密集為 37 個因素內最重要的因素，市場地位為其次
高度資本密集的企業不易做，因為投資大，且惡性競爭。
若您的企業屬於高度資本密集，則不要在行銷費用上花費太大，大部分的企業無法負擔如此龐大的費用。
若您的企業屬於高度資本密集，則應致力於區隔市場來增強本身的市場地位，以便在此區隔市場內獲得合理利潤。
市場佔有率高的企業獲利能力遠高於市場佔有率低的企業
獲致強而有力的市場地位的方法有二——將企業擴大或盡量在某一區隔市場內傾全力穩住陣脚
高品質的產品不管價格高或低都比品質差的產品獲利高。以低價獲得市場佔有率是不容易的。

高品質而市場地位穩的企業獲利大，ROI 約爲 29%。
相反的，品質低而市場地位弱，其 ROI 只有 6 %。
市場地位和產品品質若有一方弱，則可以另一方加強。
市場地位弱，即使有高品質，也不可採取高價，此時可經由低價、大量銷售來獲取現金。
若市場地位弱，則不可投資於研究發展，而應採取抄襲，模仿的方式。
若你的產品品質不佳，則不要廣告，只要以低價政策區隔出一個適於你的市場即可。
在經濟衰退谷底出來的新產品獲利很高，因爲市場正開始成長。
行銷的費用最好不要超過銷貨額的百分之十。（有一些行業如化粧品業除外）
一般佔有率高的產品花費於再投資過少，應可增加。而市場地位弱的產品則花費太多，應可減少。

資料來源：參閱並取材自 Sidney Schoeffler and Roger W. Cope "Schoeffler-Cope team tells how PIMS academic-business search for basic principles can get line managers into strategic planning," *Marketing News*, American Marketing Association, Chicago, 16 July, 1976. 按該資料係史法（Schoeffler）等氏之研究心得報告。

有些策略學家認爲提高市場佔有率可能導致一些麻煩，因而不值得去做❹。例如，反托辣斯行動的指針會指向市場佔有率高的公司。但如果此公司的產品爲創新產品且價格較低，則比較不受打擊。市場策略家也認爲市場佔有率在短期內對獲利率並沒有太大助益。原因爲提高市場佔有率必須付出時間和金錢，在短期內不見得會提高獲利率❺。此外，必須有足夠的財力和決心，才能在擴張市場的同時還能夠應付反托辣斯法的干涉。

因而，對於市場佔有率應努力使其最適化而非極大化。PIMS 之研

❹ 同❷。

❺ Bernard Catry & Michael Chevalier, "Market Share Strategy and the Product Life Cycle," *Journal of Marketing*, Vol. 38 (October, 1974), p. 31.

究把市場佔有率在40%以上者視爲一個等級而不加以劃分，使得我們對更高的市場佔有率之投資報酬率之增減無法瞭解，是一種缺失。

在推測上，太高的市場佔有率可能導致利潤的降低。有些老顧客可能忠於競爭產品，要把他們吸引過來，成本太高。同時在擴大市場佔有率時，公共關係、法律成本都會增加，並且可能受到批評。[6]

因而，市場佔有率太高也會帶來額外的風險。市場佔有率低的風險是利潤低，不足產生足夠的利潤以支持必要的行銷費用及市場研究。然而，佔有率太高也可能受到政府、消費者及競爭者的攻擊。

第二節　選擇適當的市場策略

介紹了產品組合分析的觀念及 PIMS 之研究後，我們可以進一步介紹一個公司如何選擇適當的市場策略。

平衡策略及市場保有策略主要是用來維持市場佔有率。市場發展、成長及新投資策略主要是用來增加市場佔有率。另外，PIMS 還提出了一種策略稱爲收割策略，其目的在降低市場佔有率。

增長策略的目的在增加市場佔有率，需要很大的投資並耗用許多的時間。採取此策略成功的企業多爲新企業，如表 21-3 所示，多爲正在提高市場佔有率（2 個百分點以上）的企業，其投資報酬率比採維持策略者低 1.2 個百分點左右，其中尤以原先市場佔有率低者爲甚。

保有策略目的在維持現有的市場佔有率，常採用在成熟產品上。PIMS 認爲市場佔有率高的企業，可以用訂定高價格，提供高品質產品，

---

[6] Paul N. Bloom and Philip Kotler, "Strategies for High Market Share Companies," *Harvard Business Review*, Vol. 53 (November-December, 1975), p. 66.

表 21-3 市場佔有率對投資報酬率的影響

市場佔有率 1970，%	市場佔有策略		
	增長：增加兩個百分點或更大	保有：增減兩個百分點	收割：減少兩個百分點
	平均投資報酬率，1970～1972，%		
小於10	7.5	10.4	10.0
10 ～ 20	13.3	12.6	14.5
20 ～ 30	20.5	21.6	9.5
30 ～ 40	24.1	24.6	7.3
40或更大	29.6	31.9	32.6

資料來源：Robert D. Buzzell, Bradley T. Gale, and Ralph G. M. Sultan, "Market Share-A Key to Profitability," Harvard Business Review Vol. 53 (January-February), 1975. in Burton H. Marcus and Edward M. Tauber, *Marketing Analysis and Decision Making* (Boston: Little, Brown & Co. 1979), p. 155.

增加促銷費用及研究發展費用的方法來提高投資報酬率。相反的，對於市場佔有率小的企業，價格要低，行銷及研究發展費用也要低。

收割策略經由降低市場佔有率來獲得短期的高利潤。此策略通常用於生命週期末端的產品。此法犧牲長期利潤來提高短期利潤。

策略規劃的程序為 (1) 評估公司的產品組合 (2) 評估個別產品線以決定最佳市場佔有策略，由此來追求最佳之機會。簡而言之，我們必須知道自己身在何處，將往那裏，以及如何以最好的方法去做。表 21-4 列出在三種「市場占有策略」下不同的市場機會。表 21-5 提供產品規劃必須遵循的思考程序。

表 21-4　市場佔有目標、策略及其相關機會

市場佔有目標	市場策略地位	市場機會
增　長	・新投資策略或成長策略	產品創新
	・市場發展策略	分配創新 促銷創新（如產品再定位） 市場擴張 市場區隔
維　持	・市場保有策略	產品創新
	・平衡策略	產品線延伸，多品牌方法（面臨戰術性競爭，如價格及促銷競爭）
收　割	・反行銷	降低需求（如增加價格、減少促銷或服務）
	・不改變任何策略	此時由於外部因素，促成市場佔有率降低

資料來源：取材自 David W. Cravens "Marketing Strategy Positioning, "Business Hrizons, Vol. 18 (December, 1975) and Paul N. Bloom and Philip Kotler," Strategies for High Market Share Companies," Harvard Business Review, Vol. 53 (November-December, 1975) in Burton H. Marcus and Edward M. Tauber, *Marketing Analysis and Decision Making* (Boston: Little, Brown & Co. 1979), p. 156.

表 21-5 策略思考程序

1. 採取何步驟來減低每年商業循環對利潤的影響?
2. 倘若不考慮進入此行業的成本，則你將投入那個新市場，新產品，新投資? 原因何在?
3. 有任何專利已到期，使我們得以進入此市場嗎?
4. 考慮競爭情況之下，未來三年內何者對你有害或有益?
   - 新技術及新產品的引進
   - 行銷規劃或政策
   - 價格政策
5. 站在競爭者的地位，考慮你在那個市場及產品最易受攻擊。
6. 何項關於行業、顧客、競爭者及趨勢的情報對策略及戰略規劃較有益? 倘若此情報可由外界獲得，你願付多少代價?
7. 考慮你的產品的生命週期。
   你認爲那項產品在走下坡? 三年後會消失嗎?
   你認爲何項產品處於成熟期但仍就很強勁? 它可以再維持三年嗎?
   你認爲何項產品正走向強勢地位? 它有可能取代第一類產品嗎?
   你最近將引進何項產品?
8. 你認爲總體力量尙有可加強之處嗎? 請說明?
9. 你考慮增加研究發展經費嗎? 若有，要增加多少? 做何用?
   行銷經費是否也要增加?
   倘若以上兩種經費都增加，幾年以內可以使得利潤或投資報酬率增加?

資料來源: James K. Brown and Rochelle O'Connor, *Planning and the Corporate Planning Director*, (New York: The Conference Board, No. 627, 1974), p. 10.

第二十二章　市場管制——市場稽核與管制

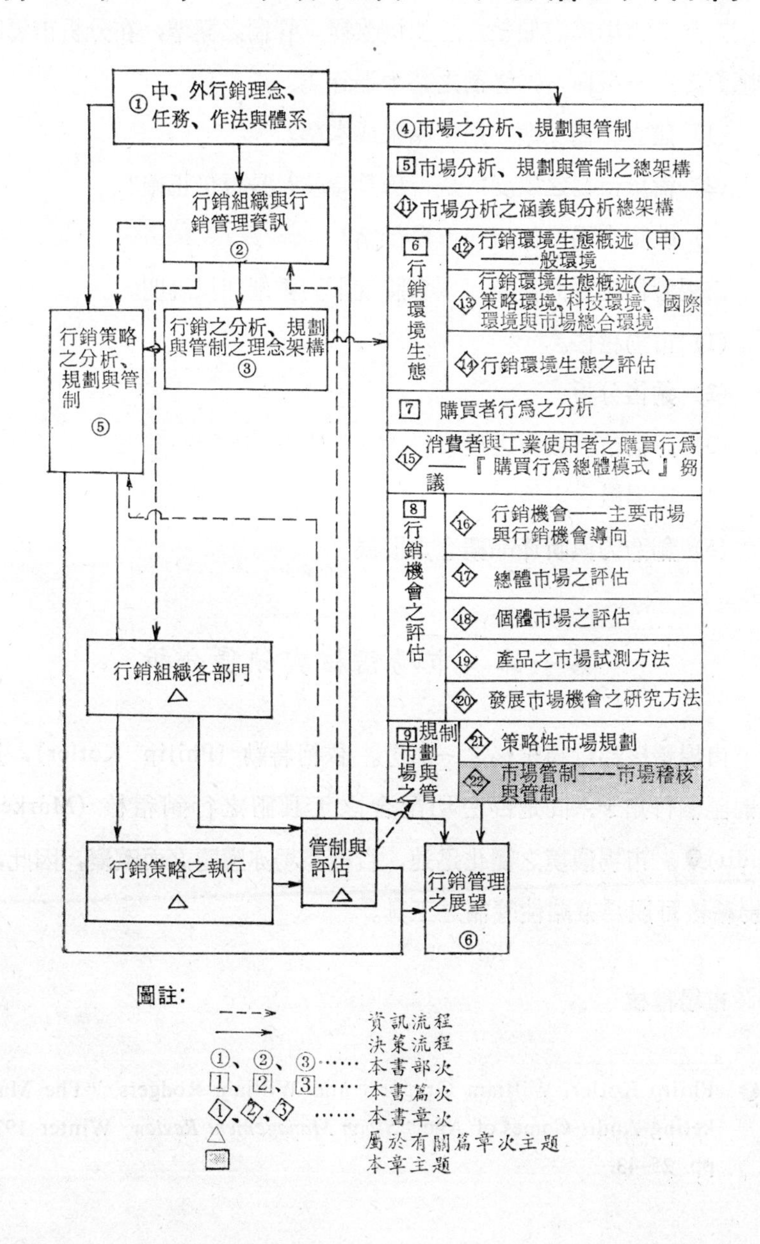

選定目標市場，完成市場規劃之後，須對所規劃之市場時時加以檢討，以確保行銷目標之達成。由於環境因素與企業資源，時有變動，所規劃之目標市場或有偏差，應加以改變。管制之標準，在分析市場時，就應訂定。一般而言，管制之基本過程爲:

(1) 建立管制標準；期望成果或水準?

(2) 衡量市場之效度；是否仍具時效？是否仍正確?

(3) 改變市場；往何一市場行銷?

市場管制之層面甚多，本章將就下列數端加以說明。

(1) 市場稽核。

(2) 銷售分析。

(3) 評估市場機會之程序。

(4) 市場機會之檢討。

(5) 創造力與新產品觀念之發展。

第一節　市場稽核與銷售分析

市場稽核爲行銷稽核之一部份。依柯特勒 (Philip Kotler)，用以檢討整個行銷子系間是否密切配合之工具謂之行銷稽核 (Marketing Audit)❶。市場環境之變化迅速，目標市場亦應隨之而改變，因此，市場稽核可視爲策略性管制之工具。

壹、市場稽核

---

❶ Philip Kotler, William Gregor., and William Rodgers, "The Marketing Audit Comes of Age," *Sloan Management Review*, Winter 1977, pp. 25-43.

市場稽核之層面相當廣泛，舉凡市場環境、目標體系、組織體系、以及生產力均爲市場稽核之範疇。表 22-1 所列者爲柯氏行銷稽核內容之有關市場稽核之部份，可供行銷人員作市場管制作業之參考。

表 22-1　柯氏市場稽核之內容

第 I 部份：行銷環境之稽核
總體環境 A．人口統計環境 1．影響公司的行銷機會或威脅之主要人口發展與趨勢爲何？ 2．公司面臨這些機會與威脅應採取何種行動？ B．經濟環境 1．國民所得、物價水準、儲蓄、及信用條件等主要的趨勢與發展對於公司有何影響？ 2．公司應該採取何種行動來應付這些變化？ C．生態環境 1．公司所需自然資源與能源的未來成本與供應會有何種變化？ 2．公司對於環境污染與能源保存應持何種態度，及應該採取何種措施？ D．技術環境 1．產品的生產技術及製程技術發生了何種變化？公司的技術水準在產業中居何種地位？ 2．是否有那類產品可以替代公司的產品？ E．政治環境 1．政府所頒佈的法令是否會影響公司的行銷策略與戰術？ 2．聯邦、州、及當地政府會對公司採取何種干預措施？與行銷策略有關的污染控制、工作機會均等、產品安全規格、廣告、價格控制等方面各有何種法令限制？ F．文化環境 1．社會大衆對於公司所生產的產品及整個企業的看法如何？ 2．消費者及企業的生活型態與價値觀有何變化？對於公司產生何種

影響？

任務環境

A．市場

1. 市場大小、成長率、地理分配與利潤各有何種變化？
2. 主要的區隔市場爲何？那些行銷機會大？那些行銷機會小？

B．顧客

1. 現有與潛在顧客對於公司及競爭者的看法如何？尤其是信譽、產品品質、服務、銷售人員、及價格方面。
2. 不同的顧客羣所從事之購買決策有何不同？
3. 購買者的需求及其尋求的滿足爲何？

C．競爭者

1. 主要的競爭對手是誰？其目標與策略爲何？其優劣點分別爲何？市場佔有率的未來趨勢爲何？
2. 未來的競爭局面爲何？未來的產品替代性有何種變化？

D．配銷通路及經銷商

1. 最主要的產品配銷通路爲何？
2. 不同配銷通路之效率及成長潛力各如何？

E．供應商

1. 生產所需的主要資源其供應情形若何？
2. 供應商銷售型態的趨勢若何？

F．輔助機構及行銷專業機構

1. 運輸服務的成本及供應情況若何？
2. 倉儲服務的成本及供應情況若何？
3. 財務資金的成本及供應情況若何？
4. 廣告代理商的績效良否？

G．社會大衆

1. 社會大衆（財務、媒體、政府、公民、地區團體、一般大衆、及公司內部員工）是否帶來任何行銷機會或威脅？
2. 公司爲有效處理大衆問題，應採取何種措施？

第Ⅱ部份：行銷策略之稽核

A．企業使命

1. 企業使命之說明是否採取市場導向之明晰用語?
2. 在公司現有的行銷機會與資源之下,企業使命是否可行?

B. 行銷目標與標的

1. 公司的目標是否足夠明確? 是否能夠合理的指引行銷目標之方向?
2. 行銷目標是否足以用明確的標的表達,做爲指引行銷策劃及績效衡量的依據?
3. 從公司的競爭地位、資源、及行銷機會的觀點來看,行銷目標是否合宜? 適於公司所採之策略應爲建立地盤、穩固地盤、收成、或放棄地盤策略呢?

C. 策略

1. 行銷策略的核心是什麼? 行銷策略是否健全?
2. 公司所分配的資源是否足夠(或過多)達成公司的行銷目標?
3. 各區隔市場、銷售地區、及產品的行銷資源是否達最適分配?
4. 行銷組合中各要素——產品、品質、服務、人員推銷、廣告、推廣、及配銷——的行銷資源是否已達最適分配?

第Ⅲ部份: 行銷組織之稽核

A. 正式架構

1. 行銷主管對於足以影響顧客滿意與否的行銷活動,是否擁有足夠的權責?
2. 根據功能組織、產品、最終使用對象、地區等劃分的行銷責任,是否具有最適之結構?

B. 功能組織之效率

1. 行銷與銷售之間是否繫以良好的溝通及工作關係?
2. 產品管理系統是否有效? 產品經理是否有權策劃利潤目標,或僅止於銷售額目標?
3. 涉及行銷的任何單位是否需要更多的訓練、激勵、督導、或評核?

C. 部門之效率

1. 行銷部門與製造部門是否有任何值得重視的問題存在?
2. 行銷部門與研究發展部門間的關係如何?
3. 行銷管理與財務管理間的關係如何?
4. 行銷與採購間的關係如何?

第Ⅳ部份：行銷系統稽核

A．行銷情報系統

1．行銷偵察系統是否提供有關市場發展的正確、充份、且適時之情報？

2．公司是否適當的應用行銷研究從事決策分析？

B．行銷策劃系統

1．行銷策劃系統是否完善且有效？

2．銷售預測及市場潛量預測的估計是否正確？

3．銷售配額的分配基礎是否合宜？

C．行銷控制系統

1．控制程序（如每月、每季的控制）能否確保年度計劃目標之實現？

2．控制系統是否定期分析不同產品、市場、地區、及配銷通路之獲利力？

3．控制系統是否定期檢討各種行銷成本？

D．新產品發展系統

1．公司是否有組織、有系統的收集並篩選一些新產品構想？

2．公司於大量投資一項新的構想之前，是否先從事適當的構想研究及商業分析？

3．公司於產品大量上市之前，是否從事產品及市場試銷？

第Ⅴ部份：行銷生產力之稽核

A．利潤分析

1．公司的各個產品、市場、銷售區域、及配銷通路之獲利力爲何？

2．公司應否進入、擴展、或撤離任何的區隔市場？

B．成本——效益分析

1．是否有任何行銷活動似乎耗費過多的成本？是否能採取降低成本之措施？

資料來源：Philip Kotler, *Principle of Marketing* (Englewood Cliff N. J.: Printice-Hall, Inc. 1980) 原著，王志剛譯，行銷學原理（臺北：華泰書局，民國七十一年印行），第177-182頁。

貳、銷售分析

銷售分析之主要目的在於明瞭目標銷量是否達成。銷售分析之項目甚多，舉如市場佔有率、銷售差異（包括價差及量差）、客戶分析、銷售（市場）分散度、銷售季節性、銷售量成長率等等不勝枚舉。玆就市場佔有率以及銷售差異兩項分別探討於後。

一、市場佔有率分析

市場佔有率分析之主要目的在於明瞭本公司之產品在市場上之地位。分析市場佔有率時，應具備下列資料:

(1) 行業總銷售量。此種資料通常可從同業公會，廣告公司、政府機構，如經建會、經濟部等機構獲得。

(2) 行業銷售量成長率。此種資料之來源，與行業銷售量資料來源同。

(3) 地區別、顧客別、與產品別銷售量資料。

基於上述資料，市場分析人員可計算: (1) 本公司銷售量佔行業總銷售量之百分比，亦即市場佔有率；(2)市場佔有率之增加率；(3)行業成長率等等藉以判斷某特種產品之市場佔有率是否如當時市場規劃時所預計者。倘市場佔有率未能達到目標，則應進一步按產品別、客戶別、或地區別加以「細分」❷以便判斷問題所在。往往在「細分」化後，可以發現市場佔有率之未能如前所預期，係由於某地區，大客戶之訂貨量減少之故。如斯吾人可針對此一地區，這些大客戶詳加分析，以便覓求改進途徑。表 22-2 可供市場佔有率分析之參考。

---

❷ 郭崑謨著「論一般經營診斷——專案或專科診斷的基本作業」，現代管理月刊，民國七十一年六月，第 37-40 頁。

表 22-2 市場佔有率分析項目

項　　目	(1) 本公司銷售量	(2) 行業總銷售量	市場佔有率 $=\frac{(1)}{(2)}\times 100$	市場佔有率成長率	行業總銷售量成長率
全公司所有產品	××	××	××	××	××
產品別					
A	××	××	××	××	××
B					
C					
地區別	××	××	××	××	××
臺北區					
臺中區					
臺南區					
客戶別	××	××	××	××	××
大客戶					
中客戶					
小客戶					

二、銷售分析

將損益計算書上之銷貨額按產品別、地區別、客戶別，通路別細分化後與銷售目標相較求出其差額後，再就差額分別分析其量差與價差以便尋求問題之所在，作爲改進之依據，仍爲銷售分析之中心作業。

價差（價格差異）係價格差異所造成之差異；而量差則爲銷售量變化（不足或超過）所造成之差異。價差與量差之計算方法分別爲：

價差＝（預估單價－實際單價）×實際銷售量　　(1)

量差＝（預估售量－實際售量）×預估單價　　(2)

經計算，若量差大過價差甚多，則應多注意市場規劃是否正確，是否環境因素所使然，以便作更深入之市場變化之研究。

第二節　評估市場機會之程序

在前幾章裏，作者曾簡介廠商所追求的各種市場新機會的型態。市場機會種類雖繁多，它們可概分爲：既存產品的市場擴張；目前市場上既存產品或服務的地位重建；仿效現行市場上銷售的其他產品或服務；和對市場上尙未出現之新產品或服務進行創新。

市場機會之管制作業，理應涵蓋廠商用以評估這些市場機會的步驟和程序。雖然這個程序因各個公司的特殊情況而有些微差異，但是一般來說對所有以系統化方式來尋求擴展銷貨和利潤的公司大致相同。

概觀整個發掘市場機會的程序，我們可以用下列的五個步驟來加以表示：

1. 尋找——爲新機會創造出「概念」。
2. 預先做好評估與審查——對每一個可能機會的潛力作一判斷分析。此一步驟是設計用來挑選出值得追求的機會。
3. 「概念」研究——就整個概念對潛在的顧客進行測試以度量他們最初的反應。此一步驟提供更深入的挑選程序。
4. 產品與市場測試——對潛在顧客進行連續的產品測試，從早期的產品試用到眞實市場設定時的展示（試驗市場）。這個研究可用來做診斷，例如對產品或其他行銷組合變數的改善，或者用來預測，例如在挑選與計劃時作銷售預測。
5. 行銷計劃——開始於方案早期部份的一個程序，主要是決定最佳之行銷組合（產品之定位、名稱、包裝、價格，促銷與廣告，配銷通路等等）。行銷計劃是一個在整個產品生命期中必須不斷進行的活動。

假如市場機會是一種新產品時則必需在步驟 3 與 4 之間多插入一個「產品開發」的步驟。假如機會是「仿效產品」則步驟 1 和 3 可以省略掉，因為概念已經存在而被顧客接受的程度也已經知道且經由競爭產品反映出來。

第三節　市場機會之檢討

本節將從市場擴展、產品定位以及創新等數層面說明市場機會之檢討。

壹、市場擴展

以在新的地理區域擴張分配和加強相關行銷的方式來擴展公司現有的產品銷售量是一種提供公司成長的低風險而又簡單的方式。甚至在新產品的情況下，「逐區佔領」(regional rollouts) 的方式提供那些以完全的市場分配為目標的廠商一個漸進的而非瞬間的擴展程序。一種新產品可能被引進一個地區，直到在當地建立起鞏固的地位時再行銷到其他的地區去。「逐區佔領」之所以被偏好常常有如下所述之原因：(1) 產能受限制，(2) 早期試驗性市場的經驗可以應用到後來的市場上，(3) 在同一個國家或目標市場內的不同地區可能有極為不同的偏好和購買行為。（最後一個原因對考慮從事市場擴展的廠商來說尤其重要。）

在許多失敗的公司案例中有很多是在將先前很成功的產品行銷到同一國家的新地區時遭到當地消費的漠視與排斥。同一個國家內差異仍然存在。所以，在單一的國家裏進行市場擴展時最好比照國際性擴張的考慮方式。舉如：美國的東部與西部對咖啡的偏好就極為不同。結果，一些早期嘗試將東部受歡迎的品質擴展到西部廠商都遭了大殃。自從認識了其中的差異之後，咖啡製造商乃以不同的口味相同的品牌，銷售到符合產品口味的市場。

在創造市場擴展的概念時，一般是以考慮我們的產品或產品系列所能引進的各個不同地區或市場爲起點。例如，將美國盧氏兄弟牌咖啡(Hills Brothers Coffee)引進到新英格蘭是一個可以考慮的獨特市場擴展概念。然而，這個概念是否值得去做，應加考慮。其中主要考慮是追求市場機會時的評估與審核步驟。

貳、產品再定位 (Product repositioning)

本書策略編將探討產品生命週期及其在從事行銷組合決策時之重要性。屆時，將提述以產品再定位的方式來延長產品的生命週期的可能性。在這裏必須指出的是這種型式的市場機會幾乎和開發新產品同樣困難，而且成功的可能性也同樣的低。從另一方面看，假如公司已準備好生產與銷售該項產品，則成功的再定位所產生的利益將是非常高。除了行銷費用外，通常不需要其他的資金花費。

產品定位 (Product positioning)[3] 有很多定義，但在所有定義之中有一個主要的共同觀念，那就是關於消費者由競爭牌產品和由本身的需要這兩個角度所產生的對某產品的認知。而再定位(repositioning) 主要是將消費者的這種認知加以改變。

美國福特汽車公司曾經嘗試過消費者對產品認知的改變。在 1974, 1975 年間能源危機發生的時候，大批的消費者從大型車轉移到較小的，經濟型的外國車。福特於是稱呼自已爲「小型車總部」，將產品系列轉移到小型車模式，強調經濟車型〔如品桌(Pinto)轎車〕，並且嘗試將福

---

[3] John P. Maggard, "Positioning Revisited," *Journal of Marketing* Vol. 40, No. 1(January, 1976), pp. 63-66.

特在消費者心目中的形象由專門製造大型車的廠商轉變成專門與進口車競爭的小型車廠商。事實上證明福特公司將格蘭達(Granada) 系列轎車的大小、風格、性能以對抗德國賓士 (Mercedes-Benz) 的方式來進行定位,可說相當成功。這種直接對抗一個有名的,受崇敬的標準的定位方式使得格蘭達轎車銷售大增而超越了雪佛蘭副牌諾娃(Chevrolet's Nova)。這便是一個直接競爭的模式。

在一個類似的行動中, 福特野馬型轎車 (Mustang) 本來是高馬力的跑車, 後來被再定位成經濟型的跑車。在這兩個案例中, 這些改變只是一個經過詳細研究而成的完整市場策略的一部份。這是迎合消費者需求的改變, 並針對進口的競爭而採取的行動。

本書有關章節所討論的創造性工具就是要直接應用在尋找產品再定位的概念上。在研究消費者需要、購買及使用習慣等的改變, 以及競爭者的定位策略之後, 對公司現有產品重新定位的新概念將更加清楚。

美國康乃馨 (Carnation) 公司對其所銷售的脫脂奶粉所作的再定位便是一個好例子。雖然這家公司佔有大部份奶粉市場, 但是整個奶粉業的銷售在1970年代早期及中期却呈現下降的現象。爲了將整個業界重建起來, 這家公司對使用者與非使用者進行調查來獲知脫脂奶粉的優點和缺點。非使用者抱怨脫脂奶粉的味道太淡。使用者也有相同的抱怨, 但是他們以一半鮮奶一半奶粉的方式來使味道加濃。他們這樣不但冲調了低脂而又濃郁的牛奶而且也節省鮮奶的花費❹, 康乃馨公司於是進行了一個廣告活動, 根據他們調查結果來告訴非使用者「牛奶冲調者」的故事。這個活動很成功的吸引了許多新顧客。所以, 對現有使用者行爲研究能夠提供一個組織有關如何再定位其產品和延長產品生命的概念。

---

❹ Edward M. Tauber, "Research To Increase Soles of Exsisting Brand," *Business Horizons*, April, 1977, pp. 30-33.

叁、創新和仿效

如何以系統的方式來創造出新產品的概念對公司的管理當局而言一直是很令人苦惱的挑戰。許多新產品的概念都是很偶然的情況下被發現。雖然如此，許多技術（有些是以對消費者的研究為依據），仍然被發展出來用以協助經理人員完成這方面的工作。本章中剩下的部份將討論創造性過程的本質和一些早期用來尋找新市場機會的技巧，旨在提醒讀者創造性過程可用以檢討市場機會，創造新市場機會。

第四節　創造力與新產品觀念之發展——檢討市場新機會

在找尋市場機會時，無論這個機會是新的或仿效的產品，再定位產品，或是市場擴展，創造性過程都扮演着非常重要的角色。本節之重點為探討創造力及創造性過程，以及有些已經被發展出來幫助行銷經理們開發新概念的技巧。

一個概念之所以能有用，並不一定要在產品的功能或設計上作革命性的改變。甚至最微小的創造性眼光也能夠造成市場改變而導出良好市場機會。舉如市面上有許多食品製造廠商推出了裏面混有罐頭肉或肉乾的「包裝式餐點」。這些產品一直不易暢銷。美國通用麵廠（General Mills）公司瞭解到顧客喜歡包裝式餐點，但不喜歡加工過的肉，於是便提供了一種不含肉的包裝餐點像漢堡佐食品（Hamburger Helper）之類，結果將一個很差的市場機會轉變成主要市場機會。在市場顛峯時期，這種未摻肉包裝餐點的零售額超過了一億美元。由此可見，縱然是一個小小的概念或創意也能夠使市場的成功或失敗產生很大的轉變。

壹、創造力之定義

創造力是尋找概念或創意的主要元素，在說明尋找市場機會的過程時，我們有必要對創造力的特性加以討論。創造力有各種不同的定義，但是大部份心理學家均同意創造力乃是將內心已有的兩個以上的概念重組成新形式的能力。

這個定義看起來相當直截了當，它主要是說創意並非無中生有。相反的，創意是將許多既存的元素以新的方式結合成以前不曾有過的新東西。

貳、創造性過程的本質

人類用來達到新概念的整個程序謂之「創造性過程」(Creative Process)。有關此名詞之各種不同之定義可用以說明它所包含的範疇。

阿諾氏 (John Arnold) 將創造性過程定義爲「將過去的經驗加以組合或再組合的心智歷程，用以產生新的形式、結構或安排，並期解決人類的某些需求。❺」吉士林(B. Ghiselin) 認爲「創造性的過程是一種主觀生活結構中的改變、開發、進化的過程。❻」羅吉斯 (C. R. Rogers) 則對此名詞下了另外的定義:「它是一種嶄新的相關性產物的產出活動，此產出一方面脫胎於個人的獨特性，另一方面是由個人生活中之物質、事件、人們、環境而來❼。

❺ Charles S. Whiting, *Creative Thinking* (N. Y.: Reinhold, 1958), p. 2.

❻ B. Ghiselin, *The Creative Process* (L. A.: U. C. Press, 1952), p. 20.

❼ Carl R. Rogers, "Toward a Theory of Creativity," in H. H. Anderson (ed.) *Creativity and Its Cultivation*, (N. Y.: Harper, 1959), p. 69.

雖然上述定義之間彼此有所差異，但其中仍含有特定的共同成分：(1) 概念是嶄新的；(2) 概念是有用的——滿足需求；(3) 概念是由已知的元素重新組合或綜合的結果。這些作者特別以下列的方式來描述整個創造性過程：[8]

1. 瞭解到對概念的需要——感知 (sensing)。
2. 收集有關於問題的資訊——準備 (preparation)。
3. 對資訊加以深思熟慮——籌劃 (incubation)。
4. 想像出可能的解決之道——啓發 (illumination)。
5. 對解答加以評估——驗證 (verification)。

由這些心理學的每一個理論之中都含有問題或者解答可以顯示出創造實在是類似於問題解決 (problem solving)。

一個經常被提出的疑問就是創造是否能夠或應該以系統化的方式來進行。一般咸信創造性過程必須是一種走走停停 (stop-and-go) 和不拘方式 (catch-as-catch-can) 的作業。無疑的，許多公司已經設計出系統性的方法來運用創造力以達成其本身之目的。已經發展出來用以激發創造力的技巧興起了對具有穩定流量的良好創意的需求。用來產生創意的這些系統化技巧之目的在於克服那些心理學家所指出的所謂創造的障礙和幫助個人以新的方式將既有之元素加以組合。

叁、創造力的障礙

研究個人所面臨的創造力障礙可以指出何處可以設計創造力技巧來改善我們的成果。這些障礙可以粗略的分爲三類：心智上的，文化上

---

[8] Burton H. Marcus and Edward M. Tauber, *Marketing Analysis and Decision Making* (Boston: Little, Brown and Company, 1979), p. 199.

的，以及技術性的。一個主要的心智上阻礙是自我（ego）的抗拒或壓抑。進一步說，自我包容（ego involvement）可以刺激創造力；還有，對嘲笑或失敗的恐懼會限制創造的努力。這常常代表着個人對既存次序的依從與對風險的廻避欲念。演變的結果，這個人可能以接受第一個或最簡單的解決方法來結束對問題解答的尋求。

態度在阻礙創造力上也扮演重要角色。一般而言，這些態度是基於（1）對上司的獎勵方式的信心；（2）對本身能力的信心。

不同的文化及社會因素能鼓勵或挫折創造力。除了社會風俗和法令習慣這些比較明顯的限制外，同僚對問題解方案的催促壓力無疑的也是創造力主要阻礙之一。除開個人所受的緊張外，時間壓力也減少了創造過程中重要的籌劃（incubation）階段。更進而言之，問題的組成和事實的收集分析都是花時間且必要的步驟。

有關個人的問題解決阻礙在此被歸入技術性類。理論上，這類的阻礙是屬於可以被糾正的問題，只要參與者能注意到這種阻礙並瞭解改善的進行方式。第一，在組成問題與縮小問題範圍所遭到的困難就是一種正統的障礙。在尋找和詳述問題方面失敗是獲取解答的障礙。沒有良好定義的目標則探索必定隨便而取捨的標準也必定模糊。例如，一個人假如被指派去爲汽車業設計新創意則此問題太廣泛，解答也太多且紛雜而漫無目標。倘被指派爲汽車前燈設計，則較爲具體。

第二個技術上的困難在於無法獲得所有改變的要素加以組合來產生創造性的解答。例如在嘗試設立取代現有汽油割草機的新產品創意時，太陽能很可能在考慮時被忽略掉。此類因素的忽略可能導源於下列原因：（1）缺乏相關知識；（2）沒有澈底探求；（3）沒有將探求與選擇加以區分；（4）習慣性的轉移。前兩個原因可不說自明。第三，在尋求創意過程裏將考慮中的要素剔除掉的不良傾向，極端危險。在一系列的評估兩個不同的因素時也許顯示出每一個都沒有什麼價值；然而當與其他的要素組合起來時，這兩個因素可能變得極有價值。在達成創造性解答的過程中任何可能納入組合的因素都不可以忽略掉。當那些看起來似乎不可能的因素被剔除後，組合內留下來的因素可能變成毫無意義。

另一相當可能發生的障礙是由於先入的成見或習慣性移轉的結果。一個人只能考慮到對他問題的現有解答中的一部份。然而他以前可能解決過類似的問題， 於是便將以前的方法或解答用在目前的問題上 。 因此，學習也有危險性。有典型結果的解答或直覺的反應都可能抑止通往創新之路。

解答代表着因素的組合，十個因素中每次抽取四個就有 1260 個組合！所以，有一個作業上的困難就是對大量的可能解答的評估與計算工作。這時候電腦便是個最好的幫手。創造技巧的目的之一就是要將可能解削減成少量的良好創意使得最後能產生顯著的市場機會。

肆、創造的技巧

吾人應將創造的過程系統化，以免對於良好創意的尋求流於漫無章法。創造的技巧在定義上乃是任何能將吾人引導至新觀念 的 方 法 或事物。這種技巧在此可分爲兩個大類：幫助體 (aids)（用來刺激創造力的有限技巧），與整體系統。常用到的幫助體（aids）有各式各樣。

一、清單：最基本的幫助體是問題清單，能用來詢問任何特殊的產品或程序。單子經常包括一系列的動詞、形容詞和名詞以提供修改之建議。清單在幫助產品的改進與增值上最爲有用（見表 22-2 奧斯蒙檢核表（Osborn's checklist)）。

二、屬性表：由克勞福氏（R. E. Crawford）所發展出來的類似的幫助體稱爲屬性表。這個方法內容是「列出一個目標的屬性然後修飾不

表 22-2 奧斯蒙檢核表 (Osborn's Checklist)

1. 「放在別的用途上」? 新的用途? 修改後的其他用途?
2. 「接受」? 還有什麼類似於此的? 這個提供了什麼其他概念? 過去有過類似的嗎? 我能仿效什麼? 我能與誰競爭?
3. 「修改」? 新涵義? 改變涵義? 顏色、動作、聲音、香味、形式、外形? 其他改變?
4. 「擴大」? 加上什麼? 更多時間? 更大的頻率? 強些? 高些? 長些? 厚些? 額外價值 (Extra Value)? 多加成份? 加倍? 多倍? 異常擴大?
5. 「縮減」? 減掉什麼? 小些? 濃縮? 迷你化? 低些? 短些? 輕些? 省略? 流線化? 分開? 折扣?
6. 「替代」? 誰能代替? 什麼能代替? 其他成份? 其他物質? 其他製法? 其他的能力? 其他地方? 其他方式? 其他音調?
7. 「重排」? 交換成份? 其他模式? 其他佈置? 其他順序? 因果互調? 改變速度? 改變時程?
8. 「逆轉」(Reverse)? 正反互調? 相反如何? 背轉? 上下顚倒? 角色顚倒? 改變底部? 改變上部? 改變側面?
9. 「組合」? 混合、合成、調合、綜合? 單位組合? 目的組合? 吸引組合 (Combine appeals)? 概念組合?

資料來源: Burton H. Marcus and Edward M. Tauber *Marketing Analysis and Decision Making* (Boston: Little, Brown and Company, 1979) p. 203.

同的屬性以尋求出能改進目標的新組合」。

三、強迫關聯性: 懷丁氏 (C. S. Whiting) 所發展出來, 是那些使用自由相關中最著名的。先將起始的概念列出一表; 然後考慮所有可能關係。在此過程之中, 新概念不斷的加入。懷丁氏的技巧是先選出一個項目然後將表內其餘的項目一一與之相配。在每次的配對中尋找其間之關聯性。這個程序完成後, 再選出另一個項目, 重覆同樣的過程, 直到所有的組合都考慮到爲止。

四、不相關的字眼: 以一個特別的問題爲起點, 取出重要的元素,然後與其他隨機選取的元素組合起來。舉例來說，假如目標是要發展有關電冰箱的新概念，個人可以從電話簿中的分類廣告或由字典裏選取收集一些完全無關的字眼。再將電冰箱的元素與那些新字眼如立體音響、鉛管、垃圾，或針織品組合在一起一定會產生出嶄新的解答。

第二類的創造技巧稱爲系統（Systems）。系統之與幫助體不同在於其有特殊的架構，這些架構必須以嚴密的態度去應用，且包括了各種使系統生效所必須的指示與要求。

五、腦力激盪：這是技巧中的先驅。它是由奧斯蒙（Alex Osborn）在1939年所發展出且命名，然後被其他學者專家以及廣告公司所使用。這個技巧在戰後的早期幾年變成企業的創造門徑。由於它的肇始地位，很多人崇拜它，也有很多人咒罵它。

它的目的在於透過集體思考的架構來改進創造的成果。基本假設是團體在規則下運作要比個人單獨作業有較高品質的產出，也就是說，整體比所有個體的總合還要好。有些公司用自由討論的方式而名之爲腦力激盪。然而，腦力激盪開始時有四條特殊的規則必須遵守。方法是將六到十二人集合起來，透過對某特別主題的討論與交換意見來產生創意。四條規則分別是（1）不允許批評；與意見相反的看法必須延到稍後。（2）歡迎輕鬆的方式；主意愈狂野愈好，因爲馴服比發明容易多了。（3）量的要求；主意愈多愈有可能成爲贏家。（4）尋求組合與改善。除了貢獻自己的主意外，參與者尙須建議如何將別人的意見轉變成更好的主意；或如何將兩個以上的主意結合成另外的主意。腦力激盪會議之不同於一般的集體思考方式在於它的規則提供了一個氣氛使得貢獻的自由被擴大，個人的限制和對嘲笑的恐懼降至最低，還有強調成員之間對產生創意的競爭。

六、嘈雜會談（Buzz sessions）：是腦力激盪的變體，被稱爲飛立浦

66 (Philips 66)「嘈雜」會談。這個由飛立浦 (J. B. Philips) 所發展的方法是一種多重腦力激盪，將大羣體分成小羣體（六人）討論六分鐘；然後將不同小組的意見加以分析。這個技巧的意圖在於「取得所有可能的主意並給予最大的參與感。」

七、反面腦力激盪(Reverse Brainstorming)：美國哈特邦特 (Hotpoint) 公司建議以反面的方式來運用腦力激盪。它的目的是「想出某特定產品的所有可能限制與失敗之處。然後，以改善及修正的觀點來分析這一長串的弱點。」舉例來說，這個方法可以用來試着想出眞空吸塵器的所有可能問題。它的假設是，一個創造者可以用推理的方式從一系列的問題中導出有關吸塵器的新的決解方法或創意。

八、舉喻法 (Synectics)： 這個方法是腦力激盪的一個旁支，又稱爲操作型創造之集體方式 (the group method of operational creativity)，由高登氏 (W. J. Gordon) 所發展出來。高登氏認爲奧斯蒙的腦力激盪有個缺點就是太快的產生解答，而沒有發展出足夠的透視。更進一步說， 腦力激盪容易受到每個人對問題的先入觀念 (Precoceptions) 所影響而無法進入到新的或較特殊的領域內。

「舉喻法」意思是將表面上看起無關的、不同的元素結合在一起。

舉喻理論 (Synectics theory) 應用於將分散的個體整合到問題敍述與問題解決的羣體裏。它是一種操作型的理論，爲的是將人們在創造活動中所表現出來的前意識心理過程 (Preconscious psychological mechanism)加以有意識的運用。發展出這樣一個理論的目的是爲了增加在問題敍述與問題解答情況下的成功機率❾。

在腦力激盪下，一個單獨的會議沒有足夠的時間供人醞釀、籌劃。高登 (Gordon) 意識到了此一階段在整個創造過程中的重要性，於是在

---

❾ 同❽，第206頁。

經過一段時間讓潛意識「深思熟慮」(mulling) 之後再舉行事後檢討會 (follow-up session)。

舉喻法有下列的特點。(1) 延緩 (deferment)：尋找觀點而非解答。(2) 目標物 (object) 的解剖：讓問題呈現出本體來。(3) 共同點 (commonplace) 的運用：用熟悉的事物來當作對不熟悉事物的跳板。(4) 投入或超然的觀察：有時投入研究問題的細節，有時則退後幾步以較超然的地位來概觀察這些細節；這兩種方式不斷互換。(5) 運用隱喻：讓表面上看起來無關的事物來提供我們對同類事物的聯想而產生出新的觀點。

舉喻理論的最大貢獻在於它提供了一個觀念，這個觀念是用集中研討會 (focusing workshop) 的方式有意的運用與問題有關的隱喻法和類推法來讓前意識直接的在問題上產生作用。在許多舉喻討論會中，只有羣體的領導者知道手邊實際的問題是什麼。這樣的話，羣體內的成員便無法再依靠傳統的解決問題的方法；於是這個羣體就避免了腦力激盪中所遭遇到的習慣性移轉等困擾。

舉例來說，一個舉喻討論法的工作是發展出新式的開罐器。參與者被告知的是他們正處在一個貨櫃之中，要求他們儘可能想出所有能逃離貨櫃的方法。很顯然的，切開蓋子只是一種方法。於是由這個由類推所引發的其他逃離方法就提供了新型開罐器的靈感。另外一個舉喻羣體的目的是要發展出新的半濕性的狗食。這個羣的主持者知道通常狗的主人都是以罐頭剛開啓時狗見到食物的反應態度來判斷他的狗是否喜愛這種食物。於是，他告訴羣內成員他們的目的是找出各種不同的吸引狗的方式。其中有一個建議是以一種只有狗才聽得見的高頻哨音。經類推後，有人建議一種新的狗食：當罐頭被撕開時會產生高頻哨音來吸引狗而讓狗主人以爲狗是被狗食的味道吸引。雖然這種新產品不一定符合每一個人的道德標準，但這個例子證明了類推方式在舉喻理論裏使用的價值。

到目前爲止所討論的創造技巧是用來達到幫助尋找新創意的目的。然而，很多獨特的技巧是行銷工作人員所發展出來的並且證明在尋找市場機會上頗爲有用。這些技巧中有一些包括了對消費者需求、問題、行爲、態度、價值等的調查研究。其他的創造技巧則與生產或科技比較有關。這些方法試圖去預測科技的變化或者以組合技術性因素來預期未來的科技狀態。

第五部

行銷策略之分析、規劃與管制

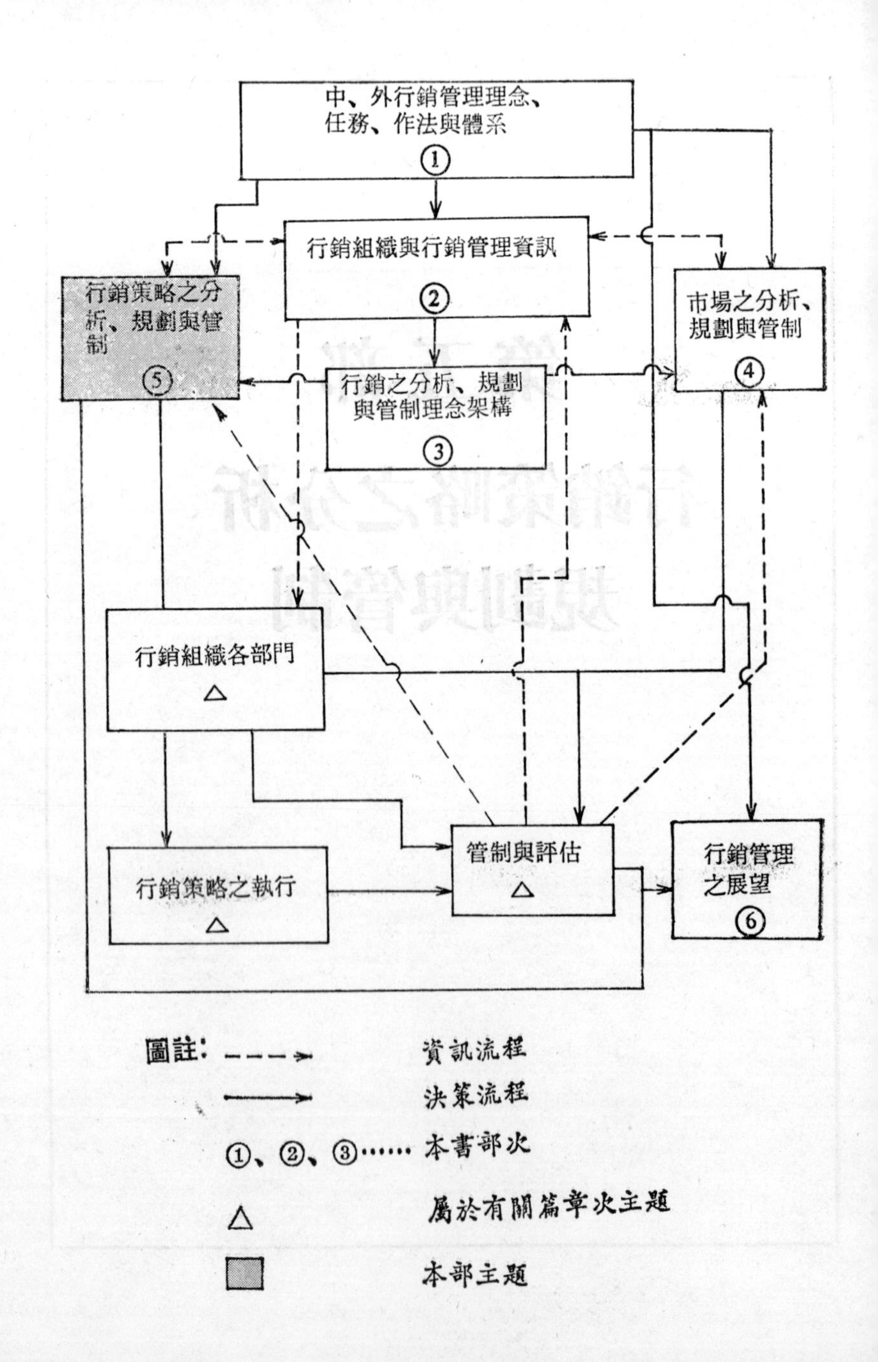
中、外行銷管理理念、任務、作法與體系
①
行銷組織與行銷管理資訊
②
行銷策略之分析、規劃與管制
⑤
行銷之分析、規劃與管制理念架構
③
市場之分析、規劃與管制
④
行銷組織各部門
△
管制與評估
△
行銷策略之執行
△
行銷管理之展望
⑥
圖註：
資訊流程
決策流程
①、②、③…… 本書部次
△ 屬於有關篇章次主題
本部主題

第十篇

行銷策略之分析、規劃與管制總架構

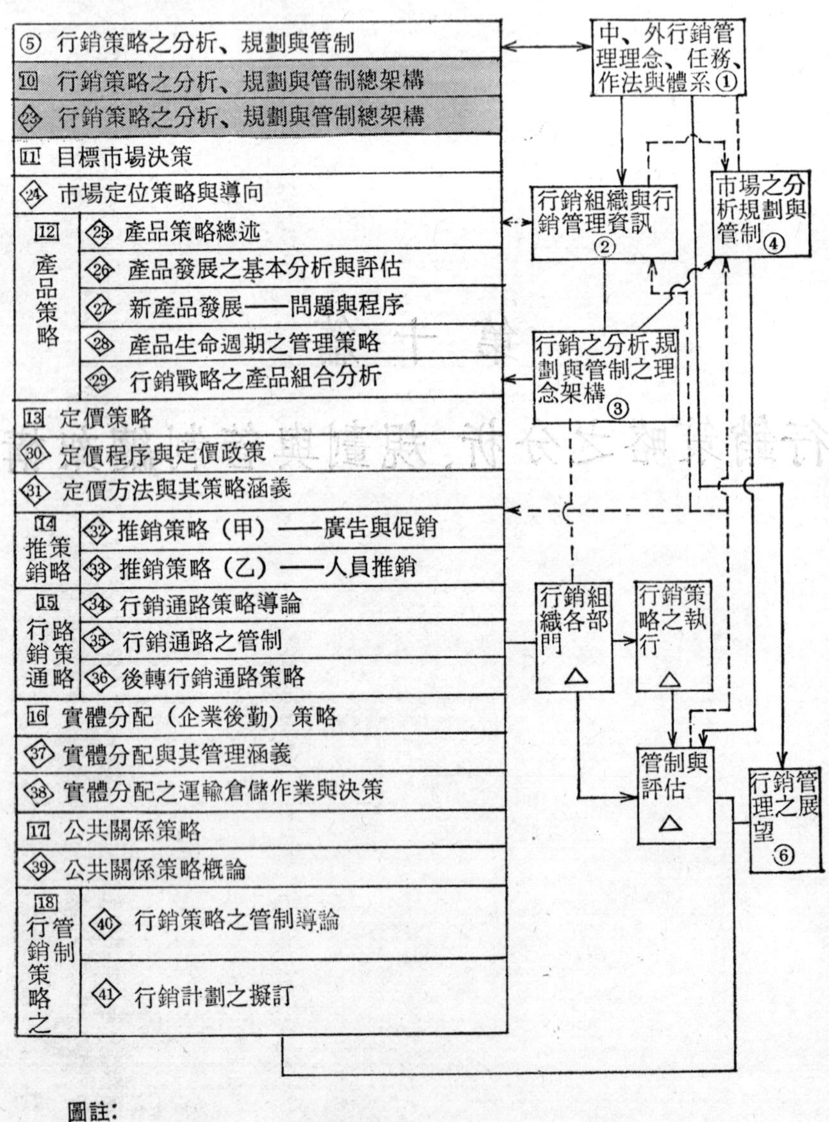

圖註：

- - - → 資訊流程
——→ 決策流程
①、②、③…… 本書部次
1、2、3…… 本書篇次
1、2、3 …… 本書章次
△ 屬於有關篇章次主題
▭ 本篇主題

第二十三章　行銷策略之分析、規劃與管制總架構

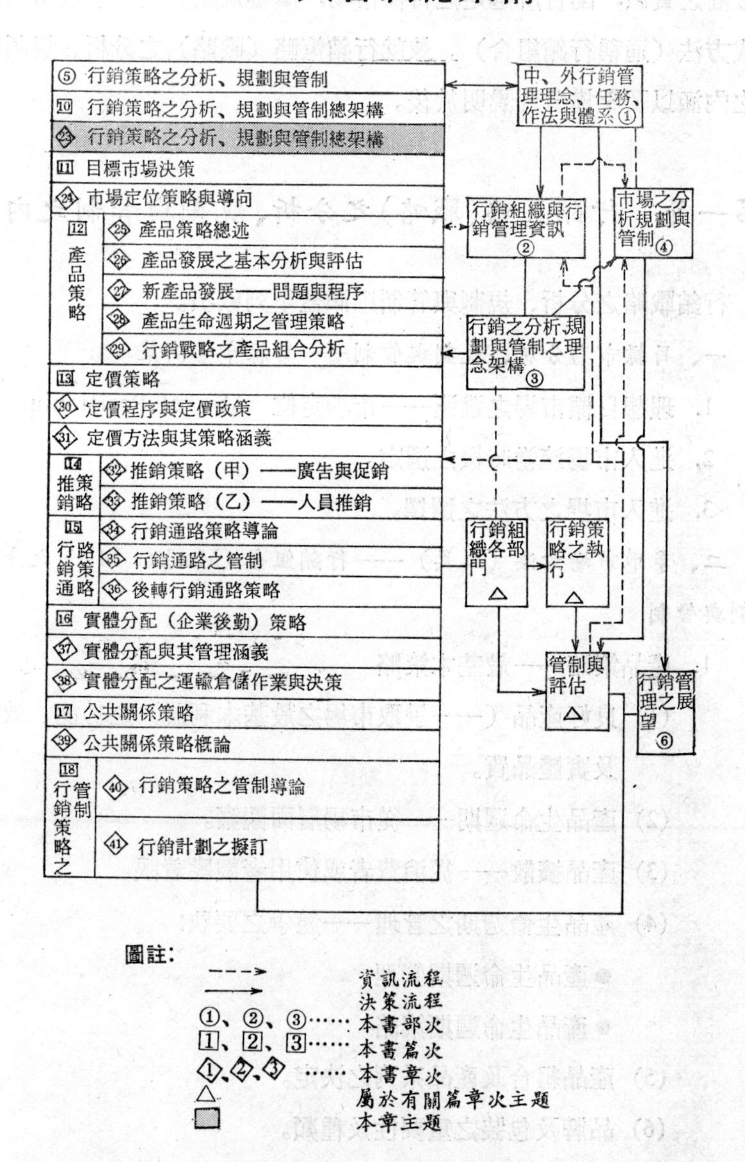

爲達成行銷目標，行銷人員，尤其是主管人員，不但應在遴選目標市場時，多做分析、規劃與管制作業，在選擇爭取目標市場時，更要衡量廠商之資源，配合所選定之目標市場，愼審規劃與控制爭取市場之工具或方法（通稱行銷組合）。玆就行銷策略（戰略）之分析、規劃與管制之內涵以及架構分別說明於後。

第一節 行銷策略(戰略)之分析、規劃與管制之內涵

行銷戰略之分析、規劃與管制應涵蓋下列數項。

一、目標市場分析、規劃與管制——目標市場決策

1. 理想目標市場之遴選——市場定位（Market Positioning）。
2. 進入市場適當時機之選定。
3. 進入市場之方法之選擇。

二、爭取市場方法（工具）——行銷組合（Market Mix）之分析、規劃與管制

1. 產品策略——最基本策略
   (1) 良好產品（——爭取市場之最基本利器）之功能、效用以及實體品質。
   (2) 產品生命週期——從市場層面觀察。
   (3) 產品擴散——從消費者或使用者觀點着眼。
   (4) 產品生命週期之管理——競爭之要訣:
      - 產品生命週期管理
      - 產品生命週期策略
   (5) 產品組合及產品系列之決定。
   (6) 品牌及包裝之重要性及種類。

(7) 標籤之種類及重要性。

(8) 產品規劃與發展之程序。

(9) 產品之嶄新任務:

- 滿足多角化消費趨勢
- 替代及緩和競價壓力
- 社會任務

2. 定價策略——最危險策略

(1) 定價決策之特性——最無頭緒、最危險、理論最多但運用最不理想之行銷策略。

(2) 定價之特質——推銷乎？利潤乎？藝術乎？科學乎？

(3) 定價程序——最基本之定價作業:

- 計算成本
- 預估需求
- 分析業界定價習慣
- 了解政府有關法令
- 決定企期利潤
- 評估競爭情況
- 考慮出售條件
- 定價導向之選擇
- 決定價格

(4) 定價方法之研究分析與選定。

(5) 探討價格之困擾:

- 惡性殺價
- 對價格之依賴

3. 通路策略——借助外界力量之策略

(1) 通路結構與中間商。

(2) 通路決策之層面。

(3) 通路成員——中間商之種類。

(4) 通路之挑選與通路密集度之決定。

(5) 中間商之管理與推導。

(6) 通路衝突。

(7) 通路發展趨勢以及經銷制度之發展。

4. 實體分配策略——「整套服務」策略

(1) 實體分配體系。

(2) 實體分配上之中間商。

(3) 實體分配上之重要發展。

(4) 臺灣地區之實體分配應朝向之途徑。

5. 推銷策略——受用最廣但易生問題之策略

(1) 人員推銷之特徵。

(2) 良好推銷員必備之條件。

(3) 推銷程序。

(4) 認知購買者之心理反應。

(5) 推銷功能之幅度。

(6) 推銷作業之分派。

(7) 推銷員管理。

(8) 廣告程序與廣告活動。

(9) 廣告規劃與策略之釐訂。

(10) 執行廣告之方法。

(11) 不實廣告之預防。

(12) 促銷項目及組成策略。

6. 公共關係及公共報導——影響深廣而日漸重要之策略

第二節　行銷戰略(策略)之分析、規劃與管制架構

行銷策略所涵蓋之幅度與層面，一如本章第一節所述，相當廣泛，惟可將之歸爲市場定位（確定目標市場）、行銷組合，以及行銷策略之管制等三大項（見圖例 23-1)。本部之其他各章所涵蓋者亦爲此三大項所包括之有關內容。

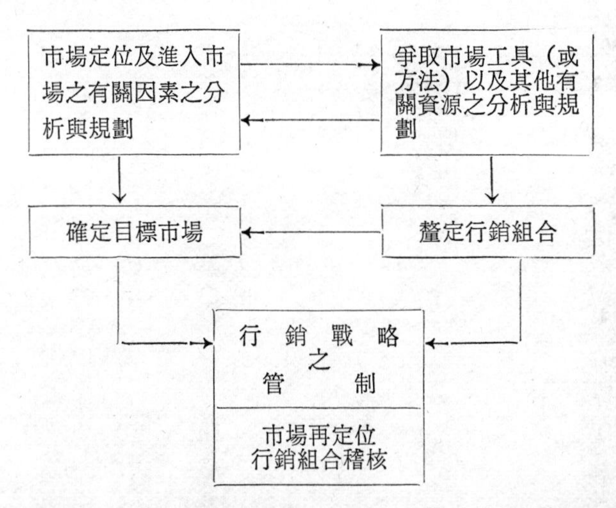

圖例 23-1　行銷戰略（策略）之分析、規劃與管制架構

在行銷策略中市場定位策略相當重要，蓋市場定位不妥，意味着進入不適行業，就是有再好之爭取市場工具——亦卽行銷組合，諸如產品、價格、經銷商、推廣、企業後勤（實體分配）以及公共關係等策略，亦甚難發揮其運作效率。至於行銷策略之管制，可藉行銷組合稽核以及市場再定位方式達到效果。

第十一篇

目 標 市 場 決 策

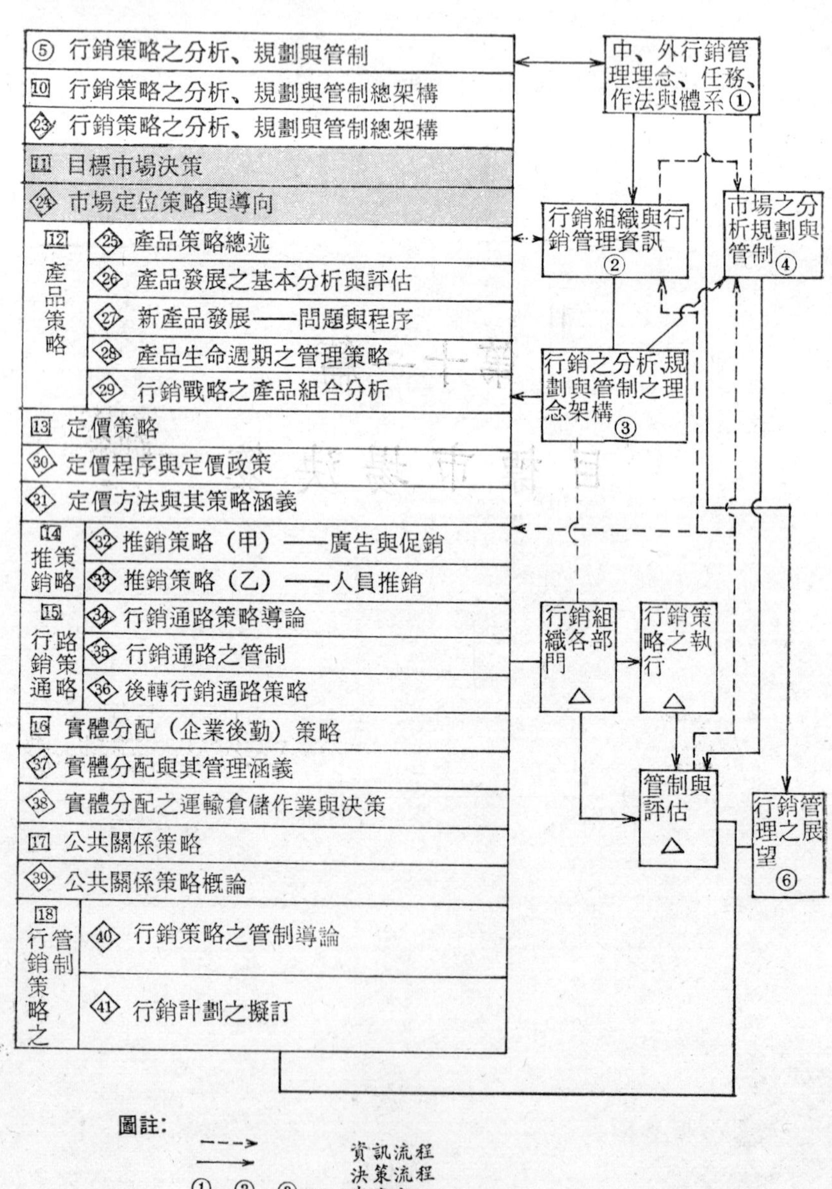

圖註：

- - - → 資訊流程
——→ 決策流程
①、②、③…… 本書部次
1、2、3…… 本書篇次
◇1、◇2、◇3 …… 本書章次
△ 屬於有關篇章次主題
▨ 本篇主題

第二十四章　市場定位策略與導向

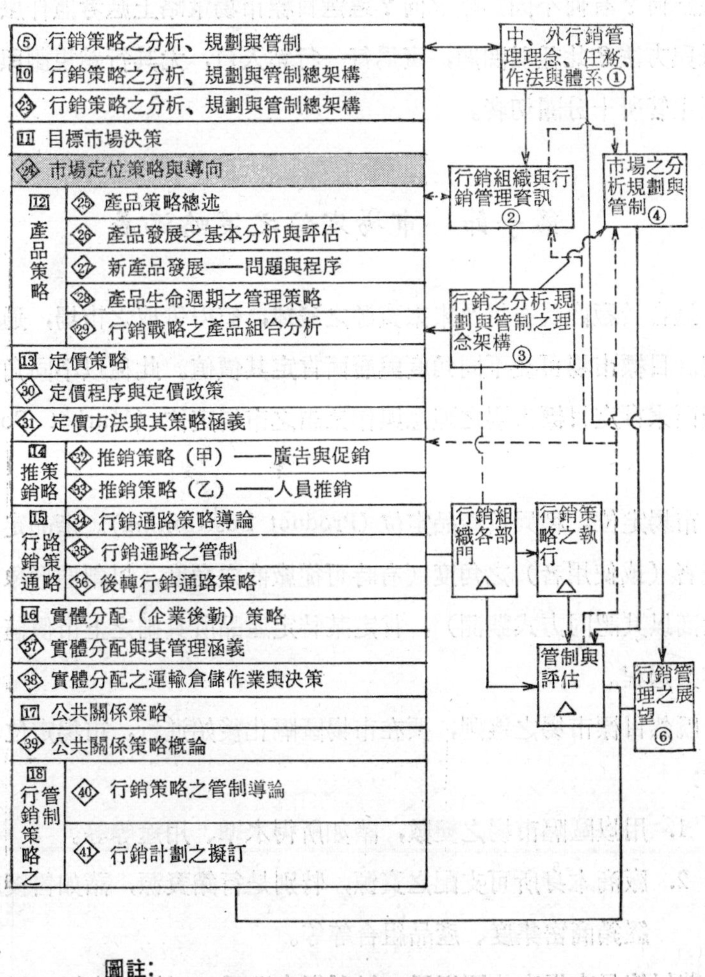

圖註：

筆者一再強調，市場定位不妥，一如進入不適行業，就是有再好的行銷組合，亦甚難發揮企業行銷運作效率，達到營運目標。市場定位之涵義爲何？有何不同策略導向？遴選目標市場策略上應考慮什麼？諸如時機與方法？此種種問題，實爲每一行銷人員，尤其行銷規劃與管制人員與主管所十分關切者。

第一節 市場定位之策略涵義

適合於廠商現有以及未來資源之發揮，值得爭取之市場，通稱目標市場。目標市場可從不同角度與層面肯定其價值。此種以不同角度或特定層面來肯定目標市場之理念與作業謂之市場定位（Market Positioning)。

市場定位，稍異於產品定位 (Product Positioning)。產品定位係從消費者（或使用者）之角度（有時可從廠商之角度，以創造形象或各同業廠商以其認同方式觀測），肯定某特定產品所具備之上市價值之理念與作業過程。

既然目標市場之遴選，要在市場區隔化後始進行，市場定位，必然牽涉:

1. 用以區隔市場之變數，諸如所得水準、用途等等。
2. 廠商本身所可支配之資源，特別是行銷資源，諸如售後服務、經銷商密集度、產品組合等等。

若以簡易市場定位圖標示，以所得水準爲X（橫）座標，以售後服務水準爲Y（縱）座標，市場定位之理念、作法，與重要性便可顯出（見圖例 24-1）。

從圖例 24-1，吾人可以得到下列啓示:

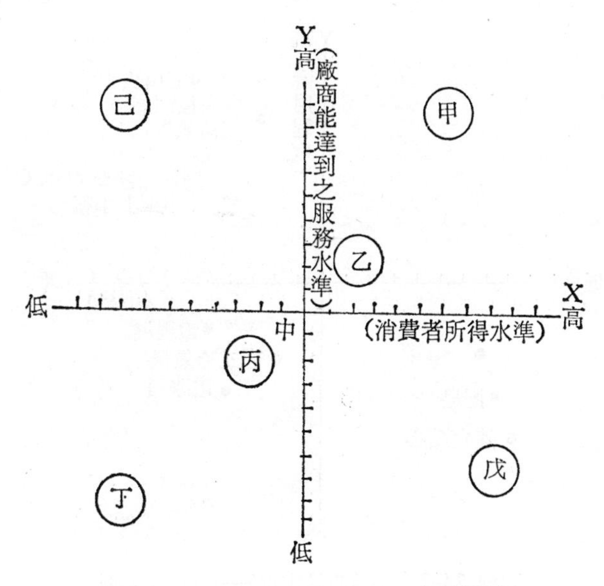

圖例 24-1　簡易市場定位——兩變數範例

1. 市場定位較之產品定位之領域大，在此一領域中，可能涵蓋諸多值得上市推銷之產品。舉如圖例中之「甲市場」係由高所得消費者以及廠商可高度服務顧客兩重要「條件」構成。然而在此一市場領域裏，可能有豪華國產汽車，如裕隆 2400 cc 之「中型」小轎車、中央控制式冷汽設備等等。

2. 在定位作業上往往以市場定位爲先，產品定位（見圖例24-2）爲次但兩者可相互爲用， 甚至於可用以引證行銷作業之正確性 。例如某廠商之市場定位爲「戊市場」，原因乃在該廠商之資源無法作高度售後服務。但現有產品之定位爲價格「高」耐用程度高之「中央控制型」冷汽機（見圖例 24-2）。顯然該廠商，實有進行產品再定位（Product Repositioning）之必要。市場定位之重要性，不言而喻。尤有者定位，不管是產品抑或市場定位，甚難被競爭廠商仿冒，蓋「定位」之重要且不可或缺之變數爲各個體廠商之可支配資源運用狀況。誠如著名企業家

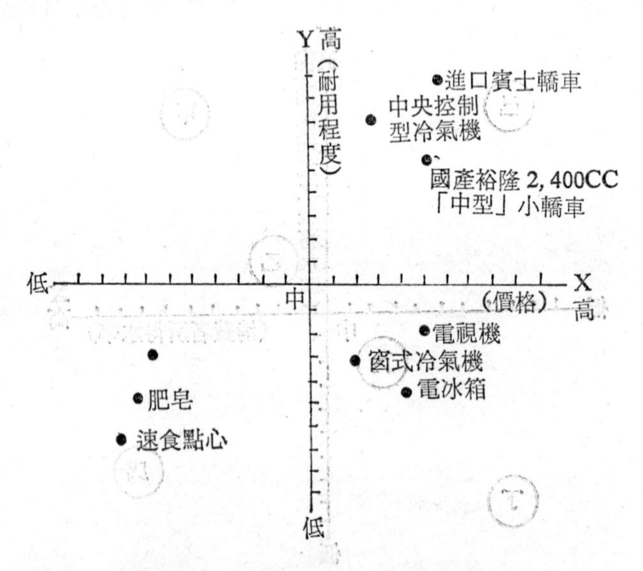

圖例 24-2　簡易產品定位——兩變數範例

羅斯嘉（Steven Rothschild）所言，「競爭廠商能夠仿冒別人之產品，但絕不容易抄襲（或仿冒）『定位』」❶

第二節　市場定位之策略導向

儘管作市場定位時所考慮之內在（廠商資源）與外在（消費者或使用者之情況）因素，在適當操作之情況下，已能使廠商在遴選目標市場時，不致有意外偏頗，但廠商似應先確定何種行銷策略導向較適合於自廠之運作。下列三種策略導向可供參考。❷

❶ Charles D. Schewe and Reuben M. Smith, *Marketing: Concept and Application* (N. Y.: McGraw Hill Book Company, 1983) p. 332.

❷ Philip Koller, *Marketing Management: Analysis, Planning and Control* (Englewood, N. J. Prentice-Hall Inc. 1980) 原著，熊飛譯，行銷管理（臺北市：華泰書局民國六十九年十一月印行），第 289-293 頁。

1. 無差異行銷 (Undifferentiated Marketing) 導向

爲求大市場機會，廠商不試圖採用區隔化市場理念與作法，而注意廣大市場之共同點以便推出附合此一共同點之產品，在消費者心目中創造出特別良好印象，美國可口可樂公司之作法便是其例。此一作法之好處之一爲可因大量生產而達到經濟規模，降低成本（單位成本）。此種導向，一旦少數廠商加入市場後，會因寡頭競爭，而導致中市場之中空現象。

2. 差異行銷 (Differentiated Marketing) 導向

利用區隔化觀念，將適合於廠商之不同區隔市場產品推出上市。國產汽車製造廠商，如裕隆、福特六和、中華三陽等汽車公司已有逐漸加強差異行銷之趨向。例如裕隆之大衆車、小型、中型等小轎車之產銷，便是爲迎合不同使用者之偏好而設計。此種導向之單位成本較無差異導向之策略有偏高之現象，但可因不同區隔市場之優勢而增加公司之總銷售額。

3. 集中行銷 (Concentrated Marketing) 導向

在小市場或次級市場，多下功夫，取得優勢之作法，謂之集中行銷，所集中公司之資源威力於小市場而言。我國臺灣地區，兒童玩具業者，曾經一度以「聽令電動玩具」開發市場成功。但此種導向，風險當然較大，應由小市場逐漸邁入多角化區隔市場，始能減少風險。

第三節 遴選目標市場策略上應考慮事項

遴選目標市場，在策略上，據柯特巴 (R. William Kotrba) 氏，有下列因素足以影響市場定位：❸

---

❸ 同❷，第 293-294 頁。

1. 公司資源：小廠商應採集中行銷導向，大廠商則可採差異或無差異行銷導向。

2. 市場或產品之同質性：基本原料或配件具有同質性較適用無差異行銷導向，如木材、鋼棒等。市場同質性高者，較適合於無差異行銷導向，如食品飲料類——果汁、汽水等。

3. 競爭者之導向：如競爭者採取無差異導向，則廠商或可採差異化導向藉產品特色佔取優勢。但若競爭者採取差異化行銷導向，則千萬不能以無差異方式對抗，蓋以無差異行銷方式對抗時，廠商之行銷資源必然分散，無法與之競爭。

4. 產品生命週期：上市初期應集中資源於小市場，成熟期，應採差異化市場策略。

除上述影響市場定位之因素外，廠商在確定目標市場時，應就下列各項加以評估，做爲市場定位之參考。

1. 地區：不能爭遠市而失近市。

2. 時宜：配合季節性做上市以及推廣之努力。

3. 供源：避免供源無法確保之產品市場。

4. 滲入市場之機會：考慮時宜與地區。

5. 消費者消費特徵：消費量之大小、用途、使用頻率。

上述各項之評估，應採取重點原則 (Ice-berg Principle) 始能避免無謂之時間與成本之浪費。

第十二篇

產　品　策　略

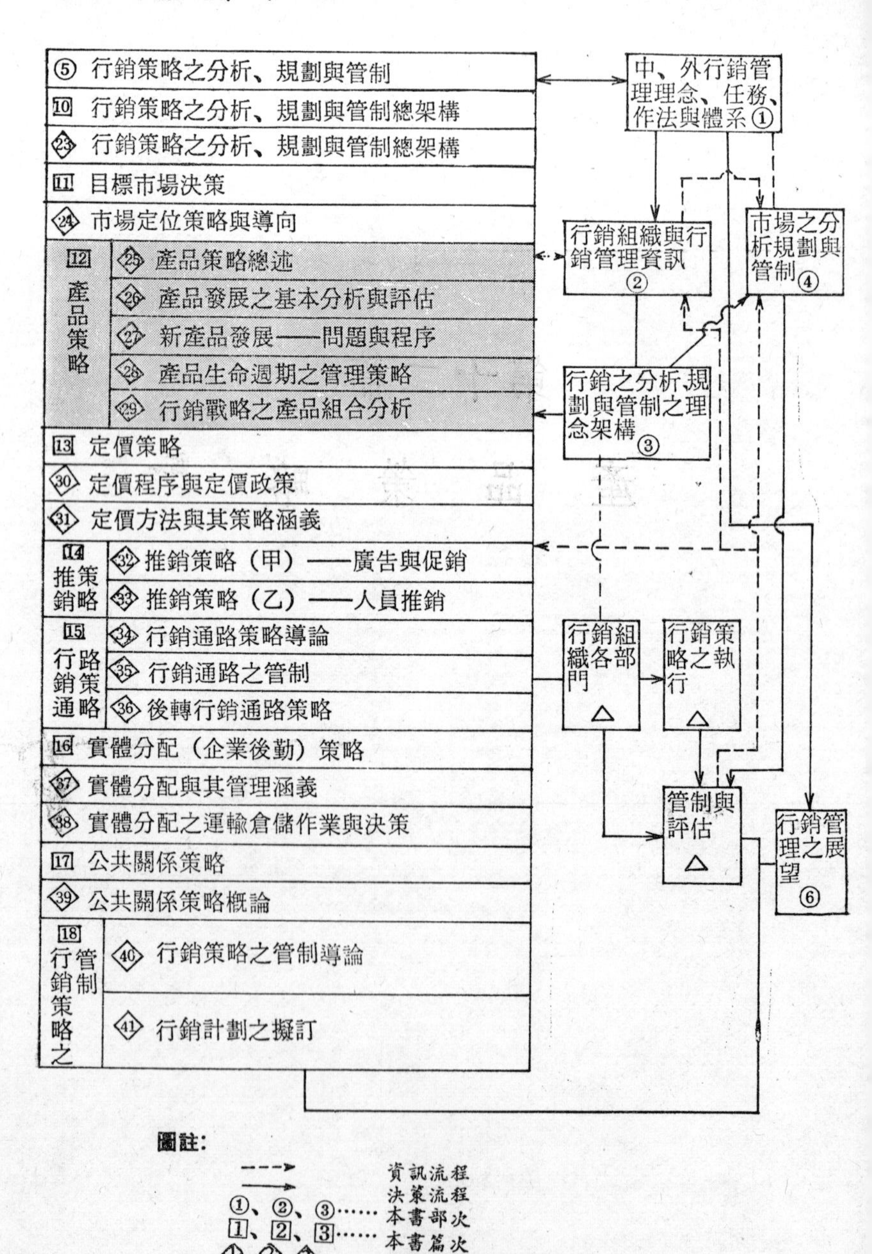
⑤ 行銷策略之分析、規劃與管制
10 行銷策略之分析、規劃與管制總架構
23 行銷策略之分析、規劃與管制總架構
11 目標市場決策
24 市場定位策略與導向
12 產品策略
25 產品策略總述
26 產品發展之基本分析與評估
27 新產品發展——問題與程序
28 產品生命週期之管理策略
29 行銷戰略之產品組合分析
13 定價策略
30 定價程序與定價政策
31 定價方法與其策略涵義
14 推銷策略
32 推銷策略（甲）——廣告與促銷
33 推銷策略（乙）——人員推銷
15 行銷通路策略
34 行銷通路策略導論
35 行銷通路之管制
36 後轉行銷通路策略
16 實體分配（企業後勤）策略
37 實體分配與其管理涵義
38 實體分配之運輸倉儲作業與決策
17 公共關係策略
39 公共關係策略概論
18 行銷策略之管制
40 行銷策略之管制導論
41 行銷計劃之擬訂
中、外行銷管理理念、任務、作法與體系 ①
行銷組織與行銷管理資訊 ②
市場之分析規劃與管制 ④
行銷之分析規劃與管制之理念架構 ③
行銷組織各部門
行銷策略之執行
管制與評估
行銷管理之展望 ⑥
圖註:
資訊流程
決策流程
①、②、③…… 本書部次
1、2、3…… 本書篇次
1、2、3 …… 本書章次
屬於有關篇章次主題
本篇主題

第二十五章　產品策略總述
——產品策略之基本要項與導向

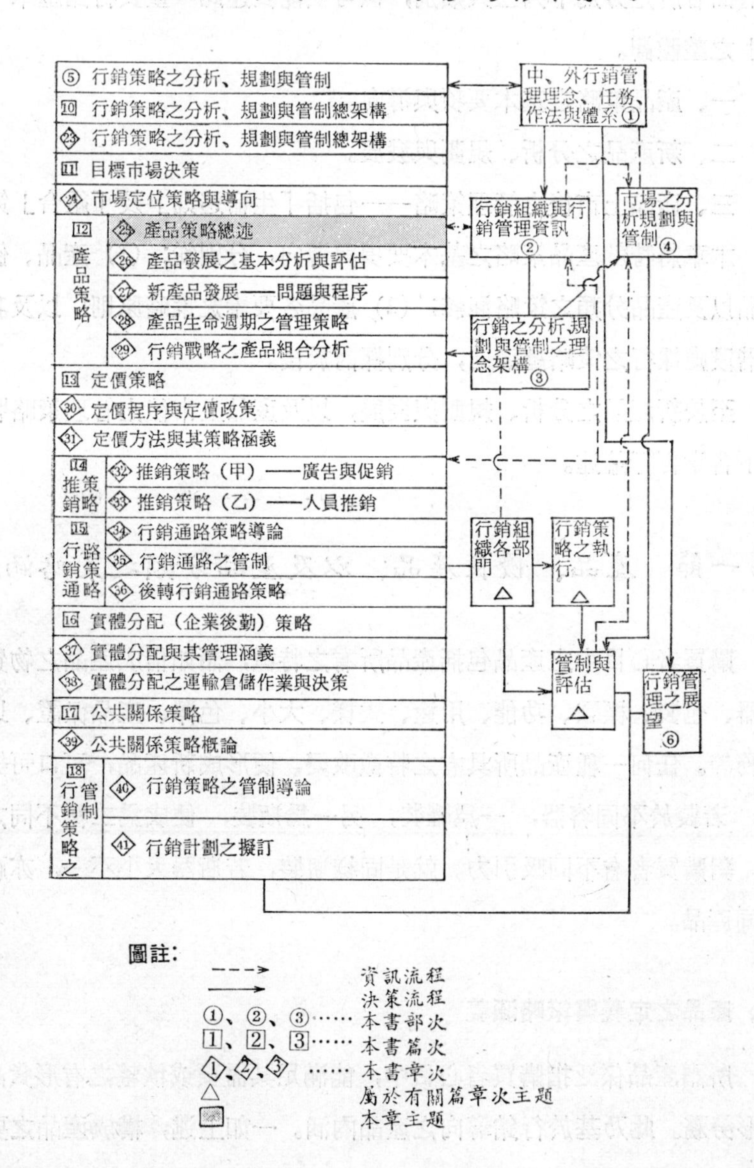

產品策略爲行銷策略組合中之最基本要件，包羅非常廣泛。沒有優良產品，其他策略組合要素之有效運用必然遭遇諸多困難。產品策略之層面若將之分爲下列三大類別，似可較能表達此一重要行銷基本「利器」之整體觀。

一、產品策略之基本要項與導向。

二、新產品之分析、規劃與發展。

三、產品上市後之管理策略——包括「生命週期」及「組合」策略

本章將特就產品策略之基本要項與導向，分別從：(1) 產品、優良產品以及產品分類之策略涵義；(2) 產品各要素之策略原則；以及我國現階段應採行之策略總導向，分別探討於後。

至於新產品之分析、規劃與發展，以及產品上市後之管理策略將於以下各章再行論述。

第一節　產品、優良產品、以及產品分類之策略涵義

購買者心目中之產品包括產品所有之特徵，諸如構成產品之物質、容器、包裝、標識、功能、用途、式樣、大小、色澤、產品保證、以及服務等。任何一種產品所具有之特徵改變，便形成新產品，可口可樂汽水，若裝於不同容器，一爲罐裝，另一爲瓶裝，便成爲二種不同之產品，對購買者有不同吸引力。就是同樣瓶裝，若瓶器大小不一，亦視爲異同產品。

壹、產品之定義與策略涵義

所謂產品係泛指購買者心目中，能滿足其需要或欲望之有形貨品或無形勞務。此乃基於行銷導向之產品內涵。一如上述，構成產品之要件

有物質、容器、式樣、保證……，產品對不同消費者或使用者均有不同涵義，使產品之差異化與創新機會大爲增加。

依柯特勒（Philip Kotler）產品有三個層次：一爲核心產品；二爲有形產品；三爲增益產品，其內容分別可從圖例 25-1 窺其概要❶。

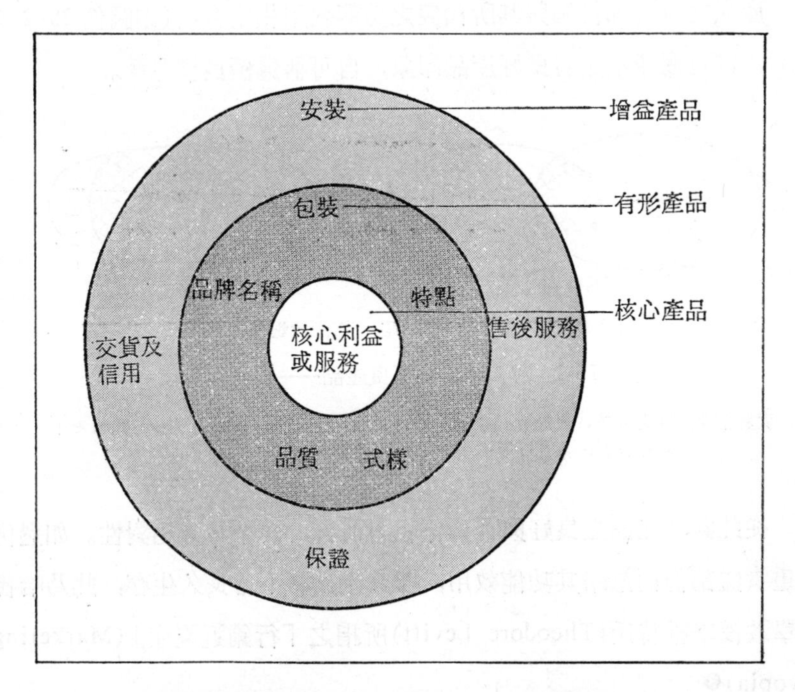

圖例 **25-1**　柯氏（Philip Kotler）之產品內涵

資料來源：Philip Kotler, *Principles of Marketing* (Englewood Cliff. N. J.: Prentice-Hall, 1980) 原著，許是祥譯，行銷通論（臺北：中華企業管理發展中心，民國七十一年印行），第 402 頁。

貳、優良產品之涵義與其策略涵義

---

❶ Philip Kotler, *Principles of Marketing* (Englewood Cliff, N. J.: Prentice-Hall, Inc, 1980) 原著，許是祥譯，行銷通論（臺北：中華企業管理發展中心，民國七十一年印行），第 402 頁。

產品不僅指其實體亦且包涵其所能提供之功能效用。實體部份包括產品成份、包裝、容器、附於包裝上之標籤、商品品牌、保證等等。產品所提供之功能效用反映於使用產品之消用者滿足程度——對於產品使用上之滿足與售後服務之滿足。

產品之實體部份倘與其所代表之功能效用相吻合，(如圖例 25-2 所示)，則可賜予消用者良好產品印象，自可稱爲優良產品❷。

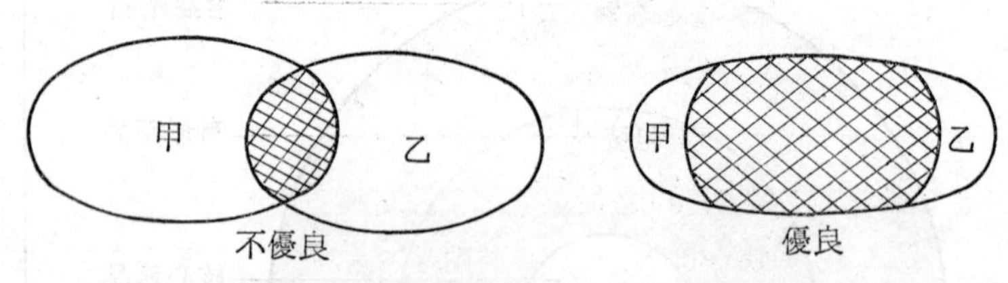

圖註: 吻合程度。 甲: 實體部份。 乙: 功能效用部份。

圖例 25-2 優良產品與不良產品——相對性觀念

資料來源: 郭崑謨著, 國際行銷管理, 修訂三版 (臺北市: 六國出版社, 民國七十一年印行), 第 335 頁。

從此觀念產品之良好與否實係相對而言，而不具其絕對性。如過份注重實體部份而忽略其功能效用，卽其產品將不會長久生存，此乃哈佛大學敎授李維特氏(Theodore Levitt)所指之「行銷近視症」(Marketing Myopia)❸。

優良產品於是要看消用者對產品之印象如何而定。如大號冰箱在歐洲諸國並不見得比小型冰箱好。原因乃在歐洲家庭主婦視往市場採購什貨果菜魚肉爲快樂之社會活動，且歐洲婦女比較講求經濟實惠。不過份

❷ 郭崑謨著，國際行銷管理，修訂三版（臺北：六國書局，民國七十一年印行）第 334-335 頁。

❸ Theodore Levitt, "Marketing Myopia," *Harvard Business Review*, July-Angust, 1960, pp. 45-56.

注重「氣派」，小型冰箱在歐洲購買者中之產品印象良好，構成良好產品之條件。又如大型轎車不一定比小型轎車優良，美國林肯（Lincoln Continental）牌汽車並不一定比我國國產品裕隆車良好，其原因亦在於消用者對汽車所投射印象之良好與否而定。

叁、產品之分類與策略涵義

一般而言，產品可大別爲兩大類。第一類爲有形產品。第二類爲無形產品。有形產品如牙刷、家俱等，無形產品如保單、心理醫療等。除此種大分類外，尙有其他不同分類法。雖然產品歸類並沒有一致的標準，但有幾個相當有用的典型要素可資分類，如表 25-1 所示。

從生產者觀點來看，產品可按組織目標、實體特性、目標市場等來分類。從顧客觀點來看，產品可按購買行爲、產品使用特性，與產品相關的特性等來分類。

當考慮產品決策時，主要在考慮其對組織目標的達成。如在考慮增加、保持或放棄某種產品時，廠商可能考慮其對公司利潤的貢獻。那些對組織目標沒有貢獻的產品，應儘早放棄。

按照產品的實體特性來分類，有助於公司對消費者差異的了解，進而作市場分割。

第三種產品的分類是按照目標市場。如，播種機的市場很明顯的是在農村。當然有些產品可同時銷到不同的市場，在不同的市場裏，強調不同的產品特性。

根據購買行爲來分類，可分成三類：必需品、方便品、特殊品。必需品經常是價格較低，很快消費且容易替代，如罐頭、口香糖、牙膏等。方便品經常是有相當價値的，消費者會比較其價値和價格，這類產品如冰箱、微波烤爐。特殊品可能很貴，也可能很便宜，這類產品對消

表 25-1 產品差異的典型要素——可資分類之標準依據

Ⅰ. 生產者觀點

A. 組織目標的達成
1. 獲利能力
2. 產品組合
3. 產品線深度
4. 市場占有率
5. 銷售成長
6. 產品生命週期
7. 競爭強度
8. 社會目標

B. 實體特性
1. 大小
2. 形狀
3. 顏色
4. 材料
5. 包裝
6. 產品線內的差異
7. 有形或無形

C. 目標市場
1. 消費者——人口、社會經濟、心理、文化
2. 產業——製造商、農場、批發商
3. 政府——政府機關、軍隊

Ⅱ. 消費者觀點

A. 購買行爲
1. 購買次數
2. 對預算的相對經濟重要性
3. 購買地方的選擇

B. 產品使用時特性
1. 使用的容易度
2. 從包裝盒取出的容易度
3. 產品感覺（如：感官上的粗細）
4. 複雜性
5. 效果
6. 效率
7. 危險性
8. 指示
9. 品質

C. 與產品相關特性
1. 價格
2. 品牌
3. 數量（如：6包）
4. 形象
5. 售後服務
6. 保證
7. 新產品
8. 社會接受度
9. 銷售建立

資料來源：Burton H. Marcus and Edward M. Tauber, *Marketing Analysis and Decision Making* (Boston: Little, Brown and Company, 1979), pp. 38-39.

費者而言是很特殊，需要花很多時間才能買得到，如古董、特大號或特少號的皮鞋等。由於這種分類法是根據消費者需要的不同而分類，所以

有時對某人是方便品，但對另外一人則可能是必需品。

就產業購買行爲而言，其主要變數有購買次數、財力、供應者的位置。假如要經常購買，那麼可能會與供應者訂立合約，以確保長期供應。

根據產品的優缺點來分類，如說明書的難易度。產品的效率和效果，如大汽車坐起來很舒適，但却很耗油。最後，產品也可按其相關特性來分類，例如產品價格會影響其品質是否可被接受，又如產品的形象也會影響消費者對產品的評估。

產品行銷策略訂定上，由於使用次數，或久暫，以及有形或無形等特性，若將產品歸類，可助策略原則之確立。此種分類法係將產品分成耐久品、非耐久品以及服務，然後再將之分爲消費者產品及工業用品(產業用品)。消費品又可再分爲便利品 (Convenience goods)、選購品(Shopping goods)、特殊品(Speciality goods)以及未考慮品(Unsought goods)。工業品亦通常可再分爲材料及零件 (Material and Parts)、資本財(Capital goods)、物料及服務(Supplies and Services)等數類❹。

在上述分類中之消費品分類，在行銷策略上之運用最早，係柯馬敏(Melvin T. Copeland) 所首創❺。嗣「產品經理」(Product Manager)以及「品牌經理觀念」(Brand Manager Concept) 逐漸普遍，在美國已成爲相當普遍之行銷作業，頗有著效。以產品爲基礎之管理分權制度，在美國郵政單位，以其信件分類制度，如大宗信件、零擔信件、報章雜

❹ Philip Kotler, *Principle of Marketing* (Englewood Cliff, N. J.: Prentice-Hall. Inc, 1980) 原著，王志剛譯，行銷學原理（臺北：華泰書局，民國七十一年印行），第 527-533 頁。

❺ Melvin T. Copeland, *Principles of Merchandising* (N. Y.: Mc Grow-Hill Book Co. 1924) 第二章、第三章以及第四章。

誌、限時信件等等更具行銷作業效率❻。我國之郵政制度亦早有產品分類管理制度，郵政服務之品質堪稱世界之冠。

玆將各不同產品類別之涵義及其策略涵義分別列述於表 25-2，俾供參考。

表 25-2 不同產品類別之策略涵義簡要

產品類別	特徵	策略涵義
耐久品	可使用很多次（如電視）	重售後服務及保證
非耐久品	僅能使用少數次或一次（如汽水）	銷售地點方便（多），重廣告推廣
服務	非實體貨品之「滿足活動」（如旅遊）	重品質、信用
便利品	常買品，不願化時選購（如報紙）	購買方便
選購品	買者願花時間比較（如傢俱）	重產品差異，或價格差異
特殊品	產品具特色，買者忠誠度甚高（如汽車）	地點標示確切
未考慮品	對產品之購買意欲尚未產生（如墓碑）	推銷購買利益
材料及零件	成品之「部份」實體（如原木）	重實體分配服務
資本財	主要設備（如廠房）	重設計，售後服務
物料及服務	維護用品（如掃把）	重價格及便利採購

第二節 產品各要素之策略原則

構成產品之要素甚多。此衆多要素，若與決策層面相組合，產品策略之層面更多，惟較重要者不外乎品牌策略、包裝策略、售後服務策略、產品廣度策略、產品深度策略等數端。產品策略之綜合運用，待於後數章再行詳述，本節僅將產品各要素之策略原則簡述，旨在提綱挈

❻ Richard T. Hise, *Product & Service Strategy* (N. Y.: Petrocelli Charter, 1977), pp. 54-55.

領，提醒決策者，產品決策之主要導向，藉以避免決策上之偏頗。

壹、品牌策略原則

品牌係產品之表徵，可以不同方法示明，諸如記號、語詞、圖樣、文字、數字等。品牌往往與廠牌相互配合藉以達到推廣之效果（見圖例 25-3）。

圖例 25-3　品牌及廠牌

資料來源：宏碁股份有限公司提供。

良好品牌應符合下列原則：

1. 容易辨認及記憶——如來來、第一；
2. 能表現國產（中國）特色——如天龍、梅花；
3. 能引起顯著之注意力——如天王星、寶獅；
4. 能表示不同產品之不同特色——用多品牌策略；
5. 能表示不同產品之同一優異特色——用家族品牌；以及
6. 能避免不良產品之影響——無品牌策略。

貳、包裝策略原則

包裝乃特指以適當之材料及容器，保護產品並促進產品銷售之技術及所施行之狀態而言（見圖例 25-4 A)。顯然包裝有:（1）保護功能;（2）運輸、儲藏功能;（3）便利功能;（4）促銷功能;（5）價格功能。

良好之包裝應符合下列原則:

1. 富「感性」吸引力;
2. 具充份保護內容物功能;
3. 具顯著之買賣溝通效果;
4. 具可見內容物，尤以食品爲然;
5. 具有易使用特性;
6. 具有再利用價值——「理性」吸引力;
7. 配合消費時尚，適時改變包裝；以及

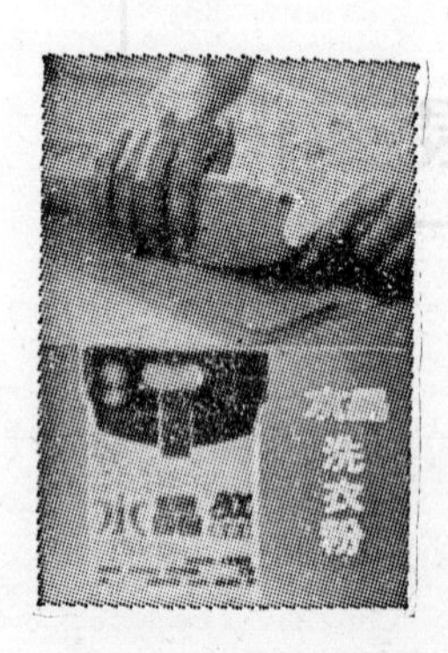

A　產品包裝

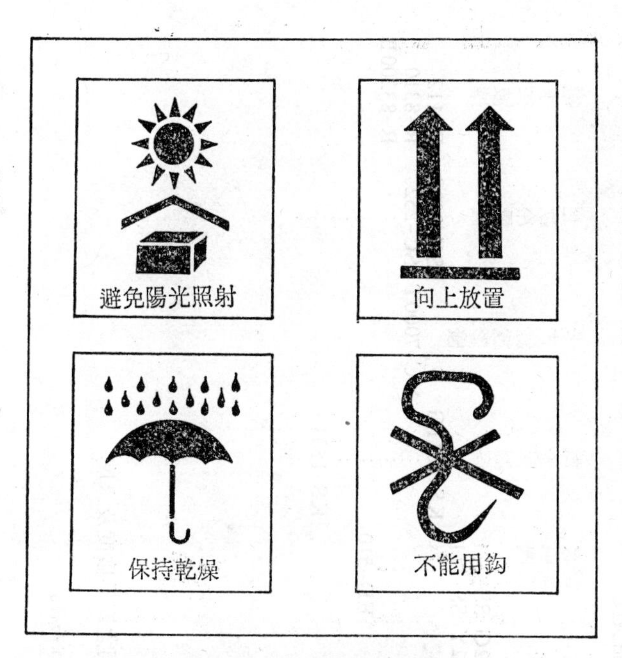

B 包裝上之提運及儲存上之標記

圖例 25-4 產品包裝特色

資料來源：南僑化學公司企劃部（A），以及 Air France Cargo, U. S. A.（B）提供。

8. 附產品提運，及儲存應注意事項（見圖例 25-4 B）。

叁、售後服務策略原則

售後服務包括，產品之維護、保養、退貨、保全、巡檢、預防損害等等保證產品之實體外觀及實質功能之正常運作行爲。

售後服務作業要注意下列原則：

1. 具保證效果——以文件佐證；
2. 適時作業，快速完成服務；以及
3. 服務水準要明確標示。

聲寶產品廣度 →（橫軸）；聲寶產品深度 ↓（縱軸）

電視	電冰箱	收錄音機	音響	洗衣機	電吹風、鬍刀機	電子保溫鍋	卡式錄放影機	北歐冷氣機	電子微波爐
SN-2007	SRK-212	GF-7575	DK-2010A	ES-6832G	SS-211	KS-1811G	VC-7000T	SC-080A	R-112
SN-1832	SRK-252	GF-6868A	KC-2210D	ES-6832Y	SS-111	KS-1501		SC-252	R-8310
CU-1601	SRK-541	GF-802	白馬ST-9395		ED-510				R-83200B
CU-1606	Admiral		白馬ST-3030						
CU-14024									
CU-1403									
CTR-691									

圖例 25-5　聲寶公司之產品廣度及深度

資料來源：該資料係從聲寶公司企劃處所提供之產品型錄資料整理而得。

肆、產品廣度、深度之策略原則

產品廣度係指廠商所生產產品中，產品線（同一類別之一系列產品）之多寡而言。產品深度乃指某一產品線中產品項目之多少而言。圖例25-5 所示者，係聲寶公司之產品廣度及深度。

產品廣度及深度決策上應注意下列原則：

1. 產品廣度及深度之決策應基於廠商現有或潛在資源之最有效運用下決定，通常以利潤爲績效衡量標準。
2. 產品廣度及深度決策，應考慮：❼
   (1) 開發新市場之成本，包括利用過剩產能生產副產品之市場開發成本；
   (2) 資源過份分散之風險，包括資源分散所造成之品質下降現象；以及
   (3) 對公司印象之影響，包括顧客對產品之不良印象。

第三節　我國現階段應採行之策略導向

國內廠商之行銷組合，一直偏重於價格策略，忽略產品策略之重要性，導致惡性殺價，損害產品形象。今後廠商在產品策略方面，勤加功夫，藉以降低價格所扮演之角色始能改善產品形象及商譽。

短期產品策略之重點應導向於：❽

---

❼ 劉水深著，產品規劃與策略運用（臺北市：作者民國七十年印行）第 62 頁。

❽ 郭崑謨著，「紓解工商困境應有之外貿理念與作法」，聯合報，民國七十年十月二十六日，第二版專欄。

1. 「售前」與售後服務，尤其售後服務，建立消費者或使用者對國產名之「消費或使用信心」；
2. 積極加強，產品「外觀實體」，如包裝、商標、品牌等之改善，增加產品差異化；以及
3. 配合產品週期，出售商標、技術，藉以延長產品生命週期。

長期產品策略之重點似應導向於：

1. 作產品實質功能之改進，加強新產品之研究發展；
2. 配合產品之壽命，作原料與零配件之開發作業，藉良好替代品，降低產品成本；以及
3. 「套裝」或「整套」產品服務之提供。

第二十六章　產品發展之基本分析與評估

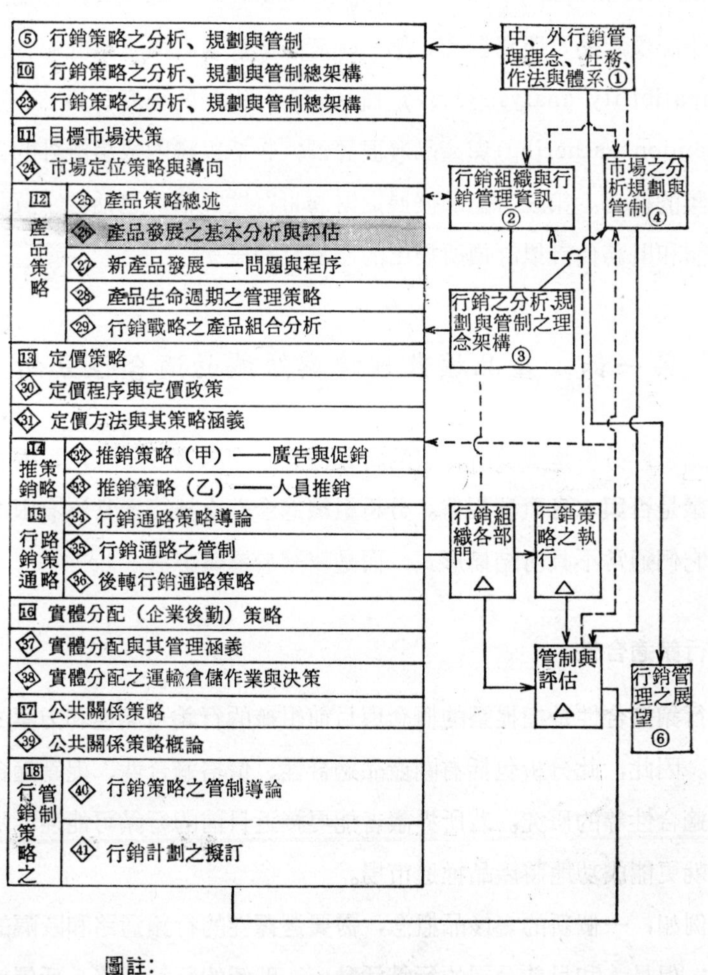

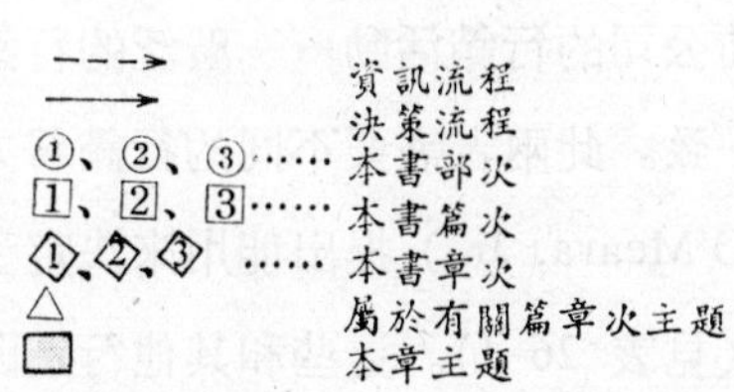

新產品發展的成本很高。因此，在早期有關產品促銷，定價或通路分配等概念的評價程序非常重要。本章目的在於提出判斷技巧（judgmental techniques）和消費者研究（consumer research），分爲三部份來初步評價產品及服務觀念。第一、產品擴散理論與組織的適合性分析（compatibility analysis）：決定概念適合於組織的程度。第二、意見收集(opinion gathering)與產品發展評價：包括組織內或組織外的個人意見收集的技巧。第三、產品發展之財務可行性評估，包括數字資訊——營業額和財務估計以評價所提出的產品行銷概念。

第一節 產品擴散理論與組織的適合性分析

適合性分析是評價所提議的行銷概念程序的第一步驟，目的在於快定提議是否與本身資源相稱。分析組織適合性之技巧通常沒有很準確標準，它們通常不具有結構形式，而是較屬於邏輯方法。

壹、行銷適合性

行銷適合性是指提議的概念與目前組織的行銷可能性和方案的相稱程度。因此，此分析包括有關產品適合性、價格適合性、促銷適合性和通路適合性等的研究。若所提議者能更接近目前的行銷可能性，那麼此提議就更能成功地將產品推進市場。

例如，一個新的奢侈品概念，需要選擇性的行銷通路和區隔的促銷努力；但是，和目前公司的行銷活動——廣泛的行銷通路，低價格，大量廣告產品線不相一致。此兩者需要不同的行銷努力和不同的市場。

奧美拉（John O'Meara, Jr.）提出能用來決定產品概念適合組織目前情況的一些因素（見表 26-1）。這些和其他行銷因素可加以評級，然

表 26-1 評等一個新產品的各因素

行銷適合性	很好	好	平均	不好	很不好
和目前行銷通路的關係	能經由目前行銷通路達到主要的市場	大部份經由目前通路，部份經由新通路以達到目標市場	同等以目前和新行銷通路以達到主要的目標市場	大部份經由新行銷通路以達到主要市場	完全經由新行銷通路以達到目標市場
和目前產品線的關係	能補充（需要多種產品以配合的）目前產品線	能補充目前產品線（能處理其他產品）	能配合目前產品線	能配合目前產品線，但無法完全地配合	無法配合任何目前產品線
品質／價格關係	價格低於同品質水準的競爭產品	價格低於同品質水準的大部份競爭產品	價格幾乎相同於同品質水準的競爭產品	價格高於許多同品質的競爭產品	價格高於所有同品質的競爭產品
尺寸大小及等級的數目	少數樣本尺寸和等級	好幾種尺寸大小和等級，但顧客滿意於少數主要部份	好幾種尺寸大小和等級，但少數非主要部份的存貨能滿足顧客	好幾種尺寸大小和等級，每種類產品均同數額儲存	許多種尺寸大小和等級而且需要很多存貨儲存
銷售性	具有高於競爭產品的產品特性	具有可促銷的特性，因此，與競爭產品的特性比較，較有利	是與其他競爭產品相同的促銷特性	是有很少的可促銷特性，但一般均無法達到競爭產品的特性	沒有產品特性，因此，沒有促銷作用
對目前產品銷售的影響	能幫助目前產品的銷售	可能可幫助目前產品的銷售，不能妨害目前產品銷售	對目前產品銷售沒有影響	可能會妨害目前產品的銷售，不會幫助目前產品銷售	會降低目前有利潤產品的銷售

資料來源: John O'Meara. "Selecting Profitable Product", *Harvard Business Review*, Vol. 39 (January-February, 1961), p. 84.

後再和其他主題因素——財務可接受性或組織的可能性，一併考慮並附以相對分數❶。

例如，一系列可能因素包括行銷、財務、組織和環境變數——以強調產品概念。每個因素的數值可以由個人或羣體決定而後加總其值。將其總值與標準值比較，以決定提議之成功與否。

貳、財務可接受性

除非對財務風險和機會細心考慮，否則對新產品不必加以考慮。財務可接受性的衡量包括：利潤目標，風險可接受性和現金流量需要。

利潤目標

通常利潤目標是與目前公司的利潤數額，資金成本，可能投資機會和管理的長期目標有關。如果新產品概念所預計產生的利潤無法達到目標，那麼就應該拒絕此概念。

風險可接受性

新的冒險，無論是新產品或修改的產品，均涉及風險，諸如：公司願意冒多大危險？這些風險如何與利潤相衝突？公司願意冒可能失敗的風險？公司是否願意冒現金短缺以影響公司償債能力和成長？公司是否願意冒計劃失敗而失去重要的配銷通路之風險等等。

現金流量需要

如果一公司無法融資超過六個月到一年的計劃，那麼無法在那段時間產生正現金流量的概念者均要被拒絕。雖然產品適合於目前情況或長期而言此概念相當好，但是由於無法提供正現金流量，此概念還是要被拒絕。

---

❶ John O'Meara, "Selecting Profitable Product," *Harvard Business Review*, Vol. 39 (January-February, 1961), pp. 83-89.

叁、組織的適合性與可能性

通常在評價新產品或修改產品的提議時，往往把組織本身忽略。此概念是否與組織的人事和結構相適合？組織是否有能力將概念所要求事情做好？如果一個新的產品概念對組織而言是個新的領域，公司在此領域了解不多，那麼此提議成功機會必大大地減少。

肆、環境的適合性

吾人將分三個部份來討論環境的適合性：消費者可接受性（consumer acceptability）；競爭行動（competitive actions）和社會責任（social responsibility）。

一、消費者可接受性

每個行銷決策的中心在於消費者。產品成功的銷售主要在於得到消費者的接受。因此，決策者必需問產品概念是否滿足消費者需求？產品概念在社會,文化上是否能被接受？或是否具經濟性？在開始時,對於產品概念滿足消費者需求以及被接受程度爲何，必須建立。對不具有希望的產品概念要儘快消除。決定消費者是否接受概念的方法是「產品採用和擴散的分析」(analysis of expectod product adoption and diffusion)

採用和擴散：採用和擴散的觀念主要是從消費者觀點來探討新概念的接受性。採用是個假設的逐步的過程。每個步驟表示着心理的行爲(mental behavior)。❷

1. 認知（awareness）：個人接觸到產品且產生認知。此階段個人通常對產品認識很少。

2. 知識／興趣 (knowledge / interest)：個人對產品產生興趣而且

---

❷ Eeverett M. Roger, Floyd F. Shoemaker, *Communication of Diffusion* (N. Y.: The Free Press of Glencoe, 1971) p. 161.

學習到有關產品的屬性、利益等。

3. 態度／評價(attitude / evaluation)：在此一階段，以前階段所獲得有關產品知識以構成對產品態度並且決定產品是否適合於他的需求。

4. 信服／試用 (conviction / trial)：此階段消費者的好奇或確信產品將適合他的需求，導致於他對產品的購買並且測試之以和他對產品期望相比較。

5. 採用 (adoption)：如果產品能達到消費者所預期的或能繼續滿足消費者需求，那麼消費者會決定繼續購買該產品。

當然，消費者不必經過採用過程的所有階段。例如，某些消費者從來沒有認知產品：其他的人可能認知到產品，但因爲不需要或對產品有偏見而不去試用產品。

對許多項目而言，只有百分之一試用者成爲忠誠的再購買者。而且從步驟 1 到步驟 5 經過的時間隨產品性質的不同而異。例如，所謂「衝動型的產品項目」(impulse item)——不昂貴的糖菓，只經過消費者對該產品的認知，就購買了。其他，昂貴且複雜工業設備產品，可能要經

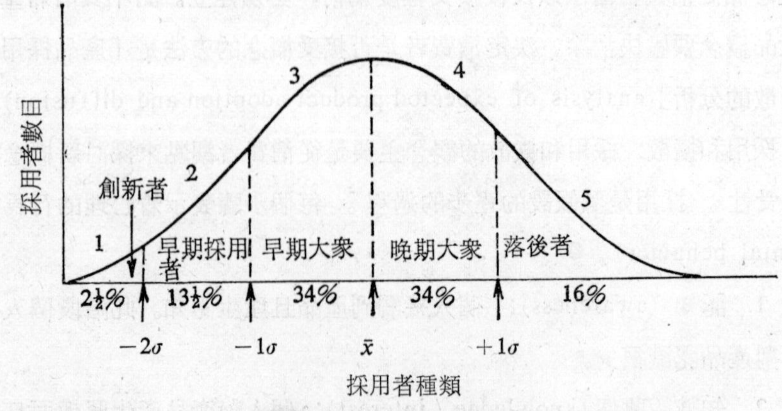

圖例 **26-1** 產品擴散觀念

資料來源：Everett M. Rogers and Floyd F. Shoemaker, *Communication of Diffusion* (New York: The Free Press of Glencoe, 1971) p. 162.

過好幾個月或好幾年的愼重考慮和比較才能有被購買的可能。

若用一曲線（見圖例 26-1）表示隨着時間採用者的數目和採用者種類之間關係，此一曲線類似常態分配。在部份 1 的消費者是創新者（innovators）；在部份 2 的消費者是早期採用者（early adopters）；在部份 3 者是早期大衆（early majority）；在部份 4 者是晚期大衆（late majority）；在部份 5 者是落後者（laggards）。此種分類大致與產品行銷經驗相一致，稱爲擴散觀念，爲羅吉斯（E. Rogers）所首創。

擴散的觀念對行銷決策者非常有幫助。擴散是指一個新觀念或產品擴展到社會大衆的過程。在農村社會學、醫藥，行銷方面的創新擴散已有許多的實證研究[3]。這些研究指出擴散率是依其創新的性質而決定的。羅吉斯（Rogers）認爲有五個特性決定產品是否能快速地擴散到社會大衆[4]。

1. 相對好處

相對好處在於衡量產品的被知覺（perceived）優於競爭產品的程度。顯然地，如果新產品好處多，那麼它就能擴散更快。例如，有許多輪胎保護物（rubber perservatives）流行於市面上。在霧氣很多的城市，輪胎損壞更快。由於技術上的突破使得一個小公司有機會能夠提供其優良產品上市。此新產品快速地擴散到汽車的熱愛者。優良產品擴散快速的理由之一是由於最初試用該產品的創新者經由口傳（the word-of-mouth）傳播的結果[5]。

---

[3] Everett M. Rogers and J. Darid Stanfield, "Adoption and Diffusion of New Products" in Frank M. Bass, Charles W. King and Edgar M. Pessemier, eds., *Application of Sciences in Marketing Management* (New York: John Wiley & Sons, Inc. 1968), pp. 227-250.

[4] Rogers, Diffusion of Innovation, op. cit., p. 124.

[5] James F. Engel, Robert J. Kegerreis, Rodger D. Blackwell, "Word of Marth Communication by the Innovator," *Journal of Marketing*, Vol. 33 (July, 1969), pp. 15-19.

2. 適用性 (compatibility)

適用性是指新概念與消費者目前的價值觀和行爲相一致的程度。一個與目前規範 (norms) 不一致的新概念，其擴散是很慢的。當避孕藥上市時，由於與目前婦女的道德觀或宗教信仰不一致，其擴散就要花費相當多的時間，尤其在天主教國家，在我國道教傳統之社會亦復如此。

3. 複雜性 (complexity)

複雜性是消費者在了解或使用創新品時困難的程度。當一個產品或概念，像電腦、微波爐等複雜的產品，其擴散相當慢。消費者所判斷的複雜性是與公司在教育其目標聽衆 (target audience) 的定位促銷有關係。因此，在使用或了解上較複雜的產品應該以消費者易於簡單了解的方式來介紹。

4. 可分性 (divisibility)

產品若能以低風險讓消費者試用， 其採用率必會較高 。 產品以小的，試用尺寸的包裝較能使消費者以有限的風險來試用產品。臺灣美吾髮 (VO5) 產品曾以此法開拓產品市場。工業產品或大型消費性耐用產品，通常較不能分割且較昂貴。因此，消費者無法試用貨樣而且做購買決策後有受騙感覺。消費包裝產品通常是以贈送樣品 (free samples) 方式促銷，像南僑公司的旁氏面霜的樣本贈送便是其例，此作法能夠加速擴散作用。

5. 可傳達性 (communicability)

可傳達性是指新概念與其目標聽衆傳達的容易度。影響傳達容易度的原因之一是概念的複雜性。然而，概念接近聽衆的能力是依聽衆的易接近性，教育和產品項目的知識。如果沒有選擇性的傳達通路，像消費者或貿易報導等，某些目標羣體是不易接觸到的。同樣地，教育社會大衆有關產品，其困難在於消費者是否在此領域很精通。複雜工業產品在介紹給具有工程背景的採購者時是不會有困難的。而且，消費者看來就一看可見的產品，像電氣用具和服飾，是很容易與其消費者溝通的。

6. 需求的滿足（fulfillment of need）

消費者試用產品發現滿意，但除非該產品能滿足其需求，否則是不易被採用的。例如，許多點心食品和消費性新奇產品常被試用，但很少被採用，其原因是產品無法滿足實質消費者需求。

7. 可用性（availability）

一項產品擴散快速的能力是依其對目標市場的可用性而定的。如果生產或配銷限制阻礙可用性，認知、試用，和採用可能會受限制。某些產品的擴散是依其相匹配（companion）和互補（complementary）產品的可用性而定的。汽車要有足夠道路和加油站才能擴散。電視的吸引人購買在於電視節目的成長和頻道的數目而定。

8. 利益（好處）的立刻（即時）性（immediacy of profit）

產品的接受性是依其利益(好處)被消費者接受的快速或容易而定。食品以其營養爲其利益（好處）是很困難銷售出去的。消費者只由廠商口中知道產品利益（好處）而沒有注意吃下營養產品後對他們健康的差別。品嘗(taste)，能很快地定出接受或拒絕，是產品能成功要點之一。因此，品嘗好，擴散快的產品是得力於口傳的幫助。安全是汽車的一項利益(好處)，雖然消費者了解，但却無法即時讓消費者感受到，因此，無法很快地銷售出去。安全汽車只能在意外事件裏顯出好處。時尚，是能很快地和連續地讓買者感受到，是銷售方面主要因素。因此，產品的擴散是依其提供即時的好處而定。

9. 目標消費者的創始性（innovativeness of target customers）

概念或產品的擴散率不僅依賴產品的性質而且依賴其目標聽衆的創始性。某些人易於接受新思想或事物，其他人則保守和拒絕改變。要衡量此現象相當困難，但在管理者篩選對策時必須牢記此現象。對於目標羣體對改變的反應的歷史要加以調查以幫助預測新概念被接受的程度。

二、競爭的行動

篩選機會時，對競爭者行動的計劃，要像對消費者一樣重視。事實上，很多公司都忽略了這點對，對競爭者行動的預測投入很少費力。爲了要預見競爭者行動起見，企業應該(1)辨明主要競爭者；(2)計劃可能的競爭行動；(3)除了可能預見的行動外，要發展權變計畫(contingency plans)。

1. 辨別主要競爭者

企業對主要競爭者及次要者要加以辨別。主要競爭者是指提供的產品與我們的在性質、功能或利益方面相類似的組織。次要競爭者是指提供的產品在外表、操作、功能不相同，但提供了消費者某些相同的利益或需求的組織。

可能競爭者 (potential competitors) 通常被歸入競爭市場裏，因爲他們具有(1)類似技術以便得他們能以有限的資本支出製造產品，(2)類似市場，傳播 (communication) 或配銷通路以服務消費者，(3) 現有產品能被行銷到認定的機會或 (4) 產品的銷售因新產品的介入而受到威脅。

競爭的範圍相當難以定義。例如汽車製造公司爲數不多而且都很有名氣。他們很少花費精神去辨明競爭者。然而，其競爭者却包括汽車修理店、舊汽車經銷商、摩托車、脚踏車或公共交通設備等。但次要競爭者他們往往忽略。

2. 規劃可能的競爭行動

競爭報復行動有多種方式。如果製造商提供新創新產品，競爭者可能提出他們自己的模仿的或改進的產品。如果公司提出模仿的產品，競爭者（已經在市場上）可能改變他們的行銷組合（增加廣告，降低價格等）。通常，創新者不想將行銷組合做到最佳；而模仿者對市場影響亦很少。

對產品擴張所採取競爭行動與產品創新或模仿相類似。如產品再定位，競爭者可能抄襲此產品定位或以便他們自己再定位來報復。

有許多方法可用來預測競爭報復。競賽理論是其中方法之一，但在企業領域應用有限制。另有一簡單有用方法是角色扮演。角色扮演是指將自己投入於競爭者，問自己如何對抗競爭者以提出新的或修改後產品而獲取新機會。應用角色扮演技巧，要能列出競爭者所有的選擇。

3. 權變計畫

由於無法確定地預測消費者或競爭者行爲，因此，有必要發展權變計畫。權變計畫是指在各種可能結果發生情況下公司所採取的特定行爲。例如：一家電腦公司追求一小型（桌上型）的事務機新機會。他們相信其產品優於競爭者產品，所以提高價格。權變計畫發展了各種可能情形：(1) 消費者不認爲產品優於競爭者；(2) 競爭者會改進他們的產品；(3) 競爭者降低他們產品價格等。

三、企業對其所處環境的責任

一個組織的行銷努力所造成的環境結果，在這關係密切的社會是多方面的。因此，行銷決策的經濟和社會成本必須以公司和社會兩個層面來衡量。現今，企業也都感受到他們對於社會的一份責任。因此，企業不停地在改進製造過程以消除不必要的成本；改進產品以增加產品的可靠性和壽命；創新產品以提高生活品質。因此，企業不僅扮演着經濟組織而且是社會系統的一個主要創作者。

然而，這些責任的有關成本是要加以認定的。例如，提高產品可靠性或延長產品壽命都需要進行研究和品質改進活動，這些都是成本的增加。

雖然社會進步的負擔，有的成功地轉嫁給消費者，有的被快速進步科技減到最低程度。但這畢竟是少數例子。因此，在許多情況下，這些成本必須由企業來吸收而反映在利潤的減低，或轉嫁給消費者。

公司爲了要符合環境保護機構的要求所購買的設備成本，在計算產品成本時要加以考慮。同樣地，有關由於公司污染環境的不好聲譽所可能引起的長期銷售額下降之間接成本在早期篩選程序時要加以估計。這是公司財務責任之範疇。

產品對環境的威脅可以它們生存的三個主要階段來說明。產品使用前階段是產品製造階段。例如地面礦場的採礦以及副產品對空氣污染等對社會造成不良後果；對社會大衆的健康和安全造成傷害。

雖然政府企圖經由法規來保護消費者免於使用危險的產品，但假如政府不採取全面管制完全保護似不太可能。因此，在產品銷售之前對其使用後結果爲何加以預測是公司的責任，對公司也有益。

同樣地，產品使用後對環境和消費者的傷害亦需加以預期。

甘廼廸總統已經很清楚地提出企業要提供有利產品和服務的重要性。當時有所謂消費者四項權利——安全權利，被告知權利，選擇權利，被聞知權利。但是消費者保護，像其他限制一樣，必須要有限制：完全保護和無保護對社會都有損害。立法部門對於因產品可能危險作用而傷害未受保護的消費者要注意，也必須對抗過度保護的消費者以便企業免於銷售額降低❻。

---

❻ Burton H. Marcus and Edward M. Tauber, *Marketing Analysis and Decision Making* (Boston: Little Brown & Co. 1979), pp. 263-286.

第二節　意見收集與產品發展評價

意見收集的目的是在組織外和組織內如工業專家、公司生產人員、貿易專家或消費者獲取有關資訊作更詳細的分析。這些判斷篩選技巧是想收集資料以備用來指出概念的優點和缺點。下述數種方法受用較廣且簡單易行可供參考❼。

壹、專家意見研究（Expert Opinion Research）

過濾產品概念的有效方法是獲取專家的反應。經由收集專家們的經驗和感覺通常能很快，經濟地指出計畫的眞實價值。

收集此類資訊的方法通常是用人員訪問。其檢討主題可以一般或特定的問題來進行。預先準備主題或問題的格式以能包含所要的資料。其主題或問題的秩序是依照問題重要性，專家的地位或知識，主題流程的邏輯和研究的支持者或目的是否隱藏等而定。

貳、清單和尺度（Checklists and Scales）

許多組織認爲清單是評價計畫方便的工具。一些是不寫出大綱而且只對其決策者才有用處，另外，清單是詳細手册以作指導之用。然而，清單只受限於少數幾頁摘要重要變數和標準。

清單能將一些觀點系統化以幫助澄淸組織的目標。簡單清單能夠產生變數以及允許決策者對計畫提出其結論與看法。更詳細清單對評價以及接受拒絕標準（如，報酬率、還本法、市場大小、銷售潛勢等）提供系統化程序。

---

❼ 同❻。

一般而言，清單包括：1. 選擇與評價有關的標準，2. 評價變數符合之標準（如排列或評等的尺度），3. 綜合評價以獲致整體的結論以決定是否接受。如果計畫是依照五個標準——銷售、利潤、投資報酬、產品線共存性，和印象影響——其值從 1 到10（低到高），其總分可示明於後：

標準	評等
銷售	8
利潤	7
投資報酬	10
共存性	4
印象	6
	35

平均＝7.0 點
預先決定最低接受分數＝7.5 點

顯然，就此清單而言，要拒絕此計畫。依預定標準所有評等者對此計畫的評等平均低於 7.5 就要拒絕此計畫。

對上述清單可以加以修正而給予權數。例如，對每個標準的重要性給予權數，所得之加權分數如下：

標準	評等[a]	權數[b]	加權分數[c]
銷售	8	0.25	2.00
利潤	7	0.20	1.40
投資報酬	10	0.30	3.00
共存性	4	0.10	0.40
印象	6	0.15	0.90
			7.70

平均評等＝7.7

a. 1～10 可能值

b. 總和 1.0

c. 評等×權數

表 26-2　工業產品發展評價格式

銷售 (Sales)

新產品的銷售，以四年爲"標準"。
由於代替產品所造成銷售減少。
每年平均銷售額。

毛利潤邊際 (Gross Profit Margin)

預估產品成本。由行銷組織獲得"目標成本"。
預估銷售價格。這數額亦來自行銷組織。
現有產品能增加的銷售。通常，新產品的銷售能提高現有產品的銷售。

減免因素 (Derating Factors)

市場行銷成功機率。評等尺度 1.00 是最佳。
因素是以每年平均銷售額的預估值爲其準。
工程成功的機率。評等尺度 1.00 是最佳。
因素是以生產產品以某一成本或低於其成本的能力爲準，或符合；超過工程要求爲準。

生命期望值。年爲單位。四個評等因素如下:

4 年生命期望值＝1.00
3 年生命期望值＝ .75
2 年生命期望值＝ .50
1 年生命期望值＝ .25

將減免因素綜合 (1)×(2)×(3)

管理控制因素 (Management Control Factors)

1. 銷售數量 (Sales Volume)。如果新產品超過已經決定的最佳範圍，則因素值降低。最佳銷售量因產品而異。
2. 工程能力 (Engineering Capability)。如果新產品因某些原因而超出公司目前的工程能力，那麼因素值則降低。
3. 行銷能力 (Marketing Capability)。如果新產品無法經由公司現有的行銷組織展開銷售，則因素值將降低。
4. 設備能力 (Facilities Capability)。如果推薦 (Proposed) 的產品需要增加設備，則因素值降低。
5. 市場方向 (Market direction)。評等表示產品銷售市場的相對優點。每個市場的評等是依其相對引誘力而定。

管理控制因素之綜合值 (1)×(2)×(3)×(4)×(5)

資料來源: E. Patrick McGuire, Evaluating New-Product Proposals, #604, Conference Board, New York, 1973. in Burton H. Marcus and Edward M. Tauber, *Marketing Analysis and Decision Making*(Boston: Little Brown & Co. 1979), pp. 268-269.

表 26-2 所列者係更複雜評等系統（對單一產品）。

清單提供有關計畫的收集和評價意見的系統方法。此方法將多數有關資料分類爲有用部份（客觀方法），因此，在工業界常被廣泛應用。

叁、德菲法技巧（The Delphi Technique）

德菲法技巧涉及衡量和控制有關將來情況的判斷。該技巧的中心作業於收集一些專家對將來可能發生的情況或事實的判斷。這些資訊收集後，再回饋給專家們經過好幾回合的評估，不斷地修正其假設與判斷。

肆、觀念測試（Concept Test）

觀念測試設計目的在於提供有關消費者對修正或新產品的反應的先前資訊。觀念測試可以敍述，廣告或產品樣本給受訪者了解他們的意見和購買意願。例如，一個新穀類食品可以「嬰兒麥片」，「天然食品」或「無糖口香糖」來測試，將這些觀念呈現給經過選樣的消費者後分析其結果。其他像集中羣體，固定受訪羣（panels）控制或觀察情況下的消費者測試等均爲常用的觀念測試技巧。

許多變數或觀念的呈現可能會影響受測者的反應。四個主要影響是：1. 觀念或概念本身，2. 表達的型式，3. 概念的定位，和4. 傳達的設計或執行[8]。研究指出使用不同型式傳達溝通以測試一個概念可能會產生不同的消費者反應。同樣地，溝通的執行也影響消費者反應。因此，觀念測試的結果要細心地解釋。

---

[8] Edward M. Tauber, "What is Measured by Concept Testing?" *Journal of Advertising Research,* Vol. 12 (December, 1972), p. 35. 以及同[7]。

新產品如果是經由電視介紹，最好是由電視廣告來測試；由印刷物介紹的最好由印刷物廣告來測試。商店內展示是介紹產品資訊給買者的最常來源，同時其包裝溝通（package communication）最適合商店內展示。人員銷售模擬可能是一個有效的觀念測試。

在做觀念測試時，其問題的發問包括產品的好處、壞處、可靠性、產品替代和觀念的獨特性等。此研究假設是消費者知道如何對新概念或事物反應而且能與研究者溝通。呈現給被訪者的技巧包括下列數項。1. 推薦產品的口頭或書寫敘述，2. 推薦產品的印象，3. 產品使用的說明，4. 產品的實物模型，5. 產品初步的式樣，6. 描述產品的廣告或促銷說明書。

經由對上述所列的項目之反應消費者表示出他們對產品利益、壞處、特性、價格、配銷通路和促銷的感覺。

觀念測試的主要目的是發問消費者以預測他們的行爲。因此，研究者具體表現消費者購買期望的有關直接問題。但是適合於觀念測試的尺度無法達到理想效果；部份原因在於觀念測試被應用於衡量互異的個案（如抽象產品，購買新牙膏，購買新車，或洗衣機購買）。

在觀念測試裏，消費者將被要求回答有關該觀念及其特定屬性的問題。觀念的測試必須包含下列問題：[9] 1. 初期購買的興趣，2. 替代地位的反應，3. 產品被使用的情況，4. 產品特性的意見，5. 觀念的可信性，6. 觀念的好處和壞處，7. 觀念是否讓人了解，8. 價格期望（消費者期望付出的價格爲何？）表 26-3 是有關上述觀念測試的一個問卷樣本。

觀念測試許多公司喜歡採用。因爲它們能快速地，不必花很多費用

---

[9] Sonia Yuspeh, "Diagnosis-The Handmaiden of Prediction," *Journal of Marketing*, Vol. 39 (January, 1975), p. 87.

表 26-3　觀念測試問卷

請讀此一樣本廣告（新概念）和回答下列問題：

1. 溝通。
   除了說服你買產品外，那些要點或概念是此廣告要表現的？
2. 信相性。
   此產品的特色或訴求你有否信相？
3. 優點 / 限制。
   有關於新概念你有否興趣？其優點及缺點何在？
4. 獨特性。
   那一陳述最能描述此產品？
   a．與任何其他產品完全不同 ________
   b．與任何其他產品非常不同 ________
   c．與任何其他產品稍有不同 ________
   d．與任何其他產品完全相同 ________
5. 競爭。
   如果要買此新產品，是要替代何種其他產品？
   現在將新產品與要被替代的產品比較，整體而言，你認爲新產品如何？
   a．較好 ________
   b．一樣 ________
   c．不好 ________
6. 價格。
   考慮新產品價格時，你認爲：
   a．高於我所想要付出的價格 ________
   b．相同於我所想要付出的價格 ________
   c．低於我所想要付出的價格 ________
7. 需要。
   此產品是否解決問題或需要？
   不是 ________
   是 ________
   問題或需要爲何？ ________
8. 購買意向。
   假如這一產品是可用的 (available)，那個說明最能描述你購買此產品？

a．完全要購買它	______
b．或許要購買它	______
c．可能或不可能購買它	______
d．或許不購買它	______
e．完全不購買它	______

註：本表取材自 Burton H. Marcus and Edward M. Tauber, *Marketing Analysis and Decision Making* (Boston: Little Brown & Co. 1979) pp. 263-286.

而能早期順利地修正產品，免於市場測試風險，能幫助規劃者建立有效的行銷策略，尤其產品策略，以及辨明潛在的市場區隔。

另外，研究者必須注意不可將消費者的少許反應推論到整個母體。觀念測試可對行爲和口頭行動反應加以分析和綜合。與整體印象不一致的個別評論必須避免。

伍、利益相若分析

利益相若分析，是最近發展和較爲複雜的觀念測試型式，使得銷售人員能評價各種觀念。此程序是在描述產品屬性和多重利益分析或聯合分析。

利益相若分析最早是來自於經濟學上的個人效用函數。此分析是一種需求——預測工具用以對市場中代表性樣本研究並對產品特性偏好加以衡量效用的函數。這些函數的綜合將指出各種產品對策的市場佔有率。

在利益相若分析，產品是以產品屬性或特性的組合來表示。例如，一輛車子可能描述：具有四個座位，最高速度爲一百 MPH，一年保證，六十萬元成本。

新觀念是指還未上市的一些屬性的組合。測試新觀念時必須決定消費者對各組合如何評價。實際上，消費者對產品的特性要求，通常包括

下列步驟：[10]

1. 列出產品特性。

2. 列出各種特性的情況定義。

3. 選擇實驗設計以提供各種情況組合給消費者。這些組合提供利益相若判斷的基礎。

4. 各屬性的聯合組合選擇以排列次序。

5. 個人次序選擇的統計應用以發展其效用函數：即是對各要研究的屬性的情況給予相對值。

6. 在其效用函數和現有的產品和各種屬性情況下，發展市場模擬模式以預測消費者的市場選擇。

柯林與允特(Green 和 Wind) 提供一個利益相若分析例子以說明各種概念的評價[11]。圖例 26-3 說明一個反應者對十八個概念的排列次序。此人選擇他的第一個選擇為18，包裝設計為C，品牌為Bissell，價格為＄1. 19，好的保養保證和退錢保證。應用聯合電腦程序 (conjiont computer program) 於這十八個概念以決定何種屬性對反應者是重要。

圖例 26-4 是個人們對地毯清除器的效用函數的例子。為了要決定各個觀念的效用，我們只要對各個屬性的每一階級的效用相加即可。例如，包裝設計為A，品牌 KZR，價格 ＄1. 19，沒有好的保養或退錢保證，對其人而言有 1. 8 效用 (0. 1+0. 3+1. 0+0. 2+0. 2)。此分析假定個人將以最大總效用來選擇產品，並加總各個人的選擇以決定各觀念的市場佔有率。

---

[10] James H. Myers and Edward M. Tauber, Market Structure Analysis (Chicago: American Marketing Association, 1977), p. 139.

[11] Paue E. Green and Yoran Wind, "New Way To Measure Consumers' Judgements," Harvard Business Review, Vol. 53 (July-August, 1975), pp. 107-117.

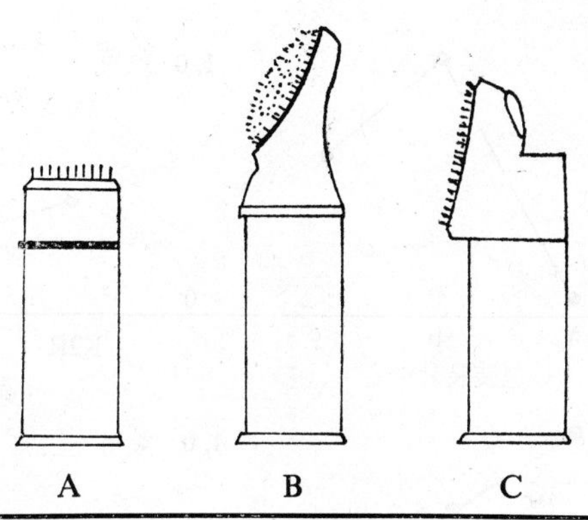

包裝設計	品牌名稱	價格	好的保養保證	退錢保證?	反應者評價
1 A	KZR	$1.19	不 是	不 是	13
2 A	Glory	1.39	不 是	是	11
3 A	Bissell	1.59	是	不 是	17
4 B	KZR	1.39	是	是	2
5 B	Glory	1.59	不 是	不 是	14
6 B	Bissell	1.19	不 是	不 是	3
7 C	KZR	1.59	不 是	是	12
8 C	Glory	1.19	是	不 是	7
9 C	Bissell	1.39	不 是	不 是	9
10 A	KZR	1.59	是	不 是	18
11 A	Glory	1.19	不 是	是	8
12 A	Bissell	1.39	不 是	不 是	15
13 B	KZR	1.19	不 是	不 是	4
14 B	Glory	1.39	是	不 是	6
15 B	Bissell	1.59	不 是	是	5
16 C	KZR	1.39	不 是	不 是	10
17 C	Glory	1.59	不 是	不 是	16
18 C	Bissell	1.19	是	是	1[a]

圖例 26-2　地毯清潔器評價之實驗設計（全裝設計）

a．最高評等

資料來源：Paul E. Green, Yoram Wind, "New Way to Measure Consumers' Judgements," *Harvard Business Review*, Vol. 53 (July-August, 1975), p. 110.

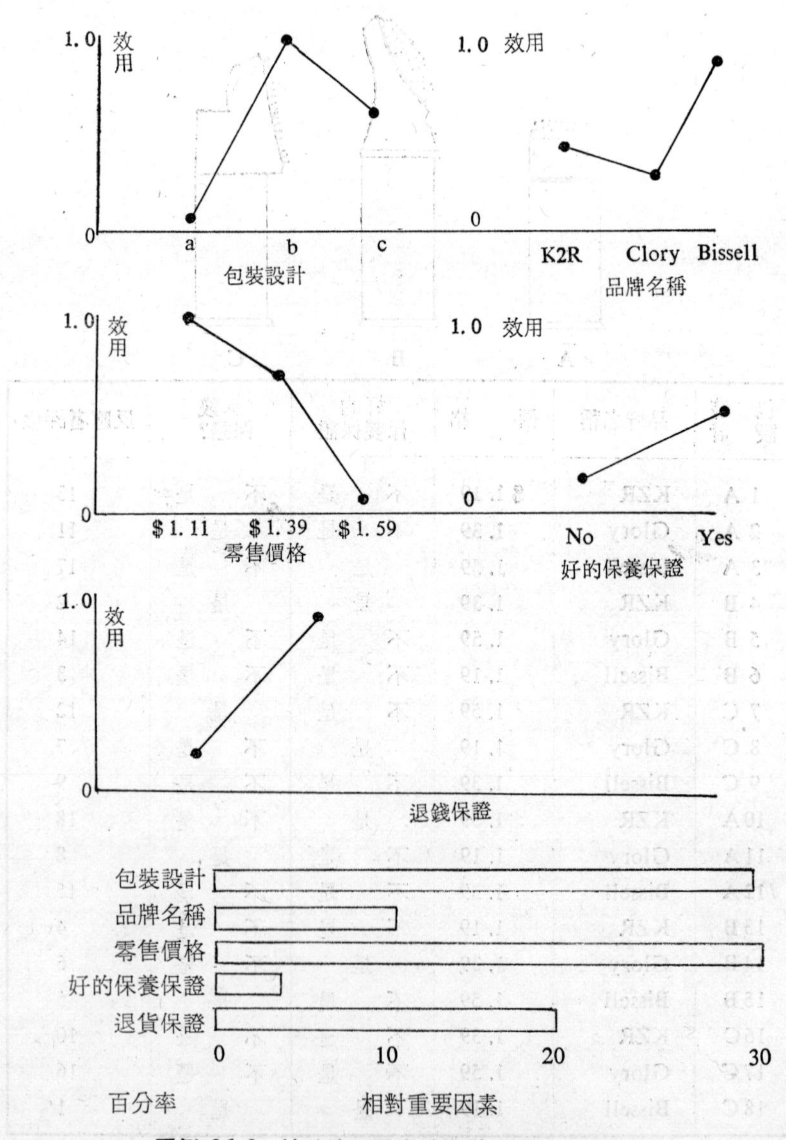

圖例 **26-3** 地毯清潔器實驗資料的電腦分析結果

資料來源: Paul E. Green, Yoram Wind, "New Way to Measure Consumers' Judgments," *Harvard Business Review*, Vol. 53 (July-August, 1975) p. 113.

利益相若分析有一些重要的限制。⓫

1. 它假定各種可能的屬性組合不會交互影響或綜合效果發生。但不一定是經常正確的。

2. 所說出來的選擇和實際行爲可能有差異。

3. 一些特性（如食品的美味層次，新車修護服務的屬次等）很不易劃分。

何不發氏 (Herbert Hupfer) 列出四個領域，認爲聯合衡量技巧 (conjoint measurement technique) 是不適合的：⓬

1. 由於習慣經常購買的產品較少注意及產品屬性的利益相若問題。

2. 低成本產品，其風險因素較低。

3. 只有一個或兩個屬性對消費者而言是重要的產品。

4. 重要屬性不能被控制的產品。例如：對某種產品控制價格可能面臨到法律限制。

聯合衡量模式的優點在於使得人們能面對選擇以做利益相若分析以及反應在市場上行爲的了解。

第三節　產品發展之財務可行性評估概述

本節將提出數量上資訊以供決策者評價產品計劃。這些資料可能是歷史資料（如過去產品銷售），目前有關資訊或非成本項目的資訊等。

⓫ Richard M. Johnson, "Trade-off Analysis of Consumer Values", *Journal or Marketing Research* Vol. 11 (May, 1974), pp. 111-117.

⓬ Herbert Hupfer, "Conjoint Measurement-A Valuable Research Tool When Used Selectively," *Marketing Today,* Vol. 14, No. 2 (1976), pp. 1-3. 以及❻。

三種主要資訊來源如公司銷售額和財務資料，有用的次級資料，以及投資報酬的衡量等在評估產品發展之財務可行性時非常重要。

壹、公司銷售額和財務資料

由於收集或購買有關新產品或概念測試的資料，費用較貴，所以歷史資料的使用較爲經濟。通常，一個組織如果擁有豐富資訊，可以幫助決策者消除較弱的概念和認定較強的概念。例如：銷售分析、利潤貢獻、生命週期型態、產品線共存性和完整性、生產能量、目標市場等均能幫助決策者快速決定其推薦概念的好處在那裡。

表 26-4　民國60～66年產品甲、乙、丙的銷售額（假定值）

單位：1萬元

產品	60	61	62	63	64	65	66
甲	521	520	522	501	550	510	530
乙	296	340	310	309	313	315	312
丙	146	151	168	191	160	290	450

表 26-5　產品甲、乙、丙民國60～66年利潤的貢獻邊際（%）（假定值）

產品	1970	1971	1972	1973	1974	1975	1976
甲	23	21	20	17	15	13	10
乙	20	20	18	18	17	17	17
丙	(2)	(2)	0	1	10	12	18

例如：福一公司衡量兩個產品概念X與Y。表25-4及表25-5表示其有關歷史資料。由表中的資料我們判斷，產品丙在最近四年其銷售額增加率一直在提高。產品甲和產品乙則平穩或是降低。同時，產品乙和

產品丙的貢獻邊際大而產品甲則下降。因此吾人可：(1) 推薦產品X類似於甲——接近產品生命週期末期，(2) 產品X需要昂貴創新製造技術 (3) 推薦產品Y是產品丙的改良與目前生產能量相配合，(4) 經由類似配銷通路產品Y能吸引相同的目標市場。由於我們知道，產品Y是較產品X有更多好處。

貳、有用的次級資料

政府統計資料（如人口統計資料、輸出入資料等），大學研究機構和提供商業資訊的私人機構，以及主要銀行都提供資料以做爲過去產品銷售分析（利潤、競爭力量和弱點市場潛力等分析。）

例如：政府的戶口普查可用來決定在將來 50 年內每個家庭所擁有床舖多少。外貿協會或國貿局的資料可以提供產品外銷的潛力爲何。

從次級資料來源的歷史資料能大大地幫助決策者決定推薦概念的可行性爲何。

叁、投資報酬率之衡量

銷售額和收入可以下列技巧來估計：

1. 決定過去和目前產品的銷售額和假定銷售額是類似產品類型的目前市場佔有數額的某一百分比。

2. 決定推薦產品的市場潛勢和假定在計畫的促銷、配銷強勢、價格策略等實行之下的市場的某一百分比。

3. 決定類似產品的銷售額。

至於成本的決定應：

1. 計算人工、原料、製造費用、行銷費用的成本。

2. 使用類似產品的成本數額。

經由決定成本，銷售額就可得貢獻邊際（銷貨收入減去變動成本）。因此，利潤、投資報酬、還本期間等均可決定。如果這些衡量均符合先前已決定的標準，接受其產品及進一步發展概念。

投資報酬亦可用來作爲接受與否的標準。然而決定投資報酬，基本上有兩種方法：(1) 還本法(payback) (2) 現值法。兩種方法均認爲：決策要遵守邊際收益要大於邊際成本的原則。

還本法主要是注意投資回收的時間。雖然較短還本期比長還本期要好，但其時間還要考慮產品期望生命週期。

現值法涉及貨幣時間價值和資金成本 (cost of capital)。其計算公式如下：

$$PV = FV(1+i)^{-n}$$

PV＝現值，

FV＝Future Value（將來價值）－整個產品生命

i ＝利率（實際或內涵）

n ＝產品銷售年數或產品生命年數。

第二十七章　新產品發展——問題與程序

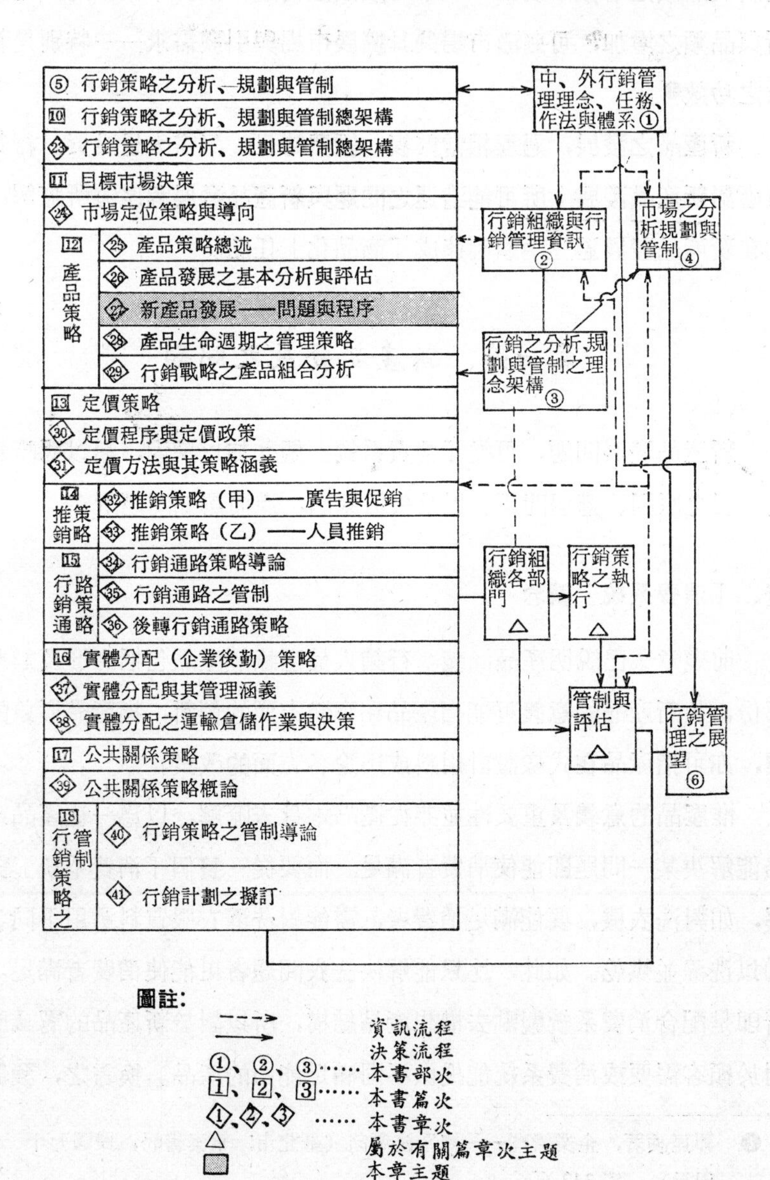

市場之變化，時刻存在，爲減少營運風險，增加市場競爭力，產品創新及品類之增減，成爲一項不可或缺之營運作業。不但如此，產品創新與品類之增加，可刺激市場兼具擴展市場與引發需求——特別是新需求之功效❶。

新產品之發展，過程相當繁複，既費時日，又需大量投資。行銷人員應對新產品發展上所可能遭遇之問題與新產品發展程序有所瞭解，始能在新產品發展過程中順利達成「商品化」任務。

第一節 新產品發展之問題

新產品發展問題，可從「消費系統」觀念加以探索，藉以明瞭新產品發展之原因、遭遇問題、以及失敗原因，進而認知問題所在。

壹、「消費系統」觀念

前幾章業已說明產品涵義。行銷人員應瞭解產品包括有形及無形兩部份，故新產品的意義可能指產品在實體方面的創新，指產品形象的改變，亦可指產品在式樣設計用料或用途各方面的改良。

惟產品的意義及重要性並非從產品本身去瞭解，以爲一種產品或服務能解決某一問題即能使消費者滿足。而要從一整個「消費系統」去瞭解，如對洗衣機，要能滿足消費者，需能對洗濯衣服質料選用不同速率加以洗濯並烘乾。如此，比只能解決洗衣問題者更能使消費者滿足。前者即是配合消費系統觀點去構想產品結構，所以對於新產品的認識應指對於顧客需要或消費系統能提供不同滿足能力的產品。換言之，發展新

❶ 郭崑謨著，企業管理——總系統導向（臺北市：華泰書局，民國七十二年印行），第 342 頁。

產品應「代表一種更有效的手段，以解決顧客之問題」❷。

貳、新產品發展原因

公司發展新產品的理由綜合各方之看法可大約歸爲下列數項。

①擴張業務。

②減少生產或僱工的週期性變動。

③處分副產品，並加利用。

④獲得新顧客，或者擴大對現有顧客的生意。

⑤爲公司產品線增加一個「戰鬥性的品牌」。

⑥增加產品線的基礎。

⑦打進新市場。

⑧利用特殊設備或特殊技術。

⑨防止企業利潤之降低。

⑩抵充現有產品廢棄之部份。

⑪建立或保持公司在產業中的領導地位。

⑫提供消費者更有價值的東西。

⑬消費者之偏好與購買力的不穩定性。

⑭廠商本身之競爭地位的不穩定性。

⑮利用閒置的設備能力。

這些因素據許士軍，可歸納爲：❸

(1) 市場需要：由於國民所得提高，人口增加（自然增加或人口移動），人民之偏好習慣改變（由於敎育水準提高或社會結構改變），以致市場上的需要不是未獲滿足，就是有新需要，故公司發展新產品，可

---

❷ 許士軍著，現代行銷管理（臺北市，作者民國六十五年印行）第 143 頁。

❸ 同❷，第 144-145 頁。

充分利用此一需要以獲盈利機會。

(2) 技術進步：由於科學日益昌明，社會上技術日益革新，能提供更好的原料，製造方法，以生產更方便，更迅速的產品。

(3) 競爭力量：如果沒有競爭，廠商亦不願勞神傷財地去計劃新產品發展，也就因競爭的存在，逼使廠商不得不計劃新產品發展，改善自己產品的缺點，增加自己產品的優點，以圖保持或增進本身市場的地位。

根據漢彌爾頓的估計，在 1963～67 年間，美國十一類工業所獲銷售的增加額中，至少有46％是來自當期內所發展之新產品，其中高達百分之百者亦不乏其例❹。可見公司發展新產品的工作，也日益重視。

叁、新產品發展上所遭受之問題

在競爭情況下，公司只有不斷創新，才不致落伍，故發展新產品是延續公司成長及避免公司產品線過時的方法。然發展新產品却是一項非常昂貴與冒險的活動，因新產品發展過程中易產生下列三大問題：❺

1. 新產品構想的高夭折率：就新產品發展的歷史來研究，衆多成形產品及新產品構想，因公司很遲才發現技術上不可能發展製造，或要花費很大成本才能發展製造，甚或高估市場需求，以致未抵達市場前，卽產生衰敗的不幸現象。此點美國博阿漢管理公司 (Booz, Allend Hamilton) 在 1968 年曾收集 51 家公司的資料彙成新產品創意遞減淘汰曲線 (Decay Curve of New Product Ideas) (見圖例 27-1)：❻

---

❹ 同❷，第 144 頁。

❺ 陳定國著，現代行銷學 (下册) (臺北市：華泰書局，民國六十五年印行)，第 647-650 頁。

❻ *Philip Kotler, Marketing Management: Analysis, Planning and Control* (Englewood Cliff, N. J.: Prentice-Hall Inc., 1976) p. 198.

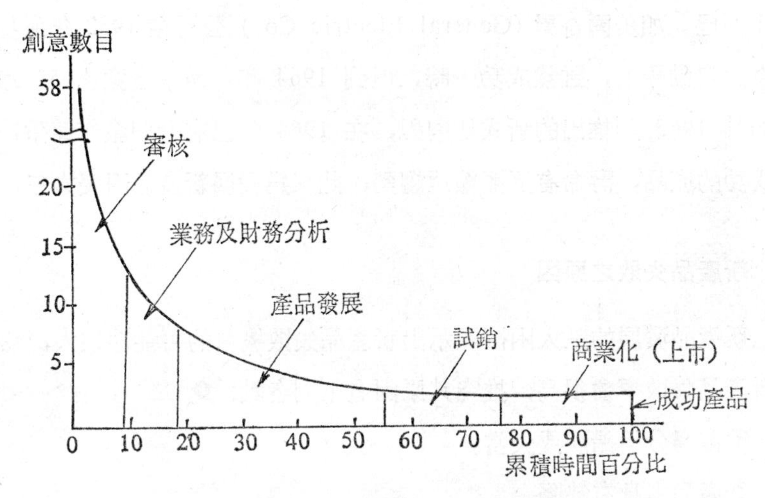

圖例 27-1　產品創意之遞減淘汰曲線

資料來源：Philip Kotler, *Marketing Management: Analysis, Planning & Control* (Englewood Cliff, N. J.: Prentice-Hall, 1980)　高熊飛譯，行銷管理（臺北市：華泰書局，民國七十年印行），第 442 頁，圖 13-1。

顯示出 58 個構想中，有 12 個能夠通過甄選測驗；12 個通過甄選測驗中有 7 個通過商業分析的評價； 7 個通過商業分析的評價中， 有 3 個通過產品發展的考驗； 3 個通過產品發展的考驗，只有一個成功地商品化。可見新產品構想高夭折率的存在是新產品發展困擾之一。

2. 市場失敗率很高： 當 新 產品接受創新過程的考驗而正式上市後，有多少能夠成功？此方面的估計有博阿漢管理顧問公司在 1968 年研究 366 種產品，結果發現市場失敗率達 33%，後來霍伯金斯（David S. Hopkins）及倍利（Earl L. Bailey）調查研究 125 家美國公司，發現新產品（包括勞務）之市場失敗率平均達20%，工業品業爲20%，勞務業爲18%，消費品業爲40%，此種現象實爲發展新產品困擾之二。

3. 成功產品的壽命短暫：雖然新產品上市顯示一切皆很樂觀，已有成功之勢。然因競爭者的很快跟進，成功的期間常只是一短暫的快樂時光而已。如美國奇異 (General Electric Co.) 公司在 1962 年所推出的奇異自動牙刷，雖然成功一時，但到 1964 年，競爭者竟達 52 家。又如其 1963 年推出的新式切肉刀，在 1964 年已有七個廠作競爭；所以成功的產品，壽命有逐漸縮短趨勢，此又為發展新產品困擾之三。❼

肆、新產品失敗之原因

新產品發展的三大困擾顯示出新產品失敗機會的可能性很大，然何以新產品失敗率會很高，推究其原因有下列各點：❽

①市場分析錯誤或失當。

②產品本身有缺陷。

③成本估計錯誤，實際成本超越預算，影響價格，銷售量減少。

④上市時機不適當，如產品上市時間過遲，錯過領先市場之機會。

⑤競爭力量過於強大，不易立足市場。

⑥推銷力量與新產品上市未能相配合。

⑦推銷人員工作不積極。

⑧行銷通路選擇不適當。

伍、新產品發展之一些問題

新產品發展的一些問題，必將影響新產品上市能否成功的因素。這些問題可分為二類，一類為企業須儘可能的蒐集有關外界環境的資料，如市場狀況、競爭情形、通路型態，而依據新產品發展步驟作各種甄選

---

❼ 同❺，第 640-641 頁。

❽ Philip Kotler, *Marketing Management: Analysis, Planning and Control* (Englewood Cliff, N. J.: Prentice-Hall, Inc, 1980) 原著，高熊飛譯，行銷管理（臺北市：華泰書局，民國六十九年印行），第 441 頁。

考核，此問題我們列入新產品發展程序中，將於下節再行討論。另一類是指公司可以有效利用與控制之因素。這些因素應該包括下列數項。

1. 適切之產品發展組織。
2. 「有經驗」管理制度。
3. 良好新產品選擇標準。
4. 正確企業（行銷）發展政策。
5. 客觀試驗與上市時宜。

一、適切之產品發展組織

發展新產品，因涉及部門多，包括高階管理人事、行銷、財務、生產及其他部門，且各部門所須從事及完成的工作項目亦非常繁複。因此建立一個適切有效的組織單位乃事屬必然。而此一組織應包括各不同專業部門之相互配合。

目前有關新產品發展組織方式，以下列四種較爲流行：[9]

①產品計劃委員會 (Product-Planning Committee)：此會以公司總裁爲首，委員分別來自營銷、生產、工程研究及財務等部門。最大的優點，是集思廣益，且亦得到各部門支持；其缺點，則爲委員會活動常常浪費各部主管時間很多，且大家互推責任，無法迅速決策。但若此委員會能與新產品發展有關的其他部門，如新產品經理、新產品發展部門等共同存在，將可能發揮良好成效。

②新產品部門 (New Product Department)：此部門負責人通常獲得相當大的權限，並能直接接近最高管理階層，其目的在使新產品開發活動不致中斷，而着重專業化之優點，以收得高效率。主要任務則包括：

建議新產品發展的目標與方案。

---

[9] 同[8]，第445-446頁。

策劃各種初步試探活動。

作甄選的決定。

發展規格要求。

推薦新產品的實際發展工作。

協調市場試銷與商品化前之準備。

指揮由各部門所組成工作小組在各階段的工作。

③產品經理 (Product Manager): 有些公司在產品研究及發展組織裏設一產品經理管理所有產品線，或每一計劃裏設一產品經理。在大公司裏，新產品經理通常向該組產品經理報告，其責任是在該組產品及市場範圍內，刺激和協調新產品發展與產品改良的構想，如此雖能增加新產品機能的專業性，但亦受到下列限制:

新產品經理通常偏向於現有產品的改良或生產擴充，而非完全新的產品。

將自己思想囿限於該組特定產品市場範圍內。

他們無直線權力 (Line Authority) 故對產品上市各種手段如廣告推銷無控制能力，對產品生產成本的控制、定價、及廣告預算亦不能插足，故對新產品發展障礙重重。

④設立新產品創業小組 (New Product Venture Teams): 將發展新產品任務授與創業小組，此小組由各個不同的直線作業部門中精選出來的人員組成，負責將一特定產品打入市場，或者推動某一新業務。此小組有一特色，乃其組合是專業和熱誠的結合。因各成員，皆是熱血沸騰並以企業爲念，故大都能以全副時間參與創業工作。隨着創業工作經過各不同發展階段，小組成員亦隨着做某些調整。唯其有一缺點: 乃新產品成功建立時，小組成員隨之解散，使得一切在創業過程中所累積的知識與技術隨之消失，未能有系統的傳遞下來。

二、「有經驗」管理制度——羅致有經驗實力之專業人才

新產品發展，除了有效的組織外，尙須具有專業的管理人才。對於此管理人才的水準要求比一般行政管理人才高。理想的新產品主管必須能具有下列數項特性:

①有工程背景。

②對新科學發展有興趣。

③有強烈的研究熱忱。

④有創造性的行銷眼光。

⑤有良好的領導能力。

⑥喜歡冒險。

⑦有正確的判斷力。

當然，眞正選拔管理人才時，很難完全符合這些要素，唯在各方面能稍加妥協即可。但最高主管於羅致時，須切勿因人設事，隨意派充。

此外，在創新過程中，對於一些非常專門的調查工作，並不是一般人員能勝任愉快，這些專門調查工作，如市場潛力研究，產品觀念研究、經濟研究、產品績效研究，包裝研究、行銷測驗等，皆各具特色，若由專門研究人員才能尋得較準確的分析，故爲使新產品上市失敗的風險減至最低，須聘用合格的研究專家，以便獲得準確情報。

三、良好的新產品選擇標準❿

新產品自產生構想以迄全面上市，必須經過適當的創新過程而作多項的選擇與淘汰，最後將具有成功希望的產品作進一步的發展。於甄選過程中最易發生的兩項錯誤是:（1）淘汰有利之產品，以致喪失獲利之機會。(2) 保留無利之產品，浪費寶貴的投資。在發展前期，前一風險佔較大地位，及至發展後期，後一風險又較嚴重。爲避免這二種風險，

❿　同❷，第 156-157 頁。

只有對新產品的選擇因素作詳細的分析及考慮，以增加其辨別優劣產品的能力。換句話說，爲對企業失敗原因採取對策，最主要的，卽改進選擇標準，建立一良好的選擇分析標準。

良好新產品計劃的分析標準，可分廠商及中間商，詳論如下：⑪

1. 廠商新產品發展計劃、考慮準則：廠商於發展並選擇新產品時，應考慮下列事項：

(1) 市場之需求：發展任何新產品首先需考慮之標準，爲是否有足夠行銷之市場需求。倘市場根本不需要或需要不大，開發新產品必屬枉然，徒浪費財力及人力。此處所謂之市場需求，係特指潛在需要，若能估計出潛在需要之地區分佈，資料適用性將更大。

(2) 新產品能否適合廠商目前行銷作業結構：關於此點，行銷管理人員應就行銷活動經驗加以研判。倘能充分利用公司本身於行銷方面的優越資源與條件，如公司現所擁有之分配通路、推銷人員、定價、市場經驗、品牌、信譽，以及行銷服務組織等。只要新產品本身條件優越，正式上市後成功的可能性必定增加。但若所增新產品所需行銷狀況與目前所具有者迥然不同，則公司將必「心有餘而力不足」，將無法使新產品上市順利成功。

(3) 新產品能否適合廠商目前的生產結構：倘新產品能利用公司剩餘或閒置生產設備、原料、人力、或技術，則上市成功機會必然增加。

(4) 新產品能否適合廠商之財務狀況：選擇新產品時，應考慮所需資金是否爲公司目前財務狀況所許可。同時新產品之發展是否增加公司之季節和週期的穩定性，以及新產品上市後，能否提高公司的投資報

---

⑪ William J. Stanton, *Fundamentals of Marketing*, Fourth Ed. (N. Y.: McGraw-Hall Book Co., 1975), pp. 181-184.

酬率亦應一併加以考慮。

(5) 新產品是否符合法律規定： 在接受新產品前， 行銷管理人員應確定該產品是否有於法不符情況，該產品於循法律途徑發展是否有利，新產品有無侵犯他人專利，本身能否取得專利保障，國內外法律對於此項產品的包裝標籤有無特殊規定等皆須一一加以考慮。

(6) 新產品是否有足夠的管理人才管理：新產品的特性與公司原有產品特性不同，所需專業人才當然不同。廠商必須衡量對於考慮中之新產品，是否具有可勝任的管理人才，或須向外延攬。原則上，以公司本身擁有者爲最適。此外，尙須考慮公司內主管是否有足夠時間及精力管理新產品。

(7) 新產品是否違反公司的目標：公司在消費者心目中是否建立好形象 (image)，對於消費者的購買行爲影響甚鉅，如社會地位高者常願意光顧一具有高貴形象的商店。因爲後者給予消費者的印象正符合消費者的自我形象。公司形象的構成因素很多，其中產品組合的構成佔有重要地位。如某一素以「產品品質超於同業」著稱的廠商，可能因推出一廉價產品而破壞原有的聲譽；而另一素以產銷廉價品之廠商，可藉增加一項高貴品而改變原有之印象，使人耳目一新，提高公司在消費者心中的地位，故於增加新產品時，不可不加考慮。

2. 中間商新產品計劃的考慮標準：

中間商發展新產品，除生產的因素以外，凡是廠商考慮的標準，都要考慮。除此而外，尙有二點，中間商不能不加以考慮。

(1) 與廠商之關係：接受新產品前，批發商或零售商，均應考慮廠商的信譽。批發商尙需試探能否取得獨家經銷權，廠商能否源源供貨，零售商要考慮廠商能夠在推銷上給些什麼幫助，多少幫助等等切身問題。

(2) 店內 (In-Store) 政策：零售商需研究新產品所需的推銷能力，

是否符合店內政策，如陳列、服務、賒欠及搬運。如超級市場強調自我服務，故不歡迎需要加強陳列及人員推銷的衣物及家庭器具等東西。

四、正確的企業（行銷）政策⑫

廠商發展新產品，不能漫無目標或範圍。是故廠商首先須瞭解其本身設備及能力等條件，分析其現有各產品的特性和在顧客心目中的地位，探討公司基本目標，以確定發展新產品須遵循一些原則，藉以幫助對新產品的遴選。

廠商若能確定其基本目標，可依此訂出新產品發展的策略。基於上述情況產品可分爲技術面及市場面來分析。

就技術面而言，產品係特指能符合經濟效用生產出的知識或技術。

就市場面而言，產品乃指能生產出有利的分配銷售，以服務消費者或使用者。

新產品發展策略，若依技術與市場兩層面之創新程度，可將其組合成一新產品發展策略（見表 27-1）。

表 27-1 新產品發展策略

市場「新」的程度 ↓ ／ 技術「新」的程度 →	原有技術	改進原有技術	新技術
現有市場		(1) 產品成本品質及供應之配合	(3) 產品替換
加強現有市場	(2) 增加推銷	(4) 產品改良增加效用	(6) 產品線擴大
新市場	(5) 新用途	(7) 市場擴伸	(8) 多角化

資料來源：許士軍著，現代行銷管理（臺北市：作者民國六十五年印行），第 154 頁，表 9-3。

⑫ 同❷，第 153 頁。

循此原則，倘公司之基本目標係多角化，進入新行業，則公司將選定新目標市場，並以新技術發展新產品。此種政策確定後，公司就可在此大原則下，釐訂其他細節。

五、客觀的試測與上市時宜

市場行銷應屬顧客導向之一種活動，因此發展新產品時，必須配合市場需要情況，消費者購買力以及購買意願等，始克有成。新產品發展階段中經過試用（或試銷）中搜集資料，才能正確肯定產品在「實體設計」方面之特色，藉以配合行銷所需之廣告、推銷、訂價、經銷方式等等。

論及產品試用（或試銷），廠商可在可控制之場所（實驗場所）中行之，亦可在消費者使用環境中行之。目的在比較產品與競爭品之優劣。試驗內容包括產品在規格、原料、製造方法、裝配等方面之優劣，及產品能爲消費者提供何種作用等等。

言及市場試銷，對於試銷之市場必須審愼選擇確實足具代表性之「潛在市場」。

經過試銷成功經商品化正式上市之新產品，上市時間須做週詳而審愼研究，同時對於產品發展之各階段時間須做妥善分配。行銷管理當局首先應決定產品上市之適當時間，根據這一時間，進行安排有關行銷及生產之時間上配合。對於產品正式上市前所有新產品計劃之進度，可以徑路流程圖(Net Work Flow Diagram)或肯特圖(Gantt Chart)安排。

第二節　新產品發展之程序

對新產品發展之有關問題適切瞭解後，行銷作業人員應對發展新產品的程序問題有所認識，始能在開發新產品時，順利成效。一般而言，新產品在正式上市前，皆需經過一段時間，此段時間之長短，隨不同性質之產品而異，同時亦無放之天下皆準之過程，惟在正常情況下，有下

列六個依先後順序進行之階段: ⓭

①創意之收集。

②創意之甄選。

③營運(行銷/生產/財務)可行性分析。

④產品設計與發展。

⑤試銷。

⑥商品化(正式上市)。

上述六個階段之作業決策系統可藉圖例 27-2 示明。

現就各階段敍述如下:

一、創意之蒐集

有創意,才能創新。公司除收集創意來創新,尤須以主動積極態度去激勵及收集創意。而收集新產品創意方式包括個人日常工作與生活體驗及觀察之啓發,業務經驗與記錄資料中搜求之啓發,一般書報雜誌,或研究機構的資料等。且對收集的資料,須納入正規的管理,以免有價值創意消失。所以公司一定要建立一套發掘創意觀念的良好制度,使產品觀念能透過這一制度源源而來,並且能受到適當的重視與處置。

二、創意之甄選

1. 首先檢討創意是否與公司目標①利潤之增加,②銷售之穩定,③銷售量之增加,④公司之形象四者有否衝突一一衡量,只要其中任何一項得到否定,即須剔除。

2. 其次檢討創意是否與公司資源配合,若不配合,而有不足者,考慮是否能以合理成本獲得,若否,剔除之。

3. 至於創意之上市可能性及企業資源利用須經過彼此相互比較才

⓭ 陳勝年編著,新產品計劃(臺北:中興管理顧問公司民國六十四年印行)第56-57頁。

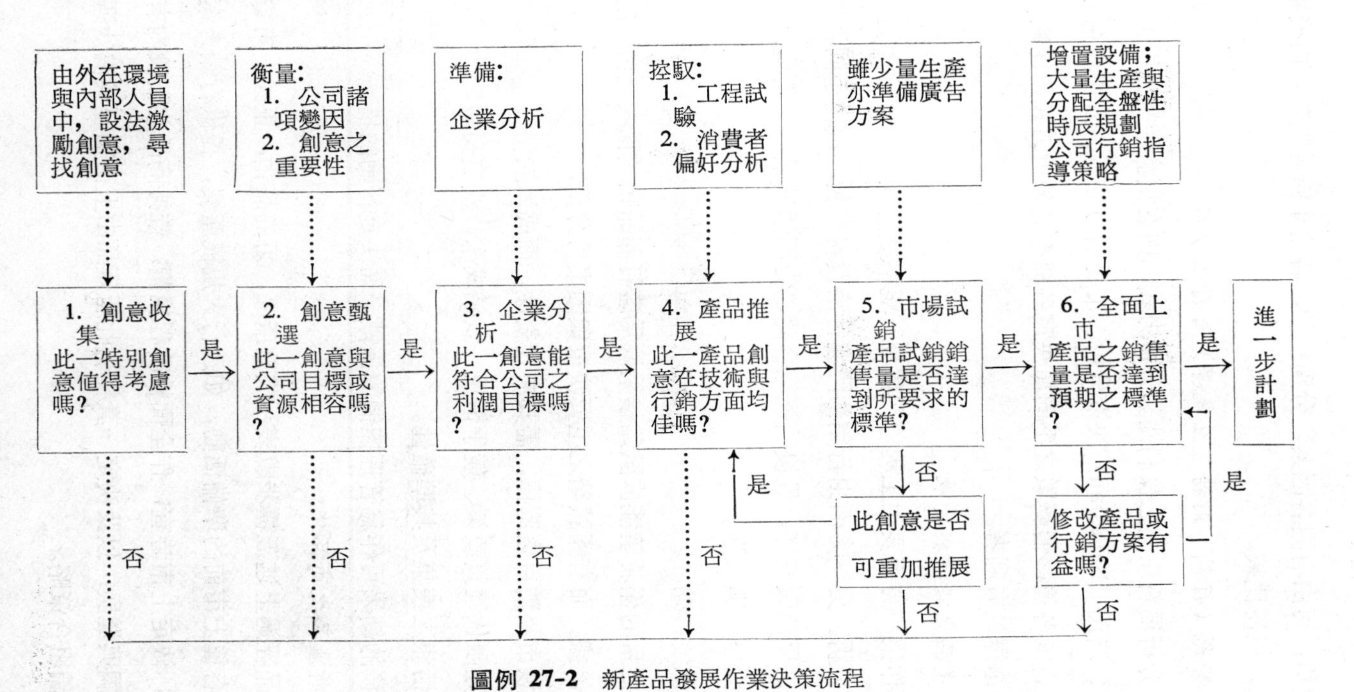

圖例 27-2　新產品發展作業決策流程

資料來源：陳勝年編著，新產品計劃（臺北：中興管理顧問公司，民國六十四年印行）第 57 頁，圖 3.7。

能決定取捨，可由有關各因素，分別斟酌，各給予適當點數，而後累積其總點數，以便比較。

三、營運（行銷／財務／生產等）可行性分析

主要分析爲新產品之盈利性。分析方式，則有損益平衡分析、現金流量分析、培氏（Bayesian）決策分析、市場潛力分析、公司潛在力分析等多種。依各種影響變數之不同而決定各種不同分析方式，比較各分析結果，選擇最有利者。

四、產品之設計與發展

該項作業一方面要由工程部門依設計規格製造樣品，進行產製工程之可行性分析。另一方面由行銷部門進行消費者分析，找出不同消費者對新產品之反應與偏好。最後始能綜合此二方面的結果，對新產品之創意作必要之修正與改進。

五、試　　銷

試銷之目的係希望能依試銷結果做爲釐訂商品化（正式上市）的行銷計劃之依據。而有關試銷之主要決策與因素可分爲：

試銷城市及數目之選擇，需具有代表性，而成本適當。

試銷期限依購買政策、競爭情況、試銷成本，決定長短。

試銷情報之搜集及其準確性。

試銷後的結果可作爲管理控制的指標，而決定行動的措施。

六、新產品之商品化

新產品經過上述五種步驟表示成熟產品，可商品化，正式上市時，廠商須做各種上市前的準備活動，如進行大規模產製，提供行銷方案；安排廣告；決定上市時宜；作全面性時程規劃；維持商品化階段內有關活動的協調與進展；以及決定一套指引此新產品由上市期至其淘汰週期階段的行銷組合策略。

第二十八章　產品生命週期之管理策略

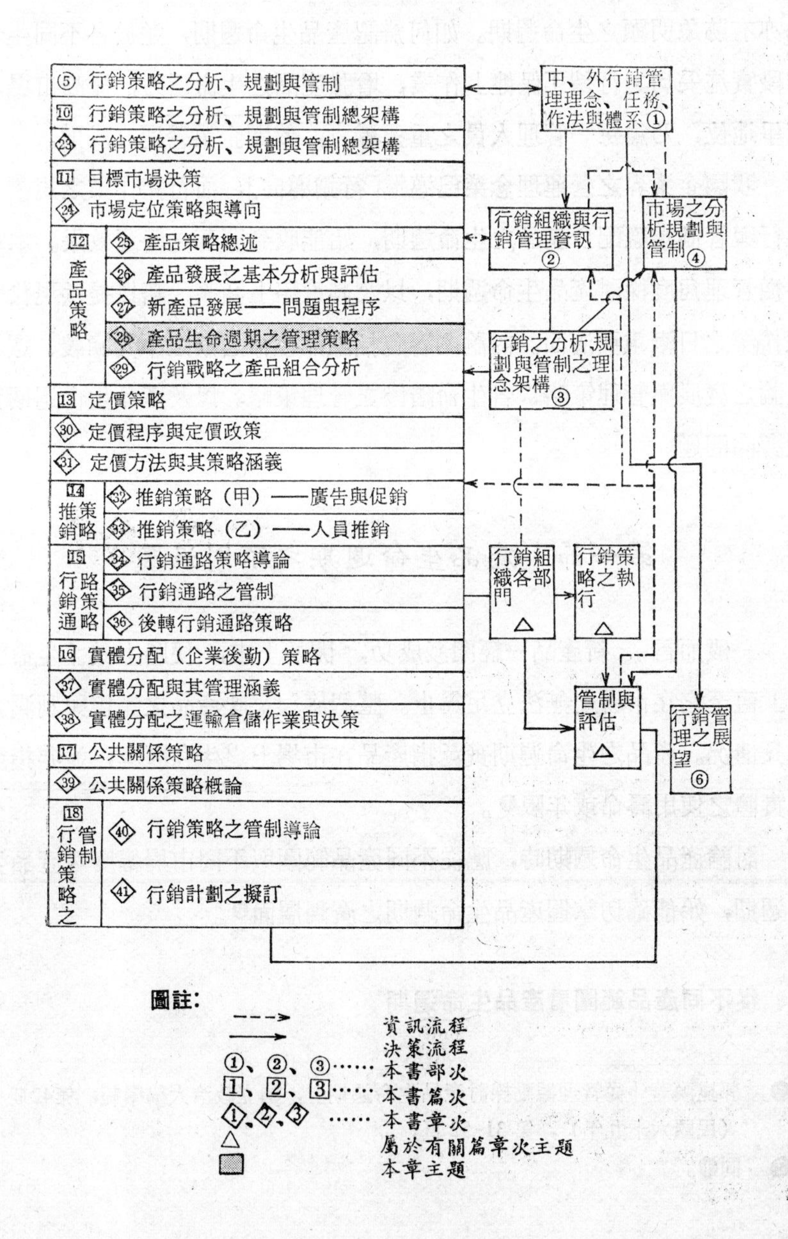

早於一九五〇年代，產品之壽命問題已爲企業界及管理學界所關心。一如人類之有生、老、病、死等生命循環，人類所消費或使用之產品亦有跡象明顯之生命週期。如何辨認產品生命週期，並於各不同生命階段實施妥切之行銷「保健」作業，增強產品之生命活力，提高市場之競爭地位，乃爲每一管理人員之重要職責，攸關企業營運之成敗。

我國企業界之營運理念業已邁進「行銷導向」，而行銷作業之規劃、執行與管制當應配合產品之生命週期，始能收到顯著之營運效果。本章特從管理角度探討產品生命週期，以及其策略上涵義，藉以提供現代管理作業之日漸重要層面。討論內容包括產品生命週期之不同涵義、週期理論之發展與管理策略、各生命階段之管理策略、以及產品生命週期管理導向問題。

第一節　產品生命週期之不同涵義

一般而言，新產品一經開發成功，開始上市，便踏上其「生命旅程」直至它在市場上無法立足爲止。整個旅程反映產品之銷售與利潤之消長情況。產品之生命週期實泛指產品在市場上之生存歷程，並非指產品實體之使用壽命或年限❶。

討論產品生命週期時，應從不同產品範圍與不同市場幅度看產品生命週期，始能確切掌握產品生命週期之廣濶層面❷。

壹、從不同產品範圍看產品生命週期

---

❶ 郭崑謨著「從管理觀點探討產品生命週期」，國立政治大學學報，第42期（民國六十九年），第 31-52 頁。

❷ 同❶。

產品涵蓋範圍雖繁雜，概可分為品類、品型與品牌。品類係指具有相同基本功能及用途之產品羣而言。品型乃指同一品類中，附屬功能、用途或實體型態稍具差異化之不同產品羣。品牌則特指個體廠商所產銷之產品項而言。依廠商訂定品牌策略上之異同，品牌所涵蓋之產品範圍亦不相同。雖在同一品類或品型下往往有多數品牌，衆多品型，甚或整個品類使用同一品牌者亦復不少。是故品牌所涵蓋之產品可能小於品類，亦可能大於品型。品類、品型及品牌之例為：

品類：錄音機、電視、電扇、香菸、汽車。

品型：卡式錄音機、彩色電視、立地式電扇、濾嘴香菸、小型轎車。

品牌：三洋卡式錄音機、聲寶彩視、大同立地式電扇、金馬菸、裕隆速利。

品類包括衆多品型，其生命週期較之品型及品牌之生命為長。此乃由於各品型之生命週期不但相互遞接，且某些品型之壽命特長，使得整個品類之壽命延長之原因❸。我國香菸壽命之由濾嘴捲菸與非濾嘴捲菸相互遞接，以及電視壽命之由彩色與黑白相互遞接便是顯然之例。按民國四十八年金馬濾嘴捲菸推出上市後，各不同品牌之濾嘴捲菸相繼問世，部份取代了正在衰退之非濾嘴捲菸市場❹。又臺灣黑白電視於民國五十一年開始上市，市場一直擴張至民國五十九年，時年售量達三十七萬二千臺，為黑白電視市場之巔峯時期。五十九年後市場開始萎縮，於民國六十三年開始進入衰退期❺。民國五十八年彩色電視上市，於黑白電視市場進入衰退期時，彩視市場正邁入成長「旺」期，遞接了黑白市

❸ Larry J. Rosenberg, *Marketing* (Englewood Cliff, N. J.: Prentice-Hall, Inc. 1977), p. 264.

❹ 參閱民國六十七年臺灣地區菸酒事業統計年報（臺北市：臺灣省菸酒公賣局，民國六十八年印行）一書。

❺ 黃營杉著，行銷通路與佔有率（臺北市：華泰書局，民國六十七年印行），第 19-24 頁。

場，使電視市場至今仍然不衰。

品型壽命往往包括數項品牌，如濾嘴捲菸有金馬牌、長壽牌、金龍牌等。品牌亦可能涵蓋數品型，如味全嬰兒「快溶」奶粉與味全全奶，安佳「即溶」脫脂奶粉 (Anchor instant nonfat dried milk) 與安佳全奶 (Anchor full cream milk) 等等。因此品牌壽命之長短，差異幅度必然甚大，在臺灣有曇花一現之千力麵，亦有與「起泡飲料」生命同長之黑松汽水， 在美國有上市未及一載之 Edsel 汽車， 亦有與感冒藥丸同壽之 Aspirin。據保利 (R. Polli) 等之研究，良好品牌通常較品型長壽，而不良品牌則較品型短壽❻。

從不同產品範圍看產品生命週期，具有下列管理上之涵義:

1. 特定產業之生命週期（或景氣），一如麥加塞 (Jerono McCarthy) 所言，旣係所有廠商該特定產品品類生命週期之寫照❼，個別廠商產品品類之生命週期若與產業生命週期不相吻合，顯然意味着該廠商有調整品型或品牌策略，或改變其他行銷策略之必要。產品品類之生命週期，可視爲產品管理決策上之戰略性指示牌。而品型與品牌生命週期乃爲管理決策上之戰術性指示牌。例如我國天然果汁產品業正蓬勃發展，但若甲廠商之天然果汁產品銷售量日減，則此一現象正啓示甲廠需作加強爭取市場戰略，而不應退出市場。品型及品牌之銷售量消長狀況正提示如何作行銷戰術。

2. 品型與品牌策略可交替使用或相互配合，以增強品類之生命活力。

---

❻ Rolando Polli and Victor Cook, "Validity of the Product Life Cycle," *Journal of Business*, Vol. 42, No. 4 (Oct, 1969), pp. 385-400.

❼ E. Jerome McCarthy, *Basic Marketing*, 6th Ed. (Homewood, Illinois: Richard D. Irwin, Inc., 1979), pp. 241-242.

貳、從不同市場幅度看產品生命週期

市場大小攸關產品之生命週期。如僅考慮地方性市場，則產品市場容或有飽和或衰退現象，但若就區域性或全國性市場觀看，同樣產品之市場可能仍在迅速成長中。如果市場幅度再行擴大而跨越國界，則同一產品之市場便有如威爾（L. T. Wells, Jr.）所稱之國際貿易生命週期 (International-trade Life Cycle) 現象。當然產品進入國際市場後，事實上，產品生命週期從新開始。

產品之國際貿易生命週期有下列階段❽：

1. 外銷初期爲產品介入市場階段，產品之技術特質構成強力之市場要素。

2. 外銷廠商在外設廠或與地主國廠合資合營使市場擴張迅速，產品之成本由於利用當地之便宜資源（如原料及勞力等）而降低，增強產品在地主國甚或其他國際市場之競爭態勢。

3. 地主國廠商之產品與本國廠商產品之競爭力增強，對母國廠商之產品市場構成威脅。

4. 地主國以及第三、四國產品佔有競爭優勢，侵入（進口）母國，母國產品在市場上開始衰退。

上述之產品生命歷程係從市場之地域因素考慮產品在不同市場幅度下之生存情況。苟從消費或使用（簡稱消用）主體範圍之大小觀看，同一產品之壽命，在範圍較狹之消用「主體」市場，如體操運動器材市場，可能已達「年邁」階段，但在範圍較寬之消用「主體」市場，如保健器材市場，則可能尚在「年輕」階段❾。誠然，運動器材市場可小，

---

❽ L. T. Wells, Jr., “A Product Life Cycle for International Trade,” *Journal of Marketing* Vol. 32 (July, 1968), pp. 1-6.

❾ 同❺，第244頁。

如學校學生，亦可大，如所有全國晨間運動民衆加上學校學生，視產品行銷策略之導向而定。

從不同市場幅度看產品生命週期，可得下述管理上之啓示:

1. 產品在市場上生存活力之提高，除依賴產品革新外，亦可藉市場之規劃與管制以達成，如舊產品、新市場，新產品、新市場，舊產品、新用途、舊市場等等。

2. 市場區隔化，在產品管理上具有嶄新意義。傳統上區隔市場之目的在乎選擇行銷之目標範圍，則目標市場。在產品管理上，市場區隔化將提供「反區隔化」基礎。所謂反區隔化也者，乃爲來日擴展市場幅度，增強產品壽命時，所必須合併數區隔爲一行銷目標範圍之過程。反區隔化之順利進行，端賴合適而相互關連之區隔變數之選定。

第二節 週期理論之發展與管理策略架構之形成

自從一九五九年百頓教授 (Arch Patton) 以歸納法構築一般性產品生命週期理論後[10]，企業界及管理學界開始不斷研究此一新興理論。時經二十餘一年，此一理論可說已有相當發展。從過去二十多年來之發展情況觀看，筆者認爲有三個明顯之階段。此三個階段可定名爲週期理論發軔階段，週期理論策略化階段，以及週期理論紛云階段。玆將該三階段之發展與其策略性涵義探討於後。

---

[10] 產品生命週期之分析及名詞首次出現於百頓 (Arch Patton) 1959 年之研究報告，是故順理成章，產品生命週期理論之發軔應歸功於百頓教授。百頓教授之該項報告見諸於:

Arch Patton, "Stretch Your Product's Earning Years-Top Management's Stake in the Product Life Cycle," *Management Review* XXXVIII (June, 1959), pp. 9-14, 67-69.

壹、週期理論之發軔與策略導向之形成

產品銷售量與利潤之消長情況，有物物交易就已存在。易言之，產品之生命週期，係早已有之現象。惟至一九五九年百頓教授 (Arch Patton) 開始依其調查研究結果，將產品壽命分成幾個可以識別之階段，以利分析研究並作決策之依據，開創了行銷理論之新里程。依百頓，產品壽命可分上市初期（推出期）、成長期、成熟期與衰老期等四階段，構成產品之最傳統之產品生命週期 (Product Life Cycle, 簡稱 PLC)，各階段之徵候如下：⓫

1. 上市初期（推出期）：產品初上市，銷售量少，銷售量之增加緩慢，由沒有利潤而漸有利潤。

2. 成長期：銷售量快速繼續增加，利潤亦增加。

3. 成熟期：銷售量漸趨尖峯，終無法再增加，產品市場達飽和狀態；利潤開始下降。

4. 衰退期：銷售量下降，利得率不斷下降，甚至於有虧損現象。

顯然百頓氏係依產品銷售量與利潤之增減徵候識別產品之生命週期。如以縱座標與橫座標分別代表銷售量（或利潤）以及時間，則百頓氏之產品生命週期有如圖例 28-1 所示之型態。

按百頓之週期理論，產品推出初期產銷費用，如推廣費、產製成本高，但由於售量增加緩慢，收入小，營業虧損在所難免。當消用者逐漸接受新產品，產銷量不斷增加，成本降低，價格亦降低，更使產銷量增加，收入增加快速，成本因大量產銷而降低，產品利潤增加。嗣後，競爭廠商增加，分割市場，且需求漸趨飽和，且市場上有競價現象，故利潤必持續下降。新替代品出現以及消用者消用嗜好及傾向之改變綜合作

⓫ 同❽ Arch Patton, pp. 9-14, 67-69.

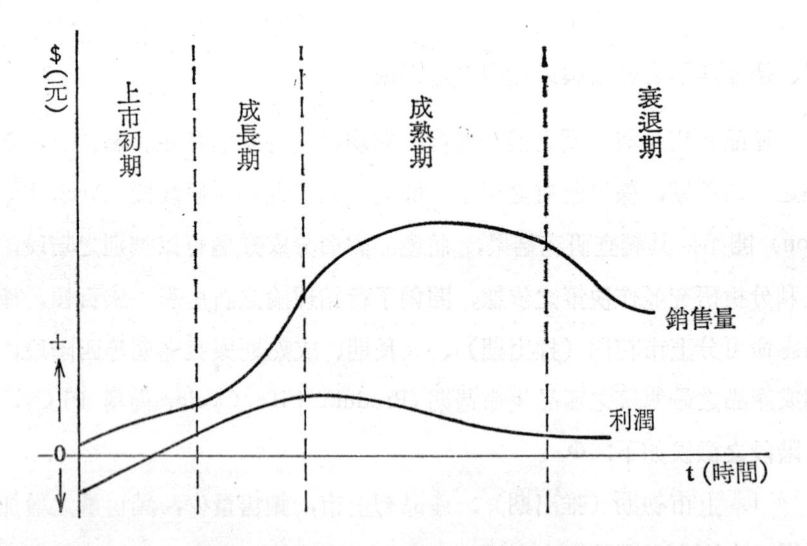

圖例 **28-1** 百頓氏之產品生命週期模式

資料來源: Arch Patton, "Stretch Your Product's Earning Years: Top Management's Stake in the Product Life Cycle," *The Management Review* (June, 1959), pp. 9-14.

用迫使整個產業衰弱， 廠商之利潤不但急速削減且有虧損現象 。 面對此種產品生命週期，如何延長有利潤之年限，實爲管理人員之職責所在⓬。

繼百頓之後何士特 (D'orsay Hurst) 就產品及產品線之評估問題及評估標準作深入研究，認爲管理人員往往過份注重公司整體產品線之總利潤而對個別產品之存廢問題甚少作深入之研究而導致廠商往往抗拒改變，終使廠商陷入虧損或至少經營效率日降之深坑⓭。祠伯輪生(Conrad

⓬ 同❾。

⓭ D'orsay Hurst, "Crniteria for Evaluating Existing Products and Product Lines," in *Analyzing and Improving Marketing Performance*, Albert Newgarden, ed. (N. Y.: American Management Association, Report No. 32, 1959), p. 92.

Berenson）針對產品存廢問題提出存廢決策上五大要素。該五大要素爲財務安全、產品各週期內之財務機會、行銷策略、社會責任以及淘汰產品之阻力⓮，與何士特所提出產品評估十大標準相較，似較具體。按何士特提供之十大標準爲利潤、產品幅度、行銷效率、生產效率、成本、價格、價值、品質、服務以及競爭情況⓯，乍看之下似甚完備具體，但何氏並未提出實際評估方法以及如何分析。上述伯輪生之五大要素中第一要素與第二要素分別爲現在利潤與產品各週期階段之潛在利潤（或獲利性）均可量化；而其餘三要素則以非計量尺數衡量其重要性。總分數之計算係採用加權平均方法。

柯特勒（Philip Kotler）於一九六五年亦針對產品存廢問題提出以計劃評估術（PERT）評估產品之問題與機會，以決定是否應再繼續產銷某特定產品⓰。百頓以後，產品生命週期分析概偏重於有關產品淘汰問題，似在理論上補足了百頓所未能強調之處。從此觀點，產品生命週期理論，可說在一九六五年完成了整體輪廓，週期理論之發軔至此業已完成。整個發軔階段之理論重點爲對產品生命週期各階段特徵之了解與辨認以及策略導向之確認。

產品生命週期各階段之特徵，在週期理論發軔階段已有相當之了解，表 28-1 所列者爲比較詳細之特徵以及其在管理上之特殊涵義——策略導向。

⓮ Conrad Berenson, "Pruning Product Line," *Business Horizons*, Vol. 6 (Summer, 1963), pp. 62-72.

⓯ 同⓫。

⓰ Philip Kotler, "Phasing Out Weak Product," *Harvard Business Review*, Vol. 43 (March-April, 1965), p. 109.

表 28-1　產品生命週期各階段之特徵與策略導向

週期	特徵		策略導向
	成本與內在狀況	市場與外在環境	
推出期	產銷量低，成本高，生產設備增加，資金需要迫切，定價雖高但由於銷量低，固定成本高，難免有虧損。	競爭廠商少，消用者多半爲“必購”基本顧客，（此類顧客不易改變原已定型之消用習慣），產品知名度有限，通路不易建立，售量增加緩慢。雖有“試購”顧客，但所佔比例小。	縮短該段週期
成長期	產銷量高，增加亦快，單位成本降低，定價雖較低，但由於銷量高，利潤增加，產銷設備擴充，往往供不應求。	產品知名度急速增加，市場廣及“選購”一般顧客（此類顧客會隨情況而改變其採購習慣），“必購”顧客之重複採購及爲數衆多之“選購”者加入，擴大市場，通路容易建立，競爭廠商增加。對經濟景氣不敏感。	伸延該段週期
成熟期	產銷量達高峯，盛行產品多樣化，成本微揚，利潤開始下跌。	“必購”“選購”顧客重複採購，產品知名度甚高，競爭廠商甚多，市場擴展終於停頓。	伸延該段週期
衰退期	存貨累積，產銷量削減，單位成本增加，利潤繼續下降，甚或虧損。	“選購”顧客退出市場，優越替代產品出現。	適時淘汰

資料來源：郭崑謨著「從管理觀點探討產品生命週期」，國立政治大學學報，第 42 期（民國六十九年），第 31–52 頁。

貳、週期理論之策略化與策略架構之發展

產品生命週期之特徵，對管理者言，最重要者實爲銷售消長情況與利潤消長情況在時間上之差異。顯然利潤之上升後於銷售量之上升，而利潤之下降則遠先於銷售量之下降。此種現象，意味着策略規劃需特別考慮企業營運資源在各不同生命週期階段之有效運用，使推出期盡量縮短、成長期與成熟期盡量伸延，衰退期適可而止。週期理論之走上策略化係必然之途徑。

自一九六五後，有關產品生命週期之分析多半偏重於如何妥善管理產品生命週期問題。產品生命週期管理策略規劃之先決條件爲對週期各階段之正確辨認與預測。產品生命週期各階段之正確辨認方法與預測於一九六五年後普受重視。

柯來福（Donald K. Clifford Jr.）強調沒有一放之於天下皆通之辨別週期階段方法，只有不斷實施產品生命週期稽查（PLC Audit）才能及早發現，甚至於預測週期[17]。柯來福之稽查項目包括銷售量及銷售金額、投資報酬率、市場佔有率、單價，以及成本對利潤之比率。除了稽查上述各項之歷史資料以鑑別趨勢（如增加、減少等）外，須參照類似產品之週期型態以及競爭狀況才能斷定該產品之週期階段。依柯氏之稽查法觀念性架構，如果利用過去三至五年資料之平均資料與最近一年之變化相較，當可判定產品是否進入成長期或已進入成熟期，抑或業已進入衰退期。大凡若成本對利潤比率開始降低，銷售量及投資報酬率、市場佔有率增加，而價格下降，但競爭尚不激烈，則可判定該產品業已邁進成長期。倘成本對利潤之比率開始升高，銷售額之增加率緩

---

[17] Donald K. Clifford, Jr., "Leverage in the Product Life Cycle," *Dun's Review*, May, 1965, pp. 62-70.

和，投資報酬率及市場佔有率下降，競爭激烈，則該產品便已進入成熟期[18]。當上述之成熟期各項狀況更激烈而明顯時，可斷言產品衰退之到來無疑（表 28-2 為週期稽查表，可供產品生命週期稽查之參考）。

表 28-2　×××產品生命週期稽查表

稽查項目	今年度	去年之變動率	過去三年之平均年變動率
銷售額	×××	×××	×××
投資報酬率	×××	×××	×××
市場佔有率	×××	×××	×××
單　價	×××	×××	×××
成本對利潤比率	×××	×××	×××
競爭情況	×××	×××	×××

辨別週期階段方法尚有邊際變量差法，該法較被普遍受用[19]。邊際變量差法係以邊際變量差之增減情況作為判定各階段之依據。若以 S_i 代表 i 年實際銷售量，d_i 代表 S_i-S_{i-1}，則週期各階段可藉下列公式判定之。

(1) 介紹期與成長期之分界為 d_{i-1}，當:

$$d_{i-2}-d_{i-1}<d_i-I_{i+1} \tag{1}$$

(2) 成長期與成熟期之分界為 d_{i-1}，當:

$$d_{i-2}-d_{i-1}>d_i-d_{i+1} \tag{2}$$

(3) 成熟期與衰退期之分界為 d_{i-1}，當:

$$-d_{i-2}-d_{i-1}>-d_i-d_{i+1} \tag{3}$$

---

[18] 同[15]。

[19] 參閱 K. Brockff, "A Test for the Product Life Cycle," *Econometrica*, Vol. 35, No. 3-4 (July-October, 1967), pp. 472-484. 以及 John E. Smallwood, "The Product Life Cycle: A Key to Strategic Marketing," *MSU-Business Topics*, Vol. 21, (Winter, 1973), pp. 29-35.

臺灣省菸酒公賣局研究歷年來國產香菸之生命週期係利用邊際變量差法判定各週期階段。依公賣局之研究，我國國產香菸之生命週期最短者有康樂牌，九年而衰退，現已淘汰，最長者有新樂園牌，已有二十九年，現仍存在，但已屆衰退階段[20]。家電產品之生命週期階段通常以普及率差判定週期階段。普及率差亦爲邊際變量差觀念之應用。聲寶公司黃營杉處長曾以普及率差增加，但未達2.5%普及率前，判定爲上市期，普及率差增加，而普及率已超過2.5%，判定爲成長期，普及率差不變或下降以及普及率差下降爲負，分別判定爲成熟期與衰退期，研究臺灣家電產品結果發現我國彩視機、洗衣機與冷氣機現尚在成長期，電冰箱已屆成熟期，而黑白電視機業已臨衰退期[21]。

論及生命週期之預測，柯來福（Donald K. Clifford）認爲只要能做四至五年間之銷售量預測，可循週期稽查法（如上所述），將未來之週期階段測出[22]。

自一九六五年後，探討產品生命週期管理者甚囂塵上，主要者有范敵(Van Dyck)、李維(Livitt)、柯利福(Clifford)、彼得遜(Peterson)、雷索(Lazo)、柯特勒(Kotler)、柯克斯(Cox)、柯寧漢(Cunningham)、羅吉斯與休麥加（Rogers and Shoemaker）等人[23]。一九六五年可謂產

[20] 同[2]。
[21] 同[3]。
[22] 同[15]。
[23] 該諸學者之有關著作依序如下：Kenneth Van Dyck, "New Products From Old: Short Cut to Profit," *Industrial Marketing*, Nov., 1965,. Theodore Levitt, "Exploit the Product Life Cycle," Harvard Business Review 43 (Nov.-Dec., 1965), pp. 81-94. Donald K. Clifford Jr., "Managing the Product Life Cycle," *Management Review*, June, 1965, pp. 34-38. W. P. Peterson, "Specialists Renew Profit Life for Mature Product," *Iron Age*, Nov., 1965., pp. 57-59. H. Lazo,

品生命週期理論與實務發展上，最豐碩之一年。至一九七一年週期理論之策略性架構業已成形。筆者認爲此一階段週期理論之策略架構可分兩部，一爲成熟期前策略，另一爲推出期後之策略。前者與產品擴散理論有關，而後者則與企業成長策略有關，是故可定名爲擴散策略與成長策略。擴散策略與成長策略與下節所探討之淘汰策略一併構成完備之策略架構。惟本節將就擴散與成長兩策略先行論討，以顯示週期理論發展上，此一發展階段之特徵。

一、產命週期管理上之擴散策略

產品擴散係指產品在市場上被接受採用之過程。一種新產品上市後，逐漸被採購，由少數人而廣及多數人採購之發展過程，據羅吉斯(Rogers)之研究結果[24]，發現有常態分佈之現象[25]。羅氏將採用者依採

"Finding a Key to Success in New Product Failures," *Industrial Marketing*, Vol. 50, No. 11. (Nov. 1965), pp. 74-77. P. Kotler, "Competitive Strategies for New Product Marketing Over Life Cycle," *Management Science*, Vol. 12, No. 4 (Dec. 1965), B. 104-B119. William E. Cox Jr., "Product Life Cycles as Marketing M. Odels," The Journal of Business, October, 1967, pp. 375-384. Malcolm Cunningham, "The Application of Product Life Cycles to Corporate Strategy: Some Research Findings," British Journal of Marketing, Spring, 1969, pp. 32-34. E. M. Rogers and F. F. Shoemaker, *Communication of Innovations: A Cross Cultural Approach* (N. Y.: Free Press, 1971).

[24] 擴散理論之創始者爲羅吉斯 (Everett M. Rogers) 其最早有關擴散論文見諸於 Everett M. Rogers, *Diffusion of Innovation* (N. Y.: The Free Press, 1962) 一書。後期著作有Everett M. Rogers and J. David Stanfield, "Adoption and Diffusion of New Product: Energing Generalizations and Hypotheses," in Frank M. Bass, *et. al.* ed. *Applications of the Sciences in Marketing Management*, (N. Y.: John Wiley & Sons, 1968) pp. 277-290. 以及 Rogers & Shoemaker, 見[21]。

用之先後順次分為五大類。最先採用者謂之創用者（Innovators），佔總採用者之0.5%；其次為早期採用者（early adoptors），佔13.5%；隨後為早期多數（early majority），佔34%；再其次為晚期多數（late majority），佔34%；最後為落後者（Laggards），佔16%[26]。貝爾（William, E. Bell）則將採用者分為創用者、早期採用者與大衆市場，分別佔總採用者之10%、40%與50%[27]。不管如何分類，產品擴散過程之分析提供管理人員如何使產品上市時使產品快速擴散，提早進入成長期。

產品擴散理論對產品週期管理策略之涵義為：

(1) 創造良好擴散環境，快速掌握創用者市場，藉以縮短產品推出期。加強對消用者採用過程與習慣之研究。

(2) 積極爭取早晚期採用者，提高成長率，藉以鞏固市場地位。

二、產品週期管理上之成長策略

探討成長策略者不乏其人。李維玆（Theodore Levitt）所論及之成長策略，在產品週期管理上已成為成長策略之典型架構。李氏認為下列

---

[25] Everett M. Rogers, *Diffusion of Innovation,* 同[22]，第13頁。
國內有關擴散理論之研究報告有：黃正義之銀行業務創用者及其傳播行為之研究，國立政治大學企業管理研究所碩士論文（民國六十年）；莊克寧之耐久性消費品擴散過程之研究，國立政治大學企業管理研究所碩士論文（民國六十三年）；李在為之非耐久性消費品擴散過程，國立政治大學企業管理研究所碩士論文（民國六十三年）。Paul S. C. Hsu, *The Adoption of New Export Marketing Technique by Exportors in Taiwan: A Causal Model,* A. Unpublished Doctoral dissertation, The University of Michigan, Ann Arbor, 1974.

[26] 同[23]，第14頁。

[27] William E. Bell, "Consumer Innovators: A Unique Market for Newness," in *Proceedings of the Winter Conference of the American Marketing Association,* Chicago, 1963, pp. 85-89.

產品因素與市場因素之適切配合均可促使營運成長[28]：

(1) 產品因素：現有產品，新產品，新技術

(2) 市場因素：現有市場，伸延市場，新市場

倘現有產品與現有市場配合，則在策略上，如非推廣新用途或修改現有產品，無法達到成長目的。其餘產品因素，與市場因素配合結果有市場拓展策略、市場區隔化策略等等（見表 28-3）。

表 28-3 成長策略矩陣

產品因素 ╲ 市場因素	現有產品	新產品新技術
現有市場	產品修改（新用途）	新產品與新技術之發展
伸延市場	市場拓展	市場區隔化與產品差異化
新市場	市場拓展	多角化

資料來源：Theodore Levitt, "Exploit the Product Life Cycle," *Harvard Business Review*, 43 (Nov.-Dec., 1965), pp. 81-94.

表 28-4 生命週期成長策略之特徵

項目	舊產品週期成長策略	新產品新循環策略
適用週期	成長期、成熟期、衰退期	成長期、成熟期、衰退期
預期結果	成長期或成熟期之延伸，再循環	延長品項、品類週期
策略重點	產品修改、新用途、拓展市場	產品差異化、區隔化與多角化
成本	較低	較高
時間	不費時	費時
競爭壓力	高	低
風險	低	高

資料來源：郭崑謨著，「從管理觀點探討產品生命週期」，國立政治大學學報，第 42 期（民國六十九年），第 31-52 頁。

[28] Theodore Levitt, "Exploit the Product Life Cycle," *Harvard Business Review*, 43 (Nov. -Dec., 1965), pp. 81-94.

表 28-5　國產重要品牌香菸生產週期　單位：年

品牌	第一循環				第二循環		週期
	推出期	成長期	成熟期	衰退期	復興期	衰退期	
總統牌菸	7	(9)					(16)
長壽牌菸	2	(16)					(18)
玉山牌菸	1	4	0	2	4	(5)	(16)
莒光牌菸	1	4	0	2	(4)		(11)
金馬牌菸	2	12	0	(4)			(18)
非濾嘴寶島菸	1	5	0	6	(13)		(25)
雙喜牌菸	1	11	0	2	3	(10)	(27)
新樂園牌菸	2	12	7	(8)			(29)
樂園牌菸	1	3	0	5	4	5	18
香蕉牌菸	1	9	0	9			19
幸福牌菸	1	1	5	2			9
吉祥牌菸	1	2	0	7			10
康樂牌菸	2	3	0	4			9
合計	23	66	12	39	11	5	65
實有品牌數	13	11	11	9	3	1	5
平均	1.77	6.00	1.09	4.33	3.67	5	13.00

註：(1) 有括號者，表示生命週期目前尚在繼續中。

(2) 各期年數合計與實有品牌數，不包括生命週期仍繼續中之品牌。

(3) 各期平均年數 $=\dfrac{\text{已結束該期產品之年數合計}}{\text{已結束該期產品數}}$

(4) 全程平均年數 $=\dfrac{\text{生命週期已結束產品之年數合計}}{\text{生命週期已結束之產品數}}$

資料來源：取材自臺灣地區菸酒事業統計年報（臺北市：臺灣省公賣局，民國六十七年印行），一冊。

成長策略之在產品生命週期之應用提示兩種策略。一爲舊產品生命之加強或再循環策略，另一爲新產品新循環策略。此兩種策略均偏重於推出期以後之階段，如表 28-4 所示。

產品生命週期再循環之例甚爲普遍。據柯克斯（William E. Cox）調查分析 258 種不同品牌之成藥，結果，發現有許多生命週期再循環之例㉙。省產香菸亦有不少產品生命再循環之例。據統計玉山牌、莒光牌、非濾嘴寶島牌、雙喜牌等香菸均經歷第二循環週期㉚，（詳見表28-5）。生命週期再循環有異於產品週期之強化。前者見諸於成長策略效果產生於衰退期之生命復甦，而後者則指成長策略效果產生於成長期或成熟期之生命歷程而言。圖例 28-2 中之甲乙兩圖分別代表典型產品生命週期之再循環與週期之強化。

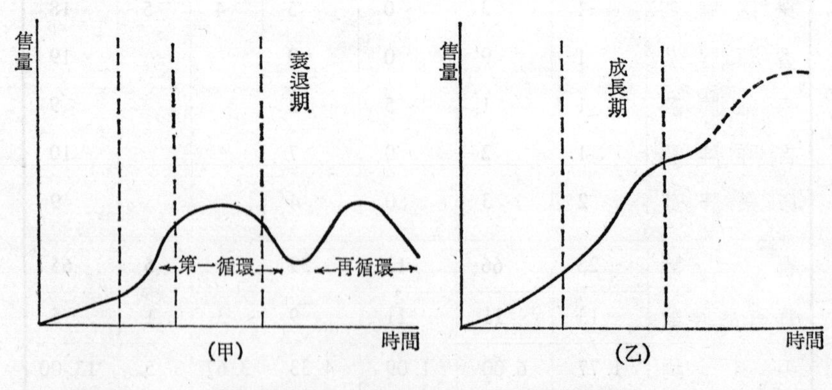

圖例 **28-2** 產品生命週期之再循環與強化

叁、週期理論之紛紜與策略重點之擴充

㉙ William E. Cox, Jr., "Product Life Cycles as Marketing Models," *Journal of Business* 40. (Oct., 1967), pp. 375-384.

㉚ 同❷。

自一九七一年後，週期理論之發展開始產生波折。繼保利與柯克(Rolando Polli and Victor J. Cook) 研究 100 種食品之生命週期發現具有用生命週期之產品並沒有超過 20 種後㉛，費爾特 (G. A. Field)、達拉與尤白 (N. K. Dhalla and S. Yuspeh) 等開始懷疑生命週期理論之價值㉜。達拉與尤白認為產品之生命週期係產品銷售消長情況之敍述性觀念之系統化而已，將之用作管理上之「處方」依據而醫治則往往會導致下述種種醫療上之錯失：㉝

(1) 在許多情況下，管理者認為產品已臨衰退期而決定淘汰，但往往事實上管理決策本身成為產品衰退之因而非果，使得產品生存之機會反而被剝奪。

(2) 衆多廠商過份強調新產品之推出而相對地忽略了舊產品或舊品牌生命之強化，結果本末倒置，從事於風險高之新產品推出策略。殊不知產品壽命歷史不衰者不乏其例，諸如糧食類產品、脚踏車、電燈等等，且很多產品之生命實可使其歷久不衰。

達拉與尤白之警言，語重心長，旨在提醒管理者不可將產品生命週期視之為一個定型現象，而放之各品類、品型與品牌皆通。相反地應視產品週期之各階段均為營運之機會，始能掌握管理之要旨。

華孫 (Chester R. Wasson) 對產品生命週期之研究特有心得，認為產品生命週期理論提供管理者對產品生命歷程之基本架構，此種架構足

㉛ R. Polli and V. Cook, "Validity of the Product Life Cycle," The *Journal of Business,* Vol. 42, Nov. 4 (Oct., 1969), pp. 385-400.

㉜ N. K. Dhalla and S. Yuspeh, "Forget the Product Life Cycles Concept!" *Harvard Business Review,* Vol. 54 (Jan-Feb, 1976), pp. 102-112. 以及 G. A. Field, "Do Products Really Have Life Cycles?" *California Management Review* Vol. 14 (Fall. 1971) pp. 92-95.

㉝ N. K. Dhalla and S. Yuspeh, 同㉚。

可提醒管理者企劃產品或企劃行銷策略之重要性[34]。誠然，產品生命週期之形態與長短不一，正顯示吾人需作不同性質之企劃，如時裝生命週期甚短，尤其成熟期與衰退期幾乎短至無法措手，在新型態尚未推出時，另外新時裝型態不但已規劃設計妥善，且已準備陸續上市。

週期理論議論紛云，於七十年代，諸多學者專家探討產品生命週期時，多方強調產品淘汰決策之層面[35]，對達拉與尤白之警言似已有交代，週期理論之是非議論，終於塵埃落定，產品生命週期理論之價值，在其策略層面重點擴大至淘汰決策時可算業已確定。

第三節　產品生命週期各階段之管理策略

產品生命週期之存在，一如上述，正顯示產品在市場上之可能機會，這些機會之把握當需藉良好之管理策略以達成。產品生命週期各階段之管理必須建立在兩項基礎上。這兩項基礎爲：

(1) 對現有產品所經歷之週期皆能確定辨認與了解。

(2) 對市場競爭情況與市場之未來狀況，如需求之增減情形，經濟景氣等，要有充份之認識。

上述兩項管理策略基礎，當須依賴行銷研究作業之加強以及作業重

---

[34] Chester R. Wasson, *Product Management: Product Life Cycles and Competitive Marketing Strategy* (St. Charles, Ill.: Challenge Books, 1971), p. 12.

[35] 有關強調產品淘汰決策之文獻較重要者有:
Stanley H. Kratchman, Richard T. Hise and Thomas A. Ulrich, "Management Decision to Discontinue a Product," Journal of Accountancy, June, 1975, pp. 50-54. Paul W. Hamelman and Edward M. Mazze, "Improving Product Abandonment Decisions," *Journal of Marketing*, Vol. 36, April, 1972, pp. 20-26.

點之掌握。這些作業重點包括：(1) 行業景氣之研究；(2) 產品品類、品型與品牌生命週期稽查；(3)市場區隔化；(4)產品成本結構之研究；(5) 競爭廠商策略之探討與分析；(6) 銷售量預測等等。

產品生命週期各階段之管理策略應基於前已探討之策略性架構擬定始能發揮策略效果。基於此種認識，爰就產品生命週期各階段之管理策略分別探討於後。有關產品生命週期管理之文獻甚多[36]，華孫 (Chester R. Wasson) 與海斯 (Richard T. Hise) 亦曾著專書分析[37]，所強調之處頗爲一致，本節之討論乃基於華孫與海斯之基本論點，加以引申與修訂，並採重點、說明與例外三段方式探討各週期階段之策略，藉以顯示各階段策略之重要特徵。[38]

壹、推出期之管理策略

一、策略重點

(1) 產品方面：少品牌、品項，低品質。(2) 價格方面：高價位。(3) 推銷方面：高預算，強調創用者訴求及基本訴求。(4) 通路方面：選擇性通路。(5) 實體分配方面：租用倉儲設備，利用簡單運送體系或託運，高存貨水準。(6) 市場方面：爭取創用者市場。

二、說明

產品推出初期，市場限於推出產品之基本顧客，競爭壓力又小，廠商需集中資源以提高行銷效力，行銷標的自應不宜分散，推出產品之品

---

[36] 參閱[12]，[14]，[21]，[22]，[23]，[25]，[33]。

[37] 同[32]，Chester R. Wasson，第 6 章至第11章。以及 Richard T. Hise, *Product / Service Strategy* (N. Y.: Petrocelli / Charter, 1977), pp. 209-227, 237-243.

[38] 郭崑謨著，「從管理觀點探討產品生命週期」，國立政治大學學報，第42期（民國六十九年），第 31-52 頁。

牌自不宜過多。由於新產品推出初期風險較大，企期報酬自高，市場亦乏競爭產品，消用者無法比較價格，且多屬高所得者，爲來日減價競爭「舖路」，高價策略當較適宜。

新產品初登市場，知名度未啓開，市場抗拒頗大，爲提早邁進成熟期以「一路領先」其他競爭廠商，宜針對創用者（目標羣體）推展基本訴求，期能盡速提高知名度。產品初上市，品質雖較低，由於創用者注意力往往集中於「創新特性」，影響不會顯著。鑒於品質之提高作業，若在成長期進行，更能收到競爭效力，初上市之產品品質，實可放低。

產品推出初期， 市場狹小零散，不必設置衆多經銷單位， 在零擔運送普遍之情況下儲運設備不宜太多，但存貨水準宜提高以降低欠貨風險。

三、例外

廠商往往可在推出初採取低價及高品位策略一面藉以 快 速 擴 展市場，一面使其他廠商感到進入市場無利可圖而退。此一策略通常配合銷路密集化策略。

貳、成長期之管理策略

一、策略重點

(1) 產品方面：改變品型，提高品質。(2) 價格方面：降低價格。(3) 推銷方面：推銷費用相對降低，強調大衆訴求及品牌訴求。(4) 通路方面：通路密集化。(5) 實體分配方面：增設自有倉儲設備，自運託運並重，提高存貨水準。(6) 市場方面：擴大市場範圍，爭取一般大衆市場。

二、說明

成長期之特徵是由其基本市場進入一般性大衆市場後，不但產品要配合原有基本顧客之需要，亦要顧及其他衆多，而消費嗜好不盡相同之顧客。因此廠商需要一方面改變產品品型，俾便進軍新市場，另一方面要提高品質維持原有顧客之繼續購買。

於成長期，新廠商逐漸進入市場競爭，且「大衆」消用者之所得水準較創用者所得爲低，爲拓展新市場，廠商必須降低產品價格。通常爲延伸成長期，廠商需做多次之減價始能達成目的。由於類似競爭品牌業已上市，且各競爭廠商勢必強調其產品之差異特色，因此推銷訴求應能使消用者明辨本廠品牌及其所代表產品之優越性，而訴求對象亦應偏重於大衆市場。

成長期之市場規模增大，一般消用者多半注重購買之方便，經銷單位之增加顯爲明智之舉。此時再配合實體分配服務之加強，當可倍增推展市場效果。在成長期，廠商市場規模已具，可逐漸開始自設應具之實體分配設備，以提高實體分配服務效果。實體分配體系之建立，需要龐大資金，且頗費時日，一旦完成可長久領先，不如價格、廣告、包裝、品牌等策略之容易仿效而快速失却領先地位。

三、例外

在推出期採用低價策略之廠商，在成長期當不需再行降低其價格。這些廠商宜以推銷策略替代價格策略拓展新市場。

叁、成熟期之管理策略

一、策略重點

(1) 產品方面：產品差異化，維持品質，新用途。(2) 價格方面：降低價格。(3) 推銷方面：減少推銷費用，強調低價及產品特色訴求，訴求對象爲大衆市場。(4) 通路方面：通路密集化，採推式策略。(5) 實體分配方面：強調實體分配服務，存貨水準提高。(6) 市場方面：強化市場區隔。

二、説明

於成熟期，各廠商競爭火熱，只有針對更細化區隔，配以差異化之產品，或另覓舊產品新用途，始能維持市場競爭態勢。在此階段產品差異化之風險相當大，許多廠商費盡苦心在舊產品上覓找新用途以拓展市場。美國安漢公司（Arm & Hammer）所生產之蘇打粉由原烤麵包用途，而推廣至冰箱除異味與清潔等用途係一非常成功之例[39]。我國之蘭麗綿羊油正亦採舊產品新用途策略，成果相當不錯。

成熟期不但要透過密集通路，而且需要加強「推」動經銷商之推銷作業，諸如現場展示，陳列架之佈置。因為該時經銷商往往錄用過去成長期之舊式推銷方式，在銷售量開始不增加之情況下，不願加強其推銷活動。誰能推動經銷商對本廠商產品之推銷努力，誰便能爭取市場之優勢。配合通路作業之一重要活動為對經銷商實體分配服務之加強，諸如運送服務之加強（快速運送）以降低經銷商之存貨水準。

三、例外

競爭廠商競相將產品差異化，結果或將導致消用者對衆多產品特色之知覺模糊，此種情況將有利於「反區隔化」策略之使用，而廠商便可集中行銷資源，對抗其他高度區隔化而資源過度分散之廠商，增強產品生命活力。

肆、衰退期之管理策略

一、策略重點

(1) 產品方面：簡化產品線，降低品質，適時淘汰。(2) 價格方面：

---

[39] Burton H. Marcus and Edward M. Tauber, *Marketing Analysis and Decision Making* (Boston: Little, Brown & Co., 1979), p. 119.

穩定或提高價格。(3) 推銷方面：減少推銷費用，針對基本市場，強調提醒性訴求。(4) 通路方面：降低通路密度，採「推」式策略。(5) 實體分配方面：裁減設備，降低存貨水準。(6) 市場方面：加強原基本市場（忠貞顧客）之推銷。

二、說明

在衰退期，多數競爭廠商已退出市場，「大衆市場」消失後，市場只剩下原有之忠貞顧客，推銷費用自可大量減少，價格亦可維持平穩。由於售量之日益減少，多數經銷商亦已自動退出通路，剩下忠貞經銷商，合作可靠，廠商自能逐漸削減實體分配設備與服務。上述種種策略旨在市場衰退時，能削減成本，維持適當利潤。惟如有下列情況，廠商應適時淘汰產品以免繼續浸蝕企業資源，而千萬不可懷念產品昔日之「汗馬功勞」而留戀於業已「衰老」之產品。

(1) 售量持續下降，再降低價格也無挽回頹勢之跡象。

(2) 市場佔有率持續下降。

(3) 產品行業之未來景氣不佳，產品之「預測售量」下降。

(4) 投資報酬率遠低於現行銀行利率。

(5) 售貨收入少於產品之變動成本。

(6) 管理人員花用於該產品之時間有增無已。

(7) 增加推銷費用也無增加售量之跡象。

(8) 存貨累積情況無減緩現象。

與舊產品淘汰同樣重要之產品管理作業爲新產品之陸續推出上市。倘新產品未能陸續推出，或推出時間不當，整個企業之生機必將大受影響，甚致導致企業營運活力之消滅。如新產品陸續適時推出，則企業自能源源不斷獲得必需「血液」——利潤，延續並增加其活力，此種情況可從圖例 28-3 窺其大要。

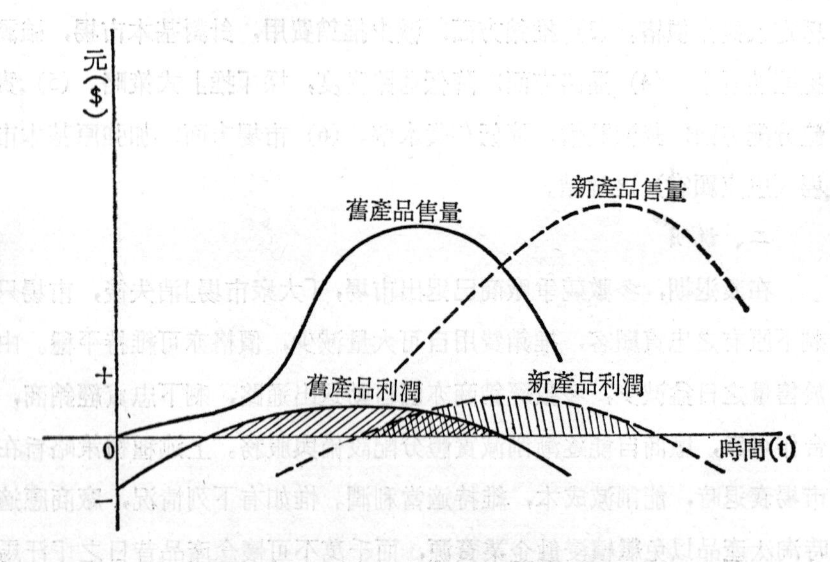

圖例 28-3　舊產品之淘汰與新產品之推出

三、例外

倘構成產品再循環之環境或條件存在，如所得增加、資源使用限制解除、發現產品之新用途、法令限制解除等等，上述之衰退期管理策略當不完全適用。在此種情況下，通路將須密集化，推銷費用將須提高，而市場將由基本顧客擴大至其他區隔市場。

第四節　產品生命週期管理導向芻議

產品生命週期之長短，因產品而異，且生命週期內各階段之歷程亦因不同產品而不同。雖然在理論上與實際上，產品生命週期僅代表產品之銷售與利潤之消長情況，但從管理角度觀看，產品生命週期實具有非常重要之管理策略上之涵義。事實上，產品生命週期之各不同階段，明顯地提示管理作業之不同重點與不同時刻。從此觀點，產品生命週期理論或將引導管理決定策略之方向，而左右企業營運行爲。如斯，管理作業或將邁進產品生命週期管理導向之新里程。

不管未來管理作業是否邁進產品生命週期管理導向之新里程，管理人員非但要對產品生命週期觀念有充分之認識，並且要能掌握產品生命週期各階段所啓示之各種有利機會，妥善運用，始能不斷提高企業營運效率。

第二十九章　行銷戰略（策略）之產品組合分析

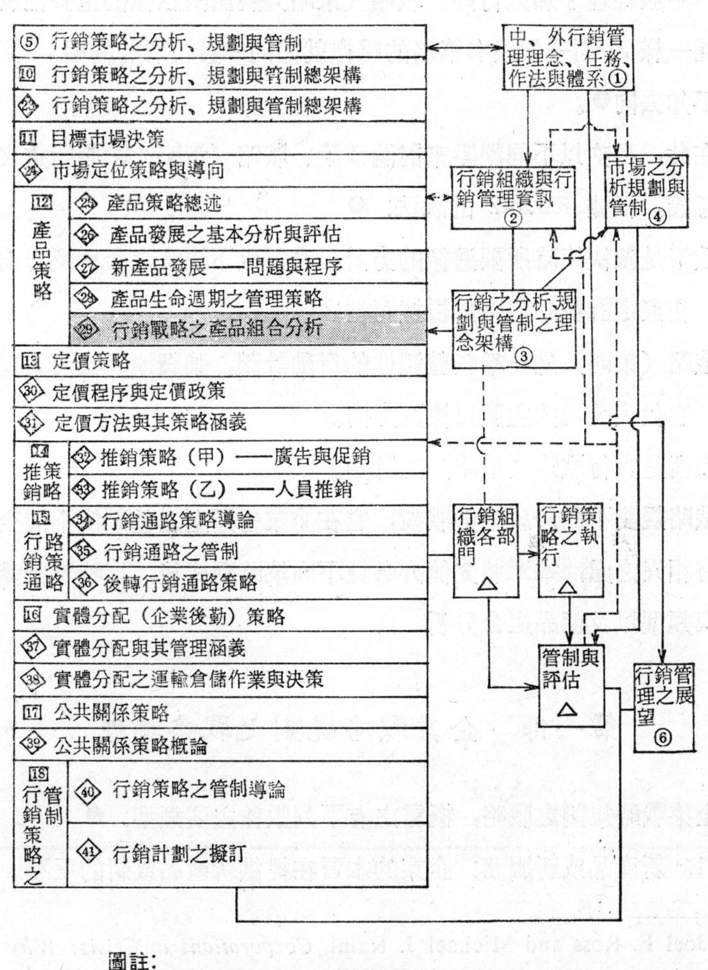

戰略（策略）規劃一如上述爲一項嶄新之規劃工作。雖然組織內各階層都賦有規劃的責任，但行銷戰略規劃一般均由高級主管制定，在實行時，中級經理才加入行動。戰略（策略）規劃對組織的重要性就如同船的舵一樣，而一個沒有策略的組織就如同一艘沒有舵的船，到處流浪，不知去向❶。

在此，再次以不同觀點來討論政策、戰略（策略）、戰術這幾個名詞的意義。根據 Koontz 的說法：❷

政策是做決策時所要遵循的方針，它提供下決策之架構及方向，沒有它，在擬定計劃時將毫無根據可循。

戰略（策略）是一種較整體性的行動計劃，強調達成公司某項基本任務，它代表公司的主要目標及方向。

戰術是實行戰略（策略）的計劃。

戰略規劃不同於政策與戰術，它在企業營運上之種類依不同企業功能而有相異之處，本章將先簡介各種不同策略型式後，再特舉行銷戰略定位與類型以及產品組合分析。

第一節　企業戰略規劃之戰略類型

企業戰略規劃之戰略，概言之有下列數種主要類型：❸

1. 新產品或新服務：企業的本質在提供新產品或新的服務。利潤

---

❶ Joel E. Ross and Michael J. Kami, *Corporations in Crisis: Why the Mighty Fall* (Englewood Cliffs, N. J.: Prentice Hall, 1973), p. 132.

❷ Harold Koontz, "Making Strategy Planning Work," *Business Horizons*, Vol. 19 (April, 1976), p. 37.

❸ Harold Koontz "Marking Strategic Planning Work" *Business Horizions*, Vol. 19 (April, 1976), pp. 40-41.

不過是衡量企業對顧客服務好壞的工具而已。

2. 行銷：行銷戰略的設計在於計劃如何使產品和服務到達顧客身邊，並促使他們購買。

3. 成長：成長戰略所考慮的問題是：成長量多大？多快？在那裏成長？以何種方式成長？

4. 財務：每一個企業都必須有明確的財務戰略，其做法很多，限制也很多。

5. 組織：此一戰略關係到組織的形態。它關係着一些實際的問題，例如，決策的分權與否，部門的形態，組織結構的矩陣，以及如何使成員有效率的工作。組織結構訂定了每個人的角色來幫助他完成組織的目標。

6. 人事：人事戰略包含人力資源及各種關係的擬訂。如與工會的關係，以及報酬、遴選、徵募、訓練、考核，工作豐富化等戰略的擬定。

7. 公共關係：此領域的戰略無法與其他領域的戰略獨立，它必須用來支持其他的戰略。其設計必須考慮到公司事業的型態，與公衆的關係，對法令之敏感程度等問題。

第二節 行銷戰略定位與類型
——市場——產品定位分析

美國通用汽車無疑的視自已爲一家汽車製造商，其使命在製造卡車、轎車、巴士等運輸工具。另一方面，有些關係企業如里頓工業（Litton Industries）集團，其使命的範圍較大，因爲它生產許多不同類型的產品來滿足不同市場的需要。但也有些大公司，如維利（William Wrigley

Jr.）公司，其使命只有一樣，那就是生產口香糖。

大衞克雷芬（David Craven）認爲在以公司使命爲指引的情況之下，行銷決策的擬訂必須考慮三大領域。第一，分析市場環境，確認市場機會及限制。第二，分析市場機會，選擇目標市場。第三，設計、執行及控制市場戰略來達成對目標市場所設訂的目標❹。克雷芬（Craven）所提的市場戰略地位的不同型態如圖例 29-1 所示。每一個策略隱涵着不

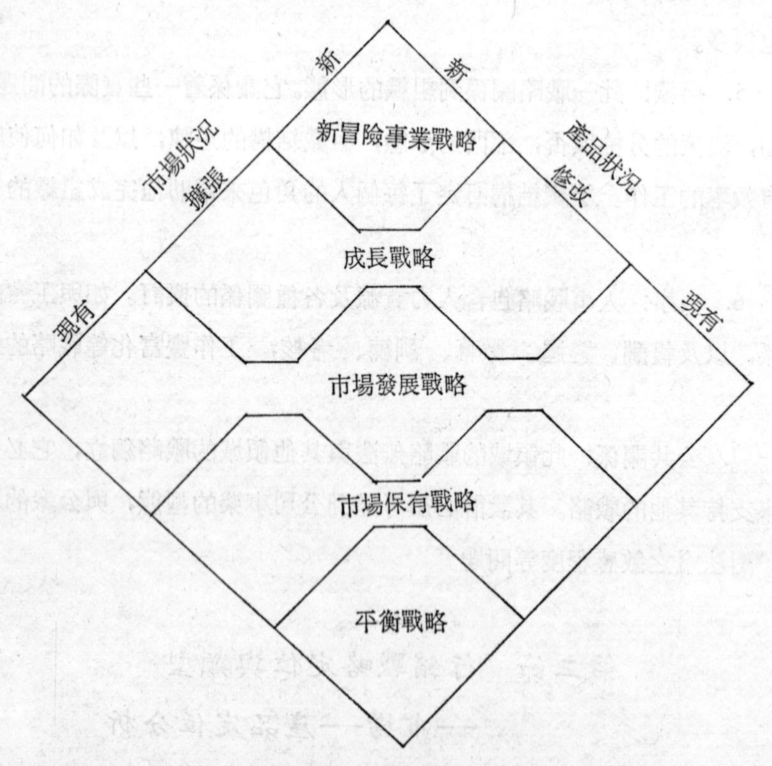

圖例 29-1 行銷戰略定位及類型

資料來源：David W. Craven's. "Marketing Strategy Positioning", *Business Horizons*, Vol. 18 (December, 1975), p. 55.

---

❹ David W. Cravens, "Marketing Strategy Positioning," *Business Horizons*, Vol. 18 (December, 1975), p. 53.

同的市場——產品地位。以下對這五個戰略分別加以簡述。

壹、平衡戰略（Balancing Strategy）

在平衡戰略地位（balancing strategy position）時，公司目標集中在以現有之產品保住目前的市場。採用此戰略的公司其產品一般是屬於已經成熟的產品。此種戰略重防禦而不重攻擊，強調控制而不強調規劃。對市場環境隨時保持警覺，以便防範任何不利的環境走向。

採取平衡戰略時所做的行銷機會分析主要是着重於如何進一步瞭解及區隔市場以便更有效的銷售產品，其作法包含產品線的擴充或停止利潤微薄之產品的生產等。

貳、市場保有策略（Market Retenton Strategy）

保有策略通常考慮產品線的修改或市場的擴張。這可能是一般公司最常碰到的狀況。此時公司經由產品修改，生產線擴張，或新產品設計來保有或擴張市場。

叁、市場發展戰略

追求市場發展戰略包含新產品及新市場的開拓。此時公司必須考慮所要承擔的風險以及財力、人力是否足以配合。此時所要做的行銷機會分析包含對現有市場行銷新產品或對新市場行銷現有產品的研究。

肆、成長戰略（Growth Strategy）

成長戰略是一種大規模的市場發展計劃——以新產品打入新市場。由於此時公司是以有限的技術、行銷能力及生產能力進入一所知不多的領域，其所承擔的風險也就特別大。此時的市場機會分析所要做的工作是確認未來的市場需求以及可以滿足此需求的新產品。然而，由於缺乏經驗，在評估進入新市場的競爭能力時必須要愼重。

伍、新冒險事業戰略

新冒險事業策略比成長策略更進一步，公司進入一全新的領域。此時市場尙不明確、公司想以一新產品來創造一新市場。此種市場創造的工作風險極大而報酬也很高，其行動之採取必須有最高管理當局的參與。

第三節　產品組合分析

一個公司可能同時採行好幾種戰略。例如，一個公司可能爲了保護成熟之產品而採取市場保留策略，但在另外一個領域却可能採取成長策略。通用汽車爲了應付進口貨之攻擊，在小汽車上採取市場保有策略，但爲了尋找新出路則在公共運輸交通工具上採取成長策略。兩種策略雖然不同，但都與公司的使命——提供運輸工具——一致。表 29-1 列出一些採取不同型態之戰略的範例。

產品組合分析

同時採行數種不同的市場 / 產品戰略不但情形很普偏，且是密集分析的主題。產品可以如財務投資上的證劵組合一樣發展出一套產品組合。產品組合的分析是對現有產品線之獲利力以理論架構做一分析，以便研究如何促使產品成長及減少風險。此工具有助於市場經理對策略之選擇。

早期的行銷人員將產品劃分爲獲利與不獲利兩種。到了1960年代，產品組合（mix）觀念出現，產品的評價考慮到成長，獲利及穩定等因

表 29-1　採取各種不同戰略之公司——行銷戰略範例

平衡戰略:
美國鐵路運輸業、電器業及其他成熟工業所採取的戰略。
美國假日飯店對現有的市場提供的汽車旅館服務。
市場保有戰略:
汽車製造商每年推出修改的新型車。
市場發展戰略:
公共運輸業透過服務的改良來吸引小汽車的使用者。
鋁品製造公司移入汽車及飲料罐的市場。
成長戰略:
對旅館的閉路電視銷售首輪電影的影片。
美國德州儀器轉入消費性電子計算器市場。
新冒險事業戰略:
新雜誌花花女郎 (Play girl) 之行銷。
全錄影印機之發展及推出。

資料來源: David W. Cravens. "Marketing Strategy Positioning" Business Horizons, Vol. 18 (December (1975), p. 57.

素。最近更有一些先進的公司將其事業與產品視爲整個組合(portfolio)的一部分。

由於產品類似資本投資，因此我們可以用組合的觀點來看它。更進一步了，爲了和財務投資組合的觀念配合，我們導入了產品生命週期、

表 29-2　各組織所採用之產品組合分析方法

衡量方法	目　標	組 織 機 構
市場佔有率	市場成長	波士頓顧問團
競爭分	產業成熟	里特(Arthur D. Little)
事業力	產業吸引力	通用電器

資料來源: David S. Hopkins, Business Strategies for Problem Products, No. 714 (New York: The Conference Board, 1977), p. 46.

利潤、市場佔有率及市場成長等觀念來作爲分析產品組合的架構。（參參閱表 29-2）

有關產品組合最有名的分析方法爲波士頓顧問團（BCG）研究出來的「經驗曲線」。此曲線說明產品之產量每增加一倍，其單位總成本以一個固定百分比下降。經驗曲線與學習曲線有關，學習曲線說明了直接勞動成本與某特定工作之工作時數的關係。在圖 29-3 之對數表上，經驗曲線成爲一直線，其斜率代表學習的速率。此速率是產品數量每增加一倍，生產時間減少百分之二十，又稱爲「百分之二十曲線」，其比率隨着工作之不同而有所變化。❺

經驗曲線是一個一般化的概念，可以廣泛的應用到公司內大部分的

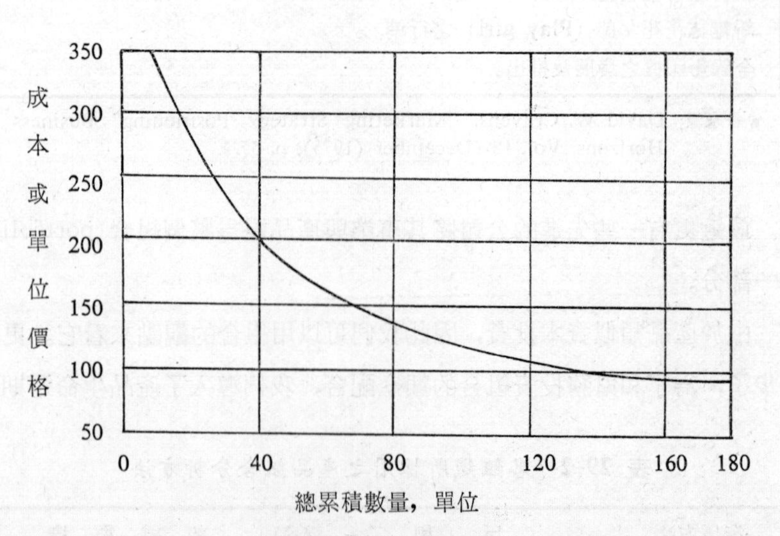

圖例 29-2 經驗曲線

資料來源：Boston Consulting Group *Perspectives on Experience*, (Boston: The Boston Consulting Group, Inc., 1980), p. 13.

---

❺ Bruce D. Henderson, "The Experience Curve—Reviewed," *Careers and the MBA*, brochure, The Boston Consulting Group, 1975.

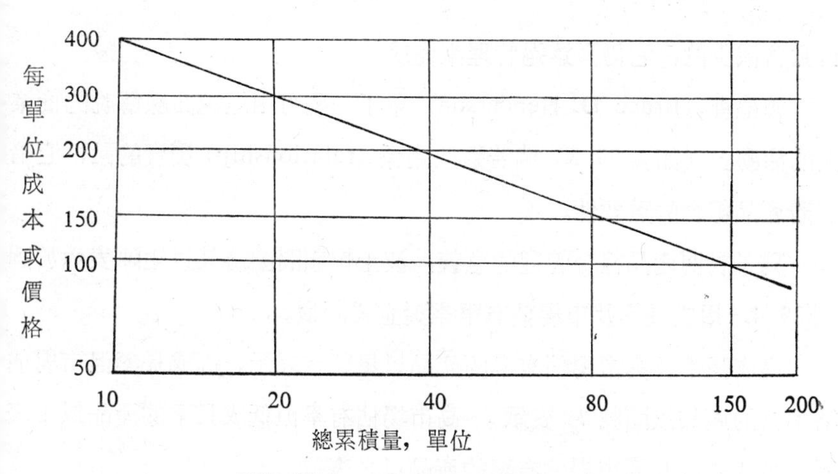

圖例 29-3　以對數表示的就驗曲線

資料來源：Boston Consulting Group, *Perspectives on Experience*, (Boston: The Boston Consulting Group, Inc, 1980), p. 13.

活動之上。例如，它可以應用於新廠的開設及自動化操作之上。而它所降低之成本，也並不僅止於直接人工成本而已。

波士頓顧問團研究的結論是：累積經驗（即工廠生產數量）每增加一倍，則附加之成本減少二十到三十個百分比。然而，這些成本並不是

表 29-3　經驗曲線在商業上的效果

項　目	效　　果
市場佔有率	成本和市場佔有率成反比，市場佔有率愈高，成本愈低
成長率	若成長率高於競爭者，則與競爭者之相對成本亦降低
償債能力	市場佔有率提高則償債能力提高
分散經驗	產品種類多，成本分散於各產品間可導致成本降低
成本控制	經由成本控制來達成隨着經驗之累積應降低之成本
產品設計	選擇初始經驗值低的設計方案

資料來源：Bruce D. Henderson "The Experience Curve-Reviewed: The Concept." Published by The Boston Consulting Group, Inc. 1974.

自動會減少的，它仍需透過管理來達成。

韓德森（Bruce D. Henderson）舉了一些可由經驗曲線解說的商業上的活動。（如表 29-3）倘若這些關係（relationship）屬實的話，它暗示着產品組合的重要性。

爲了說明產品組合管理的意義，波士頓顧問團將其以矩陣表示於圖例 29-4，用成長率及市場佔有率來對企業評價。

高成長率及高市場佔有率的產品以星號＊表示。高成長率但市場佔有率低的產品以問號？ 表示 。 高市場佔有率但低成長率的產品以 $ 表示。低成長率及低市場佔有率的產品以×表示。

假設（1）現金的耗用與某項產品的成長率成正比，且（2）根據經驗曲線效果的關係，現金的產生與市場佔有率有一函數關係，則可在成長率／市場佔有率之矩陣上發現出其與現金之產生及耗用的關係。由此，一

（甲）市場佔有率矩陣（相對）

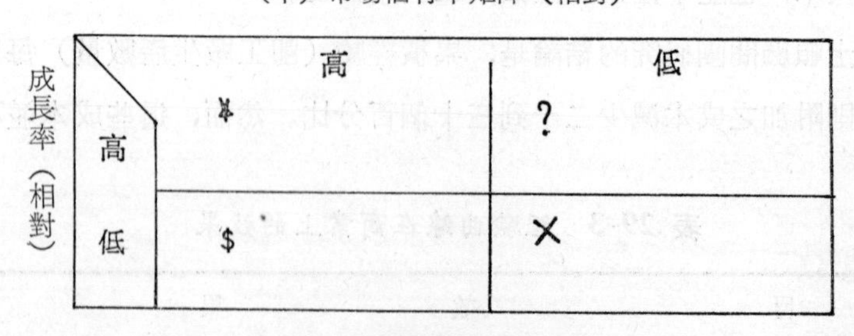

（乙）最普通現金流動表

市場佔有率（相對）

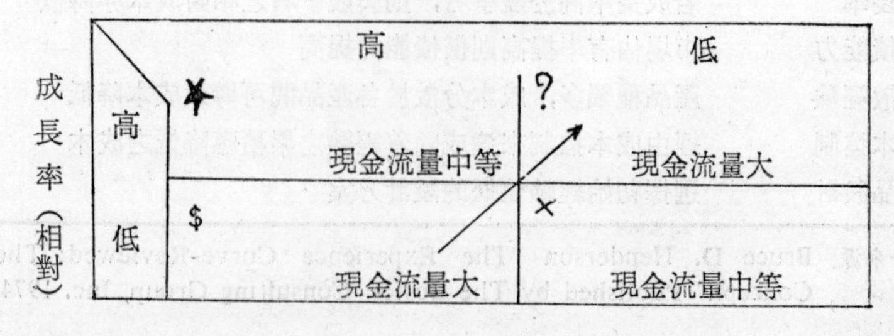

（丙）成功序列

市場佔有率（相對）

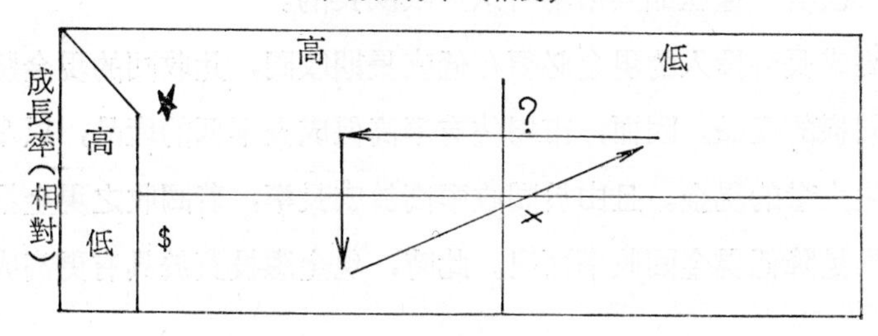

（丁）失敗序列

市場佔有率（相對）

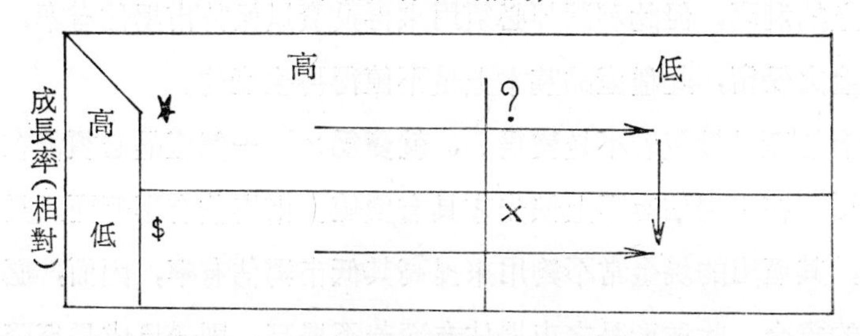

圖例 29-4　產品組合分析：成長率及市場佔有率

圖註：＊＝明星事業　×＝苟延殘喘事業　？＝問題兒童事業　$＝搖錢事業

資料來源：Boston Consulting Group, "The Product Portfolio," *Perspective Series*, The Boston Consulting Group, Inc. 1970, a Sperial Pablication.

個公司若要成功，其產品組合必須具備不同的成長率及市場佔有率。

產品組合必須要考慮到現金流入流出的平衡。高成長率的產品必須投入額外的現金來促進其成長，而低成長率的產品則可提供額外的現金來源。兩者都是公司必須在同一時間內面對的。

有四個概要法則可以用來決定產品之現金流動：

1. 市場佔有率高則獲利也大，此規則可經由經驗法則解釋。

2. 要維持成長率必須要有現金來投資購買新設備。要維持一成長市場的佔有率所需的額外現金和成長率的高低有關。

3. 高市場佔有率是要以額外的增資才可以「購買」來的。

4. 沒有一種產品其市場可以無限成長的。

在高成長時投入的現金必須在低成長期收回，此收回的現金將不再投資於同樣的產品。因而，市場佔有率高但成長率低的產品，以＄表示可以產生大量的現金。且由於回收率高於成長率，若回收之現金投入原產品，只是降低現金回收率而已。此時，現金應投資於具有更高成長率的產品。

市場佔有率及成長率都低的產品以符號×表示。雖然此產品可以產生會計上的利潤，但此利潤却必須用來再投資以保持市場佔有率，因而沒有現金之保留，此種產品基本上是不值得再生產的。

所有的產品最後若不是變爲＄，就變爲×。一個產品必須能在成長率降低以前在市場佔有率上領先才具有價值。市場佔有率低而成長率高的產品，其產出的現金常不夠用來提高其低市場佔有率，因而，必須投入額外的資金。此種產品之市場佔有率若不提高，則一旦成長率降低，就成爲低市場佔有率，低成長率的產品，而失去其發展的價值。

市場佔有率高且成長率高的產品以＊表示。它的利潤在報表上雖然很高，却不見得能產生足夠維持其市場佔有率的現金。若其佔有率維持領先，則當成長率下降之後，則可成爲＄級的產品，利潤高而穩定性佳，其產出的現金可用於投資其他的產品。

市場佔有率若居於領導地位，則其報酬亦很高。在成長期時，倘若有足夠的現金，應投資來提高市場佔有率。佔有率提高則利潤便增大，負債能力也增加。

由前面所述，可知產品組合有其必要性。一個公司必須同時擁有產生多餘現金的產品及需要多餘現金再投資的產品。若一項產品最後仍無法產生現金，則它是無價值的，除非此項產品是某類產品的附加品。

唯有具備產品組合的多角化公司能盡全力增加投資而把握成長機會。一個平衡的組合應有高佔有率，高成長率的＊級產品來確保公司的未來發展，有＄級產品來對具有成長潛力的產品提供資金，並有？級的產品，只要投入資金，便有希望成爲＊級的產品。至於×級的產品，則必須棄却。×級的產品通常是在成長期時無法提高市場佔有率的產品❻。

圖例 29-4 詳細描述了成功的及失敗的產品序列現金流動狀況。在成功的序列，＄級產品提供資金給？級產品使其變爲＊級產品，最後再成爲＄級產品。失敗的序列則可以看到＊級及＄級產品最後都變爲×級的產品。

根據分類的結果，公司應採行下面的策略:

1. 對於＄級產品，投資要儘量小，除了爲了維持市場佔有率及降低成本的投資外，對於研究發展、廣告及設備不應再投資。＄級產品產生的資金，應用於投資＊級及？級產品。

2. 對於＊級的產品，應大量的投資，以提高或維持其市場佔有率，此時的第一目標是佔有率的提高而不是利潤的極大化。倘若此策略成功，則當成長率降低時，此產品可成爲＄級產品；若不成功，則可能成爲×級產品。

3. 對於？級的企業，應大量投資，使它們趕快成爲＊級的產品。在有限的財務資源（由＄級產品產生或負債及資本產生的資金）下，我們不能擁有太多的？級產品。因而，只要保留最有潛力的幾項即可，其他的則可以棄却。（例如，賣給其他尋求？級產品來平衡產品組合的企業）。

---

❻ *Perspectives, the Product Portfolio* (Boston, Mass.: The Boston Consulting Group, 1970).

4. 對於×級的產品，則必須將其放棄或賣給不知其爲×級產品的公司❼。

其他對於產品組合的不同觀念也有存在。例如，里特（Arthur D. Little)用一個二十格的矩陣來說明「策略中心概念」，此概念依產品成熟的程度將產品分爲萌芽期、成長期、成熟期、老化期，以此表示一個產品的生命週期。

●產品在萌芽期時，生產者多、顧客也多；市場佔有率不確定，產品成長潛力高。

●產品在成長期時 、顧客及市場佔有率逐漸穩定 ，市場成長潛力高。

●成熟期時，只有少數幾家競爭廠商，其中大廠商約保有百分之八十的市場佔有率，此時市場成長率已低。

●老化期時，市場更集中於少數幾家廠商手中，或被地方性的市場所化解。此時整體市場的成長率很低，甚至爲零。（參閱圖例 29-5）

通用食品 (General Foods) 採用另一種方法來平衡其產品組合，其目的在：（1）將成長率極大化（2）維持專賣權（3）將現金極大化。❽

以上各公司所採用的產品組合法所依據的假設爲市場佔有率、成長率、利潤及成本降低在市場上有相關性，因此，在其他的情況下，應作必須之修正。

---

❼ James K. Brown and Rochelle O'Connor, *Planning and the Corporate Planning Director* (New York: The Conference Board, No. 627, 1974), pp. 15-16. By permission.

❽ David S. Hopkins, *Business Strategies for Problem Products*, No. 714 (New York: The Conference Board, 1977), p. 46.

類　別	特		性	
市　場	高成長／低市場佔有率	高成長／高市場佔有率	低成長／高市場佔有率	低成長／低市場佔有率
財　務	・急需現金 ・供佈的獲利率低 ・P/E 値佳 ・負債比率高	・自身供應再投資所需現金 ・供佈的獲利佳或低 ・P/E 値高 ・負債比中等或低	・產生現金 ・獲利高 ・P/E 値適當 ・負債不高	・現金流動適中 ・獲利低 ・P/E 低 ・負債低
名　稱	萌　芽　期	成　長　期	成　熟　期	老　化　期
成長率		時	間	
管　理	創業家之管理	專業管理	嚴格控制之管理	投機壓榨式管理
規劃時間	長　期	長　期	中　期	短　期
組織結構	自由式或工作小組	半長期工作小組或產品，市場部門別	企業部門別加上以更新爲目的之工作小組	縮簡的組織
報　酬	隨成績變動	平衡、固定，採個人及團體報酬制	極固定，採團隊報酬制	固定
溝通體系	非正式	正式	正式而劃一	幾乎很少，採命令式體系
衡量及報告	描述式，以市場爲主，非書面之報告	描述式或數量式之報告，書面報告	數量式之書面報告，生產導向	數量式之書面報告，財務報表導向

圖例 29-5　里特（Arthur D. Litter）之策略中心概念圖

資料來源：Tames K. Brown and Rochelle O'Connor. *Planning and Corporate Planning Director* (New York: The Conference Board, No. 627, 1974)

第十二篇

附　錄

——我國產品標示法令——

一、商標法

二、商標法施行細則

三、正字標記管理規則

附錄一

商標法

民國十九年五月六日國民政府公布二十年一月一日施行
二十四年十一月二十三日國民政府修正公布
二十九年十月十九日國民政府修正公布
四十七年十月二十四日總統令修正公布同日施行
六十一年七月四日總統令修正公布
七十二年一月二十六日總統令修正公布

第一章 總 則

第 一 條 爲保障商標專用權及消費者利益，以促進工商企業之正常發展，特制定本法。

第 二 條 凡因表彰自己所生產、製造、加工、揀選、批售或經紀之商品，欲專用商標者，應依本法申請註册。

第 三 條 外國人所屬之國家，與中華民國如無相互保護商標之條約或協定，或依其本國法律對中華民國人申請商標註册不予受理者，其商標註册之申請，得不予受理。

第 四 條 商標以圖樣爲準，所用之文字、圖形、記號或其聯合式，應特別顯著，並應指定所施顏色。

商標名稱得載入圖樣。

第 五 條 商標所用之文字，包括讀音在內，以國文爲主；其讀音以國語爲準，並得以外文爲輔。

外國商標不受前項拘束。

第 六 條 本法所稱商標之使用，係指將商標用於商品或其包裝或容器之上，行銷國內市場或外銷者而言。

商標於電視、新聞紙類廣告或參加展覽會展示以促銷其商品者，視爲使用；以商標外文部分用於外銷商品者亦同。

第 七 條 本法所稱商標主管機關，爲經濟部指定辦理商標註册事務之機關。

第 八 條 申請商標註册及處理有關商標之事務，得委任代理人辦理之。

在中華民國境內無住所或營業所者，應委任在中華民國境內有住所或營業所之人爲特別授權之代理人。

商標代理人，如有逾越權限，或違反有關商標法令之行爲，商標主管機關得通知限期更換；逾期不爲更換者，以未設代理人論。

第 九 條　商標代理人，除委任契約另有限制外，得就關於商標之全部事務爲一切必要之行爲。但對商標專用權之處分，非受特別委任不得爲之。

第 十 條　商標代理人之委任、更換，委任事務之限制、變更或委任關係之消滅，非經商標主管機關登記，不得以之對抗第三人。

第十一條　商標主管機關對於居住外國及邊遠或交通不便地區之當事人，得依職權或據申請，延展其對於商標主管機關所應爲程序之法定期間。

第十二條　商標主管機關就其依本法指定之期間或期日，得因當事人之申請，延展或變更之。但有相對人或利害關係人時，除顯有理由或經徵得其同意者外，不得爲之。

第十三條　關於商標之申請及其他程序，延誤法定或指定之期間者無效。但因不可抗力或不可歸責於該當事人之事由，經查明屬實者，不在此限。

前項但書情形，應自延誤之原因消滅後三十日內，以書面詳載事實與其發生及消滅之日期，向商標主管機關聲明，並同時補辦其延誤之程序。

第十四條　本法所定各項期間之起算，以書件或物件送達商標主管機關之日爲準；如係交郵，以交郵當日郵戳爲準。

第十五條　商標主管機關之審定、評定書件，應於審定或評定後十日內送達於當事人。

前項書件無法送達時，應刊登商標主管機關公報，並自刊登之日起滿三十日，視爲公示送達。

第十六條　商標註册及其他關於商標之各項申請，應由申請人於申請時繳納申請費、公告費、註册費。商標主管機關駁回申請時，應將註册費發還；其未經公告者，並應將公告費發還。

申請費、公告費及註册費之數額，由經濟部定之。

第十七條　商標主管機關應刊行公報，登載註册商標及關於商標之必要事項。

第十八條　商標主管機關應置備商標註册簿，註錄商標專用權及關於商標之權利及法令所定之一切事項。

凡經核准註册之商標，應發給註册證。

第十九條　商標審定或註册事項之變更，應向商標主管機關申請核准。但商標圖樣及其指定之商品，不得變更。

前項經核准變更之事項，應刊登商標主管機關公報。

第二十條　商標主管機關對請求發給有關商標之證明、摹繪圖樣、查閱或抄錄書件之申請，除認爲須守秘密者外，不得拒絕。

第二章　商標專用權

第二十一條　商標自註册之日起，由註册人取得商標專用權。

商標專用權以請准註册之圖樣及所指定之同一商品或同類商品爲限。

第二十二條　同一人以近似之商標，指定使用於同一商品或同類商品，應申請註册爲聯合商標。

同一人以同一商標，指定使用於雖非同類而性質相同或近似之商品，得申請註册爲防護商標。

前二項商標申請註册時，其已註册或申請在先者爲正商標；同時提出申請者，應指定其一爲正商標。

第二十三條　凡以普通使用之方法，表示自己之姓名、商號或其商品之名稱、形狀、品質、功用、產地或其他有關商品本身之說明，附記於商品之上者，不爲他人商標專用權之效力所拘束。但以惡意而使用其姓名或商號時，不在此限。

第二十四條　商標專用期間爲十年，自註册之日起算。

前項專用期間，得依本法之規定，申請延展。但每次仍以十年爲限。

第二十五條　申請商標專用期間延展註册者，應於期滿前六個月內申請，並附送原註册證及商標圖樣。

第二十五條之一　商標專用期間申請延展註册，有下列情形之一者，不予核准:

一、有第三十七條第一項第一款至第六款或第八款情形之一者。

二、申請延展註册前二年內，無正當事由未使用者。

第二十六條　商標專用權人，除移轉其商標外，不得授權他人使用其商標。但他人商品之製造，係受商標專用權人之監督支配，而能保持該商標商品之相同品質，並合於經濟部基於國家經濟發展需要所規定之條件，經商標主管機關核准者，不在此限。

商標授權之使用人，應於其商品上爲商標授權之標示。

第二十七條　經核准授權使用之商標，如使用時違反前條之規定者，商標主管機關應依職權或據利害關係人之申請，撤銷授權之核准。

第二十八條　商標專用權之移轉，應與其營業一併爲之。

聯合商標及防護商標之移轉，除適用前項規定外，不得分析移轉。

第二十九條　商標專用權之移轉，應於一年內向商標主管機關註册；未核准註册前，不得以之對抗第三人。

第三十條　商標專用權，不得作爲質權之標的物。

第三十一條　商標專用權，除得由商標專用權人隨時申請撤銷外，凡在註册後有下列情事之一者，商標主管機關應依職權，或據利害關係人之申請撤銷之:

一、於其註册商標自行變換或加附記，致與他人使用於同一商品或同類商品之註册商標構成近似而使用者。

二、註册後無正當事由迄未使用或繼續停止使用已滿二年者。

三、商標專用權移轉已滿一年，未申請註册者。

四、違反第二十六條規定而授權他人使用，或明知他人違反授權使用條件，而不加干涉者。

前項第二款之規定，對於設有防護商標或聯合商標仍使用其一者，不適用之。

商標主管機關爲第一項之撤銷處分前，應通知商標專用權人或其商標代理人，於三十日內提出書面答辯。

商標專用權人受第一項之撤銷處分確定者，於撤銷之日起三年以內，不得於同一商品或同類商品申請註册、受讓或經授權使用相同或近似於原註册之商標。

第三十二條　對前條第一項撤銷商標專用權之處分有不服者，得於三十日內，依法提起訴願。

第三十三條　商標專用期間屆滿未經延展註册者，商標專用權當然消滅。商標專用期間內有下列情形之一者亦同:

一、商標專用權人廢止營業者。

二、商標專用權人死亡，無繼承人或繼承人未自該商標專用權人死亡之日起一年內辦理移轉註册者。

第三十四條　商標名稱未載入圖樣者，不受本法之保護。

第三章　註　　册

第三十五條　申請商標註册，應指定使用商標之商品類別及商品名稱，以申請書向商標主管機關爲之。

商品之分類，於施行細則定之。

第三十六條　二人以上於同一商品或同類商品以相同或近似之商標，各別申請註册時，應准最先申請者註册；其在同日申請而不能辨別先後者，由各申請人協議讓歸一人專用；不能達成協議時，以抽籤方式決定之。

第三十七條　商標圖樣有下列情形之一者，不得申請註册：

一、相同或近似於中華民國國旗、國徽、國璽、軍旗、軍徽、印信、勳章或外國國旗者。

二、相同於　國父或國家元首之肖像或姓名者。

三、相同或近似於紅十字章或其他著名之國際性組織名稱、徽記、徽章者。

四、相同或近似於正字標記或其他國內外同性質驗證標記者。

五、有妨害公共秩序或善良風俗者。

六、有欺罔公衆或致公衆誤信之虞者。

七、相同或近似於他人著名標章，使用於同一或同類商品者。

八、相同或近似於同一商品習慣上通用之標章者。

九、相同或近似於中華民國政府機關或展覽性質集會之標章或所發給之褒獎牌狀者。

十、凡文字、圖形、記號或其聯合式，係表示申請註册商標所使用商品之說明或表示商品本身習慣上所通用之名稱、形狀、品質、功用者。

十一、有他人之肖像、法人及其他團體或全國著名之商號名稱或姓名，未得其承諾者。但商號或法人營業範圍內之商品，與申請註册之商標所指定之商品非同一或同類者，不在此限。

十二、相同或近似於他人同一商品或同類商品之註册商標，及其註册商標期滿失效後未滿二年者。

但其註册失效前已有二年以上不使用時，不在此限。

十三、以他人註册商標作爲自己商標之一部分，而使用於同一商品或同類商品者。

依前項第十一款或第十二款之但書規定申請註册之商標，應證明依各該款規定得准註册之事實。

第一項第七款所稱著名標章，其認定標準，由經濟部報請行政院核定之。

第三十八條　因商標註册之申請所生之權利，得與其營業一併移轉於他人。

承受前項之權利者，非經請准更換原申請人之名義，不得以之對抗第三人。

第三十九條　商標主管機關對於商標註册之申請，應指定審查員審查之。

前項審查，由商標主管機關擬定辦法，呈請經濟部核定實施。

第四十條　審查員有下列情事之一者，應行迴避：

一、配偶、前配偶或與其訂有婚約之人，爲該商標註册之申請人或其商標代理人者。

二、現爲該商標註册申請人之五親等內之血親，或三親等內之姻親或曾有此親屬關係者。

三、現爲或曾爲該商標註册申請人之法定代理人或家長、家屬者。

四、曾爲該商標註册申請人之商標代理人者。

五、與商標註册之申請人有財產上直接利害關係者。

第四十一條　商標主管機關於申請註册之商標，經審查後認爲合法者，除以審定書送達申請人外，應先刊登商標主管機關公報，俟滿三個月別無利害關係人之異議，或異議經確定不成立後，始予註册。

對審定公告之商標所提異議，經確定成立者，應撤銷原審定。

第四十二條　審定商標自行變換或加附記，致與他人使用於同一商品或同類商品之註册商標構成近似而使用者，商標主管機關得依職權或據利害關係人之申請撤銷原審定。

商標主管機關依前項規定撤銷前，準用第三十一條第三項之規定；撤銷處分確定者，準用第三十一條第四項之規定。

第四十三條　申請註册之商標，經審查後認爲不合法者，應爲駁囘之審定；並以審定書記載理由，送達申請人或其商標代理人。

第四十四條　商標註册申請人對於駁囘之審定，或依第四十二條第一項撤銷審定處分有不服時，得於三十日內依法提起訴願。

第四十五條　商標審查人員於審定商標公告期間發現原審定有違法情事時，應報請撤銷之。

商標主管機關依前項規定撤銷前，應先通知商標註册申請人或其代理人，於三十日內，申述意見。

第四十六條　對於審定商標有利害關係之人，得於公告期間內，向商標主管機關提出異議。

第四十七條　提出異議者，應以異議書載明事實及理由，並附副本一份，檢送商標主管機關。

商標主管機關應將前項副本，送達申請人或其商標代理人，並限期提出答辯。

第四十八條　第三十九條及第四十條之規定，於異議程序準用之。

審查員對於曾參與審查案件之異議，應行迴避。

第四十九條　商標主管機關對商標異議案件，應作成異議審定書，記載理由，送達商標註册之申請人、異議人或其商標代理人。

第五十條　商標註册之申請人或異議人，對於前條之異議審定有不服時，得於三十日內依法提起訴願。

第五十一條　經過異議確定後之註册商標，對方不得就同一事實及同一證據，申請評定。

第四章　評　定

第五十二條　商標之註册違反第三十一條第四項、第三十六條、第三十七條第一項或第四十二條第二項後段之規定者，利害關係人得申請商標主管機關評定其註册爲無效。

商標之註册，違反第四條、第五條、第二十二條、第三十一條第四項、第三十六條、第三十七條第一項第一款至第十款、第十二款、第十三款或第四十二條第二項後段之規定者，商標審查人員得提請評定其註册爲無效。

商標專用期間之延展註册，違反第二十五條之一之規定者，利害關係人或商標審查人員得申請或提請評定其註册爲無效。

第五十三條　商標之註册違反第四條、第五條、第二十二條、第三十一條第四項、第三十六條、第三十七條第一項第十一款或第四十二條第二項後段之規定者，自註册公告之日起已滿二年者，不得申請或提請評定。

第五十四條　商標專用權人或利害關係人，爲認定商標專用權之範圍，得申請商標主管機關評定之。

第五十五條　商標評定案件，由商標主管機關首長指定評定委員三人以上評定之。

前項評定，由商標主管機關擬定辦法，呈請經濟部核定實施。

第四十條、第四十七條、第四十八條第二項及第四十九條之規定，於評定準用之。

評定委員如與第五十七條所定之參加人間有第四十條所定之關係者，應行廻避。

第五十六條　評定應就書面評決之。但認爲必要時，得指定日期，通知當事人列席辯論。

關於評定之當事人，延誤法定或指定之期間、期日者，評定不因之中止。

第五十七條　對於評定事件有利害關係者，得於評定終結前申請參加，輔助一造之當事人。

前項申請參加，如他造當事人表示反對者，應否准許，由評定委員合議決定之。

參加人之行爲，與其所輔助之當事人之行爲相牴觸者無效。

第五十八條 對於評定之評決有不服時，得於三十日內依法提起訴願。

第五十九條 關於商標事件評定之評決確定後，無論何人不得就同一事實及同一證據，申請爲同一之評定。

第六十條 在評定程序進行中，凡有提出關於商標專用權之民事或刑事訴訟者，應於評定商標專用權之評決確定前，停止其訴訟程序之進行。

第五章 保護

第六十一條 商標專用權人對於侵害其商標專用權者，得請求排除其侵害；其受有損害時，並得請求賠償。

爲前項排除侵害之請求者，得請求將用以從事侵害行爲之商標及有關文書予以銷毀。

第六十二條 有下列情事之一者，處五年以下有期徒刑、拘役或科或併科五萬元以下罰金：

一、於同一商品或同類商品，使用相同或近似於他人註册商標之圖樣者。

二、於有關同一商品或同類商品之廣告、標帖、說明書、價目表或其他文書，附加相同或近似於他人註册商標圖樣而陳列或散布者。

第六十二條之一 意圖欺騙他人，於同一商品或同類商品使用相同或近似於未經註册之外國著名商標者，處三年以下有期徒刑、拘役或科或併科三萬元以下罰金。

前項處罰，以該商標所屬之國家，依其法律或與中華民國訂有條約或協定，對在中華民國註册之商標予以相同之保護者爲限。其由團體或機構互訂保護商標之協議，經經濟部核准者亦同。

第六十二條之二 明知爲前二條商品而販賣、意圖販賣而陳列、輸出或輸入者，處一年以下有期徒刑、拘役或科或併科一萬元以下罰金。

第六十二條之三 犯前三條之罪所製造、販賣、陳列、輸出或輸入之商品屬於犯人者，沒收之。

第六十三條 惡意使用他人商標之名稱，作爲自己公司或商號名稱之特取部分，而經營同一或同類商品之業務，經利害關係人請求其變更，而不申請變更登記者，處一年以下有期徒刑、拘役或科二千元以下罰金。

第六十四條　有下列情事之一者，推定爲侵害商標專用權所生之損害：

一、侵害人因侵害行爲所得之利益。

二、商標專用權人使用其註册商標，通常所可獲得之利益，因侵害而減少之部分。

商標專用權人之業務上信譽，因侵害而致減損時，商標專用權人仍得請求損害賠償。

第六十五條　商標專用權人依前四條之規定，向法院起訴時，並得請求由侵害人負擔費用，將判決書內容登載新聞報紙公告之。

第六十六條　依第二十六條規定，經授權使用商標者，其使用權受有侵害時，準用前五條之規定。

第六章　附　　則

第六十七條　凡非表彰商品之服務標章，其註册與保護，準用本法之規定。

第六十七條之一　本法修正前註册之商標，其商標名稱未載入圖樣中，而於本法修正前使用時予以標明者，得於本法修正施行後二年內，檢具使用證明，向商標主管機關申請將其名稱載入圖樣。

第六十八條　本法施行細則，由經濟部定之。

第六十九條　本法自公布日施行。

附 錄 二

商標法施行細則

民國十九年十二月三十日實業部公布二十年一月一日施行
二十一年九月三日實業部修正公布
三十六年一月八日實業部修正公布
四十九年三月十八日經濟部修正公布同日施行
六十二年六月十三日經濟部修正公布
七十一年五月六日經濟部令公布

第 一 條 本細則依商標法第六十八條之規定訂定之。

第 二 條 凡依本法申請註册者，應依本細則第二十七條指定商品類別，並列舉商品名稱，繕寫申請書，檢附指定設色商標圖樣十張及印版一塊。

商標圖樣應用堅韌光潔之紙料爲之，其長及寬均不得超過十公分。

商標印版應以照相鋅版爲之，其長及寬均不得超過六公分，厚爲二·三公分。

第 三 條 外國人爲關於商標註册之申請或其他程序者，應檢送國籍證明書。其爲外國法人者，應附送法人之證明文件。

第 四 條 國籍證明書及外國法人證明文件或其代理人委任書及其他文件係外文者，應檢附中文譯本。

國籍證明書及外國法人證明文件應經我國駐當地使領館或主管機關指定之機構簽證。

第 五 條 凡由代理人爲關於商標註册之申請或其他程序者，應附送代理人委任書，並載明代理權限。

依本法第八條第三項通知申請人更換代理人時應併通知該代理人。

第 六 條 本法第十五條所定商標主管機關之審定書，係指異議審定書、撤銷處分書、核准審定書及核駁審定書而言。

第 七 條 關於商標之註册，其應繳納之註册費如下:

一、商標專用權創設或商標專用期間之續展每件三百五十元。

二、商標專用權之移轉每件二百元。

三、註册事項之變更每件三十元。

前項各款註册費，於聯合商標、防護商標及服務標章均適用之。

第八條 依本法或其他法令關於商標之各項申請，所應繳納之申請費如下：

一、申請商標之註册每件一百元。

二、申請商標移轉註册每件五十元。

三、申請商標授權使用每件二百五十元。

四、註册事項之變更每件二十元。

五、審定事項之變更每件五十元。

六、申請補發註册證每件五十元。

七、申請商標專用權專用期間續展之註册每件一百元。

八、對於審定公告他人之商標提出異議每件三百元。

九、申請評定每件五百元。

十、申請補發審定書每件五十元。

十一、申請發給各種證明書每件五十元。

十二、申請參加評定每件二百五十元。

十三、申請查閱商標案件每案一百元。

十四、依商標法第三十一條及第四十二條申請或舉發撤銷他人之商標每件五百元。

第九條 商標申請案之公告費，每件應繳納五十元。

第十條 商標註册證應黏附商標圖樣，由商標主管機關蓋印發給。

第十一條 商標註册證遺失或毀損時，商標專用權人得聲敍事由，加具證明，申請補發。

依前項規定補發註册證時，其舊註册證應公告無效。

第十二條 凡申請人或其代理人之姓名、商號、住址、營業所、事務所或印章有變更或更換時，應向商標主管機關辦理變更登記。

第十三條 凡由商標主管機關抄給之書件、摹繪之圖樣，應由主管人員註册與原本無異字樣，並加蓋名章。

第十四條 附送關於商標之證據及物件，附送人預行聲明請領者，應於該案確定後三十日內領取。

第十五條 依本法第二十二條之規定申請聯合商標或防護商標註册者，應附送其原註册證或審定書。

第十六條 同一人同時以二以上近似之商標申請註册者，應指定其一爲正商標，以其餘與之聯合。同一人同時以同一商標分別指定使用於二以上性質相同或近似之商品類別申請註册者，應指定其一爲正商標，以其餘爲防護商標。

第十七條　聯合商標或防護商標之註册號數或審定號數，應相互塡入其正商標與聯合商標或防護商標之註册證或審定書。

聯合商標及防護商標之專用期間以其正商標爲準。

正商標撤銷或評定註册爲無效，其聯合及防護商標應一併撤銷。

第十八條　依本法第三十八條變更申請人名義時，應與原申請人連署，並附送其爲合法承受及移轉該營業之證明文件。

第十九條　商標審定公告事項之變更，準用本法第十九條之規定。

第二十條　本法第二十一條第一項所定註册之日，係以核准註册，發給註册證上所塡寫之日期爲準。

第二十一條　同一註册人分別以二以上相同之商標依據修正前商標法所取得之專用權，其申請續展註册時，使用商品類別，應依本細則予以歸併，其專用權之計算，以最先註册者爲準。

第二十二條　商標專用權人依本法第二十六條之規定申請授權他人使用其商標者，應附送商標授權使用合約、商標註册證及有關證明文件。

第二十三條　依本法第二十八條第一項之規定商標專用權因讓與或其他事由而移轉申請註册者，應附送係與其營業一併移轉證明文件，如屬外國商標並應檢附不使用該商標之證明文件，其因繼承而移轉申請註册者，應附送其合法繼承之證明文件，並均應附送原註册證。

前項註册證於核准後，註册移轉事項發給申請人。

第二十四條　正商標移轉時，其聯合商標及防護商標依本法第二十八條第二項之規定一併移轉。

第二十五條　關於商標之申請所送之申請書或其他物件，應註明商標名稱及申請人名稱、地址。其已註册或審定者，並應註明其註册或審定號數。

第二十六條　關於商標申請或其他程序違背有關法令所定之程序及程式、不繳規費、申請書、圖樣、印版不明晰或不完備者，商標主管機關應通知補正或更換之。

第二十七條　商標註册之申請人應依下列規定指定使用其商標之商品類別，其未指定者，得由商標主管機關指定之。

第一類　藥品、衞生醫療補助品，不屬別類之化學品。

第二類　顏料、染料。

第三類　漆、塗料。

第四類　油墨。

第五類　香料。

第六類　化粧品。

第七類　肥皂、香皂、藥皂、洗衣洗髮劑及其他清潔劑。
第八類　牙膏、牙粉、牙水。
第九類　地板汽車及器具用亮光臘、粉、水。
第十類　革油、革液、鞋粉、鞋水。
第十一類　蠟、蠟燭。
第十二類　線香、香末及其他祭祀用品。
第十三類　燄火、爆竹、炸裂品。
第十四類　氣體、液體、固體燃料及工業用油脂。
第十五類　火柴。
第十六類　蚊香、捕蠅紙。
第十七類　酒。
第十八類　菸、菸草。
第十九類　冰。
第二十類　冰淇淋、汽水、果汁、蒸餾水及不屬別類之飲料。
第二十一類　茶、咖啡、可可及其混合製品。
第二十二類　獸乳、乳粉、乳水、奶油及其混合製品與仿製品。
第二十三類　鹽、醬、醋、調味品。
第二十四類　糖、蜜。
第二十五類　食用、植物油。
第二十六類　蜜餞、糖果、餅乾、乾點、麵包、蛋糕。
第二十七類　乾鮮、醃臘、冷凍海味肉食及其罐裝製品、仿製品。
第二十八類　乾鮮、淹漬、冷凍果蔬及其罐裝製品。
第二十九類　活禽獸、水產及蛋卵。
第 三 十 類　穀、麵粉、澱粉及其他穀製粉與其混合製品。
第三十一類　麵條、粉絲及其混合製品。
第三十二類　飼料。
第三十三類　肥料。
第三十四類　植物、花卉及種子。
第三十五類　蠶種、蠶繭。
第三十六類　棉、葛、麻、羽毛及其他天然纖維及原料品。
第三十七類　紗、線、絲、帶、網、繩、綾。
第三十八類　疋頭、膠布、帆布。
第三十九類　被褥、床單、枕、蓆、墊、帳、簾、帳篷。
第 四 十 類　毯。

第四十一類　毛巾、浴巾、手帕、抹布、尿布。
第四十二類　編織刺綉美術品、花邊及不屬別類手工藝品。
第四十三類　冠帽。
第四十四類　衣服及不屬別類之衣着。
第四十五類　領帶。
第四十六類　手套。
第四十七類　襪子、褲襪。
第四十八類　靴鞋。
第四十九類　鈕釦、拉鍊、扣條。
第五十類　書包、手提箱袋、旅行袋、皮夾。
第五十一類　傘。
第五十二類　刷子。
第五十三類　梳、篦。
第五十四類　眞髮、假髮及其製品、不屬別類之裝飾品。
第五十五類　紙、不屬別類之紙製品及其仿製品。
第五十六類　書籍、新聞雜誌、圖畫、照片、票據及不屬別類之印刷品。
第五十七類　包裝容器。
第五十八類　筆、墨、墨水及不屬別類之其他文具。
第五十九類　膠紙、膠帶、漿糊及不屬別類之事務用具。
第六十類　動、植物標本及其仿製品。
第六十一類　金屬、金屬未製成器具之半製品。
第六十二類　貴金屬、金鋼鑽、珠玉、珊瑚、水晶、瑪瑙、寶石、不屬別類之礦物及其製品與仿製品。
第六十三類　石、人造石及其製品與仿製品。
第六十四類　水泥、瀝青、石膏、石棉、石灰、磚瓦、土砂及其製品。
第六十五類　不屬別類之建築材料及製品。
第六十六類　玻璃及其不屬別類之製品與仿製品。
第六十七類　不屬別類之磁器、陶器、搪瓷器。
第六十八類　紙漿、木漿、塑膠橡皮及不屬別類之其他基本材料。
第六十九類　天然及人造樹脂。
第七十類　不屬別類之塑膠及樹膠製品。
第七十一類　皮革、不屬別類之皮革製品及其仿製品。
第七十二類　床。
第七十三類　不屬別類之傢俱。

第七十四類　竹、木、籐及其不屬別類之製品。
第七十五類　不屬別類之廚房用具及餐具。
第七十六類　不屬別類之衞生清潔用器具。
第七十七類　縫紉機及其組件。
第七十八類　打字機、油印機、印刷機、複印機、影印機。
第七十九類　度量衡及其他計量器具、測量器具。
第 八 十 類　計算機。
第八十一類　照相機、幻燈機、電影機、錄影機及其器材。
第八十二類　科學儀器及醫療器材。
第八十三類　鐘錶及其組件。
第八十四類　眼鏡及其組件。
第八十五類　樂器及其組件。
第八十六類　運動遊戲器具、兒童玩具。
第八十七類　獵釣捕用器具。
第八十八類　飼養水族禽獸用器具。
第八十九類　煙具、打火機。
第 九 十 類　航空機、船舶、車輛、運輸機械器具及其組件。
第九十一類　消防器材、交通安全器具、廣告牌、證章、徽章、警示標記。
第九十二類　農工機械器具、鍋爐、販賣機及不屬別類之機械器具。
第九十三類　不屬別類之打壓物、鎔鑄物。
第九十四類　電視機、電唱機、收音機、錄音機、無線電機器材、通訊器材。
第九十五類　電冰箱、冷氣機、洗衣機、冷風機、熱風機、乾燥機、電爐、電扇及其他不屬別類之電氣機械器具。
第九十六類　飲水機、濾水機、冷熱水瓶及器具。
第九十七類　熱水器、烤箱、爐具及保暖器。
第九十八類　日光燈、水銀燈、霓虹燈、瓦斯燈、煤油燈、安全燈、裝飾燈、燈泡、燈罩、手電筒及其他照明器具。
第九十九類　電池、電瓶、蓄電器。
第 一 百 類　電線、電纜。
第一百零一類　電影片、錄影帶。
第一百零二類　唱片、錄音帶。
第一百零三類　不屬別類之其他商品。

第二十八條　服務標章之申請人應依下列規定，指定使用其標章之營業種類。

第一類　教育及娛樂。

第二類　新聞及通訊。

第三類　銀行及保險。

第四類　運輸及倉庫。

第五類　廣告及傳播。

第六類　營建及修繕。

第七類　餐宿及旅行。

第八類　不屬別類之其他服務。

第二十九條　本法修正前所取得之商標專用權，其使用之商品類別，仍以已請准註冊者爲準。

本細則修正前已審定公告商標，其使用之商品準用前項規定。

第 三 十 條　依本法第三十六條規定須經各申請人協議者，商標主管機關應指定相當期間通知各申請人協議，申報不能達成協議時，商標主管機關應指定期日及地點通知各申請人抽籤決定之。

第三十一條　本法第三十六條及第三十七條之規定，對本法修正前註册之商標不適用之。

第三十二條　本法修正前已取得之商標專用權，其商標專用期間仍以原核准者爲準。

審定商標於本法施行後註册者，其專用期間應爲十年。

申請專用期間之延展，於本法施行後核准者，其延展專用期間應爲十年。

第三十三條　本法修正前已審定公告之商標，公告期間仍以原訂六個月期間爲準。

第三十四條　本細則修正施行前受理之商標申請案件，其應繳之註册費、申請費、公告費仍依申請時原定之金額繳納。

第三十五條　本細則自發布日施行。

附錄三

正字標記管理規則

民國四十年七月二十日經濟部令公布同日實施
民國四十五年三月三日經濟部令修正公布
民國四十七年五月十四日經濟部令修正公布
民國五十年十一月二十五日經濟部令修正公布
民國五十一年十月三日經濟部令修正公布
民國五十八年三月五日經濟部經臺(58)秘規字第〇七四二四號令修正公布
民國六十二年九月十五日經濟部經(62)技字第二九二〇八號令修正發布
民國六十四年六月三十日經濟部經(64)法字第一四五〇五號令修正發布
民國六十七年十二月五日經濟部經(67)法字第三九〇四二號令修正發布
民國六十八年二月十五日經濟部經(68)法字第〇四六一七號令修正發布
民國七十一年五月十九日經濟部經(71)法字第一七一一〇號令修正發布
民國七十二年九月二十六日經濟部經(72)技字第三九五〇七號令修正發布

第一章 通則

第一條 爲實施標準法第五條之規定，特訂定本規則。

第二條 凡中華民國境內之廠商，其生產製造之產品，符合國家標準者，得依本規則申請使用正字標記。

第三條 正字標記以㊣代表之，其式樣如下:

一、㊣爲圓內接正方形之「正」字。

二、右側之短橫爲「正」字寬度二分之一，其左端交點居圓之中心，左側之短豎爲「正」字高度二分之一，其位置在「正」字寬度六分之一處。

三、圓及「正」字筆畫粗細爲圓半徑之十分之一。

四、圓徑級分爲五、十、二十五、五十及一百公釐五級。

第四條 核准使用之正字標記，應連同其證明書字號，一併標明於各個產品及包製之顯著部位。

產品因特殊原因無法標示時，仍應在其包裝上標示。

第二章　申　　請

第 五 條　申請使用正字標記，應檢具下列文件，並繳納申請費每件一千元，向經濟部中央標準局（以下簡稱標準局）申請之：

一、申請書。

二、公司執照或商業登記證影印本。

三、工廠登記證影印本。

四、申請使用正字標記產品之有關品質管制（以下簡稱品管）設備表。

前項申請書及有關表格格式由標準局定之。

第 六 條　申請使用正字標記之產品，未經經濟部商品檢驗局（以下簡稱商檢局）實施品管登記者，於實施檢驗前，標準局應依國產商品實施品質管制辦法之規定，實施工廠品管調查。

前項工廠品管調查結果，申請人得於收到通知後十五日內申請複查一次。

第 七 條　申請使用正字標記之產品，經商檢局實施品管登記者，應檢送品管等級證明文件。標準局必要時，並得依前條第一項規定實施工廠品管調查。

第 八 條　申請使用正字標記之產品，經品管調查合格後，由標準局於生產該產品之廠所抽樣，委託商檢局或其他機構，依照國家標準檢驗一次。

前項檢驗，必要時標準局得派員於生產該產品之廠所實施監督廠方檢驗。

第三章　審　　核

第 九 條　申請使用正字標記之產品，經審查符合下列各款規定者，准予使用正字標記，發給正字標記證明書，並得依申請加發證明書英文譯本。

一、品管達甲等者。

二、產品經檢驗符合國家標準者。

第 十 條　經核准使用正字標記之產品，應刊登於標準局發行之標準公報及有關政府之公報，標準局並定期列册彙報經濟部備查。

第十一條　經核准使用正字標記之產品，於內外銷檢驗時，得依照分等檢驗予以優惠。

第十二條　申請使用正字標記之產品，經核駁者，自核駁之日起，三個月內不得再行提出申請。

第四章 管理

第十三條 經核准使用正字標記之產品，廠商應將其產品開始出廠銷售日期，向標準局報備。

第十四條 使用正字標記之廠商，應依國家標準嚴格執行品管，使其產品經常符合國家標準，其最近二年之品管資料並應妥為保管。

標準局對使用正字標記之廠商，得不定期實施工廠品管調查。

前項調查，如發現廠商檢驗設備或品管執行情形不良，而致品管等級未達甲等者，應通知於六個月內改正，並於期滿後，實施品管複查。

第十五條 使用正字標記之產品，標準局應在不同市場採購樣品，或派員向使用正字標記產品之廠商抽樣，實施檢驗。

前項檢驗，每年至少一次，如檢驗結果，不符國家標準者。應通知限期確實改善。

使用正字標記之廠商，對前項檢驗結果有異議時，應於檢驗紀錄送達次日十日內提出。標準局並應據請重核。

第十六條 使用正字標記之廠商。因故停止生產其產品時，應將停止生產原因及計畫回復生產日期向標準局報備。

第十七條 使用正字標記之產品，所適用之國家標準修訂時，標準局應通知生產該產品之廠商，依照修訂之國家標準在六個月內改正之。

前項期間廠商如有實際困難，標準局得依申請核准延長期限。

第十八條 使用正字標記之廠商，其正字標記證明書所載事項，如有變更，應檢附有關文件，報請標準局換發證明書。

標準局對前項申請，得依第六條、第七條及第八條規定，實施品管調查及產品檢驗。調查及檢驗結果，如符合第九條規定者，始予換證。

第十九條 正字標記證明書如有遺失或滅失時，使用正字標記之廠商得申請補發。

第二十條 第六條第二項、第十四條第三項改正後之品管複查旅費，第八條樣品檢驗費、監督試驗或因故再行抽樣之旅費，第十五條樣品採購費、樣品檢驗費、監督試驗或因故再行抽樣之旅費，均由廠商負擔，其數額經標準局通知後，應於文到後七日內送繳標準局。

領取正字標記證明書或證明書英文譯本，應繳納證明書或譯本費每件一百元。

第二十一條　使用正字標記之廠商，有下列情事之一者，標準局得撤銷其所使用之正字標記。

一、未依第四條之規定標示，經通知仍未標示者。

二、未依第十四條第三項或第十七條之規定期限改正者。

三、依第十五條規定，經通知限期確實改善，如其產品於再行抽樣檢驗後，仍不合格者。

四、依第十五條規定，自查無產品供檢驗日起，一年內未產製產品供實施檢驗者。

五、未依第十八條之規定申請換發正字標記證明書或申請未經核准者。

六、拒不繳納第二十條規定之費用者。

七、以詐僞方法獲准使用正字標記，或未依核定範圍使用正字標記者。

第二十二條　使用正字標記之廠商，有下列情事之一者，標準局應註銷其使用之正字標記。

一、申請註銷。

二、歇業。

三、適用之國家標準廢止者。

第二十三條　使用正字標記之廠商受第二十一條之撤銷處分確定者，除該條第四款情事外，於撤銷確定之日起一年以內，不得以原使用正字標記產品，再行申請使用正字標記。

第二十四條　經標準局撤銷或註銷之正字標記，其正字標記證明書及其英文譯本，自公告日起三十日內應由領用廠商向標準局繳銷之。逾期標準局並得追繳之。

第五章　附　　則

第二十五條　未依本規則取得正字標記證明書而使用正字標記者，由標準局依標準法第八條之規定，移送司法機關法辦。

第二十六條　第五條所定申請費及第二十條所定旅費、檢驗費、採購費、證明書或譯本費之徵收，應依預算程序辦理。

第二十七條　本規則自發布日施行。

第十三篇

定　價　策　略

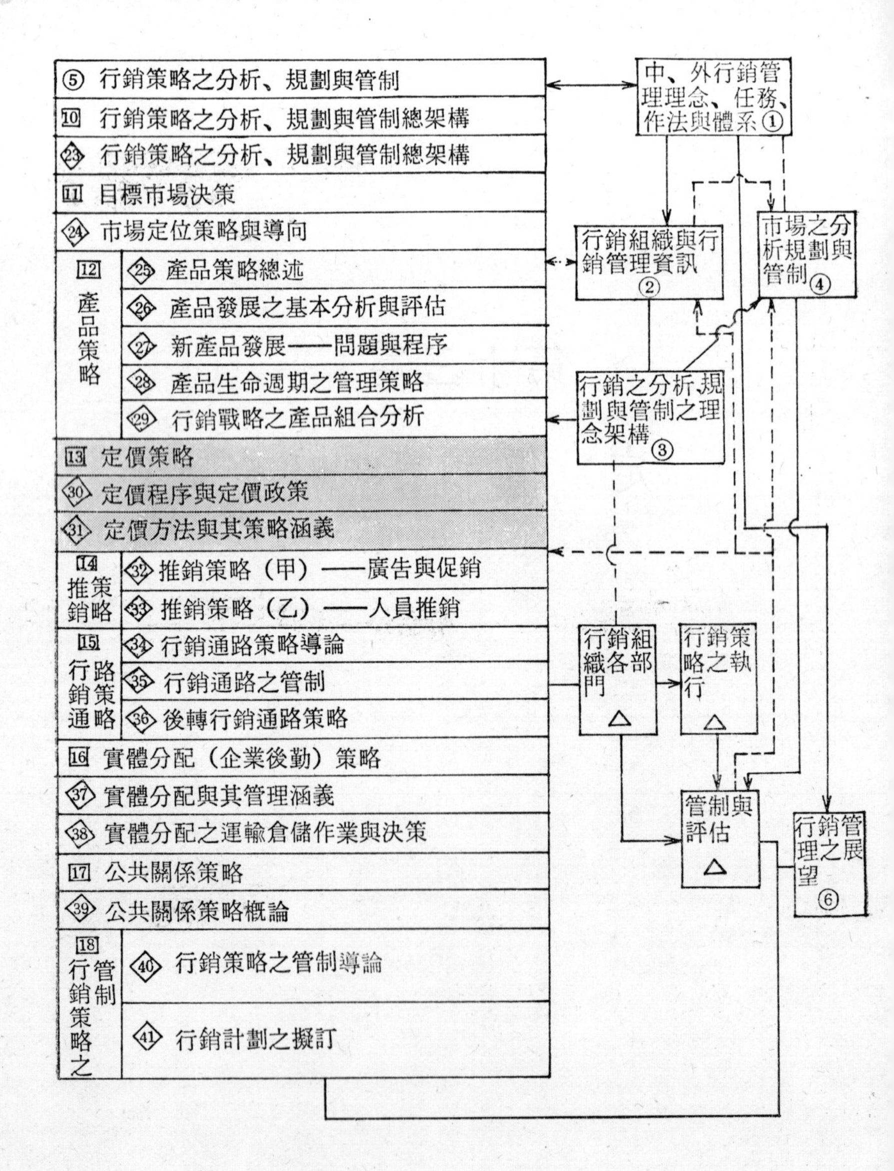
⑤ 行銷策略之分析、規劃與管制
10 行銷策略之分析、規劃與管制總架構
23 行銷策略之分析、規劃與管制總架構
11 目標市場決策
24 市場定位策略與導向
12 產品策略
25 產品策略總述
26 產品發展之基本分析與評估
27 新產品發展——問題與程序
28 產品生命週期之管理策略
29 行銷戰略之產品組合分析
13 定價策略
30 定價程序與定價政策
31 定價方法與其策略涵義
14 推銷策略
32 推銷策略（甲）——廣告與促銷
33 推銷策略（乙）——人員推銷
15 行銷通路策略
34 行銷通路策略導論
35 行銷通路之管制
36 後轉行銷通路策略
16 實體分配（企業後勤）策略
37 實體分配與其管理涵義
38 實體分配之運輸倉儲作業與決策
17 公共關係策略
39 公共關係策略概論
18 行銷策略之管制
40 行銷策略之管制導論
41 行銷計劃之擬訂
中、外行銷管理理念、任務、作法與體系①
行銷組織與行銷管理資訊②
市場之分析規劃與管制④
行銷之分析規劃與管制之理念架構③
行銷組織各部門
行銷策略之執行
管制與評估
行銷管理之展望⑥

第三十章　定價程序與定價政策

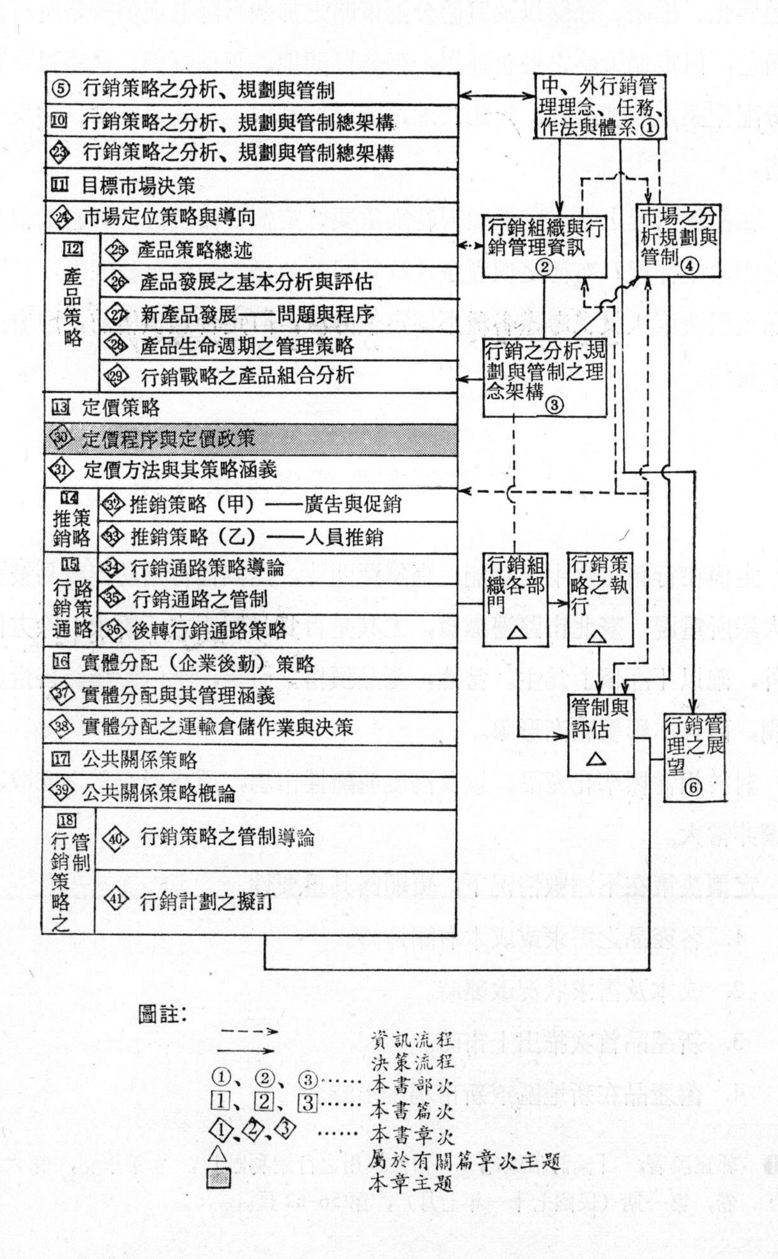

產品價格決定企業之銷貨收入，另一方面亦爲競爭之利器。雖然產品差異化、推銷、通路以及實體分配策略之加強可降低定價策略所扮演之角色，但定價策略之妥善運用，毫無疑問地，可使推銷、通路以及實體分配作業之效能增加。❶相反地，倘過度利用，或盲目使用，將反受其害。

在何種情況之下，定價顯得特別重要？定價目標若何？影響定價決策之因素是什麼？有何定價程序及政策可資依循？對此種種問題，負責產品定價決策人員在考慮各種不同定價方法，訂定合理價格前，應有充分之認識。

第一節 定價之重要性與定價目標

定價在行銷組合中之功能，毫無疑問地，比其他行銷功能較易被消費大衆所重視。臺北市路邊攤販，尤其是百貨品攤販之「訴求」除方便性外，確以「廉價」爲主。當然，產品價格之訂定，不但影響銷售量與利潤，而且亦影響廠商形象。

對於相當標準化產品，以及高度壟斷性市場，價格對它們之成敗，影響非常大。

定價決策在下述數情況下，更顯露其重要性。

1. 各產品之需求或成本有關連時。
2. 成本及需求狀況改變時。
3. 新產品首次推出上市時。
4. 舊產品在新地區或新市場推出時。

---

❶ 郭崑謨著，「論訂價策略——常被誤用之行銷利器」，企銀季刊，第六卷，第一期（民國七十一年七月），第56-62頁。

5. 同業廠商改變其價格時。

6. 舊產品銷路受阻，或市場衰退時。

定價決策之基本依據爲定價目標。目標不同，所採取之定價方法亦異。因此，在實際進行定價之前，需先擬定定價目標。一般而言，定價之基本目標有下列數種。這些目標應與企業營運目標，以及整體行銷方針一致。

1. 達成預期投資報酬率之定價目標

對於某特定產品、產品羣、或部門之投資額，訂定預期報酬率，決定能達到此一報酬之價格。

2. 最大利潤之定價目標

追求最大利潤爲多數廠商之共同目標。理論上，最大利潤之決定因素包括需求函數與供應函數。

3. 應付競爭之定價目標

視競爭廠商對類似產品之定價情況如何，而決定產品之價格謂之應付競爭之定價目標。

4. 實現預期市場佔有率之定價目標

爲鞏固市場地位（通常以市場佔有率表示），價格之訂定應配合預訂市場佔有率之達成。此種目標有時不易明確地指引實際定價作業，但可視市場演變之情況，作價格原則之製定以利作業。

5. 穩定價格與產量之定價目標

需求變化甚大之企業以及固定成本較高之企業，最忌價格之不穩定。蓋價格之波動易產生巨大之損失。穩定價格，目標通常建立於確切之成本觀念與合理之利潤上。

6. 其他定價目標

除上述數種比較基本之定價目標外，廠商尙有下述數種定價目標。

(1) 領導價格目標

(2) 開拓新市場目標

(3) 拓展特殊市場目標

(4) 替其他產品銷路定價目標

第二節 影響定價決策之因素

價格決策反應廠商對需求、競爭、政府規定、廠牌和公司映象、合作經濟、一般公司的目標、產品特殊性之衡量等因素，而其決策則包括折扣政策之建立，付款期與時間等等。

價格會隨供給量、供給品質、折扣的實行、額外費用、所有權轉移的時間、或轉移地點而變，因為這些變動，訂價決策者必須明瞭影響價格的許多因素：這些因素據馬套氏 (Marues and Tauber)，可區分為公司內在和外在兩個部份❷。

1. 影響價格的外在因素：一般而言，經濟學上的需求，代表着影響各行業和公司的所有情況。1970 年代中期的蕭條情況使許多行號刪減貨物價格和服務，給予準時「還款的折扣」且供應比計劃中較低的價格。在另一方面，令人頭痛的經濟情勢，如美國1970年代末期的地租，刺激工業製造廠商提高價格，以增加超過額利潤。

此外，國內外和工業經濟心理因素也會影響需求狀況及價格。例如，經濟學家認為產品的購買量與貨物的價格，購買者的收入和購買者對貨物所擁有的知識有密切的關係。個人欲以最佳的代價購買欲購的貨

---

❷ Burton H. Marcus and Edward M. Tauber, *Marketing Analysis and Decision Making* (Boston: Little Brown and Company, 1979), pp. 48-50.

物，但「選擇最佳的價格」得依恃着供應貨物，廠商影響購買者對產品意識的努力，及產品銷售地點，個人偏好等知識。這些均爲影響選擇的因素。

因此，許多的經濟景況或對經濟物品的意識會影響購買者，決定其對物品之購買。例如，一個行號決定購買 IBM 產品，可能反應決策者有以下之行動需要：1. 用一個已被接受的品牌；2. 簡單地調整管理的推薦，3. 尋求可信任的同僚；4. 相信價格和品質存在着正相關；5. 當決策者缺乏分析此項產品特性能力的時候，選擇一個有高使用率及工作表現的產品。

同樣的，政府的行動也會影響價格的決策。例如，一項新產品的價格威脅競爭，且此組織之獲利已擁有優勢的市場地位，政府可能認爲這種現象爲主要的工業威脅，將視爲此巨大工業爲獨占廠商在此一種情況下，政府將採取規範的行動。

2. 影響價格的內在因素——影響價格的內在因素最主要的就是成本，其較不明顯的因素如：貨物或服務的價格，有關其他同樣式的產品，其他種類的產品線，公司利潤目標，市場地位，產品生命週期，和內在政策均會影響價格政策。

筆者認爲影響定價決策之因素可概分爲市場情況、產品特性、成本、法令、以及慣例等數端。

壹、市場情況

消費者（或購買者），對價格之敏感度，程度不一。工業用品採購者較諸消費品採購者之價格敏感度高。就是同一消費市場或同一工業市場，每一地區，對每一產品之價格敏感度亦不盡相同。訂定價格時須對各市場之價格彈性有所瞭解，始能訂出合理可行之價格。

市場競爭情況直接反映價格決策之基本方向。寡佔市場必然出現價格領首；完全競爭市場會有「市價」出現；小廠商在不完全競爭之下，當較有訂價自主之可能。

貳、產品特性

產品差異化程度高時，訂價自主力較強，否則需考慮「行情」。產品初上市時，若市面上無可替代或類似產品，往往可高價出售；成長期與飽和期須減價出售；及至衰退期，當然更要削價清倉。諸如此類均爲產品特性對定價決策影響之例。

叄、成　本

單位售價扣除單位成本，便爲單位產品利潤。倘成本結構改變，如工資、原料價格上漲，利潤亦隨之變動。因此在釐訂產品價格時，應對成本特性及其改變情形，明確瞭解，方能減少決策之差誤。

肆、法令與慣例

我國雖然沒有如歐美等國之反托拉斯法 (Anti-Trust Law)， 但對偏高之產品價格，必需用品之價格，重要物資之價格均在法令上有或多或少之限制。定價決策當然應考慮並配合政府之方針。

衆多行業在產品銷售上， 往往有行業慣例可循， 諸如大宗採購折扣、早日付款之現金折扣、廣告津貼等等。

第三節　定價程序

根據定價目標，在實際進行定價作業時，作業人員須進行估計產品之潛在需求量，並預測競爭者對市場之反應，預估市場佔有率，選擇達成銷售目標之價格策略，並訂定訂價政策，最後方訂定價格。此一定價程序所藉圖例 30-1 示明於後。

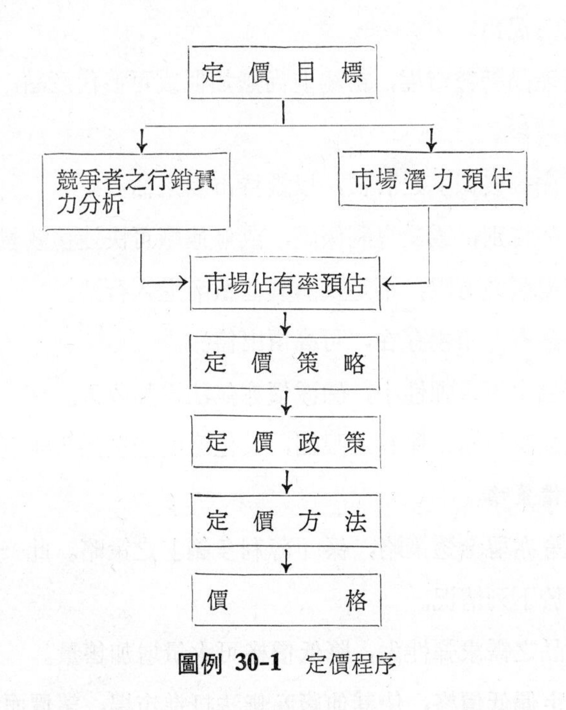

圖例 30-1 定價程序

第四節　定價之基本策略與政策

在訂定產品價格時，行銷人員應在策略導向上，依據定價目標，作妥切之決定，並配合各種與價格有關之種種政策，始能在定價（或議價）時掌握主動態勢，建立廠商之價格形象。

壹、定價之基本策略導向

定價之基本策略有高價策略以及低價策略。當然從此兩種基本策略，廠商可發展出衆多其他策略，藉以達成定價目標。

一、高價策略

立意訂定偏高價格，吸收特定市場之策略乃高價策略之重點。適用此一策略之情況爲：

1. 新產品初登市場，市場上尚無類似或可替代產品，不虞其他廠商競爭。
2. 「先高後低」之訂價，以維持市場之佔有率。
3. 產品特別，或受專利保護，或無他廠可快速仿效製造。
4. 市場潛力有限，不足吸引其他廠商進入行業。
5. 「富有」市場存在，可高價出售。
6. 產品之需求彈性小，倘減價亦無法增加收入。
7. 產品受技術及原料之限制，其他廠商無法加入生產行列。

二、低價策略

低價政策亦稱滲透策略，係「薄利多銷」之策略。此一策略，價格偏低，適合於下列情況。

1. 產品之需求彈性大，降低價格可大量增加售量。
2. 訂定偏低價格，使其他廠商無法打進市場，望價而退。
3. 低所得市場之爭取重要。
4. 其他行銷策略之使用受到限制。

貳、定價政策

定價作業上有諸多事項及情況影響最終價格。主管定價人員應基於實際情況與需要，制定基本原則，以利定價作業之操作。大凡在折讓、運費、差別定價、定價方法、價格變動等數項目上，應有足可依循之原則。

一、折讓政策

折讓可分數量折扣、現金折扣、季節折扣，以及中間商折扣等等。各種折扣政策之釐訂，應配合現行市場之行規以及公司之策略，且並非一成不變。各種折讓之內容與特性如下：

(1) 數量折扣：可再分累積與不累積兩種。

(2) 現金折扣：規定在某特定期間內提早繳現者得享有某一成數之現金折扣，以鼓勵顧客提早繳納貨款。

(3) 季節折扣：通常在淡季進行，藉以平穩產銷作業。

(4) 中間商折扣：爲一種行銷功能性報酬。

(5) 廣告推銷折扣：爲鼓勵中間商對所經銷產品之推銷，在總售價中扣除部份廣告推銷費用。

(6) 以舊換新折扣：此種折扣在耐久財交易中較常見。銷售者給以顧客「換新」交易上自標價扣減折讓價格。

(7) 破損折扣：此種折扣爲補償貨品破損所作之減扣。

二、運費政策

是否在售價中包含運費應明定原則。F. O. B. 不包括運費，謂之工廠交貨定價。統一交貨定價，則包括運費，如C & F或 C. I. f。

三、差別定價政策

差別定價乃指賣主對不同買主訂定相異價格，不同地區訂定不同價格亦爲差別定價之例。

四、單位定價政策 (Unit Pricing Policy)

在貨品上，不但標示售價，亦標示每一基本單位，如每斤、每 cc 或每片之價格。此種定價法於1970年初期開始盛行於美國且業已普及什貨及超級商店❸。

五、單一（統一）定價政策

單一，或統一定價，乃特指廠商對同一產品之所有客戶收取相同價格之定價而言。此種政策可節省買賣雙方之時間，取得客戶之信心——「公平」信心。以零售店言，目前臺北市之許多兒童「便利食品」，如乖乖、蝦味先、口香糖等均屬於此類之定價政策。

六、定價方法之政策

定價方法上之不同原則反映於下列數項。

(1) 以價格競爭為主之定價與非以價格競爭而以產品差異化為主之訂價。

(2) 心理訂價。

(3) 特價特售。

(4) 廠商指定「牌價」。

(5) 全部成本訂價與邊際成本訂價。

(6) 簡化貨價數目。

七、價格變動政策

價格應反應市場之趨勢與成本之演動情況。但有些廠商基於公司之目標，寧願保持價格之穩定，就是變動，亦只允許微幅升降，以維持商譽。

---

❸ Charles D. S. Chewe and Reuben M. Smith, *Marketing: Concepts and Applications*, Second Edition (N. Y.: McGraw-Hill Book Company, 1983), p. 379.

第三十一章　定價方法與其策略涵義

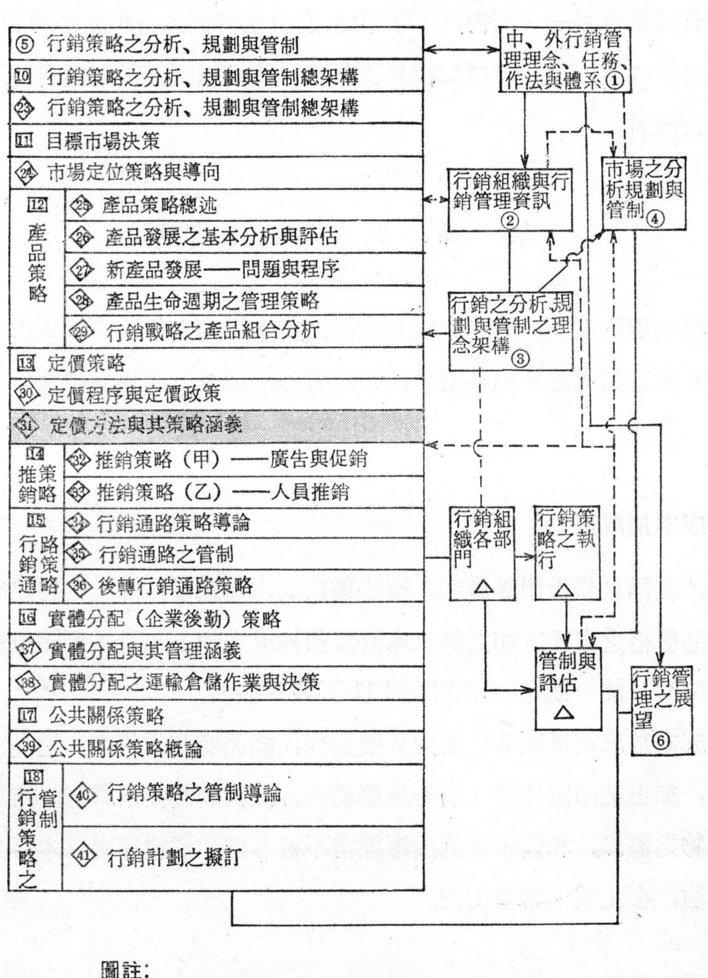

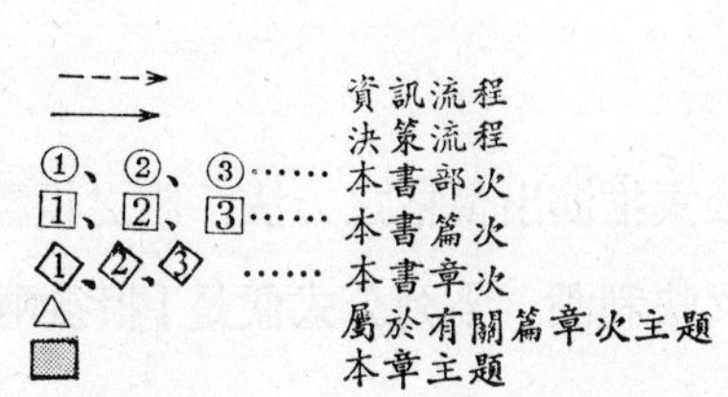

定價方法雖多，但可歸爲三類——成本導向、需求導向以及成本與需求兼顧導向。何種導向較佳，端視情況而定。最重要之情況爲：(1)成本資料是否可一一取得；(2)需求或市場情況是否可正確預測；(3)有無市場成規；(4)訂價技術是否具備。這些情況將於討論各種訂價法時再與探討。

第一節　成本導向定價法

在定價決策上，只考慮成本者謂之成本導向定價法。成本導向定價法：有成本加成法、損益兩平法、投資報酬率法、零售訂價法、邊際成本法等數種。

壹、成本加成法

此法爲目前受用最廣者。該法係以成本爲基數，加上某特定成數做爲產品價格之方法。如以總成本計算即總成本加上預計毛利除以總產量（單位）。此一觀念，可從圖例 31-1 窺其概要。

成本加成定價被廣泛應用於製造商，經銷商和零售商。它是在總費用上，加上某固定比率（有時是變動者）以對利潤提出貢獻。市場對特殊貨物之需求，和競爭者的反應經常不被考慮。這種超過成本百分率定價方法，在工業上常被引用。

貳、損益兩平法

從損益兩平之公式推演出價格之方法，謂之損益兩平法。損益兩平公式應略加修訂以反映利潤。下列公式便是「損益兩平加利潤」之公式：

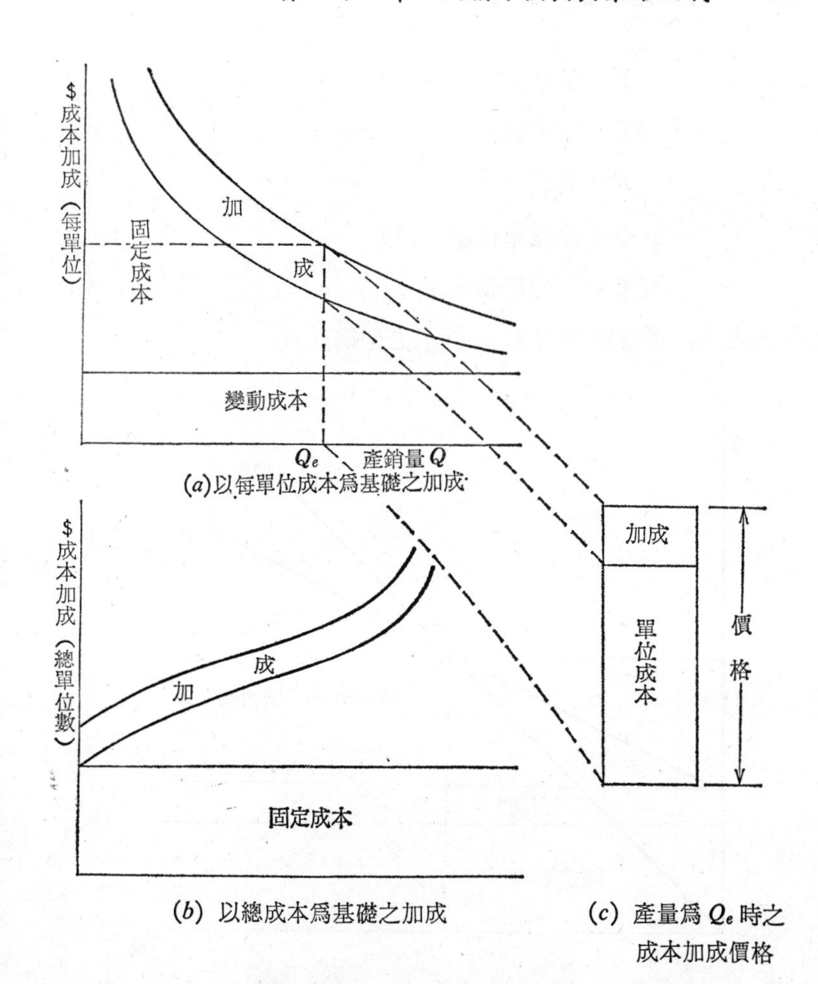

(b) 以總成本爲基礎之加成　　(c) 產量爲 Q_e 時之成本加成價格

圖例 31-1　成本加成法之架構

$$Q=\frac{FC+R}{P-AVC} \tag{1}$$

公式 (1) 經整理後，得

$$P=\frac{FC+R+AVC}{Q} \tag{2}$$

式中：

P =價格

FC =固定成本

R =利潤

Q =產銷單位數（量）

AVC =平均變動成本

若以圖表示，可得如圖例 31-2 所示之架構。

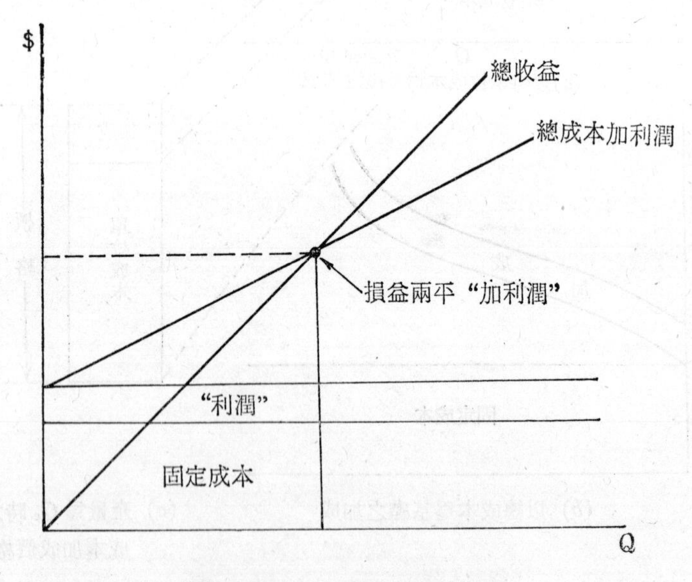

圖例 31-2 損益兩平「加利潤」

叁、投資報酬率法

投資報酬率法，本質上與成本加成法相似。此法中之投資報酬率可視爲成本「加成之部」。若以數學模式表示可得公式 (4) 之程式。

$$K \cdot r(\%) = P \cdot Q - C \tag{3}$$

(3) 式加以整理得：

$$P=\frac{K\cdot r(\%)+C}{Q} \qquad (4)$$

式中之 r 爲投資報酬率，K 爲淨投資額，C 爲成本，其餘符號與前述者相同。

投資報酬率爲基礎的產品定價法，並不考慮市場對產品的反應或它的定價會影響其他產品的銷售，因此法的總效果要遜於理想的情況，此乃由於價格的收入實況和產品市場的競爭息息相關。

肆、零售訂價法

零售店，出售產品種類繁多， 且時常變動價格， 在其變動價格之前，應考慮變動價格是否仍可維持利潤。於此種情況下，訂價人員可用簡單成本加成程式以利作業。公式 (6) 所示者爲簡化程式。

$$P=C+M \qquad (5)$$

$$M_k=kP$$

故
$$P=\frac{C}{1-k} \qquad (6)$$

式中之 k 代表零售價之加成百分比，C 代表單位成本，M 代表加成絕對值，其餘符號皆與前同。

伍、邊際成本法

爲求迅速增加市場佔有率，或利用空閒設備（未用產能），或淘汰舊產品，或謀求資金之週轉，往往據邊際成本訂定價格。在此一定價觀念下，只要所增加之銷貨收益足夠收回該一單位變動成本便可。邊際成本法之觀念可藉圖例 31–3 以明之。

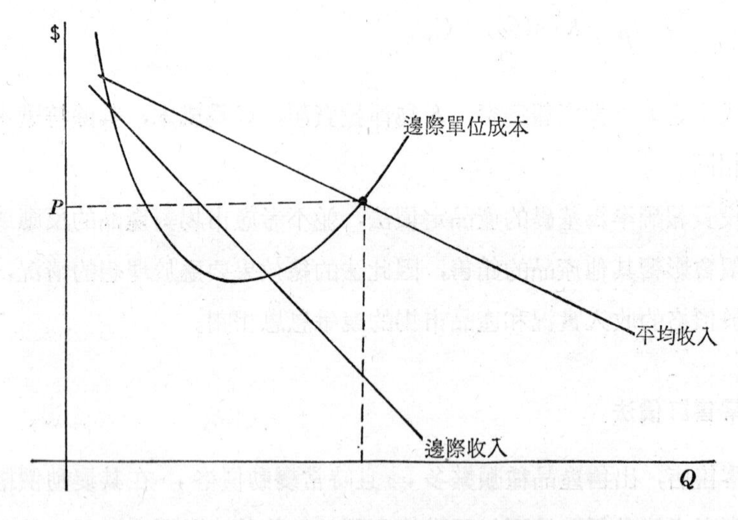

圖例 31-3　邊際成本定價觀念

第二節　需求（市場）導向定價法

只考慮需求或市場，而不考慮成本之定價方法謂之需求導向定價法。較普遍之方法有追隨價格領袖定價、市場成規法、市場競爭定價法、心理定價法等。

需求（市場）導向定價法着眼於消費者之期望、知識、競爭、產品的供給、經濟情況、市場分佈與促銷及預想需求的影響。此外，市場導向的定價也考慮及同一廠商所提供之其他產品特別價格的影響；如果廠商期望消費者會接納此種情況，那麼一個合理的，可調整的價格差異，顯然值得考慮。

壹、追隨價格領袖定價法

在諸多行業，衆多產品市場，有少數廠商成爲定價方面之領導者。

在此一情況下定價之良策爲追隨領導廠商之價格。一般而言，如果產品高度標準化，且生產該產品需大量固定成本時，此一定價策略當較風行。

貳、市場成規法

許多產品，如口香糖、生力麵、麵包等，由於市場之習慣形成一固定價格，除非自家產品具有優越特色，無法脫離此種價格成規。此種定價法，通常在穩定社會裏比較通行。

叁、市場競爭定價法

產品價格之訂定如視競爭產品之價格而定，便是市場競爭定價法。一般而言，本公司產品之價格應訂定在競爭產品價格之上下以求取競爭態勢之均衡。

肆、心理定價法

心理定價法又稱奇數定價法。其爲奇數乃特指非 10、20、30 等整數而言，如 9 元 9 角 5 元，7 元 7 角 8 分等。由於 9 元 9 角 5 分，雖實際上只差 5 分就爲10元，但在顧客心理上似遠較10元爲便宜，容易吸引較多潛在顧客。許多廠商採取該法。

第三節　成本、需求兼顧導向定價法

理論上，訂定產品價格應兼顧成本（供面）與市場（需面）。兼顧成本與需求之訂價法較典型者有最大利潤定價法、變動損益兩平法、最適價格範圍定價法。

壹、最大利潤法❶

依據經濟理論，若價格決定於邊際成本等於邊際收入之產量水準所推演出之價格水準，便可獲得最大利潤。此一定價法可用圖例 31-4 示明於後。

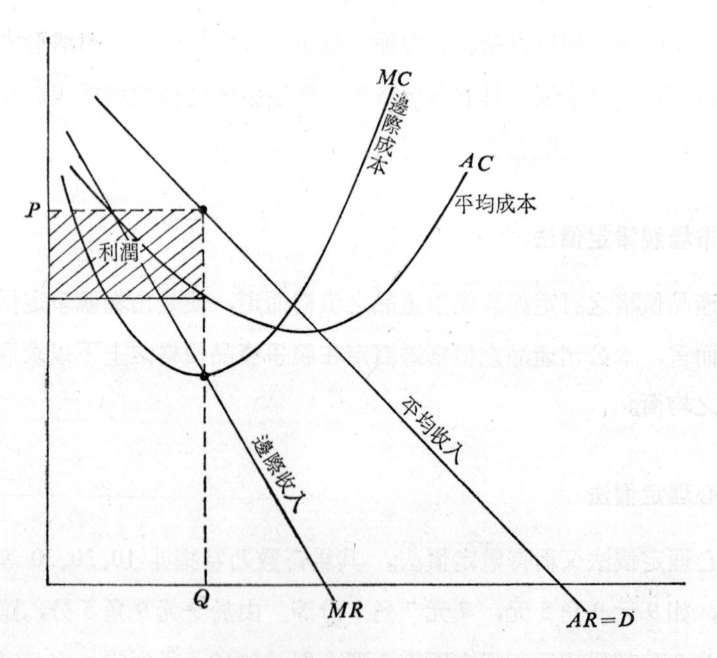

圖例 31-4　最大利潤定價架構

最大利潤法可藉公式推演如下。

設：Q＝銷售量；AR＝平均收益；P＝價格；FC＝固定成本；
TC＝總成本；r_P＝廠商利潤；TR＝總收益；C＝變動成本。

則：$TR=P\cdot Q=P\cdot f(Q)$　(7)

---

❶ Clark Lee Allen, *The Framework of Price Theory* (Belmort, Calif.: Wadsworth Publishing Co. 1967) p. 224.

$$TC = C \cdot Q + FC \tag{8}$$

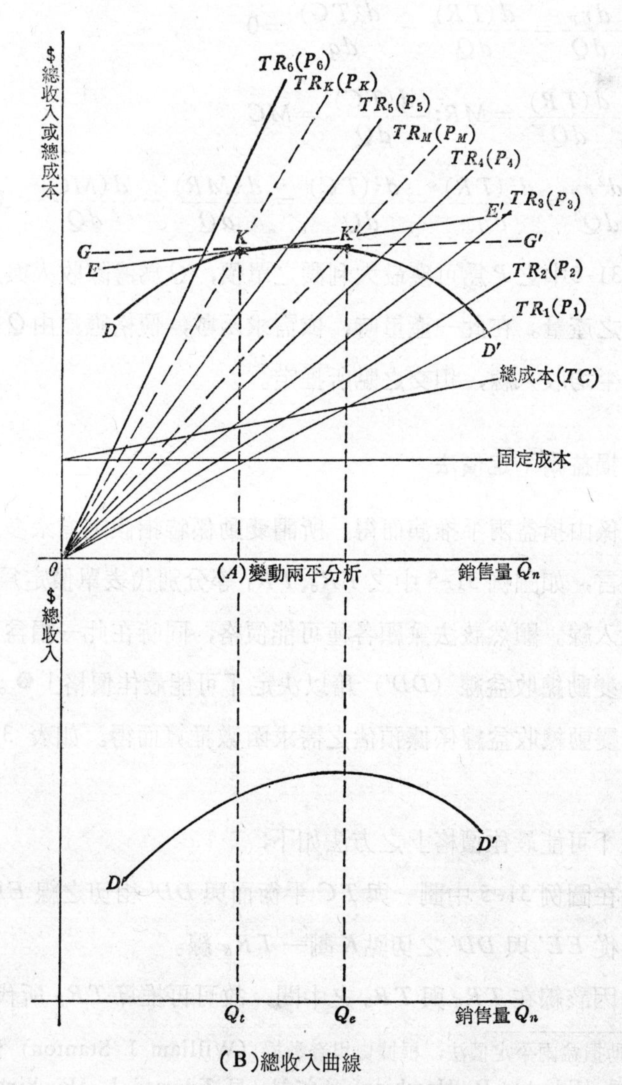

圖例 **31-5** 變動損益兩平定價架構

資料來源：此圖係依何根氏 (Edward J. Hawkins) 之觀念（見❷），經筆者修訂後劃製，見郭崑謨著，「兩平分析及其在管理上之運用」，企銀季刊，第4卷第2期（民國六十九年十月），第11-14頁。

$$r_P = TR - TC = P \cdot f(Q) - C(Q) - FC \qquad (9)$$

$$\frac{dr_P}{dQ} = \frac{d(TR)}{dQ} - \frac{d(TC)}{dq} = 0 \qquad (10)$$

$$\frac{d(TR)}{dQ} = MR; \frac{d(TC)}{dQ} = MC$$

$$\frac{d^2 r_P}{dQ^2} = \frac{d^2(TR)}{dq^2} - \frac{d^2(TC)}{dQ^2} = \frac{d(MR)}{dQ} - \frac{d(MC)}{dQ} < 0 \quad (11)$$

圖例31-5中之P為可獲最大利潤之單價，Q為邊際收入與邊際成本本相等時之產量。在此一產量時，依需求函數，價格應為由Q向上劃一重直線與平均收入線，相交之點所推定。

貳、變動損益兩平定價法

該法係由損益兩平推演而得。所謂變動係特指假定有衆多單價之總收入線而言，如圖例 31-5 中之TR_6、TR_4 等分別代表單價定為P_6 與 P_4 時之總收入線。顯然該法兼顧各種可能價格，同時在此一損益兩平圖上可籠罩一變動總收益線（DD'）藉以決定「可能最佳價格」❷。

所謂變動總收益線係據預估之需求函數推算而得。如表 31-1 所示者然。

決定「可能最佳價格」之方法如下:

1. 在圖例 31-5 中劃一與TC 平衡而與 DD' 相切之線 EE'。
2. 從 EE' 與 DD' 之切點K劃一 TR_K 線。
3. 因該線在 TR_6 與 TR_5 之中間，故可再推算 TR_K 所代表之P_K。

---

❷ 變動損益兩平定價法，根據史坦登教授（William J. Stanton）係由何根教授（Edward R. Hawkins）所首創，見 Edward J. Hawkins, "Price Policies and Theory," *Journal of Marketing*, January, 1954, p. 234. 史坦登教授之引證，參閱 W. T. Stanton, *Fundamentals of Marketing*, 3rd. Ed. (N. Y.: McGraw-Hill Book Company, 1971) pp. 438-440.

表 31-1 變動總收益線之推估

P_i	Q_i	P_iQ_i＝變動總收益
P_1	Q_1	P_1Q_1
P_2	Q_2	P_2Q_2
P_3	Q_3	P_3Q_3
⋮	⋮	⋮
P_n	Q_n	P_nQ_n

4. P_K 便是可能最佳價格。

5. 與固定成本平衡且與 DD' 線相切之 K'_1 點代表最高總收入，而 P_M 爲最高總收入之價格。

叁、最適價格範圍定價法

利用兩平分析、作業研究與統計技巧決定最大期望產銷量，藉以訂定最適價格範圍方法，謂之最適價格範圍定價法。玆將該法之步驟說明於後。❸

1. 估計悲觀、最大可能以及樂觀需求曲線如圖例 31-6 A 圖中之 D_P、D_M 及 D_O 三線。

2. 估計與上述悲觀、最大可能以及樂觀需求曲線所代表之函數所反映之變動總收益線，如圖例 31-6 B 中之 R_P、R_M 及 R_O。此三線應套於損益兩平圖上。

3. 從悲觀變動總收入線 R_P 與總成本線 TC 相交之點 (B_1) 劃一垂直線與 D_P 線相交，由此推演得 P_1。P_1 爲價格之上限。

4. 從 R_P 與 TC 之另一交叉點 B_2 劃一垂直線，與 D_P 相交，由

❸ B. R. Darden "An Operational Approach to Product Pricing," *Journal of Marketing*, Vol. 32 (April, 1968), pp. 29-33.

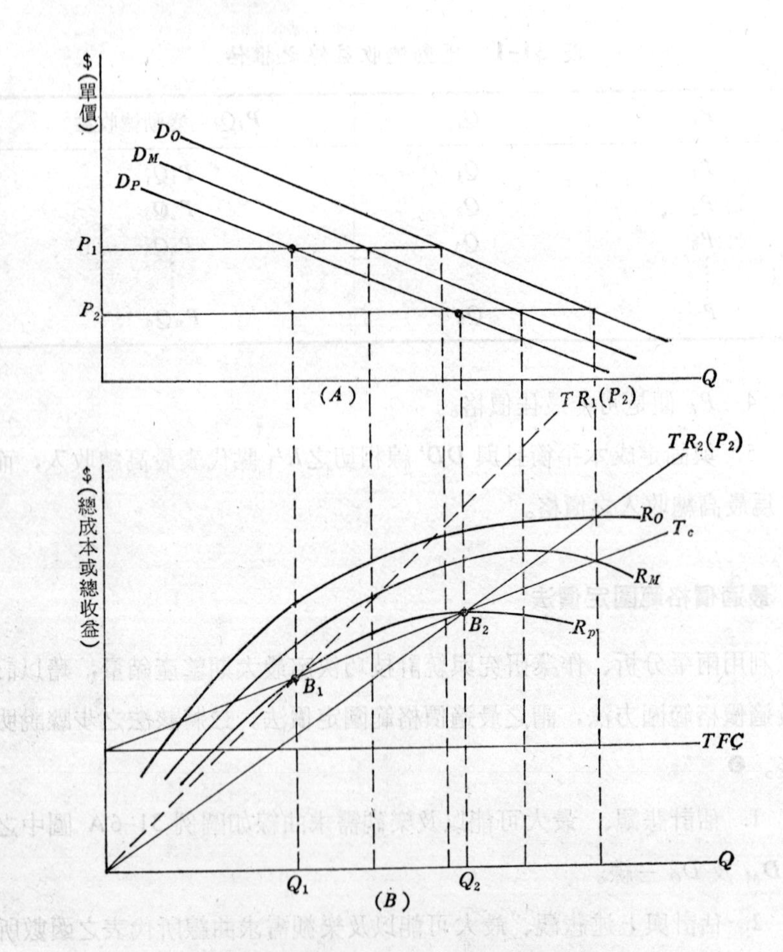

圖例 31-6 最適價格範圍決定架構

資料來源：B. R. Darden, "An Operational Approach to Product Pricing," *Journal of Marketing*, Vol. 32. (April, 1968), pp. 29-33.

此推演出 P_2。P_2 為價格之下限。

在本法中，吾人可利用計劃評核術 (PERT) 分析得到預期最大產銷量，如公式 (12) 及 (13) 所示。

預期 P_1 之最大產銷量 (DQ_{P_1}) 為：

$$DQ_{P_1}=\frac{Q_{P_1}+4Q_{M_1}+Q_{O_1}}{6} \quad (12)$$

$$DQ_{P_2}=\frac{Q_{P_2}+4Q_{M_2}+Q_{O_2}}{4} \quad (13)$$

式中之 Q_{P_1}, Q_{O_1} 及 Q_{M_1} 等分別代表悲觀、最大可能以及樂觀產銷量（P_1 時之情況）。

第四節　損益兩平需求曲線定價芻議——以及我國廠商定價須知

爲使廠商能於訂定價格時，對成本變動以及利潤規劃之政策有較彈性之決策依據，爰就損益兩平之觀念，加以修訂成損益兩平需求曲線，藉以發揮彈性訂價之功能。此一模式可藉圖例 31-7 示明於後。

如圖例 31-7 所示，當成本增減時，可從預期銷貨量求得應有之售價。當成本增加，損益需求曲線便由 Bd_1 移至 Bd_2，而價格則應由 P_1 增加至 P_2[4]。

我國廠商，一向偏重價格競爭策略，注重競爭廠商之價格取向，導致惡性競爭。今後因應價格環境之變動，應注意:

(1) 以產品成本結構之完整、詳實，獲取訂價之自主。

(2) 以產品售後服務之加強，間接對付競爭廠商之價格攻勢。

(3) 愼用訂價利器，提高我國產品形象。

定價策略雖爲企業營運上之行銷利器，理論及方法雖然甚多，廠商倘過度重視其所扮演角色，或用之失當，將會導致惡性競價，或盲目抬

[4] 郭崑謨著，「兩平分析在管理上之運用」，企銀季刊，第 4 卷，第 2 期（民國六十九年十月），第 11-14 頁。

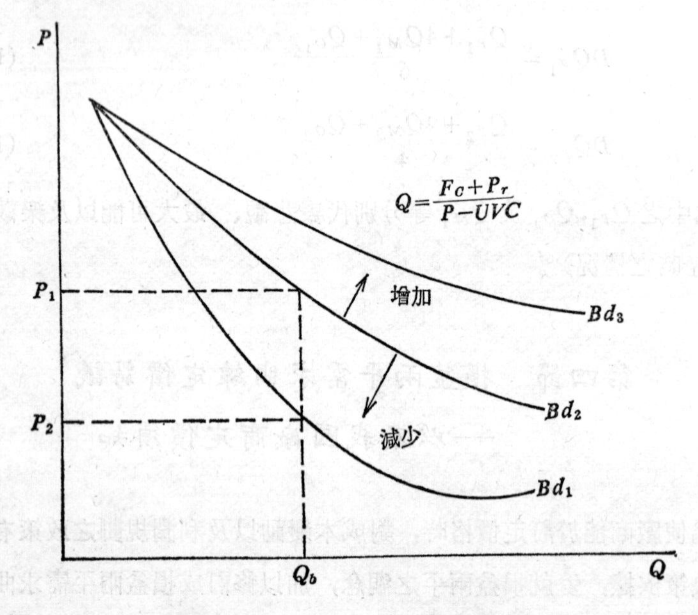

圖例 31-7　損益兩平需求曲線與定價

資料來源：郭崑謨著「兩平分析在管理上之運用」，企銀季刊，第 4 卷第 2 期（民國六十九年十月），第 11-14 頁。

價，自受其害。政府正積極倡導提高我國產品價位，及品牌知名度以策進我國產品形象之觀念，廠商尤應愼用價格策略❺。

❺ 郭崑謨著，「論訂價策略——常被誤用之行銷利器」，企銀季刊，第 6 卷，第 1 期（民國七十一年七月），第 56-62 頁。

第十四篇

推 銷 策 略

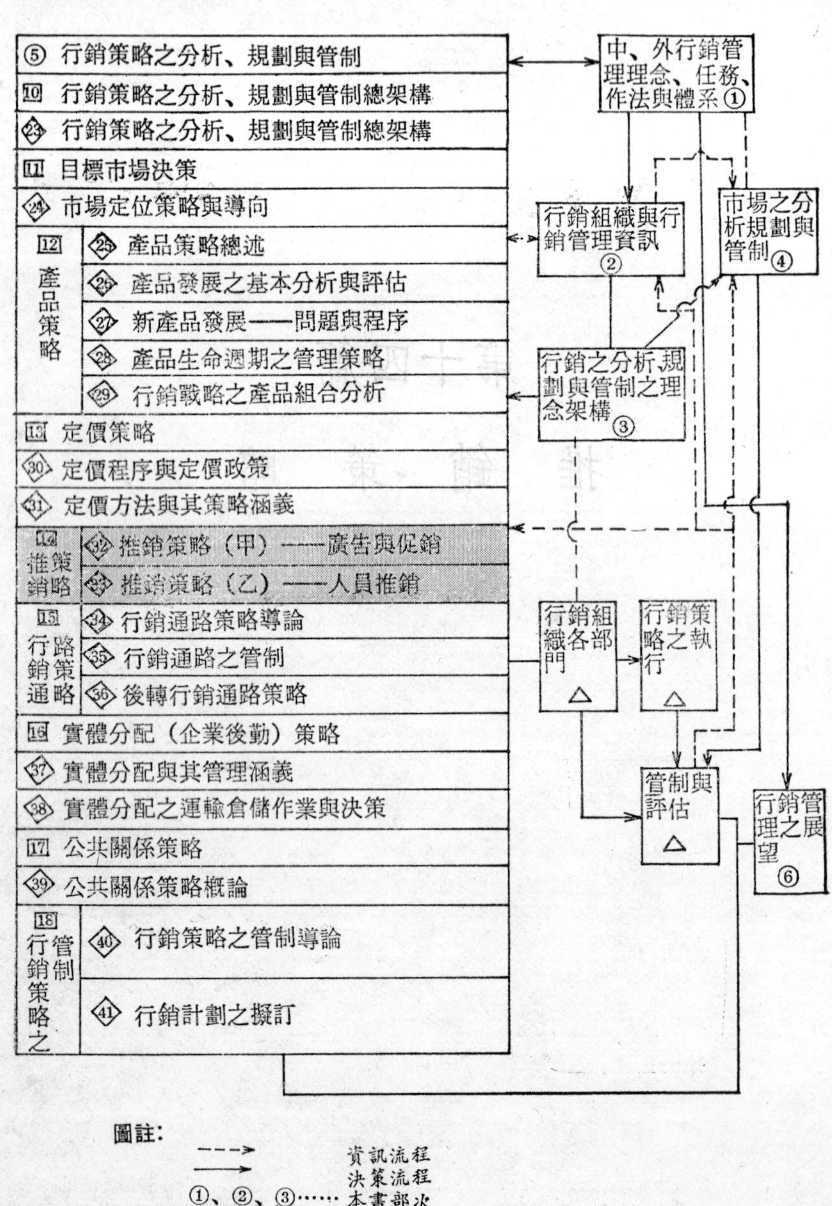

⑤ 行銷策略之分析、規劃與管制
10 行銷策略之分析、規劃與管制總架構
23 行銷策略之分析、規劃與管制總架構
11 目標市場決策
24 市場定位策略與導向
12 產品策略
25 產品策略總述
26 產品發展之基本分析與評估
27 新產品發展——問題與程序
28 產品生命週期之管理策略
29 行銷戰略之產品組合分析
13 定價策略
30 定價程序與定價政策
31 定價方法與其策略涵義
14 推銷策略
32 推銷策略（甲）——廣告與促銷
33 推銷策略（乙）——人員推銷
15 行銷通路策略
34 行銷通路策略導論
35 行銷通路之管制
36 後轉行銷通路策略
16 實體分配（企業後勤）策略
37 實體分配與其管理涵義
38 實體分配之運輸倉儲作業與決策
17 公共關係策略
39 公共關係策略概論
18 行銷策略之管制
40 行銷策略之管制導論
41 行銷計劃之擬訂
中、外行銷管理理念、任務、作法與體系①
行銷組織與行銷管理資訊②
市場之分析規劃與管制④
行銷之分析.規劃與管制之理念架構③
行銷組織各部門
行銷策略之執行
管制與評估
行銷管理之展望⑥
圖註:
資訊流程
決策流程
①、②、③…… 本書部次
1、2、3…… 本書篇次
1、2、3 …… 本書章次
屬於有關篇章次主題
本篇主題

第三十二章　推銷策略(甲)—廣告與促銷

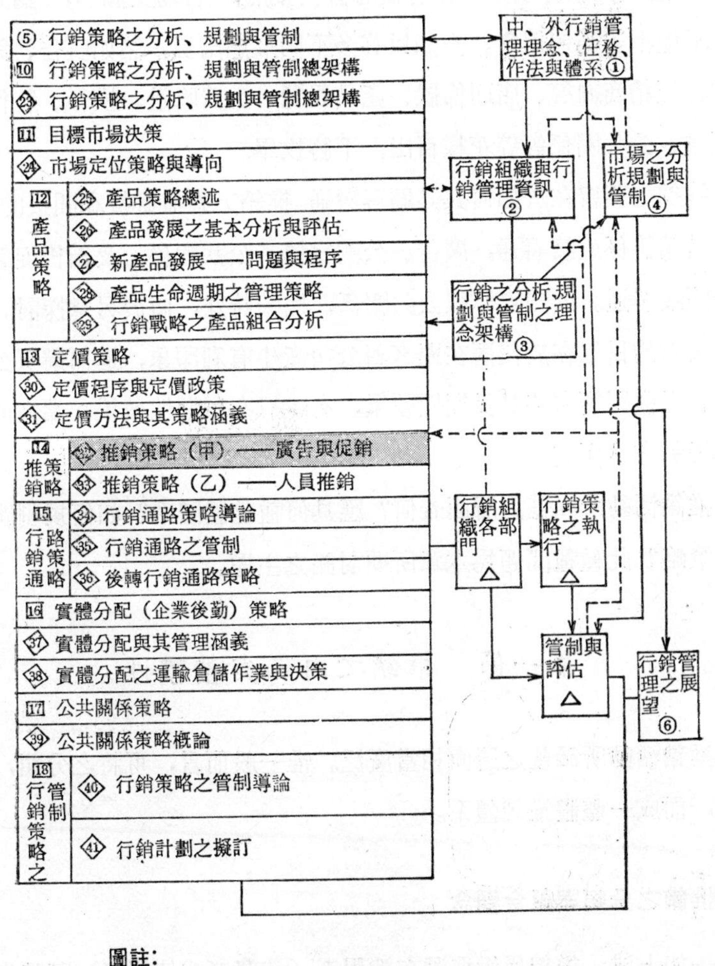

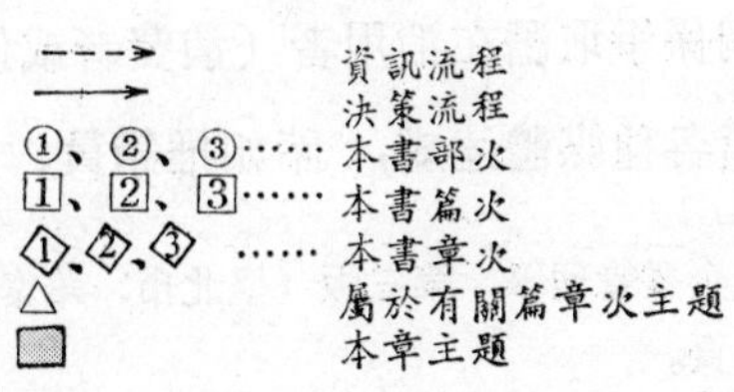

推廣與銷售簡稱推銷，爲推導購買者及潛在購買者，爭取市場之非常有效工具。其涵義爲推展有關產品、勞務、與產銷廠商之消息，爭取顧客。以其與顧客或潛在顧客較有直接接觸，容易受詬病，爲衆矢之的，不能不善爲運用❶。推銷以許多不同形態出現，諸如廣告、銷售員推銷、經銷商勵導、店面佈置、產品展覽、免費贈送、摸彩、特價券或減價券、公共關係等等花樣百出，不勝枚舉。

推銷之要旨在於如何與其顧客溝通。推銷方式有直接和間接的溝通，如人員銷售係直接溝通，廣告、公開宣傳、公共關係、及銷售促銷，乃屬於間接溝通。公開宣傳與公共關係，比較特殊，將於另章探討。

推銷的目的在於使潛在顧客對公司產生有利印象，進而購買公司的產品。這種影響有時具長期性效果，有時只有短期性效果，端視產品特性和推銷方式而定。

推銷活動所涵蓋之層面若何？應具何種整體體系？如何規劃廣告及促銷策略？此種種問題爲本章所要討論之主題。

第一節　推銷之內涵與整體性

推銷活動所涵蓋之層面相當廣泛。惟一般而言，可將之分類，相互組合，而成一整體推銷體系。

壹、推銷之分類與組合觀念

一如上述，推銷係爭取潛在消用者（消費者或使用者）訂購貨品之活動。推銷作業可藉各種媒體達成，諸如推銷員、電視、收音機、報

❶ 郭崑謨著，現代企業管理學，第三版（臺北市：華泰書局，民國七十一年印行），第 329 頁。

紙、贈送券、展示會、推銷信、商展、發表會等等。習慣上藉大衆傳播媒介推銷曰大衆推銷，藉人員推銷謂之推銷員推銷。大衆推銷活動中對所利用媒體之服務不必付出代價而活動本身並未特別顯出廠商之身份或推銷意圖者謂之公共關係；其若廠商身份及推銷意圖公開，並且要付出利用媒體之服務代價者，便是廣告。習慣上，人員推銷及廣告以外之推銷活動，謂之促銷。至於公共關係及公開宣傳，雖爲「大衆化推銷」之一種類型，以其性質特殊，通常在探討推銷活動時，被特別探討。

傳統上，廣告、促銷與人員推銷，稱爲推銷組合。

貳、推銷之整體性

傳統上，推銷組合中之促銷具有連貫並促進廣告與人員推銷之功能（見圖例32–1 A）。整體化推銷作業應爲廣告、人員與促銷之「連環交互」一體作業；以廣告支援人員推銷與促銷，人員推銷同時推展廣告作業與促銷（如展示），同時在展示會或展示中心散發傳單廣告以「面對面」推廣（見圖例32–1 B）。

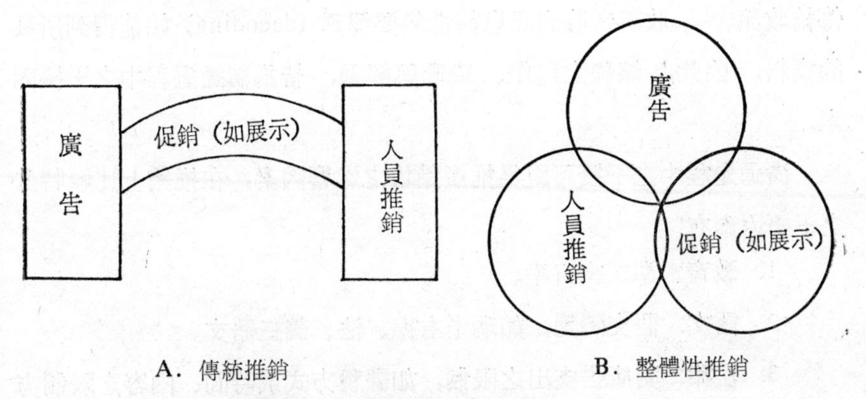

圖例 **32–1**　傳統推銷與整體推銷組合

資料來源：郭崑謨著，國際行銷管理，修訂三版（臺北市：六國出版社，民國七十一年印行），第376頁，圖例13。

第二節　溝通程序與推銷活動

溝通程序包括三個主要的因素：發訊者、資料（或訊息）之傳送、收訊者。見圖例 32-2。發訊者是公司，收訊者是消費者，至於資料轉送的方式有銷售人員、以書面或口頭的廣告、公開宣傳，或這些方式的混合。回饋（如消費者的購買和抱怨）可幫助經營者瞭解其溝通方式是否成功。

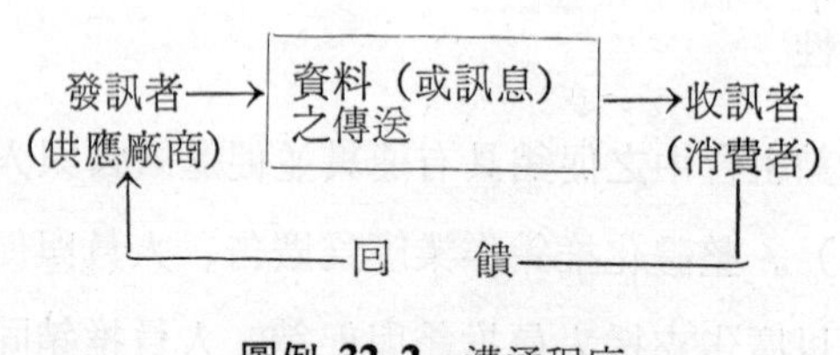

圖例 32-2　溝通程序

資料或訊息之傳送要經過訊息之變碼(Coding)後透過媒體 (Media) 傳給收訊者 。收訊者收到訊息前當然要解碼 (decoding) 始能得到所要的資料。因此，媒體之運作、變碼與解碼，皆爲溝通過程中之干擾因素。

溝通過程中之干擾可視爲推廣銷售之影響因素，在推銷上比較特殊之干擾因素有：

1. 教育水準：文盲率。
2. 語文：語文隔閡，如瑞士有德、法、義三語文。
3. 法律：對廣告支出之限制，如課稅方式或時間、內容之限制方式 。如美國於 1970 年後禁止一切香菸之電視與收音機廣告，北歐無商業性廣告，西德只許下午六點五十分至八時，法國則只許四分鐘廣告❷等等。

4. 價值觀念：美國認爲廣告爲正當企業行爲，但在智利則否。
5. 產品：產品使用之複雜與否影響溝通方式。

除了上述之特殊因素外尚有一般干擾因素，諸如：

1. 來源之干擾：來源之可信度（包括傳播者之映像），發出訊息之動機（是否公正）。
2. 訊息之干擾：訊息之強弱，表達方式。
3. 媒體之干擾：媒體之適合與否，競爭媒體之存在與否。
4. 收訊者之干擾：接受訊息者之不同感受、心理反應等。

第三節 推銷之規劃與執行——概要

一切推銷之規劃要依據廠商之推銷目標。推銷目標爲達成企業營運行銷目標之手段。是故推銷目標，一如其他行銷策略目標，應爲整個企業營運之「次」目標。廠商之推銷目標不外乎：

(1) 建立廠商整體之商譽。
(2) 樹立廠商產品之良好形象 (image)。
(3) 刺激消用者之購買欲望，引導其購買行動。
(4) 支援中間商，爭取消用者之訂貨。

如推銷目標係上述之第一種，則推銷政策要以推廣廠商整個單位之「知名」度爲原則，而不是個別產品。這是一般人所瞭解之組織知名度推廣或機構性推廣 (Institutional Promotion)。美國鋼鐵公司 (USS) 以及三M (MMM) 公司便有此種政策。第一種目標較之第二、三種目標有

---

❷ Philip R. Cateora and Jonh M. Hess, *International Marketing*, 3rd Ed. (Homewood, Illinois: Richard D. Irwin, Inc., 1975) pp. 395-421.

長程推廣效果。

廠商之推銷策略有拉式（pull）及推式（push）兩種。拉式之重點放在預售活動上（preselling activities）諸如廣告、贈送樣品等等。推式之重點下於購買點之推銷活動（Point of purchase Activities），除了現場之佈置外，推銷員之功夫有舉足輕重之重要性。在行銷上，初次開拓市場時，往往要兩者同時並進，爭得市場後視產品之性質及售後服務之需要而再作拉式或推式推銷法。一般而言，產品使用不易，單價較高，售後服務相當重要之產品，推式策略效果較佳。

廠商通常將釐訂推銷策略之權力集中於總公司而實際推銷作業則由分公司（或分處）視當地之情況權宜處理，或委由廣告公司（或國際廣告公司）執行。

不管推銷作業之執行是由廠商自己負責抑或委由廣告公司負責，廠商應具專司推銷之管制部門管制整個推銷活動。管制部門有者稱之廣告部，有者謂之推廣部，有者名之銷售促進部不等。

第四節　推銷方法㈠——廣告

我國臺灣地區，自民國四十二年以來，國民所得毛額成長快速，尤以四十九至六十八年爲最，其年平均成長率以當期價格計算約爲十六·六八％❸。該同一期間之廣告總投資平均成長率較國民所得毛額成長爲高。據一項廣告投資與經濟景氣關係之研究，結果顯示產業結構之轉變，有利廣告投資環境之改進，而民間消費則與廣告投資有非常密切關

❸ 楊亨利撰，經濟景氣與廣告投資關係之研究，臺北市：國立政治大學企業管理研究所未出版碩士論文，民國六十九年六月，第29-30頁。

係❹。弦外之音爲廣告可促進民間消費，爲推銷活動中之很重要一環。廠商應在廣告方面多加規劃，運用妥切之策略，始能提高拓展市場之效果。

壹、廣告之涵義

大衆推銷活動中對所利用媒體之服務必須付出代價而活動本身特別顯出廠商之身份及推銷意圖者謂之廣告。廣告之涵義有:

1. 藉大衆傳播媒介所產生之聲響或視像傳達產品之消息，以爭取聽、觀衆或閱讀者之訂購。

2. 藉大衆傳播媒介所產生之聲響或視像告知廠商之經營理念與作法，以求取聽、觀衆或閱讀者對廠商之良好印象，進而贏得聽、觀衆或閱讀者對廠商產品之採購意願。

依據上述之廣告觀念,廣告活動之重點乃在藉溝通(communication)以影響，甚或改變潛在消用者對廠商產品之態度，增加其對產品之知識與信念。是故有效地將產品之消息或廠商之信譽溝通並訴求潛在消用者，實爲廣告之中心作業。

貳、廣告之重要性及功能

廣告之重要性可從總體以及個體兩層面見其一斑。大凡已開發國家其平均每人廣告支出較之開發中國家有偏高之趨勢。如表 32-1 所示，英國、西德、日本等國家其平均每人廣告支出分別爲 40. 25、48. 56 與 43. 06 美元，遠較印度、非律賓爲高，印、非分別爲 0. 23 及 1. 35 美分。而我國臺灣地區爲 10. 36 美元❺。弦外之音乃在廣告之支出似與國

---

❹ 同❸。

❺ Vern Terpstra, *International Marketing*, Third Edition (N. Y.: The Dryden Press, 1983), p. 414.

表 32-1　各國平均每人廣告投資額

（選擇國別）　　單位：美元

國　　別	平均每人廣告投資額	國　　別	平均每人廣告投資額
中華民國(臺灣地區)	10.36	瑞　士	109.59
韓　國	5.21	瑞　典	91.81
菲律賓	1.35	英　國	40.25
印　度	0.23	西　德	58.56
衣索比阿	0.03	日　本	43.06
墨西哥	7.71	荷　蘭	81.28

資料來源: *Advertising Age* (April 9, 1979), S50, in Vern Terpstra, *International Marketing*, Third Edition (N. Y. Tne Dryden Press, 1983), p. 414 表 12-1.

民總所得毛額之關係相當密切。

就個體企業之觀點論，廣告之支出佔企業售額之比率雖各行業相差甚大（見表32-2），廣告之能促進銷售進而影響資源之分配則爲各業所共認之事實，誠如聲寶公司營業一部黃經理營杉所言，倘不作大力廣告，聲寶產品必無今日之廣大世界市場（按聲寶之廣告費用月逾千萬，雖廣告之效果無法確切測得，銷售額確隨廣告支出之增加而增加）。

廣告之能促進銷售，係從下列之廣告功能而來。

(1) 報導性功能(Information function)提供消用者購買決策資料。

(2) 說服性功能 (Persuasive function)：負有「無言推銷者」之功能。

(3) 生產性功能 (Productive function)：具有創造產品對消用者之心理效用之功能。

表 32-2 廣告支出與銷售額比率

（美國1972年之例）

廠 商	廣告支出 (1,000,000)	廣告支出與銷售額比率
1. Warnes-hamtert pharmaccuticals	146	14.6
2. Colgute-Palmotive	105	12.1
3. Bristol-Myers	115	12.0
4. General Foods	170	8.9
5. Procter & Gamble	275	7.0
6. Sears & Roebuch	215	2.2
7. Cryslir	94	1.3
8. G. M. C.	146	0.5

資料來源: *Advertising Age*, Aug., 1973, p. 28.

由於廣告之重要性日被廠商確認，廣告業發展甚爲快速。表32-3所列者爲世界各國主要廣告商之排行榜，其營業額之龐大乃我國尙難在短期內並駕。按我國最大之廣告商爲聯廣廣告公司，其年營業額（在廣告業界通稱爲承攬額）只約2000萬美元左右❻。

叁、廣告之規劃

一、廣告目標

大凡廣告目標有：（一）有效地使消用者瞭解廠商產品之優越特性；（二）促使消用者對產品映像之辨認；（三）提醒消用者產品之滿足需求功能；（四）告知消用者廠商高超營運理念鞏固消用者對廠商之信任。

❻ 賴東明，行銷發展會議演講詞，中華民國市場拓展學會；民國七十二年第三屆全國行銷發展會議，臺北市國立政治大學公企中心，民國七十二年十二月十七日。

表 32-3 各國主要廣告商排行榜

(選擇國別)

單位: 百萬美元

排行	廣告商	承攬額(銷售額)
1	Dentsu	$ 2.721
2	Young & Rubicam	2.273
3	J. Walter Thompson	2.138
4	McCann-Erickson	1.682
5	Ogilvy & Mather	1.662
6	Ted Bates	1.404
7	BBDO	1.305
8	SSC & B-Lintas	1.203
9	Leo Burnett	1.145
10	Foote, Cone & Belding	1.118
11	D'Arcy-MacManus & Masius	1.045
12	Dole Dane Bernbach	1.004
13	Hakuhodo	927
14	Benton & Bowles	806
15	Grey Advertising	796
16	Eurocom	712
17	Marschalk Campbelt Ewald	703
18	Compton Advertising	641
19	Publicis-Intermarco-Farner	579
20	Dancer Fitzgerald Sample	558
21	N. W. Ayer ABH	497
22	Marsteller. Inc.	440
23	Wells. Rich. Greene	411
24	Needham. Harper & Steers	411
25	William Esty Co.	390
⋮		
*	聯廣公司(中華民國)	20[1]

資料來源: *Advertising Age*, April, 20, 1981, S1, 以及聯廣公司賴總經理東明提供(於民國七十二年十二月十七日, 中華民國市場拓展學會; 第三屆行銷發展會議),
註: 1=聯廣公司提供之概數。

不管係何一目標，其爲藉廣告以引發消用者之購買行爲則一。具體言之，廣告目標應針對具體標的物（如家庭主婦）、具體主題（如方便家務之操作）、以及具體之預期後果（如認知省時之重要性）。

舉如洗衣機廣告之目標可定爲：❼

(1) 使家庭主婦認識方便操作可節省許多時間；

(2) 進而使家庭主婦認知購買洗衣機之重要性；

(3) 樹立廠商產品之良好形像 (Image)；以及

(4) 刺激消用者之購買慾望引導其購買行動。

倘廣告目標係建立廠商整體之商譽，則廣告政策要以推廣廠商整體之「知名度」爲原則，而不是個別產品。這是一般人所瞭解之機構性推廣 (Institutional Promation)。美國鋼鐵公司 (USS) 以及三M公司便有此種政策。

廣告之目標爲實現企業營運行銷目標之手段。是故推銷目標應爲整個企業營運之「次」目標。此點在訂定廣告目標時應時刻銘記。

二、廣告設計

廣告設計應注意標識(symbol)、訴求(appeal)、插圖(illustration)以及佈局 (copy layout) 等數端。

廣告設計應特別愼重者莫非爲廣告訴求。有效訴求根據特維特氏 (D. W. Twedt) 應具備下列三個條件❽。

1. 產品之優異性：具有滿足需求之良好品質並代表強有力之動機。

---

❼ 郭崑謨著，國際行銷管理，修訂三版（臺北市：六國出版社，民國七十一年印行），第 384-387 頁。

❽ 詳閱D. W. Twedt, "How to plan New Products, Improve old ones, and Create Betico Advertising," *Journal of Marketing*, Jan. 1969, pp. 53-57.

2. 產品之獨特性：別家沒有本廠有。

3. 產品之可信性：有事實或過去資料配襯。

廣告訴求一般而言，以非社會文化及法律方面之訴求較爲安全保險。經濟方面以及健康方面之訴求便是其例。當然強調愛、美、利、以及奇異亦爲通常使用之訴求，但應注意該國文化社會法律等相異性，愼作決定始能避免產生不必要之困擾（見圖例 32-2）。

圖例 32-2　廣告訴求——強調美、健康衞生，以及舒適快樂

資料來源：南僑化學工業股份有限公司，企規部，民國七十二年提供。

又廣告之設計旨在達成廣告之報導性、說服性、以及生產性功能，期能取得訂單，是故不管以何種訴求廣告，若不能與消費者或使用者有效正確地溝通，實屬徒勞。

三、媒體之遴選

廣告媒體包括電視、戲院、雜誌、客運或公車車廂、直接函件、報紙、戶外牌貼、空中煙幕、氣球、展示中心等等。影響媒體選擇之因素有語言文字、政治及法律、媒體本身之功能與優劣點、社會對媒體之態度、使用媒體之成本等數端，玆分別簡介於後。

1. 語言文字：文盲率高之國度或地區，報章雜誌之廣告當不如播音廣告或收音機廣告之效果大。設想在文盲率高到百分之五十以上之非洲諸國作大幅度之新聞報章或雜誌廣告，是何等不智之舉。

2. 政治及法律：許多國家對廣告媒體之使用加以種種之限制，諸如美國於 1970 年後禁止香菸之電視及收音機廣告；奧國對各種媒體之使用課以不同稅率（在 10%～30% 之間）；歐洲許多國家對電視廣告的時間多所限制。這些限制使媒體之利用效率大大地改觀。

3. 媒體本身之功能與優劣點：每一媒體均有特殊功能以及優劣點，但此種功能與優劣點在各國有不同程度之差異。例如電視廣告可發揮廣告內容之聲、色、以及活動層面，較之報紙廣告雖成本較高，有其獨特之價值，但電視廣告之優越特點在各國由於播送時間與內容之限制無法高度發揮，電視雖普及亦無法充分利用。又如專業性雜誌爲工業產品廣告之良好媒體，但在許多地區專業性雜誌不是匱乏就是普及率甚低。在電視及收音機不甚普遍之國度，電影院廣告(Cenema ads.)成爲非常重要之媒體，此種媒體在亞太地區以及歐洲有些國家還相當普遍。

4. 社會對媒體之態度：社會對媒體之態度反映於其對媒體之立法以及輿論上。倘社會視電視爲教育性媒體而非商業性傳播媒體，則對電視之商業廣告必大加限制無疑，就是目前無立法之依據，遲早會受輿論之壓力自會限制媒體之廣告使用。智利之電視爲天主教會所控制，認爲商業廣告有損於智利人民所信仰之價值觀念，乃對商業廣告大加限制；「有許多國家，廣告被認爲是一種經濟上之浪費，必須加以抑制」❾，此種態度，顯然地影響廣告媒體之使用。

5. 媒體之成本：媒體成本之計算標準有每元讀者（或觀衆）數，或每千發行數每行或每頁成本。廠商在選擇媒體時當然要考慮成本與益惠才能得到適切決策。媒體之成本各國不同，據 1970 年調查，雜誌廣告之成本以意大利與比利時分別在西歐 11 國中爲最高及最低，意大利每一千發行數每頁爲 5.91 元美金，而比利時則僅爲 1.58 元美金❿。可見同一媒體之費率各國相差懸殊。在同一國家裏各不同媒體之費率當然亦不同。不同媒體之發行數、費率、以及媒體種類等資料可從美國 Skokie, Illinois 之 Standard Rate and Data Service, Inc. 所出版之 Standard Rate and Data 獲得。除此之外美國 New York 之 International Media Guide 亦有相當豐富之媒體費率資料。

一般言之，各國對媒體之使用偏重於報章雜誌等印刷刊物之利用，電視次之，收音機更次之。此種現象可從表 32-4 之各國廣告費用見其一斑。

我國臺灣地區歷年來各媒體廣告佔廣告投資之比重，報紙所佔比重自民國 49 年以來逐漸下降，由民國 49 年之 62%降至 68 年之 40.39%，而電視廣告所佔比率有逐漸上昇之趨勢，由民國 51 年之0.5%增加至民

❾ *Newpaper International*（伊利諾 National Register Publishing Co., 1970年印行）之資料，見許士軍國際行銷管理，再版（臺北北：三民書局，民國六十六年印行），第 219 頁。

❿ 同❾。

表 32-4 1974年各國廣告支出

（選擇國別） 單位：U. S. 1, 000, 000

	印刷刊物	電視	收音機	合計
美國	10, 477	4, 857	1, 837	17, 165
西德	1, 565	290	85	1, 941
日本	1, 627	1, 394	197	3, 218
英國	1, 512	485	14	2, 012
加拿大	700	225	188	1, 115
法國	698	142	98	938

資料來源：Philip R. Cateora and John M-Hess, *International Marketing*, 4th ed. (Homewood, Ill,: Richard D. Irwin, Inc, 1979) p. 434.

國 68 年之30. 89%⓫。其他媒體諸如廣播、電影院、戶外所佔比率亦有下降現象（見表 32-5）。

邇來由於廣告業之蓬勃發展，國內廣告業者對研究發展亦開始重視。我國臺灣地區之廣告業者爲提高對廣告主之服務，開始重視行銷研究，經常收集並分析各類市場資料。據黃俊英博士之研究調查結果，我國臺灣地區廣告業者，做行銷研究項目，包括：廣告文案研究、效果研究、媒體研究、動機研究、產品研究、市場研究、分配通路研究、銷售研究等等⓬。（見表 32-6）。

在遴選廣告媒體時，不僅要考慮費率問題，對廣告媒體所能涵蓋之讀者或觀衆類別亦應注意分析，才能對準廣告目標，收到廣告效果。日

⓫ 同❸。

⓬ 黃俊英著，行銷研究——管理與技術（臺北市：華泰書局，民國七十年印行），第 34 頁。

表 32-5 中華民國臺灣地區歷年來各媒體廣告投資在總廣告投資中的比率

媒體 年度	報紙所佔比率(%)	電視所佔比率(%)	廣播所佔比率(%)	雜誌所佔比率(%)	電影所佔比率(%)	戶外所佔比率(%)	直接函件所佔比率(%)	其他(%)
49	62.00	—	20.00	2.00	5.00	6.00	N.A.	5.00
50	62.00	—	21.00	2.00	4.50	5.50	N.A.	5.00
51	54.00	0.50	19.00	2.00	5.00	10.00	N.A.	9.50
52	51.00	2.30	18.00	2.20	4.50	14.00	N.A.	8.00
53	50.00	6.00	17.00	2.00	4.00	14.00	N.A.	7.00
54	47.00	9.30	16.00	1.70	4.70	14.30	N.A.	7.00
55	41.00	13.50	15.00	2.00	5.00	15.20	N.A.	8.30
56	41.10	16.50	12.60	2.20	5.30	13.50	N.A.	8.80
57	42.30	16.20	10.70	2.40	5.90	11.40	3.00	8.10
58	40.02	18.69	10.21	2.28	6.02	10.38	4.65	7.75
59	35.26	29.40	7.62	2.42	5.01	9.04	5.31	5.94
60	35.80	29.50	7.20	3.30	3.90	8.80	5.80	5.70
61	35.70	32.40	8.00	3.60	1.40	8.20	5.90	4.90
62	36.61	31.41	9.75	4.76	1.01	7.10	6.90	2.42
63	37.49	31.37	10.49	4.94	1.41	4.57	7.17	2.46
64	40.45	30.11	9.36	5.34	1.02	3.56	7.50	2.66
65	38.01	31.49	10.14	5.54	0.92	3.12	7.80	2.98
66	38.16	31.35	9.88	5.97	0.94	2.87	7.74	3.09
67	38.00	31.81	8.75	5.97	0.91	2.62	7.55	4.39
68	40.39	30.87	8.17	5.73	1.14	1.87	7.48	4.34

註：民國五十七年以前直接函件廣告量係被包括於「其他類」中。

資料來源：由臺北廣告人協會歷年有關廣告投資公佈資料彙總計算而得。

本有五大報紙，其中以朝日新聞發行數最多，該報涵蓋80%左右之政商界，40%左右之學生與家庭主婦，因此在計算成本時應考慮報紙所涵蓋之不同讀者別始算正確。

各種廣告媒介有其利弊，例如電視廣告影現貨物之形像、機能、功

表 32-6　中華民國臺灣地區廣告代業者「經常」進行的行銷研究項目

研究項目	「經常」進行此項研究的	
	家數	百分比
文案研究	11	61.1%
動機研究	11	61.1
媒體研究	9	50.0
廣告效果研究	7	38.9
市場佔有率研究	7	38.9
市場特徵之決定	7	38.9
包裝研究	6	33.3
競爭性產品研究	5	27.8
新產品接受與潛力	5	27.8
市場潛力之衡量	5	27.8
佔銷研究	5	27.8
現有產品測驗	4	22.2
銷售分析	4	22.2
分配通路研究	2	11.1
商店調查	2	11.1
樣本數	18	100.0%

* 所謂「經常」是指最常進行的五項研究工作。

資料來源：黃俊英著，行銷研究——管理與技術（臺北市：華泰書局，民國七十年印行），第 34 頁，表 2-4。

能、非其他媒介所及，但暴露時間短促，成本旣高（尤以黃金時間，晚上七點至九點半爲甚），又缺乏時間上及內容改變上之伸縮性。報紙廣告則有成本及時間效用及空間效用上之優點，但廣告不能針對特定「標的」市場，廣告之浪費有時相當可觀，……等等在挑選媒介時應愼加分析，作決策上之參考。一般選擇媒介時應考慮之項目有：（一）媒介廣及程度，如報紙之總銷售份數，收音機聽衆之多寡，電視觀衆之多寡等等；（二）時間及場所；（三）媒介成本；以及（四）媒介之特徵、優劣點等。在選擇媒介決策上比較基本的觀念是平均單位元成本效用。易言之則每一元廣告成本所能收到之利益。此種利益可以種種不同標準衡量，諸如讀者數、聽衆或觀衆數、增加銷售額（頗不易準確推估）等，如表 32-7 第二欄所示，表中之第三欄係成本而第四欄則是平均單位元成本效果。最佳媒介之選擇當以最高平均單位成本效果爲準。在廣告決策上最難估定者乃爲廣告效用。廣告效用不易辨認，蓋廣告後所增加之銷售量不一定全係廣告之結果，其他因素諸如店面佈置、銷售員之努力、消費者所得增加等等，因素參雜其間，頗不易將其隔離研究。營業較久之廠商或可依照過去經驗，加以判斷，但變通之辦法通常是以讀者數（報章雜誌）、觀衆數（電視、戶外牌貼、空中煙幕或照明）、聽衆數（收音機）等等代替，亦則以潛在購買者代替可能銷售量。在歐美各國有許多市場運銷研究機構專司廣告效用之研究，認爲能正確記憶廣告者始是潛在購買者，此當係中肯之言。

表 32-7 廣告媒介評估表

廣告媒介 (1)	廣告效用：讀者數、觀、聽衆數 (2)	廣告成本（單位：元） (3)	每元成本效用 $(4)=\frac{(2)}{(3)}$
新聞			
電視			
雜誌			
收音機			
戶外牌貼			
等等			

廣告決策上之另一重要課題是廣告費應花多少之問題。從實際開支之資料看，廣告費對總銷售額之比例各廠相差懸殊。在美國有的高到百分之三十以上，有的則幾乎一文不花，其比例近乎〇。如規模龐大，聘顧有八十多萬員工之通用汽車公司（G. M. C.）則僅花其銷售額之約百分之 0.7 於廣告。而不東克藥廠（Block Drug Co）之廣告費則高至其總售額之百分三十強⓭。各個別廠商應視其實際市場推廣上之需要，配合其運銷政策斟酌決定。各廠商慣用之撥支廣告費原則有：（一）依銷售之固定成數撥支；（二）依餘款數量撥支；（三）依競爭同業之撥支成數撥支；以及（四）最高效果撥支等。其中以最高效果撥支原則最有

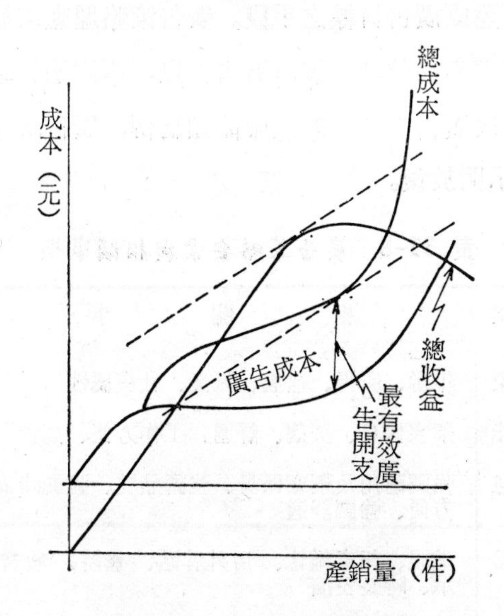

例圖 32-3　廣告投資邊際分析

資料來源：郭崑謨著，現代企業管理學導論（臺北市：華泰書局，民國六十五年印行），第 330 頁，圖例 18-11。

⓭ 資料來自：Kleppner, Otto. *Advertising procedure,* 6th ed. (Englewood Cliffs, N. J.: Prentice-Hall, Inc, 1973) p. 55.

科學依據。所謂最高效果係指因廣告而增加之收入，或因廣告而增加之銷售量而言。依邊際效用原則，廣告費應繼續增加，直至邊際廣告成本與邊際收入相等為止。這種分析涉及廣告成本與其他成本之隔離以及售貨收入之研定，實務上可以做到。圖例 32-3 便是最高效果撥支之基本觀念寫照。圖中之兩虛線平行分別與總收益與總成本相切係用以測定最有效廣告開支。此一分析方法，可稱為廣告投資邊際分析。

肆、廣告策略

一、策略要素

廣告策略係達成廣告目標之手段。廣告策略理應依據市場資料，對準廣告對象，強調產品效能，製訂廣告信息，選擇適當媒體，安排適切廣告時間始能厥收廣告宏效。若以服飾類為例，廣告策略要素與相關事項可藉表 32-8 示明於後。

表 32-8 廣告策略要素與相關事項

策略要素	相關事項
廣告對象	年齡、所得、種族、職業、社交屬性
產品效能	禦寒保身、美觀、舒適、工作方便、高貴
廣告信息	強調耐用及禦寒保身、強調品質、強調時尚型態、強調方便、強調舒適
廣告媒體	電視、報章雜誌、戶外牌貼、影院、收音機、時裝展示、時裝表演
廣告時間	例假節日、某一特定季節、終年

二、主要策略

上述之策略要素不管以何種方式將各相關事項配合，旨在增進產品之可售性，增進產品可售性方法有下列數種。

1. 刺激基本需求策略：強調產品之一般性優點，訴求一般購買意欲。該策略對新產品或舊產品之「領導」廠商較適。

2. 刺激選擇需求策略：強調品牌之優越性，訴求對特定品牌之購買意欲。該策略通常用於創新性產品，市場漸趨飽和，旨在爭取佔有率之不減，或增加佔有率。所強調者應爲產品之獨特優越點，如洗寶之爲「唯一軟性洗衣粉」便是其例。

3. 強有力刺激策略：配合贈獎、抽獎、以及優待券方法大力廣告推銷以爭取客戶之非計劃性購買。此種策略適用於常購貨品，而且要在海外有倉儲展示者。

4. 間接刺激策略：廣告之訴求並不與特定產品有關，但可刺激對廠商所生產銷售之所有產品之需求之後果。此一策略之例爲機構性廣告。美國之 USS 及中國之造船公司廣告其公司對整個國家社會之貢獻，便是機構性廣告之例。

伍、廣告之執行

推銷規劃與執行可由廠商自設推銷廣告部全權負責，可由供應商以及地主國經銷商共謀大計（該法要在市場業已建立，與地主國中間商之關係十分良好之情況下始爲可行），亦可委託國內外廣告推銷研究機構或顧問公司執行。不管採取何種方式，廠商對各項推銷作業要能有效管制，取得自主權。表 32-3 所列之廣告推銷公司均爲世界性公司，可資參考。圖例 32-4 爲一典型之企業內部廣告單位。圖例 32-4 之虛線及虛框代表外在廣告公司。

陸、不實廣告

廣告一直最爲人詬病。議論之焦點通常爲不實廣告問題。廣告要能

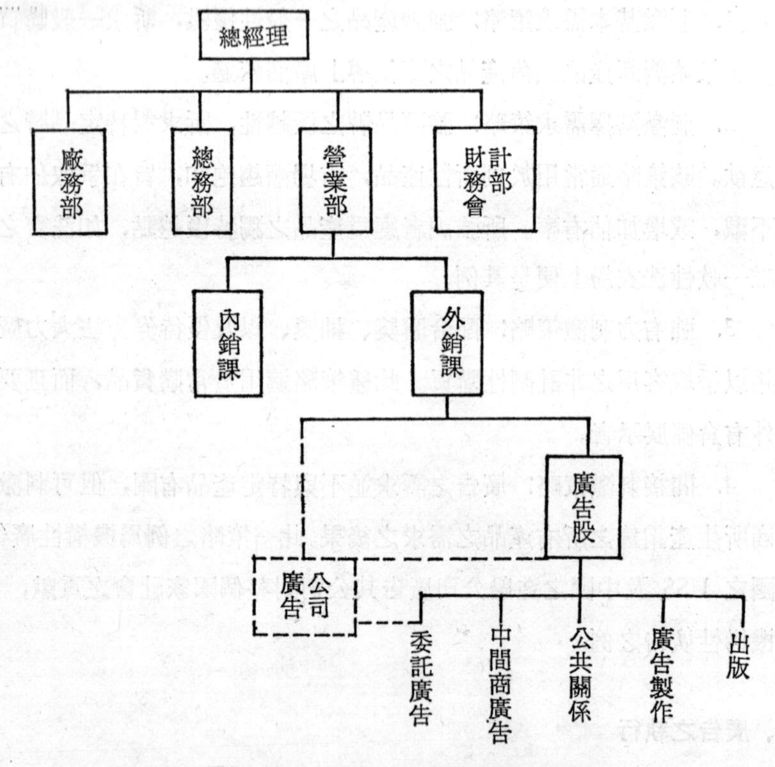

圖例 32-4　企業內部之廣告單位範例

眞實始能建立良好商譽，鞏固市場地位。所謂眞實廣告實指「由廣告所引起之聽（觀）衆對產品之瞭解與事實相符」狀態而言。違反上述之狀態便是不實廣告。廠商往往不易明瞭不實之根源，廣告主雖出於善意廣告，但由於各地文化社會背境之異同，消費者對廣告之瞭解往往相異而導致欠實之感覺。是故擬定廣告時應時刻避免不實廣告之產生。

不實廣告往往以誇大事實、空頭保證、歪曲事實、詆譭同業、低級趣味訴求、以一概十、迎合消用者喜愛、虛減價格、虛僞贈送、空頭贈送、容易誤解標籤等等方式出現。對此種種不實型態，廠商有時出於疏忽，有時出於新奇時髦，但對消用者一旦構成不實印象，其後果實難設想，明智廠商應嚴戒之。

第五節 推銷方法(二)——促銷

一如上述促銷項目繁多。各廠商花樣百出。唯比較普遍受用者有店舖之佈置、摸彩、贈送、產品展覽等數種。店舖之佈置應配合廣告，各種特別慶典節目，以及區域內之特殊團體活動，以吸引潛在顧客，光顧店舖。摸彩不應舉辦過頻，否則會招致冷落。贈送要在新產品上市或上市初期而一般消費者對該項產品之功能效用不諳，且產品之品質特優之情形下始能著效。由於贈送之目的在於吸引顧客對所贈送之產品在使用後繼續在市面購買，若品質不佳或與他廠出產之類似貨品不相上下，則顧客是否續購新品，仍有問題。又贈送品，以日用消耗品較適，蓋此類貨品顧客陸續購買之機會較多。邇來由於政府不斷倡導，產品陳列與展覽之機會已逐漸增多。客戶或顧客習於見貨訂購，在陳列或展覽會場立即訂購者不乏其例。就是當時沒有訂貨，展出之貨品業已發揮其廣告效能，往往種下了來日顧客訂貨之機會。個別廠商應把握機會盡可能參與陳列與展覽。如果定期展覽機會缺少，廠商當可創造機會在各種團體集會場所隨機展出。

參加商展之好處甚多，較重要者為：(1) 在短短時間內可與衆多來自世界各國之潛在客戶接觸交換意見，瞭解其需要，作為行銷作業改革之依據；(2) 觀摩同業之產品以及其行銷作業；(3) 吸收新中間商人，改革通路；(4) 現場展示，介紹廠商產品；(5) 出售產品，建立商譽（或廠譽）等等。[14]

---

[14] 參考張金仲著，拓展外銷實務，民國六十七年商務印書館印行，第 192-193 頁。

近年來我國政府及民間，一直積極推動各項國際性展示或展售，廠商應把握良機參加各項商展，建立廠商之知名度。商展場所通常是洽談交易及取得訂單之地方。例如民國 67 年十月間在臺北舉行之電子展期間，廠商所接獲之訂單數額幾達三千萬美元之鉅⓯。

國際商展種類若依產品內容可分為：⓰

①專業性展覽

只展出一產品系列，舉如美國支加哥之五金工具展覽會（Chicago's Hardware Show）摩托車展覽（Kolon International Motor Cycle Fair）。

②綜合性展覽

展示產品衆多，包括許多系列產品，如紐約玩具展覽。

倘依展覽性質分有：

①地方性展覽

國內客戶為主之展覽，但國外廠商亦被邀參加。

②國際性展覽

邀請各國參加之展覽。我國將於近期內興建世界貿易中心，其包括永久性展示場所，可促進對外貿易之拓展（見圖例 32-5）。

除了上述數種外，尚有經銷商之獎勵、優待劵之附送、樣本之贈送、合作廣告（與地主國經銷商或其他供應廠商）等。

⓯ 臺灣新生報，民國六十七年十月二十一日，第 5 版。

⓰ 同⓮。

圖註：我國錦明化工廠股份有限公司所產銷之化粧品在美國紐約1970年世界化粧品展覽會所展示之產品及廣告組合

圖例 32-5　「產品展示及廣告」組合之例

資料來源：臺中市，錦明化工廠股份有限公司提供。

第三十三章　推銷策略(乙)—人員推銷

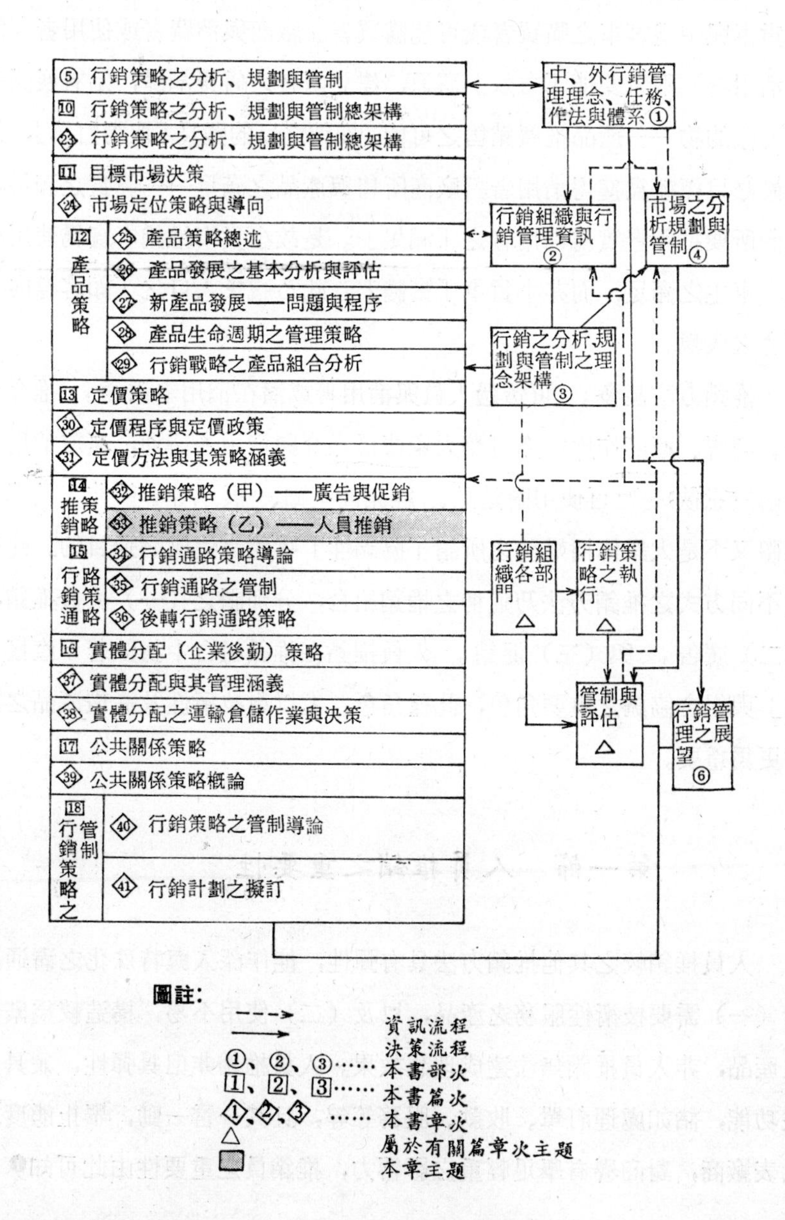

人員推銷實爲溝通之特殊型態。所要溝通之對象爲消費者、使用者或潛在消用者。就小貨車及中型客車之推銷而言，所要溝通之對象當爲小貨車與中型客車之購買者或可能購買者。廠商與消費者或使用者（簡稱消用者）兩者要能「有效」溝通，建立兩者之信譽基礎，始有展開對溝通標的物——產品推廣銷售之可能。推銷之目的雖爲「取得訂單」，但其最終目標厥爲獲得消用者對廠商所售與產品之滿足——眞實之滿足。廠商所要推銷者實爲消用者之「滿足」。是故小貨車推銷者實爲使用小貨車車主之滿足，而非小貨車「實體」，此乃膾炙人口之「顧客導向」觀念之表現。

推銷方法甚多，可透過人員與消用者或潛在消用者溝通，推介產品、商譽、廠商作風；亦可藉大衆傳播媒介與消用者溝通，贏取消用者之購買意欲；更可使用贈送品、經銷商獎勵、展示等等既非人員溝通媒體又不是大衆傳播媒體之所謂「協調性」媒體來達成溝通目的。此種種不同方式之推銷方法乃通稱之推銷組合，分別謂之（一）人員推銷，（二）廣告，與（三）促銷。人員推銷在推銷組合中扮演着「直接溝通」與組合協調之重要角色，此種角色，尤以對技術性及高價產品之推銷更爲重要。

第一節　人員推銷之重要性

人員推銷較之其他推銷方法具有彈性，能作深入與特殊化之溝通。對（一）需要技術性服務之產品，以及（二）使用不易，構造較爲繁雜之產品，非人員推銷無法達成理想效果。人員推銷非但具彈性，兼具多重功能，諸如處理訂單、收款、服務等等，且其一言一動，舉止態度均代表廠商，對商譽有舉足輕重之影響力，推銷員之重要性由此可知❶。

第二節　人員推銷作業

人員推銷作業繁重，每一階段均甚重要。倘任一階段作業有所缺

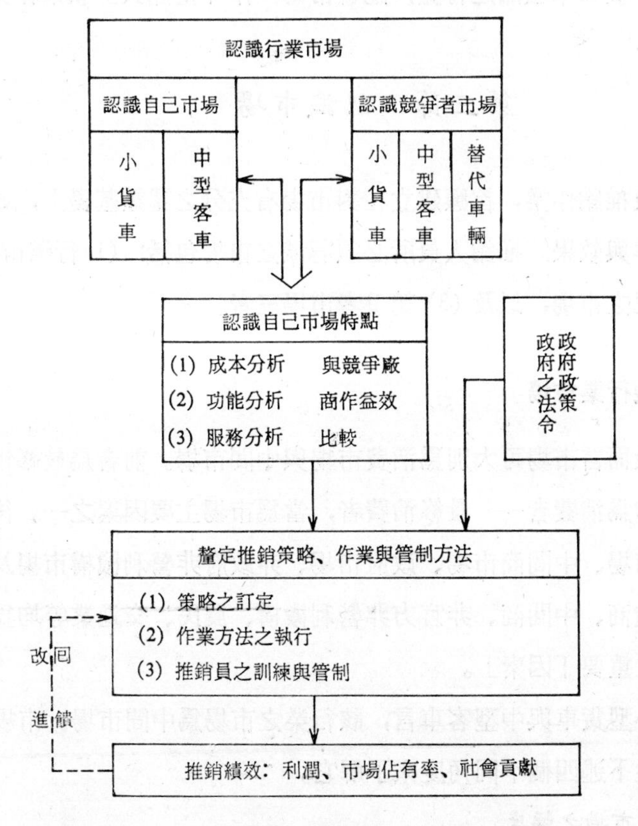

圖例 33-1　人員推銷作業流程圖——中小型汽車之例

資料來源：郭崑謨著，「如何提高人員推銷效率——中小型汽車推銷須知」，企銀季刊，第4卷第1期（民國六十九年七月），第17-22頁。

---

❶ 郭崑謨著，現代企業管理學，修正版（臺北市：華泰書局，民國六十七年印行），第333頁。

失，均足構成整個人員推銷作業之瓶頸。圖例 33-1 爲人員推銷作業流程之概要。

據上述作業流程圖，人員推銷之重點厥在：

(1) 確切認識市場，「知已知彼」。

(2) 發揚本產品之特點，配合市場，作「重點式」戰策作業。

第三節 認識市場

人員推銷作業，首應建立在對市場有充分之認識基礎上，始能提高推銷效率與效果。推銷人員所必須認識之市場包括：(1)行業市場，(2)廠商自已之市場，以及 (3) 競爭者市場三者。

壹、認識行業市場

一般而言市場可大別爲消費市場與中間市場。前者爲最終市場，你我大家均爲消費者——最終消費者，當爲市場主要因素之一。後者包括製造商市場、中間商市場、政府市場、非政府非營利機構市場及農民是故，製造商、中間商、非官方非營利機構、農民、交通業等均爲構成行業市場之重要「因素」。

就小型貨車與中型客車言，該行業之市場爲中間市場。市場的一般性質可從下述四個不同角度來了解它。

一、市場之幅度

由於我國臺灣地區，地區狹小公路及停車用地佔用率無法擴充，小型車輛之使用一直非但爲政府所倡導，亦爲未來人口逐漸集中後必然導向之途徑。表 33-1 說明了此一行業之市場幅度。

二、中間市場之購買動機與目的

表 33-1　小貨車與客車之市場幅度

區隔市場	說明
1. 製造廠商	各製造行業
2. 中間商	躉售商、零售商
3. 政府機構	各級政府單位、包括公營事業單位、學術研究單位等
4. 非政府非營利機構	包括慈善機構、學術單位、研究發展機構、教會
5. 農民	各自耕、租佃農民
6. 交通業	公私交通公司、旅遊觀光事業等
7. 舊車商行	各營運舊車業者

負責採購人員或主管之購買動機，理性成份居多，所考慮莫非爲:

(1) 品質是否良好可靠?

(2) 服務是否週到、快速?

(3) 價格是否合宜?

總而言之，其購買乃以能達成提高廠商之營運效率，「團體目標」爲主要考慮因素。話雖如此，旣然採購者仍然爲「人」，個人之因素不能絲毫忽略，「爲公做事，成事在人」，中間市場之購買行爲乃有相當濃厚之個人感情因素參資影響，此乃每一推銷人員所要時刻銘記者。

三、中間市場之購買組織與行為

各廠商之購買組織繁簡互異，有一人總攬大權者，有分權分組負責採購者，有採購委員會執行任務者，亦有建立十分龐大機構行事者。倘採購組織規模較大，通常有分權擔負採購程序中之各階程決策。對採購決策人員應有充分之了解。

中間市場採購者之作業程序，依採購產品之性質而異。採購可分:①新採購，②例行再採購，③改進採購等三類。對此各種性質廻異之採購所應採取之策略容後再述。

四、小貨車與中型客車之產品特性：

小貨車與中型客車之產品係屬史旦頓(W. Stanton)氏所歸類之「工業」產品類別中之「主要設備」類❷，其產品特性可藉表 33-2 以明之。

表 33-2　小貨車與中型客車之產品特質

項目	特質	備考
單價	非常高	減價要相當高始能顯出減價效果，因此減價不是好策略
壽命	非常長	修護問題顯著，產品服務重要
購買數量	非常少	爭取潛在新顧客，努力在舊顧客之推廣服務上加強
購買次數	非常低	
競爭產品之標準化	很低，心理功能之區別重要	對小貨車與中型客車不算很低，而且訂製之情形不普遍
供給量	不生問題	

貳、認識自己市場

基於行業市場之認識，廠商推銷員應從下列數端去了解自己市場。

1. 本廠產品是那些購買者認爲具最重要之優點？

2. 那些認爲本廠產品具有優異特質者是否有意也有計劃（預算）訂購汽車（貨車或客車）？

3. 本廠資源（推銷資源）是否足可爭取這些購買者？

4. 與本廠商有密切關係之上游、下游，異業之廠商對本產品之推廣反應如何？

---

❷ W. Stanton, *Fundamentals of Marketing*, 4th ed. (N. Y.: McGraw-Hill, 1975), p. 129.

5. 本廠之主管、員工，尤其是與推銷有關員工之社會關係如何？

6. 消失訂單之分析與售後稽查、洽詢及追踪。

7. 本產品之訂價與市場之接受情形之研討。

上述犖犖七大端，實爲評估目標市場之主要依據，亦爲推銷員之責任所在。

叁、認識競爭者市場

推銷員應對競爭廠商所推出之產品市場有切實了解始能在市場競爭上「出師順利」佔取市場優勢。下面所提供之數點可供推銷員參考。

1. 蒐集並分析購買競爭產品之購買者購買競爭產品之原因，顧客地域分佈，顧客之各種共同特性，諸如年齡、職位所代表單位之營業性質，據以作修訂本公司推銷策略之基礎。

2. 蒐集並研析競爭產品之成本結構，諸如廣告費用，推銷員之佣金，薪金制度以及其他推銷媒體之開支。

3. 競爭者之未來推銷動向之研究討論。

4. 競爭者之在行業界之地位，如市場佔有率等。

5. 競爭產品購買者轉買他廠產品（不一定自廠產品）之分析——亦卽消失訂單之原因分析。

6. 分析其訂價策略。

第四節　釐訂人員推銷策略

釐訂人員推銷策略時應配合市場之特性，強調產品特色、產品之經濟性，以及產品服務，始能赢得顧客之信心。

壹、產品功能之強調與不同產品性質之推銷重點

所要強調之重點應在於產品對購買者之「欲得滿足」以及其「企期希望之實現」。基於此一重點。小型貨車與中型客車之功能應能特別強調與競爭產品相異特優之處。強調原則爲:

1. 別家有，我家也有。
2. 別家沒有，我家有。
3. 別家有，我家沒有，但不損功能效率。
4. 避免過份強調。
5. 不做「誹謗性」推銷。

對新購戶言，所要推銷者爲新產品，須給與詳盡之有關產品資料，協助購買者減少決策風險，取得對產品之特好信賴。

表 33-3　產品使用成本分析項目（與競爭產品比較表）

項　　目	本公司產品			競爭產品		
	產品A	產品B	產品C	產品A	產品B	產品C
1. 增加成本項目:如修護費等等	+	+	+	−	−	−
2. 減少成本項目:多用途等等	−	−	−	+	+	+
3. 使用年代:5年，10年等等	+	+	+	−	−	−
4. 平均每年成本	−	−	−	+	+	+
5. 總使用成本	−	−	−	+	+	+

註: +: 多　−: 少

對舊客戶之再購買，由於購買者已具過去經驗，推銷員除了做例行性推銷外，還需強調產品之新增特色，或新設服務。

面臨改進式採購，對採購者之「不滿」應不但有耐心傾聽，緩和反感情緒，而且應對已售出之舊產品設法做必須之損失彌補。尤有者，對再購者，應強調服務保證，及業已改正之產品缺失。再購者「去意」雖然相當高，由於，其對本公司之印象尚未完全改變，爭取其再購機會，不得錯失。由於汽車類對品牌之偏好非常高，改進式再購者在其尋找替代品牌過程中，常會光臨本廠，作衆多批評，推銷員常有機會施展推銷。

貳、使用本公司產品之成本分析——強調經濟性

成本分析之要訣（如表33-3）在於舉列各有關成本之增減以及使用年限以資比較，顯出本產品之經濟性❸。

市場競爭熾烈之現今，「競價」之爲推銷手段已甚難收效。成本分析之重點在乎，以使用產品成本觀念替代採購價格觀念，着以廻避競爭者之「低價」攻勢，爭取合理、強有力之經濟價值觀念。

成本之分析，同時亦可提供合理訂價之參考。

叁、「產品服務」之銷售——爭取購買者之信心

爲何日本小型轎車能名噪一時，在美國市場佔有領導性地位，其主要原因之一乃在產品之售後服務。小貨車與中型客車，單價相當高，一經投資購買，購買者當要車輛能具高度信賴度。產品服務除了設立服務站外，推銷人員要時常訪問客戶，提出服務「熱誠」，庶能贏得舊顧客

---

❸ 郭崑謨著，「如何提高人員推銷效率——中小型汽車推銷須知」，企銀季刊，第4卷，第1期（民國六十九年七月），第17-22頁。

之信心，新購買者或潛在購買者之購買意欲與購買行動。

第五節 推銷員之選訓與管理

行銷主管人員，倘要使推銷員之工作士氣「生生不息」，必須在選訓與管制方面多下功夫，製訂遴選標準、訓練項目，以及作業分派與管制制度，始克臻效。

壹、良好推銷員必備之條件——遴選標準

「好的開始，便是成功之一半」，遴選推銷員要特別愼重行事。下述數項爲遴選推銷員時應注意之條件❹。

一、主要條件

1. 和藹可親近。
2. 言行舉止令人信賴。
3. 有「推銷就範」之說服力。
4. 善隨機應變。
5. 明瞭產品之特質，深諳客戶需要。

二、輔助條件

1. 外觀端正，衣着簡潔。
2. 具有良好記憶力。
3. 作事具有耐心。
4. 對所要推銷之產品有興趣。

❹ 郭崑謨著，國際行銷管理，初版，（臺北市：六國出版社，民國六十八年印行），第206-207頁。

貳、推銷員之訓練

依上述推銷員必備條件，遴選後（遴選時應依據所釐訂之工作說明書選用）。據不同性質進行訓練，訓練內容應包括：

1. 產品知識——本公司及競爭者產品之知識。
2. 公司政策、作業程序與方法。
3. 推銷術：A推銷程序、B推銷導向。

以推銷程序與推銷導向較為重要，爰將其主要內容及重點分述於後：

A、推銷程序

1. 尋找潛在購買者（或機構），以增加推銷之命中率。潛在購買者之來源有：

(1) 市場調查：調查對象爲表 33-1 所列之各單位。

(2) 推銷員直接蒐集有關資料。

(3) 同業公會。

(4) 客戶推介。

(5) 員工推介。

(6) 加油站訪問。

(7) 電話簿及各種有關刊物等等不勝枚舉。

在獲得這些資料之後，須更進一步考慮下列數端[5]，始能確切辨認對我有利之潛在購買者。

(1) 決策者是何人？與他是否有良好關係？

(2) 企業目標爲何？

(3) 購買者個人之目標爲何？

---

[5] 參閱童立中譯史坦尼博士（Charles Steilen）著行銷管理研討大綱，民國六十七年六月陽明管理發展中心印行講義第 p. 5-6及11頁。

(4) 爲何購買？

(5) 購買單位有何問題？財務？市場？等等。

(6) 購買者是否與本公司推銷員之「水準」相稱？

2. 準備接談，以減少拒絕接受推銷之可能性。

3. 適切寒暄，以取得合作機會。

4. 提供資料作推薦性交談。

5. 解答疑問與相反意見，增強其購買意欲。

6. 提議「成交」，但忌過份積極。

7. 售後交談，以增加購買者之信心與滿意。

B、推銷導向

推銷員所可採取之推銷導向有：

1. 誘導式推銷：推銷員應主動尋求並誘導機會。

2. 符合式推銷：推銷員符合消用者之反應進行推銷。

3. 交替式推銷：用交替式交談，發掘機會，乘時機推介產品。

4. 間接式推銷：藉其他交談而取得顧客對推銷標的物之興趣。

叁、推銷員之作業分派與管制

推銷作業之分派應考慮地域之大小、人口密度（機構密度集）、競爭情況、路線之多少遠近、客戶之大小、產品是否要經常訪問客戶、是否有其他許多雜項工作兼負、經費如何？等等始能達到公平合理，始能據以作來日考核推銷員之標準。

作業既經分派，推導與管制要踏實進行。推導重鼓勵與酬賞，管制要能確切迅速改進，始能發揮推銷效率。合適表格之釐訂可配合推銷員之作業分派、推導、與管制項目以利作業。要提高推銷效率，並非一蹴可及，要推銷人員不斷不鬆不懈推動上述作業始能收到效果。

第十四篇

附　錄

——我國推廣法令——

一、廣告物管理辦法

二、公司行號發行獎券管理辦法

附錄一

廣告物管理辦法

行政院臺(56)內字第〇二一七號及第一一四八號令核定
內政部(56) 3. 1. 臺內警字第二二八七三三號令公布
行政院臺七十內一七〇六五號函修正核定
內政部(70) 12. 21. 臺內警字第五九七九六號令發布

第 一 條 爲整理市容，保護景觀，維護公共安全與交通秩序，訂定本辦法。

第 二 條 廣告物管理除法令另有規定外，依本辦法辦理。

第 三 條 本辦法之主管機關，中央爲內政部，省（直轄市）爲省（直轄市）政府，縣市爲縣市政府。

前項主管機關對於廣告物管理事務由該管警察機關辦理，涉及工程建築者，並由建設或工務機關協助辦理。

第 四 條 本辦法所稱廣告物如下：

一、張貼廣告：指張掛、黏貼、粉刷之各種告示、招貼、標語、傳單、海報等廣告。

二、招牌廣告：指公司行號廠場及各業本身建築物上所建之名牌市招等廣告。

三、樹立廣告：指樹立或設置之廣告牌、電動燈光、綵坊、牌樓、氣球及旗幟等廣告。

四、遊動廣告：指遊動之步行、舟車或航空器等廣告。

第 五 條 廣告物之文字圖畫不得有下列情事：

一、依法令應經主管機關核准而未經核准者。

二、違反法令規定者。

三、妨害善良風俗者。

四、歪曲事實或虛僞宣傳者。

第 六 條 廣告物上之文字應使用中文，並不得使用簡體字，其書寫或排列依下列規定：

一、中文以直行爲原則，一律自上而下，自右而左。

二、中文橫式，自左而右，但單獨橫寫綵坊、牌樓及工商行號招牌，應自右而左；交通工具兩側中文橫寫，自頭部至後尾順序書寫。

三、需註譯外文者，應中文在上，外文在下，中文在前，外文在後，且中文字應大於外文字，其所佔面積不得小於五分之三。

第 七 條　下列處所不得設置廣告物。

一、高岡處所或公園、綠地、名勝、古蹟等內部處所。

二、妨礙公共安全或交通安全處所。

三、妨礙市容、風景或觀瞻處所。

四、妨礙都市計畫或建築工程認爲不適當之處所。

第 八 條　廣告物應經許可者，由負責人塡具申請書，檢同有關證明文件及許可證費送請當地主管機關審查核發廣告物許可證。申請書格式另定之。

前項許可證費由內政部定之，其徵收應依預算程序辦理。

第 九 條　廣告物之負責人應負安全保養及保持整潔責任。

第 十 條　廣告物爲雜項工作物者，經申領廣告物許可證後，應依規定向主管建築機關申領雜項執照方可施工。

第十一條　張貼廣告除有關公辦選舉宣傳或公定宣傳標語另有規定者，從其規定外，均應於政府所設廣告張貼牌或經核准自設之廣告張貼牌內張貼。

前項公設廣告張貼牌，由直轄市、縣市政府、鄉、鎭、市公所，以村里爲單位，選定適當地點設置之。

第十二條　招牌廣告下端離地面之距離在市鎭未滿四公尺，在鄉村未滿二公尺者，均應採正面型，其凸出建築物面之厚度，不得超過二十公分。

前項招牌廣告縱長超過一公尺、橫寬超過三公尺者，應申請許可。

招牌廣告應經許可者，須於招牌廣告上加註許可證之日期、字號。

第十三條　招牌廣告下端離地面超出前條第一項尺度而側懸突出建築物面寬度逾五十公分者，應申請許可。

前項突出建築物面之側懸招牌廣告，其橫寬不得超過一公尺。但鄉村地域突出建築物面之側懸招牌廣告下端離地面在四公尺以下者，以無礙交通者爲限。

第十四條　地方政府爲整頓市容，得統一規定轄區內某一地段或街道之招牌形式及懸掛規格。

第十五條　樹立廣告應申請許可，並應經樹立地所有人同意。但未逾一平方公尺之廣告，得免申請許可手續。

第十六條　樹立廣告經核發許可證後，應於三個月內樹立之，逾期另行申請。樹立廣告應加註許可證之日期、字號。

第十七條　經核准之樹立廣告，非經核准變更登記，不得擅自變更內容或遷移地址。

第十八條　樹立廣告有效期間一年，期滿自行拆除，其欲申請繼續者，應於期滿一個月前辦理繼續之申請許可手續。

第十九條　已設置之樹立廣告如有違反第七條各款規定之一或前條有效期滿未重新申請者，主管機關應命其自行遷移或拆除。逾期不遷移或拆除者，由主管機關依法執行拆除。

前項廣告，經依法執行拆除後之材料，主管機關應通知廣告物所有人於三日內領回。逾期不領，由主管機關逕行處理。

第二十條　氣球廣告物在屋頂昇放，球體應標示易於辨認之色彩，夜間須於繫繩頂端開亮紅色警告燈。

氣球廣告物應徵詢航空等機關同意後核准之。

第二十一條　爲遊動廣告者，應申請及隨帶許可證，其有效期間爲六個月，並應遵守下列規定。

一、不得妨礙交通。

二、不得妨害公共安寧。

三、不得表演、舞蹈、雜技或放映電影。

四、不得沿門或隨車售賣貨品。

五、不得於通衢要道上或車輛行駛中散發宣傳單。

第二十二條　違反本辦法規定者，除依法處罰外，並得吊銷其廣告物許可證，必要時依行政執行法規定處分之。

第二十三條　地方政府得依本辦法規定訂定廣告物管理細則，並報內政部核備。

第二十四條　本辦法自發布日施行。

附　錄　二

公司發行獎券管理辦法

中華民國五十一年八月二十四日經濟部、財政部(51)臺財錢發第〇五六八九號令訂定發布

中華民國五十六年九月三十日經濟部經臺(56)商二五六三六、財政部(56)臺財錢發第〇九七四五號令修正發布

中華民國五十八年十二月十八日經濟部經臺(58)商字第四三三六、財政部(58)臺財錢關字第一五〇一七號令修正發布

中華民國六十五年六月十七日經濟部經(65)商字第一六〇二四、財政部(65)臺財錢第一六五一三號令修正發布

中華民國七十二年一月二十一日經濟部經(72)商字第〇二八二六、財政部(72)臺財融一〇七六九號令修正第三條、第五條、第八條、第十條條文

第一條　爲管理公司發行獎券，特訂定本辦法。

第二條　本辦法所稱之獎券係指「爲推銷商品，隨售貨贈送以抽獎方式贈獎之各種獎券或彩券。」

憑包裝盒或包裝標記中之特定號碼定期抽獎者，準用本辦法之規定。

第三條　公司實收資本額在新臺幣二百萬元以上者，得申請發行獎券。

第四條　公司獎券非經核准不得發行，亦不得廣告或宣傳。

第五條　申請發行獎券者，在省應向財政廳，在直轄市向財政局申請核准辦理。但獎品總值在規定金額以下者，省財政廳得授權縣（市）政府財政局（科）逕行核准發行，按月彙報財政廳備查。

前項規定金額由財政廳另定之。

第六條　獎券隨同購貨發票贈送者，應記載發票號碼，兌換時並應隨附原購貨發票領獎；非隨購貨發票贈送者，應密封於貨品包裝內。

以包裝盒或包裝標記贈獎者，准照前項規定辦理，得不密封於貨品包裝內。

第七條　獎券之獎品，應以國產品爲限，並不得以現金或折合現金給獎。

第八條　獎券最高獎品之價值，不得超過新臺幣二十萬元。

第九條　贈獎公司每期所贈獎品之總值，不得超過上年度同期售貨貨價總值百分之十，其無上年度同期售貨貨價總值者，得按預計售貨貨價總值匡

計。

前項獎品之總值應以全部由贈獎之公司以支出列帳者爲限，其贈獎支出之認定於課徵當年度營利事業所得稅時，應依所得稅法及營利事業所得稅結算申報查核準則有關規定辦理。

第 十 條 申請核准發行獎券，應將下列各款，連同獎券樣張，於發行二十五日前，報請直轄市財政局、省財政廳或經其授權之縣（市）政府財政局（科）核辦:

一、發行獎券之開始及截止日期。

二、獎券分期發行者，應敍明其分期期間及起訖日期。

三、發行獎券張數及其贈送辦法。

四、上年度售貨貨價總值或預計售貨貨價總值。

五、獎品分配情形，各種獎品單價及獎品總值。

六、獎券開獎辦法，開獎日期及地點。

七、獎券之編號，辨認及保管辦法。

八、本公司執照登記影本。

九、本公司申請前一月月終之資產負債表及上年度損益計算書。其於每月十五日以前提出申請而前一月月終之資產負債表尚未編造者，得以申請前二月月終之資產負債表代之。

十、本公司有關發行獎券之董事會決議錄或股東同意書。

前項第九款之資產負債表中如有虧損者，應另提改善財務計畫書。

第十一條 公司發行獎券，應將核准機關核准通知時間及文號，與前條第一、二、三、五、六各款在營業場所明顯地位予以公告。

第十二條 公司發行獎券後，應將發行獎券收支帳務之處理情形，報請省財政廳或直轄市財政局核備。

第十三條 開獎時，應請核准主管機關及當地稅捐機關派員公開檢查，必要時主管機關得委託開獎地有關機關派員檢查。

第十四條 違反本辦法之規定或申請所報事項不實者，按情節依違警罰法或其他有關法令處罰。其觸犯刑事者，依刑法之規定處斷。

第十五條 本辦法自發布日施行。

第十五篇
行銷通路策略

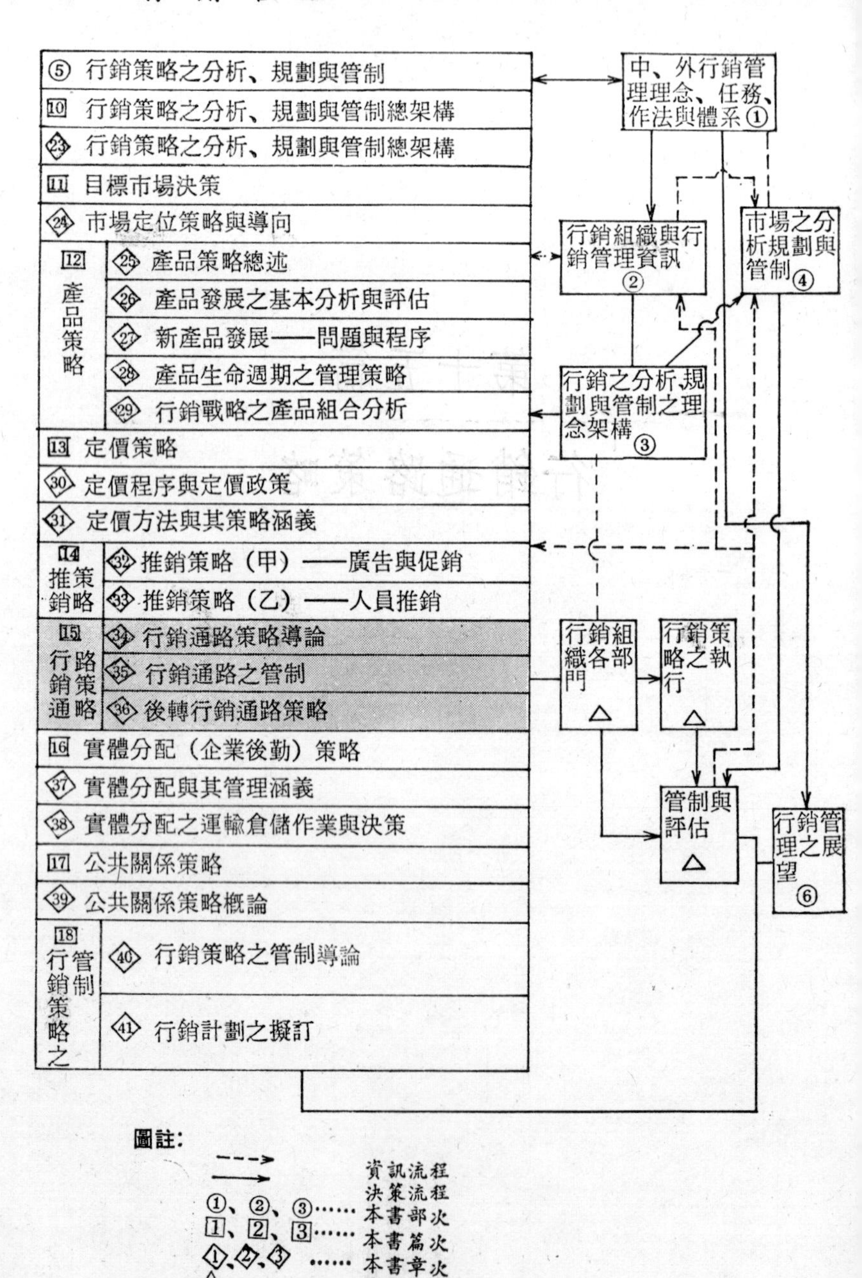

⑤ 行銷策略之分析、規劃與管制
10 行銷策略之分析、規劃與管制總架構
23 行銷策略之分析、規劃與管制總架構
11 目標市場決策
24 市場定位策略與導向
12 產品策略
25 產品策略總述
26 產品發展之基本分析與評估
27 新產品發展——問題與程序
28 產品生命週期之管理策略
29 行銷戰略之產品組合分析
13 定價策略
30 定價程序與定價政策
31 定價方法與其策略涵義
14 推銷策略
32 推銷策略（甲）——廣告與促銷
33 推銷策略（乙）——人員推銷
15 行銷通路策略
34 行銷通路策略導論
35 行銷通路之管制
36 後轉行銷通路策略
16 實體分配（企業後勤）策略
37 實體分配與其管理涵義
38 實體分配之運輸倉儲作業與決策
17 公共關係策略
39 公共關係策略概論
18 行銷策略之管制
40 行銷策略之管制導論
41 行銷計劃之擬訂
中、外行銷管理理念、任務、作法與體系①
行銷組織與行銷管理資訊②
市場之分析規劃與管制④
行銷之分析規劃與管制之理念架構③
行銷組織各部門
行銷策略之執行
管制與評估
行銷管理之展望⑥
圖註：
資訊流程
決策流程
①、②、③……本書部次
1、2、3……本書篇次
1、2、3……本書章次
屬於有關篇章次主題
本篇主題

第三十四章　行銷通路策略導論

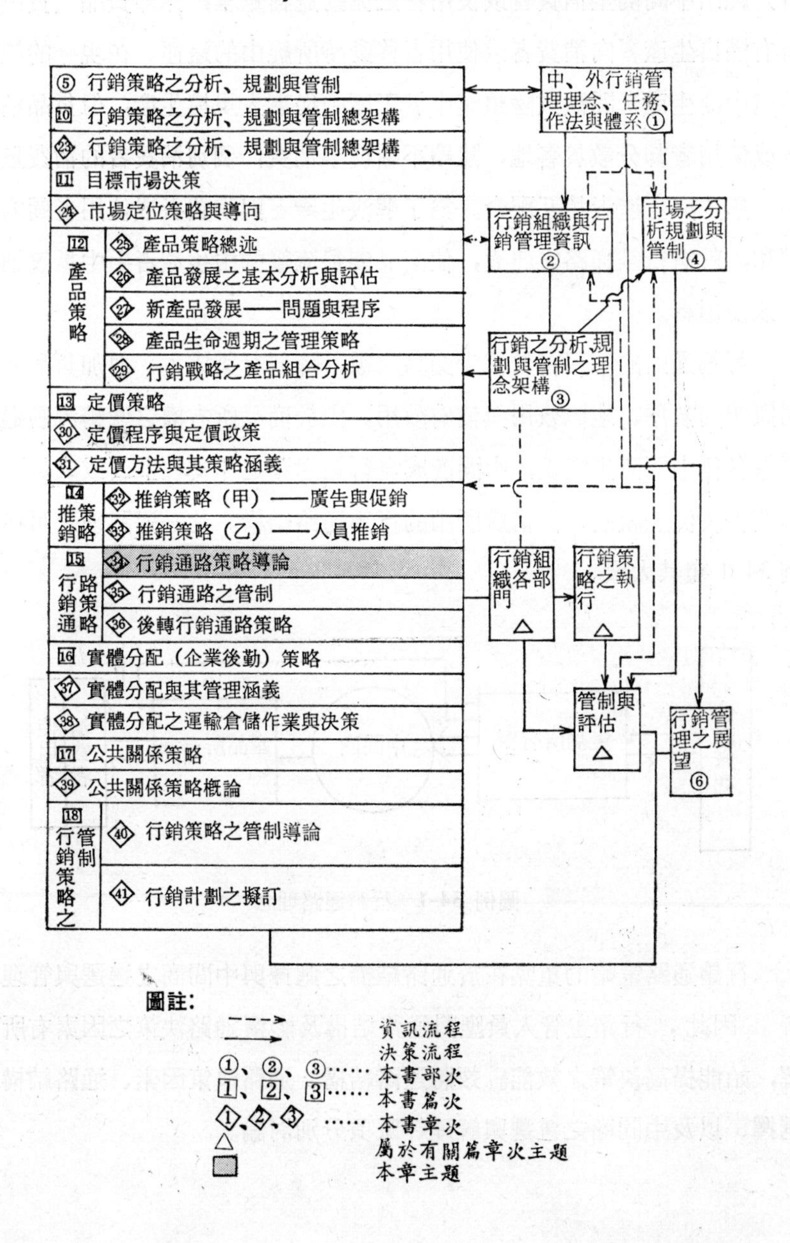

行銷通路（Marketing Channels），係指貨品所有權自供源（生產者）經由中間商至消費者或使用者之流動遞轉過程，亦卽貨品（實體）所有權自生產者向消費者或使用者移動時所經由的途徑。在現今的經濟環境中，生產者間歇或陸續集中於工廠中從事大規模生產，但貨品消費者或使用者却分散於各地，陸續不斷從事消費，個別消費者的消費量又小，無法與生產者相互配合。爲了解決生產者與消費者或使用者間的不調和，就有行銷通路之建立，使商品能很流暢的由生產者手中抵達消費者或使用者。

行銷通路的功用在於減少交易次數，降低行銷成本，增加貨品的時間與空間效用、地域效用與佔有效用。由於商品所有權之遞轉流動過程要靠各種中間商來完成，中間商成爲行銷通路之「支柱」（或成員）與消費者及供應廠商一併構成所謂的行銷通路結構。此一通路理念可從圖例 34–1 窺其大要。

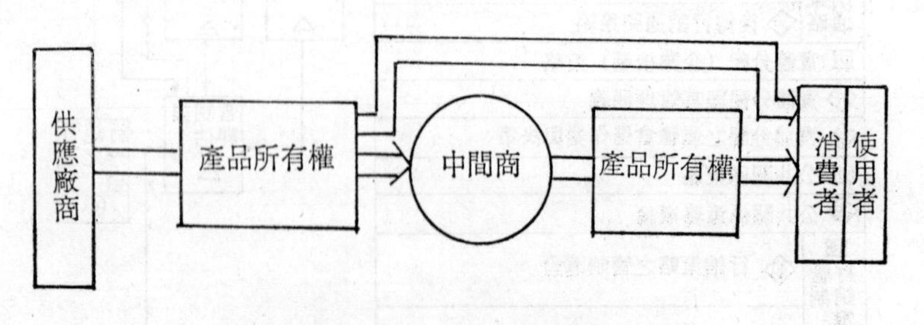

圖例 34–1 行銷通路理念

行銷通路策略的重點在於通路結構之選擇與中間商之遴選與管理兩者。因此，行銷主管人員應對通路結構及影響通路決策之因素有所了解，始能提高決策之效能。玆將通路結構、通路決策因素、通路結構的選擇、以及中間商之遴選與管理等數項分別討論。

第一節　中間商之功能與通路結構

行銷通路結構一如上述，包括自生產者至消費或使用者間之各種有關機構。隨着時代的演變，不但生產者之生產內容、種類與方式和消費者之消費內容，種類與方式改變，介於其間之中間機構也同樣發生變化。目前通路中間機構可依不同的分類標準加以劃分，受用較普遍者係依其銷售對象或「距離」市場之遠近分類：❶

1. 凡直接銷售給最後消費者之售額佔其總售額中主要部份或全部者，一般稱之爲零售商。

2. 如主要係售給零售業，其他中間商、工業或機構用戶者，曰之批發商。當然，在這兩大類內，又可依所經銷產品種類，經營方式、規模小大等標準，再行分類❷。中間商實爲通路之支柱，爲通路結構中之成員。

壹、中間商的功能

中間商的存在，顯然可以減少交易次數（見圖例 34-2），簡化交易程序，提高分配效率，減低行銷費用。同時，中間商具有調和供需，溝通產銷之功能。中間商對於貨物與勞務之運送，可克服生產者與消費者之間的空間距離。中間商對於貨品之儲藏及財務融通功能，也可克服生產者與消費者間的時間距離。

調和供需之行銷功能，並非一定必須由中間商擔當。它們可以由中間商擔當，也可由生產者，甚至消費者或用戶擔當。問題在於何者擔負

---

❶ 許士軍著，現代行銷管理（臺北市：作者民國六十五年印行），第 250 頁。
❷ 同❶。

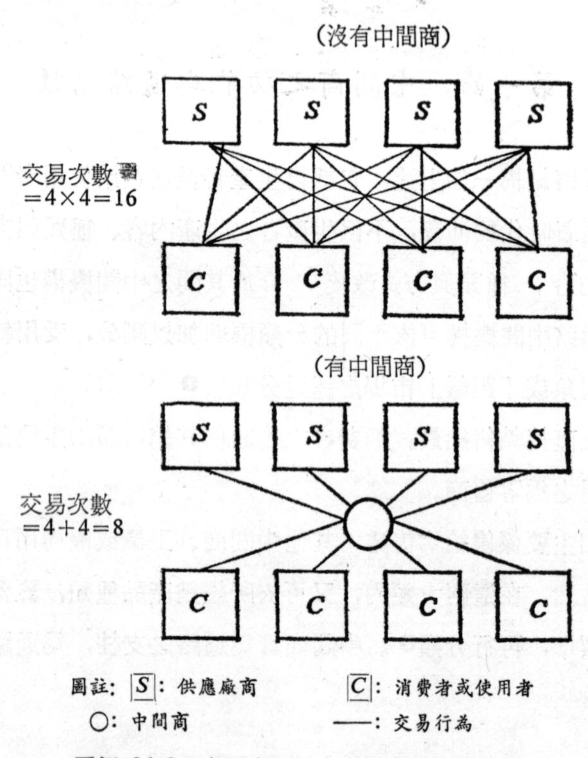

圖例 34-2　中間商可減少市場交易次數之例

資料來源：Philip Kotler, *Marketing Management Analysis, Planning and Control,* 原著，高熊飛譯，行銷管理（臺北市：華泰書局，民國六十九年印行），第586頁，圖16-3。本圖業經筆者修改與原著略異。

所支出之成本較低，易言之，由何者擔當較有效率與效能。

貳、通路結構——各種通路型態

廠商欲獲得最佳利潤，除應減低生產成本外，需選擇最有力的行銷通路，使企業營運發揮最大功能，降低分配成本，將貨品以最低價格供應消費者。行銷通路有各種型態，圖例 34-3 所示者爲典型之通路結構。

一般而言，消費品製造廠商之通路，以經由批發商、零售商而售與

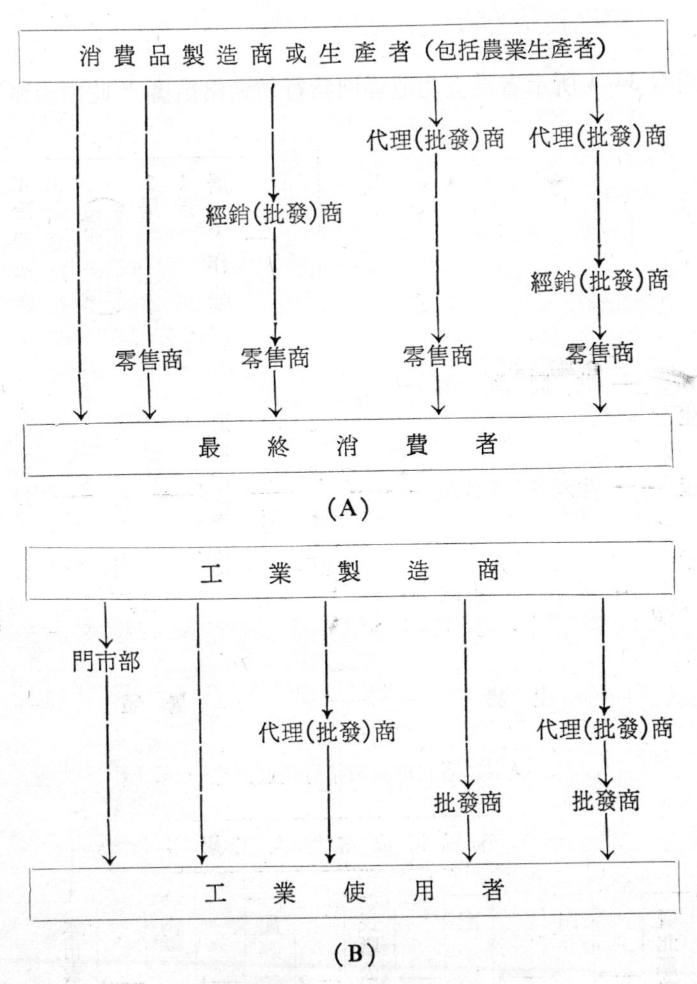

圖例 34-3　各種通路型態

消費者最普遍通路。有些製造廠商，選用自己的代理（批發）商。規模較大的製造廠商，往往自行設置門市部直接售與消費者。分配過程中，所經過之中間商層次愈多，則行銷通路愈顯繁長，愈少則通路愈簡短，行銷通路之長短實特指所經由之中間商層次而言。

工業品製造廠商之通路，以經過代理商或批發商或自設門市部較爲普遍。

圖例 34-4 所示者爲臺北地區肉猪行銷通路結構。此兩通路形態，

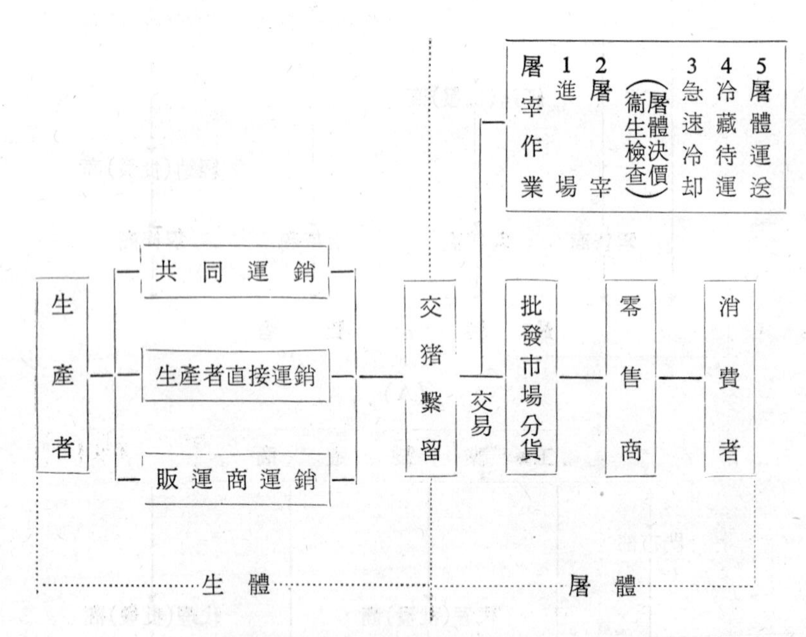

（甲）臺北地區肉猪行銷通路之一

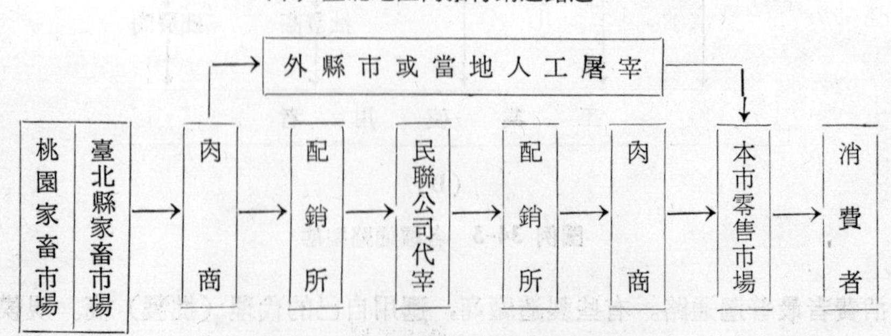

（乙）臺北地區肉猪行銷通路之二

圖例 34-4　臺北地區肉猪行銷通路

資料來源：張發法、徐榮傑及劉慶松著，臺北市肉猪運銷制度與推行電宰業務探討研究，臺北市政府自行研究報告 #34（臺北市：臺北市政府研考會，民國七十二年印行），第 33-34 頁。

由於情況特殊，其通路顯然較一般產品之通路爲長，但通路之長短與通路之效率，並不一定有正相關現象。

第二節　批發商與零售商之分類、功能及發展趨勢

一如上述，通路結構中之成員雖多，但其主幹大類爲批發與零售兩者。玆將批發商與零售商之種類、功能以及發展趨勢分別探討於後。

壹、批發商之分類

批發商，又稱躉售商(wholesalers)，乃特指行銷貨品或勞務給非最終消費者之機構。當然有些批發商亦兼售其貨品或勞務給最終消費者，但究竟其所佔比例爲數甚少。批發商之種類甚多，通常可依下列不同標準分類。

一、經營方式

若依經營方式分類，批發商可分爲製造廠商直營門市部或營業所、代理商或經紀商、供應商連鎖店、以及獨立批發商。

二、所有權

不擁有所有權者謂之代理商或經紀商，擁有所有權者，謂之經銷批發商。

三、產品別

倘依產品別分類，批發商可分爲食品批發商、西藥批發商、成衣批發商、果菜批發商等等。

四、地區別

依地區別分類之批發商，有全國總代理商、全省總代理商等等。

五、貨品特性

若依貨品特性分類，批發商可分為，特殊品批發，如珠寶，以及綜合批發商等。

貳、批發商之功能

行銷通路結構中，批發商介於供應（製造）廠商與零售商之間，對於供應廠商及零售商提供各種不同的服務，反映批發商之功能。

一般而言，批發商之功能包括：

1. 大批量採購，降低成本，轉惠零售商。
2. 扮供應商行銷功能，拓展其市場。
3. 擔負實體分配功能，諸如運輸倉儲、存貨服務。
4. 對零售商融資，如分期付款。
5. 提供零售商之零售管理服務，包括行銷作業訓練、店面陳列、廣告之支援、市場資訊之提供等。

叁、批發商之發展趨勢

一般而言，行銷通路係由四個層次不同機構構成。它們是廠商、批發商、零售商以及消費者。它們各自代表一獨立之決策個體或單位，但此種結構已因市場環境之改變而逐漸模糊。以批發活動言，有相當部份的批發為製造商或零售商所承擔。亦有廠商設立自有的營業處所系統者，擁有倉儲及運送設備，加上其他服務，等於是經銷批發商（即使不負擔實體分配功能，也是一種部分服務批發商）。更有零售業者擔負批發功能者，它們負擔集中採購、倉儲分配等向前整合。

一如上述，批發商面臨此種整合的壓力下，為謀求生存，唯有提高效率，增加其服務內容，諸如[3]：(1) 改進儲運系統，建築現代化新式

[3] Richard S. Lapata, "Faster Pace in Wholesaling," *Harvard Business Review*, 47 (July-August, 1969), pp. 130-143.

倉庫，利用快速機械化搬運，使用電子計算機管理存貨及帳務；(2) 採用選擇性銷售(selective selling)，分析顧客之重要性以決定其推銷優先順序，選擇不同媒介以接觸不同顧客；(3) 增加經營彈性，對於不同的顧客給予不同的服務以配合其需要；(4) 發展並推廣「中間商」品牌，以建立本身之品牌信譽，避免與廠商品牌直接競爭，提高自主能力。

批發商到現在還能繼續存在之主要原因，乃爲衆多小型製造商及零售商仍然存在。他們無法自行擔負衆多批發功能或其他技術或管理工作，而有賴獨立批發商以更有效方式代爲擔負。儘管廠商和零售商不斷趨向「大型化」，但小型者一如上述，仍然爲數衆多。

肆、零售商之分類❹

照美國行銷學會定義委員會的定義，零售業係特指所有直接銷售給最後消費者之活動之企業單位。臺灣省工商普查總報告，對於零售業的解釋爲：「零售業包括所有有形商品之零售商，製造業設立之獨立門市部，日用品消費合作社，以及零售店」，「但不包括個人服務業中之飲食業」，「亦包括兼營零售與批發而以零售爲主者」。

通常零售業可依下列各不同標準予以分類，作爲行銷通路決策之參考。

一、依所經銷產品組合之廣狹分類

如百貨類、專業類、特殊品類。百貨類如大百貨公司，專業類如傢俱行、電器行、建材行，特殊品類如高級時裝店、男裝店或領帶店、珠寶店等。

二、依所經銷產品分類

❹ 同❶，第254-255頁。

此一分類與第（一）分類非常接近。第（一）分類着重產品組合範圍，此一分類乃着重於產品本身類別。如飲食店、五金店、珠寶店、書店、文具店、什貨店等。

三、依所經營方式分類

此一分類有「店面零售」(in store retailing) 與「無店面零售」(nonstore retailing) 兩大類。店面零售，如百貨公司、超級市場、折扣商店等。郵購及流動攤販等屬無店面零售。

四、依所有權歸屬之方式分類

此一分類又可分爲獨立商店及連鎖商店兩類。獨立商店係指一商店本身爲一獨立經營之企業單位，不與其他同類商店發生任何所有權上共同歸屬關係。連鎖商店係指有一家以上同類商店，共同歸屬於某一企業或個人所有，同時使用相同商店名稱及管理方式。連鎖店在臺灣已有逐漸普遍之現象，成長較迅速者爲小型超級市場，如統一超級商店。

五、依規模之大小分類

此一分類係依商店營業額之大小而分。一般而言，零售業中，小型者雖佔絕大多數，但營業數額却集中於少數大型商店。由於隨規模不同，其採購、行銷、融資、人事管理以及成本控制方式，均極不相同。

六、依地理之分布分類

依此標準又有兩種不同的分類方式。一爲依所在地區分類，如大同區、臺南區、東區等等。另一爲依城市或鄉村分類。

七、零售商「點將錄」

目前中外零售單位之名稱十分繁多，比較常聞者有什貨店 (grocery store)，專門店 (speciality store)，超級小市場如青年商店 (superette)，旅行商店(traveling stores)，街頭攤販(pedder)，消費合作社(the consumers co-operative)，百貨商店 (the department store)，連鎖商店

(the chain store)，郵購商店 (the mail order house)，超級市場 (supermarket)，折扣商店 (the discount house)，購物中心如軍公教福利中心 (shopping center) 等等。

上述之各類零售機構中，值得一提者爲青年商店及軍公教福利中心兩者。該兩零售機構均爲政府輔導成立之零售機構。軍公教福利中心之年營業額幾達百萬億左右，由於其經營方式及作業範圍，具有政策性涵義及經濟性原則，營業成長相當快速。青年商店於民國六十五年由政府輔導成立 27 家，迄今有 43 家❺，分佈於臺北市各區（見表 34-1）。青年商店與軍公教福利中心性質及規模互異。青年商店之成立目的爲輔導青年創業，爲一小型超級商店，而軍公教福利中心，則可視爲大型購物中心。

表 34-1　臺北市青年商店分佈情況

區　　別	中山區	松山區	大安區	士林區	內湖區
設店數	3	9	10	7	1
區　　別	城中區	大同區	古亭區	北投區	景美區
設店數	2	2	4	4	1

資料來源：張發清及萬碧華著，臺北市青年商店營運概況之分析，臺北市政府自行研究報告 #33（臺北市：臺北市政府研考會，民國七十二年印行），第 29 頁。

伍、零售商之功能

零售商之功能，可從其對消費者與供應廠商所扮演之角色窺視而得。

零售商，居於最終消費者與供應廠商（包括製造廠商與批發商）之

❺ 張發清及萬碧華著，臺北市青年商店營運概況之分析，臺北市政府自行研究報告 #33（臺北市：臺北市政府研考會民國七十二年印行），第 29 頁。

間，兼具「購買代理者」與「銷售代理者」兩種角色。前者係指代理最終消費者而言。後者乃特指代理供應廠商而言。從此一觀點着論，零售商之功能，應包括發揮代理角色所必須做到之各項服務。玆分別簡述於後。

一、消費者之購買代理者功能

此一功能包括提供合適之產品，保證、服務、送貨，退換貨品、理護、融資（分期付款）、預購等等。

二、供應廠商之銷售代理者功能

此一功能涵蓋廣告、展示等推廣所供應產品功能，以及與訂價、產品規劃意見之提供等行銷組合之運用。此種行銷代理者功能之發揮，必然有助於供應廠商之銷售。因此筆者認爲零售商代理者功能若能充分發揮，供應廠商之銷售作業負擔必可大爲減輕，降低其行銷成本，提高行銷生產力。

陸、零售商之發展趨勢

零售商在行銷通路中爲極其動態的機構。零售商與最終消費者直接接觸，任何有關市場環境之變動，迅速反應於其消費行爲上。因此，一、二十年來，各地區之零售業結構業已發生若干改變。主要者有下列數端。

（一）零售活動混雜化❻

混雜化係特指依經銷產品類別所做之中間商分類，已漸模糊。某特種商品很少限於一類商店經銷。同樣地，自另一觀點觀看，某特種商店所經銷者，也不侷限於某種產品線內之項目。此一零售趨勢，對於行銷

❻ 同❶，第259頁。

具甚大影響。它不但可節省消費者選購不同產品之時間及精力，亦可使得零售店與零售店間之競爭，由同業擴大到不同業別之間。惟此種現象可增加廠商選擇其產品分配通路之機會。獲得較多，較好選擇。

（二）零售規模擴大化

零售規模之擴大，以各種不同方式進行。以下所列者可供參考。

一、橫向（水平）連鎖或整合

橫向連鎖之例，在臺灣業已逐漸普遍，如統一超級商店（與美國之 7-11 Seven Eleven 合作），黑面蔡楊桃湯（現已超過 2000 攤販），便是良好之例。

二、縱向（垂直）整合

零售商以合作或共同採購方式，發揮規模採購功能，擴大其零售作業之效果。

上述橫向與縱向整合之方式可從下段所要探討之零售系統整合化窺其概要。

三、零售系統整合化

零售系統整合化之層面，有愈繁雜化之趨勢，下列所要討論者僅屬於較常使用者❼。

傳統分配結構，概由獨立供應廠商，各種中間商所組成。供應廠商與中間商間之關係往往限於個別交易，行動各自獨立。惟自整個分配功能而言，它們所扮角色只限於一小部份，並不構成完整系統，在作業上難免有諸多重複之處。近年來之分配通路趨勢，顯示這些機構以各種不同方式整合，以求所擔負之行銷功能，達到最佳水準。最常見者有三種主要的整合方式。

1. 企業連鎖系統（corporate chain store systems）。企業連鎖系

---

❼ 同❶，第 262-263 頁。

統係若干相同性質之零售商店，分佈於不同地區，有共同所有權。

2. 契約結合連鎖系統。此一系統可包括三種情況：

(A)以批發商店爲中心的自動連鎖 (voluntary chains)。在此一系統中，各獨立零售商，經由協議，同意向某一批發商採購所需貨品，而此一批發商亦同意提供各連鎖商店各種服務，諸如迅速可靠之交貨，廣告推銷，中間商貨品管理諮詢服務等。

(B)零售商之合作組織：此乃由若干零售商共同投資設立一中央機構，負責共同採購，儲運等功能性合作工作，情況大致與自動連鎖相似。

(C)授權系統(franchise systems)。在此一系統中有一授權者，通常爲一一供應廠商，也可能爲一批發商，依照協議，「授權若干零售商各自在一定地區內經銷某種產品或使用某種品牌經營某種營業」。

3. 貨品連鎖系統。此乃由一供應者負擔其特定產品線在通路中之整個行銷過程。譬如時裝供應廠在各大百貨公司內設置或租用一時裝部，由公司予以統一規劃經營之連鎖型態。

四、零售商國際化

零售商邁進國際化之趨勢將愈普遍。美國之麥當樂 (McDonald's) 漢堡、肯塔基雞 (Kentucky Fried Chicken) 等便是其例。最近麥當樂漢堡，業已決定來臺設立連鎖商店，其在臺發展情形，雖未可預卜，但必須麥當樂本公司，決心大力在支持其「採購」作業，亦即「供應」地主國所必須之原料及有關資源，始能有成[8]。

---

[8] Louis W. Stern and Adell 1. E1-Ansary, *Marketing Channel*, Second Edition (臺北市：華泰書局，民國七十一年印行) (臺灣版)，第510-511頁。

第三節　行銷通路決策

行銷通路之遴選，係一非常重要之決策。它不但可改變整個企業營運之成本，對市場之拓展亦有舉足輕重之影響力。

壹、通路決策應考慮因素

廠商對下列有關問題應有所了解始能在作通路決策時有所依據[9]。

1. 廠商所預期之地理範圍以及其市場密度。
2. 對通路中間商之預期人員推銷能力。
3. 對通路中間商之預期廣告能力。
4. 通路中間商應有之績效。
5. 中間商之地理位置。倉儲場所及運輸系統之方便與否。
6. 通路中間商所能提供之服務（包括產品及顧客服務）。
7. 廠商支持通路中間商之方法。

決定何一通路？應考慮下列諸項：[10]

1. 交易量愈大，則可縮短通路，蓋交易愈大，愈可自行負擔許多行銷作業果，收到規模經濟效果，不必利用中間商。

2. 工業用品，通常不必經由零售商而可直接銷售給使用者，確保充分而確切之技術及售後服務。

3. 倘市場分散，則宜利用中間商，以免過度分散廠商之行銷資

[9] 參考廖繼敏著，國際行銷通路，民國六十年四月，國立政治大學公共行政及企業管理教育中心印行，第5頁。

[10] 郭崑謨著，國際行銷管理，修訂三版（臺北市：六國出版社，民國七十一年印行），第415-416頁。

源。

4. 如廠商提供國外中間商服務之能力不大，則應利用國內中間商。

5. 廠商願意牽涉程度。如不願意牽涉太多，可盡量延長通路以間接方式行銷國外。

6. 廠商資源（行銷資源）之豐脊。中小廠商，資源不豐以採用聯合外銷經理 (Combination Export Manager, CEM) 之服務較佳。

7. 同業界是否有合作氣氛？如有，則可採取聯營或合作外銷。

8. 地主國之種種限制。譬如地主國有滙款限制，則以在地主國設立分機構，以公司內轉移訂價策略補救之。

9. 廠商是否願意控制其通路。廠商控制通路之欲望高，當以直接通路較適。

10. 地主國之產銷資源是否「相對」低廉？如工資、原料租金（房租）低廉，則以在外設立分機構較合算。

11. 目標市場是否「新進市場」？如係新進市場，對地主國之情況陌生，當以間接通路較適當。

12. 選拔通路時盡量跟隨具有成功前例之類似產品系列所採取通路，避免重蹈類似產品系列失敗通路之覆轍。

13. 中間商之選擇應考慮其財務狀況，涵蓋之市場、管理能力、商譽、以及中間商是否經銷相互競爭產品，愼重行事。

貳、影響通路決策之主要因素與通路策略

綜上所述，通路決策所應考慮因素雖然繁多，可分成本因素、市場因素以及決策主管之個人因素三大類。玆再扼要歸納說明於後。⓫

⓫ 同⓾。

一、成本因素

通路成本以設立成本、維護成本、中間商毛利爲主。倘不設立經銷制度，通路成本中以固定成本較高，何種通路較佳，當可藉各種通路總成本之比較得到定論。圖例 34–5 之 A、B、C 線分別代表直接通路，經躉售商通路與經零售商通路之總成本線。直接通路固定成本最高，變動成本最低，躉售通路固定成本次低，變動成本僅高於直接通路。零售通路固定成本低於躉售通路，但變動成本最高。

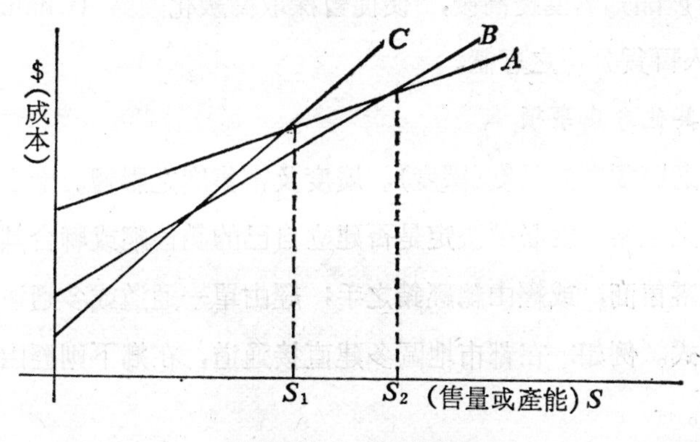

圖例 34-5　通路成本

間接通路之變動成本乃特指中間商之毛利。此種毛利對供應廠商言，稱之機會成本。

一般而言，售量愈多，自設門市自營較有利。圖例 34–5 所示之 S_1 與 S_2 分別代表自營或直接通路與零售通路之兩平點以及自營與躉售通路之兩平點。

二、市場因素

市場因素包括顧客採購習性、中間商之可護性、通路成員之財務狀況、推銷能力等等。

工業品、品牌知名度高，以及產品標準化程度高之產品，客戶當較偏愛直接向產製廠商購買，當以直營門市或郵售較適。

在美國，由於零售商之規模相當龐大，如 Sears, Wards, Kmart, J. C. Penny, A & P, Safeway 等等零售機構，通常有進口部門直接進口，當然可透過零售通路行銷。

三、決策者個人因素

決策者倘有強烈通路控制欲，通路之抉擇自然以直營較有效果。通路創新之例甚多。美國 Timex 首創手錶之藥房通路(Drug Store Channel)，當產品知名度提高後，便促暫採取高級化通路 (Channel Trade up)，進入百貨公司之專櫃。

四、其他考慮事項

行銷通路須考慮長度(深度)、廣度及密集度之影響。廠商如要建立音響設備之通路，就必須決定是否建立自己的銷售網或聯合其他組織，直接配銷零售商，或經由總經銷之手；經由單一通道或多通道或依需要而改變方式。例如：在都市地區多建直接通道，在鄉下則經由音響店來銷售等等。

這些決策至少得要考慮產品、品牌、產品聲譽和在此國家之公司由母公司所能獲得市場發展資本、競爭的強度……等因素。因此，忽視需求或最佳的分配計劃，則市場行銷可能使用了「次佳」的通路。製造廠商倘若打算引介一種在美國尚未建立起名聲的新穎且高級的音響系列，音響銷路將非常困難。若競爭者施壓力予商人，這將被視爲經由獨特價格競爭來引入這新產品系列之通路產品難題。

一個廠商經由消費者至尋找如何造成滿足消費者的線索，必須從共同的目標，從設計計劃中滲入各種行銷組合，如產品、促銷、價格和地點（包括通路與實體分配）等方面着手，才能順序的，選定一個勝於其他廠商之通路政策，如此行銷努力始能成功的達成創造行銷的機會。

叁、通路決策之重點與管理輔導

行銷通路決策之重點除上述者外尙要考慮經銷商之數目（密集度），通路之單元或多元（通路廣度），以及中間商之選擇與管理輔導等諸多問題。玆就行銷通路之決策重點列舉於後，俾供決策之查核。

一、通路之長短

1. 直接通路。
2. 間接通路。

二、通路之密集度

1. 密集性通路。
2. 選擇性通路。
3. 獨家經銷。

三、通路廣度

1. 單元化通路。
2. 多元化通路。

四、中間商之選擇

1. 適當標準之訂定。
2. 遴選原則之訂定。
3. 中間商選擇彈性。

五、通路之管理與輔導

行銷通路一經選定，應加以推導，使通路能配合旣定政策與目標，保持通路之持續暢通。推導方法甚多，據阿里桑德里(C. Alexandridos)及莫吉士 (G. Moschis) 有下列五類[12]。

---

[12] 黃俊英著，「外銷通路的結構與選擇」，國際貿易學報，第26期（民國六十七年十二月二十日），第1-14頁。國立政治大學國際貿易學會印行。

（一）金錢報償：利潤或佣金應能滿足中間商之需要。

（二）心理報償：以各種方法表揚中間商之成就。

（三）溝通：以各種傳播及溝通媒體與中間商取得密切之連繫。

（四）公司支持：技術服務、貸款、提供有關資料。

（五）友好關係：善爲處理與中間商之衝突，盡量去除磨擦因素。

筆者認爲推導中間商，從長期觀點論之，似應注重技術與管理服務，培植中間商之獲利能力；從短期觀點觀看，仍以貨幣報酬與心理與報酬並重，較能收到較佳效果。

第四節　行銷通路策略之嶄新理念芻議

爭取市場之策略變數甚多，麥卡錫（E. J. McCarthy）將之歸爲產品、價格、推銷與位置四大類，其中位置包括通路與實體分配⓭。經銷商爲通路之成員，開拓與推導經銷商係通路決策之重要作業，其爲爭取市場之有力途徑，自不待言。

倘視經銷商之經銷爲借助於「外力」之推銷⓮，經銷商之開拓與推導在行銷策略上之地位益顯重要。原因乃在借助外力推銷，不但實質上大幅擴展廠商之推銷資源，亦且由於推銷資源之擴張，改變爭取市場策略變數之組合（亦稱行銷組合）結構，可使廠商重新組合有限資源，增加其使用效率。基於此一認識，本節特從開拓與推導經銷商之嶄新涵義，探討並提議此一新理念之重要性。

經銷商爲行銷通路之成員，亦爲中繼市場之分子。因此開拓經銷商

⓭ E. Jerome McCarthy, *Basic Marketing: A Managerial Approach*, 4th Ed. (Homewood, Ill: Richard D. Irwin, 1971), pp. 44-46.

⓮ 郭崑謨著，從國際行銷之嶄新構面探討外銷廠商之作業重點，中華民國市場拓展學會　民國七十二年年會論文集，第1-13頁。

有兩種特殊涵義——拓展推銷產品之戰略性途徑與爭取中繼市場。至於新舊經銷商之推導管理實環繞於通路成員間關係之改進作業上，具有健全通路組織氣候之特殊意義。

壹、戰略性推銷途徑之拓展——從推銷觀點論通路

一九五八年，納斯特朗（Paul H. Nystrom）主張從功能性觀點探討行銷通路，認為行銷通路為產品所有權之流通途徑[15]。一九六〇年，美國行銷學會（A. M. A.）採取機構性觀點，明定行銷通路為銷售產品必經之企業內、外組織結構[16]。一九七〇年代，保薩克教授（Donald Bowersox）提倡從交易觀點看通路，咸認通路係產品從供應者至最終消費者或中間使用者完成交易之途徑[17]。筆者認為從推銷觀點看通路，更可顯露通路之策略涵義。易言之，倘將通路視為推銷產品之「戰略性途徑」，在決策層次上與推銷策略相互呼應配合，則通路決策便有引導推銷作業之特殊涵義。

從推銷觀點論之，開拓經銷商與否，在決策上應與推銷決策連貫。如決定不透過經銷商銷售，則須加強人員、廣告、促銷等資源之運用，以便展開廠商直接銷售作業。若決定透過經銷商銷售，則為有效借助外力（經銷商之資源）推銷，應將人員、廣告與促銷之策略作適切調整與配合，俾便發揮廠商組織外之推銷資源。因此開拓經銷商，有拓展戰略

---

[15] Paul H. Nystrom, ed., *Marketing Handbook* (N. Y.: The Ronald Press Co., 1958), p. 219.

[16] Committee on Definitions of the American Marketing Association, *Marketing Definitions: A Glossary of Marketing Terms* (Chicago: American Marketing Association, 1960).

[17] Donald J. Bowersox, *Logistics Management* (N. Y.: McMilliam Publishing Co., Inc., 1974), p. 49.

性推銷途徑之涵義。

貳、爭取中繼市場

經銷商爲中繼市場之成員。開拓經銷商，首應充分認識中繼市場之本質，基於此種認識，再訂定爭取此一中繼市場之策略與方法。在觀念上與實務上，廠商之業務人員可應用推銷技術打開此一市場。

廠商所應推銷者不僅爲產品，其他如經銷權以及經銷權所隱含之經銷技術更爲重要。如果廠商認爲在行銷通路中，本身佔有優勢，登高一呼，登報徵求，就可任意遴選「如意」經銷商，實爲錯誤想法。事實上，理想經銷商往往無意應徵，非費相當推銷功夫無法求得。尤其理想經銷商爲各競爭廠所欲爭取目標，不大力爭取無法獲得。開拓經銷商，要靠「推銷」，而非「徵求」。

叁、健全通路組織氣候

新舊經銷商推導上應認識者爲：(一) 行銷通路之權力結構、權力衝突與控制之情況；(二) 新經銷商對舊經銷商之影響；以及 (三) 經銷功能與經銷行爲之激勵等諸項。誠然經銷商之推導與管理係屬通路組織氣候問題，其重點爲通路成員間關係之改進，從成員間關係之改進而達到經銷效力之提高。

通路成員間之關係，譬如供應廠商與經銷商間關係之改進，在經濟不景氣時尤爲重要。蓋經濟情況不佳時，廠商往往將其行銷策略重點集中於與少數經銷商關係之加強與改進上，而非注意衆多最終消費者或使用者[18]。原因不外乎：

---

[18] "Marketing when the Grow Slow" *Business Week*, April 14, 1975, pp. 44-50.

（一）經濟情況欠佳時，存貨高積。如何降低存貨爲廠商之首要任務。爲避免花費太多時間與資源研究最終消費者，廠商往往採取簡捷途徑，就已有貨品覓找市場出路，將貨品往通路之下一層推動。

（二）通路權力之使用，較易下達。

推導舊經銷商之重要性不亞於新經銷商之開拓。改變通路或更換經銷商，旣費時日與資源，又損市場競爭元氣，實應儘量避免。

第三十五章　行銷通路之管制

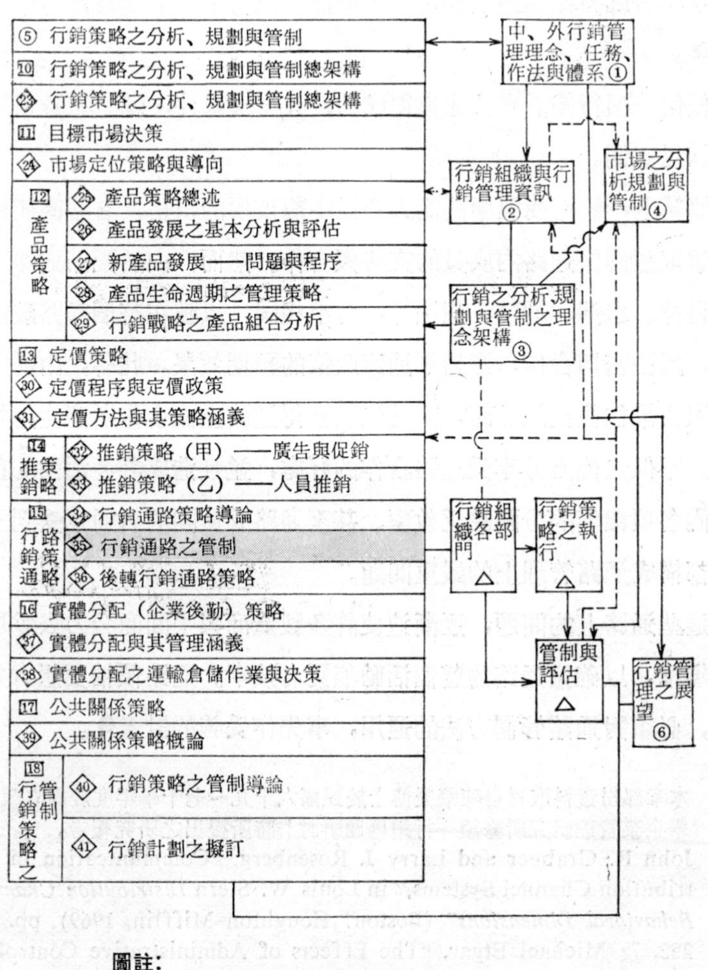

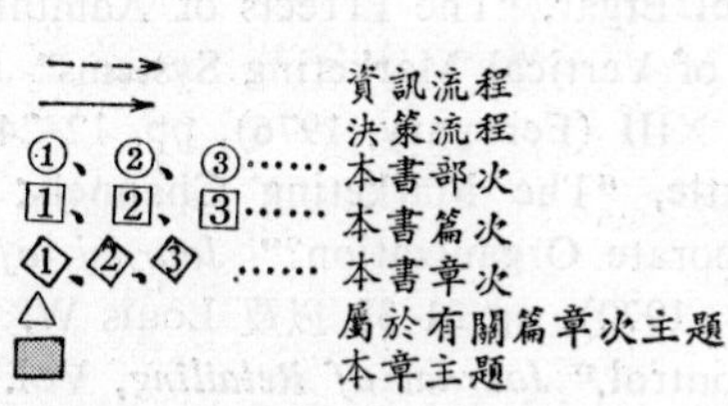

行銷通路策略之重點，雖然在於掌握通路之長短、密集度、廣度、以及中間商遴選決策，此種種決策，應運用通路管制工具與策略始能著效。本章特就行銷通路管制之此一層面加以討論，期能提升通路策略之效果❶。

任何一項行銷計畫要想獲得成功，其先決條件，就是對於通路要能有效加以管制。

傳統上，製造商與中間商大多以中繼市場的價格及有關機能作為手段，爭取並確保通路內成員的支持與合作。然而，由於配銷通路內各成員的目標、水準、期望、想法等，各不相同，以致在整個通路政策的執行上，無法密切合作，影響了通路政策的預期效果。此外，由於成員的行動與決策往往支離破碎，因此無法獲得通路全面合作所產生的規模經濟❷。不但未能充分享受通路合作的好處，並且造成許多活動的重複、通路內各項機能的分配缺乏效率、甚至通路成員間的溝通也受到干擾，這些都構成通路管理上的嚴重問題。

這些通路上的問題，逐漸迫使許多製造商與中間商努力去爭取通路的領導權，以確保通路的整個活動能更有效率。通路領袖要想有效管制通路，必須對通路管制方法的運用，事先作妥善的計畫❸。

---

❶ 本章部份資料取材自陳肇榮博士於民國六十九～七十學年度於國立政治大學企業管理研究所修讀「行銷專題研討」時所提出之研究報告。

❷ John R. Grabner and Larry J. Rosenberg, "Communication in Distribution Channel Systems," in Louis W. Stern *Distribution Channels: Behavioral Dimensions*" (Boston: Houghton-Mifflin, 1969) pp. 227-252, 及 Michael Etgar, "The Effects of Administrative Controls on the Efficiency of Vertical Marketing Systems" *Journal of Marketing Research*, Vol. XIII (February, 1976), pp. 12-24.

❸ Robert W. Little, "The Marketing Channels: Who Should Lead This Extracorporate Organization?" *Journal of Marketing*, Vol. 34 No. 1 (January, 1970), pp. 31-38 以及 Louis W. Stern, "The Concept of Channel Control," *Journal of Retailing*, Vol. 23 (Summer, 1967),

所謂對通路有管制的力量，乃指通路領袖藉着某種力量而促使通路成員協力執行某項政策。社會學家認爲，在一個組織中或幾個組織間（例如行銷通路），乃是透過互易 (Exchange)行爲而獲得協同一致❹。通路成員由於得到某些正的增強 (Positive Reinforcements) 而同意接受通路領袖的管制，或爲由於要避免某些負的增強 (Negative Reinforcements) 也會接受管制❺。

第一節　通路管制力之來源

根據百、史兩氏(Beier與Stern)的模型❻，指出通路管制力的來源有五種類型：(1)經濟性酬賞(Economic rewards)、(2)強制力(Coercion)、(3) 專門技術 (Expertness)、(4) 參照或認同力 (Reference or identification power)、及 (5) 法定力量 (Legitimization)。Beier 與 Stern 的模型經過後來許多研究者證實，並加以引用以說明許多通路管制的現象❼。

---

pp. 14-20ff.

❹ Richard A. Emerson, "Power Dependence Relations," *American Sociological Review*, Vol. 27 (February, 1962), pp. 31-41；以及 Roderick Martin, "The Concept of Power: A Critical Defence," British *Journal of Sociology*, Vol. 22 (September, 1971), pp. 240-57.

❺ 此係根據心理學中行爲學派(Behavioral School)的增強理論 (Reinforcement Theory) 而來。

❻ Frederick J. Beier 與 Louis W. Stern, "Power in the Channel of Distribution," in Louis W. Stern *Distribution Channels: Behavioral Dimensions* 一書 (Boston: Houghton-Mifflin, 1969) pp. 227-52.

❼ Louis W. Stern 與 Adel I. El-Ansary, *Marketing Channels* (Englewood Cliffs: Prentice-Hall, 1977), 第七章。

茲簡單說明百、史兩氏的模型如下:

1. 經濟性酬賞是管制通路的一項力量來源，由於通路領袖擁有某項特殊資源，可以用來獎賞其追隨者 (Follower) 使其獲得經濟上的利益。例如給予通路成員較高的毛利率或更多的推廣資金。這種經濟性酬賞可以因人而異，給予不同成員差別待遇。

2. 強制力是指通路領袖對未遵從命令的通路成員，有某種制裁力量，包括取消地區獨家代理權、降低毛利率等。這種力量也是可以針對個別通路成員單獨實施的。

3. 專門技術是造成通路管制力的重要因素。製造商擁有對新產品的某些專門知識或技術，批發商與零售商自然必須聽命於它。

4. 參照或認同力乃是基於成員間自願地向某一有名望之成員看齊或認同，共同推舉它爲通路領袖。

5. 法定力量乃是爲全體成員所必須遵守者，自然具有通路管制力。

行銷管理人員不但對以上五種通路管制力量的來源感到關心，並且更要進一步探討「各種通路管制方法的效果如何?」以及「怎樣才能成爲通路領袖?」[8]

然而百、史兩氏的模型却沒有進一步指出何種通路管制方法最有效，這個問題只有尋求實證研究 (Empirical Study) 來解答。

第二節 行銷通路管制方法

截至目前爲止，關於比較通路管制方法的成效方面之研究並不多，

---

[8] Michael Etgar, "Channel Domination and Countervailing Power in Distributive Channels," *Journal of Marketing Research*, Vol. XIII (August, 1976), pp. 254-62.

較受注目者有下列兩種。

第一個研究是漢、尼兩氏 (Hunt 與 Neuin) 做的❾，探討所有管制工具對通路領袖的管制力有何影響，它是以各管制工具和通路管制力的大小分別求相關係數。

第二個研究是羅氏 (Lusch) 做的❿，分析以強制力和非以強制力為工具，在通路管制的效果上有何不同。換言之，就是把前述百、史兩氏模型的五種工具，分為強制力（包括威脅與懲罰）與非強制力兩類，分別分析其對通路管制的效果。

壹、通路管制之工具

由前人所做的實證研究，可以獲得一個啓示，就是若把通路管制工具分為經濟性工具 (Economic tools) 與非經濟性工具 (Non-economic tools)，再來研究它們對通路管制的成效有何不同，將對行銷管理人員更有幫助。經濟性工具包括前述百、史兩氏 (Beier 與 Stern) 的「經濟性酬賞」及「強制力」，因為強制力實際上就是一種經濟性的懲罰，應與酬賞同列才對。非經濟性工具包括前述的「專門技術」、「認同力」、「法定力量」三者。

何以把通路管制工具按經濟性與非經濟性來劃分，對行銷管理人員更有幫助？其理由如下：

行銷管理人員可以把通路管制問題轉化為直接的經濟獎懲問題，這

❾ Shelby Hunt 與 John R. Nevin, "Power in Channels of Distribution: Sources and Consequences," *Journal of Marketing Research,* Vol. XI (May, 1974), pp. 186-96. 以及 Robert F. Lusch, "Sources of Power: Their Impact on Intra channel Conflict," *Journal of Marketing Research,* Vol. XIII (November, 1976), pp. 382-90.

❿ 同❽。

一來通路領袖不必再多費心其他事務，只要集中精神在其經濟資源的最佳運用一項上即可。

此外，由於專門技術、認同力、法定力量等非經濟性工具比較屬於通路環境的開發（Development of channel environment）方面，往往無法做選擇性的給予或不給某些成員，其彈性較小，且這些工具又無法和通路成員的是否執行命令相聯繫，因此作爲管制的工具，應有不同的策略。

換言之，通路工具之管制力的大小，受下列兩因素的影響：

1. 該工具對特定通路成員可否單獨適用（有無選擇性）。

2. 該工具的使用是否能與通路成員對命令的執行績效相聯繫（有無關連性）。

就上面兩項因素而言，顯然經濟性工具較非經濟性工具爲佳，因此吾人可以假設經濟性工具（獎賞與懲罰）的通路管制效果，較非經濟性者（專門技術、認同力、法定力量）爲佳。

貳、艾氏（Michael Etgar）之實證研究

上面推理的假設是否成立，必須要有實證研究來證明才可。耶路撒冷（Jerusalem）希伯來大學的艾氏（Michael Etgar）教授曾對此一假設

表 35-1　艾氏（Etgar）抽樣的業別及經銷商數目

行業別	啤酒	飲料	汽油	汽艇	汽車	機車	樂器	游泳池	合計
經銷商數目	20	10	10	10	20	10	9	10	99

資料來源：Michael Etgar, "Channel Domination and Countervailing Power in Distributive Channel," *Journal of Marketing Research*, Vol. XIII (Aug. 1976), pp. 254-262.

進行實證研究，玆將其研究情形簡述如下。

Etgar 教授設計了一項問卷，由專人進行個人面談式訪問，對象是電話簿上隨機抽取的單一產品經銷商 (one-product distributors)，包括

表 35-2 衡量管制力與管制工具之變數

衡量管制力的變數[a]	
1. 零售價	7. 從其他供應商進貨
2. 零售地點的選擇	8. 銷售員訓練
3. 最低訂購量	9. 銷售員聘僱
4. 訂購時的商品搭配	10. 店面的擺設
5. 零售廣告	11. 商會的加入
6. 賒銷的核准	12. 售價的釐訂——對區域或顧客的限制
衡量經濟性工具的變數	
1. 開業時的融資[b]	5. 提供市場情報[c]
2. 平時的融資[b]	6. 提供暢銷品[c]
3. 贊助零售廣告[b]	7. 送貨迅速[c]
4. 協助店面管理[b]	8. 送貨頻率[b]
衡量非經濟性工具的變數	
1. 產品的選擇[d]	4. 支援廣告[g]
2. 協助訓練[e]	5. 專門技術水準[b]
3. 發展新產品[c]	6. 團隊合作[h]
Likert 尺度之說明:	
a. 1表很少，7表很多	e. 1表很小，7表很大
b. 1表很低，7表很高	g. 1表很弱，7表很強
c. 1表很差，7表很好	h. 1表絕不，7表必會
d. 1表很窄，7表很寬	

資料來源: Shelby Hunt and John R. Nevin, "Power in Channels of Distribution: Sources and Consequences," *Journal of Marketing Research*, Vol. XI (May, 1974) pp. 186-196.

啤酒、飲料、汽油、汽艇、汽車、機車、樂器、及游泳池等八個業別。（參見表 35-1）

這八個行業共得到九十九個樣本（由於各業經銷商數目不等故依比例分配），所有經銷商皆太小而都不是通路領袖。這八個行業的通路領袖是其供應商，有的是製造商有的是批發商。

從漢、尼兩氏 (Hunt & Nevin) 的探索性研究中，已經把一些供應商對經銷商的管制項目找出來。在 Etgar 的研究中列出12項作爲衡量通路管制力的 12 個變數（參見表 35-2)，然後由回答的經銷商逐項按利克度（Likert）的七分評點尺度（Seven-point Likert Scale）勾選，最後彙總該業別各項管制的平均點數作爲一總指數，得分愈高表示管制力愈強。

經濟性工具及非經濟性工具，從漢、尼兩氏 (Hunt 與 Nevin) 的探索性研究中也已找出來，在艾氏（Etgar）的研究中分別選八項及六項（亦參見表 35-2)，每一回答者均須就這十四項勾選 Likert 點數，然後分別就經濟性與非經濟性依前法各別計算總指數，得分愈高表示愈具有此種情形。

表 35-3 迴 歸 分 析 表

預 測 變 數	迴歸係數	T 值	顯 著 性
經濟性工具（獎懲）	0.487	2.644	$P < 0.05$
非經濟性工具	−0.879	−4.586	$P < 0.05$
常 數	43.783		

資料來源: Michael Etgar, "Channel Domination and Countervailing Power in Distributive Channels," *Journal of Marketing Research*, Vol. XIII (Aug, 1976), pp. 254-262.

Etgar 的研究採用迴歸分析(Regression Analysis)，以經濟性工具及非經濟性工具作爲預測變數，結果得迴歸係數如表 35-3 所示，其差異非常顯著 ($P<0.05$)，經濟性工具的迴歸係數爲正値，非經濟性工具則爲負値。

由上述分析，證實了原來的假設，卽經濟性管制工具的成效較佳。

第三節　行銷通路管制工具之使用上涵義

通路領袖的形成問題，以及通路領袖的管制工具問題，最近已經愈來愈受行銷管理人員所重視。從艾氏 (Etgar) 的研究中，很顯然已經確定經濟性的獎賞與懲罰乃是管制通路最有效的工具，其他非經濟性工具如專門技術、認同力、法定力量等不但無濟於管制通路，反有破壞通路之虞（負的迴歸係數）。所以我們甚至可以將通路中所有成員（包括領袖與追隨者），視爲一個經濟的聯盟 (Economic Coalition)，其間純以經濟獎懲制度維繫，如此一來行銷管理人員便可專注於通路成員對經濟資源分配上，行銷的重心將隨之而大幅改變。

然而在艾氏 (Etgar) 的研究中，由於樣本太小，且未將通路領袖列入樣本中，對研究的結果有所影響，不能做太一般化的推論。此外，基於經銷商對通路管制的認知 (Perception) 來衡量管制力，也不無問題，若能就所有通路成員，包括製造商、批發商、零售商、代理商等全都列入母羣體中抽樣，當能做更佳之推斷。

在確定了各項管制工具的成效後，進一步要探討的是「在何種情況下，有那些因素會影響通路成員接受管制的意願？也就是要找出不同管制工具有效性的情境因素 (Situational factors)。」

此外，還有一項値得進一步探究的是「不同管制工具的使用，對通路成員間的關係及通路合作有何影響?」因為經濟性工具雖然管制力較強,效果較佳,但往往涉及非自願的合作,但非經濟性管制工具卻帶來成員間的和諧關係與自願合作,這個問題不可不顧。

總而言之,通路管制並不是唯一的目標,達到此要求的結果,並非全盤最佳解,只是片面 (Piecewise) 最佳解。通路的合作愉快、士氣高昂、相互信賴、危難扶持,這些都是通路管制應考慮的無形因素,而這些也都是非經濟性的效益,不容忽視。所以通路管制的問題,不單是數量所可解決的,其中人的因素非常重要,必須兼顧。

第三十六章　後轉行銷通路策略
——嶄新通路功能與策略——

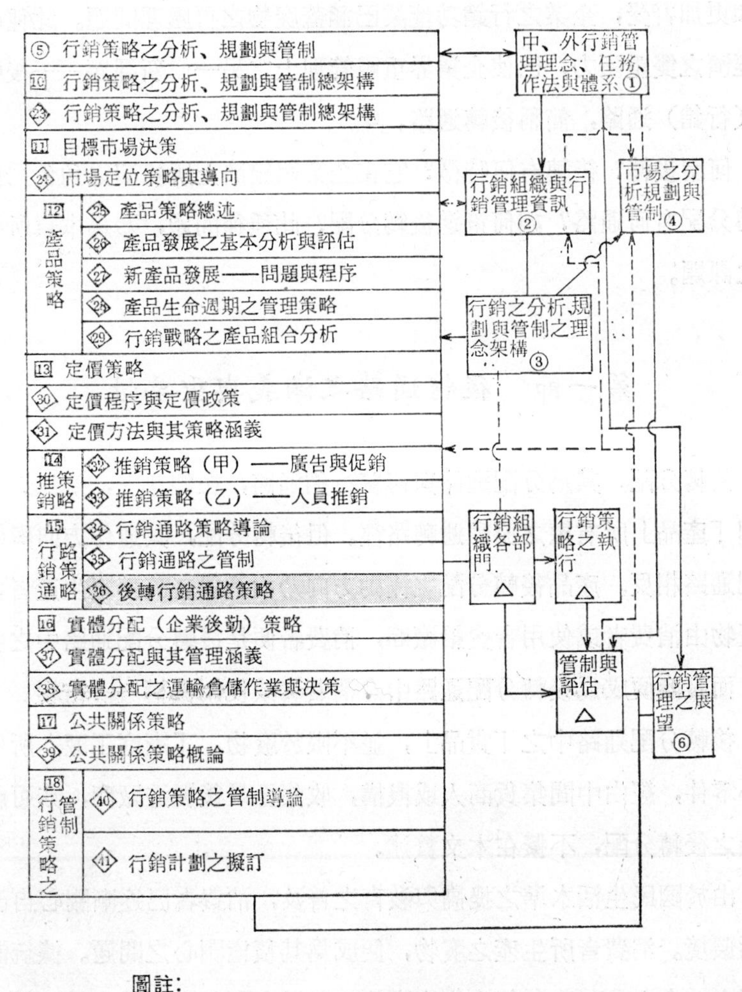

近幾年來，各界人士對環境生態非常關心，已促使企業界重視廢物處理之管理問題。同時，由於廠商對成本結構之日漸惡化如原料成本之增加更加警覺，企業之行銷功能業已涵蓋廢物之再處理問題。此種社會與經濟之雙重壓力，已使企業界重視管理上之另一嶄新課題——後轉分配（行銷）通路，簡稱後轉通路。❶

何謂後轉？後轉有何特徵？它在企業與經濟上所扮演之角色為何？後轉分配有何通路？如何策進後轉分配？此種種問題，乃為本章所要檢討之課題。

第一節　後轉通路之涵義與重要性

後轉分配，其為分配通路與傳統行銷通路，在觀念上，並無異同，亦即「產品」所有權之流動遞轉路徑。但後轉分配，其運作方向與傳統分配通路相反。產品後轉分配之流動方向乃由消費者流轉至生產者。例如廢物由消費者或使用者賣給廠商，消費者便是後轉分配通路中之生產者；而廠商便成為後轉分配通路中之消費者或使用機構——市場。

後轉分配通路中之「貨品」，並不限於廢物。「家庭工廠」所生產之小零件，經由中間集貨商人或機構，收集至最後製造廠商，亦可視為廣義之後轉分配，不擬在本文贅述。

由於國民生活水準之提高與教育之普及，消費者已逐漸關心自己之生活環境。消費者所生產之廢物，便成為其積極關心之問題。據統計，美國在一九七〇年代，每人生產廢物二噸以上❷，廢物之生產量相當可

---

❶ 郭崑謨著，「後轉分配通路——企業管理之另一嶄新功能」，國民金融月刊，第 6 卷第 3 期（民國七十二年五月十五日），第 27-29 頁。

❷ "Cash in Trash? Maybe," *Forbes,* Vol. 105 (Jan. 15, 1970), p. 20.

觀。我國雖然無類似之統計資料，衡諸近數年來我國生活水準之快速度提高，一般國民之物質享受與歐美各國相比，並無多大差異，廢物之生產顯然已達相當可觀之數量，尤以大都市爲然。此種情況，業已構成對人類生態環境之威脅。是故，如何收回廢物不但是廠商之問題，亦已成爲大家所關心之問題。尤其產銷資源因石油之漲價而愈顯重要之現階段，後轉分配益顯重要。蓋廢物若能收回再利用，不但可增加資源，減少浪費，亦可因廢物之再利用，亦即「再生」，節省生產成本。

日本及美加各國，利用廢物「再生」，生產建築材料，舉世矚目，嘆爲觀止，我國當亦應在廢物再生上多下功夫。後轉分配之重要性可從後轉分配之功能窺其一斑，其功能有:

一、維持生態環境之平衡。

二、使資源再生，節省生產成本。

三、創造資源。

第二節　後轉分配之特徵

廢物再生之過程涉及諸多問題，惟最重要之關鍵乃在「再生市場」與如何行銷此一「再生市場」。除此之外，後轉分配一般而言，具有下列特性。

1. 由於消費者係後轉分配通路之生產者，國民之生活水準愈高，不一定愈明瞭後轉分配通路之重要性。由於生活愈富裕，對廢物之價值，不易重視。蓋廢物出售所獲利得，對富裕國民所增添之效益相形愈不顯著，導致一般消費大衆較不注重後轉分配通路之優點。因此廠商必須自已替消費者設計一套後轉分配通路策略。

2. 後轉分配通路之產品——廢物，價格太低，中間商之轉手利潤亦甚低，因此中間商之建立相當困難。中間商利潤偏低之主要原因之一爲收集、運輸與儲存成本甚高。據美國馬古禮氏之研究，美國廢紙之收集、分級與運輸成本，佔廢物再生成本之百分之九十以上❸。其他廢物之收集、分級與運輸成本，雖然互異，但總是佔泰半以上之總成本。

3. 後轉分配之收集與運輸成本甚高，故在後轉分配上，收集運輸與儲存作業之改善，自然成爲一非常重要之管理課題。

4. 後轉通路中之中間商與廠商間，所得分配高低懸殊，問題不但多，而且相當敏感複雜。

5. 固體廢物，較易對社會公衆造成困擾。固體廢物之後轉分配，自然成爲後轉分配運作之重點。

6. 由於每一國民均爲消費者，亦爲後轉分配通路中之生產者；而消費者爲數既多，分佈亦廣，組織非常鬆懈，問題之產生攸關全民福祉，後轉分配通路之運作與問題之解決，亦屬總體後轉分配問題，政府職責所在，均對後轉分配通路之運作非常關注，亦有其應扮演角色。

第三節　後轉分配在企業與經濟上所扮演之角色

企業營運之中心作業實爲提供消費大衆或使用廠商合適有利之產品，包括貨品與勞務。爲達成此一目標，必然涉及生產、行銷、財務會計、人事、研究發展等作業。後轉分配通路之角色，基於上述之通路特性，在企業營運上業已成爲行銷作業上除產品規劃發展、訂價、推銷、通路（傳統通路）、實體分配外之另一嶄新獨特作業。此一通路之策

❸ Walter P. Margulies, "Steel & Paper Industries Look to Recycling as an answer to pullution," *Advertising Age*, Vol. 41 (Oct. 19, 1970), p. 63.

進，不但可增進顧客服務水準，增進顧客之福利，亦可透過廢物之再生，掌握原料來源，降低企業產製成本，具有跨越生產與行銷兩大企業功能，促進產銷連貫之功效。同時就企業營運之觀點論之，後轉分配通路功能之發揮，產生對顧客與國民環境生態之改善，可增進企業形象。

後轉分配通路之經濟與社會角色，顯然反映於其對國民生活環境與生態之改善，與再生資源之提供。後轉分配通路，業已擴大其管理層次及範疇，無疑地涵蓋污染管理決策與國家資源之開發與維護決策。

第四節　後轉分配通路之型態

後轉分配通路，一如傳統分配通路，依市場與產品之不同而異。一般而言有直接通路、傳統經銷商通路、收購舊貨之廠商通路、偶發性通路、以及政企合作通路等。茲特將各不同通路之特徵列舉於後。

1. 直接後轉通路

此一通路係特指消費者直接送還可「再生」之廢物給原生產者之廢物流動路徑而言。此一通路之缺點爲不易求得消費者之合作。

2. 傳統經銷商通路

透過經銷商店收回空瓶廢罐之作業係傳統經銷通路。採用此一方法之弊端爲經銷商與原供應廠商不易合作，蓋經銷商自會增加額外手續，且佔用存放空間，利潤不大。

3. 收購舊貨廠商通路

藉專門收購舊貨之廠商或人員，收回廢物以便「再生」之通路謂之收購舊貨通路。這些收購者，以其差價維持生活，故當經濟景氣欠佳時，從事者較多，景氣好轉時，從事者必然減少，爲甚不穩定之通路。

4. 偶發性通路

由於某種社會運動或政府之倡導，如環境淸潔運動、保護生態運動、消費者運動等等而建立之廢物流動過程，以其非永久性性質，謂之偶發性通路。此種通路由於次數通常不頻繁，效果通常非常短暫。

5. 政企合作通路

企業界，尤指原製造廠商或經銷商與政府衞生或淸潔單位合作負起後轉分配通路之作法，謂之政企合作通路。採取此一通路，應將廢物重新分類與儲存，然後分析其通路市場，並由適當廠商承接「再生」作業。此一通路，業已逐漸普遍，在我國實行，具高度可行性。

第五節　後轉分配通路策略

後轉分配通路中，消費者成爲實際廢物生產者。因此，消費者爲後轉通路中主角之一。從另一角度觀看，後轉通路實際上係原供應單位「廢物再生處理」上甚爲重要之一環，顯係單位原產品之後轉分配通路。從此觀點，策進後轉分配通路之功能，應加強「廢物市場」之硏究，作正確之市場區隔，始能選擇正確之目標市場。另一方面廠商及政府要在建立健全之後轉分配通路方面多下功夫，始能臻效。

大凡「廢物市場」可分爲:

1. 原產品可再行使用之市場。用畢空瓶，經淸潔處理後，再使用；空瓶市場便屬於原產品可再行使用之市場。

2. 合成化學之市場。廢物經化學處理後，可當新的產品之原料。如報章廢紙，可經化學處理，作再生產品之原料。

3. 可利用物理過程「再生」之市場。如固體廢物可經由加壓定型與硬化等物理過程作成新產品。「廢物再生磚」便是其例。

4. 政府服務（或爲民服務）市場。廢物可能無用，但爲維持生態之平衡，美化全民生活環境，必須加以處理者均屬政府之爲民服務市場。

配合各種市場區隔，廠商或政府機構，若能透過健全後轉通路之運作，必能對企業與政府生產力之提高，以及國民生態環境之改善有所貢獻。惟要建立健全之後轉通路，我們必須注意下列數端，積極加強運作，始能著效。

1. 加強消費者教育，提高消費者（亦即廢物生產者）之社會意識與對生態環境之重視。

2. 政府必須採取配合措施，規定產品之包裝準則，以便減少後轉分配通路中之收集、運輸與儲存廢物之成本；同時倡導維護環境生態之運動，並給於獎助。

3. 企業界須積極推動健全後轉分配通路之建立；個體企業倘無法推動，或可透過業界之聯合或合作方式達成。

提高企業生產力，加強經濟發展，以及改進國民之生活環境與生態，爲目前我國全民所共同努力之目標。我們若能重視並加強管理上之後轉分配功能之策進與發揮，必能改進日益龐大而繁複之廢物處理作業，提高企業生產力，開闢資源，裨益經濟之加速發展，與國民生活環境與生態之改善。

第十六篇

實體分配(企業後勤)策略

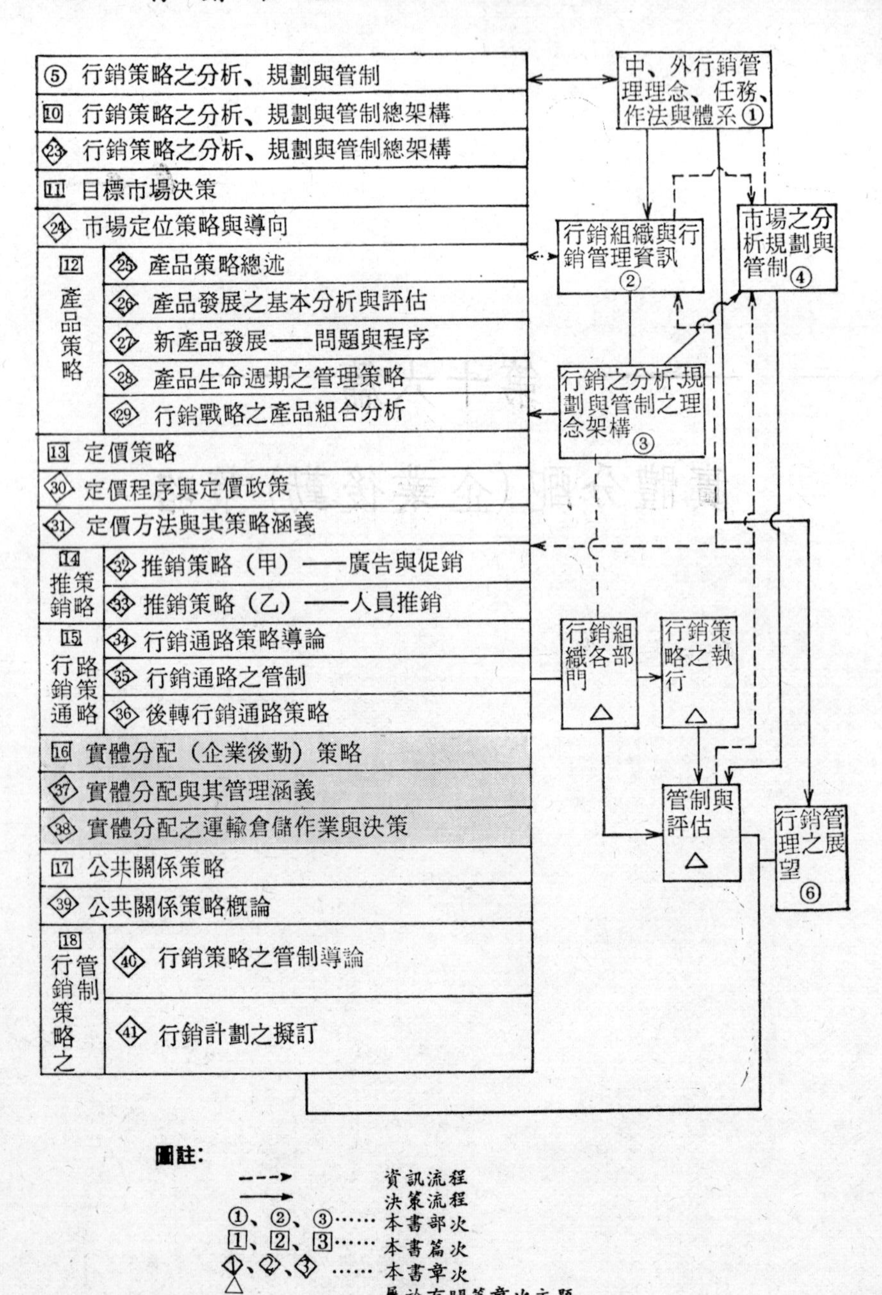

⑤ 行銷策略之分析、規劃與管制
10 行銷策略之分析、規劃與管制總架構
23 行銷策略之分析、規劃與管制總架構
11 目標市場決策
24 市場定位策略與導向
12 產品策略
25 產品策略總述
26 產品發展之基本分析與評估
27 新產品發展——問題與程序
28 產品生命週期之管理策略
29 行銷戰略之產品組合分析
13 定價策略
30 定價程序與定價政策
31 定價方法與其策略涵義
14 推銷策略
32 推銷策略（甲）——廣告與促銷
33 推銷策略（乙）——人員推銷
15 行銷通路策略
34 行銷通路策略導論
35 行銷通路之管制
36 後轉行銷通路策略
16 實體分配（企業後勤）策略
37 實體分配與其管理涵義
38 實體分配之運輸倉儲作業與決策
17 公共關係策略
39 公共關係策略概論
18 行銷策略之管制
40 行銷策略之管制導論
41 行銷計劃之擬訂
中、外行銷管理理念、任務、作法與體系①
行銷組織與行銷管理資訊②
市場之分析規劃與管制④
行銷之分析規劃與管制之理念架構③
行銷組織各部門
行銷策略之執行
管制與評估
行銷管理之展望⑥
圖註:
資訊流程
決策流程
①、②、③…… 本書部次
1、2、3…… 本書篇次
1、2、3 …… 本書章次
屬於有關篇章次主題
本篇主題

第三十七章　實體分配與其管理涵義

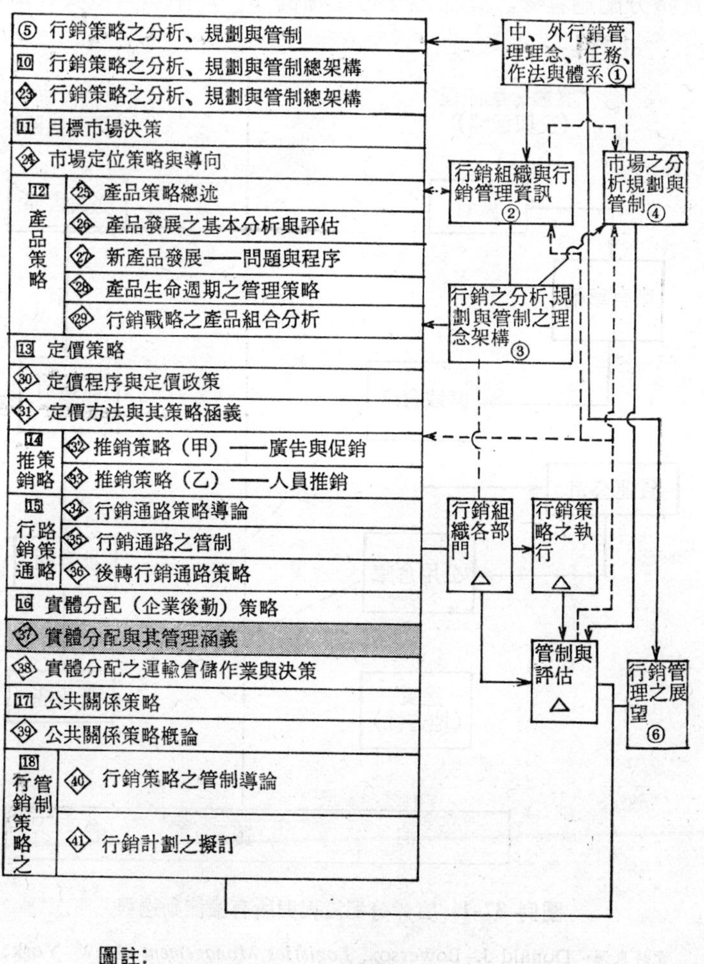

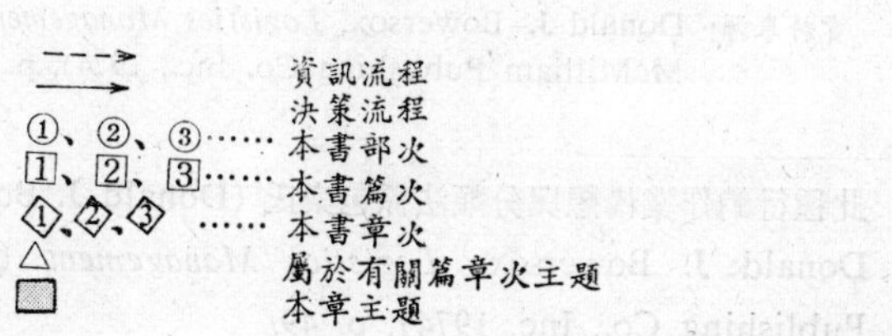

如果把整個行銷過程分成交易通路 (transaction channel) 與交與通路 (exchange channel)，則交易通路便為貨品銷售過程，而交與通路則為實體分配過程❶。此種觀念可從圖例 37-1 中窺其概要。本章所要

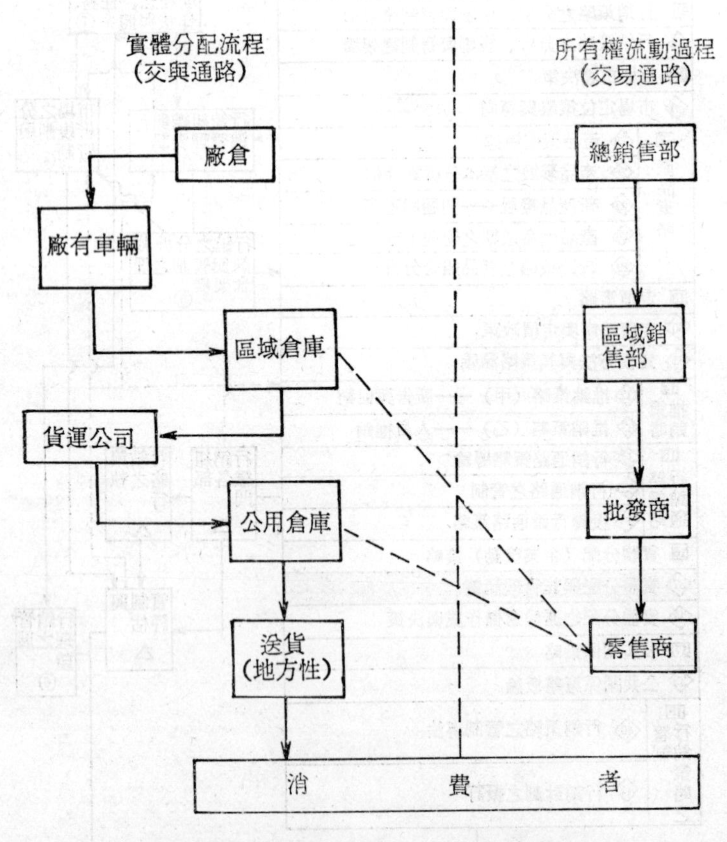

圖例 37-1 實體分配流程與所有權流動過程

資料來源: Donald J. Bowersox, *Logistics Management* (New York: McMilliam Publishing Co. Inc., 1974), p. 49.

---

❶ 此種行銷作業構想與分類法係包索氏 (Donald J. Bowersox) 所首創，見 Donald J. Bowersox, *Logistics Management* (N. Y.: McMilliam Publishing Co., Inc, 1974), p. 49.

討論者爲貨品交與過程，也就是貨品（實體）之流動過程，特別是實體分配之機會所在與其管理涵義。

第一節　實體分配（企業後勤）之涵義

商業產品包括貨品與勞務，實體係指貨品而言。在企業營運上，貨品之生產與消用（消費或使用，簡稱消用），通常不在同一地點，因而存有空間或地域阻隔。實體分配包括一切使貨品在行銷通路中爲達成企業營運效益所必須作之種種作業。它非但負有克服貨品流動上之空間阻隔，連貫產銷作業，亦爲爭取市場之「利器」❷。

實體分配之爲爭取市場之利器可從「貨品之適時、適地、適量、安全送達消用地點具有爭取消用者信心」之觀點上窺視而得。自古以來，兵家視後勤（Logistics）爲支援作戰調和各重要戰爭資源，爭取勝戰之關鍵。企業界於 1950 年後，也開始運用後勤觀念，視企業後勤，亦即實體分配，爲掌握市場競爭優勢之重要作業。

當貨品售給國外消用者時，實體分配作業便伸延至他國，涉及兩國或衆國，於是有國際實體分配。在國際行銷上，由於產消兩者之空間阻隔，較諸國內行銷者大，且所面臨之環境，諸如文化、社會、政治、法律等等，亦較繁重，實體分配作業益形重要。

第二節　實體分配之重要性與體系

實體分配之成爲行銷之重要課題，在我國係屬最近十年來之事。實

---

❷ 郭崑謨著，「實體分配──另一嶄新而重要管理課題」，現代管理月刊，第10期（民國六十六年十一月），第 7-9 頁。

體分配之體系有其獨特之處——卽整體系統化之典型。此種典型作業之發揮可使行銷效率大爲提高。

壹、實體分配之重要性

從總體經濟觀點看實體分配之重要性時，吾人通常以實體分配產值佔國民總所得毛額之比率來衡量。工業先進國度此一比率概在百分之十左右。我國臺灣地區，此一比率雖略偏低，約 6.1% 左右❸，在邁向加工歷次較高之技術及資本密集工業過程中，實體分配產值與國民總所得毛額之比率可望逐漸提高。

就個體企業言，實體分配成本佔企業營運成本可高至百分之二十以上。弦外之音乃爲倘能節省實體分配成本百分之一，則可提高營業利得率百分之四左右（假定現行銀行利率爲正當利得率）。

上述實體分配產值與國民總所得毛額之比率反映一國交通運輸與倉儲之投資情況。一國之交通運輸與倉儲之基本建設若偏低，則各個別廠商之運輸與倉儲效率便有偏低之傾向。論實體分配，總體與個體間之關係，唇齒相依。

當企業營運涉及兩國或兩國以上時，一如上述，環境因素頓行繁雜，運輸距離比較迂迴，運輸倉儲之機會亦增加。廠商在國際市場上之競爭機會增加，隨着市場之風險亦加大。環境因素與運輸倉儲之機會廠商若能善加配合運用，便爲市場機會，不能善加利用則爲風險之源泉。

貳、實體分配體系

實體分配現已由單純之運輸與倉儲作業而集生產、行銷以及財務等有關作業爲一整體系統，發揮其通和生產、財務與行銷之功，能並克服

❸ 中央銀行年報，民國六十五年中央銀行印行，第 34 頁。

空間阻隔，使「貨暢其流」、「物盡其用」。其外屬關係可從圖例 37-2 窺其一斑。

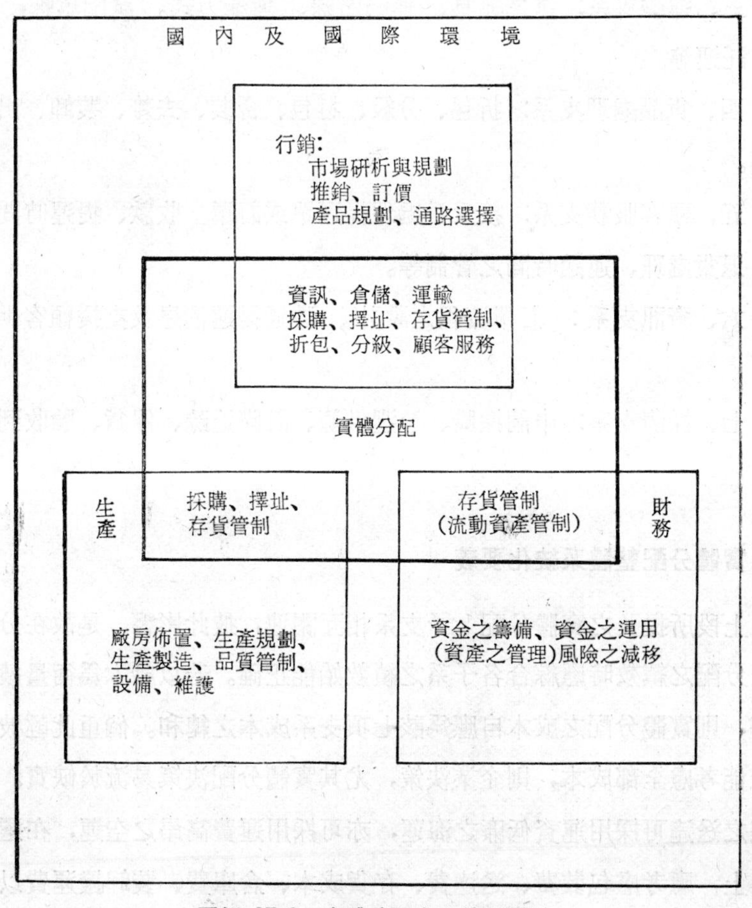

圖例 37-2 實體分配之內外屬關係

圖例 37-2 粗匡內所包括之項目係括自傳統行銷、生產與財務等作業。若按性質區分，實體分配之內涵支系有:

一、擇址支系：廠房、店舖或倉儲設備、配銷所等之地點與數目之決策。據百路教授，每一地點，對實體分配體系言，代表一連串貨品移

動之集散點 (Nodal Point)，亦爲成本流程之轉移點❹。

二、倉儲支系：存貨管理、倉儲設備之管理與養護。

三、運輸支系：選擇運具、運輸路線、運輸方式。試配車輛，送達、託運等。

四、貨品處理支系：折包、分級、打包、合裝、去雜、裝卸、出入倉等。

五、顧客服務支系：接受並處理提運單或訂單。收款、提運時間管制、退貨處理、運送時間之管制等。

六、資訊支系：訂單流程之設計、溝通提運消息及支援顧客供應等。

七、採購支系：申請採購、遴選供源、訂購追踪、催貨、驗收到貨等。

叁、實體分配整體系統化要義

上段所提及之實體分配七子支系相互關連，彼此影響。是故在分析實體分配之績效時應綜合各子系之績效始能正確。若以成本爲衡量績效標準，則實體分配之成本自應爲該七項支系成本之總和。倘重此輕彼，或未能考慮全部成本，則企業決策，尤其實體分配決策易流於缺實。如貨品之送達可採用運資低廉之海運，亦可採用運費高昂之空運，在選擇運具上，應考慮包裝費、送達費、存貨成本、倉庫費、裝卸搬運費以及顧客服務水準（如缺貨率若干%，送貨時間幾日內等）。假定要維持一定之服務水準，空運與海運兩者之成本要包括顧客服務以外之各項成本始能作正確而有意義之決策。空運運費之昂貴可因儲存費用之減少而沖

❹ Ronald H. Ballou, *Business Logistics Management* (Englewood Cliff, N. J.: Prentice-Hall, Inc., 1973), p. 225.

淡，使空運成爲經濟有利之運具。相反地倘儲存費用以及其他費用之節省，彌補不了高昂空運運費之額外支出，則海運便爲適當之運具。在實體分配決策上，視實體分配各支系作業爲相互連貫之整體，進行成本或績效之估算藉資提供決策依據，此乃爲實體分配整體系統化之重要涵義。

利用整體系統觀念，分析實體分配作業時吾人通常可發現表 37-1 中之數端事實。

表 37-1　海空運成本比較

成本項目	海　運	空　運
包裝及裝卸	高	低
集貨至起運點	相	同
運　費	低	高
送貨至消用點	高	低
儲存費	高	低

第三節　實體分配之改進壓力與行銷機會[5]

要求實體分配系統改進的壓力來自多方面——成本、產品線政策和市場位置等。通常，挑戰是朝向整個實體分配系統，而不僅僅是朝向發生問題的某一功能或部門。

[5] 郭崑謨編著，實體分配管理（臺北市：六國出版社，民國七十年印行），第 22-27 頁。

壹、成本的壓力

幾年來，企業界人士和經濟學家都懷着複雜的心情看着經濟社會裏分配成本的不斷上升。半世紀以來，在降低製造成本上有了顯著效果，但在其他領域裏並未得到相同的結果。假如公司的整體效率需要繼續增加下去，管理人員必須漸漸地把注意力轉移到產品的儲存分配成本上，尤其是佔公司營運總成本第三位的實體分配成本，邏輯上更是管理人員注意的焦點。

要降低這些成本，會牽涉一些新的問題。過去在生產操作上，用機器代替人工來降低成本一直是可行的，同時影響其他生產系統之現象不太顯著。但降低實體分配成本所作之努力就會對其他營運系統有重大影響。像對安全存量、倉儲、運輸或文書工作活動這些單項成本，任意縮減其中一項之成本，會對整個系統的效率有極劣的影響。這種現象可從下述兩例窺其一斑。

(1) 降低存貨，當然可以節省資本投資和利息，同時亦可減少一些儲存成本，稅捐和保險費。但另一方面，由於存貨水準的降低，將嚴重地損害到交貨水準的可靠性及現場產品之可利用性。所以存貨降低雖然可節省一部份費用，但却削弱了競爭力量，因此對更有效的分配系統談不上有所貢獻。

(2) 我們可能轉移到較低延噸英哩成本之運輸方法上，或採用大量運輸並利用卡車最大載量下的費率來降低運輸成本。但是較低的運輸成本若是用產品之流動率降低作代價而取得時，我們將面臨着下列之風險：(a) 分配系統對顧客要求改變所作之彈性與反應性降低，(b) 需要更多的存貨來維持服務水準，(c) 產生了更大的投資需求 (investment requirements) 和貨品陳舊之風險。

同理，對任何會增加成本的活動一律加以拒絕也將會喪失使整個分配系統更有效率的機會。例如採用高速資料溝通和處理的新方法，不可避免地會提高分配系統的管理費用。但另一方面這新方法的採用，可使因管制生產操作與配合顧客需求而將原料移動到分配系統所需回饋資料之躭擱降低。亦卽說由於能增加生產與存貨控制，這些新方法能使整體分配系統成本降低。是否對任何一項分配成本予以降低，其對整體淨成本會增加或減少，需要對整體實體分配系統作個詳細分析才曉得。

貳、產品多樣化的壓力

近幾年來，實體分配系統一直處在產品線特性之變革所引起的巨大壓力下。例如，在最近像打字機、燈泡、用具及水管裝置這些非常實用的東西，使用者開始注意到產品特性之差異而比較不注重功能。在過去，打字機製造商並不操心於打字機的顏色是否能與辦公室的裝潢相配稱或是型式格調是否能配合公司的「形象」(image)。燈泡製造者所生產的燈泡通常是白色的，有時候是透明的，以及各種不同瓦特數規格。但是，現在燈泡不僅要亮還要有氣氛。用具與水管裝置提供給消費者的，不僅在於古典式，防銹的，白顏色的，而且還要有多種顏色，式樣之組合以供消費者選擇。簡言之，式樣和個性已成爲最有力的競爭武器。

在衆多產品項目裏，顏色、包裝和其他特徵之多樣性加重了分配系統的負擔。同樣地，在工業產品行銷裏，等級、顏色和尺寸大小的多樣性對分配系統也有相同的影響。例如在製紙業中，出售產品包裝用之各種不同尺寸的包裝紙，使紙盒業相對地需要多種寬度的牛皮紙捲，這些需要產生很多生產日程進度表，存貨控制，和分配等困難問題。

消費品與工業品其產品線特徵的擴大與改變，意謂着製造廠商必須生產更多產品項目和分配系統上有更多項目必須加以處理、堆置。項目更多卽每項產品數量減少，但相對地單位存貨處理成本與單位儲藏成本增加。下例說明生產三種新的式樣的產品來取代舊有的老式樣的產品對存貨水準所生之影響。

假設我們用新產品B、C、D取代老產品A。也假設銷貨量在銷貨組

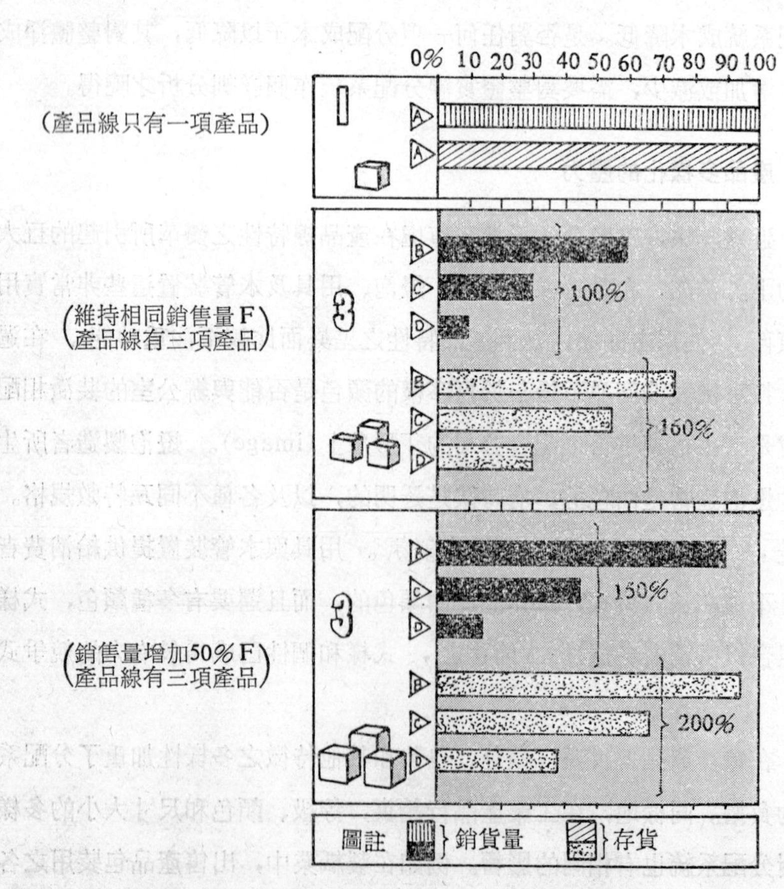

圖例 37-3 產品線之產品項目增加對存貨之影響

資料來源: John Magee, "The Logistics of Distribution," in Donald J. Bowersox et. al. *Readings in Physical Distribution Management* (London: The McMillian Co., 1969) p. 22.

合改變前後仍維持一樣，銷貨組合B、C、D的銷貨比例分別爲60%、30%、10%。由圖例37-3，可看出存貨水準的變動情形比原來增加60%以上。此數字乃由一美國學者根據他所熟知的幾家公司之存貨與銷貨量關係中求出的。一般而言，銷貨量越大的產品，其存貨與銷貨量之比就越低。所以，銷貨比例爲10%之產品D，就比銷貨比例爲60%的B產品的存貨比率爲高。

若每年儲存成本以20%速率增加，這成本之增加代表着爲維持競爭地位所需花費的費用。

現在假設銷售量提高50%，則對存貨水準需要將加倍，而每單位售價所含的存貨成本將增加30%以上，這對分配系統是一股強大的壓力。

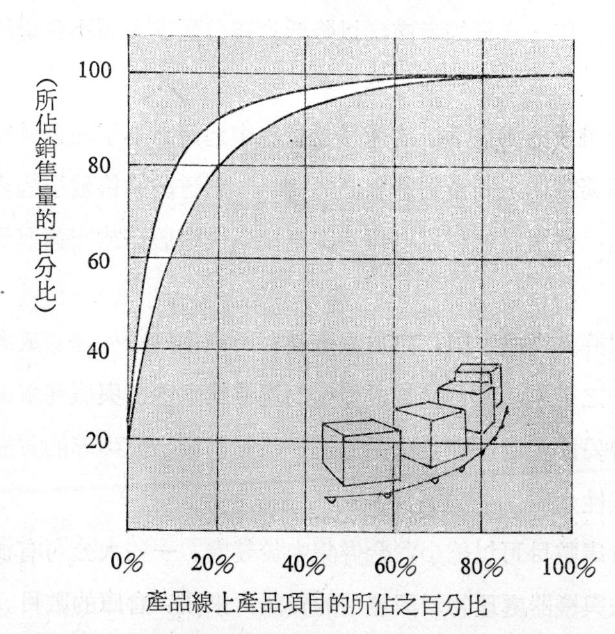

圖例 **37-4** 產品線上總產品項目的某個百分比佔總銷售量的比例之曲線圖

資料來源: John Magee, "The Logistics of Distribution," in Donald J. Bowersox et. al. *Readings in Physical Distribution Management* (London: The McMillian Co., 1969) p. 23.

上述數字說明了銷貨量小的產品對分配系統的營運成本不利的影響。但是銷售產品，工業品或消費品的多樣化已成爲美國企業之特徵。圖例 37-4 顯示出產品銷售之種類與他們佔總銷貨量比例之關係。這個數字乃根據美國很多工業品與消費品製造公司的記錄求得。由圖形可看出，產品種類最主要的10%～20%項目，其銷售額佔總銷貨額之80%，而有50%的產品項目其銷售額還不到總銷售額之 4 %。可是這些產品項目却對分配系統增加了不少的困難、費用與投資。

叄、交替方案的壓力

遞增的成本，銷售和產品線的多樣化等壓力，促使管理人員對各種交替分配方法作一詳細的考慮，以降低實體分配成本而不會對服務水準有太大的損害。下面是一些可能方案：

(1) 公司只把銷售量小的產品予以集中運送。爲了在運輸成本，處理成本與服務水準之間得到適當的平衡，把這些銷售量小的產品集中堆放在一處，然後當顧客訂單到時就直接以快速服務或空運運到顧客手中。

(2) 對許多產品來講，由於大量儲存所產生的額外儲藏成本與以生產觀點所作之需求，配合措施所產生的運輸成本增加與服務水準降低之間，應取得妥協。最好的方法就是把一些銷售量小或中等的貨品運到一些大的區域性倉庫。

(3) 倉庫數目可以縮小，合併集中於幾處。一些大公司有很好的機會藉由運輸與機器處理物料與靈活的資訊，來減少倉庫的數目。隨着倉庫數目之減少（但儲存量加大），以地方性倉庫爲基礎，運送更多樣多產品，其經濟意義變得更大。

肆、銷貨能力之壓力

實體分配系統最基本的工作是獲取顧客，把利息與訂單轉爲銷貨。當企業越來越競爭，社會大衆越難討好時，公司的管理人員對實體分配作業的品質方面更加注重。

分析分配系統所能產生之銷貨能力時，管理當局應仔細檢查下列三個重要特性：

1. 位置 (location)： 例如一個公司從 5 個分配點 (distribution points) 估計可在一天內將貨品送達 33% 的消費市場上。若是有 25 個分配點，就可以在一天內送達 80% 的消費市場。

2. 存貨 (Inventories)：在一個標準的企業裏假如其存量要能滿足 95% 的顧客訂單而不是只滿足 80% 的話，大約需要比百分之八十更多的存貨。

3. 反應程度 (Responsiveness)：一個系統之從傳回市場需要到把所需要之原料運到工廠的能力，決定了企業在面臨消費者偏好改變時，迅速地以最低投資與成本來滿足新需要的能力。

第四節　實體分配技術之演進與行銷作業

加諸於分配方法的壓力已促使令人興奮的新技術出現，使公司能以更低的成本(較少的勞力與原料耗用以及積壓在存貨和設備的資金降低)使物品送到使用者手中。這些新方法若被正確的引進和利用，則分配程序更能夠配合消費者需要。在運輸、資訊處理與原料處理上都有新方法產生。現在讓我們一個一個加以討論。❻

---

❻ 同❺，第28-29頁。

壹、成本與運輸時間

在過去的運輸觀念中，廠商一直認爲運費是最重要的，所以注意力全集中於每延噸英哩之運輸成本上。但他們却不注意到運輸對整體分配系統之效能所作之貢獻。

美國鐵路當局，曾多次試圖引進新的合理費率結構，但因鐵路當局只注意到如何提供託運人最低的延噸英哩運輸成本，而不注重其服務水準，使費率結構已退化成一種不切實際也不符合經濟的費率妥協之「雜碎」(hodgepodge)。雖然在設備上加以改進，如引入柴油機車電化等等在鐵軌上提高效率，但是有時候所導致之更長、更多、與類別更多的車廂問題，使得它對整體分配系統效率的提高只有甚微的貢獻，甚至沒有貢獻。運輸與行銷觀念在許多公司的分配方法上不明顯，也很少有人把運輸方法和服務水準與協助行銷努力的分配系統的目標牽連起來。

運輸成本雖然很重要，但也只是整個系統的一部份，例如:

1. 由美國各地所收集之樣本資料顯示原料花在運送途中的時間爲一到二個星期，而投資於運輸系統的資產其資本價值 (capital value) 隨着資本之寬裕程度不同，可使貨物的經濟成本增加 1 %之多。

2. 運輸系統的服務水準或可靠性也是很重要的。貨物必須迅速和可靠地送達到使用者，以使他能以低存量來營運。

3. 在運輸中所發生的直接與間接損壞費用在運費帳單上也是很大的一個項目。但在只注意每延噸英哩是否最低之情況下常會被忽略。

顯而易見，運輸時間是決定分配系統效率的主要因素之一。它的影響並不容易發現，主管人員亦常忽視它所造成之差異。但在許多公司裏，它是財務調度的一項重要因素。此種情況可從下例看出。

假如一家年營業額美金一億美元之公司，運送時間從 14 天縮短成

2天，再訂購間隔是 14 天，資訊溝通處理的時間是4天，而手頭的存貨平均爲美金一千二百五十萬元。現在因運輸時間之減少，將可節省存貨投資美金六百萬元，這結果數字之得出是由：① 運輸時間縮短了 12 天，即 12 天的銷售量，故運輸途中的存貨可減少約三百三十萬元（US $ 100,000,000/365＝US $ 273, 973, US $ 273, 973×12＝US $3,287,676)，②由於更快和更有彈性的分配系統，而使維持顧客服務水準所需之存貨減少了二百七十萬元（此一數目係根據經濟批量公式演算而得，詳見存量管制章節）。

貳、更迅速的服務

運輸方法之變化使分配系統有改進的機會，如在美國高速公路一直都在建造，卡車速度與拖車的載量都增加得很快。利用卡車來擔任實體分配的成長現象是衆所皆知的。至於由於政府補貼所產生的刺激只是卡車成長的原因之一，而最主要原因乃在卡車的單位延噸英哩成本比鐵路高的特徵下，能提供給託運人較鐵路爲佳的速度，可靠性與彈性。

無庸置疑的，鐵路已面臨這個挑戰。據最近美國所調查結果顯示，幾乎所有第一級的鐵路公司均提供平臺車載拖車(piggyback) 式的運送或電化鐵路的快速運送服務來和卡車相抗衡。至少一些鐵路公司已表現其推銷意識來提高顧客的服務水準。面對本身固有的限制，鐵路是否能扭轉其對製造業營業比率降低之頹勢，仍是一個沒有正確答案的問題。

空運對鐵路及公路上之拖車二者而言是一項挑戰。今天大部份企業的主管人員仍認爲空運是奢侈的，只適用於在緊急或蘭花這些易壞的貨物上。但是近幾年來，空運費率已大幅下降。尤其是新飛機加入營運，費率將更進一步降低。可能自目前每延噸英哩的22分美金費率降到 8 分至12分美金之間。上述現象也歸因於成功地發展出裝有能適用於多種情形的貨物處理與彈性操作設備的飛機，以及建立配合空運處理速度所需的地面航空站，以避免重蹈鐵路所面臨之危機。

第五節 實體分配革新所帶來之決策涵義❼

地方卡車服務水準的進步，使得大公司能有機會只在各地區設立一些大的分配中心，利用各地區的卡車公司的服務來向廣大地區市場，提供其產品。同時設立了大的分配中心，利用機械化物料處理和儲藏系統的機會就增大，而存貨總需要量亦藉由集中化（consolidation）而可以降低。

為了強調這種機會的好處，一個美國分析報告顯示出對某一個銷售全國的產品線在各地區的分配中心數目從五十個減到二十五個時，其總運輸成本增加百分之七，但是存貨減少了百分之二十，實體分配總成本減少了百分之八（這使得送到客戶的產品所發生的總成本減少大約百分之一）。但有利就有弊，這使得小部份的市場——約佔全體的百分之五——從一天時間就能把貨送到客戶，延長到二天。

快速的卡車與空運服務，使得僅依靠幾個分配中心來送貨及提供服務的可行性提高。下列是使用這方法的兩例子。

1. 在產品線上屬於低銷售量的產品，其儲藏在地方性倉庫與處理的成本比用快速運輸方法直送客戶處所發的成本還要高。所以這些產品就可以集中堆藏在一起，等到顧客需要時，再用快速運輸工具送到銷售市場去。例如在圖例 37-4 可看出在產品線上後面百分之五十的產品，其銷售額僅佔總銷售金額的百分之四。但他們却佔了大約百分之二十五的倉儲成本和存貨資本費用。這些產品的存貨週轉率僅為產品線前面百

❼ 同❺，第 30-43 頁。

分之五十高銷售量產品的八分之一。因此在很多情況下，用快速運送等這種特殊服務方法仍比把這些低銷貨量產品儲藏在各地區的分配中心所發的成本還要低。

2. 假如爲了維持在各地區的顧客服務水準，而準備大量的存貨以供急需，倒不如利用快速運輸來供應這些偶發性的，緊急的顧客需要，而把存貨降低，節省成本。

在分配系統裏，大部份的存貨（約有百分之九十）是用來應付顧客的突然需要與分配系統的躭擱，而維持準時交貨水準。安全存貨是新料到達前，企業爲了避免缺貨及其意外所導致的需求變動的發生，除了在前置時間 (lead time) 內所保留的一部份存量，通常還必須保有一部份存貨。圖例 37–5 表示出定期訂購 (periodic reorder) 的存貨變動情況，從圖中可看出在某些訂購週期內，在新料到達前，存貨水準已降到安全存貨之內。

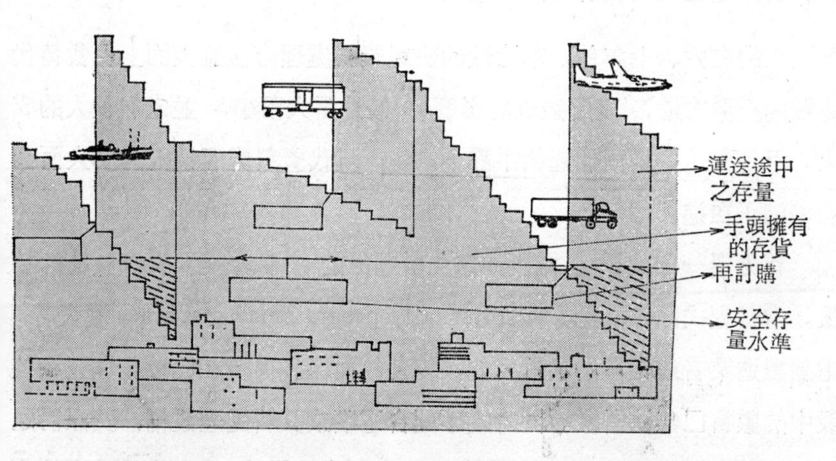

圖例 37-5　在一般情況下，手頭存量的存貨模型之特徵圖

資料來源：Jhon Magee. "The Logistics of Distribution," in Donald J. Bowersox et. al. *Readings in Physical Distribution Management* (London: The McMillian Co., 1969) p. 27.

在上圖左邊的第一訂購週期內，可看出需求量非常大。但在很多情況下，需求量並不很大，像上圖中第二訂購點前的需求情況。我們也可看出運送途中的存貨佔整個存貨水準一個很大比例。

安全存量應該多少決定於訂購制度和所想維持的服務水準。一般來講，產品組合的最後百分之十的產品一年可能只需要一兩次訂購。其存貨週轉率約爲平均水準的六分之一。而最後百分之三十的產品一年可能需要二次到四次訂購。此一部份的存貨所發生的倉儲與存貨存儲成本，約佔他們所生之銷售額的百分之十到二十之間。

快速運輸之新方法產生了一個有利的機會，使許多企業管理人員能藉由有規率的快速的交貨水準來降低各銷售地區的存量並維持相同的顧客服務水準。當這些迅速的運輸，通訊與資料處理的成本降低時，上述方法的可能性將越來越受到管理人員的注意。

壹、資訊處理成爲實體分配的重要作業

大約在六、七年前，革命性的快速資料處理方法雖表面上促暫替代傳統的企業方法，但所造成的影響，僅是雷大雨小，並未有很大的成果。但是在這些表面性起伏平靜下來時，現代資料處理技術的廣大而穩固結構正在進展中。

首先舉一個例子。電腦比原先所預計的，似乎還要受到廣泛的接受。當初程式固定的計算機(internally programmed machine)發表時，電腦製造業者最樂觀的估計只能銷售幾打而已。但現在已裝設和正在裝設中的數目已無法計數。同時爲了配合電腦或資料處理設備，資訊溝通系統，尤其是輸出入電腦之系統，也有很大的進步。在實體分配管理上，快速、可靠的訊息溝通和快速、可靠的資料處理同樣地重要。

現代的訊息處理設備已廣被應用在實體分配上。例如電腦已被用來

維持各地區的存貨水準，預測短期需求，使用預測需求量和存貨水準來計算每項產品所需之訂購量，準備暫時性訂購單，對各地的存貨堆放點調整其每項產品的存貨水準，草擬生產計劃和所需要的預計人工。由此可以看出這些不僅僅是資料收集與會計功能而已，但稱他們為「制定決策」也不適宜。在上述所應用的功能裏，電腦系統主要是按照所輸入的正確資料，依着一定的規則或程序來作出決策。換句話說，電腦正是從事於我們所稱有智慧的文書職員所做的事情：勤奮地遵照公司的政策和衡量成本以達到每天的行動。

在預測功能上應特別加以注意的是在訂購前置時間內如何預測每一項產品的短期需要量。大部份公司，這些預測都交由管理存貨的職員或管制員自己一個人去做，而這個存貨管理員通常都沒受過或僅有一點點訓練。經理人員把注意力集中於簡化或改進生產的工作方法，花了幾百個工業工程時間 (Industrial engineering time) 才降低了幾分錢的人工成本。然而擔任存貨控制和預測的管理員，若是他對產品分配與凍結在存貨裏的資金之控制不當，會使他的公司花費不少錢。

很多人士仍對那些用公式來預測的做法不表贊成，因為個人的直覺和背景知識佔了很重要地位。筆者認為這些人並未認清短期預測單項產品的銷售量的客觀程序比在商店裏的例行性工作還要重要。經驗可以告訴我們採用有效的系統方法來代替無計劃的或不明確的方法將會獲得很大的利益。

貳、原料處理方法已有改變

機械化正慢慢地從製造業擴張到在分配中的物品處理上。例如：

製衣業的某家公司裝設了一套新的資料處理系統，首先用來處理銷貨訂單，接下來用在存貨控制與生產計劃系統。同時，這家公司也發展一套「存移」系統來使進貨活動能夠經濟的利用。上述活動的主要目標就是要有一套統一系統，使得顧客訂單不僅能自動加以處理，而且在經過適當的內部機器處理，使倉儲系統能夠選擇和集中顧客訂單。這些顧客訂單資料也用在作內部存貨控制與生產計劃上。

這些倉儲和原料處理方法之改變將對分配系統之策劃有下列效果。

1. 將 (a) 原料堆存和運輸及 (b) 資訊處理這兩個系統整合起來。這個發展將使一些由人操作的單調工作減少，也使分配功能的自動化更加具有重要性。原料處理的全盤機械化最後將導致倉庫和運輸設施重新設計，也對產品與包裝之設計有所影響。

2. 機械化的倉庫需花費很多錢。改進資本利用效率的方法之一，當然就是增加每一倉庫使用率，這將造成一種減少分配點或倉庫數目的壓力。

3. 機械化需要大量的資本，爲了降低成本，把製造、分配和維護服務集中整合於自已擁有的廠房裏，這也使倉儲設施必須加以集中起來。

叁、實體分配改善方法千頭萬緒

一些經理人員對分配技術改進所展現的機會，所表現的態度就像野熊面對着兇猛的豪猪一樣，令人感興趣。改進分配效率需要很大的經費、更快的速度。更具有彈性的運輸通常使每單位的延噸英哩成本增加。機械化倉庫系統或原料處理系統也不是很便宜的東西。新的資訊處理系統計劃之擬定、裝設和測試產生職員費用。但分配的改進（如修改運輸方法來降低運輸成本）所得的利益時常是很小或根本沒有利益產生。話雖如此，比較大的利益都是間接的。由運費成本之提高而節省物料的投資，增加倉庫投資而降低全體的運輸成本等等，都是「替代」效果。

因爲實體分配活動常發生「替代」的現象，所以對管理人員藉由問題之解決，而來聚集一羣有雄心，具不同功能的人來共同思考如何解決問題並不常常是很容易的。因爲來自生產、銷售、倉儲、運輸、推銷和會計等不同部門的人，要能瞭解到共同需要或能使「替代與平衡」(trade-off and balance)的優點明晰表現實不太容易。分配系統雖然是一個系統，但在一般情況下，管理人員却未把它當作一個系統看待，而一直把實體分配當作是幾乎互相獨立的功能。他們之間沒有關連存在。因此想要對上述情況加以改變，或是使這系統更好，或是想利用新的技術方法來改善實體分配系統，這些行動無疑地將會干擾目前的有關功能，而且會受到某種程度的抵抗。

對分配系統作一個深入的探討，所碰到的困難並不限於某個獨立的功能，換句話說，跟很多功能有關，底下是公司的主管當局可能遭遇的一些棘手問題。

1. 分配系統提供什麼水準的銷售服務？公司距離顧客的所想要的服務意願的差距有多大？

2. 採用什麼標準來評估設施上與存貨上的投資，以使其能與所發生之成本節省與利益相互抵消？

3. 公司對分配、運輸、倉儲和資訊處理設施的所有權與經營權將採取什麼政策？公司是否以自己的設備來經營，或租借設備來經營，或與別人簽約，請他們提供勞務，或委託外面的獨立廠商來執行一些或全部的實體分配系統所需的功能。

4. 公司對員工的穩定採取什麼政策？爲了應付需求的變動與僱用員工之變動，公司願意多花費更高的實體分配成本限度是多少？

一、解決問題之方法

設法解決所有這些問題就像試圖解開一堆糾纏不清的線一樣。每一個抉擇對其他的抉擇產生影響，也因爲這個原因很難下一個決策。分配的問題是系統方面的問題，處理分配問題必須以系統方法來解決。假如我們以整體觀點來檢查分配問題，同時也使用有關的經驗與方法，則上述的問題就能用一種有次序的，能相容的方式來進行。

要使分配系統研討能正確和執行計劃有效率，必須考慮三個條件：

1. 公司的管理當局必須瞭解到改進分配就是檢查整個實體分配系統。

2. 使用系統分析或作業研究方法來表明系統作業與公司政策的關係與「替代的性質」。

3. 將銷售行銷、運輸、原料處理、原料控制和資訊處理方面的專家，聚集在一起共同合作。

在下列幾段內，我們將可以看到，當我們一步一步進行一套完善的實體分配研討時，上述三個條件將會重覆地提出來討論。

二、研究改善的方法

我們應該如何研討實體分配系統？那些主要步驟應該注意到？並沒有一套公式可循，需視情況之不同而加以調整。例如我們對研討的重點可以加以改變，細節的詳細程度，分析之次序也可以隨着我們討論重點的不同而改變。雖然如此，一些重要的步驟在研討中仍需要加以注意。玆按照邏輯次序將之加以討論。

（一）有關公司的市場資料，應加以整理，編成有用的方式。分配系統的研討應從顧客的研討開始。這並不是說需要現場調查訪問，而是先把可利用的市場資料加以整理。有時候，爲了想知道顧客所想要的服務水準與競爭者所提供的服務水準，適量的現場調查訪問是需要的。我們也可以分析銷售資料來獲取很多有用的消息。下面是一些很重要的問題。

1. 我們公司是否已透過不同的分配通路來對許多本質上完全不同的市場提供服務？這些不同的市場是否位置也不一樣？這些市場的購買型態、購買數量、服務水準與存貨水準的要求是否也不一樣？

2. 按顧客來分，我們公司的銷售額是如何分配呢？我們可以發現前百分之十的顧客購買量約佔公司銷售金額的百分之六十到百分之八十或者甚至更高。

3. 對同一顧客來講，他是否在買我們銷售量高的產品時，也會購買那些不易銷售出去的產品呢？這個問題的答案，對於那些分配與銷售服務成本都比較高的低銷售量產品應該如何處理有很大的關係。一些大公司似乎已考慮到這問題。

（二）用統計方法來分析產品特性，對銷售變動的性質也應特別加以注意。有時候，產品特性的資料能很快地得到，如產品線上的那些產品比較容易損壞或破裂，這個資料就很容易得到。對某些銷售量很高的產品項目（如圖例37-4）其銷售額佔整個總銷售額的比例有多大，也可以很快就得到這資料。但是這些資料並不夠我們使用，我們仍需要其他資料。

因爲產品線上的每一單項產品其銷售額都不一樣，所以必須用統計分析方法來求出產品線上的一些銷售特性變數。在此必須強調每一單項產品的銷售額比例是一個很重要的因素。因爲管理人員通常都以平均銷售率來擬定計劃，這並不是很恰當的方法。影響分配系統設計的一些重要問題，決定於短期銷售變動的特性。

許多產品項目在銷售量方面每天的變動量都超出正常限度。像有些時候，銷售變動量起伏得非常大，而有些時候，這些產品表現很穩定而且可以加以預測。這些銷售量變動所求出的統計上特性對一個分配系統應如何操作以及應如何設計以使這分配系統能夠很經濟地營運，佔了很重要的地位。

（三）在分析每一項產品的銷售變動時，對市場的大小、時間、地區和產品的不穩定性應特別加以注意。

對短期產品銷售量變動之實際涵義有興趣的主管人員，對下列問題將會加以注意:

1. 變動幅度到底多大？在前置時間內(replenishment lead time)產品銷售變動量的大小，在公司要維持某一交貨服務水準之前提下，將決定產品線上每一單項產品的存貨水準應該多大？在銷售現場手頭握有的與在訂單中的每一單項產品的數量必須經常等於在前置時間內的最大合理需求量（以免缺貨）。所以，每一單項產品銷售變動量愈大，則在分配系統中所需保有的每一單項產品的存貨數量就必須越多（如在地區性倉庫，在工廠裏）以保持公司的某一交貨服務水準。

2. 某一期的銷售變動量是否跟下一期有相關性？例如，某一天的銷售額比平均銷售額高（或低），是否隔天的銷售額比平均銷售額高（或低）的概率就大於百分之五十。假如，某一週或某一個月的銷售額和下一週或下一個月的銷售額有很高的相關，在前置期間內所累積的銷售變動額將隨着前置期間本身之比例而增加（亦就是說前置期間越長，增加得越多）。如倉庫前置期間加倍將使得銷售變動額的大小與存貨水準幾乎增加兩倍，若前置期間減爲一半，則存貨水準也降低了一半。若是某一期的銷售額與下期的銷售額並不具有相關，則銷售變動量的機率就會減少了一些，如前置期間加倍，只使存貨水準提高了百分之四十到五十之間，而前置期間減半，存貨水準只降低百分之三十左右等等。

兩期間銷售額的高度相關，將促使管理人員藉由速度更快但可能更貴的運輸、通訊與銷售資料的處理來降低前置期間，使得分配系統反應更快。反之，兩期間銷售額的相關性很低，就表示說讓前置期間拉長而

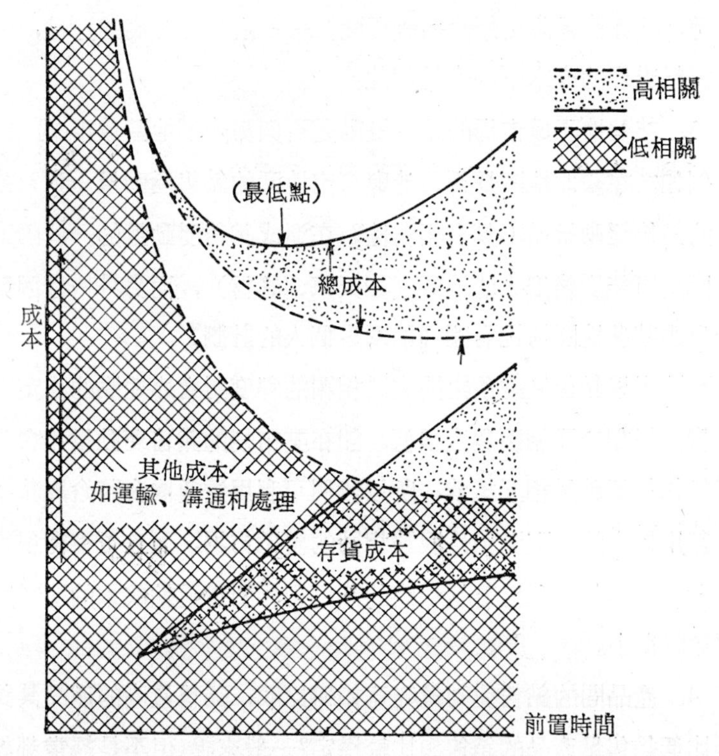

圖例 37-6　銷售量之相關度對前置時間成本之影響

資料來源: Jhon Magee, "The Logistics of Distribution," in Donald J. Bowersox et. al. *Readings in Physical Distribution Management* (London: The McMillian Co., 1969).

節省資料處理與運輸之成本，但相對地存貨成本就會提高。圖例 37-6 乃用一個假想的廠商來顯示這些情形。虛線所涵蓋部份代表運輸，原料處理與資料處理成本。當前置期間越長時，成本越來越低。這是因爲訂購次數減少而且採用速度較慢、費用不貴的運輸方法的緣故。實線所涵蓋部份表示單位存貨成本。在兩期間的銷售額具有高度相關的情況下，隨着前置期間的拉長，實線增加比較快。在兩期間銷售額的相關性低時，實線增加的速率就比較慢。若相關程度越高，則總成本的最低點越往左邊移動，（亦卽是說更短的前置期間）——縱然在更高的運輸，原料處理與資料處理的成本下，也是如此。

3. 某個地區或市場的銷售變動是否與另一個地區或市場有相關性？例如：在臺北地區是否可能與臺南地區的銷售變動量一致？或者兩地區的銷售變動量並不具有相關性？在造成銷售變動量的一些因素中，有些因素可能影響廣大的地區（如天氣、謠言），而另外一些因素可能完全只跟某些地區情況有關（如顧客個人的計劃）。

不同市場銷售變動量之間交叉相關的程度對倉庫地點的決定有很大的影響。假如交叉相關程度很低，即在某市場的銷售變動量將會和另一市場的銷售變動量相互抵消，所以我們可利用這種機會將倉庫集中在一起，即用較小的分配點仍然服務相同的整個市場，而且可獲得很大的經濟利益。但是相關程度若是很高的話，則相對於運輸成本的增加所獲得的利益將很小。

4. 產品間的銷售變動量究竟如何比較，銷售量高的產品其銷售額是否比低銷售量產品的銷售額比較穩定?一般來說(但不是經常都如此)，若是某項產品的銷售量越高，其銷售額就越穩定。產品間銷貨變動性(sales volatility)的差異會影響分配系統的選擇。易言之，在其他情況保持不變下，若是某項產品的銷售量變動程度越容易，則採用存量集中於區域性的分配中心的方法將比較有利益。

（四）存貨的功能應加以檢視而且考慮到公司的其他需要。以特性來分，存貨由下列三類組成：① 運送中的原貨品，② 定期運送而來的貨品，③ 爲了保持服務水準所保留的存量以應付突發的需求量。在某些企業裏，存貨也被用來調節季節性銷售量變動而且也可以使製造工作負荷量得到平穩。這些存貨功能與分析的方法，讀者可參考哈佛商業評論(HBR) 於一九五六年連續從一月到六月三期發表的「存貨政策的指引」

(Guide to Inventory Policy)，在此不擬加以談論。但有件事必須提出來，即在分配研討上一個很重要的工作，就是認清用在存貨上的功能和把一些因素表現出來，這些因素如運輸時間，所使用的重訂購原則和所需要的服務水準——這些因素對現存的存貨水準與成本有所影響。

（五）倉庫的儲存與處理成本，運費和職員的工作程序應該予以決定。

上述成本大部份都無法從一般的公司會計記錄或工程研究方法中得到，因爲在這些記錄中並沒有記錄直接單位成本。但是我們可從營運成本記錄中用統計分析來得到一些十分有用的資料。

倘以利用倉庫成本爲例，其成本有下列二種：

(a) 儲存成本：儲存成本通常與分配中心的平均或最大存貨水準有關，而且還包括空間租金（包括維護與警衞服務、通氣設備等等）和存貨成本（如租稅、陳舊和破損、凍結在存貨中的資金成本）。一般而言，根據美國公司的政策與財務資源，通常每年儲藏費用約佔存貨價値的百分之二十到三十五之間。

(b) 處理成本：包括貨品從儲藏地方搬進搬出成本，或經過終點站調車場的費用。在此所想要詳細討論的是能用來計算在不同系統計劃下其倉儲與處理成本的一些成本因子，例如：

1. 每年每一個倉庫固定費用乘以倉庫數目（在美國通常每一個倉庫每年的固定費用約爲＄5,000～＄10,000，按照其空間大小而變動）。

2. 每年每單位的倉儲成本乘以在分配系統中的平均存貨數目。

3. 在倉庫所發生的每年每單位的處理成本。

這些成本因子也可以從工程研究方法，或利用現存的成本資料用統計分析導出來。當然，這些成本因子隨着設備與操作方法之不同而有所不同。例如機械化倉庫經營當然與非機械化倉庫經營有不同層次的成本。

對於不同營運系統的職員成本因子也可以相似的方式導出來。運輸成本也必須加以收集。運輸成本通常以費率來表示，而這費率隨着不同的運輸方式與載運量大小而有不同。還有轉運（in-transit）特權和轉運計劃都應該加以考慮。

（六）管理人員應該先在紙上分析各種不同的分配計劃。

各種交替分配方案的倉庫數目，位置的改變，不同的運輸方法和不同的反應時間所產生的效果都應該使用存貨分析與規劃技術來一一試驗。我們可以先從目前公司的製造能力與公司工廠的位置作出發點。然後對製造設備、製造能力，每一個工廠所生產的產品加以改變所生之效果予以試驗。

系統的廣泛研討可以用來瞭解最大的利益或可能陷穽在那裏。在紙上作業，管理人員可以對前置時間、倉庫位置、工廠的製造能力、適應性等等作一些任意的改變來瞭解對分配成本將有什麼影響，然後詳細的執行研究就可以被驗證是否正確。在作系統硏討時，必須依據目前的需求情況如總銷售量、產品組合、地區的存貨餘額以及大約未來五到十年的預計需求情況。

設備的分析是屬於一步一步分析的程序。當研究進行時，這些分析方法將顯示出在分配系統的一些修改所具有的潛有利益。例如銷售量大多集中於某些顧客，事實上卽顯示出需要特別的分配計劃。再者銷售量集中於某些產品的程度大小與需要量所表現的統計特性，將迫使廠商需要作區域性存貨堆積，改變倉庫數目或位置或其他類似的的方案。尤有者，存貨研討也顯示出降低前置期間，修改服務標準，或引進新的、更富有彈性的運輸與處理方法的可能性。

一般來講，對設備與營運的廣泛分析所得之結果，將顯示出需要作一些特別的研究。這些特別研究依次介紹如下：

- 對ⓐ利用高深的技術來改進預測與控制和ⓑ降低前置期間的資訊處理方法與成本作一個詳細的分析。
- 對員工僱用人數之變動與製造方法改變所產生之成本加以調查。事實證明存貨數量的增加或生產技術之改變可以降低上述的成本。但是，增加量或技術的改變應該予以清晰地定義。因爲製造成本常常是在分配中由於對原料不小心，沒有效率的管理所多產生的成本。
- 對產品再設計或重組加以研究，尤其是那些不需要太多後勤作業的產品線的推展。
- 對那些銷售量低的產品所作的特殊訂單處理程序，存貨的位置與運輸方法加以分析。

肆、實體分配所涵蓋之組織

實體分配管理使具典型功能性組織的公司遭遇到一些困擾的組織問題。分配並不是銷售功能，也不是運輸管理，它也不是製造的責任。實體分配是所有這些功能的一部份。同時，實體分配管理人員之效能如何將決定每一個獨立功能下的人員工作的情況。

大部份公司皆不願將實體分配管理的所有部份，如銷貨訂單的處理與分析，現場存貨控制、倉庫、運輸、生產控制等等，擺在一個組織單位上，而比較喜歡把責任分散給許多有關係的組織單位上。但是責任的分割常導致一些問題，主要是因爲未能ⓐ瞭解到實體分配系統規劃時需要特別的協調，ⓑ詳細說明控制與規劃的責任，ⓒ建立整個系統效率和各別所負的責任。

在修改組織以配合目前的需要和保持組織能跟得上時代，主管人員在腦海中應該把下列五個問題列爲最優先考慮:

1. 需採取那些必須的策劃程序？需做那些政策決定？需做那些作業上的決定？

2. 每一決策最適當的人選是誰？

3. 他需要什麼樣資料？他如何很快地得到這些資料？

4. 是否每一個人都知道如何認明非例行事情的緊急情況嗎？他是否知道如何來解決它？

5. 績效測量在反映出每一個人預期在整個系統裏的作業程度有多大？

伍、新發展所帶來的實體分配管理決策涵義

總而言之，今天的實體分配系統正面臨着許多壓力。當製造效率提高而產品成本降低時，實體分配成本却增加。

企業越來越競爭，尤其是產品的多樣化、交貨準確的可靠性等等新競爭方式。產品改變對分配系統產生了新的壓力——必須運輸更多項目的產品，陳舊更快，每個產品銷售量的降低，存貨週轉率的降低。尤其是商品推銷方式的改變，例如「流行樣式」的引進來作爲推銷的武器，已經使實體分配問題變成更複雜。改進實體分配作業的壓力也包括來自內部的需要，例如爲了穩定生產而使生產水準不受短期銷售量變動影響的需要。

面對着這些壓力，產生了一些革命性的改變。大部份的改進都是針對着運輸方法。在資料處理方面包括處理與分析有關於產品需求量和在前置期間需求量的資料的方法也有大步的進展。在原料處理方法改善方面，從機械化存量儲存到利用墊板單元化的觀念來消除一個一個產品的處理上，已經獲得大衆的接受。最後，也許與實體設備和實體觀念的改進同樣重要的是對實體分配問題與分析實體分配系統的方法的看法已有

很大的進步。

到目前爲止，我們已經看到那些有先見之明的公司，利用上面所描述的改進方法來重新設計他們的分配系統，來降低成本和提高對銷售計劃的支持。我們現在已開始感覺到實體分配觀念已慢慢滲透到長期策劃的某些方面上和資金預算上，尤其是分析設備需要，分配點位置之選定和支持分配系統所需要的財務經費之決定上。

當然，我們必須避免落入陷穽，認爲所有的管理問題都必須以有效率的分配來解決。然而，實體分配系統的觀念對生產、產品設計、製造工廠位置之選定的長期影響可能會很大。也許最重要改變之一是在組織觀念的改變，和在功能與責任分配之改變上。有效的實體分配對企業是一種挑戰。企業正試圖把到目前爲止仍然控制企業組織策劃的功能性方法和基本的系統方法整合起來。

長期來講，對地區性市場提供多樣化產品上至少有兩個可能的方向。一個方向是，製造者可以對那些銷售量低的產品一次生產很多，來達到經濟規模，亦就是採用集中生產，然後堆存在工廠倉庫裏，等到訂單來時，可能利用空運或其他快速的運輸方式，把這些產品以最快速度送達到所需要的市場上去。另一個方向是，管理人員透過表面的差別將產品線分爲基本的幾條產品線來達到產品之多樣化。像鐵路運輸這種能大量運輸而且運費低廉的方法，可以被用來裝運從集中製造廠生產出來的重型機器和零組件到各地區的裝配廠或修改廠。在地方性市場，這些產品能作最後的修改來配合顧客的需要。

第三十八章　實體分配之運輸倉儲作業與決策

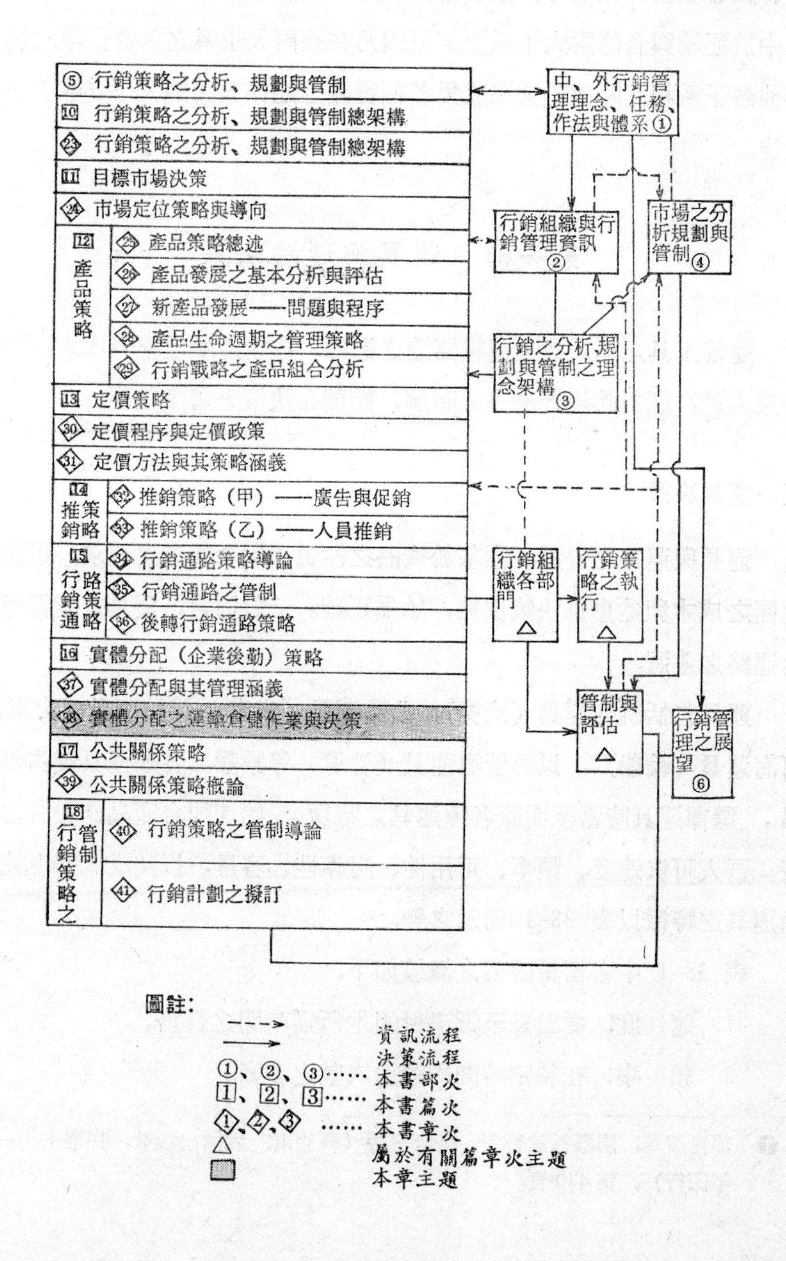

實體分配作業之範疇雖然涵蓋擇址、倉儲、運輸、貨品處理處、資訊、顧客服務，採購等，諸多子系統，廠商論及實體分配時，焦點通常集中於運輸與倉儲兩大子系上。原因乃在該兩大子系之主要作業內涵與其他各子系相互關連，業已成爲整個實體分配作業之兩大「支柱」子系故也。

第一節　運具與運路決策

運輸工具之運用以及運輸路途之選擇，攸關運輸效率與成本。行銷作業人員，應對此兩者有充分瞭解，始能在決策上避免差誤。

壹、運具決策

運具與運路之遴選，應基於產品之性質，配合買方之要求，以運輸倉儲之成本與益惠爲決策依據，始爲正確。一般而言，運具之選擇應先於運路之遴選。

運具包括航空運具（飛機），公路運具（貨車），鐵路運具（火車），河海運具（輪船），以及管導運具（管導）等數類。各類運具優劣點互異，選擇運具時當應明瞭各種運具之特徵，始能配合產品作妥善之決策。吾人可依速度、頻率、可用性、可靠性、容量，以及成本將上述五種運具之特徵以表 38-1 簡示之[1]。

表 38-1 中各衡量因素之涵義如下：

1. 速　度：從出發至抵達目的地所需時間之長短。
2. 頻　率：在特定時間內運送次數之多寡。

---

[1] 郭崑謨著，國際行銷管理，修訂三版（臺北市：六國出版社，民國七十一年印行），第 440 頁。

3. 可用性: 運具所能到達地區或地點之多寡。

4. 可靠性: 是否能不受其他因素影響，在限定時間內到達。

5. 容　量: 可裝載貨物之多少。

6. 成　本: 運費之高低。

表 38-1 各運具之特徵

速度		頻率		可用性		可靠性		容量		成本	
空運	快	管導	多	公路	多	管導	高	河海	大	空運	高
公路	↓	公路	↓	鐵路	↓	公路	↓	鐵路	↓	公路	↓
鐵路	↓	空運	↓	空運	↓	鐵路	↓	公路	↓	鐵路	↓
河海	↓	鐵路	↓	河海	↓	河海	↓	空運	↓	管導	↓
管導	慢	河海	少	管導	少	空運	低	管導	小	河海	低

選擇運具時應考慮之產品特質，包括產品之價量比值、使用上之特性、實體上之特性等。舉凡單價高、體積小（或重量輕）、使用急切（或較無法承受時間壓力）、實體容易腐敗之產品，當要爭取時效，以快速之運具運輸。此類產品，諸如機械電子零件、鮮花、珠寶等等，亦較能承擔高額運輸成本。體積龐大、單價低、不易敗壞、需用並不急迫產品，自以容量巨大，成本低廉運具較爲經濟合算。該類產品由於使用並不急迫，寧以「緩慢」換取成本之減少。上述數則僅爲少數之例，旨在說明運具選擇上應注意產品特性、運具特性、與運輸成本等數種因素爾。

貳、運路決策

運路往往受國際協定以及國內法令之限制，在協約期間內無法作任何更改或擴張。是故廠商應盡量挑選運路不複雜之定期航線；蓋運路倘複雜或不定期（不參加運盟者），則延誤到達目的地或船務糾紛之機會必然增加。

就空運言，貨運運路與客運運路大致相同。在大多數運路，客運兼營貨運。自德國盧山沙（Lufrhansa）航空公司首用巨大波音（Boeing）74 DF❷ 全貨運飛機後，大型全貨運機已逐漸普遍。

目前在臺飛虎 (Flying Tiger)、華航、汎美 (Pan Am)，日航、非航，泰航，等等運路幾乎涵蓋所有自由國家。其中飛虎係全貨運航線。

海運運路依各不同運盟有許多不同運路。下列數聯盟及運路爲我國臺灣地區與世界其他國家或地區間之數條重要運路❸。

1. 汎太平洋運盟（Trans Pacific Freight Conference)：Japan Lines, Sea-Land, Showa Shipping, Barber Blue Sea。

   臺灣→夏威夷→火努嚕嚕→阿拉斯加

2. 香港西非運盟（Hong Kong / West Africa Freight Conference)：Kawasaki Kisen, Mitsui O. S. K. Lines, Nippon Yusen.

   香港→臺灣→西非

   臺灣→東非

   臺灣→日本→中東

3. 紐約運盟 (New York Freight Bureau)：Japan Lines，南泰，Mistui O. S. K. Lines，大信船務代理。

   臺灣→美國東西岸

---

❷ Boeing 747 F 可容 20, 740 ft³，長 231′3″，高 63′4″，基價 20. 38 Mill。見 James C. Johnson & Donal F. Wood, *Contemporary Physical Distribution* (Tulsa, Oklahoma: Petroleum Publishing Co., 1977), p. 978.

❸ 資料來自交通部航政司。

4. 遠東運盟 (Far Eastern Freight Conference)：Mitsui O. S. K. Lines, Nippon Yusen，聯合航務，American President Lines，臺美船務代理。

   臺灣→歐洲黑海、地中海各港口

5. 臺灣東加拿大運盟：Barber Lines, Maersk Line, Mitsui O. S. K. Line.

   臺灣→東加拿大

6. 臺日運盟：招商局輪船公司，臺灣航業，中國航運。

   臺灣→日本

運路或航線選擇上應注意者有：

1. 不加盟航線雖運貨比較低廉，但延宕、被扣、海難等風險較大，不能以小失大。憶民國六十四年從臺灣赴中東之舶隻被扣，六十六年度又發生了失落船隻多起，這些船隻均係不加盟航線之船隻，航期及航線旣不固定，亦無一定之停泊港口，在臺代理性公司又無法負起責任，結果甚難追究責任❹。
2. 不加盟航線之航期不定，停泊港口亦不固定，故到埠日期當無法確定。
3. 盡量國貨國運。如國貨國運，一旦發生糾紛亦容易取得快速公平之解決。

第二節　運費決策

運費因不同運具與運路而異。我國臺灣地區四面臨海，國際行銷上

❹ 按民國六十四年洛克彎輪在星加坡被扣，並卸下貨物。六十六年共有五十艘往中東貨船消失於大海中，不知去向，使貿易雙方損失慘重，影響我國之商譽至巨。

之運具以航空運具與海洋運具爲主。不管是航空抑或海洋，運費可分運盟運費與不結盟運費兩類。同一運路，運盟運費遠較不結盟（Non-Conference）高昂。有時其差額可達運盟運費之三分之一。在不結盟航運公司中，運費參差不齊，往往過度殺價導致倒閉。同一運盟內運輸費率統一，無法殺價，故對不結盟航線之競爭只好以額外服務，或其他非價格方式進行。廠商對不結盟航線可討價還價，挑選低廉航線，但一如上述不結盟航線運期旣沒有固定，停泊港口不定，風險非常大。明智廠商應該盡量利用結盟航線，同時研究其運輸費結構，遴選最有利之方法託運。

國際航空費率係經國際航空協會運輸同盟（International Air Transportation Association Traffic Conference）裁定。所定費率一經各國政府核准便成各該國參加運輸同盟航線之法定約定費率。惟航空公司可向政府申請不結盟費率，經核准後施行。費率通常指起程飛機場（Airport of Departure）至到達飛機場（Airport of Destination）之費率而言，不包括其他一切有關起程前與到達後之各種作業，諸如包裝、送貨、報關等等。

航空費率可分下列七種❺：

1. 最低運費（Minimum Charge）

運盟費率有最低運費之規定，倘依規定費率計算，運費若不超過最低運費，亦要繳納最低運費，該種最低運費適用於下述之一般費率。如表38-2所示從臺北至伊朗之 Abradan 城最低費率爲新臺幣（NTD）1084.5

---

❺ China Airline, *Training Material—Cargo Transportation Charges* (Taipei, Taiwan, ROC: Training Department. Traffic and Service Division, China Airline , 1978), pp. 3-4. China Airline) *Applicable Rate / Charges out of Taipei* (Taipei, Taiwan, ROC: China Airline, 1978), pp. 1-61.

元。

2. 一般費率 (General Cargo Rate)

適用於一般貨品之運輸，有 45 公斤、100 公斤、200 公斤、300 公斤、400 公斤以及 500 公斤等級距，級距愈高其每公斤之費率愈低，例如託運貨品在 45 公斤以下從臺北到墨西哥 Acapulco 每公斤之運費爲 246 元，其若託運貨品在 500 公斤或以上時則每公斤之運費僅爲 119. 90 元，不及最高費率之一半（見表 38-2）。

表 **38-2**　一般貨品費率（範例）

（部份）

起點：臺北松山機場　　費率單位：公斤

至	最低運費	45公斤以下	45公斤	100公斤	200公斤	300公斤	400公斤	500公斤
Aalborg, Demmark	1157. 50	266. 50	199. 90					166. 00
Abradan, Iran	1084. 50	216. 90	162. 70					
Acapulco, Mexico	880. 00	246. 00	187. 60	175. 00	159. 80	138. 10	134. 10	119. 90
Amarillo, TX. USA	880. 00	231. 60	173. 20	161. 20	146. 00	126. 00	122. 00	107. 30
Hong Kong. H. K.	548. 60	38. 80	29. 10					
Recife, Brazil	960. 00	342. 40	262. 80	245. 60	230. 40	201. 60	197. 60	177. 60
Venice, Italy	1157. 50	256. 30	192. 30					

資料來源: China Airlines, *Applicable Rates/Charges From Taipei* (Taiwan, Taipei, ROC: China Airlines, 1978), pp. 1-31.

3. 特殊產品費率 (Specific Commodity Rates)

爲某特殊產品而設定之費率，通常較一般貨品之費率低，旨在鼓勵業者空運。有最低託運量之規定，如 100 kg, 500 kg 不等。

4. 貨品分級費率 (Class Rates)

該費率適用於少數需特別處理或特別多量之貨品。

5. 單位化包裝貨品費率 (Unitized Consignment)

單位化包裝包括貨櫃化與墊板化包裝。費率依不同重量之包裝單位而異，一般而言，單位化包裝貨品之費率較諸其他費率低廉。

6. 政府特命費率 (Government Order Rates)

爲配合政策之推行，政府有時特別頒佈某特別地區之運費。

7. 推算費率 (Construction Rates)

倘無直達目的地運輸費率，費率可加上各段區估算總費率。

臺北至海外各國海運有許多運盟，雖各運盟之費率不一，各運盟費率有下列幾個共同之處。

1. 最低運費：分一般貨運與危險性貨運，後者之最低運費自較前者高。
2. 以產品分級費率爲基本費率，再附加其他特別費率，諸如過長過重貨品等。
3. 費率之計算以每 1000 公斤或每立方公尺爲單位。

以遠東運盟爲例，其貨品級數有二十一級 (如表 38-3)，第一級費率最高爲每 1000 公斤或每立方公尺 149.40 元，第二十一級最低，爲 45.25 元。產品究屬何級？可從運盟之費率表中查得。至各港口之運費亦可從表中查得附加率 (附加於基本分級費率) 後計算之。

有關海洋運輸費率之資料可從下列數來源獲得。

交通部航政司

交通部運輸計劃委員會

外貿協會海運港口航線指南 (年鑑)

航運與交通 (雜誌) (Shipping and Transportation)

海運市場月刊

表 38-3　遠東運盟產品分級費率

費率: US $

Claso	rate / 1000 kg or M^3	M＝M^3 rate W＝1000 kg rate
1	149.40	
2	134.05	
3	117.55	
4	105.55	
5	100.55	
⋮	⋮	
19	49.55	
20	47.60	
21	45.25	

資料來源: FEFC Subject Tariff No. 3, 1978.

第三節　現代化運輸作業——貨櫃運輸、子母船運輸與包裝單元化

應單元化運輸之優點，貨櫃運輸業已成爲國際航運上之中心作業（圖例 38-1 爲滿載貨櫃之貨櫃船）。所謂貨櫃也者，乃指備零散貨品單元化組入之容器，此種容器可反覆使用並運輸。國際航運上之標準貨櫃有: 8′×8′×10′, 8′×8′×20′, 8′×8′×30′, 8′×8′×35′ 以及 8′×8′×40′ 等五種，唯限於貨櫃吊動移轉與放置籌設，我國臺灣地區最流行之貨櫃僅有 8′×8′×20′ 以及 8′×8′×40′ 兩種。

在裝運上，貨櫃可分整裝貨櫃與拼裝貨櫃兩種。前者係指貨櫃中之

全部貨物來自同一貨主而言，後者則同一貨櫃中之貨品來自兩個或兩個以上之貨主。貨櫃運輸作業之過程可藉簡圖表示於後。

1. 整裝:

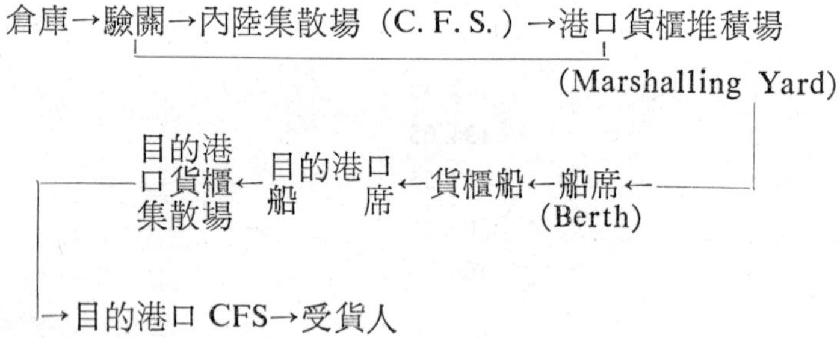

倉庫→驗關→內陸集散場（C. F. S.）→港口貨櫃堆積場（Marshalling Yard）→船席（Berth）→貨櫃船→目的港口船席→目的港口貨櫃集散場→目的港口 CFS→受貨人

2. 拼裝:

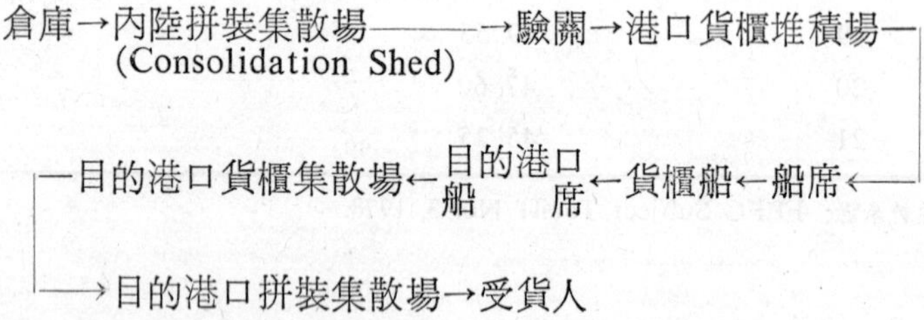

倉庫→內陸拼裝集散場（Consolidation Shed）→驗關→港口貨櫃堆積場→船席→貨櫃船→目的港口船席→目的港口貨櫃集散場→目的港口拼裝集散場→受貨人

子母船 (Lighter Aboard Ship)，小船放於大船，運至目的港口後，小船以獨立單元再度運輸至其他目的地者謂之子母船運輸作業。營運此種作業之較著名者有 Pacific Far East Line (在美國旗下)，典型之子船長六十英呎，寬三十英呎，高十三英呎，容積 20,000 ft³，可裝 400 噸（每短噸 200 Lbs，長噸爲 2240 Lbs）❻。此種作業尤在港口淺，或需轉向內陸河運輸之情況下，非常簡便經濟。

貨品在行銷通路中必會經過多次之搬運、儲存、運輸。小件包裝若以個別單位運送流轉，不但作業效率較差，破損、遺失之可能性亦大，因此有「單元化」包裝之發展。

---

❻ 同❷，Johson & Wood，第 386 頁。

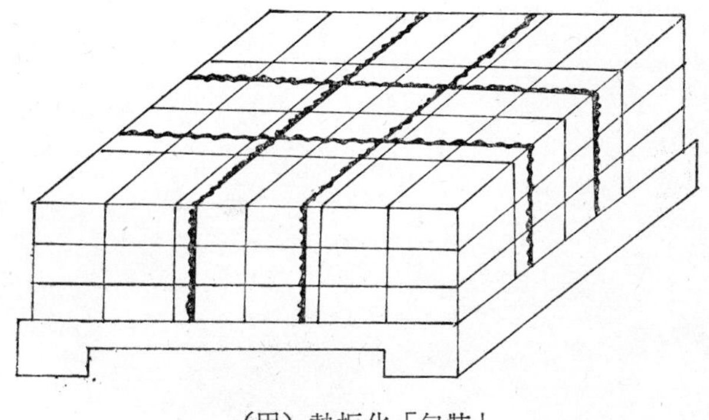

（甲）墊板化「包裝」

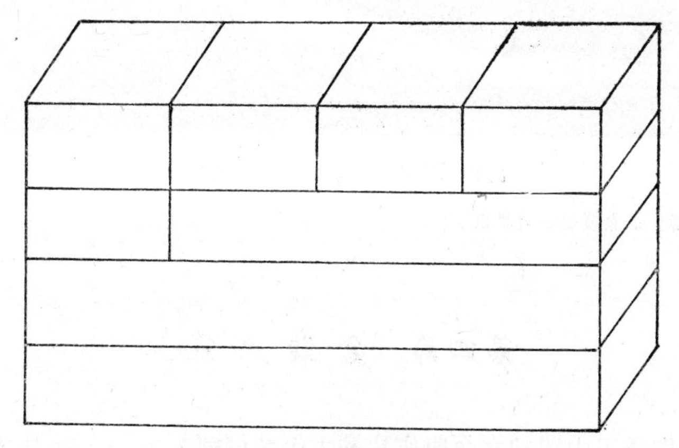

（乙）標準貨櫃之裝疊

圖例 38-1　墊板化與標準貨櫃之裝疊

單元化包裝也者，係將小件包裝物，集合成大件，而容易用機械有效操作之標準單位。單位化包裝之方式有二，一爲墊板化(palletization)見圖例 38-1，另一爲貨櫃化 (containerization)（見圖例 38-2）兩者之優點爲提高搬運速率、減少搬運之損失，藉以降低成本。

圖例 **38-2**　長榮公司貨櫃船

資料來源：長榮貨櫃公司提供

第四節　倉儲決策

倉儲作業已由單純之倉庫作業擴大至倉儲運配中心之新觀念與作法。在此一新作法下，倉儲決策之層面亦已大爲擴大。本節特就倉儲作業人員在作決策時應注意事項提出討論作爲倉儲決策之參考。

壹、倉儲運配中心之觀念與作業範疇

倉儲的觀念及作業已由靜態的貯存(Storage)功能演變至現階段之動態流量分配(Through Put)，則具整體系統之倉儲運配中心(Distribution Center) 觀念與作業。D. C不僅是倉庫、存貨、作業人員、運輸工具，亦包括作業系統，流程設計等等無形之關連事項。現代倉儲運配，簡稱

倉儲中心 (D. C) 之主要功能及作業範疇如下:

1. 貯存: 包括入倉——卸點、核對、入帳。

保管——倉庫安全之維持、保養、分類、堆存、盤點、查庫、保險。

出倉——過磅、核對、送貨、清帳。

2. 轉運: 由倉儲中轉運 (或轉送) 貨品至顧客手中, 作業包括運具、運路之遴選。

3. 貨品處理: 復形處理、折包分級、再包裝。

4. 調節功能: 因貨物供需之時間與地點既不相同亦不均匀, 須以系統方法尋找適當調節方法, 以增加分配服務效率, 降低成本。

5. 溝通: 與顧客之溝通, 與供源之溝通, 與運務公司之流通等。

6. 規劃: 存量管制、倉庫擇址等。

貳、倉儲決策上應注意事項

循現代倉儲中心之觀念, 玆將幾項與國際倉儲有關事項簡述於後。

一、貨櫃倉庫化與展示倉庫

由於生產作業之不同, 對倉儲之要求亦異。倘廠商生產係訂單生產 (Job Order), 則倉儲作業便減少到最低程度, 甚至於能以貨櫃充代倉庫, 發揮倉儲功能, 此種觀念可取名爲「貨櫃倉庫化」。
貨櫃倉庫化, 既可節省許多搬運作業, 亦可經濟有效地利用廠內空間。

倘市場需求情況足使廠商進行計劃性「生產線生產」作業, 則倉儲作業便較繁重, 存量管制成爲非常重要之作業。爲適應地主國之需要, 廠商應在可能範圍內設置海外倉儲設備, 使貨品能在海外源源供應, 迅速送達消用者, 不虞缺貨; 同時使遠距廠商之潛在消用者能有隨時一睹貨品之機會。倉儲設備非但爲貨物暫時儲存場所，亦應爲貨品在外國展示或展售之永久場所，所謂展示倉庫 (Display Warehouse) 便有此種涵義❼。

二、自由通商區之利用

世界許多國家均設有自由通商區 (Free Trade Zone)，廠商可將原料輸進該區，經加工製造後再輸出而免繳關稅，亦可將產品製造後逕售當地補繳關稅或有關稅捐。廠商應盡量利用較經濟有利之自由通商區，進行對第三國之外銷作業。

三、包裝上應注意事項

國際貨品之包裝應依循各地主國之法令規定，諸如標籤記號、規格等，並配合國際運輸、搬運、以及堆高技術設計包裝容器及保存裝置。國際產品因包裝欠佳而遭遇市場機會損失之例甚多，憶我國水泥磚在沙烏地阿拉伯市場曾一度由於包裝不良破損率達 20 以上而被義大利貨品析取❽。廠商今後應對包裝多下功夫。

此外包裝上所附之裝運、搬移上應行注意之事項，亦應有明顯之標記，以利作業。往往在國際運輸儲存上，可藉此種簡易之標記而減少許多損失。國際常用之標記有：嚴禁煙火 (No Smoking)，爆炸品 (Explosive)，當心破碎(Fragil)，豎立放置(Keep Upright)，此端向上(This Side up)，離開熱氣 (Keep from heat)，不得用鈎 (Use no Hooks)，放置於冷處(Keep in Cool Place)，小心安放(Handle with Care)，不可平放 (Never lay Flat)，易腐敗物品 (Perishable goods)，高價物品 (The Valuable)，保持乾燥(Keep dry)，等等。

---

❼ 郭崑謨著，國際實體分配——外銷作業之重要一環，臺北市銀行月刊，第 9 卷第 12 期（民國六十七年十二月），第 16-21 頁。

❽ 外銷機會第 349 期（民國六十六年一月四日）；外貿協會印行。

四、倉儲保管

倉儲期間，倉儲場所倘溫度過高、空氣窒礙、濕度過高，則貨品容易生銹、褪色或腐敗；其若溫度過高、空氣流通、濕度過低，貨品乾涸、硬化、變色、萎縮之現象容易產生❾。各國氣候情況相差懸殊，在國外設置倉庫時更應注重倉儲設備。又倉儲設備應考慮蟲鼠災害、裝卸損失以及風吹雨打，盜竊之害之預防。有關化學工業品保管，由於其易燃、易爆、易敗、易腐性質，應參照政府對該產品之保管辦法與須知事項以免遭受巨大損失，保倉人員可參閱政府頒佈之保管化學工業品須知❿。

第五節　我國運輸與倉儲策略之展望

我國國內市場潛力有限，資源缺乏，經濟之持續發展端賴國際貿易之拓展，而國際貿易之拓展更要加強「國際行銷之代理者」作業始能擴大行銷視野增加貿易機會⓫。國貨國運與倉儲之大規模化，實爲加強國際行銷代理者角色之重要作業。

壹、國貨國運

「國貨國運」，「建立中華民國海上長城」，一直爲我國政府與百姓之殷望。國貨若能國運，不但可提高服務水準、降低費率、節省外滙（或賺取外滙），亦可減少航運上之糾紛，提高我國商譽。

---

❾ 詳見郭崑謨著，存貨管理學，民國六十六年，華泰書局印行，第 164 頁。

❿ 參閱霍立人著，管理倉庫的故事，民國六十一年，大象時代出版社印行，第 206-240 頁。

⓫ 郭崑謨著，「加強現代行銷運作，迎接經濟復甦」，臺灣新生報，民國七十二年十二月二十五日，第二版「專欄」。

據統計資料，我國對外貿易之航運以海運爲主，約佔全部運量百分之九六⓬。發展海上運輸大隊之迫切需要，不言而諭。

惟目前航運與貿易之發展未能配合，航運落後，貿易領先，國輪承運率偏低，致使航運無法支持我國對外貿易上之運輸需求，迫使業界仰賴外輪，產生諸多弊端。

據調查研究結果，顯示我國貿易成長自 47 年至 66 年間增加十倍，但航運成長率則僅增加四倍；而國輪承運率則由 47 年之 36.8%降至 66 年之26.4%⓭。如此趨勢倘不改觀，國際行銷上之通路與實體分配問題必益加嚴重。

解決之道，可從長程與短程論衡。長程解決之道莫非：(1) 加速造船工業之發展，(2)航業與貿易商合併之倡導。短程解決之途似爲：(1) 爭取報價條件之自主，以 CIF 報價，FOB 條件進口，以利航運權之取得，(2) 租用或購用足夠船隻參加航運；出入口商聯合運輸等數端。

貳、倉儲之大規模化以及建立港口與內陸作業之系統

散裝與非散裝產品倉儲設備倘無法容納內外轉運必需之儲存，內陸作業非但無法快速順利進行，轉運第三國作業亦將無法發展，國際倉儲運配中心之理想當然無法達成。今後應努力之方向厥爲擴大倉儲(中繼)據點，改進裝卸作業與貨櫃運輸之普遍化。

貨櫃儲運之嶄新作業反映於「貨櫃倉庫化」(Containohousing) 之實施。我國貨櫃集散場分佈於高雄、臺中，及基隆附近，數量充裕，倘能改善租用方法與體系，使中小廠商亦能長期租用，更能發揮應有之功能。

⓬ 參閱吳榮貴著，「當前臺灣航運與貿易配合發展之檢討」，中華民國六十七年，中華民國市場拓展學會年會論文集，第 15-21 頁。

⓭ 同⓾。

第十七篇

公共關係策略

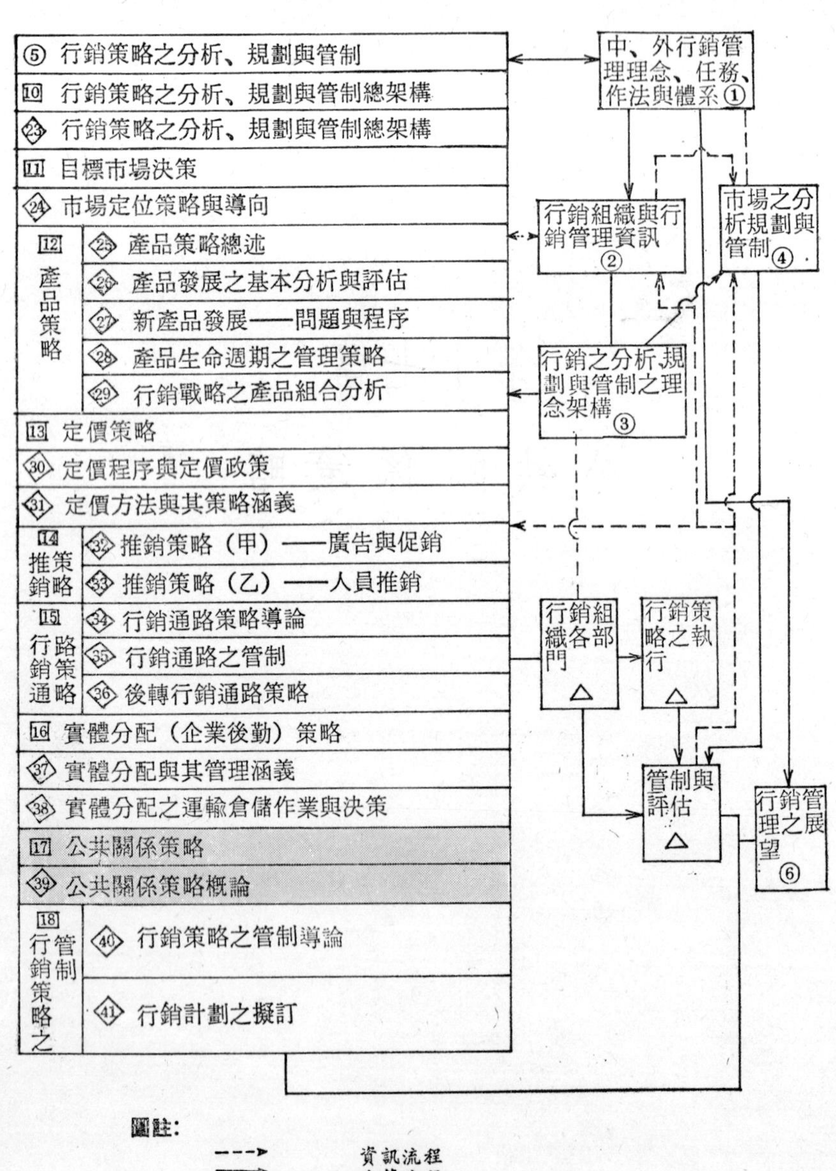
⑤ 行銷策略之分析、規劃與管制
10 行銷策略之分析、規劃與管制總架構
23 行銷策略之分析、規劃與管制總架構
11 目標市場決策
24 市場定位策略與導向
12 產品策略
25 產品策略總述
26 產品發展之基本分析與評估
27 新產品發展——問題與程序
28 產品生命週期之管理策略
29 行銷戰略之產品組合分析
13 定價策略
30 定價程序與定價政策
31 定價方法與其策略涵義
14 推銷策略
32 推銷策略（甲）——廣告與促銷
33 推銷策略（乙）——人員推銷
15 行銷通路策略
34 行銷通路策略導論
35 行銷通路之管制
36 後轉行銷通路策略
16 實體分配（企業後勤）策略
37 實體分配與其管理涵義
38 實體分配之運輸倉儲作業與決策
17 公共關係策略
39 公共關係策略概論
18 行銷策略之管制
40 行銷策略之管制導論
41 行銷計劃之擬訂
中、外行銷管理理念、任務、作法與體系①
行銷組織與行銷管理資訊②
市場之分析規劃與管制④
行銷之分析規劃與管制之理念架構③
行銷組織各部門
行銷策略之執行
管制與評估
行銷管理之展望⑥
圖註:
資訊流程
決策流程
①、②、③…… 本書部次
1、2、3…… 本書篇次
1、2、3 …… 本書章次
屬於有關篇章次主題
本篇主題

第三十九章　公共關係策略概論

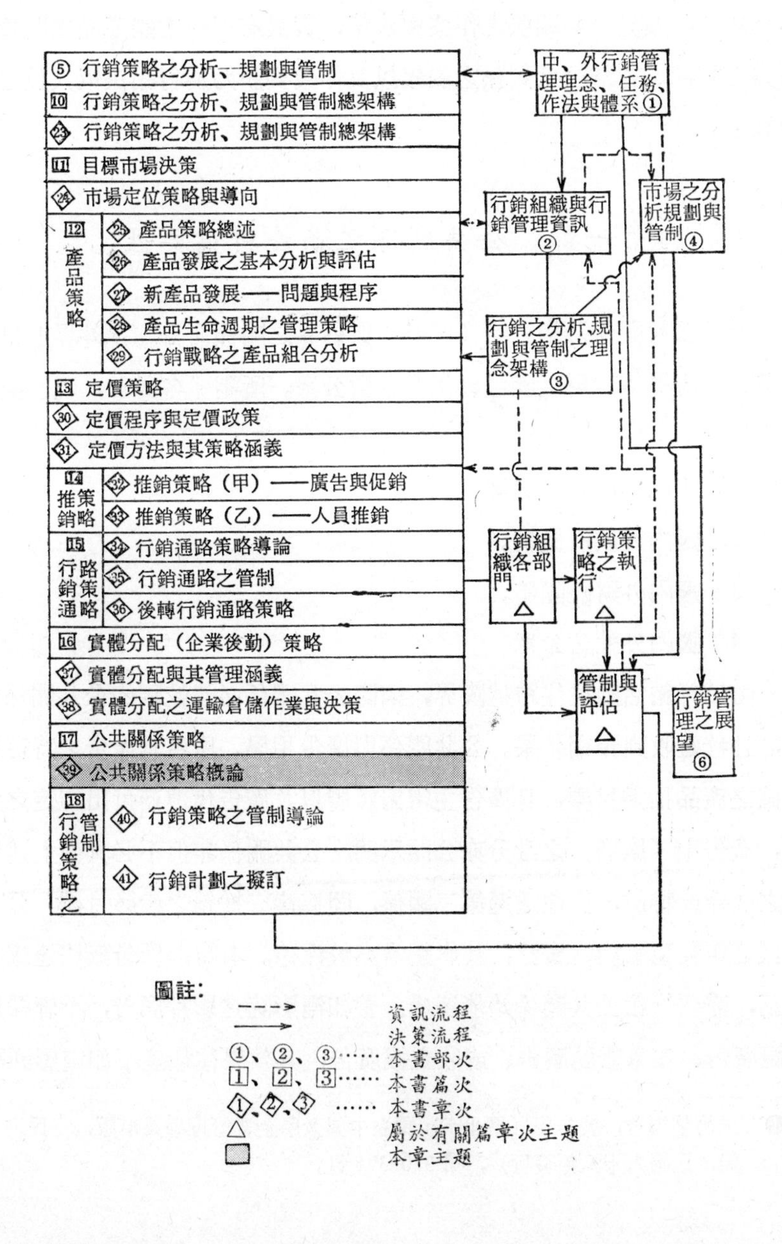

公共關係與廣告之關係相當密切。據美國一項調查研究結果，顯示廣告係公共關係之工具，尤其在推行公司政策（非特種產品），報導商譽爲然❶，顯見公共關係之作業與決策，實具有深遠推銷產品之間接而有力之效能。認識公共關係之涵義以及作業要訣乃爲行銷決策人員之重要課題。

第一節 公共關係之涵義與重要性

企業公共關係乃指企業（廠商）與外界之關係而言。「外界」包括同業、政府機構、財社團體、以及社會公衆。所謂「各界」，現已擴大而包括：

1. 國內外同業與異業。
2. 國內外政府機構。
3. 國內外財社團體。
4. 國內外社會公衆。

由於行銷活動往往跨越國界，國際公共關係必然較國內公共關係繁複，且較難收到預期效果。公共關係與廣告相異。廣告具廣告之特定而明確之產品推銷目標，且廣告主需對媒體以及廣告代理商付出約定之代價，廣告主（廠商）之身分亦公開示明。公共關係非但不必具備上述廣告之要件或特徵，往往透過第三關係，間接達成推銷之最終目標。公共關係之作業範疇相當廣泛，其影響當亦較深遠。有時，廣告無法達成之任務，需要依賴公共關係始能達成。譬如電影院之影片廣告，不管採用電視廣告、報章雜誌廣告、或收音機廣告，其效果往往遠不如電影評論

❶ 王德馨編著，廣告學（臺北市：國立中興大學企業管理學系出版，三民書局，民國六十八年發行），第 370-371 頁。

家撰寫一篇「影評」，即推薦性影評之效果。

國際公共關係，由於時空相隔，文化社會背景不一，政令與法律互異，倘能促進公共關係，諸多政經法律，社會文化之行銷阻力可大爲減輕。由此可見，國際公共關係對國際行銷之重要性較國內公共關係對國內行銷之重要性爲高。

第二節　公共關係之作業要訣與方法

公共關係，一如上節所述，具有深遠之推銷產品之間接效能，廠商在使用公共關係時，不可掉以輕心，草率行事。同時亦不應急於求取此種間接推銷效果，而應基於表達「回饋國家社會」之純正動機行事，始算沒有違背公共關係之基本導向。基於此一純正動機與理念，談論公共關係作業之要訣與方法始有意義。

壹、公共關係之作業要訣

論及公共關係之作業要訣，國內與國際並無何特別異同之處，概言之不外乎：❷

1. 宣揚廠商政策，尤其是社會公益政策。
2. 參與社會公益活動。
3. 爭取重要社團之支持。
4. 參加同業公會組織。
5. 協助政府。
6. 撤開謠言，訂正誤會曲解。

❷ 郭崑謨著，現代企業管理學，修正版（臺北市：華泰書局，民國六十七年印行），第 332 頁。

公共關係，不管以何種方式進行，本乎上述之重點所在，倘不在作業上「落實」行事，實不易取得各界人士之信任而收到效果，因此廠商應恪遵落實作業之基本原則始能取信於社會大衆，進而在商情蒐集上佔優勢。

貳、公共關係之作業方法

一、認識公共關係之作業類別

公共關係（包括公共報導）之作業類別，可分爲下列數類：

(1) 行銷發展：宣揚新產品開發對社會大衆之利益、舊產品之新用途、當地行銷人員之任用等等❸。

(2) 行銷目標：公司之社會目標及政策、服務政策與國家政策之配合。

(3) 對公衆有益之活動：公司週年慶典與國定年節之配合，各種活動之參與，諸如清潔運動，社會公益活動，頒獎表揚，展示及遊園活動。

(4) 對政府之協助：捐獻資助、參與建設、諮詢。

(5) 用人方面：僱用當地人民。

(6) 公共報導：演講、媒體保持良好關係。

二、訂定公共關係之目標

公共關係目標之釐訂，應考慮產品之目標市場以及共同關係可能產生之效果。舉如美國加州一家公司之行銷目標爲使消費者相信飲酒爲正常美好生活之一部，藉以改進消費者對該公司所產酒類之形象，提高其

❸ William M. Pride and O. C. Ferrell, *Marketing: Basic concepts and Decisions* (Boston: Hovghton Mifflin Company, 1977), pp. 374-375.

市場佔有率，便訂定撰寫酒類故事（從醫學的觀點）期能打進各不同區隔，尤其青年及機構市場❹。

三、公共關係作業之執行

公共關係作業可透過：(1) 廣告及員工活動進行；(2) 報載廠商興辦獎助學金；(3) 社論讚譽廠商舉止；(4) 總經理參加紅十字會；(5) 業務課長向某社團或學術團體演說；(6) 參與冬令救濟工作等等。參與同業公會，如商會、工會、進口工商協會等組織，不但可藉公會力量宣揚企業政策，興辦公益，且可得到許多營運上之方便。

四、公共關係作業之評估

由於公共關係通常與推銷活動一併運用，公共關係效果之衡量較爲困難。唯仍可用公共關係之接觸程度，和會公衆對公共關係之知覺度、以及其理解度❺以及偏好度等一般行銷評估方法（特別是廣告效果之評估方法）來衡量。

---

❹ 高熊飛編譯，行銷管理——分析規劃與控制（臺北市：華泰書局，民國六十九年印行），第 755-761 頁（原著爲 Philip Kotler, Marketing Management, 4th Ed.)。

❺ 同❹。

[illegible]

[illegible]（1）[illegible]（2）[illegible]
[illegible]（4）[illegible]
[illegible]（6）[illegible]
[illegible]

[illegible]

[illegible]

❶ [illegible] Phillip Kotler, Marketing Management [illegible]

❷ [illegible]

第十八篇

行銷策略之管制
與
行銷計劃之擬訂

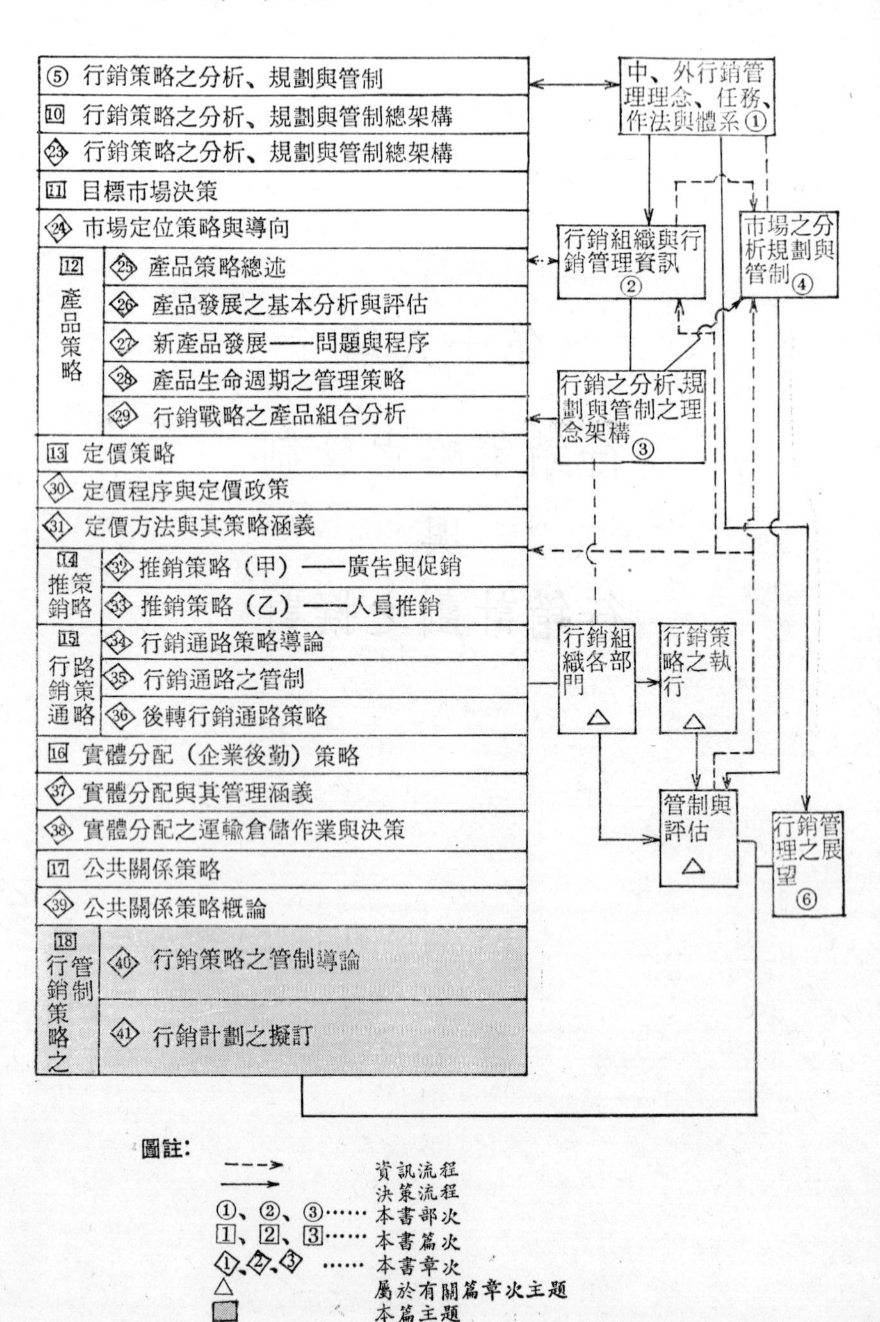

⑤ 行銷策略之分析、規劃與管制
10 行銷策略之分析、規劃與管制總架構
23 行銷策略之分析、規劃與管制總架構
11 目標市場決策
24 市場定位策略與導向
12 產品策略
25 產品策略總述
26 產品發展之基本分析與評估
27 新產品發展——問題與程序
28 產品生命週期之管理策略
29 行銷戰略之產品組合分析
13 定價策略
30 定價程序與定價政策
31 定價方法與其策略涵義
14 推銷策略
32 推銷策略（甲）——廣告與促銷
33 推銷策略（乙）——人員推銷
15 行銷通路策略
34 行銷通路策略導論
35 行銷通路之管制
36 後轉行銷通路策略
16 實體分配（企業後勤）策略
37 實體分配與其管理涵義
38 實體分配之運輸倉儲作業與決策
17 公共關係策略
39 公共關係策略概論
18 行銷策略之管制
40 行銷策略之管制導論
41 行銷計劃之擬訂
中、外行銷管理理念、任務、作法與體系①
行銷組織與行銷管理資訊②
市場之分析規劃與管制④
行銷之分析、規劃與管制之理念架構③
行銷組織各部門
行銷策略之執行
管制與評估
行銷管理之展望⑥
圖註：
資訊流程
決策流程
①、②、③……本書部次
1、2、3……本書篇次
1、2、3……本書章次
屬於有關篇章次主題
本篇主題

第四十章　行銷策略之管制導論

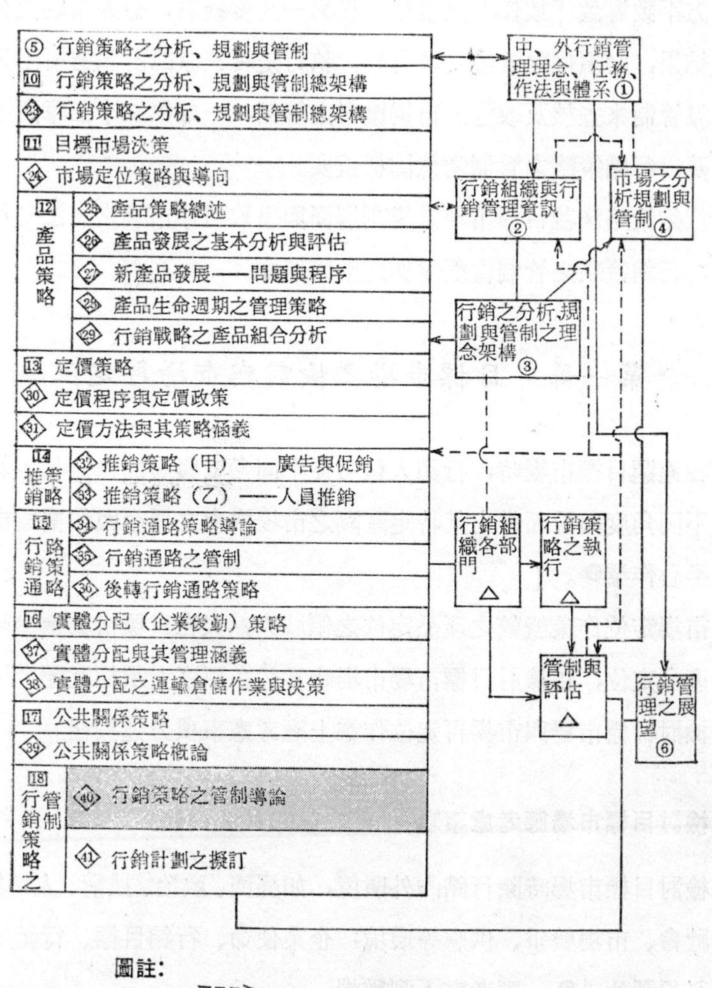

圖註：

- - - → 資訊流程

——→ 決策流程

①、②、③…… 本書部次

1、2、3…… 本書篇次

1、2、3 …… 本書章次

△ 屬於有關篇章次主題

□ 本章主題

從管理觀點着論，行銷作業之層層妥切授權，可提高行銷效率與效果。唯行銷主管之授權應建立於良好之管理控制（簡稱管制）制度上，授權方不致導致「放任」之現象。從另一角度觀看，行銷策略之分析規劃之結果，必須付之實施（執行），執行是否與原訂計劃有所出入，當亦要靠管制來查核及改進。市場機會之管制，一如第二十二章所述，非常重要，行銷策略之管制當然同樣重要。

行銷策略涵蓋目標市場之規劃層面與爭取目標市場之方法（行銷組合），行銷策略之管制當須兼顧此兩大層面。

第一節　目標市場之檢討與市場再定位

在遴選目標市場時，行銷人員可從不同角度與層面肯定其價值。此種以不同角度與層面肯定某特定區隔之市場機會之理念與作業爲市場定位之中心作業❶。

市場定位作業旣較之產品定位之領域大，又在目標市場選擇時，優先於產品定位，在檢討目標市場市場時當然在順序上須相互配合引證。玆將檢討目標市場與市場再定位作業上應考慮事項分述於後。

壹、檢討目標市場應考慮事項

檢討目標市場時除行銷內外環境，如經濟、政治、技術、人口統計、文化社會、市場競爭、供應等環境；企業使命、行銷目標、行銷組織效率等必須評估外❷，應考慮下列數端。

---

❶ 參閱本書第二十四章，有關市場定位之新涵義部份。

❷ 參閱王志剛譯行銷學原理（臺北市：華泰書局，民國七十一年印行），第178-182頁。原著爲 Philip Kotler, *Principles of Marketing* (Englewood Cliff. N. J.: Prentice-Hall Inc., 1981).

1. 產品定位是否與市場定位相吻合?
2. 市場定位之導向，諸如無差異、差異、或集中行銷是否正確? ❸
3. 競爭者是否改變導向?
4. 產品是否已達成熟期?
5. 目標市場之利潤目標是否達成?
6. 如果利潤目標並未達成，是否爲業界之普遍現象?
7. 市場佔有率是否與所規劃者不一?
8. 經銷商之反應如何?

貳、市場再定位作業上應考慮事項

倘目標市場之檢討結果，發現需改變目標市場，市場之再定位成爲一非常重要之作業。市場再定位，必須注意下述數端。

1. 區隔變數，諸如所得水準，消費者消費習慣，產品用途等是否改變?
2. 廠商本身所能掌握之行銷資源是否增加，抑或減少?
3. 是否因產品定位失錯而導致目標市場選擇之偏頗?
4. 「產」與「銷」科技變動之方向與速率如何?
5. 市場再定位結果是否會分散公司資源之運用，冲淡企業運作效率與效果。
6. 競爭廠商是否亦正作市場再定位?
7. 經銷商對市場再定位之反應如何?

---

❸ Philip Kotler, *Marketing Management: Analysis, Planning, and Control* (Englewood Cliff, N. J.: Prentice-Hall Inc., 1980) 原著，高熊飛譯，行銷管理（臺北市：華泰書局，民國六十九年印行），第 289-293 頁。

8. 市場再定位之時機是否影響公司其他產品市場之競爭力?

第二節　行銷組合之稽核

評定行銷組合之運作效果，相當困難。原因仍在組合中之因素，如價格、廣告、售後服務，送貨等等究竟何者對行銷組合績效之貢獻比重較大，實無法精確估計。因此，稽核結果之決策涵義無法大量發揮。儘管如此，行銷決策人員可藉行銷組合中各要素之功能分別檢討其缺失，作爲改進行銷組合決策之依據。表 40-1 所列各項可供行銷組合稽核之參考。

表 40-1　行銷組合稽核項目

——柯氏 (Philip Kotler) 模式——

行銷組合	稽核項目
產品	1. 產品線的目標爲何? 這些目標是否合宜? 現有的產品是否符合這些目標? 2. 產品線中是否有某些產品應停止生產? 3. 是否有新產品值得加入產品線? 4. 經由品質、外觀、或型式的改良，是否能使該產品蒙受其利呢?
價格	1. 訂價之目標、策略、及程序爲何? 訂價依照成本、需要、競爭情況的程度若何? 2. 顧客對於公司產品的價格水準有何看法? 3. 公司是否有效的利用價格推廣策略?
廣告、促銷及宣傳報導	1. 公司的廣告目標爲何? 是否合宜? 2. 廣告費用是否適當? 廣告預算如何決定? 3. 廣告的主題與內容是否具有成效? 消費者及社會大衆對廣告的看法如何? 4. 廣告媒體的選擇是否正確? 5. 公司是否有效的運用銷售推廣活動? 6. 公司是否有一套完善的宣傳報導計劃?
人員推銷	1. 公司人員銷售之目標爲何? 2. 現有之銷售人員是否足以完成公司的目標? 3. 銷售人員是否依照適當的專業化準則來編組呢? 例如依照地區、市場、產品等。 4. 銷售人員是否士氣高、能力強、且十分努力呢? 他們是否經過充分的訓練，可是却缺乏激勵呢? 5. 設立銷售配額及評核績效的方法是否合適? 6. 公司的銷售人員與競爭者的銷售人員相較之下優劣如何?
通路與分配	1. 配銷的目標、策略爲何? 2. 配銷通路是否具有合適的市場涵蓋度及服務水準? 3. 公司是否應考慮減少對經銷商、代理商的依賴而變爲直接銷售呢?

資料來源: Philip Kotler, *Principle of Marketing* (Englewood Cliff, N. J.: Prentice-Hall Inc., 1981) 原著，王志剛編譯，行銷學原理（臺北市: 華泰書局，民國七十一年印行），第 182-183 頁。

第四十一章　行銷計劃之擬訂

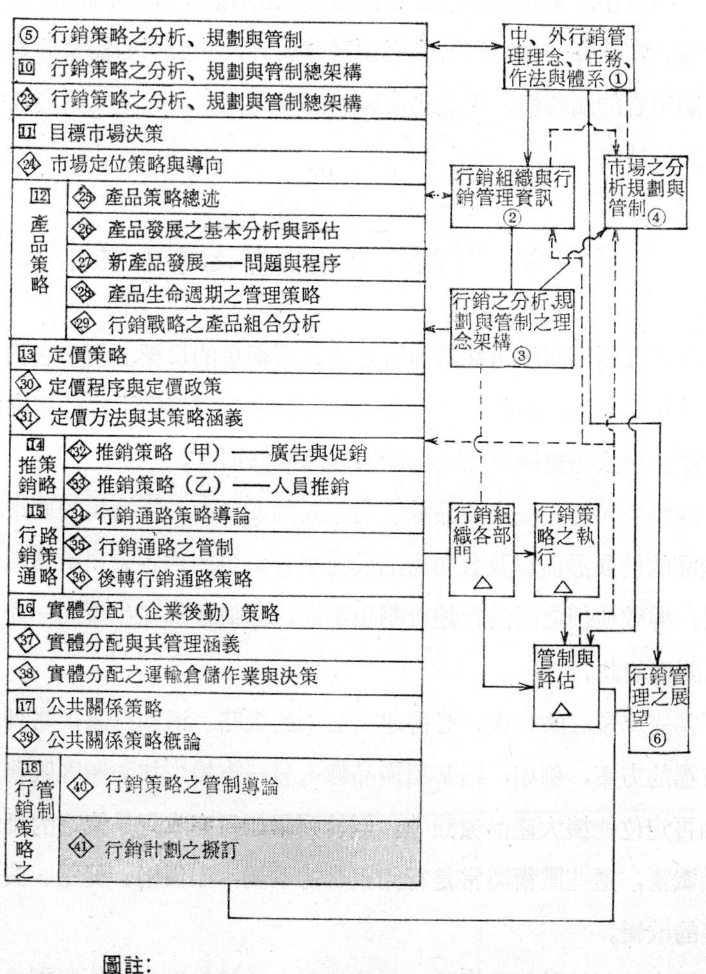

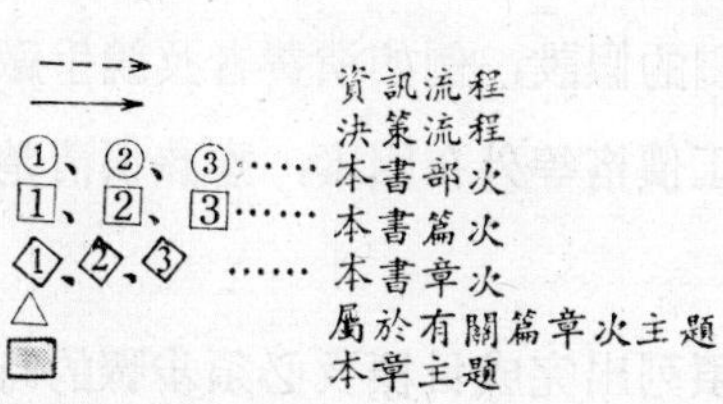

行銷計劃是目標管理的象徵與重點。大部份行銷管理上的活動在既定的行銷計劃——包括行銷目的，行銷策略，及一至三年的短期行銷戰術——下運作。本章的目的卽在描述行銷計劃的內涵並列出準備該計劃的步驟。當然每一種行銷計劃必須剪裁成合於該公司的需要與產品的類型而顯出它的獨特性，但是仍有確定的共通元素，這些元素形成一般行銷計劃的結構。

第一節　行銷計劃應涵蓋之基本項目

行銷計劃應該儘可能具備特定的、可衡量的目標。例如它們可能是提高銷售額10%，增加市場滲透力 4 %，減少銷售額下降的趨向等，這些目標要靠公司總體目標及行銷經理的觀察而訂。

因爲公司的產品與產品線常有不同的成長率，策略規劃要求能鑑定各產品的發展潛能以及公司產品最佳組合。也因爲各公司所強調的目標不同，導致他們之間的行銷計劃也不同，卽使是那些生產同一產品的公司之間也如此。

爲完成預訂的目標，必得建立必須的策略。這些行銷策略列舉出拓展市場的方案，例如，把某項產品轉入另一市場，加強顧客服務內容，產品再定位，擴大產品種類等。至於列舉如何完成行銷策略的細節卽爲行銷戰術，這些戰術時常是行銷組合的改變，如價格、促銷、廣告、包裝等的改變。

隱含於行銷計劃的假設，例如消費者及競爭廠商的反應方式，及經濟狀況、原料和人工價格等外在因素，應該很清楚地在行銷計劃書中表明。

行銷計劃，必須列出完成目標及必須步驟的時間表。時間是計劃中的一個重要元素。許多管理工具能幫忙計劃與程序的控制，例如要徑網狀模型便是其一。

監督計劃執行之成果的活動也須加以建立。沒有回饋，將無法瞭解成果是否如同所預計的程度。假如在早期執行時發現有落後的現象，可立即採取校正行動。另一方面，假如表現比預計的還好，也須好好地去瞭解爲什麼。例如銷售額比預期的增加太多是由於與競爭廠牌的價格差異，此時可提高價格，增加邊際利潤至可彌補銷售量下降所造成的損失之程度。沒有如此的回饋，無法控制計劃的執行是否有效。

最低限度回饋系統必須能瞭解銷售額，市場佔有率，競爭廠牌的價格和促銷活動。消費者審查資料可得知消費者經常購買與不常購買的物品項目。外貿協會或政府財經機構經常提供各行業產品的銷售資料。

大部份行銷計劃的特性是預期結果的數量化。事前預計的利潤和損失報表使相關人士能從成本／投資與利潤／損失兩個觀點來檢視行銷計劃的成果。

許多爲發展行銷計劃所需的分析方法與策略已經在前面的各章節討論過。組合這些分析方法可導致一恰當的行銷計劃。表 41-1 代表此種行銷計劃的大綱❶。它是一個綜合結構，能適用於特定的環境與特定的組織。

第二節　行銷計劃內涵——範例

一個最有助於瞭解不同的公司如何編製他們的行銷計劃的方法是參

---

❶ Burton H. Marcus and Edward M. Tauber, *Marketing Analysis and Decision Making* (Boston: Little, Brown and Company, 1979), p. 338.

考實際案例。本節特舉美國兩公司行銷計劃大綱供參考。

表 41-1　行銷計劃大綱

1. 目標的陳述
    A. 公司目標的彙總
    B. 行銷目標的彙總
    C. 特殊專案目標的陳述
2. 公司現況的分析
    A. 市場
    B. 競爭
    C. 政府
    D. 其他
    E. 組織的能力
3. 已確認的機會和評價
    A. 市場
    B. 產品與服務
    C. 相關的財務需求
4. 行動計劃
    A. 整體時間表
    B. 發展
    C. 測試
    D. 行銷
        (1) 促銷
        (2) 價格
        (3) 分配
5. 評價與控制
    A. 財務定量化：事前預計的損益表
    B. 成本
    C. 銷售額
    D. 其他的目標（如市場佔有率）

資料來源：Burton H. Marcus and Edward M. Tauber, *Marketing Analysis and Decision Making* (Boston: Little, Brown and Company, 1979), p. 338, Table 13.1.

壹、範例一：××工業器材公司××產品行銷計劃內容❷

1. 我們基本的營業執照規定的營業內容爲何？
   - 目的／動機／目標？
   - 活動的範圍？
   - 產品種類的概念？
     獨特的顧客評價？
     依賴專賣而成長？
     開拓新市場？
2. 我們的地位爲何，它適當嗎？
   - 在我們的產品類別中，那幾種產品有最好的利潤邊際？
   - 在整個產業裏賺取最大利潤的產品是什麼？
   - 我們想要加入產業中獲利性最高的部門嗎？
   - 我們的每一種產品在生命週期裏的位置爲何？
   - 我們有多少的市場佔有率，爲何被侷限於那裏？
   - 我們的行銷範圍爲什麼被限制在那裏？
   - 我們是否已對現有的能力善加利用？
   - 我們的生產設備與他廠競爭是藉着品質？程序？亦或地點呢？
   - 我們擁有什麼獨特的技術？
3. 我們主要的特性或才能是什麼？
   - 我們最強之處是什麼？
   - 我們的弱點是什麼？

---

❷ David S. Hopkins, *The Short-term Marketing Plan*, A Publication of Conference Board, New York, Conference Board Report (1972) ＃565.

4. 我們能預期在所處的環境有那些深具意義的變化?
   - 市場需求概況爲何? 國內? 全世界?
   - 競爭能配合這些需求的成長嗎?
   - 供需關係將如何影響價格水準?
   - 我們預計將改變顧客的需求與需要的是什麼?
   - 將來最有利的分配管道是什麼?
   - 在改變的分配方式中供應商及顧客的激勵動機是什麼?
   - 將會有什麼技術性的變化?
   - 在經濟能預測的變化與趨勢爲何?
   - 什麼政治及社會上的變化能被預測呢?
   - 什麼新社會及新的政府法令限制將影響我們的業務?
5. 這些變化對我們公司造成怎樣的衝擊? 呈現出什麼挑戰?
   - 什麼問題面對着我們?
   - 什麼新的需要可能被實踐?
   - 什麼新的競爭性的威脅面對着我們?
   - 我們能鑑認出什麼機會? 它們的意義爲何? 例如

     增加產品銷售量?

     透過分配方法的革新, 能降低運輸成本的數量?

     額外的服務與高品質造成價格增加?

     新產品介紹否?

     商品分級否?

     擴大銷售地區否?
   - 那種挑戰是最重要, 且能分散我們的注意力?
6. 目前營運動力將帶我們到何處? 在既有的市場中既有的產品。
   - 我們的銷售目標是什麼? 市場佔有率是多少?

● 我們將如何完成更大的市場滲透?

　對現在的使用者?

　對新的使用者?

　提供更大的「顧客價值」?

● 在這些預測的背後隱藏着什麼控制的前提?

● 這些目標將產生什麼利潤?

7. 我們將推動什麼業務及銷售發展計劃? 關於: 擴展既有的產品至更大的銷售區域，及新市場，已有新產品至既有的市場。

● 我們如何利用我們的長處來獲取更多利潤?

● 我們如何克服既存的弱點?

● 必須採取什麼行動來面對挑戰?

● 什麼因素必須加以考慮?

8. 我們如何分配我們有限的資源?

● 那些售貨及顧客服務項目是我們打算提供的?

● 我們需要採用什麼原料? 如何使用它? 成本爲何?

● 我們將如何擴展銷售區域?

● 什麼新產品將加入新的銷售項目內?

　透過內部發展?

　透過取得其他企業亦或許可證?

● 我們將取得什麼樣的其他企業?

　我們的動機? 我們的目標?

　什麼原則?

　候選者的優先秩序爲何?

● 什麼新的投資專案可能進行?

　那一個有吸引人的投資報酬率?

是否需增加流動資本?

- 吸引人的專案投資是否需用「高成本」的資金? 有沒有其他籌措的途徑?
- 能夠處置過時的設備以及不需要的資產嗎?

9. 我們如何分配我們的技術資源? 被認可的支出水準為何?
   - 那些計劃被強調?
     銷減成本嗎?
     品質改進嗎?
     顧客服務嗎?
     市場應用發展?
   - 透過革新研究我們嚐試着實現那些市場導向的需要和機會?
   - 我們致力於建立什麼新產品概念?
   - 我們正從事什麼新技術的開拓? 動機為何? 成功的或然率為何?
10. 我們想要完成的短期和長期目標為何?
   - 銷售目標的達成透過內部發展亦或合併其他企業?
   - 利潤及回收率的改進為何?
   - 如何與其他的使命相互比較?
   - 我們的野心是可達成的嗎? 或者太保守?
11. 我們將如何執行? 行動計劃?
   - 誰將被指派於什麼責任? 何時執行?
   - 什麼正式的組織改變需實施?
   - 那些解決問題的團隊必須組成?
   - 需要增加那些人力和技藝? 僱用或訓練得來?

貳、範例二：×××傢俱公司×××產品行銷計劃內容❸

1. 產品政策說明

簡短地清楚地說明價格範圍，品質水準，分配政策，用於接近消費者市場的商標策略。

2. 行銷背景

① 消費者市場的定義

描繪每個銷售產品的消費者市場

a. 深具意義的消費團體的特性

顯示購買者的人口及國民所得。

- 購買商品者的用途爲何？（自用、禮物等）。
- 家庭地位及大小。
- 家庭收入。
- 地理區域。
- 其他有意義的消費者特性。

b. 已知的或假想的消費者偏好與購買習慣

- 產品特性偏好。
- 逛街習慣。
- 購買的動機（依重要性排列）。
- 產品特性。
- 價格。
- 廣告。
- 促銷。
- 包裝。

---

❸ 同❷。

- 陳列。
- 其他。

c. 深具意義的消費市場趨向：大小、特性和購買習慣。

- 最近的趨勢。
- 預期的變化。

② 市場大小與銷售統計數字

a. 市場趨向（過去5年）

- 行業銷售額。
- 產品別銷售額。
- 價格指數。

b. 分配趨向

- 依銷售通路類別計算而得的行業銷售額（如:零售商、百貨公司、連鎖店、專門店等）。
- 依銷售通路計算而得的產品別銷售額。
- 依照分配方法的產品別銷售額（直接出售或批發）。

c. 產品別的銷售趨向

- 銷售額。
- 依照銷售通路的銷售額。
- 整個市場佔有率。
- 主要的銷售通路分配率。
- 依分配方法計得的銷售額。
- 價格指數。

③ 產品別利潤與成本歷史（5年）

a. 利潤歷史

- 淨利潤額。

● 淨利潤佔銷貨收入比率。

● 投資報酬率。

b. 製造成本歷史

● 總毛利潤。

● 毛利佔銷售收入之比率。

c. 行銷成本歷史

顯示出曾經花了多少行銷成本，獲得啥成果？

● 廣告成本

依產品別計算而得的金額。

廣告比例與市場佔有率關係。

● 促銷，展示，和固定成本

金額。

銷售比例。

● 分配成本（包括經銷商折扣、運輸、倉儲、存貨持有成本等）

金額。

銷售比例。

● 分配範圍與潛在力

帳戶的種類。

帳戶的數目。

帳戶的銷售潛能。

● 現場銷售成本

金額。

銷售比例。

直接帳戶範圍與潛能。

④　競爭性的比較

強調在公司與它的競爭者之間顯著的不同處

- 產品類別組成與接受。
- 分配方法與範圍。
- 現場銷售方法。
- 消費者行銷計劃。

⑤　結論

彙總基於背景資料分析的主要難題與機會、考慮:

- 消費者與交易市場貫穿力。
- 分配的範圍。
- 產品類別需要。
- 價格修訂。
- 成本降低。
- 新市場與產品機會。

3. 主要利潤目標與行銷目標

①　行銷目標

- 銷售金額。
- 主要銷售通路類別的市場佔有率。

②　利潤目標

- 毛利金額。
- 毛利爲銷售收入的比例。
- 淨利金額。
- 淨利爲銷售收入的比例。
- 投資報酬率。

注意外在的定性假設諸如企業循環趨勢，行業趨勢，消費者市場區隔與市場大小的變化，分配趨向，競爭活動，價格水準，輸入限額，工廠能力。

4. 整體的行銷策略

說明爲了完成行銷目標與利潤目標所必須遵循的策略方向。

① 消費者與交易市場之重點。

② 商標與產品特性之重點。

③ 行銷組合之重點。

④ 功能性的目標。

建立每一功能的貢獻度爲了達成整體的策略與完成主要的目標。

A. 現場銷售

以數目、大小、品質、批發零售的類型、獎金及爲配合銷售業績之達成所需的帳戶來表達配銷的目標。

B. 產品發展

以數目、產品別、推出日、銷售量，及隨新產品而來的利潤貢獻來表達新產品的目標。

C. 廣告

鑑認欲到達的市場。

溝通的目標。

在合作的廣告策略中的交易參與目標。

D. 促銷與裝備

主要促銷的銷售目標。

固定設施與銷售業績目標。

E. 促進銷售

以新促銷方法、數目表示他們的目標。

F．事業的運作

顧客送貨服務的目標。

存貨回轉率目標。

產品組合及尺寸大小的目標。

價格目標。

5. 事前的財務報表與預算

① 行銷預算

● 現場銷售費用。

● 廣告費用。

全國性的。

合作的。

交易 (trade)。

● 促銷費用

消費者。

交易

固定設備與展示費用。

產品發展費用。

配銷費用。

行政與分配費用。

② 事前的財務報表

a. 每年的利潤與損失表（包括上面提過的費用）

下年度以季表達的事前報表。

當年以季表達的預算。

去年用季表達的實際數字。

b. 每年對五年事前計劃的修訂

利潤與損益表。

6. 行動計劃

① 產品別計劃

a. 新產品的目標。

b. 定位新產品與鑑認消費者對產品的需求。

c. 新產品規格

樣式、重量、尺寸等。

製造成本。

銷售價格。

d. 新產品預算

開發與汰選。

發展。

市場介紹。

e. 新產品的排程

設計開始。

設計完成。

市場測試完成。

生產完成。

廣告策劃與排程。

推銷助手完成。

配銷通路完成。

消費者廣告、促銷與銷售的開始。

f. 規劃性的割捨並完成代替性計劃。

② 廣告計劃

a. 全國的廣告

- 消費者及他們的購買動機之定義。
- 訊息主題 (Message theme) 與目標。
- 接近 (Reach) 與頻率目標。
- 預算。
- 準備與執行日程表。
- 創造性計劃。
- 媒體計劃。

b. 合作性廣告規劃

- 交易參與目標 (Trade participation objectives)。
- 預算。
- 跟其他行銷計劃的關係。
- 準備與執行日程表。

c. 交易廣告 (Trade Advertising)

- 訊息與聽衆目標。
- 預算。
- 準備與執行日程表。
- 創造性計劃。
- 媒體計劃。

d. 商標的改變。

③ 促銷與展示計劃

a. 消費者與交易促銷目標。

b. 促銷規劃、預算與事件目錄的一般性描述。

c. 固定設備規劃與預算。

④ 主要的包裝計劃

⑤ 交易推銷計劃 (Trade Selling Plans)

a. 深具意義的配銷通路改變的描述

- 批准的通路。
- 配銷方法。

b. 配銷區域的目標

c. 客戶範圍的目標

d. 推銷費用預算

e. 特定的新客戶目標

f. 特別的交易規劃與事件目錄 (Calendar)

g. 現場推銷計劃與事件目錄 (Calendar)

h. 提供給顧客的新服務項目

- 送貨服務。
- 存貨的後援。
- 推銷之支持。

i. 每個推銷品依產品別的銷售配額。

⑥ 特別的市場研究專題

包括每個專題的一般性描述，如它的目標、預算與時間表。

⑦ 定價的建議 (Pricing Recommendations)

⑧ 特別的降低成本規劃

包括每個規劃的一般性描述，它預期的成本節省數額，責任的指派。

第三節　行銷規劃的職責

公司的情況不同，因此負責發展行銷計劃的人也不同。有些主管喜歡把短期規劃由較低層或中層的管理人員執行。在使用產品經理制度的公司，這些經理被指派草擬最初的產品和品牌計劃的責任。然後由上司修改計劃直到雙方皆同意爲止。參加規劃使得那些後來必須實施這些計劃的人參與了目標的設定與戰略戰術的選擇。如此的規劃採用了這些最接近市場的人之經驗與日積月累的知識。更進一步的說，由於實際作業者參與策劃使得他們有更好的動機與興趣來實行計劃。

相反的，有些公司把規劃的功能留給高階管理人員執行，如公司規劃董事或專門的規劃部門。使用這些專門人才來策劃的公司通常都是規模較大，生產多項產品的公司。這方法甚至於到 1970 年，才漸漸地爲美國的公司所採用。

公司規劃高階人員，通常本質上不是個規劃者而是幫助其他人組織與從事規劃，設定目標，發展策略的主管。他的最典型職責包括預見合併者、取得合作企業、和公司的分散。大部份策劃董事直接向公司的最高決策者報告。

在較小的公司裏的策劃工作通常由行銷部門的總經理或副總經理，或者主計長（財務部門最高職位的職員）負責執行。

第四節　規劃的範圍

就像在行銷規劃有關章節曾提起者，許多項目必須予以特別的注意。他們是行銷組合的範圍，如促銷、廣告、訂價等等。

在大公司裏，指派專家來做促銷的工作。在較小的公司，這些功能是由公司請來的顧問，廣告代理商，偶而由行銷經理來執行。在傳統的產品經理制的公司裏，促銷、廣告、訂價、廣告媒體等等的選擇是由產品經理負責協調廣告代理商和內部幕僚專家的意見而得。這種產品經理式的管理中，產品經理並不需要完全明瞭推銷、促銷、配銷通路、廣告、訂定價格等的細節。他的角色只是協調者、監督者，並對高階主管負責。即使在其他方面的規劃，如財務、資源、生產，產品經理也需雇用許多專家來幫助他組合或協調。

第五節　撰寫行銷計劃

每一個組織具有獨特層面。它的規劃與撰寫計劃的程序當然有其獨特之處。有些公司要求每年爲每一產品撰寫一個幾百頁長的計劃。有些計劃只以概要形式表達。要使計劃有用，必須具備包括「最初的行動與可能的行動」的細目。但是太長的計劃需要花很多時間來準備，往往讀者只能勉強看完它。

爲了使計劃書能達到易寫、易讀、易懂的目的，下列數端可供參考。[4]

1. 用輕快的文筆格調撰寫，避免專門技術名詞的使用。
2. 簡潔扼要，避免冗詞。
3. 仔細地考慮報告的概要與外形。
4. 使計劃書易讀，概念如行雲流水，容易被了解。

---

[4] Edward Stephens, "How to Write Readable Reports that get Your Ideas Across," *Marketing News*, March 14, 1975, p. 7, in Burton H. Marcus and Edward M. Tauber, *Marketing Analysis and Decision Making* (Boston: Little, Brown & Company, 1979), p. 351.

第六部

行銷管理之展望

——結　論——

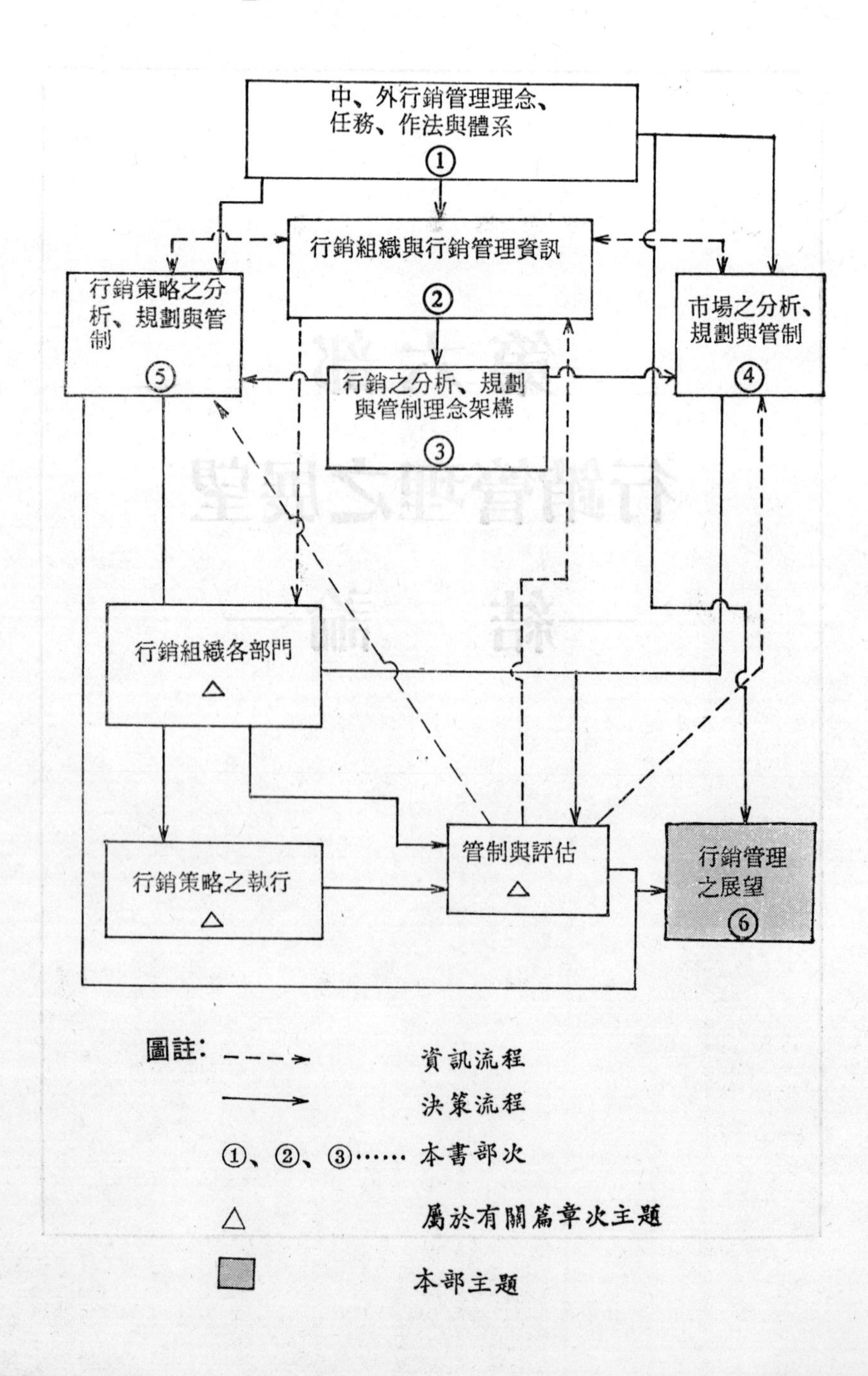
中、外行銷管理理念、
任務、作法與體系
①
行銷組織與行銷管理資訊
②
行銷策略之分析、規劃與管制
⑤
市場之分析、規劃與管制
④
行銷之分析、規劃與管制理念架構
③
行銷組織各部門
△
行銷策略之執行
△
管制與評估
△
行銷管理之展望
⑥
圖註:
資訊流程
決策流程
①、②、③…… 本書部次
△ 屬於有關篇章次主題
本部主題

第十九篇

行銷管理之展望

—結　　論—

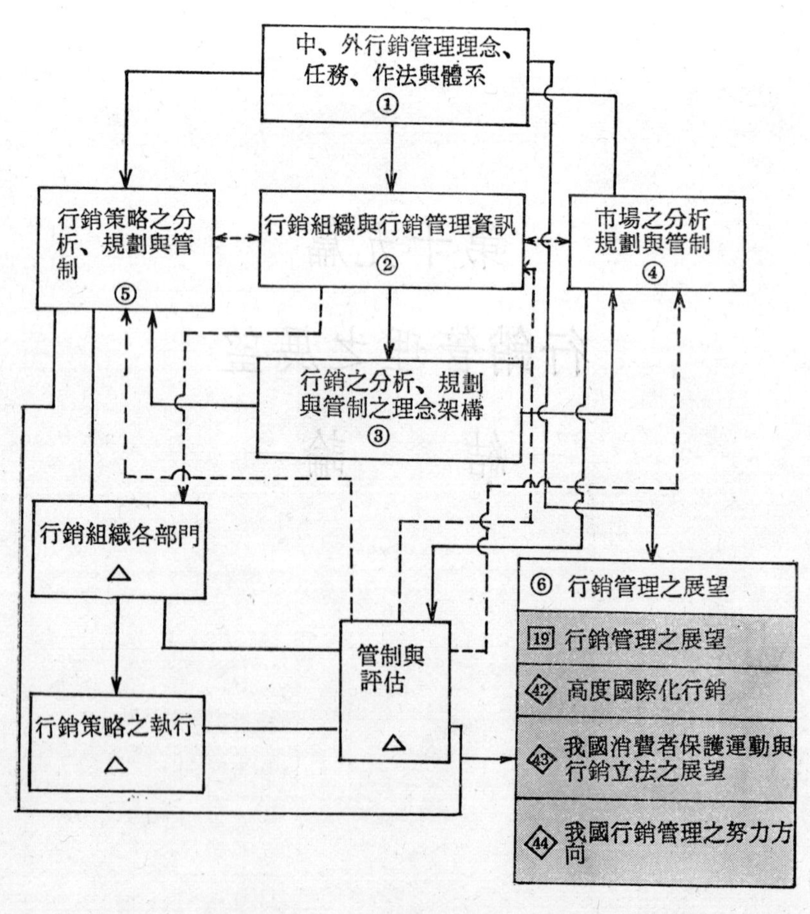

圖註:

- - - → 資訊流程
——→ 決策流程
①、②、③…… 本書部次
1、2、3…… 本書篇次
◇1、◇2、◇3 …… 本書章次
△ 屬於有關篇章次主題
▨ 本篇主題

第四十二章　高度國際化行銷—國際營運

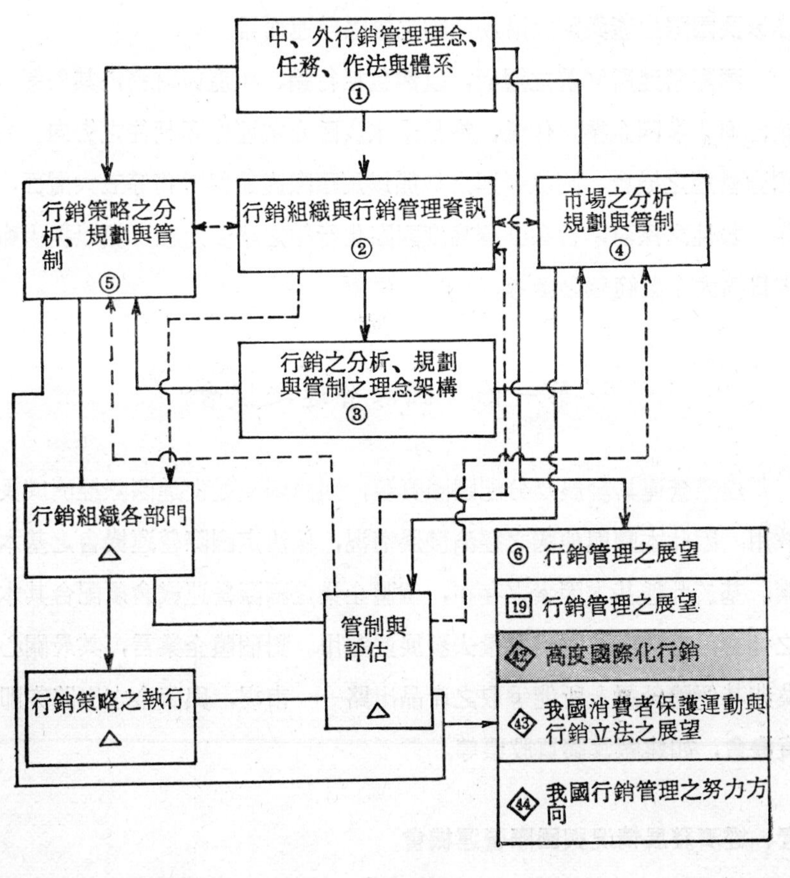

我國臺灣地區，市場狹小，資源有限，企業營運之持續成長，端賴拓展國際市場，與掌握國際原料供源，邁進國際行銷之「代理作業」，發揮國際營運之功能。跨越國際界線之行銷活動或涉及兩國或兩國以上之行銷作業，均屬國際行銷。高度國際化行銷乃特指，除國際行銷外，亦涉及國際生產與國際財務活動之國際營運而言。

國際營運所涵蓋之層面，旣然包括行銷、生產與財務，其營運本質業已邁入多國企業之作業，亦爲未來我國企業運作應朝往之方向。玆將國際營運之機會、國際營運之型態以及國際產銷與財務等三大層面，特作一般性之探討，旨在強調高度國際化行銷之諸多途徑，藉以提供廠商來日擴大企業範疇之參考。

第一節 國際營運之機會

國際營運具發展及分配國際資源，因而刺激並促進國際經濟成長之效用。因此本國與他國之經濟發展情況，係決定國際營運機會之基本因素。基於此種基本因素之存在，個體企業之國際營運機會須配合其本身之能力，藉政府及團體力量去發展並運用。對個體企業言，其最關心者莫非其個體營運上所能爭取之產品出路——市場，與資金之出路亦卽投資機會，如建廠及購買股票等。

壹、經濟發展情況與國際營運機會

在自給自足之原始農業地區裏，如現今之非洲內陸諸地，貨幣制度尙未完善，除了間歇性之會集交易外，並無市場形態可言，與外界營運咸屬不可能。待一國之市場型態建立，貨幣制度健全，進入所謂商業交易經濟後，其與國外交易逐漸頻繁，交通通訊亦漸改進。爲改善其經濟結構，漸有準備工業化之現象。故在國際營運上，其輸出概爲農林漁牧產品，又稱初級產品，而輸入則側重於生產財（生產資本），諸如機械工器等，以及生產技術。在此種階段裏，部份中上階級人口開始消費外國之高貴奢侈品，對該項奢侈品之國內需求產生奢侈品輸入機會。對這些國家，如部份沿海南非諸國以及東南亞少數國家，以其國民所得尙低，其輸入市場尙算不大，但有繼續擴張之機會。若一國之經濟發展邁入工業化，在其農工蛻變階段，可分爲：㈠製造加工其農林漁牧產品以替代消費品之進品階段；㈡製造加工耐用產品，諸如電冰箱、電視等，以部份替代耐用產品並出口其自製之耐用品階段；以及㈢製造重機械及精密儀器及機件階段。蛻變之第一階段，又可稱爲進口替代階段。在此一階段，機械技術，以及資本之輸入成爲必然之現象，初級產品之輸出仍有，但其在經濟結構上之地位逐漸降低。蛻變階段之第二與第三階段，稱之耐用品進口替代階段，其特徵爲出口工業品以替代農牧漁林等初級產品。進口則以原料以及部份品爲主。尙要輸入生產財與技術。包括管理技術。一旦工業化完成，則農工蛻變完成，一國之輸出便以工業產品以及技術爲主。但以其國民所得增大，輸出收入又多，自然構成良好之輸入市場（對他國言）。

我國臺灣地區之經濟發展已步入所謂「第二階段進口」替代階段。經濟成長傾向於資本及管理集約的產銷業上，生產活動導向於高度資本密集，高度產品加價過程，這當然包括農業生產過程之機械化與行銷系統之科學化。基於此種認識，並配合其他國家之經濟發展情況。我國臺灣地區之國際營運機會，概言之有：

（一）向開發中國家（即尙未完成農工蛻變之國家）輸出生產財，即高度資本密集之機械、儀器及用具。

（二）自開發中國輸入初級產品，加工後轉輸出。

（三）從已開發國（即已完成工業化之國家）繼續輸進科技及重機械機器，藉以提高產品之「加價」轉輸出。

（四）向已開發國輸出工具產品。

（五）向已開發及開發中國家輸出加工層次較多，技術程度較高產品。

（六）在開發中國家設廠以吸收低價勞動力，將產品轉售第三國。

（七）向開發中國輸出技術、製造權、商標、或資金（貸予）。

（八）國外投資（㈥以外的投資）。

貳、國際營運機會之辨認與推展

對個體企業言，國際營運機會乃特指其產品銷售機會與投資機會而言。產品國外市場之推展與對外投資，如在外國設廠、購買外國公司之證券、或存款於外國銀行等等機會之把握運用實係國際營運上之基本作業。個體企業國際營運機會之辨認，係依據國外市場狀況與外國投資環境之充分了解與研析，並配合企業本身之資源如何而定。有關產品市場以及投資環境資料之蒐集，因涉及國際關係且蒐集費用鉅大，個別廠商往往無法完成執行，各個體企業分析市場或投資環境所需之許多資料需仰賴於政府、同業公會、職業團體。我國之國際貿易局、外貿協會，駐外經濟參事處，各地域之領館、各同業公會、市商會等等機構均蒐集許多國際營運資料，可資個別廠商參考、研析。於了解並研析國際市場及投資環境，並規畫其國際營運作業範圍後，各廠商大可組團出國推銷，或在目標市場或潛在標的市場區域內，設陳列館舉辦各項展示會，或邀請國外採購團來臺參觀、訪問等等，以增進國際營運之機會與運用。我國外貿協會爲拓展美國市場已在紐約設立永久性辦事處及樣品陳列館。該辦事處之地址爲:

CETDC Branch Office in New York

14th Floor, The New York Merchandise Mart

41 Madison Avenue

New York, New York 10010, U. S. A.

(Telex：426299 CETOC NT.)

(Cable Address：Centraney New York)

各廠商可利用此一機構推展國貨輸美作業。其他地區之國貨推展，雖無類似外貿協會紐約辦事處之「方便」機構，但可覓求當地領館人員或經濟參事，甚至於當地政府機構以及職業團體、商業公會等協助。

辨認及推展國際營運所需資料，除了上述之來源外，聯合國各類報告及統計資料❶、美國商業部之海外商情報導 (Oversea Business Reports)、海外貿易商名册 (Foreign Trade Directory)❷、美國旦不拉斯特 (Dun & Bradstreet) 公司出版之在美、加、墨地區，大企業名册❸等等均屬非常有用之來源。美國對外商情資料之蒐集，透過許多機構，諸如駐外使領館、中央情報局、駐外新聞中心、商業部等等之通力合作，其作業相當週詳。其所出版之海外商情報導，乃為許多海外商情資料之一。由於其對外國之商情報導詳實，該資料實為良好參考資料。我國政府為推展對外貿易，對商情之蒐集已開始加強，可望不久將來有類

---

❶ 聯合國出版許多國際資料。重要者有聯合國統計年鑒、人口統計資料、各國國民所得資料，各國工商業有關資料等等。

❷ 美國商業部國際商業局 (Bureau of Internation Commerce, USDC) 之海外貿易商名册 (Foreign Trade Directory) 可資我國廠商參考，實為索得美國以外國外貿易商址之甚有價值資料來源。

❸ 但不拉斯 (Dun & Bradstreet) 公司出版全美銷售額超越美金百萬之廠商地址及有關資料。該名册稱之 Million Dollar Directory.

似美國商業部出版之各種海外商情報導以資各廠商參考。

構成產品國外消費市場之重要因素是：㈠人口；㈡所得、與㈢社會文化狀況等。所得多少顯示購買力，而社會文化狀況乃爲構成購買意欲及購買傾向之因素。是故，某產品國外市場之有否及大小悉視該三大因素而定。若消費者之購買意欲或傾向暫且不論，某產品國外消費市場之大小可粗略地由一國之人口與所得（通常以平均每人國民所得毛額代表）看出。如表 42-1 所示，雖然法國之人口約爲臺灣人口的三倍，但

表 42-1　各國人口與平均每人國民所得毛額*
（部份表）

國　別	人　口（單位：1000）	平均每人國民所得毛額（單位：美元）
中華民國	18,136	2,101.0
菲律賓	50,996	635.6
泰國	47,674	629.8
澳大利亞	27,056	9,368.9
加拿大	23,941	9,124.6
多明尼加	5,946	1,320.7
法國	53,712	10,764.1
西德	61,580	11,670.5
義大利	57,042	6,196.2
美國	222,159	8,124.6
比利時	10,230	10,878.5
委內瑞拉	14,914	4,051.8
荷蘭	14,155	10,588.3

資料來源：行政院經建會 1982 年出版，臺灣統計資料册（英文版），第 288～290 頁。

* 表中資料均為 1980 年實際估定資料。

若再考慮單位國民所得，可發現法國之購買力約爲臺灣之十五倍（3×5＝15）。當然個別廠商在辨認其產品市場時，應考慮同業之競爭，以及各種政治上之羈繫因素始能作有意義之判斷。關於消費者之消費習性，購買意欲與購買傾向等雖無法作量數之估定，但通常可從各產品零售額之研究比較與市場調查結果，得到概況。這種消費習性與購買意欲，實際上人口與所得同樣重要不能絲毫忽略。歐美各國不用筷子助餐，筷子之在歐美市場，根本沒有地位。電氣設備在非洲許多國家並不普遍，電視、收音機之市場當然亦就無法建立與推展。法國男士使用約女士二倍之化粧品，德法兩國人民，比意大利人消費較多之空心麵等等，消費者之消費傾向，在反映出其購買意欲，個別廠商應有確切之了解，始能辨別並推展其市場❹。

構成產品國外中間市場之重要因素爲：㈠廠商及機關單位數目；㈡廠商及機關之預計投資額；以及㈢廠商機關之採購傾向等三類項。國外中間市場之大小實與地主國之經濟發展計畫有重大關係。如中東各產油國家，油元充沛，現正積極向工業化過程邁進，其對各項工作母機、農機、馬達、鋼筋等需量甚大，且各項建設工程不斷發包，實爲良好而相當巨大之中級市場所在。

至於國外投資機會之有無、良好與否，或引進外人投資於本國機會之辨認與推展，當然要看一國之投資環境而定。投資環境包羅廣泛之事項，如一國之基本設施（社會固定資本）、經濟結構、工資、利率、法律保障、政治穩定與否、民間反應等等。如一國之工資低微，政治穩

❹ 百朗氏，對歐州共同市場消費者之消費習性有相當廣泛之研究，這種研究，實係每一國際營運人員所應首先了解者，見：
Robert Brown, “The Common Market: What it new Customer is Lide?” *Printer's Ink* May 31. 1963. pp. 23-25.

定，獎勵外人投資，則在該國設廠製造，轉售其他國家誠然係一良好之投資。蓋人工成本可大爲降低，增加利得率之機會增大。利率偏低之國家，通常爲借進資金之來源。有加工出口區設置之國家方便外商及其本國廠商之輸入該區原時，加工後轉售他地，可節省關稅，作業亦較簡化。諸如此類之環境，個別廠商應善加利用以促進其國際營運作業之推展。

我國近一、二十年來陸續改善投資環境，通過許多投資法令，諸如華僑回國投資條例、獎勵投資條件、外人投資條例、技術合作條例、對引進投資，國際合作均有莫大之收益，對個別廠商言，具有促進及推展廠商國際營運機會之效果。個別廠商可以許多不同型態參加國際營運之行列，例如與外商合作產銷、與外商技術合作提高品質，打進國外市場，或借用外資建廠營運等。

第二節　國際營運之型態

企業活動伸延至外國時所牽涉到之營運功能，除了生產與行銷外，還有財務、人事、研究、發展等等項目。由於財務、人事、研究、發展等等功能滲入每一生產與行銷作業上，在商討國際營運型態時，除了廠商之買賣外國有價證券（股票或債券）、或存放資金於外國銀行等投資外，討論之焦點可拋射在廠商之產銷作業型態上。基於此一觀點，國際營運有許多不同型態。圖例 42-1 所示之十一種型態僅是由本國伸延至他國之產銷作業型態而已。此種種型態亦可用以類推由他國伸延至本國之種種產銷作業型態。由於此十一種型態顯係主要國際營運之型態，對此各不同型態之了解可幫助企業主管作營運型態之決策。依據各型態產銷作業上與他國（地主國）之牽涉程度，妥將此十一種型態區分爲初級型態、中級型態、與高級型態三種，以便研討。

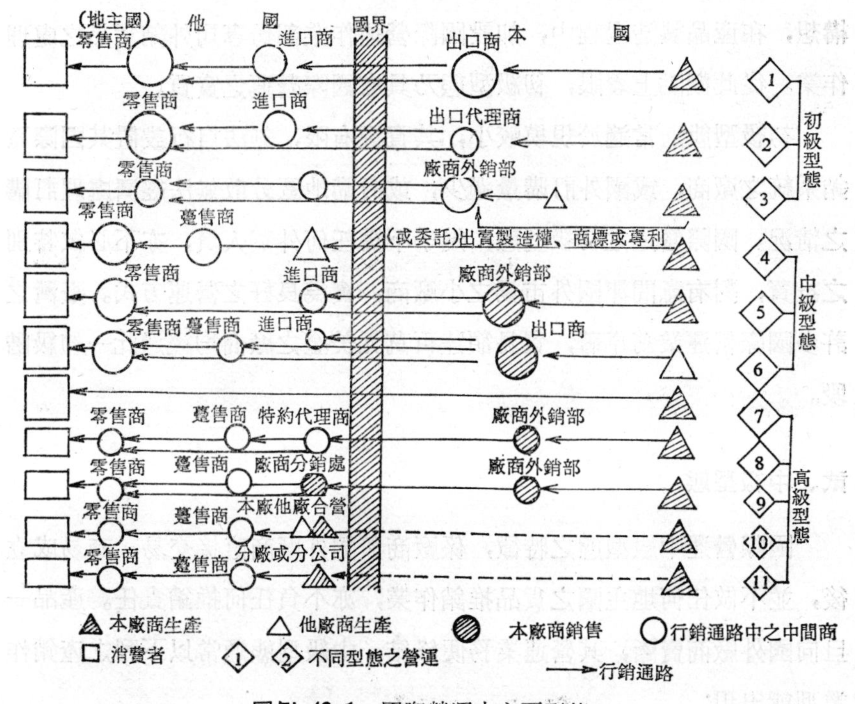

圖例 42-1　國際營運之主要型態

壹、初級型態

國際營運之初級型態以下列三種產銷作業出現：

（一）廠商生產之貨品賣交出口商，由出口商輸出國外。

（二）廠商生產之貨品，授權特約出口代理商司理輸出業務。

（三）廠商委託已建立輸出系統之其他廠商代銷。亦即將貨品，嫁接於其他廠商之貨品上輸出。

初級型態顯係國際營運之雛型，廠商本身以其他廠商爲媒介，間接與國外接觸。雖然廠商並不直接與國外廠商或顧客接觸，其產品携具商標廠名，落入顧客手中，直接影響廠商之商譽。加上輸出國外之貨品須符合本國及地主國之產品規格，廠商需在產品規劃階段早作國際營運之構想，在產品製造過程中，加設國際營運作業部份專司外銷貨品之處理作業。從此觀點上着眼，初級型態乃具有國際營運之實質。

初級型態通常適於規模較小，其資源有限，無法自行設置其國際產銷系統之廠商，或國外訂購量過少，或訂購地區分散無法經濟處理訂購之情況。國際營運之初級型態，幾乎不需任何外貿人員，亦不必做特別之投資，對有意問津國外市場之小廠商，實為良好之營運方式。臺灣之許多國際營運業務卓著，貿易額達百萬元美金之廠商均經過此一初級階段。

貳、中級型態

國際營運中級型態之特徵，係廠商與國外廠商直接交易，交易成立後，並不做任何地主國之貨品推銷作業，亦不負任何推銷責任。產品一旦向國外廠商賣斷，其營運業務便終結。中級型態通常以下列之產銷作業型態出現:

（一）廠商出售其製造權、商標、營業權、藍圖、或專利於國外廠商，由國外買方廠商負責一切產銷作業。買方廠商於交易成立後，依約終止管制產銷作業。

（二）出口商向供應廠商賣斷貨品，轉出口該貨品於國外進口商、躉售商、或零售商。

（三）廠商所生產之貨品逕由其自設之外銷部或國外部向國外之進口商、躉售商、或零售商出口賣斷。

對中小企業言，若其資源不足設立國外機構執行推銷作業、或其資源足敷設立國外機構，但鑒於地主國政治不甚穩定，民間對外貨反應不佳，不願冒險投資，中級型態不失為一良好之打進國際市場途徑。對大企業言，如果國外市場零星分散，由國外進口商承購其貨品遠比自設產銷機構於地主國經濟。中級型態之國際營運，雖然產品向國外廠商賣斷後，不必顧及其地主國產銷作業，但國外廠商往往信譽不佳，敗壞本國廠商之商譽，影響未來國外市場之推展。

叁、高級型態

廠商之產銷作業伸延至他國，包括在地主國國內之直接推銷、或直接生產與行銷時，廠商已高度牽涉及他國之政策、民情、社會、文化、經濟等等環境以及由這些環境所造成之貨品勞務市場。廠商在地主國所投之資本及人力亦相當可觀。慣於聽聞之國際企業，通常乃特指此種高度國際化之企業而言。

高度國際化之企業以下列數種產銷作業型態出現:

（一）廠商直接郵售國外（由廠商本身之郵售部承辦）。國外郵購對象有直接消費者、躉售商、零售商、國外社團等❺。

（二）廠商產品由其外銷部（或國外部）特約國外廠商代理銷售。推銷政策由本廠負責。

（三）廠商在國外設置分銷處或辦事處，專司地主國國內推銷作業。

（四）廠商與地主國廠商在地主國設廠製造並推銷與產品。

（五）廠商在國外設置分廠或分公司專營產銷作業，其產品可在地主國推銷或向第三國或本國國內運銷。

國際營運之高級型態，易受地主國政治風暴之襲擊，而遭受營運上

---

❺ 有關郵售或郵購營運之詳細研討，讀者可參考香港遠東郵貿中心（香港盛德街三十四號萬壽松大廈二樓），所出版之「國際郵貿生意講義」。

之限制或利潤之損失。在許多國家，諸如非律賓、智利、比魯等國有國家化法案，規定外資不得超越百分之四十九。於是造成廠商在地主國無法控制其營運。亦有許多國家規定外商利得之滙返其本國不得超過一定之標準，諸如此類，企業主管在獻身國際營運時應特加考慮，愼重行事，庶不致遭受無謂之資源浪費與損失。

一國政治之穩定與否，據大士巴教授 (Vern Terpstra) 可由下列數項指標看出：㊀執政黨更換次數；㊁民衆示威遊行及暴亂之次數；㊂宗教衝突之有無；以及㊃是否參加各種區域性國際組織等[6]。這些指標資料之獲得，在傳播通訊設備相當普遍之現今並不困難。國際營運之高級型態，與地主國政治情況之關係，比之初級及中級型態與地主國政治情況之關係來得重大。政治穩定乃爲國際營運進入高級型態時，必具之先決條件。除政治穩定與否外，諸如地主國人民對外貨之反應，地主國民衆對外人設廠之看法及態度，法律對外資及外人之限制，地主國勞力運用之難易，基本設備之豐瘠，在在影響國際營運之高級型態化。

雖然高級型態比之初中級型態所牽涉之國際因素旣複且繁，由於高級型態較能有效地運用國際間之資源，如勞力、原料、技術、資本等等，而有利於個體廠商之成長，將來此種型態，可望益趨普遍。

第三節　國際產銷與財務

國際產銷與財務，係國際營運之中心作業。個體企業不管採取何種國際營運型態，均涉及生產、運銷與財務。論及國際產銷與財務時，所

[6] 參閱文大不斯拉教授著國際市場與運銷學第五章，見：
Vern, Terpstra, *International Marketing* (Holt, Rinehartand Winston, Inc. 1972), Chapter 5.

須特別顧及者不外乎：㈠國外生產；㈡國際運銷作業須知；㈢進出口作業；與㈣國際收付款第四大課題。

壹、國外生產

在國外生產，不管是獨資或與地主國廠商合資合作，需長期投放可觀之人力與財力，應在地主國政治穩定，並且積極獎勵外人投資之情況下，始較安全。除了此一基本條件外個別廠商應注意：原料、人力、機械設備等，是否容易在地主國購獲買得；建廠成本是否低廉；產品儲運是否經濟；基本施設，如電力、通訊、用水、交通等，是否普遍與充裕；以及成品之運返本國或轉運第三國之經濟與否等情形才能作在國外生產與否之決定。通常國外生產概以利用地主國豐裕而低廉之勞力、物價，以降低生產成本，並藉地主國之方便以利貨品之行銷爲其主要動機。地主國之條件若無法滿足該種動機，就是地主國政府穩定，並鼓勵外人設廠，亦不是一良好之設廠生產地方。

大凡國外生產的方式有四：㈠爲在外國設廠、原料及技藝由本國供應、利用地主國人力生產、成品或轉運本國、或轉運第三國、或在地主國推銷；㈡爲在外國設廠（或與地主國廠商合資合作）、利用地主國原料與人力、技術由本國供應、成品或轉運本國、或轉運第三國或在地主國推銷；㈢爲與地主國廠商簽訂合同、委託地主國廠商生產製造、成品牌掛本國廠商商標、技術由本國輸入、成品轉運本國或第三國推銷；㈣爲在地主國出口加工區設廠、原料由外國輸入、利用地主國人力生產、成品轉運他國或本國推銷。此四種國外生產方式，何者較適當視地主國之資源情況而定。

貳、國際行銷作業須知

行銷作業伸延至他國時，與地主國廠商之糾紛在所難免。由於國際上尚欠國際商事法及國際商事裁判法庭，一旦糾紛發生，各執一是，地主國廠商必主張循其法律途徑謀決。而本國廠商當堅持本國法律途徑解決。若在行銷合同（或契約）上不書明如何謀求解決，此種國際商事糾紛勢必懸案甚久，對兩方均無一利。就是在合同上書明依何法解決，法律解決通常無法公平。現今國際營運上解決糾紛之唯一良法乃為訴諸於數國際聞名之仲裁和解機構，作經兩方同意之處理。各廠商在簽書國際行銷合同時，應增列糾紛處理條款，指明由何仲裁和解機構擔當糾紛之處理，以避免糾紛發生時拖延時日，無法合理解決。比較著名之國際仲裁和解機構有:

（一）國際商會（International Chamber of Commerce)

（二）倫敦仲裁法庭（London-Court of Arbitration)

（三）美洲洲間商業仲裁委員會（Inter-American Commercial Arbitration Commission)

（四）美國仲裁委員會（American Arbitration Association)

（五）美加商業仲裁委員會（Canadian-American Commerical Arbitration Commission)

國際運銷作業，如國內運銷作業，包括市場之研析、產品之規劃、貨價之訂定、貨品推銷、行銷通路之決定，與貨品之儲運等項目。研析國際消費市場時，應考慮一國之社會文化背境，諸如宗教信仰、風俗習慣、民情、社會作風等等，以明瞭其消費傾向及嗜好，並查悉其經濟情況以明瞭一般購買力。當然人口之多寡係市場估定上之基本因素，根據人口之分佈情況、密度，可畫定市場區域估計潛在銷售額。在預估個別廠商之銷售額時，同業之競爭與廠商本身行銷資源，應加以評定，始能達到較可靠之數額。至於中間市場之研析，應當考慮一國之經建計畫，廠商多少，廠商之投資計畫，以及其採購傾向等始有意義。

由於社會文化背境之異同，廠商在規劃產品外銷時，最忌採用「本國標準」之觀念。蓋各國在其傳統之政經文化制度下必然有其獨特之標準。本國標準之貨品往往不易被地主國市場容納，而遭受到「貨品成功，但市場失敗」之嚴重後果。歐洲人士慣用鬆軟蛋糕佐茶進食。美國麵包商曾經一度以美國最受消費者歡迎之堅實蛋糕點心推銷歐美而遭受嚴重之市場失敗，不得不改弦易張改進配方，使蛋糕鬆軟，再度打進市場。許多電機類產品，由於各國電氣插座電壓標準之易同，亦需配合各國規格設計生產，諸如此類，廠商在規劃產品時早應加以考慮，最重要者外銷產品應符合地主國之產品規格，以及地主國消費者或使用者之嗜好，而不該以本國之「優越品質標準」自傲，認為該標準乃其他各國所仰望，而一味向外國推銷其所謂標準產品。試想向非洲內陸諸國推銷我國出品之電氣、縫級機將是何等之拙愚作業。以非洲內陸諸國電氣設備尚乏普遍，電氣、縫級機之市場是否存在還是問題。如果代之以簡化操作式縫級機推銷或可得到應有之市場。

國際貨價之訂定可分對外商貨價之訂定與公司內分公司間轉運貨價之訂定，兩種性質迥異之作業。對外商貨價之訂定須顧慮同業間競爭，地主國對該貨品需求彈性及需求程度，以及地主國政府法令之規定，而且，貨價本身應能吸收應繳關稅，國際滙率變動導致之損失，以及地主國通貨膨脹所引起之損失。對外商貨價之訂定（或國際貨價）常用者有下列數種。不管是何種形式之報價，國際貨價可用本國貨幣單位，亦可用地主國或第三國貨幣單位，通常以通貨比較穩定國度之貨幣單位為報價標準較佳（報價單格式各廠商不一，圖例 42-2 所示者乃為一典型之報價單）。

1. 「成本、保險加運費」總價（C. I. F. ＝Cost insurance, and

KEY UNITED CORPORATION
P. O. BOX 590F3
TAIPEI, TAIWAN (FORMOSA)
REPUBLIC OF CHINA

CABLE
"KEYMARK" TAIPEI

QUOTATION

Date: August 28, 1975

To: BRODBECK ENTERPRISES, INC.
255 McGregor Plaza
Platteville, Wisconsin 53818
U.S.A.

QUOTATION NO.: KQ-422
YOUR REF letter of August 19, 1975
DELIVERY TERMS: see REMARK
PAYMENT TERMS: see REMARK
FOR EXPORT TO: U.S.A.

Quantity	Description	Unit Price	Total
As arranged	STUFFED TOYS:		FOB TAIWAN per dozen
	(1) Lovely MINI-MONKEY FOR children as per our sample/stock No.KT-010		US$12.875
	(2) Lovely YARN DOLL for children as per our sample/stock No.KT-014.		US$15.652

REMARK:
*** PACKING: (1) per piece in a polybag, 12pcs/dozen packed in a inner box, 8 dozens/boxes enpacked in a carton.
(2) per piece in a polybag, 12 pcs/dozen packed in a inner box, 6 dozens/boxes enpacked in a carton.
*** CUBIC MEASUREMENT:
(1) 5 cubic feet for a carton of packing mini-monkey toy.
(2) 6 cubic feet for a carton of packing yarn doll toy.
*** DELIVERY: within 45 days after receipt of your L/C.
*** PAYMENT: by irrevocable and confirmed L/C at sight in our favour.
*** MINIMUM ORDER: 50 dozens per order.
*** This quotation is subject to our final confirmation.

KEY UNITED CORPORATION

Jerry Kuo, Manager

FF 26

E. & O. E.

圖例 42-2 報價單（進出口）

資料來源：吉璋國際有限公司提供

Freigh Charge)：此種報價，貨價本身包括貨物之成本，貨物之國際保險費，以及運輸費用。貨物成本當然包括出口稅與預期利得。此種價格，又稱「到岸價」。

2. 「裝運至某地點某貨運或輪船」總價(F. O. B. Point of Destination or Origin)：此種貨價包括貨物之成本，以及裝運至某特定地點之運輸媒介，如火車、或輪船等之費用。此種貨價，亦稱「船上交貨價」。

3. 「運至某運輸地點」貨價 (F. A. S. point designated = free Alongside the point designeated)：此種貨價包括貨物之成本與搬運貨品至某特定運輸點之費用。

4. 「廠地」報價 (Ex-Factory or Mill Price)：該貨價僅反映出出廠貨品之成本（加利得）。

5. 「入口港棧」報價 (Ex-Importation Dock Price)：該貨價不但包括成本、運費、入港後卸貨費，且包括進口稅。

6. 「成本與運費」出價 (Cost & Freight：C & F)：該貨價不包括保險費在內。

至於同公司內分公司（或分部）間轉運貨價之訂定 (Intra-Company transfer pricing) 所應顧及者爲關稅、所得稅、與國外盈餘之滙遣本國等問題。通常所要遵守之原則是：㈠如貨品從一國轉運至關稅稅率較高國度之分公司或總公司，爲節省稅費，應適量降低該貨貨價；㈡如貨品轉運至所得稅率較高國度之分公司或總公司，則爲減少所得稅之繳納，應適量提高貨價，藉貨價減少應繳稅利得額；㈢盈餘之滙遣本國往往受地主國之限制，變態滙遣方法之一乃爲提高轉運地主本國之貨價，藉高漲之貨價帶返本國實質盈餘。上述之數原則僅足參考，而不足供廣泛使用之準則，蓋各國對轉運貨均訂有多少法令之限制，當事廠商應了解有關法令始能作實際之作業。

國際推銷所遭遇之問題頗廣：諸如語言文字問題，各國政府對廣告之限制，國民之教育水準，廣告觀衆或聽衆及廣告費率等資料之蒐集問題等等。原則上推銷作業應配合地主國之語言文字，政府之規定，地主國消費者或使用者之教育水準，並採用地主國較普遍受用之廣告媒介。如在意大利、以色列、奧國等歐洲諸國以及亞洲各國電影廣告普遍；在土耳其、及文盲較多之國度收音機廣告受用較廣，各國進出口商對日曆廣告及個別信件推廣之利用甚廣等等，各地各業慣用方法每個別廠商在作國際推銷決策時，應能重視藉以與其他媒介及銷售方法妥善配合。國際中間市場推銷上比較常用者爲專業刊物廣告，信件廣告、各種商業展示，組團携樣出國訪問潛在廠商，推展其產品勞務等等。國際中間市場之推銷作業往往需側重於推銷員之個人推銷作業，故對國際推銷員之訓練需作巨大之投資，有時須聘僱多數之地主國國民以利推銷作業。

國際行銷通路之類型，如圖例 42-1 所示，琳瑯滿目，通路之長短，因通路之類型而異。何一通路較佳當視廠商本身之產銷資源、國外適當「中間」商之有無、地主國市場情況、產品之特徵、以及廠商本身之國際營運政策如何而定。概言之，若商品需高度技術協助而其價格高昂(如電腦)，地主國無適當經銷商，而廠商本身願意並有足夠資源承擔在地主國之推銷及服務作業，則國際運銷通路之縮短自係順理成章之事。若其產品價格低廉，售後服務簡單，地主國對該產品之市場零星分散，而地主國有適當之經銷商可資利用，則不妨伸長運銷通路。在產品初登國外市場階段，往往需要透過地主國「中間」商，始能迅速推展市場，唯在挑選地主國承銷或代銷廠商時，應注意其財務是否健全，是否具備必須銷售設備，是否承銷競爭貨品，是否具備健全之管理制度與管理人員，以及其本身之市場是否廣大等事項。

叁、進出口作業

國際營運在許多情況下需輸入或輸出原料、成品（包括生產機械、用具、設備等）。對輸入輸出作業，亦稱進出口作業，各國政府所加限制略異。通常其限制概在結滙、配額、關稅、檢關規定、應具備文件、產品規格、交易國、交易產品、以及營業許可等等項目上。對這些規定進出口承辦人員當應有充分了解，始能開始作進出口營運作業。本段所要討論者乃進出口作業上所需文件以及進出口作業之一般程序。

進出口作業上所需文件有:

（一）輸入輸出執照：向經濟部國貿局申請。

（二）進出口許可證：向經濟部國際資易局申請，進口許可證每六個月換新一次。

（三）結滙證（外滙配額）：憑輸入執照及進口許可證經申請指定銀行向外貿局申請。

（四）商業賣買契約、收據、或發票 (Commercial Invoice)：向賣買對方廠商索獲。

（五）貨物送運單 (Bill of Lading)：向承運公司取得，亦稱「提單」。

（六）貨物保險憑據：證明送運貨物業經保險，可以保險單 (Insurance Policy) 作證。

（七）產地證明 (Certificate of Origin)：向產地國領館或市商會憑輸入執照，出入口證，商業賣買憑據等索取。

（八）信用狀 (Letter of Credit: L/C)：輸出廠商向輸入廠商索取。信用狀係由輸入廠商直接向銀行申請，其本質乃爲輸入廠商之銀行保證輸入廠商之信用：即付款能力。是故信用狀具保方法乃爲輸出作業上很安全之方法，信用狀可分爲可撤銷信用狀 (Rev ocabel L/C) 及不可撤銷信用狀 (Irrevocable L/C) 兩種。後者無論如何不能撤銷，開證銀行絕對擔保兌現，係較好之一種。信用狀樣本見圖例 42-3。

SECURITY PACIFIC NATIONAL BANK

Sankyo Enterprise Corporation
71 Fu-Chien Rd.
Tainan, Taiwan

Bank of Taiwan
Taipei, Taiwan

WE ESTABLIST OUR IRREVOCABLE LETTER OF CREDIT NUMBER LC 302687 DATED NOv. 26, 1975 IN YOUR FAVOR
AT THE REQUEST OF Sankyo Manufacturing Group, 1268 Anacapa Way, Laguna Beach, Ca 92651
AND FOR THE ACCOUNT OF Themselves
UP TO THE AGGREGATE SUM OF Four Thousand One Hundred Four and No/100 (US$4,104.00)
AVAILABLE BY YOUR DRAFT(S) AT 45 days SIGHT FOR 100% INVOICE VALUE DRAWN ON:
Security Pacific National Bank, Head Office, Los Angeles, California
AND ACCOMPANIED BY THE FOLLOWING DOCUMENTS:

1. Signed commercial invoices in six copies, certifying/that goods are in accordance with buyers purchase order no. 6851 dth 10-3-7
2. Sepcial customs invoices in three copies
3. Packing list in three copies.
4. Full set of clean on board ocean bills of lading to order of Security Pacific National Bank, Showing freight collect marked notify Sankyo Manufacturing Group, 1268 Anacapa Way, Laguna Beach, California 92651

All banking charges outside the United States are for the account of the beneficiary. Documents must be presented for negotiation not later than 7 days from on board date of bills of lading and within validity of the credit.

EVIDENCING SHIPMENT OF Motocycle Parts (windshield brackets)

FROM FOB Vessel Any Taiwanese Port TO Los Angeles Harbor, California

LATEST SHIPMENT DATE IS Dec. 10, 1975 PARTIAL SHIPMENTS ARE Not PERMITTED
TRANSHIPMENT IS Not PERMITTED. INSURANCE IS TO BE EFFECTED BY Buyer
LATEST NAGOTIATION DATE OF THIS LETTER OF CREDIT IS Dec. 17, 1975
DRAFTS DRAWN AND NEGOTIATED UNDER THIS LETTER OF CREDIT MUST BE ENDORSED HEREON AND MUST BEAR THE CLAUSE:
"DRAWN UNDER SECURITY PACIFIC NATIONAL BANK LETTER OF CREDIT NUMBER 302687 DATED Nov. 26, 1975"
WE HEREBY ENGAGE WITH BONA FIDE HOLDERS THAT DRAFTS DRAWN STRICTLY IN COMPLIANCE WITH THE TERMS OF THIS CREDIT AND AMENDMENTS SHALL MEET WITH DUE HONOR UPON PRESENTATION AT THE INTERNATIONAL BANKING OFFICES OF THIS BANK, THIS CREDIT IS SUBJECT TO THE UNIFORM CUSTOMS AND PRACTICE FOR DOCUMENTARY CREDITS (1974 REVISION), INTERNATIONAL CHAMBER OF COMMERCE Publication 290

圖例 42-3 信用狀 (L/C)

資料來源：三喬實業股份有限公司提供

（九）海關發票 (Custon Invoice)：向關口處領取備用。

需要何種文件一方面視銀行信用狀或賣買契約上之條件而定；另一方面依各國輸出入之特別規定而多少有所出入。業務人員可向當地關口處查明有關特別法令作業依據。通常國際營運上輸出入所需文件，多半在上述九種文件之範圍內。

進出口作業程序，依不同付款條件或方式而略異。最安全可靠，而且受用較廣之付款方式為「信用狀付款」。依信用狀付款之進出口作業程序，亦為標準化程序，乃特為闡述以供參考（其他付款方式留待國際資金流轉段敘述）。

若以我國臺灣省廠商向美國廠商輸出為例，則我國廠商之出口作業程序可藉圖例 42-4 說明。。（我國廠商由國外輸入貨品之進口作業程序，亦可依出口作業程序作相反之類推。惟進口作業上之法令規定，當然與出口法令規定異同。我國採取嚴進鬆出政策，進口規定自較出口規定繁嚴）。

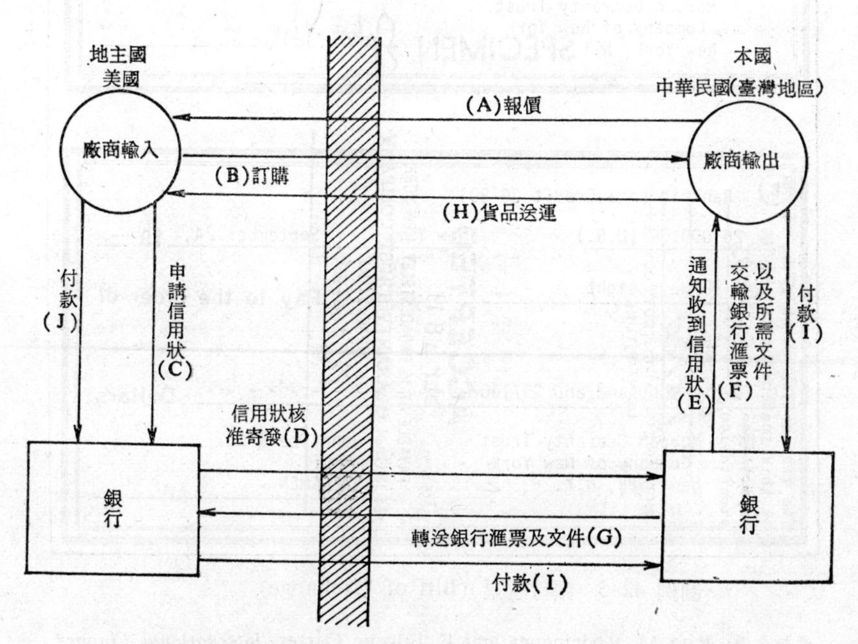

圖例 42-4　貨物輸出「出口作業、程序」

本國廠商與外國廠商作初步之商業接洽後，本國廠商通常採取主動態勢向地主國（輸入國）廠商報價（報價內容及格式，參閱圖例42-2），推售其貨品。此乃程序上之第一步。如圖例 42-4 箭頭(A)所示。往往本國廠商在報價時附送貨品樣本以增強其推銷效果。地主國廠商如果對

(A) Bank in Lima Credit 3G-801

$ 20,000.00 (U.S.)　　New York,　September 24, 19 --

At 90 days sight　　Pay to the order of

Ourselves

Twenty thousand and 00/100 - - - - - - - - - - - - - - Dollars

To:　　John Doe & Co.

Morgan Guaranty Trust
Company of New York
New York, N.Y.　SPECIMEN　John Doe

(B) Bank in Lima Credit 3G-801

$ 20,000.00 (U.S.)　　New York,　September 24, 19 --

At 90 days sight　　Pay to the order of

Ourselves

Twenty thousand and 00/100 - - - - - - - Dollars

To:　　John Doe & Co.

Morgan Guaranty Trust
Company of New York
New York, N.Y.　SPECIMEN

The transaction which gives rise to this instrument is the importation [illegible] exportation [illegible] from [illegible]

MORGAN GUARANTY TRUST COMPANY OF NEW YORK

No.

ACCEPTED
SEP 28 19

PAYABLE AT 15 BROAD STREET, NEW YORK
MORGAN GUARANTY TRUST COMPANY OF NEW YORK

圖例 42-5　銀行滙票 (Bill of Exchange)

資料來源: Rita M. Rodringues and E. Eugene Carter, *International Finance*, Second Edition (Prentice-Hall, Inc, 1979), p. 201. 由美國銀行協會提供。

所報上之貨品及貨價合意，便會依價規定向本國廠商訂購。同時向其往來銀行申請信用狀。信用狀經核准後，通常由核准銀行逕送輸出廠商之往來銀行，由該銀行通知輸出廠商卽速準備應俱文件，諸如商業發票、貨物提單、銀行滙票、保險單、產地證明等，擲交銀行轉送輸入廠商之往來銀行申請付款。該時輸入廠商所訂購之貨品業已首途向輸入廠商送運中。銀行滙票（Bill of Exchange or Draft）（見圖例 42-5）係由輸出廠商開發，指明輸入廠商（或核發信用狀銀行）爲付款者。一經輸入廠商（或核發信用狀銀行）接受簽名蓋章，便可據此索領現款。銀行滙票若爲「見票祈付」則輸出廠商可立卽領款。其若六〇天「期票」則輸出廠商須等候到期後始能領款，惟在一般情況下輸出廠商可持該期票向銀行「扣減利息」兌現，以利資金之週轉。

肆、國際收付款

由於各國有其獨特之貨幣制度，國際收付款涉及用一國之貨幣變換另一國之貨幣，這種變換過程謂之國際滙兌。易言之滙兌乃爲用一國之貨幣購買另一國貨幣之過程。外國貨幣之價格（以本國之貨幣單位爲準）謂之滙率。各國之滙率在短期內雖相當穩定，但長期內因受各國經濟結構之變動，國際收支之失衡，政府政策，以及外滙市場情況等因素之影響，而難免有所更動。廠商可向押滙或結滙銀行索取有關消息備用。

廠商在許多情況下需作國際付款，諸如貨品之輸入，國外直接投資建廠，購買外國證劵，繳付所得稅，繳還國外借款（本息）等等。國際收款則以貨品之輸出，產銷權之出讓，勞務出售等等爲主。就我國臺灣地區論，企業界之國際收付款多半與貨品（包括原料產品，機件設備等等）輸出入有關。雖然如此，由於近幾年來政府逐漸重視國際間之經濟合作，企業界的國外直接投資建廠，與外人之投資業已逐漸普遍，直接投資之在企業界國際收付款上之比率將必提高。

貨品輸出入上之國際收付款方法甚多。比 較 普遍受用者有下列幾種：❼

（一）銀行「見票祈付」滙票 L/C Sight D/P (Document against Pagment)：通常需檢付提貨單、保險單。

（二）銀行「定期」滙票：D/A (Document Against Acceptance) 通常有三十天；六十天及九十天定期 L/C 60 days after sight.

（四）國際銀行間轉帳：由買者銀行戶頭轉帳賣者銀行戶頭。

（五）付現：繳付現款，通常依買賣契約決定以何國之貨幣繳現。

---

❼ 詳細的國際支付款方法及技術問題，參閱：

Kolde, Endel J. *International Business Enterprise* 2nd ed. (Englewood Cliffs, New Jersey：Prentice-Hall, Inc. 1973) Chapter 19, 20 & 21.

第四十三章　我國消費者保護運動與行銷立法之展望

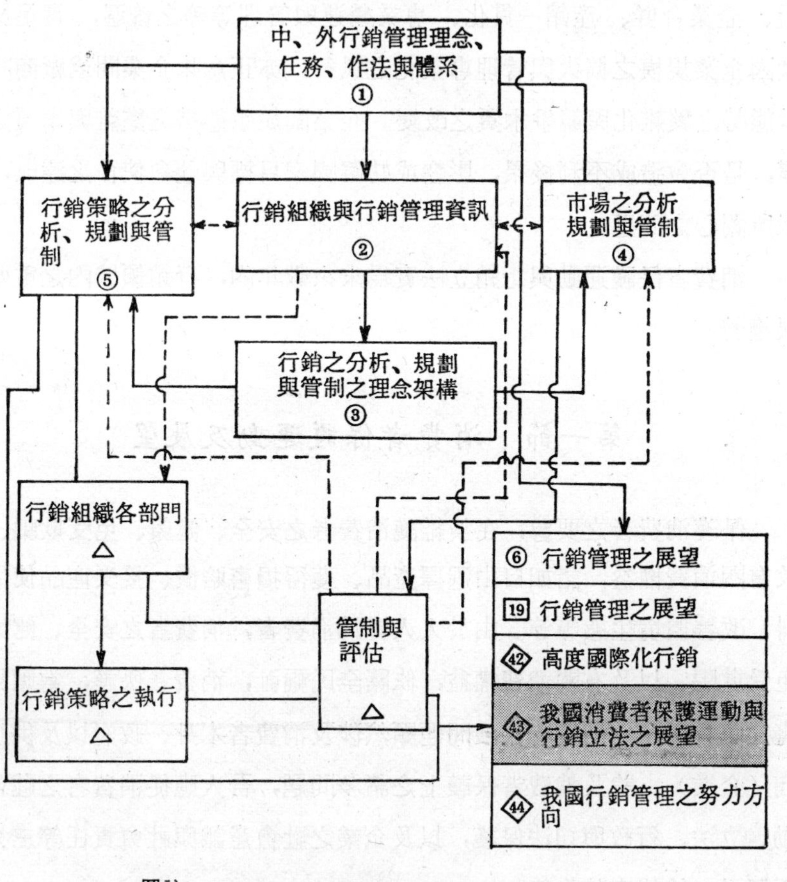

圖註：

- - - → 資訊流程
——→ 決策流程
①、②、③…… 本書部次
1、2、3…… 本書篇次
1、2、3 …… 本書章次
△ 屬於有關篇章次主題
▒ 本章主題

我國消費者保護運動，近幾年來，隨國民所得之提高、教育之普遍、以及國民對生活素質之關心而日見茁壯。這正反映三民主義體制下，政經社會與文化之演變過程，亦為社會進步過程中之時代潮流。尤有者，近幾年來我國臺灣地區企業結構與體質已有顯著之改變。連鎖商店、企業合併、產銷一貫化、專業營運與管理等等之普遍，實足反映我國企業規模之擴大與管理專業化之風行，亦正意味企業間或廠商間競爭態勢之繁雜化與競爭本質之改變。企業間競爭態勢之繁雜與本質之改變，是否會造成不利後果，影響或妨礙國家目標與社會使命之達成，乃衆所關心之問題。

消費者保護運動與行銷立法實為未來數年內，行銷領域內之重要發展趨勢。

第一節　消費者保護運動及展望

保護消費者之要旨，在於維護消費者之安全、健康、免受欺騙、以及有關消費權益，諸如自由選擇產品、獲得損害賠償、接受產品使用資料、改善環境生態等等。由於人人皆為消費者，消費者之安全、健康、免受欺騙、以及有關消費權益，攸關全民福祉，消費者保護，當應為政府之職責所在。消費者保護問題顯然涉及消費者本身、政府以及供應廠商（企業）。論及消費者保護上之諸多問題，吾人應從消費者之社會運動、立法、行政與司法保護，以及企業之社會意識與社會責任等三大層面探討，始能窺其全貌。

壹、從消費者社會運動看消費者保護之本質

消費者社會運動之思想主流為消費公衆主義。消費公衆主義所主張

之權利當然直接、間接與產品及勞務有關。這些主張可以透過衆多不同方法，諸如輿論、消費者組織、消費者抱怨、消費者訴訟等等，其中以消費者組織與輿論受用較爲普遍，所產生之影響亦較深遠。

早期之消費者社會運動象徵一般消費者對食品安全之關切。此乃爲一非常自然之現象，蓋食品爲與消費者之健康及安全關係最爲密切，且爲每一消費者所必須消費之貨品。美國早於一八九一年在紐約市成立之消費者聯盟（Consumer's League），以及一八九八年成立之消費者聯盟全國總會，對後來（一九〇六年）純正食品法之通過，確實具有相當大之貢獻❶。在美國，一九二〇年代後消費者所得逐漸增加，產品樣式及種類亦較繁雜。汽車、冷氣機、收音機、電冰箱等耐久性家電產品，充斥市面。消費者缺乏對耐久性產品之知識，往往在購買上非但不經濟，且易爲不實廣告與不實產品之標示所誤。消費者組織雖仍未普遍，力量亦薄弱，輿論却產生甚大影響力，帶動了所謂的消費者社會運動之第二浪潮。保護消費者論著風靡一時，尤以徐林克氏（F. J. Schlink）之「你之錢幣價值」（Your Money's Worth）一書最爲著名（按該書爲調查消費者浪費之研究報告❷）。此一階段之消費者運動強調：（一）產品知識之重要性；（二）廣告之眞實性；（三）行銷成本之經濟性；（四）商品標示與價格之合適性，以及（五）消費者教育之重要性。

在消費者社會運動史上最近一次浪潮起自一九六〇年代，其聲勢至今仍然有加無減。按自一九六二年美國總統甘廼廸，鑑於當時消費者組

❶ Robert O. Hermann, "The Consumer Movement in Historical Perspective," in David A. Aaker and George S. Day (eds.), *Consummerism,* 2nd Ed. (N. Y.: The Free Press, 1974) pp. 10-19.

❷ 據達麥榮氏，徐林克之該著作於一九二七年出版，爲轟動一時之名著，見 Kenneth Dameron, "The Consumer Movement," *Harvard Business Review,* Vol. 18, No. 3 (Jan, 1939), pp. 271-289.

織甚少活動，消費者極需保護，乃於國會提出消費者應享有安全之權利(the right to safty)（不受傷害之權利）、自由選擇之權利(the right to choose)、被接受意見之權利 (the right to be heard)（批評與立法建議之權利)、以及接受應得且正確信息之權利（不受欺騙之權利)❸。甘氏呼聲一出，各方相繼響應，消費者保護組織風起雲湧，陸續增加，加上消費者保護運動專業倡導者 (Consumer advocate) 之積極倡導，消費者社會運動開始進入全盛時期。一九六四年美國白宮開始設立消費者事務之特別助理 (Special Assistance to the President for Consumer Affairs)，為世界各國之首創❹。消費者保護運動專業倡導者，如奈德氏 (Ralph Nader)，對新技術之應用，特別注意其效能與安全性，喚起消費者及廠商對不安全，或有潛在危險性產品，應特加注意防患。奈德氏一九六六年名著「在任何速度均不安全」(Unsafe at Any Speed) 一書揭發通用汽車公司產品設計上之不妥及危險性，不但驚醒了消費者，而且喚起了政府與廠商之社會意識❺。高度技術化產品所帶來之危險性，的確不易被一般消費者所瞭解。

現代（自一九六〇年後）消費者運動之特徵為：（一）注意新技術應用上之危險性；（二）消費者保護項目之擴大，諸如對特殊羣體（如兒童、年長者）之保護，環境生態之維護等等；（三）消費者保護專業倡導者之積極倡導；（四）消費者組織之加強與功能之發揮；（五）行

---

❸ "Consumer Advisory Council: First Report," Executive Office of President (Washington, D. C.: U. S. Government Printing Office, Oct., 1963).

❹ 此一特別助理名為 White Hauze Special Assistant for Consumer Affairs 見❷。

❺ 參閱 Ralph Nader, *Unsafe at Any Speed* (New York: Pocket Books, 1966) 一書。

政措施帶動並強化消費者組織之功能。

導致現代消費者社會運動之原因當然非常複雜，但概而言之，不外乎下列數端：❻

第一、消費者之所得以及教育水準提高，不但使消費者嗜好繁複化，而且提高了消費者消費決策力。消費嗜好之繁複化結果反映於對生活環境之關心，而消費決策力之增強反映於對企業活動之諸多批評與建議。消費者已逐漸能善用其權利。

第二、大衆傳播媒體，如電視、收音機、報章雜誌、電話等之普遍，使消費公衆之心聲容易傳遞滙成社會運動巨流。

第三、科學技術之進步，迅速地反映於企業之產銷技術與產品，但一般消費大衆未能迅速吸收該種新科技，造成一般消費者購用新產品之諸多疑難，加速消費者社會運動，藉以解決問題。

第四、科技發展，企業生產力與規模大增，企業活動對社會之影響，益顯重大。消費大衆之視線自然滙集於企業家之社會道義上。企業活動成爲容易攻擊之共同目標，加速了消費者之團結與組織過程。

我國近一、二十年來，經濟持續成長，教育與生活水準提高，科技進步，大衆傳播媒體普遍，上述導致現代消費者社會運動之條件均已具備。消費者運動本應早已滙成巨流，但由於一般消費大衆保守，存有「息事寧人，不興訟」心態，阻礙消費者社會運動之成長❼。我國消費者社會運動可說遲遲於民國五十七年中華民國消費者協會成立時，始見端倪。惟因經費太少，人員不足，該協會所擬議之商品品質檢驗、價格

---

❻ 郭崑謨著，企業與經濟時論，中華民國六十九年，六國出版社印行，第152頁。

❼ 周恒和撰，「消費者該是自覺的時候」，民生報，中華民國六十九年九月二十八日。

調查、消費者意見搜集、商品知識之傳播、消費者書刊之編印、消費者利益遭受損害之調查，以及消費者與廠家之聯繫等事項，無法如期辦理，甚爲可惜。於民國六十二年成立之臺北市國民消費協會，雖然擁有較多會員（約一千人），亦較具規模，但仍缺應有之影響力。該協會之主要工作有：受理消費者檢舉液化瓦斯經銷商不法行爲、配合政府穩定經濟措施、倡導「以儉制價」、送驗商品、設置申訴中心等等。工作重點已不止「輔導與協調」，而兼有協助申訴及配合政府政策。民國六十九年成立之中華民國消費者文教基金會，可謂消費者組織之後起之秀。其工作範圍不但包括消費者教育、消費者申訴之協助、提供檢驗服務、發行刊物，亦正積極從事有關保護消費者問題之研究以及研擬保護消費者法規，任重道遠。我國消費者運動，顯然已融會歐美消費者運動之經驗，只要消費大衆鼎力支持，我國之消費者運動當可望迅速發展。

貳、立法、司法與行政保護問題

制定法律以保障消費者權益，其迫切性，隨消費者運動潮流之強弱與企業界自律情況而異。舉如美國一九六〇年代後期以來消費者運動潮流洶湧，有關消費者保護之立法逐漸減少，消費者所形成之壓力似逐漸替代立法，藉以抵制企業之不公平行爲。諸多法律，如聯邦藥物及化粧品法、可燃熾物管制法、公正標籤及包裝法、兒童保護及玩具安全法等等，皆於一九七〇年代以前制定。又如日本雖無如美國那麼強有力的消費者社會運動浪潮，其私人企業間之合作精神發揮了企業自律效果，自然減輕諸多正式立法之必要。話雖如此，消費者保護基本法，早於昭和四十三年（一九六八年）就已頒佈實施❽。

---

❽ 行政院研究發展考核委員會，民國六十六年編印，消費者保護之研究，第5頁。

我國消費者組織力量薄弱，尙不能對企業行為產生有效制衡作用。同時企業間尙欠自律精神。立法之迫切性當然甚高。但除食品衞生管理法、藥物藥商管理法、農藥管理法、化粧品衞生管理條例、商品檢驗法、標準法、商標法（待修訂）外，仍尙無消費者保護基本法。

據行政院研究發展考核委員會之一項研究顯示，我國雖有食品衞生、藥品、化粧品、危險性物品之管理監督，以及非常時期農工商管理條例；但這些行政保護仍有待加強[9]。在行政保護方面，似對消費者敎育與消費者組織之扶植措施，尙缺少具體有力之辦法。

論及司法保護措施，我國雖有定型化契約條款及行政規章、企業民事責任之規定、以及消費者訴訟制度之訂定，據上述行政院研究發展考核委員會之研究，現行定型化契約之條款仍有待研究改進，企業民事責任，亦有待加強，而消費者訴訟制度更需健全化[10]。消費者之司法保護，顯然相當鬆懈。

叁、企業需發揮社會意識，履行社會責任

在歐美衆多已開發國家，一九六〇年代前，一般企業主管往往認爲消費者社會運動係一過渡性現象，爲經濟情況變異初期必然發生之暫時性威脅，不足重視。企業界之反應顯然爲「被動應付」[11]。及至一九六〇年代後，企業界一方面承受較大之消費者運動壓力，另一方面企業主管人員業已開始體味企業之社會責任實爲企業營運機會，開始把握此種社會需求，作必要之調整。企業界社會意識反映於企業之社會行爲，諸

---

[9] 同[8]，第11-28頁。

[10] 同[9]，第29-45頁。

[11] David A. Aaker and George S. Day, "Corporate Responses To Consumerism Pressures," *Harvard Business Review*, Vol. 50, No. 6 (Nov-Dec, 1972), pp. 114-124.

如惠而浦公司之免費服務電話專線（Cool Line）、福特汽車公司之顧客汽車手册、巨人食品公司之避免易誤解包裝等，只是數例而已⓬。至於顧客事務部門之設立在美國已十分普遍。種種跡象顯示企業倫理道德之發揚以及企業社會責任之履行，正可減少消費者運動之壓力，同時亦可降低立法、行政與司法保護之角色。

我國企業近一、二十年來，成長快速，又無強有力之消費者運動之壓力，立法、行政與司法保護亦較鬆懈，企業社會意識之茁長自較緩慢。雖然最近幾年來，規模較具廠商，已在企業社會行爲方面，樹起領導風範，訂定企業之社會目標，積極履行企業社會責任，我們仍需積極推展企業社會意識之發揮，使之普遍化。

肆、消費者保護爲消費者組織、企業與政府之共同職責

今後消費者之教育及所得水準將隨經濟之發展而更爲提高。隨着消費者之教育及所得水準之提高，一般消費者將更加關心其周圍環境生態，注意生活環境之素質。環境生態之維護，將必成爲來日消費者運動之非常重要目標。

科技發達之速度必然更快，而生產者將更容易生產更多構造繁複，出新立異之新產品以滿足消費者之需求。結果，由於構造繁複之新產品較不易操作；琳瑯滿目之產品，不易挑選；新產品之危險性及潛在後果，不易一時顯現；消費者之抱怨與不滿必然驟增。

在消費者組織力量薄弱，企業界之社會意識茁長緩慢之情況下，立法、行政與司法之保護，不但非常重要，而且十分迫切。消費者保護基本法之訂定實有其優先地位。惟筆者認爲消費者之交易行爲旣然涉及「供」方廠商與「需」方之消費大衆，消費者保護基本法實可納入擬議

⓬ 同⓫。

中之公平交易法，完成消費者保護「母法」之立法⑬。

消費者教育爲消費者保護之「維護」工作，倘消費者缺乏應有之消費意識與自覺，消費者運動必無法成長。政府應積極推動消費者教育，並輔導消費者運動。

今後消費者組織、企業、政府等機構，應積極發揮消費者保護意識，推動消費者保護；惟各機構尙在其推動消費者保護過程中，缺少應有之協調，甚易產生不良後果或「併發症」——妨礙消費者正常消費行爲或影響廠商之正常產銷作業。最近發生之蝦米檢驗爭議便是其例。此種機構間之失調，將隨消費者保護浪潮之升高而更易發生。因此，如何加強各機構之協調，亦應爲消費者保護之重要一環。協調作業可藉專責機構行事，亦可透過明確之法定程序達成。

消費者保護爲全民所關心，實爲消費者組織、企業與政府之職責所在。保護消費者之效果，若要在不影響消費者正常消費行爲與產銷廠商之正常產銷作業之情形下達成，必須要藉消費者組織、企業與政府等三機構間之妥切「內部」協調與改進作業中踏實改善，使消費者在不知不覺中，獲得好處，而不必透過不適當之警示，經過漫長之不愉快經驗後方得到保護之效果⑭。

第二節　我國公平交易法之制度之展望⑮

在民生主義經濟體制下，國家之經濟目標與社會使命，顯然是民生

⑬ 詳見郭崑謨著，「論公平交易法之制定」，經濟日報，民國六十九年十二月二十五日，第十四版，經濟立法與經濟發展專欄。

⑭ 郭崑謨著，「論消費者保護——消費者組織、企業與政府之共同職責」，企銀季刊，第5卷，第3期（民國七十一年一月），第18-21頁。

⑮ 同⑬。

主義所揭櫫之「均」與「富」。舉凡影響或阻礙達成此一崇高目標與使命之企業行爲，當爲衆人所不容，應設法糾正與防患。同時，足以加速達成「均」與「富」之企業行爲亦應予獎勵。此乃一切企業立法之基本精神，公平交易法之制定當亦須循乎此一基本精神，始克收到立法之效果。

企業交易行爲涉及對象甚廣，因交易通路之型態而異。通路成員包括製造廠商、各不同層次之經銷商以及最終消費者或使用者（簡稱消費大衆）。因此，公平交易法，本質上，所涵蓋範圍非但甚廣，亦非常繁雜，其制定目的在乎保護交易通路中所有成員，而非獨爲某特定成員而設。因爲你我大家都是消費大衆，倘稱公平交易法之制定在乎保護全國國民之權益，亦無過之。

壹、制定公平交易法之迫切性

制定法律以保障團體或個人權益之方式與迫切程度，因各國情況而異，如德國早在一九六〇年代成立之「商品檢驗基金會」，具有實際保障消費大衆之功能，正式立法所發揮之功能當較有限。美國早年消費者運動尙未興起之前，聯邦與州政府，基於自由競爭之企業精神，爲保護大衆及維持企業公平自由競爭之環境乃有反托拉斯法、克來登法、聯邦商業委員會章程、羅賓宋一派得曼法、聯邦食品、藥物及肉類檢驗法、聯邦藥物及化粧品法、可燃熾物管制法、公正標籤及包裝法、兒童保護及玩具安全法、州訂公平交易法與非公平交易法之制定。這些法律中，屬於維持企業公平競爭與屬於保護消費大衆者分別佔所制定法律數之各半。及至一九六〇年代後期與七〇年代消費公衆主義抬頭，有關公平交易法案之制定數逐漸減少，消費者運動所形成之壓力似逐漸替代正式立法藉以抵制企業不公平交易與保護公衆之權益。

日本之有關公平交易法律，在盟軍佔管期間受美國之影響頗大。其反獨佔法與美國之反獨佔法之精神相仿，惟日本雖無強有力之消費者運動潮流，其私人企業間之合作精神發揮了企業自律效果，自然減輕諸多正式立法之壓力。

揆諸外國之企業立法，有關公平交易之法律，分散於各不同法律由不同單位執行，且正式立法之需要隨消費者運動潮流之強弱與企業界之自律情況而異。

我國消費者運動尚屬初創，消費者組織雖已有中華民國消費者協會、臺北市國民消費協會以及財團法人中華民國消費者基金會等三單位，但力量薄弱，尚不能對企業行爲發生有效制衡作用。同時現在我國亦欠完整之企業立法。現有之食品衞生管理法、藥物商管理法、商品標示法，與正在修訂之商標法，事權並不十分明確，各事權之溝通仍欠靈活。尤有者對防止壟斷、哄抬與傾銷等企業間不公平行爲之立法亦尚付闕如，國家總動員法與非常時期工商管理條例雖然對工商企業活動中足以構成壟斷或操縱行爲有籠統規定，但以其缺乏具體規定，無法產生立法效果。在企業內外環境演變快速，國內外市場競爭激烈之現階段，制定一明確而兼顧企業與消費公衆之公平交易法，實有迫切之需要。

貳、公平交易法應有之內涵

邇來各界人士對訂定公平交易法之討論，甚囂塵上。諸多學者專家主張消費者保護法與公平交易法應分別單獨立法。亦有不少人士讚同修正民法債編不合時宜之處，增訂商品製作人責任，藉以保障消費公衆之權益；同時制定企業管理法以繩侵犯公平交易行爲之廠商。更有人主張制定公平競爭法與反獨佔法分別管制商家衆多之企業與廠家甚少缺乏競爭之廠家，不一而是。

筆者認爲交易行爲既然涉及「供」方間廠商與廠商之競爭以及「需」方之消費大衆，公平交易法自應涵蓋消費者之保護，是故公平交易法與消費者保護法不需分別單獨立法。同時由於交易之「標的」旣爲產品，現行商品標示法與商標法理應併入公平交易法，始能統一事權，提高執行效率。

根據上述觀點，公平交易法應涵蓋者可大別爲：（一）企業競爭行爲；（二）產品標示；（三）消費者保護等三大類。玆將該三大類應考慮事項分別列舉於後：

一、競爭行爲：價格歧視（或差別訂價）、圍標、行銷通路之控制、不實廣告、不實推銷、控制市場、控制供源、差別交易條件、仿冒商標或標示、廣告媒體機構之責任、抬價、惡性殺價、變相殺價、傾銷。

二、產品標示：嚴禁仿冒品牌、內含物成份之標示、危險性、警語之標示、用法、用途、廢物處理（或用後處理）、實際重量（淨重）、製造日期、有效期間、價格、保存方法。

三、消費者保護：供應商（賣方）責任範圍之規定、商品檢驗、售後服務或保證、國家標準之訂定、退換貨品、損害賠償、輔導消費者組織、消費者教育、不實廣告與推銷、商品分級、消費者申訴程序、商品保險、商品資料之充分供應。

叁、公平交易法制定上與執行上之難題

一如上述，公平交易法涵蓋範圍旣廣泛又繁雜，在制定與執行上難免有諸多疑難。第一、所謂「公平」，必有標準依據，如何才算惡性殺價、控制市場、差別交易條件等等違反企業間公平競爭之原則？如何制定盈千累萬不同產品之成本標準，藉以判定價格是否公正？判定仿冒品牌之標準嚴鬆程度攸關產品之「生命週期」之長短，如何始算適中標

準？又供應廠商責任範圍之界線如何訂定始算合理？在行銷通路很長之情況下，產品經由總代理商、地區躉售商、零售商而最後抵達消費者或使用者手中，層層迭轉，一旦發生產品責任問題，應歸咎於何一層次中間商人？又如何計算因不公平交易行爲而遭受之損失？等等均可能在擬定法案時就會產生問題，有待謹愼研究分析。

第二、公平交易法制定是否會直接或間接影響企業營運彈性，反而造成營運效率之降低，扭曲社會資源之有效分配？亦爲公平交易法擬定時應加考慮的問題。日本之公平交易執行作業與推動貿易與工業之努力常有抵觸之例，美國之聯邦商委會之作業亦往往與自由經濟體制下努力方向相反。是故吾人在釐訂公平交易法案時當需顧及民生經濟體制之發揮問題。

再其次，公平交易法一旦三讀通過完成立法程序，在執行上必有事權之歸屬問題。美國一八九〇年通過之反托拉斯法，就有此一執行問題，而未能收到立法之良好效果，乃於一九一四年後開始制定一連串法律，據以設立聯邦商委會、證券管理委員會、民航局等等執行機構，被稱爲「政府之第四分機構」。雖然設立了所謂的第四分機構，仍然有力不從心之現象，案件旣多且繁，執行人手不夠，且有如普立玆新聞獎得主柯美爾所言之執行上有偏袒企業之傾向，未能公正平等對待企業與消費大衆兩方。此一事權歸屬與公平執行問題，在我國由於消費者保護組織脆弱，益應特別愼加綢繆。

公平交易法之制定，旨在保護企業與消費大衆，而非僅爲企業或消費大衆任一方。基於此一新立法宗旨，公平交易法所涵蓋之範圍非常廣泛，舉凡與競爭行爲、產品標示、消費者保護等有關事項均應納入立法。因此，在制定與執行上必會遭遇諸多難題，如標準之設定、事權之劃分等，由於假酒、毒油、房地產之價格操縱案件迭起，消費者組織力量脆弱，各界人士一直呼籲及早制定公平交易法；惟此一富有歷史性之立法，以其涉及層面甚廣，影響所有國民，應在擬定草案階段特別謹愼行事，廣羅各方意見，寧可穩健慢步，而不應「爲立法而立法」匆促訂定。同時在立法尚未完成之前，應制定「過渡」措施，以昭信國人。

第四十四章　我國行銷管理之努力方向

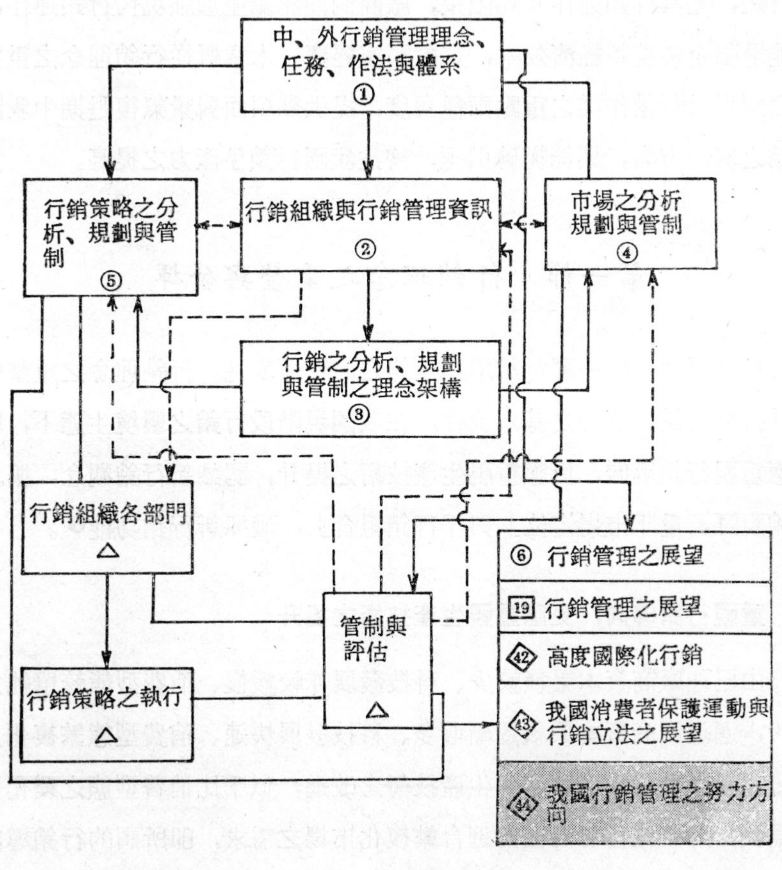

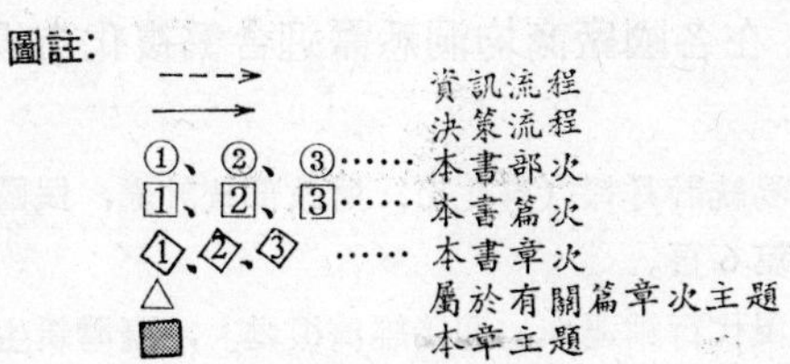

自從去(民國七十二)年年初以來，國際景氣逐漸復甦，三月以後，我國進口與出口「值」、「量」月環比指數均已超過一〇〇❶，但進口成長率顯較出口成長率為低，顯示投資意願仍然有待促進。惟投資意願與行銷，尤其外銷運作互為因果，廠商倘能認識並加強現代行銷運作，定能增強企業整體經濟效率，貢獻國家經濟。本章擬從行銷理念之重整與發揮以及行銷作業之重點兩種角度，提供幾項面對景氣復甦期中我國行銷之努力方向，期能拋磚引玉，裨益我國行銷生產力之提高。

第一節 行銷理念之重整與發揮

行銷理念，隨一國行銷環境生態之演變而演進。行銷理念之重整顯然為提高行銷生產力之基本要件。在我國現階段行銷之環境生態下，廠商應重視行銷導向，更應重視生產技術之提升，認識新行銷觀念，擴大行銷視野，重「市場定位」與「行銷組合」，發揮新行銷功能❷。

壹、重視行銷導向，更應重視生產技術之提升

由已往廠商資本累積較少、科技發展亦較緩慢、消費型態較單純之時代，邁進廠商資本累積逐漸增多、科技發展快速、消費型態繁複化之今日，一般經營者自會感到生產技術之改進，似乎比消費型態之變化速度為快，乃將經營導向偏向迎合繁複化市場之需求，即所謂的行銷導向之經營方式。事實上，在各國廠商均洞悉需迎合繁複化市場需求之情況

---

❶ 中華民國進出口貿易統計月報(臺北市：財政部統計處，民國七十二年八月二十日印行)，第6頁。

❷ 郭崑謨著，「加強現代行銷運作，迎接經濟復甦」，臺灣新生報，民國七十二年十二月二十五日，第二版專欄。

下，要在國際市場上取得競爭之優勢，洵非靠生產技術之提升，藉以提高產品品質與降低成本，無法達成。

現階段之企業營運，雖應具行銷導向，但必須靠生產技術之大力配合。生產技術水準之提高與行銷技術之改善，實脣齒相依。所謂行銷導向，實爲相對觀念，意味行銷作業層次之提昇，絕非隱含生產功能角色之降低，相反地，反映對生產技術之更加重視。

貳、新行銷觀念之認識——「行銷視野」與行銷重點之改變

行銷雖特指促成產品交易以滿足人類需求之種種活動，而視產品（包括貨品與勞務）爲行銷「標的物」，但筆者認爲現代化行銷應特指「促成『滿足交易』之種種活動」。顯然現代化行銷「標的物」應爲「滿足之交易」。依此定義，廠商所出售者應爲「滿足之交易」，與一般人所瞭解之產品或商品，當較爲廣泛，行銷視野業已大爲擴大，意味行銷作業導向之改變。

行銷有兩種層次。一爲廠商藉調查、研究、分析消費者生理或心理之需求，導出產品觀念，製造產品以尋求消費者之滿足。二爲將廠商已有之產品，藉行銷功能，滿足消費者。前者之層次高於後者，亦應爲現代化行銷之中心作業，唯有加強前者之作業，廠商始能在國際市場領先競爭者。

叁、妥善運作行銷作業，重「市場定位」與「行銷組合」

商場如戰場，知己知彼，始可勝算。爲明瞭整個市場情況，以便規劃行銷活動，廠商必須：一、做好市場分析規劃與管制，妥作「市場定位」；二、擬定合適行銷工具以爭取市場，亦即妥訂良好「行銷組合」。

要達成前述作業目標，廠商必須加強建立靈活商情網以及作好行銷

分析工作。商情可概分為：一、動態資訊——乃隨時收集之情報資料，可當作未來趨勢之參考；二、靜態資訊——根據各種已發佈之次級資料所獲得者。商情資訊，當以動態資訊最為重要，亦應加強蒐集。廠商應據此兩者，定期且主動配發與利用資訊，始能發揮資訊效果，提高決策正確性。

論及市場分析作業，廠商應考慮下列數端。

一、分析市場，不應有「好大」觀念，應將市場依據產品之種類加以市場區隔化。因為區隔越詳盡越能達到滿足顧客之需求，使「交易滿足」。

二、分析市場時，不必跟隨其他廠商之行銷活動與做法，應建立廠商之特色。如斯始能塑造國內廠商之國際形象。

三、不能過份分散行銷資源，以避免損失「行銷威力」。廠商似可考慮大市場中之「小市場」以及小市場中之「大市場」，蓋此兩種市場往往為國外競爭廠商所忽略，而易使我國廠商集中資源，發揮行銷威力。

論及行銷組合、廠商可透過價格策略、產品發展策略、推銷策略及實體分配策略等達成行銷目標。任一行銷活動之策略運用應充分發揮「組合」觀念與作法。舉如產品生命週期有五階段。此五階段為：上市時期、成長時期、成熟時期、衰退時期與淘汰時期。各階段應妥作價格、廣告、產品、配銷之組合。舉如廠商發現產品已邁入成熟期，售價應予降低，加強廣告；同時應未雨綢繆，經由拓展開發中國家市場開拓產品之「第二生命週期」，亦卽產品之「再生」，以延長產品之壽命。在國際市場上，行銷策略之運用，應具有相當彈性，因時空而制變。

第二節　我國行銷作業應依循之重點

基於第一節所探討之我國行銷問題，本節特從廠商形象與產品信譽、行銷嶄新功能之發揮，以及行銷組織與功能之連貫性等三大層面，提供我國行銷作業應依循之重點，俾供業者及有關人士之參考❸。由於我國之經濟發展高度依賴國際行銷功能之發揮，在論及行銷作業重點時，焦點往往拋射於國際行銷運作，藉以反映我國之實際情況。

壹、廠商形象與產品信譽之塑造——優良商譽之建立

廠商形象是社會各界人士，包括國際人士，對廠商特性之認同，而塑造廠商或企業形象之最高目標當爲取得世界各國對我國企業之優良評價與對我國產品優良特質之認同❹。顯然，廠商形象與產品信譽密切關聯。廠商形象與產品信譽之塑造可從下述數端着手。

一、加強產品規劃，降低價格功能角色

建立國產商品之特色，不但可規避價格方面的競爭，降低價格功能角色，就是滙率對外貿不利之情況下，在國際市場上，滙率對我國產品價格的敏感度必會降低❺。

在產品規劃方面，短期內比較容易進行者，爲「外觀實體」之改

---

❸ 郭崑謨著，從國際行銷之嶄新構面探討外銷廠商之作業重點，于中華民國市場拓展學會，民國七十二年年會發表之論文（時間與地點：民國七十二年十二月十八日，臺北市國立中興大學法商學院第二會議廳），第 6-13 頁。

❹ 郭崑謨著，「如何塑造有利的企業形象？」現代學理月刊，民國七十二年七月號，第 56-57 頁。

❺ 郭崑謨著，「紓解工商困境應有之外貿理念與作法」，聯合報，民國七十年十月二十六日，第二版專欄。

變。蓋改變外觀實體，費時較少，使用技術亦有限，所需資本又不致太多故也。唯長期內，廠商應作產品「實質功能」之改進，是故廠商須重視行銷研究發展，視行銷研究發展爲「投資」而非「費用」，長期產品規劃始能著效。

二、加強國際售後服務

售後服務係目前外銷廠商最需加強之作業。良好的售後服務與保證，可增強顧客對產品的信心。從事國外售後服務，並不需擁有豪華辦公處所，但却一定要設法在國外市場，建立自己的售後服務「據點」。任何地方諸如櫃臺、住家，均可成爲售後服務據點。外銷廠商亦可採取契約方式，將他人據點化爲自己的據點。

三、建立國際品牌與商標

國內廠商普遍缺乏建立本國品牌與商標信念。因此，雖然許多產品暢銷全球，却始終無法在國際市場上建立自己產品的知名度。不少廠商甚至於仿冒國外知名產品的商標。另有許多廠商放棄使用商標，而淪爲國際知名廠商之加工者。亦有許多廠商使用洋味十足毫無中國特色的品牌和商標。殊不知國際產品之流通係基於產製之相當利益以及各國特有之產品風格所使然。國外廠商基本上並不喜歡到我國購買非我國之產品。

四、「點燃」小市場，「照亮」大市場

廠商建立品牌知名度，最好從較小地區之市場着手，先集中力量達成該較少地區之高市場佔有率。蓋小地區之高市場佔有率，將會促使較大市場之客戶，對該品牌產生良好品牌印象，產生選購動機。同時，廠商亦不宜同時急於建立衆多品牌知名度，理應選擇少數產品，集中資源建立品牌知名度，然後再逐步擴及其他產品。

貳、外銷嶄新功能之發揮

國際資訊大衆化、特殊市場之規劃、產品代理等角色之扮演、產品簡易差異化、推銷組合化、成本資料議價功能之發揮、以及採購角色之提高等爲現階段我國國際行銷之特殊功能層面，亦爲外銷廠商之作業重點所在。

一、國際資訊大衆化

國際市場之分析，必須建立於充分靈活商情資訊系統上。廠商倘缺乏資訊可資分析市場，必將事倍功半，徒勞無功。日本大商社如三菱、住友等，其商情網之廣泛程度，尤勝過美國的五角大厦。其貿易之發展端賴此情報網所提供之詳細靈活資訊。我國外銷廠商雖然無法建立諸多龐大情報體系，倘全國所有廠商，都能發揮「行銷共識」，努力蒐集商情，將其個人所蒐集之點點滴滴情報，彙集於一全國性機構，由其分析整理後，再提供有關廠商利用，則國內每一廠商會擁有珍貴資訊，在貿易競爭上克敵制勝。藉共識觀念，每一廠商若能成爲我國商情資訊體系之成員，發揮其蒐集商情之意識，處處蒐集商情，時時彙集於一統籌機構，即國際資訊體系之運作必能加速發揮，此乃國際資訊大衆化之基本涵義——「只需一個『三菱』之觀念」。

二、特殊市場之規劃

廠商分析與規劃國際市場之目的，爲尋求具有發展潛力，而又適合本身資源能力之行業及產品，裨便選定銷售潛力較高而競爭較少之市場。

廠商在分析國際市場時，應注意之原則甚多，下列數端爲較容易忽視，但特別重要者：

（一）規劃大市場中之小市場

倘某一國家本地區之需求量甚大，同時，國內各地或子地區之需求和購買型態又甚紛歧，廠商似不應將整個國家或地區視爲單一市場，而應進一步將其區隔爲較細市場以便更妥切地配合廠商本身之資源，發揮「來福槍」之威力。尤有者，大市場中往往有被忽略之「死角」，（見圖例 44-1），外銷廠商倘能分析並規劃此一「死角」市場，必能占有此一小市場之優勢，逐漸擴大市場。

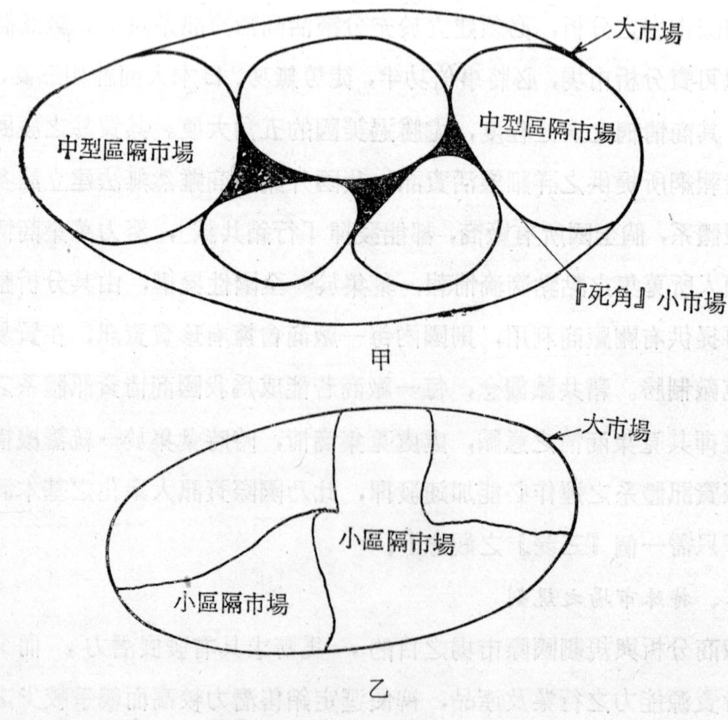

圖例 **44-1**　大市場中之小市場

（二）規劃小市場中之大市場

在分析國際市場時，不能僅注意較大區隔市場，而忽略目前與我國外銷數量尚少之小區隔市場。國際行銷之分析和規劃應具未來導向。目前外銷量大之區隔市場，往往已經湧入衆多強勁競爭廠商，使我們在競爭上處於不利的地位。廠商應盡力發掘目前尙爲國外競爭廠商所忽略之潛在市場。雖然這些市場容或目前極爲微小，甚至於尙未達到貿易統計資料之基本單位量（如百萬、仟元等），在統計表上「掛零」。但此種尙未成熟之小市場，雖然爲先進國家之競爭廠商所忽略，却可能具有相當大之潛力。由於國外競爭廠商尙未踏進該市場，抑或競爭實力不如我國（例如在成本結構、行銷技巧上較爲落後等等），一旦我國廠商積極開拓，必可擁有競爭上之優勢。

國內貿易商之規模遠比日本之三菱、住友，韓國之三星大宇較小。因此，特別需要設法找到自己之「利基」(Niche)，(最適合自己競爭能力之市場)，在此建立穩固的「橋頭堡」後，再考慮逐步擴展其他市場。倘廠商只分析現有大市場，一味仿製，將永遠屈居人後，無法搶先建立自己之貿易基地。依據此一觀念，小市場中之大市場乃特指我國廠商可享有之高市場佔有率之小市場而言（見圖 44-2)。

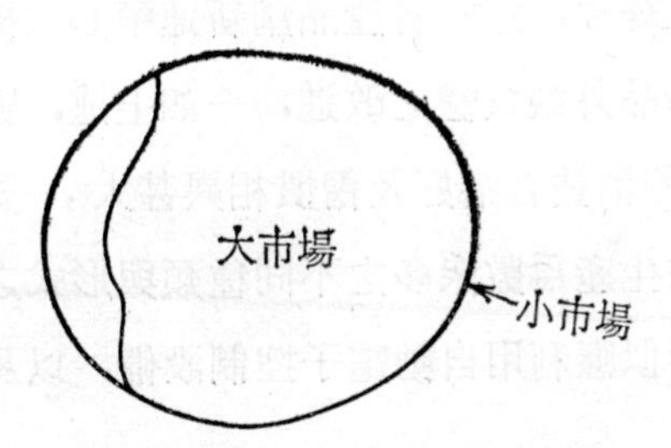

圖例 **44-2**　小市場中之大市場

三、產品代理角色之扮演

運用外國資源作外銷作業，必須強化倉儲運輸（實體分配）功能。外銷廠商可循聯合運作方式達成海外發貨之功能。海外倉儲設備功能之發揮，在初始階段可藉租用方式達成。至於運輸功能之發揮，除改進我國之運輸設備外，應加強貿易專業人員，尤其貿易談判人才之培育，透過進口 F.O.B.，出口 C.I.F. 議價方式，藉以掌握運輸權。倘運輸權掌握於國人，轉口貿易或文書作業三角貿易不但可加速發展，一旦國內成本結構惡化，相對利益降低時，廠商可快速取消國內生產，改向他國採購以履行交易契約。

產品代理角色之扮演，亦可藉貨櫃倉庫化制度提高效果。貨櫃倉庫化制度之要旨在於建立貨櫃永久租用系統。用永久租用的貨櫃，可以節省實體分配成本，如倉庫的裝卸費用等等。當製造廠商應外銷訂單之需，產製貨品，一經生產完成，可立卽放置於貨櫃，不必先儲存於倉庫，再搬到貨櫃。因爲一裝一卸之間，不但浪費很多時間；成本亦必倍增，倘能建立貨櫃永久租用制度，由於外銷成本之節省與運輸服務之提高，廠商必可增強其在國際市場之競爭態勢，筆者將「貨櫃倉庫化」之嶄新觀念與作法，稱爲 Containohousing ❻。

四、產品簡易差異化與推銷組合化

產品生命週期之縮短，意味着產品創新速率必須提高。此種情況尤以國際產品爲然。產品外觀實體之改進，一如上述，實爲簡易差異化之重點所在。由於國際消費者嗜好及習慣相異甚大，要配合各種不同市場之需求，廠商須在生產爲數衆多之不同種類與形式之產品中求得經濟規模。今後外銷廠商似應利用自動電子控制設備，以及設計可相互替代

---

❻ 1. 郭崑謨著，國際行銷管理，修正再版，民國六十九年十二月六國出版社印行，第 340 頁。

2. 同❺，第 558 頁。

3. Kung-Mo Kuo, *The Integrated Logistical Approach to Air Cargo Business* Paper Presented at Orient Airlines Association 5th Cargo Sales Marketing Workshop, June 24, 1982, Manila, Philippines.

零組件，以達到規模效果。

廠商在進行廣告，人員推銷等各種推銷策略時，應有據點的配合，才能發揮整體的功效。國內許多廠商已逐漸在國外刊登廣告，並進行其他促銷活動。可惜却因缺乏海外行銷據點藉以方便潛在客戶之選購與聯繫，使行銷效果大爲減少。今後廠商宜特別加強海外據點和經銷網之建立。

五、成本資料議價功能之發揮

在定價策略方面外銷廠商應化被動爲主動，化劣勢爲優勢，利用完整詳盡之成本結構，贏得買方之信心。倘能如此，即使國內廠商價格比外國競爭廠商稍高，在議價時仍可藉成本資料取信買方。廠商應避免探索競爭者之報價，而忽略對地主國市場零售價格之瞭解。

六、採購角色之提高

國內目前出口產品中，農產加工與工業製造加工品約占 96.70%，而進口產品中原料約占 67.22%❼，許多出口商認爲原料來源的分析，係屬進口商作業，其實出口商更應注意原料來源。如果無法掌握原料來源，一旦發生缺料，許多產品的出口將會陷於停頓。廠商往往因購入原料價格太高，使成本偏高，失去國際市場競爭能力。因此，在分析國際市場時，絕不能忽視原料供源分析。廠商除應設法使原料供應保持穩定外，更須尋求替代性原料來源，同時也要選擇適當時機購入原料，以控制原料成本。例如，在景氣復甦時，原料往往會劇烈上漲，因此若能在景氣還未復甦前，大量購入低廉原料，必能提高景氣復甦後之國際市場競爭能力。

叁、行銷組織與功能之連貫——國際行銷專業化

❼ 中央銀行季刊第 5 卷，第 3 期（民國七十二年九月），第 68 頁。

生產和行銷本係一貫過程。生產廠商和貿易商在作業項目上雖然彼此分工，但却更須良好之合作。國內生產廠商和貿易商之間常爲「確保自己客戶」，而各自爲政，未能相互合作。在景氣上升時期，貿易商之利潤雖不斷成長，生產廠商却未能獲得適當利潤，使生產廠商無法累積應有資金，改善生產設備，從事研究發展工作，整個行業當無法全面成長，提高對外競爭能力，一旦經濟萎縮或發生嚴重貿易糾紛時，由於缺乏長期合作友誼，更無法同心協力，克服困難。例如：貿易商不瞭解生產廠商之成本結構，在報價中就無法以詳細成本結構獲得買主信任。今後，廠商應注重產銷一貫，貿易商與供應廠商之間，依所扮演功能，作合理之利潤分析， 彼此分工合作 。貿易商扮演貿易專家角色， 全力行銷，而生產者也可以在沒有後顧之憂的情況下，改善生產設備，加強品質管制，發展新產品，而提高對外競爭能力。

國際行銷專業化之另一層面爲貿易商或躉售商品牌之建立與推廣。馳名世界各國之食品"kraft"係躉售商品牌。我國小型貿易商以及小型外銷生產廠商衆多，這些衆多外銷廠商，倘能支持績優貿易商建立其品牌體系，必然有助於貿易之拓展。

從國際行銷之觀點着論，廠商之外銷，在觀念及作法上，似過於狹窄。今後外銷廠商必須突破傳統貿易導向，邁進國際行銷導向，始能擴大視野掌握更多之貿易機會。

從國際行銷之嶄新構面論衡，外銷廠商在作業上應積極塑造企業形象與產品信譽、建立國際資訊大衆化之理念與作法、規劃大市場中之小市場與小市場中之大市場、強化產品代理角色、重視產品之簡易差異與推銷組合、發揮成本資料之議價功能、提高國際採購作業之任務以及勵行國際行銷專業化作業，如斯始能發揮更大之國際行銷功能，貢獻國家社會。國際行銷功能之發揮，實爲我國在行銷管理上應努力之方向。

三民大學用書(一)

書名	著作人	任教學校
比較主義	張亞澐	政治大學
國父思想新論	周世輔	政治大學
國父思想要義	周世輔	政治大學
國父思想	周世輔	政治大學
國父思想	涂子麟	師範大學
中國憲法新論	薩孟武	臺灣大學
中華民國憲法論	管歐	東吳大學
中華民國憲法逐條釋義(一)(二)(三)(四)	林紀東	臺灣大學
比較憲法	鄒文海	前政治大學
比較憲法	曾繁康	臺灣大學
比較監察制度	陶百川	
國家賠償法	劉春堂	輔仁大學
中國法制史	戴炎輝	臺灣大學
法學緒論	鄭玉波	臺灣大學
法學緒論	蔡蔭恩	前中興大學
法學緒論	孫致中	各大專院校
民法概要	董世芳	實踐家專
民法概要	鄭玉波	臺灣大學
民法總則	鄭玉波	臺灣大學
民法總則	何孝元	前中興大學
民法債編總論	鄭玉波	臺灣大學
民法債編總論	何孝元	前中興大學
民法物權	鄭玉波	臺灣大學
判解民法物權	劉春堂	輔仁大學
判解民法總則	劉春堂	輔仁大學
判解民法債篇通則	劉春堂	輔仁大學
民法親屬	陳棋炎	臺灣大學
民法繼承	陳棋炎	臺灣大學
公司法	鄭玉波	臺灣大學
公司法	柯芳枝	臺灣大學
公司法論	梁宇賢	中興大學
土地法釋論	焦祖涵	東吳大學
土地登記之理論與實務	焦祖涵	東吳大學
票據法	鄭玉波	臺灣大學
海商法	鄭玉波	臺灣大學
保險法論	鄭玉波	臺灣大學

三民大學用書(二)

書名	著作人	任教學校
商事法論	張國鍵	臺灣大學
商事法要論	梁宇賢	中興大學
合作社法論	李錫勛	政治大學
刑法總論	蔡墩銘	臺灣大學
刑法各論	蔡墩銘	臺灣大學
刑法特論	林山田	政治大學
刑事訴訟法論	胡開誠	臺灣大學
刑事政策	張甘妹	臺灣大學
民事訴訟法釋義	石志泉 楊建華	輔仁大學
強制執行法實用	汪禕成	前臺灣大學
監獄學	林紀東	臺灣大學
現代國際法	丘宏達	美國馬利蘭大學
平時國際法	蘇義雄	中興大學
國際私法	劉甲一	臺灣大學
破產法論	陳計男	東吳大學
破產法	陳榮宗	臺灣大學
國際私法新論	梅仲協	前臺灣大學
中國政治思想史	薩孟武	臺灣大學
西洋政治思想史	薩孟武	臺灣大學
西洋政治思想史	張金鑑	政治大學
中國政治制度史	張金鑑	政治大學
政治學	曹伯森	陸軍官校
政治學	鄒文海	前政治大學
政治學	薩孟武	臺灣大學
政治學概論	張金鑑	政治大學
政治學方法論	呂亞力	臺灣大學
公共政策概論	朱志宏	臺灣大學
中國社會政治史	薩孟武	臺灣大學
政治社會學	陳秉璋	政治大學
醫療社會學	藍采風 廖榮利	臺灣大學 印第安那中央大學
歐洲各國政府	張金鑑	政治大學
美國政府	張金鑑	政治大學
各國人事制度	傅肅良	中興大學
行政學	左潞生	中興大學
行政學	張潤書	政治大學
行政學新論	張金鑑	政治大學
行政法	林紀東	臺灣大學

三民大學用書㈡

書名	著作人	任教學校
行政法之基礎理論	城仲模	中興大學
交通行政	劉承漢	交通大學
土地政策	王文甲	前中興大學
行政管理學	傅肅良	中興大學
現代管理學	龔平邦	逢甲大學
現代企業管理	龔平邦	逢甲大學
現代生產管理學	劉一忠	美國舊金山州立大學
生產管理	劉漢容	成功大學
企業政策	陳光華	交通大學
行銷管理	郭崑謨	中興大學
國際企業論	李蘭甫	香港中文大學
企業管理	蔣靜一	逢甲大學
企業管理	陳定國	臺灣大學
企業組織與管理	盧宗漢	中興大學
組織行爲管理	龔平邦	逢甲大學
行爲科學概論	龔平邦	逢甲大學
組織原理	彭文賢	中興大學
管理新論	謝長宏	交通大學
管理心理學	湯淑貞	成功大學
管理數學	謝志雄	東吳大學
人事管理	傅肅良	中興大學
考銓制度	傅肅良	中興大學
作業研究	林照雄	輔仁大學
作業研究	楊超然	臺灣大學
作業研究	劉一忠	美國舊金山州立大學
系統分析	陳進	美國聖瑪麗大學
社會科學概論	薩孟武	臺灣大學
社會學	龍冠海	前臺灣大學
社會思想史	龍冠海	前臺灣大學
社會思想史	龍冠海 張承漢	前臺灣大學 臺灣大學
都市社會學理論與應用	龍冠海	前臺灣大學
社會學理論	蔡文輝	美國印第安那大學
社會變遷	蔡文輝	美國印第安那大學
社會福利行政	白秀雄	政治大學
勞工問題	陳國鈞	中興大學
社會政策與社會立法	陳國鈞	中興大學
社會工作	白秀雄	政治大學

三民大學用書㈣

書名	著作人	任教學校
文化人類學	陳國鈞	中興大學
普通教學法	方炳林	前師範大學
各國教育制度	雷國鼎	師範大學
教育行政學	林文達	政治大學
教育社會學	陳奎憙	師範大學
教育心理學	胡秉正	政治大學
教育心理學	溫世頌	美國傑克遜州立大學
教育哲學	賈馥茗	師範大學
教育經濟學	蓋浙生	師範大學
教育經濟學	林文達	政治大學
工業教育學	袁立錕	國立彰化教育學院
家庭教育	張振宇	淡江大學
當代教育思潮	徐南號	師範大學
比較國民教育	雷國鼎	師範大學
中國教育史	胡美琦	中國文化大學
中國國民教育發展史	司琦	政治大學
中國現代教育史	鄭世興	師範大學
社會教育新論	李建興	師範大學
中等教育	司琦	政治大學
中國體育發展史	吳文忠	師範大學
中國大學教育發展史	伍振鷟	師範大學
技術職業教育行政與視導	張天津	師範大學
技術職業教育教學法	陳昭雄	師範大學
技術職業教育辭典	楊朝祥	師範大學
高科技與技職教育	楊啓棟	師範大學
心理學	張春興 楊國樞	師範大學 臺灣大學
心理學	劉安彥	美國傑克遜州立大學
人事心理學	黃天中	淡江大學
人事心理學	傅肅良	中興大學
新聞英文寫作	朱耀龍	中國文化大學
新聞傳播法規	張宗棟	中國文化大學
傳播研究方法總論	楊孝濚	東吳大學
大衆傳播理論	李金銓	美國明尼蘇達大學
大衆傳播新論	李茂政	政治大學
大衆傳播與社會變遷	陳世敏	政治大學
行爲科學與管理	徐木蘭	交通大學
組織傳播	鄭瑞城	政治大學
政治傳播學	祝基瀅	美國加利福尼亞州立大學

三民大學用書㈤

書名	著作人	任教學校
文化與傳播	汪琪	政治大學
廣播與電視	何貽謀	政治大學
電影原理與製作	梅長齡	前中國文化大學
新聞學與大衆傳播學	鄭貞銘	中國文化大學
新聞採訪與編輯	鄭貞銘	中國文化大學
新聞編輯學	徐昶	
採訪寫作	歐陽醇	師範大學
評論寫作	程之行	
廣告學	顏伯勤	輔仁大學
中國新聞傳播史	賴光臨	政治大學
世界新聞史	李瞻	政治大學
新聞學	李瞻	政治大學
媒介實務	趙俊邁	中國文化大學
電視新聞	張勤	
電視制度	李瞻	政治大學
新聞道德	李瞻	政治大學
數理經濟分析	林大侯	臺灣大學
計量經濟學導論	林華德	臺灣大學
經濟學	陸民仁	政治大學
經濟學原理	歐陽勛	政治大學
經濟政策	湯俊湘	中興大學
總體經濟學	鍾甦生	
個體經濟學	劉盛男	臺北商專
合作經濟概論	尹樹生	中興大學
農業經濟學	尹樹生	中興大學
西洋經濟思想史	林鐘雄	臺灣大學
凱因斯經濟學	趙鳳培	政治大學
工程經濟	陳寬仁	中正理工學院
國際經濟學	白俊男	東吳大學
國際經濟學	黄智輝	文化大學
貨幣銀行學	白俊男	東吳大學
貨幣銀行學	何偉成	中正理工學院
貨幣銀行學	楊樹森	中國文化大學
貨幣銀行學	李穎吾	臺灣大學
貨幣銀行學	趙鳳培	政治大學
商業銀行實務	解宏賓	中興大學
現代國際金融	柳復起	淡江大學

三民大學用書(六)

書名	著作人	任教學校
財政學	李厚高	逢甲大學
財政學	林華德	臺灣大學
財政學原理	魏萼	臺灣大學
國際貿易	李穎吾	臺灣大學
國際貿易實務	張錦源 林茂盛	輔仁大學 淡水工商
國際貿易實務概論	張錦源	輔仁大學
國際貿易理論與政策	歐陽勛 黃仁德	政治大學
貿易契約理論與實務	張錦源	輔仁大學
貿易英文實務	張錦源	輔仁大學
海關實務	張俊雄	淡江大學
貿易貨物保險	周詠棠	
國際匯兌	林邦充	政治大學
信用狀理論與實務	蕭啟賢	輔仁大學
美國之外匯市場	于政長	臺北商專
保險學	湯俊湘	中興大學
人壽保險學	宋明哲	德明商專
人壽保險的理論與實務	陳雲中	臺灣大學
火災保險及海上保險	吳榮清	中國文化大學
商用英文	程振粵	臺灣大學
商用英文	張錦源	輔仁大學
國際行銷管理	許士軍	新加坡大學
市場學	王德馨	中興大學
線性代數	謝志雄	東吳大學
商用數學	薛昭雄	政治大學
商用微積分	何典恭	淡水工商
微積分	楊維哲	臺灣大學
大二微積分	楊維哲	臺灣大學
機率導論	戴久永	交通大學
銀行會計	李兆萱 金桐林	臺灣大學
會計學	幸世間	臺灣大學
會計學	謝尚經	專業會計師
會計學	蔣友文	臺灣大學
成本會計	洪國賜	淡水工商
成本會計	盛禮約	政治大學
政府會計	李增榮	政治大學
政府會計	張鴻春	